高职高专"十一五"规划教材

★ 农林牧渔系列

畜禽生产技术

XUQIN SHENGCHAN JISHU

陈金雄 纪守学 主编

化学工业出版社

·北京·

本书根据畜禽生产类技术领域和职业岗位（群）的任职要求，按照“理论学习→技能训练→素质培养→职业引导”的主线组织内容。全书共分猪生产、禽生产、牛生产、羊生产、兔生产五篇，每篇内容以饲养畜禽工作过程为主线选取内容，体现畜禽生产的基本要素、基本技能，又反映了当前我国畜禽养殖先进技术。实验实训内容可参考本系列教材《畜禽生产技术实训教程》，可有效实现对学生畜禽生产技能的培养。

本书可作为高职高专畜牧兽医、兽医、动物检验与检疫等专业师生的教材，同时也可供岗位培训以及畜禽生产行业技术人员参考。

图书在版编目（CIP）数据

畜禽生产技术/陈金雄，纪守学主编．—北京：化学工业出版社，2010.10（2023.5重印）
高职高专“十一五”规划教材★农林牧渔系列
ISBN 978-7-122-09299-1

Ⅰ．畜…　Ⅱ．①陈…②纪…Ⅲ．畜禽-饲养管理-高等学校：技术学院-教材　Ⅳ．S815

中国版本图书馆 CIP 数据核字（2010）第 152753 号

责任编辑：梁静丽　李植峰　　文字编辑：王新辉
责任校对：徐贞珍　　装帧设计：史利平

出版发行：化学工业出版社（北京市东城区青年湖南街 13 号　邮政编码 100011）
印　　装：天津盛通数码科技有限公司
787mm×1092mm　1/16　印张 22¼　字数 646 千字　　2023 年 5 月北京第 1 版第11次印刷

购书咨询：010-64518888　　售后服务：010-64518899
网　　址：http://www.cip.com.cn
凡购买本书，如有缺损质量问题，本社销售中心负责调换。

定　　价：49.00 元

“高职高专‘十一五’规划教材★农林牧渔系列”建设委员会成员名单

“高职高专‘十一五’规划教材★农林牧渔系列”编审委员会成员名单

“高职高专‘十一五’规划教材★农林牧渔系列”建设单位

（按汉语拼音排列）

安阳工学院
保定职业技术学院
北京城市学院
北京林业大学
北京农业职业学院
本钢工学院
滨州职业学院
长治学院
长治职业技术学院
常德职业技术学院
成都农业科技职业学院
成都市农林科学院园艺研究所
重庆三峡职业学院
重庆水利电力职业技术学院
重庆文理学院
德州职业技术学院
福建农业职业技术学院
抚顺师范高等专科学校
甘肃农业职业技术学院
广东科贸职业学院
广东农工商职业技术学院
广西百色市水产畜牧兽医局
广西大学
广西职业技术学院
广州城市职业学院
海南大学应用科技学院
海南师范大学
海南职业技术学院
杭州万向职业技术学院
河北北方学院
河北工程大学
河北交通职业技术学院
河北科技师范学院
河北省现代农业高等职业技术学院
河南科技大学林业职业学院
河南农业大学
河南农业职业学院
河西学院
黑龙江农业工程职业学院
黑龙江农业经济职业学院
黑龙江农业职业技术学院
黑龙江生物科技职业学院
黑龙江畜牧兽医职业学院
呼和浩特职业学院
湖北生物科技职业学院
湖南怀化职业技术学院
湖南环境生物职业技术学院
湖南生物机电职业技术学院
吉林农业科技学院
集宁师范高等专科学校
济宁市高新技术开发区农业局
济宁市教育局
济宁职业技术学院
嘉兴职业技术学院
江苏联合职业技术学院
江苏农林职业技术学院
江苏畜牧兽医职业技术学院
金华职业技术学院
晋中职业技术学院
荆楚理工学院
荆州职业技术学院
景德镇高等专科学校
丽水学院
丽水职业技术学院
辽东学院
辽宁科技学院
辽宁农业职业技术学院
辽宁医学院高等职业技术学院
辽宁职业学院
聊城大学
聊城职业技术学院
眉山职业技术学院
南充职业技术学院
盘锦职业技术学院
濮阳职业技术学院
青岛农业大学
青海畜牧兽医职业技术学院
曲靖职业技术学院
日照职业技术学院
三门峡职业技术学院
山东科技职业学院
山东理工职业学院
山东省贸易职工大学
山东省农业管理干部学院
山西林业职业技术学院
商洛学院
商丘师范学院
商丘职业技术学院
深圳职业技术学院
沈阳农业大学
沈阳农业大学高等职业技术学院
苏州农业职业技术学院
温州科技职业学院
乌兰察布职业学院
厦门海洋职业技术学院
仙桃职业技术学院
咸宁学院
咸宁职业技术学院
信阳农业高等专科学校
延安职业技术学院
杨凌职业技术学院
宜宾职业技术学院
永州职业技术学院
玉溪农业职业技术学院
岳阳职业技术学院
云南农业职业技术学院
云南热带作物职业学院
云南省曲靖农业学校
云南省思茅农业学校
张家口教育学院
漳州职业技术学院
郑州牧业工程高等专科学校
郑州师范高等专科学校
中国农业大学

《畜禽生产技术》编写人员

主　　编　陈金雄　纪守学

副 主 编　丰艳平　文　平

参编人员（按姓名汉语拼音排列）

陈金雄　福建农业职业技术学院

丰艳平　湖南环境生物职业技术学院

纪守学　辽宁农业职业技术学院

李进杰　河南农业职业学院

邱　阳　福建农业职业技术学院

任慧玲　辽宁职业学院

孙茂红　河北北方学院

王怀禹　南充职业技术学院

文　平　宜宾职业技术学院

张　敏　信阳农业高等专科学校

赵月平　河北北方学院

序

当今，我国高等职业教育作为高等教育的一个类型，已经进入到以加强内涵建设，全面提高人才培养质量为主旋律的发展新阶段。各高职高专院校针对区域经济社会的发展与行业进步，积极开展新一轮的教育教学改革。以服务为宗旨，以就业为导向，在人才培养质量工程建设的各个侧面加大投入，不断改革、创新和实践。尤其是在课程体系与教学内容改革上，许多学校都非常关注利用校内、校外两种资源，积极推动校企合作与工学结合，如邀请行业企业参与制定培养方案，按职业要求设置课程体系；校企合作共同开发课程；根据工作过程设计课程内容和改革教学方式；教学过程突出实践性，加大生产性实训比例等，这些工作主动适应了新形势下高素质技能型人才培养的需要，是落实科学发展观，努力办人民满意的高等职业教育的主要举措。教材建设是课程建设的重要内容，也是教学改革的重要物化成果。教育部《关于全面提高高等职业教育教学质量的若干意见》（教高［2006］16号）指出"课程建设与改革是提高教学质量的核心，也是教学改革的重点和难点"，明确要求要"加强教材建设，重点建设好3000种左右国家规划教材，与行业企业共同开发紧密结合生产实际的实训教材，并确保优质教材进课堂。"目前，在农林牧渔类高职院校中，教材建设还存在一些问题，如行业变革较大与课程内容老化的矛盾、能力本位教育与学科型教材供应的矛盾、教学改革加快推进与教材建设严重滞后的矛盾、教材需求多样化与教材供应形式单一的矛盾等。随着经济发展、科技进步和行业对人才培养要求的不断提高，组织编写一批真正遵循职业教育规律和行业生产经营规律、适应职业岗位群的职业能力要求和高素质技能型人才培养的要求、具有创新性和普适性的教材将具有十分重要的意义。

化学工业出版社为中央级综合科技出版社，是国家规划教材的重要出版基地，为我国高等教育的发展做出了积极贡献，曾被新闻出版总署领导评价为"导向正确、管理规范、特色鲜明、效益良好的模范出版社"，2008年荣获首届中国出版政府奖——先进出版单位奖。近年来，化学工业出版社密切关注我国农林牧渔类职业教育的改革和发展，积极开拓教材的出版工作，2007年底，在原"教育部高等学校高职高专农林牧渔类专业教学指导委员会"有关专家的指导下，化学工业出版社邀请了全国100余所开设农林牧渔类专业的高职高专院校的骨干教师，共同研讨高等职业教育新阶段教学改革中相关专业教材的建设工作，并邀请相关行业企业作为教材建设单位参与建设，共同开发教材。为做好系列教材的组织建设与指导服务工作，化学工业出版社聘请有关专家组建了"高职高专'十一五'规划教材★农林牧渔系列建设委员会"和"高职高专'十一五'规划教材★农林牧渔系列编审委员会"，拟在"十一五"期间组织相关院校的一线教师和相关企业的技术人员，在深入调研、整体规划的基础上，编写出版一套适应农林牧渔类相关专业教育的基础课、专业课及相关外延课程教材——"高职高专'十一五'规划教材★农林牧渔系列"。该套教材将涉及种植、园林园艺、畜牧、兽医、水产、宠物等专业，于2008～2010年陆续出版。

该套教材的建设贯彻了以职业岗位能力培养为中心，以素质教育、创新教育为基础的教育理念，理论知识"必需"、"够用"和"管用"，以常规技术为基础，关键技术为重点，先进技术为导向。此套教材汇集众多农林牧渔类高职高专院校教师的教学经验和教改成果，又得到了相关行业企业专家的指导和积极参与，相信它的出版不仅能较好地满足高职高专农林牧渔类专业的教学需求，而且对促进高职高专专业建设、课程建设与改革、提高教学质量也将起到积极的推动作用。希望有关教师和行业企业技术人员，积极关注并参与教材建设。毕竟，为高职高专农林牧渔类专业教育教学服务，共同开发、建设出一套优质教材是我们共同的责任和义务。

介晓磊

2008年10月

现代畜牧业是现代农业的重要组成部分，也是建设社会主义新农村的重要方面。近年来，畜牧业在农业经济乃至整个国民经济和社会发展中的地位更加突出，作用更加明显。但我国畜禽个体生产性能、饲料转化率、草地牧业综合生产能力、畜禽死亡率等指标和世界发达国家相比仍有较大差距，而且产品质量意识较为落后。在这一形势下，对畜牧业职业技术人才的需要也显得更为迫切，因此，畜禽生产适用技术的应用推广、高级实用型人才的培养任重道远。

畜禽生产技术是畜牧兽医类专业的主干课程。近几年来我国高等职业教育改革不断深入发展，对教材提出了新的要求。本教材是根据《教育部关于高职高专教育人才培养工作的意见》、《关于全面提高高等职业教育教学质量的若干意见》（教高［2006］16号）、《教育部关于职业院校试行工学结合、半工半读的意见》(教职成［2006］4号)、《教育部关于以就业为导向深化高等职业教育改革的若干意见》、《关于加强高职高专教育教材建设的若干意见》的精神和要求，组织国内从事畜禽生产技术教学的专业教师进行编写的。

本教材是高职高专“十一五”规划教材★农林牧渔之一，按照国家高等职业教育人才培养目标要求，根据畜禽生产类技术领域和职业岗位（群）的任职要求，按照“理论学习→技能训练→素质培养→职业引导”的主线组织内容。在内容体系安排上，打破了按学科体系设计教材内容的习惯，而以畜禽生产过程的实际环节顺序组织设计单元内容。在编写过程中，删除了理论性过强的畜禽育种和营养部分，并将国家职业资格证书的相关鉴定内容引入教材中，旨在体现高等职业教育的特点，培养应用型高级技术专门人才。

全书共分猪生产技术、禽生产技术、牛生产技术、羊生产技术、兔生产技术五篇，每篇内容以畜禽饲养工作过程为主线选取内容，体现畜禽生产的基本要素、基本技能，又反映了当前我国畜禽养殖先进技术。通过本门课程的学习，可使学生掌握畜禽生产的具体操作技能和整体驾驭专业知识的能力。为便于学生学习，本书各章前设有“知识目标”和“技能目标”，充分体现了高等职业教育特点和以教师为主导、以学生为主体的教学理念。考虑到篇幅所限，与本书相关的实验实训项目可参考本系列教材的《畜禽生产技术实训教程》。

本教材的编写提纲由陈金雄提出，经高职高专“十一五”规划教材★农林牧渔系列建设委员会与编委会专家审核，并经所有参编人员讨论通过后正式分工编写。第一篇猪生产技术由陈金雄、丰艳平、王怀禹负责编写，第二篇禽生产技术由任慧玲、纪守学、王怀禹、文平、陈金雄负责编写，第三篇牛生产技术由李进杰、孙茂红、邱阳、王怀禹、纪守学负责编写，第四篇羊生产技术由张敏、李进杰、王怀禹、邱阳负责编写，第五篇兔生产技术由赵月平、张敏、王怀禹、陈金雄负责编写。初稿形成后各参编人员相互审阅，最后由陈金雄负责统稿。

本书可作为高职高专畜牧兽医类专业教学用书，同时适用于岗位培训以及畜禽生产行业技术人员参考。

由于时间仓促，加之水平有限，书中不足之处在所难免，恳请广大读者批评指正。

编者

2010年6月

第一篇　猪生产技术

第二篇 禽生产技术

第三篇 牛生产技术

第四篇　羊生产技术

第五篇　兔生产技术

参考文献

第一篇　猪生产技术

第一章　猪的生物学及行为学特性

[知识目标]

- 理解和掌握猪的生物学特性及行为习性。

[技能目标]

- 学会应用猪的生物学特性及行为习性指导养猪生产。

猪的生物学特性是指猪所共有的区别于其他动物的内在性质。养猪不了解猪的生物学特性就谈不上科学养猪，只有在饲养生产实践中，不断地认识和掌握猪的生物学特性，并结合现代营养学、良种繁育技术、家畜环境卫生控制与改良等各门学科的先进技术，科学地利用或创造适宜养猪的环境条件，充分发掘猪最大的生产潜力，以便获得较好的饲养和繁育效果，达到安全、优质、高效和可持续发展的目的。

第一节　猪的生物学特性及其应用

1. 繁殖率高，世代间隔短

(1) 性成熟早，发情症状明显　猪一般4～6月龄达到性成熟，6～8月龄就可以初次配种，我国地方猪比国外瘦肉型猪早2～3个月性成熟，且发情症状明显。如梅山猪的性成熟期在75天左右，而地方品种种公猪如内江猪63日龄就能产生成熟精子。生产上配种日龄安排在母猪性成熟后的第三个发情期。

(2) 妊娠期短，世代间隔短　母猪的妊娠期平均只有114天（111～117天），1岁时或更短的时间可以第一次产仔。正常情况下猪的世代间隔为1～1.5年（第1胎留种则为1年，第二胎开始留种则为1.5年）。

(3) 多胎高产　猪是常年发情的多胎高产动物，一年能分娩两胎，若缩短哺乳期，母猪进行激素处理，可以达到两年五胎或一年三胎。经产母猪平均一胎产仔10～12头，比其他家畜要高产。我国太湖猪的产仔数高于其他地方猪种和外国猪种，窝产活仔数平均超过14头，个别高产母猪一胎产仔超过22头，最高纪录窝产仔数达42头。

(4) 繁殖潜力大　生产实践中，猪的实际繁殖效率并不算高，母猪卵巢中有卵原细胞11万个，但在它一生的繁殖利用年限内只排卵400枚左右。母猪一个发情周期内可排卵20～30个，而产仔只有10～12头；公猪一次射精量200～400ml，含精子数200亿～800亿个，可见，猪的繁殖效率潜力很大。试验证明，通过外激素处理，可使母猪在一个发情期内排卵30～40个，个别的可达80个，产仔数个别高产母猪一胎可达15头以上。因此，只要采取适当繁殖措施，改善营养和饲养管理条件，以及采用先进的选育方法，进一步提高猪的繁殖效率是可能的。

(5) 种猪利用年限长　猪的繁殖利用年限较长，我国地方猪种公猪可利用5～6年、母猪8～10年；培育品种和国外引进瘦肉型猪种也能利用4～5年。

2. 食性广，饲料利用率高

(1) 采食性能

① 杂食性。猪的消化器官的特殊性决定了其是杂食性动物，门齿、犬齿和臼齿都很发达，胃是肉食动物的简单胃与反刍动物的复杂胃之间的中间类型，因而能充分利用各种动植物和矿物质饲料，食性范围很广。

② 择食性。猪对食物有选择性，能辨别口味，特别喜爱甜食、腥味或带乳香味的食物。

③ 找食性。先天遗传拱土觅食特性，在生产中应注意预防寄生虫和病原微生物感染及猪栏受破坏。

④ 多食性。猪采食量大，但少过饱，这与消化道长、消化快有关。

(2) 饲料消化利用特点

① 消化快。猪的消化道发达，胃容量为7～8L，小肠长度为16～20m，大肠长度为4～5m，食物通过时间30～36h，牛168～192h。

② 不耐粗性。猪为单胃动物，对粗饲料中粗纤维的消化较差，而且饲料中粗纤维含量越高对日粮的消化率也就越低。因为猪胃内没有分解粗纤维的微生物，大肠内仅有少量微生物可以分解少量粗纤维。但保持饲料中一定含量的粗纤维有助于猪对饲料有机物的消化（延缓排空时间和加强胃肠道的蠕动）和猪的健康（改善肠道微生物群落）。所以，在猪的饲养中，注意精、粗饲料的适当比例，控制粗纤维在日粮中所占的比例，保证日粮的全价性和易消化性。猪对粗纤维的消化能力随品种和年龄不同而有差异，中国地方猪种较国外培育品种具有较好的耐粗饲特性。猪日粮中适宜的粗纤维水平为：一般认为小猪低于4%，生长育肥猪粗纤维含量不宜超过6%～8%，成年猪不宜超过10%～12%。猪对粗纤维的利用率因品种、饲粮的消化能、蛋白质水平、粗纤维本身的来源等而异。

③ 饲料转化率高。猪对饲料的转化率仅次于鸡，而高于牛、羊，对饲料中的能量和蛋白质利用率高。按采食的能量和蛋白质所产生的可食蛋白质比较，猪仅次于鸡，而超过牛和羊。猪对精料有机物的消化率为76.7%，也能较好地消化青粗饲料，对青草和优质干草的有机物消化率分别达到64.6%和51.2%。

3. 生长期短，周转快

(1) 生长速度　在肉用家畜中，猪和马、牛、羊相比，无论是胚胎期还是生后生长期都是最短的，而生长强度又是最大的（表1-1-1）。

表 1-1-1　各种家畜的生长强度比较

畜别	妊娠期/天	生长期/月	初生重/kg	成年体重/kg	体重增加倍数
猪	114	36	1	200	7.64
牛	280	48～60	35	500	3.84
羊	150	24～56	3	60	4.32
马	340	60	50	500	3.44

(2) 不同阶段猪器官组织的生长强度

① 胚胎期。猪在胚胎期为了适应生存需要优先发育神经系统，表现为出生时头比例偏大，四肢不健壮，初生体重小（不到成年体重的1%），而且其他各器官系统发育也很不完善。这是长期进化的结果，原因在于：猪的胚胎期短（114天），同胎仔猪数又多，母体子宫相对来讲显得空间不足和供应给每头胎儿的营养缺少。所以，对外界环境的适应能力差，如特别怕冷（要求保温温度在32～35℃）、易腹泻等，初生仔猪需要精心护理。

② 胚后期。猪出生后为了补偿胚胎期内发育不足，生后2个月内生长发育特别快，30日龄的体重为初生重的5～6倍，2月龄体重为1月龄的2～3倍，断奶后至8月龄前，生长仍很迅速，

尤其是瘦肉型猪生长发育快，是其突出的特性。在满足其营养需要的条件下，一般160～170日体重可达到90～100kg，即可出栏上市，相当于初生重的90～100倍，而牛和马只有5～6倍，可见猪比牛和马相对生长强度大10～15倍。猪屠宰率高，一般在70%以上，肉牛为50%～55%，羊为35%。

4. 嗅觉和听觉灵敏，视觉不发达

（1）嗅觉　猪的鼻子特殊，长有吻突，嗅区广阔，嗅黏膜的绒毛面积很大，分布在嗅区的嗅神经非常密集，因此，猪的嗅觉非常灵敏。据测定，猪对气味的识别能力高于狗1倍，比人高7～8倍。凭着灵敏的嗅觉，识别群内的个体、自己的圈舍和卧位，保持群体之间、母仔之间的密切联系；嗅觉在公母性联系中也有很大作用，比如发情母猪闻到公猪的气味，就会表现出“发呆”反应；仔猪寄养工作必须考虑到其嗅觉灵敏的特点，否则就不能成功；对混入本群的其他个体能很快认出，并加以驱赶，甚至咬伤或咬死。目前一些国家专门训练“警猪”作为禁毒和排雷的工具，充分利用猪的嗅觉灵敏这一特点。

（2）听觉　猪的听觉相当发达，猪的耳形大，外耳腔深而广，即使很微弱的声响，都能敏锐地觉察到。猪的听觉分析器相当完善，能够很好地识别声音来源、强度、音调和节律，如以固定的呼名、口令、声音和刺激物进行调教，能很快形成条件反射。据此，有人尝试在母猪临产前播放轻音乐，可在一定程度上降低母猪难产的比例。猪对意外声响特别敏感，即使睡眠，一旦有意外响声，就立即苏醒，站立警备。在现代化养猪场，为了避免由于喂料音响所引起的猪群骚动，常采取一次全群同时给料装置，并在饲养管理过程中尽量避免发出较大的声音。

（3）视觉　猪的视觉很弱，缺乏精确的辨别能力，视距、视野范围小，不靠近物体就看不见东西，对物体形态和颜色的分辨能力较差，属高度近视力加色弱，据此，生产上通常把并圈时间定在傍晚时进行；可用假母猪进行公猪采精训练。

5. 适应性强，分布广

猪对自然地理、气候等条件的适应性强，是世界上分布最广、数量最多的家畜之一。

猪从生态学适应性看，主要表现为对气候寒暑的适应、对饲料多样性的适应、对饲养方法和方式上的适应，这些是其饲养广泛的主要原因之一。但是，猪如果遇到极端的变动环境和极恶劣的条件，猪体出现新的应激反应，如果抗衡不了这种环境，则生长发育受阻，生理出现异常，严重时出现病患和死亡。

6. 小猪怕冷，大猪怕热

小猪怕冷，原因在于初生仔猪大脑皮层调节温度中枢发育不健全，对温度调控能力低下；皮下脂肪少，皮毛稀，散热快；体表面积/体重比值大，单位重量散热快；摄食取食物单位重量热能较少。

大猪怕热，原因在于猪的汗腺退化，散热能力特别差；皮下脂肪层厚，在高温高湿下体内热量不能得到有效散发；皮肤的表皮层较薄，被毛稀少，对热辐射的防护能力较差。在酷暑时期，猪喜欢在泥水中、潮湿阴凉处趴卧以散热。高温使公猪精子活力降低，精子数减少；母猪配种后重新发情的头数增多。最适宜温度为18～23℃。

猪又怕潮湿，在阴暗潮湿的环境下，猪的健康和生长发育受到很大影响，易患感冒、肺炎、皮肤病及其他疾病。特别在高温高湿或在低温高湿的环境条件下，对猪的健康和增重可产生更大的不良影响。最适宜的湿度为65%～75%。

因此，初生仔猪要注意防寒保暖，成年猪要注意防暑降温，同时要保持猪舍干燥通风。

7. 喜清洁，易调教

猪是爱清洁的动物，采食、睡眠和排粪尿都有特定的位置，一般喜欢在清洁干燥处躺卧，在墙角潮湿有粪便气味处排粪尿。若猪群过大，或圈栏过小，猪的上述习惯就会被破坏。

猪属平衡灵活的神经类型，易于调教。在生产实践中可利用猪的这一特点，建立有益的条件反射，如通过短期训练，可使猪在固定地点排粪尿等。

8. 定居漫游

在无猪舍的情况下，猪能自找固定的地方居住，表现出定居漫游的习性。

第二节 猪的行为习性及其应用

行为就是动物的行动举止，是动物对某种刺激和外界环境适应的反应。动物的行为习性，有的取决于先天遗传，有的取决于后天的调教、训练等。猪和其他动物一样，对其生活环境、气候条件和饲养管理条件等反应，在行为上都有其特殊的表现，而且有一定的规律性。如果我们掌握了猪的行为特性并加以科学利用，制定合理的饲养工艺，设计新型的猪舍和设备，最大限度地创造适于猪习性的环境条件，就能提高猪的生产性能，以获得最佳的经济效益。

1. 采食行为

猪的采食行为包括摄食与饮水，具有各种年龄特征。

拱土觅食是猪采食行为的一个突出特征，这是祖先遗留下来的本性，从土壤中获取食物以补充蛋白质、微量元素等。尽管现代养猪多喂以全价平衡的日粮，减少了猪的拱地觅食行为，但在每次喂食时仍出现抢占有利位置、前肢踏入食槽采食，个别猪甚至钻进食槽以吻突拱掘饲料，抛洒一地。

猪的采食具有选择性，特别喜爱甜、香、湿性、粒状和带腥味的食物。颗粒料与粉料相比，猪爱吃颗粒料；干料与湿料相比，猪爱吃湿料，且花费时间少。

猪的采食是有竞争性的，群饲的猪比单饲的猪吃得多、吃得快，增重也高。

猪的采食量、采食速度、采食时间和对食物的选择性等，受猪的生理需要、年龄、经验、应激、疾病以及外部条件等的影响。仔猪每昼夜吸吮15～25次，占昼夜总时间的10%～20%。大猪采食量和摄食频率随体重增大而增加。猪在白天采食6～8次，比夜间多1～3次，每次采食持续时间10～20min，限饲时少于10min。自由采食不仅采食时间长，而且能表现每头猪的嗜好和个性。若饲料中脂肪、粗纤维、盐分等含量增高及猪只发病、环境温度升高等，则会使其采食量下降。

通常饮水与采食同时进行，猪的饮水量随体重、环境温度、饲粮性质和采食量等有所不同。饮水量为干料的2～3倍。仔猪出生后就需要饮水，主要来自母乳中的水分。自由采食的猪采食与饮水交替进行，直到满意为止；限制饲喂猪则在吃完料后才饮水。

2. 排泄行为

在良好的管理条件下，猪是家畜中最爱清洁的动物，不在吃睡的地方排粪尿，除非过分拥挤或外温过冷过热。

猪排粪尿是有一定的时间和区域的，一般多在采食前后、饮水后或起卧时，选择阴暗潮湿、低洼凹处、靠近水源或污浊的角落排粪尿，且受邻近猪的影响。据观察，猪在饲喂前多为先排尿后排粪，在采食过程中不排粪，饱食后约5min开始排粪1～2次，多为先排粪后再排尿，平时排尿多而排粪很少，夜间一般排粪2～3次，早晨的排泄量最大，猪的夜间排泄活动时间占昼夜总时间的1.2%～1.7%。

根据猪的排泄行为，在猪进入新圈后的头3天应认真调教，做到睡觉、采食和排便“三点定位”，以保证猪舍清洁卫生，减少猪病发生，减轻饲养员劳动强度。但要注意猪群密度不能过大，避免建立的排泄习性受到干扰，无法表现其好洁性，一般每圈以10～20头为宜。

3. 群居行为

猪的群体行为是指猪群群居中个体之间发生的各种交互作用，即相互认识、联系、竞争及合作等现象。猪有较强的合群性，但也有竞争习性，以及大欺小、强欺弱和欺生的好斗特性，猪群越大，这种现象越明显。

每一猪群均有明显的等级，它使某些个体通过斗争在群内占有较高的地位，在采食、休息占地和交配等方面得以优先。猪群等级最初形成时，以攻击行为最为多见，等级顺位的建立，受构成该群体品种、体重、性别、年龄和气质等因素的影响。一般体重大的、气质强的猪占优位，年龄大的猪比年龄小的猪占优位，公猪比母猪占优位，未去势的猪比去势的猪占优位。

一个稳定的猪群，个体之间和睦相处，相安无事，猪增重快。当重新组群时，又必须按优势序列原则，通过争斗决定个体在群内的位次，重新组成新的社群结构，而且猪群密度过大、个体体重差异悬殊时，其争斗越激烈，甚至造成猪只伤亡。

生产实践中的一些饲养措施便是针对优势序列的，如固定奶头、个体限位饲养、拴系饲养、自由采食、地面撒喂等。

4. 争斗行为

争斗行为是动物个体间发生冲突时的反应，包括进攻防御、躲避和守势活动。猪的争斗，双方多用头颈，以肩抵肩，以牙还牙，或抬高头部去咬对方的颈和耳朵。

在生产中能见到的争斗行为一般是因争夺饲料和争夺地盘而引起，新合群的猪群，主要是争夺群居次位，只有当群居构成形成后，才会更多地发生争食和争地盘的格斗。

当一头陌生的猪进入一群中，这头猪便成为全群猪攻击的对象，攻击往往是严厉的，轻者伤皮肉，重者造成死亡。母猪之间的争斗，只是互相咬，而无激烈的对抗。陌生公猪间的争斗则是激烈的，发出低沉的吼叫声，并突然用嘴撕咬，最后屈服的猪嚎叫着逃离争斗现场。猪的争斗行为多受饲养密度的影响，当猪群密度过大，每猪所占空间下降时，群内咬斗次数和强度增加，从而影响采食量和增重。这种争斗形式一是咬对方的头部，二是在舍饲猪群中，咬尾争斗。

因此，在饲养实践中，应注意合理的饲养密度、合理分群并群、同窝肥育、仔猪剪牙和断尾、种公猪独圈饲养等技术和方式的使用，避免争斗行为的发生，造成猪只生长发育不整齐。在组群时，可用镇静剂和能掩盖气味的气雾剂，以减少混群时的对抗和攻击行为。

5. 性行为

有性繁殖的动物达到性成熟以后，在繁殖期内所表现出的两性之间的特殊行为都是性行为，包括发情、求偶和交配行为。

发情母猪主要表现为卧立不安，食欲忽高忽低，发出特有的、音调柔和而有节律的哼哼声，爬跨其他母猪，或等待其他母猪爬跨，频频排尿，尤其是公猪在场时排尿更为频繁。发情中期，在性欲高度强烈时期的母猪，当公猪接近时，调其臀部靠近公猪，闻公猪的头、肛门和阴茎包皮，紧贴公猪不走，甚至爬跨公猪，最后站立不动，接受公猪爬跨。饲养员压其母猪背部时，立即出现呆立反射（压背反应），这种呆立反射是母猪发情的一个关键行为。

公猪一旦接触母猪，会追逐它，嗅其体侧肋部和外阴部，把嘴插到母猪两腿之间，突然往上拱动母猪的臀部，口吐白沫，往往发出连续的、柔和而有节律的喉音哼声，有人把这种特有的叫声称为“求偶歌声”，当公猪性兴奋时，还出现有节奏的排尿。

6. 母性行为

母性行为包括母猪的絮窝、分娩、哺乳及其他抚育仔猪的活动等一系列行为。

母猪临近分娩时，通常有衔草絮窝的表现，如果栏内是水泥地面而无垫草，只好用蹄子扒地来表示。分娩前24h，母猪表现神情不安，有频频排尿、磨牙、摇尾、拱地、时起时卧，不断改变姿势。分娩时多采用侧卧，选择最安静的时间分娩，一般多在下午4时以后，夜间产仔多见。

母猪分娩后，母仔双方都能主动引起哺乳行为。母猪以四肢伸直、充分暴露乳房的姿势躺卧，并发出类似饥饿时的呼唤声，召集仔猪前来哺乳，一次哺乳中间不转身；仔猪以其召唤声和持续拱搂母猪乳房来发动哺乳。

母猪非常注意保护自己的仔猪，在行走、躺卧时十分谨慎，不踩伤、压伤仔猪，当母猪躺卧时，选择靠栏三角地不断用嘴将其仔猪排出卧位慢慢地依栏躺下，以防压住仔猪。一旦遇到仔猪被压，只要听到仔猪的尖叫声，马上站起，防压动作再重复一遍，直到不压住仔猪为止。带仔母猪对外来入侵者有攻击行为，饲养人员捉拿仔猪应小心提防。

7. 活动与睡眠

猪的行为有明显的昼夜节律，大部分活动在白昼，休息高峰在半夜，清晨8时左右休息最少。但在温暖季节或炎热夏季，夜间也有活动和采食。

猪昼夜活动也因年龄及生产特性不同而有差异，仔猪昼夜休息时间平均60%～70%，种猪

70%，母猪 80%～85%，肥猪为 70 %～85%。生后 3 天内的仔猪，除采食和排泄外，其余时间全部睡眠。哺乳母猪睡卧时间表现出随哺乳天数的增加睡卧时间逐渐减少，走动次数由少到多，时间由短到长，这是哺乳母猪特有的行为表现。成猪睡眠有静卧和熟睡两种，静卧姿势多为侧卧，虽闭眼但易惊醒；熟睡则全为侧卧，呼吸深长，有鼾声且常有皮毛抖动，不易惊醒。仔猪、生长猪的睡卧多为集堆共眠。在生产中，猪的静卧或睡眠姿势可作为观察健康状况的标志。

8. 探究行为

探究行为包括探查活动和体验行为。

猪的一般活动大部分来源于探究行为，通过看、听、嗅、啃、拱等感官进行探究，有时是针对具体的事物或环境，如寻求食物、栖息场所等，有时探究并不针对某一种目的，而只是动物表现的一种反应，如动物遇到新事物、新环境时所表现出的“好奇”反应。

探究行为在仔猪中表现明显，仔猪出生后 2min 左右即能站立，开始搜寻母猪的乳头，用鼻子拱掘是探查的主要方法。仔猪探究行为的另一明显特点是，用鼻拱、口咬周围环境中所有的新东西。猪在觅食时，首先是拱掘动作，先是用闻、拱、舔、啃，当诱食料合乎口味时，便开口采食。猪在猪栏内能明显地区划睡床、采食、排泄的不同地带，也是用鼻的嗅觉区分不同气味而形成的。

在养猪生产中也广泛应用探究行为，如小公猪采精调教、乳猪教槽等。

9. 异常行为

异常行为是指超出正常范围的行为，它的产生多与动物所处环境中的有害刺激有关，如长期圈禁的猪会做衔咬圈栏、自动饮水器等一些没有效益的行动，在拥挤的圈养条件下，或营养缺乏或无聊的环境中常发生咬尾行为，神经质的母猪会出现食仔行为等。异常行为会给生产带来极为不利的影响。对异常行为的矫正和治疗，多半药物不能奏效，而需要找出导致这一情况的行为学原因，以便采取对策。

10. 后效行为

后效行为是猪生后对新鲜事物的熟悉而逐渐建立起来的。猪对吃、喝的记忆力强，它对饲喂的有关工具、食槽、饮水槽及其方位等，最易建立起条件反射。如小猪在人工哺乳时，每天定时饲喂，只要按时给予笛声或铃声或饲喂用具的敲打声，训练几次，即可听从信号指挥，到指定地点吃食。

以上介绍的猪的生物学和行为学特性，为搞好养猪生产提供了科学依据。在整个养猪生产工艺流程中，要充分利用猪的生物学特性和行为习性，创造各类猪群的最优生活环境，充分发挥猪的生产潜力，达到繁殖力高、多产肉、少消耗以及获取最佳经济效益的目的。

[复习思考题]

1. 猪的生物学特性及行为习性有哪些？
2. 如何应用猪的生物学特性及行为习性来提高养猪生产？

第二章 现代规模化猪场设计与设施配套

[知识目标]

- 掌握场址选择与规划布局技术。
- 了解猪场不同类型猪舍的建设。
- 了解猪场主要设施配套。
- 了解环境污染对猪的危害和猪场对环境的污染。
- 掌握猪场粪污处理和利用技术和猪场环境保护技术。

[技能目标]

- 能熟练地进行场址选择与规划布局。

第一节 场址选择与规划布局

一、场址选择

场址选择应根据猪场的性质、规模和任务，考虑场地的地形、地势、水源、土壤、当地气候等自然条件，同时应考虑饲料及能源供应、交通运输、产品销售，以及与周围工厂、居民点及其他畜禽场的距离和当地农业生产、猪场粪污就地处理能力等社会条件，进行全面调查，综合分析后再作出决定。

1. 地势地形

地势应高燥，地下水位应在2m以下，以避免洪水威胁和土壤毛细管水上升造成地面潮湿。地面应平坦而稍有缓坡，以便排水，一般坡度在1%～3%为宜，最大不超过25%。

地势应避风向阳，减少冬春风雪侵袭，故一般避开西北方向的山口和长形谷地等地势；为防止在猪场上空形成空气涡流而造成空气污浊与潮湿，故猪场不宜建在谷地和山坳里。

地形要开阔整齐，有足够的面积。场地过于狭长或边角太多不便于场地规划和建筑物布局，面积不足会造成建筑物拥挤，不利于舍内环境改善和防疫，一般按可繁母猪每头40～50m^2考虑。

2. 土质

猪场场地土壤的物理、化学、生物学特性，对猪场的环境、猪只的健康与生产力均有影响。一般要求土壤透气、透水性强，毛细管作用弱，吸湿性和导热性小，质地均匀，抗压性强，且未曾受过病原微生物污染。

沙土透气、透水性强，毛细管作用弱，吸湿性小，易于干燥，有利于有机物分解和土壤自净作用；但导热性大，热容量小，易增温降温，昼夜温差大，对猪不利。

黏土透气透水性弱，吸湿性强，溶水量大，毛细管作用明显，因而易潮湿、泥泞，有利于微生物的存活与蚊蝇滋生；含水量大，易胀缩，抗压性低，不利于建筑物的稳固；但热容量大，导热性小，昼夜温差小。

沙壤土兼具沙土和黏土的优点，是建猪场的理想土壤。

土壤一旦被病原微生物污染，常具有多年危害性，因此，选择场址时应避免在旧猪场场址或其他畜牧场场地上重建或改建。

为了少占或不占耕地，选择场址时对土壤种类及其物理特性不必过于苛求。

3. 水源水质

猪场需有可靠的水源，保证水量充足，水质良好，取用方便，易于防护，避免污染。

4. 电力与交通

选择场址时，应重视供电条件，特别是集约化程度较高的大型猪场，必须具备可靠的电力供应，并具有备用电源。

猪场的饲料、产品、粪便等运输量很大，所以，场址应选在农区，交通必须方便，以保证饲料就近供应，产品就近销售，粪尿就地利用处理，以降低生产成本和防止污染周围环境。

5. 防疫

选择场址时，应重视卫生防疫。交通干线往往是疫病传播的途径，因此，场址既要交通方便，又要远离交通干线，一般距铁路与国家一二级公路不应少于300m，最好在1000m以上，距三级公路不少于150m，距四级公路不少于50m。

猪场与村镇居民点、工厂、其他畜牧场、屠宰厂、兽医院应保持适当距离，以避免相互污染。与居民点、工厂的距离宜在500m以上，与其他畜牧场的距离宜在500～1500m，与屠宰厂、兽医院的距离宜在1000～2000m。

二、场地规划和建筑物布局

场地选定后，根据有利于防疫、改善场区小气候、方便饲养管理、节约用地等原则，考虑当地气候、风向、场地的地形地势、猪场各种建筑物和设施的大小及功能关系对场地进行规划。

1. 场地规划

一个独立性强、设施较完善的规模化猪场，在总体规划与布局上，应从有利生产、方便生活等多方面考虑。

(1) 生产区　是猪场的最主要区域，严禁外来车辆进入生产区。主要包括消毒室（更衣室、洗澡间、紫外线消毒通道)、消毒池、值班室、各种类型的猪舍。更衣室、洗澡间、紫外线消毒通道设在猪场大门一侧，进生产区人员一律经紫外线消毒、洗澡、更衣后方可入内。

(2) 隔离区　包括病猪（或购入猪）隔离室、兽医化验室、病死猪只无害化处理室、粪尿处理系统等。该区是卫生防疫和环境保护的重点，应设在整个猪场的下风向或偏风方向、地势低处，以避免疫病传播和环境污染。

(3) 生活区　主要包括职工宿舍、食堂、文化娱乐室、运动场等。中小型猪场及个体猪场一般不另设生活区。生活区设在上风向或偏风方向、地势较高的地方，同时其位置应便于与外界联系。

(4) 生产管理区　包括饲料加工调配车间、饲料储存仓库、办公室、后勤保障用房、发电机房、锅炉房、警卫室、消毒池等。该区与日常饲养工作关系密切，距生产区距离不宜太远。饲料库应靠近进场道路处，并在外侧墙上设卸料窗，场外运料车辆不许进入生产区，饲料有卸料窗入饲料库。

(5) 生产区各类猪舍的布局　猪舍的合理布局是根据猪不同生长时期的生理特点及其对环境的不同要求确定的，一般可划分为5种类型：公猪与空怀母猪配种舍；妊娠母猪舍；分娩猪舍；仔猪培育舍；生长育肥舍。分娩猪舍和仔猪培育舍可采用有窗封闭式猪舍，高床网上饲养，做到夏季有防暑降温设备、冬季有保温设备。其他猪舍可以适当简易一些。

如果猪场建在丘陵山坡地带，各类猪舍由上而下的排列顺序是：公猪与空怀母猪配种舍→妊娠母猪舍→分娩母猪舍→仔猪培育舍→生长育肥舍，此种排列顺序便于商品猪出售与粪尿处理。在平原地区，根据本地的风向确定。

(6) 场区道路和排水　道路是猪场总体布局中一个重要组成部分，它与猪场生产、防疫有重要关系。场区道路应分设净道、污道，互不交叉。净道用于运送饲料、产品等，污道则专运粪污、病猪、死猪等。场内道路要求防水防滑。生产区不宜设直通场外的道路，而生产管理区和隔离区应分别设置通向场外的道路，以利于卫生防疫。

场区排水设施为排除雨、雪水而设。一般可在道路一侧或两侧设明沟排水，也可设暗沟排水，场区排水管道不宜与舍内排水管道通用。

2. 建筑物布局

(1) 建筑物的布局　猪场建筑物的布局要求正确安排各种建筑物的位置、朝向、间距，要考虑各建筑物间的功能关系、卫生防疫、通风、采光、防火、节约用地等。

生活区和生产管理区与场外联系密切，为保障猪场防疫，应设在猪场大门附近，门口分设行人和车辆消毒池，两侧设值班室和更衣室。生产区各猪舍的位置需考虑配种、转群等联系方便，并注意卫生防疫。种猪、仔猪应置于上风向和地势高处。分娩猪舍应靠近妊娠母猪舍，并接近仔猪培育舍，育成猪舍靠近生长育肥舍，生长育肥舍设在下风向。商品猪置于离场门或围墙近处，围墙内侧设装猪台，运输车辆停在围墙外装车。病猪和粪污处理应置于全场最下风向和地势最低处，距生产区宜保持至少 50m 的距离。

猪舍的朝向应根据当地主风向和日照情况决定。一般要求猪舍在夏季少接受太阳辐射、舍内通风量大而均匀，冬季应多接受太阳辐射、冷风渗透少。因此，炎热地区应根据当地夏季主风向安排猪舍朝向，以加强通风效果，避免太阳辐射。寒冷地区，应根据当地冬季主风向确定朝向，减少冷风渗透量，增加热辐射。猪舍一般以南向或南偏东、南偏西 45°以内为宜。

各建筑物应排列整齐、合理，既要利于道路、给排水管道、绿化、电线等的布置，又要便于生产和管理工作。猪舍之间的距离以能满足光照、通风、卫生防疫和防火的要求为原则。猪舍间距一般以 3～5H（H 为猪舍南墙檐高）为宜。

(2) 猪舍内部布置

① 公猪舍。一般采用单列开放式，最好设有饲喂走廊。运动场的前墙要求高 1.3m、厚 0.37m，后墙高 2～2.5m、厚 0.37m，且开后窗（长宽各 40cm），并且水泥勾缝，隔墙为厚 0.24m。舍内水泥抹高 1m，地板水泥抹面，外倾度 2%，并开斜向交叉细沟（宽 11mm，深 0.5mm），细沟间距 5cm。屋顶一般为平顶，厚 20cm 以上（不足可加土）。工厂化式的公猪与空怀母猪在同一猪舍，以利配种。单列式公猪舍如图 1-2-1 所示，冬季可扣塑棚。

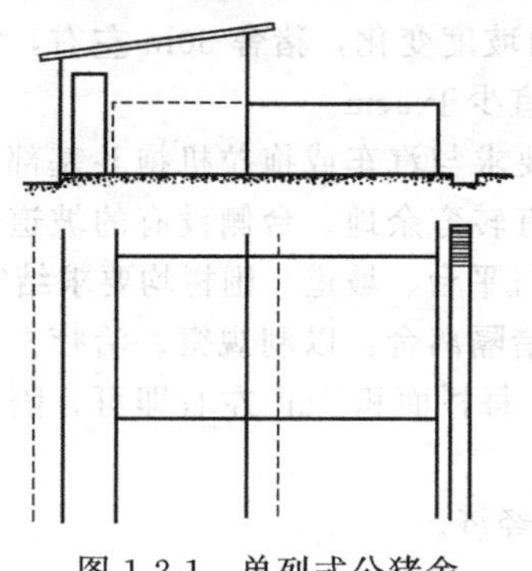

图 1-2-1　单列式公猪舍

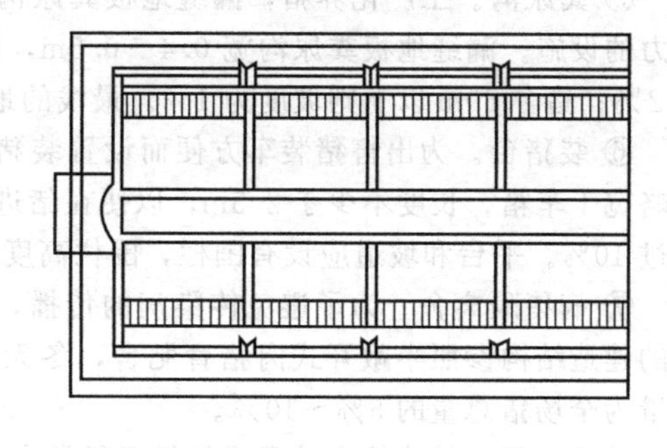

图 1-2-2　空怀母猪与妊娠母猪舍

② 空怀母猪及妊娠母猪舍。空怀母猪及妊娠母猪舍一般采用全封闭式。前后墙高皆为 2.5m，厚 0.37m。前窗大，高 1m，宽 1.2m，后窗小，高 0.4m，宽 0.5m，距地 1.1m，内有漏缝地板和半限位栏（图 1-2-2）。

③ 分娩和保育混合舍。分娩和保育合在一舍较为科学，便于断奶，对仔猪的刺激较小。也有各为一舍的，在断奶时要用小车运猪，对小猪刺激较大。采用全封闭式，墙、窗、屋顶与空怀母猪与妊娠母猪舍相同，其规格见图 1-2-3。

④ 肉猪育肥舍。肉猪育肥舍可因地制宜地选择类型。热带、亚热带地区，气温较高，冬季亦无寒冷气候，可选用全敞开式（图 1-2-4）。这种猪舍结构简单，四周通风，适于中猪和大猪的育肥。冬天严寒的北方，应选择半敞开式或全封闭式猪舍。半敞开式如同公猪舍，深秋至中春，

可扣塑料大棚保温，能经济有效地解决冬季养猪问题。全封闭式肉猪育肥舍，则如同空怀母猪与妊娠母猪舍。其主要差别在于舍内结构，可分为大单列式、双列式、多列式三种类型（图 1-2-5、图 1-2-6）。其中以大单列式更为经济。

图 1-2-3 分娩和保育混合舍

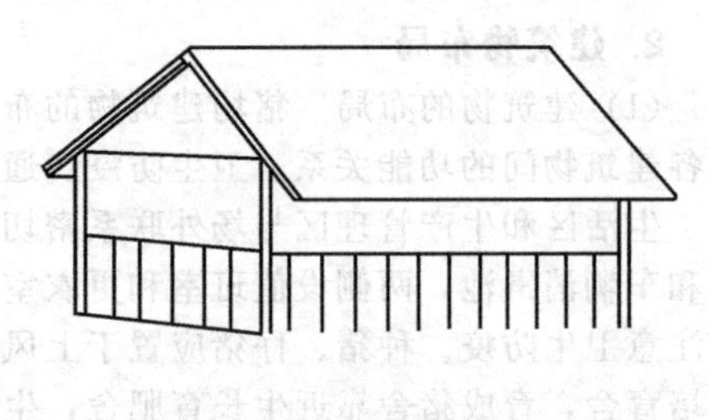

图 1-2-4 全敞开式肉猪育肥舍

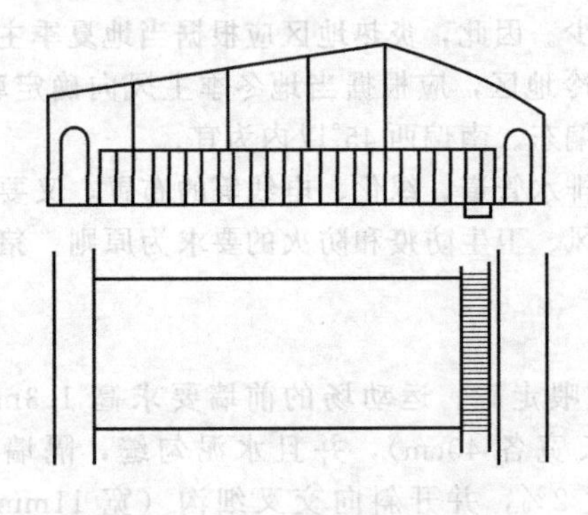

图 1-2-5 大单列式肉猪育肥舍

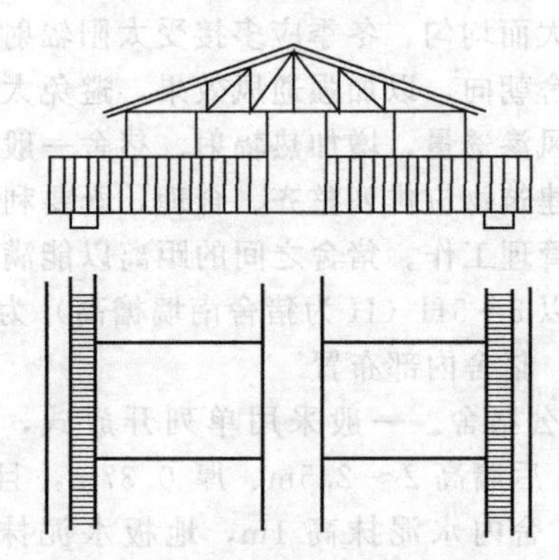

图 1-2-6 双列式肉猪育肥舍

⑤ 粪尿沟。工厂化养猪，漏缝地板粪尿沟是猪舍中的重要建筑，它是可最大限度地节约劳动力的设施。漏缝地板粪尿沟宽 0.4～0.5m，深度随沟的坡度变化，猪舍 30m 左右，沟的坡度为 2%；猪舍 60m 以上则坡度为 1%。最浅的地方深度不宜少于 5cm。

⑥ 装猪台。为出售猪装车方便而设置装猪台，台高要求与汽车或拖拉机拖斗基部等高，宽度略宽于车箱，长度不少于 2.5m，以便在猪进入车箱前有转弯余地。台侧设有的坡道倾斜度不超过 10%。平台和坡道应设有围栏，围栏高度 1.2m，而且平台、坡道、围栏均要求结实。

⑦ 病猪隔离舍。为了避免传染病的传播，宜设置病猪隔离舍，以利观察、治疗。病猪隔离舍的建造结构参照半敞开式肉猪育肥舍，冬天可扣塑棚。每栏面积 $4m^2$ 左右即可，隔离舍的总容量为全场猪总量的 5%～10%。

总之，猪舍的建筑设计要尽量做到科学合理、适用、经济。

第二节 猪舍建设与设施配套

一、猪场不同类型猪舍的建设

1. 猪舍的基本结构

猪舍的基本结构包括地面、墙、门窗、屋顶等，这些又统称为猪舍的“外围护结构”。猪舍的小气候状况在很大程度上取决于外围护结构的性能。

(1) 基础和地面 基础的主要作用是承载猪舍自身重量、屋顶积雪重量和墙、屋顶承受的风力。基础的埋置深度，根据猪舍的总载荷、地基承载力、地下水位及气候条件等确定。基础受潮会引起墙壁及舍内潮湿，应注意基础的防潮防水。为防止地下水通过毛细管作用浸湿墙体，在基础墙的顶部应设防潮层。

猪舍地面是猪活动、采食、躺卧和排粪尿的地方。地面对猪舍内空气环境质量、卫生状况、猪舍的保温性能及猪的生产性能有较大的影响。

理想地面的基本要求：

① 坚实致密、平坦有弹性，不硬不滑；

② 有足够抗机械能力，抗消毒液和消毒方式能力；

③ 保温，不透水，易清扫消毒，有一定坡度（2%～3%），便于保持地面干燥。

地面要达到上述要求与材料有很大关系，而要选用完全达到要求的材料，实际上难于做到，可以作以下补救：

① 地面不同部位采用不同材料，如畜床用三合土、木板，而通道用混凝土；

② 不同层次用不同材料，取长补短（如加热地面）；

③ 畜床部位铺木板、垫草。

（2）墙壁　墙为猪舍建筑结构的重要部分，它将猪舍与外界隔开。按墙所处位置可分为外墙与内墙。外墙为直接与外界接触的墙，内墙为舍内不与外界接触的墙。按墙长短可分为纵墙与端墙，猪舍一般纵墙承重。

猪舍墙壁要求坚固耐用，承重墙的承载力和稳定性必须满足结构设计要求。墙内表面要便于清洗和消毒。墙内外接近地面部分可做勒脚（墙裙），其作用是防止屋檐滴水、地面雪雨浸入、地下水浸蚀、消毒药水溅湿等。一般内勒脚高1～1.5m，外勒脚高0.5～1m，材料一般用水泥。墙壁应具有良好的保温隔热性能，这直接关系到舍内的温湿度状况。墙壁的厚度应根据当地的气候条件和所选的墙体材料来确定，既要满足墙的保温要求，同时尽量降低成本和投资，避免造成浪费。

（3）门窗　窗户主要用于采光和通风换气。窗户面积大，采光多，通风换气好，但冬季散热多，不利于冬季保温。窗户的大小、数量、形状、位置应根据当地气候条件合理设计。门供人与猪出入，外门一般高2.0～2.4m，宽1.2～1.5m，门外设坡道。外门的设置应避开冬季主风向，必要时加设门斗。

（4）屋顶　屋顶具有遮挡风雨和保温隔热的作用，要求坚固，有一定的承重能力，不漏水、不透风，应具有良好的保温隔热性能。猪舍加设吊顶，可明显提高其保温隔热性能。

2. 猪舍模式选择

猪舍按屋顶形式、墙壁结构与窗户以及猪栏排列等分为多种。

（1）按屋顶形式分类　可分为单坡式、双坡式、联合式、钟楼式、半钟楼式、平顶式、拱顶式等。单坡式一般跨度较小，结构简单、省料，便于施工；舍内光照、通风较好，但冬季保温性差，适合于小型猪场。双坡式应用广泛，适于各种跨度，利于保温、经济。一般跨度大的双列式、多列式猪舍常用双坡式屋顶。联合式屋顶的特点介于单坡式和双坡式之间，比单坡式保温好，但采光差。钟楼或半钟楼式通风、采光好，跨度大，费用略高，适用于炎热地区。拱顶式施工技术高，不便安装其他设施，不宜应用。平顶式可利用屋顶，但防水难，一般采用预制板或现浇钢筋混凝土屋面板，其造价一般较高。

（2）按墙壁结构与窗户分类　可分为开放式、半开放式和密闭式。密闭式猪舍又可分为有窗式和无窗式。开放式猪舍一般三面设墙，一面无墙，通风、采光好。其结构简单，造价低，但受外界影响大，较难解决冬季防寒问题。半开放式猪舍三面设墙，一面设半截墙，其保温性能略优于开放式。冬季可在半截墙以上挂草帘或钉塑料布，能明显提高其保温性能。有窗式猪舍四面设墙，窗户设在纵墙上，窗户的大小和数量可依当地气候条件而定。寒冷地区，猪舍北窗要小，以利于保温。为解决夏季有效通风，夏季炎热地区可在两侧纵墙上设地窗，或在屋顶上设通风管、通风屋脊等。有窗式猪舍保温隔热性能较好。无窗式猪舍与外界隔绝程度较高，墙上只设应急窗，仅供停电应急时用。舍内的通风、光照、舍温全靠人工设备调控，能够较好地给猪只提供适宜的环境条件。但这种猪舍土建、设备投资大，维修费用高，在外界气候较好时，仍需人工调控通风和采光，耗能高。这种猪舍适合对环境条件要求较高的猪，如母猪产房、仔猪培育舍。

(3) 按猪栏排列分类　可分为单列式、双列式、多列式。单列式猪舍猪栏排成一列，靠北墙一般设饲喂走道，舍外可设或不设运动场，跨度较小，结构简单，建筑材料要求低，省工、省料，造价低，但建筑面积利用率低。这种猪舍适于养种猪。双列式猪舍内猪栏排成两列，中间设一走道，有的在两边设清粪通道。这种猪舍建筑面积利用率较高，管理方便，保温性能好，便于使用机械。但北侧猪栏采光性差，舍内易潮湿。多列式猪舍中猪栏排成三列或四列，这种猪舍建筑面积利用率高，猪栏集中，容纳猪只多，运输线短，管理方便，冬季保温性能好；但采光差，舍内阴暗潮湿，通风不良。这种猪舍必须人工控制其通风、光照、温湿度，其跨度多在10m以上。

二、猪场主要设施配套

1. 猪栏机械设备

现代化猪场均采用固定栏式饲养，猪栏一般分为公猪栏、配种栏、母猪栏、分娩栏、仔猪保育栏、生长猪栏与育肥猪栏等。

(1) 公猪栏和配种栏　我国现代化猪舍的公猪栏和配种栏的构造有实体、栏栅式和综合式三种。在大中型工厂化养猪场中，应设有专门的配种栏（小型猪场可以不设配种栏，而直接将公母猪驱赶至空旷场地进行配种），这样便于安排猪的配种工作。

典型配种栏的结构形式有两种：一种是结构和尺寸与公猪栏相同，配种时将公、母猪驱赶到配种栏中进行配种。另一种是由4头空怀待配母猪与1头公猪组成一个配种单元，4头母猪分别饲养在4个单体栏中，公猪饲养在母猪后面的栏中。

公猪栏一般每栏面积为7～9m² 或者更大些。公猪栏每栏饲养1头公猪，栏长、宽可根据猪舍内栏架布置来确定，栏高一般为1.2～1.4m，栏栅结构可以是金属结构，也可以是混凝土结构，但栏门应采用金属结构，便于通风及管理人员观察和操作。

(2) 母猪栏　现代化猪场繁殖母猪的饲养方式有大栏分组群饲、小栏个体饲养和大小栏结合群养三种方式。其中小栏结构有实体、栏栅式、综合式三种。大栏的栏长、栏宽尺寸，可根据猪舍内栏架布置来确定，而栏高一般为0.9～1m，个体栏一般长2m、宽0.65m、高1m。栏栅结构可以是金属结构，也可以是水泥结构，但栏门应采用金属结构。

(3) 分娩栏　分娩栏是一种单体栏，是母猪分娩哺乳的场所。分娩栏的中间为母猪限位架，是母猪分娩和仔猪哺乳的地方，两侧是仔猪采食、饮水、取暖和活动的地方。母猪限位架一般采用圆钢管和铝合金制成，后部安装漏缝地板以清除粪便和污物。两侧是仔猪活动栏，用于隔离仔猪。分娩栏尺寸与猪场选用的母猪品种体型有关，一般长2.2～2.3m、宽1.7～2.0m，母猪限位栏宽0.6～0.65m、高1m；母猪限位栅栏，离地高度为30cm，并每隔30cm焊一孤脚。其栅栏均用铝合金型材料焊接而成，然后用螺栓、插销等组装。母猪限位区前方为饲料槽和饮水槽。分娩栏地面可采用不同材料和结构形式。

(4) 仔猪保育栏　目前我国现代化猪场多采用高床网上保育栏，主要用金属编织漏缝地板网、围栏、自动食槽，连接卡、支腿等组成。仔猪培育栏的长、宽、高视猪舍结构不同而定。常用的有栏长2m，栏宽1.7m，栏高0.6m，侧栏间隙6cm，离地面高度为25～30cm，可养10～25kg的仔猪10～12头，实用效果很好。

(5) 生长猪栏与育肥猪栏　现代化猪场的生长猪栏和育肥猪栏均采用大栏饲养，其结构类似，只是面积大小有差异，有的猪场为了减少猪群转群麻烦，给猪带来应激，常把这两个阶段并为一个阶段，采用一种形式的栏。生长猪栏与育肥猪栏有实体、栅栏式和综合式三种结构。常用的有以下几种：一种是采用全金属栅栏和全水泥漏缝地板条，也就是全金属栅栏架安装在钢筋混凝土板条地面上，相邻两栏在间隔栏处设有一个双面自动饲槽，供两栏内的生长猪或育肥猪自由饮食，每栏安装一个自动饮水器供自由饮水。另一种是采用水泥隔墙及金属大栏门，地面为水泥地面，后部有0.8～1m宽的水泥漏缝地板，下面为粪尿沟。生长育肥猪的栅栏也可以全部采用水泥结构，只留一金属小门。

2. 饮水设备

现代化猪场不仅需要大量饮用水，而且各生产环节还需要大量的清洁用水，这些都需要由供水饮水设备来完成。因此，供水饮水设备是猪场不可缺少的设备。

(1) 供水设备　猪场供水设备包括水的提取、贮存、调节、输送分配等部分，即水井提取、水塔贮存和输送管道等。供水可分为自流式供水和压力供水。现代化猪场的供水一般都是压力供水，其供水系统主要包括供水管路、过滤器、减压阀、自动饮水器等。

(2) 自动饮水器　猪用自动饮水器的种类很多，有鸭嘴式、乳头式、杯式等，应用最为普遍的是鸭嘴式自动饮水器。

① 鸭嘴式自动饮水器。鸭嘴式自动饮水器主要由阀体、阀芯、密封圈、回位弹簧、塞盖、滤网等组成。其中阀体、阀芯选用黄铜和不锈钢材料，回位弹簧、滤网为不锈钢材料，塞盖用工程塑料制造。整体结构简单，耐腐蚀，不漏水，寿命长，猪饮水时，嘴含饮水器，咬压下阀杆，水从阀芯和密封圈的间隙流出，进入猪的口腔，当猪嘴松开后，靠回拉弹簧张力，阀杆复位，出水间隙被封闭，水停止流出。鸭嘴式饮水器密封性能好，水流出时压力降低，流速较低，符合猪只饮水要求。

鸭嘴式自动饮水器一般有大小两种规格，小型的如9SZY2.5（流量2～3L/min），大型的如9SZY 3（流量3～4L/min），乳猪和保育仔猪用小型的，中猪和大猪用大型的。

② 乳头式自动饮水器。乳头式自动饮水器的最大特点是结构简单，由壳体、顶杆和钢球三大件构成。

③ 杯式自动饮水器。是一种以盛水容器（水杯）为主体的单体式自动饮水器，常见的有浮子式、弹簧阀门式和水压阀杆式等类型。

3. 饲料供给设备

根据猪只利用设备的程度，可分为以人工喂料为主和机械喂料为主两种。

(1) 机械喂料所需设备

① 罐装饲料运输车。饲料车的功能是把饲料加工厂的全价配合料运送到猪场，并卸到贮料塔中。

② 贮料塔。贮料塔多用1.5～3mm的镀锌钢板压型组装而成，由4根钢管做支腿。塔体由进料口、上锥体、柱体和下锥体组成。进料口多在顶端，塔的容积根据猪舍饲养量确定，常用的有2t、4t、5t、6t、8t、10t等。

③ 饲料输送机。饲料输送机的功能是把饲料由贮料塔直接分送到食槽。其种类有卧式搅龙输送机、链式输送机、螺旋弹簧输送机、塞管式输送机等，近年来多使用后两种。

④ 食槽。在养猪生产中，无论采用机械饲喂还是人工饲喂，都要选配好食槽。食槽又分为限量饲喂食槽和自动落料食槽。

(2) 人工喂料所需设备　人工喂料所需设备较少，除食槽外，主要是加料车。加料车目前在我国应用较普遍，一般料车长1.2m、宽0.7m、深0.6m，有两轮、三轮和四轮3种，轮径30cm左右。加料车机动性好，可在猪舍走道与操作间之间的任意位置行走和装卸饲料；投资少，制作简单；适宜运送各种形态的饲料。

4. 保温与通风降温设备

(1) 保温设备　猪场保温设备大多是针对小猪的，主要用于分娩舍和保育舍。在分娩舍为了满足母猪和仔猪的不同温度要求，如初生仔猪要求30～32℃，母猪要求17～20℃。因此，常采用集中供暖，维持分娩哺乳猪舍温度18℃，而在仔猪栏内设置可以调节的局部供暖设施，保持局部温度达到30～32℃。

猪舍集中供暖主要利用热水、蒸汽、热空气及电能等形式。在我国养猪生产实践中，多采用热水供暖系统。该系统包括热水锅炉、供水管路、散热器、回水管路及水泵等设备。猪舍局部供暖最常用的有电热地板、热水加热地板、电热灯等设备。目前大多数猪场实现高床分娩和育仔。因此，最常用的局部环境供暖设备是红外线灯或远红外板，前者发光发热，后者只发热不发光，功率规格为 250W。目前生产上使用的电热板有两类：一类是调温型，另一类是非调温型。电热板可直接放在栏内地面适当位置，也可放在特制的保温箱底板上。

（2）通风降温设备　为了排除猪舍内的有害气体，降低舍内温度和局部调节温度，一定要进行通风换气，换气量应根据舍内的二氧化碳或水汽含量来计算。常见的通风降温设备有冷风机降温和喷雾降温两种。当舍内温度不太高时，采用小蒸发式冷风机，降温效果良好。其工作原理是通过水的蒸发吸热，使舍内空气温度降低。在封闭式猪舍，可采用在进气口处加湿帘的办法降温。

5. 清洁与消毒设备

清洁与消毒设备主要有人员车辆消毒设施和环境清洁消毒设备。

（1）人员车辆消毒设施　凡是进入场区的人员、车辆等必须经过彻底的清洗、消毒、更衣等环节。所以，猪场应配备人员车辆消毒池、人员车辆消毒室、浴室等设施及设备。

① 人员车辆消毒池。在场门口应设与大门同宽、1.5 倍汽车轮周长的消毒池，对进场的车辆四轮进行消毒。在进入生产区门口处再设消毒池。同时在大门及生产区门口的消毒室内应设人员消毒池，每栋猪舍入口处应设小消毒池或消毒脚盆，人员进出都要消毒。

② 人员车辆消毒室。在场门口及生产区门口应设人员消毒室，消毒室内要有消毒池、洗手盆、紫外线灯等，人员必须经过消毒室才能进入行政管理区及生产区。有条件的猪场在进入场区的入口处设置车辆消毒室，用来对进入场区的车辆进行消毒。

③ 浴室。生产人员进入生产区时，必须经过洗澡，然后换上经过消毒的工作服才可以进入。因此，现代化猪场应有浴室。

（2）环境清洁消毒设备　猪场常用的主要有地面冲洗喷雾消毒机、火焰消毒器等。

① 地面冲洗喷雾消毒机。工作时柴油机或电动机带动活塞和隔膜往复运动，将吸入泵室的清水或药液经喷枪高压喷出。喷头可以调换，既可喷出高压水流，又可喷出雾状液。地面冲洗喷雾消毒机工作压力一般为 15～20kg/cm^2，流量为 20L/min，冲洗射程 12～14m。其优点是体积小，机动灵活，操作方便；既能喷水，又能喷雾，压力大，可节约清水或药液。

② 火焰消毒器。是利用煤油高温雾化剧烈燃烧产生的高温火焰对猪舍内的设备和建筑物表面进行瞬间高温喷烧，达到杀菌消毒的目的。

6. 粪尿处理系统

随着养猪业规模化、集约化程度的不断提高，每天产生的大量粪尿，必须进行存储和处理，否则会对水源、土壤和周围环境造成严重污染。

猪场粪尿处理系统主要包括粪尿分离式、粪尿混合式和水冲式 3 种形式。粪尿分离式一般是用人工或刮板机械清粪，每日 2～3 次，将鲜粪和尿分离。这种处理方式因污水量不大可减轻处理负担，同时处理时还可免去固液分离程序，许多规模化猪场都采用此种方式。粪尿混合式采用厚垫料，粪尿被垫料吸收，一个生产周期清粪一次，主要用于育肥猪场，垫料可采用碎木屑等，一个生产周期后，清除堆积，制成有机肥料。水冲式一般与漏缝地板配合使用，水进入水箱一定位置时，自动将水冲入粪沟，将粪冲出舍外。该方式在发达国家较普遍，我国较大型猪场也采用，可大大提高劳动生产率，减轻劳动强度，但耗水多，污水量大，治理投资大，耗能多。在我国，一般采用粪尿分离的清粪方式。多用人工清除干粪，也可用机器设备分离，主要设备包括粪尿固液分离机、刮板式清粪机。粪尿固液分离机有多种，其中应用最多的有倾斜筛式粪尿分离机、压榨式粪尿分离机、螺旋回转滚筒式粪尿分离机、平面振动筛式粪尿分离机。刮板式清粪机有两种形式，包括单面闭合回转刮板机和步进式往复循环刮板机。

第三节　猪场环境保护

一、环境污染对猪的危害

环境污染主要是人为造成的，其主要来源有：工业生产的废水、废气、废渣、烟尘和噪声等；种植业用的农药、化肥、垃圾肥和污水灌溉等；养殖业的污染，即家畜的粪尿、污水、有毒有害气体、尘埃、微生物、死尸；交通运输的废气、噪声、运载有毒有害物质的泄露等；居民生活废弃物；放射性污染。这些物质通过大气、水或土壤进入生态系统，造成环境污染，危害猪场的安全。

二、猪场对环境的污染

一个10万头猪场日产鲜粪80t、污水260t，每小时向大气中排放150万个细菌、159kg氨气、14.5kg硫化氢、25.9kg饲料粉尘，随风可传播4.5～5.0km远。这些污染物如果处理不当，就会造成环境污染。

猪场对环境的污染，主要表现为大气污染、水体污染、土壤污染、传染疫病、恶化生活环境等方面。

1. 大气污染

猪的粪尿中含有大量未被消化吸收的有机物质，排出体外后会迅速腐败发酵，产生硫化氢、氨、硫醇、苯酸、挥发性有机酸、吲哚、粪臭素、乙酸、乙醛等恶臭物质，污染空气；猪舍的粉尘和微生物也是大气的污染来源。这些气体随风向周围扩散，不仅危及居民的健康，而且也会影响猪的生长，容易引发呼吸道疾病。

2. 水体和土壤污染

猪场的粪便污水不经处理或处理不当，任意排放，会污染土壤和水体。污水可以使水体“富营养化”，变黑发臭。病原微生物、寄生虫、残留的药物或添加剂、消毒药等也会随降水或污水流入水体和土壤，当流入的量超过水体和土壤的自净能力时则发生污染。

此外，猪的粪尿中未被消化吸收的微量元素，排出体外后会导致微量元素在环境中的富集，从而造成环境污染。

3. 传染疫病

猪粪便中往往存在大量病原菌，这些病原菌能引起疫病的传播。此外，场内的粪污滋生大量蚊蝇，也能传染疾病，污染环境。

三、猪场粪污处理和利用

猪场粪便及污水的合理处理和利用，既可以防止环境污染，又可以变废为宝。猪场粪污处理方法与其利用和饲养工艺有关。一般采用干清粪方式，污水比较少，容易处理；采用自动清粪方式，污水量大，先要经过固液分离后再做处理，进行利用。

1. 污水净化

首先将冲洗猪舍产生的污水排入生物塘或人工绿地，经过7～15天的有效净化和吸收，降低生化需氧量（BOD）、化学需氧量（COD）含量。或者通过沼气池处理，污水通过厌氧发酵产生沼气，同时降低污水浓度，沼液和沼渣可以达到农田灌溉水质标准时，将处理后的污水引入农田或灌溉稻田使用。

（1）生物塘　生物塘主要是通过生物根系上附着的微生物降解有机污染物，植物吸收污水中的氮、磷元素达到净化水质的目的。

处理工艺流程：污水→沟渠→生物塘→排放。

建议方式：一般在猪舍附近挖深0.5～1.0m的处理水塘，水面种植水葫芦和细绿萍等水生生物或者蔬菜、花卉等陆生植物。

(2) 人工绿地　人工绿地和人工湿地主要用于处理生活污水。

人工生态绿地处理系统是在一般绿地的基础上进行特殊结构设计，由人工建造和监督控制的有一定长宽比的生态模块。它利用模块中基质、植物、微生物之间的相互作用，通过自然生态系统中的物理、化学和生物三者的协同作用，达到对污水的净化处理。模块主体为卵石、粗沙、细沙、微生物组成的填料床，并在床体表面种植具有处理性能好、耐污性好、适应能力强、根系发达且美观的植物。污水中的营养物质通过微生物降解，由植物吸收，植物通过光合作用吸取污水中的富营养物质，同时植物通过光合作用提供微生物氧化反应所需的氧源。

处理工艺流程：污水→粪池→预处理系统→生态绿地处理→排放。

(3) 沼气池　沼气处理主要是利用厌氧生物污水处理技术对规模化畜禽养殖场污水进行处理。

2. 污水利用

(1) 污水养鱼　污水通过净化水质达到渔业用水标准时，将污水放入养鱼池，经鱼、蚌等水生动物进一步吸收净化污水。

(2) 农田灌溉　农田灌溉是目前采用的比较普遍的污水利用模式，经过净化的污水直接排入农田、果园、山林等。

3. 猪粪生态处理模式

(1) 作为肥料　猪粪可以直接作为农家肥施用。也可以通过好氧发酵法、厌氧发酵法、快速烘干法、微波法、膨化法、充氧动态发酵法等方式，在畜禽有机肥生产厂先将猪粪进行加工处理，使其成为适用于各种不同作物的有机肥后再施用。

(2) 作为畜禽饲料　猪粪既含有丰富的营养成分，如氮素、矿物质、纤维素，能作为取代饲料中某些营养成分的物质，但又含有大量的有毒有害物质，主要包括病原微生物（细菌、病毒、寄生虫）、化学物质（如真菌毒素）、杀虫药、有害金属、药物和激素等。需经过加工消除有毒有害物质方可作为畜禽饲料。其加工方法有干燥法、青贮法、有氧发酵法和分离法等。

(3) 作为能源　猪粪通过厌氧发酵能生产沼气，沼气是极好的能源物质。猪粪通过厌氧发酵也解决了大型猪场的猪舍粪便污染问题。发酵所生产的沼液可以直接肥田，沼渣可以用来养鱼。

四、猪场环境保护

保护猪场环境免受污染，必须防止猪场的大气、水源和土壤的污染。避免这些污染应从猪场建场时采用合理的工艺、选择适宜的场址、进行合理的总体设计、采用必要的粪污处理设施，对猪场废气物进行有效处理。此外，还要搞好猪场的绿化，改善猪场的大气环境，防止污染；要做好水源防护和水体净化工作，防止水体污染。

1. 猪场的绿化

绿化是净化空气的有效措施，植物的光合作用能吸收二氧化碳、释放氧气，降低温度10%～20%，减少热辐射80%，减少细菌含量22%～79%，除尘35%～67%，除臭50%，减少有毒有害气体含量25%，还有防风防噪声的作用。可见绿化对于防暑降温、防火防疫、调节改善场区小气候具有明显的作用。

(1) 绿化带（防疫、隔离、景观）　在场区种植乔木和灌木混合林带，特别是场区的北、西侧，应加宽这种混合林带（宽度达10m以上，一般至少应种5行），以起到防风阻沙的作用。场区隔离林带主要用来分隔场内各区及防火，如在生产区、住宅及生产管理区的四周都应有这种隔离林带。中间种乔木，两侧种灌木（种植2～3行，总宽度为3～5m）。

(2) 道路绿化　场区内外道路两旁，一般种1～2行树冠整齐的乔木或亚乔木，在靠近建筑物的采光地段，不应种植枝叶过密、过于高大的树种，以免影响畜舍的自然采光。最好采用常青树种。

(3) 运动场遮阴林　在猪舍之间种植1～2行乔木或亚乔木，树种根据猪舍间距和通风要求选择。

（4）藤蔓植物及花草　在猪舍墙上种藤蔓植物，在裸露的地面种草。

2. 水源防护和水体净化

猪场给水分为分散式给水和集中式给水。分散式给水是指各用水点直接由不同或相同的水源分散取水。若以井为供水点，水井要打在高处，周围 30m 范围内不得有粪池、厕所等污染源，距离猪舍 30m 以上；以江河湖泊为供水点，要在远离码头、工厂、排污口的上游取水，在 30～50m 范围内划为卫生防疫带，不能有污染源。集中式给水又称自来水，若以地表水为集中给水的水源，在取水点周围 100m 范围内不得有任何污染；取水点上游 1000m、下游 100m 水域内不准有污水排放。为了确保饮水安全、无污染，猪场最好以地下水为水源。

如果水质较差，需要净化消毒后才能使用。在猪场确定水源后，一定要水质检验部门对水质检验后才能使用。检验未达饮用水标准时，一定要制备饮水净化和消毒设备，或重新打井。

[复习思考题]

1. 如何选择猪场场址？
2. 猪场场区规划布局有哪些要求？
3. 如何根据猪场自身条件进行猪舍建筑和选择配套设备？
4. 试简述你所处地区养猪生产中的防寒保温和防暑降温的主要措施有哪些？
5. 养猪场环境保护的主要措施有哪些？

第三章　种猪的选择方法

[知识目标]

- 了解猪的品种分类。
- 掌握我国地方猪种的品种、分类及优良种质特性。
- 掌握引入品种及种质特性，我国培育品种的特征与生产性能。
- 了解我国种猪资源保护的意义与保种基本方法。
- 掌握种猪选择的常用方法。
- 了解并掌握猪的常见经济杂交方式，影响杂种优势的因素。

[技能目标]

- 学会常见猪品种的识别方法。
- 学会种猪重要繁殖性状、生产性状和胴体性状的测定方法。
- 能够根据本地猪生产实际，设计合适的经济杂交方式。

第一节　猪的分类与品种

我国猪遗传资源极为丰富，根据2004年1月出版的《中国畜禽遗传资源状况》介绍，我国已认定的596个畜禽品种中，猪种99个（地方品种72个、培育品种19个和引入品种8个），加上2004年以来审定的新品种和配套系6个，共105个猪种，可谓世界之冠，是世界猪种资源宝库中的重要组成部分。

一、猪的品种分类

按经济类型划分，可分为瘦肉型、脂肪型和肉脂兼用型三种（表1-3-1）。

表1-3-1　猪种经济类型划分比较

比较项目		瘦肉型	脂肪型	肉脂兼用型
体形外貌	体型	流线型，中躯长，腿臀发达，肌肉丰满	方砖型，中躯呈正方形，体躯宽、短、矮、肥	介于前二者之间
	头颈部	轻而肉少	重而肉多	
	四肢	高，四肢间距宽	矮，四肢间距窄	
	体长与胸围比	大于15～20cm	不超过2～3cm	
胴体特征	瘦肉率	高于55%	低于45%	45%～50%
	背膘	薄，小于3.5cm	厚，大于4.5cm	3.5～4.5cm
饲料利用特点		转化瘦肉率高	转化脂肪率高	
代表品种		长白猪、大约夏猪、三江白猪、湖北白猪	槐猪、赣州白猪、两广小花猪、海南猪	上海白猪、新金猪

二、我国地方猪种

1. 我国地方猪种的分类

我国地方猪种按其外貌体型、生产性能、当地农业生产情况、自然条件和移民等社会因素，大致可以划分为六个类型：华北型、江海型、华中型、华南型、西南型、高原型。

(1) 华北型　华北型猪主要分布在淮河、秦岭以北。

华北型猪毛色多为黑色，偶在末端出现白斑。体躯较大，四肢粗壮；头较平直，嘴筒较长；耳大下垂，额间多纵行皱纹；皮厚多皱褶，毛粗密，鬃毛发达，可长达10cm；冬季密生绒毛，乳头8对左右，产仔数一般在12头以上，母性强，泌乳性能好，仔猪育成率较高。耐粗饲，消化能力强。代表猪种有东北民猪、八眉猪、黄淮海黑猪、沂蒙黑猪等。

(2) 华南型　华南型猪分布在云南省西南部和南部边缘，广西和广东偏南的大部分地区，以及福建的东南角和台湾各地。

华南型猪毛色多为黑白花，在头、臀部多为黑色，腹部多为白色，体躯偏小，体型丰满，背腰宽阔下陷，腹大下垂，皮薄毛稀，耳小直立或向两侧平伸；性成熟早，乳头多为5～7对，早熟，产仔数较少，每胎6～10头；脂肪偏多。代表猪种有两广小花猪、蓝塘猪、香猪、槐猪、桃源猪、海南猪等。

(3) 华中型　华中型猪主要分布于长江南岸到北回归线之间的大巴山和武陵山以东的地区，大致与华中区相符合。

华中型猪体躯较华南型猪大，体型则与华南型猪相似。毛色以黑白花为主，头尾多为黑色，体躯中部有大小不等的黑斑，个别有全黑者，体质较疏松，骨骼细致，背腰较宽而多下凹，乳头6～7对，生产性能介于华南型猪与华北型猪之间，每窝产仔10～13头；早熟，肉质细嫩。代表猪种有金华猪、大花白猪、华中两头乌猪、福州黑猪、莆田黑猪等。

(4) 江海型　江海型猪主要分布于汉水和长江中下游沿岸，以及东南沿海地区。

江海型猪毛色自北向南由全黑逐步向黑白花过渡，个别猪种全为白色，骨骼粗壮，皮厚而松，多皱褶，耳大下垂；繁殖力高，乳头多为8对或8对以上，窝产仔13头以上，高者达15头以上；脂肪多，瘦肉少。代表猪种有太湖猪、姜曲海猪、虹桥猪、中国台湾猪等。

(5) 西南型　西南型猪主要分布在云贵高原和四川盆地的大部分地区，以及湘鄂西部。

西南型猪毛色多为全黑和相当数量的黑白花（“六白”或不完全“六白”等），但也有少量红毛猪。头大，腿较粗短，额部多有旋毛或纵行皱纹；乳头多为6～7对，产仔数一般为8～10头；屠宰率低，脂肪多。代表猪种有内江猪、荣昌猪、乌金猪等。

(6) 高原型　高原型猪主要分布在青藏高原。

高原型猪被毛多为全黑色，少数为黑白花和红毛。头狭长，嘴筒直尖，犬齿发达，耳小竖立，体形紧凑，四肢坚实，形似野猪；属小型早熟品种，乳头多为5对，每窝产仔5～6头，生长慢，胴体瘦肉多；背毛粗长，绒毛密生，适应高寒气候。藏猪为其典型代表。

2. 我国猪种的优良遗传特性

(1) 繁殖力强　主要表现在母猪的初情期和性成熟早，排卵数和产仔数多，胚胎死亡率低；乳头数多，泌乳力强，母性好，发情明显，可利用年限长；公猪睾丸发育较快，初情期、性成熟期和配种日龄均早。初情期平均98天[64(二花脸)～142天(民猪)]；平均体重24kg[12(金华猪)～40kg(内江猪)]，而国外主要猪种在200日龄左右。我国地方猪种，除华南型和高原型的部分品种外，普遍具有很高的产仔数。如太湖猪平均产仔15.8头，平均排卵数为28.16个，比其他地方猪种多6.58个，比国外猪种多7.06个；太湖猪早期胚胎死亡率平均为19.99%，国外猪种为28.40%～30.07%。

(2) 抗应激和适应性强　我国猪种对粗纤维利用能力、抗寒性能、耐热性、体温调节机能都很强；对高温高湿、耐饥饿、抗病力及高海拔等具有很强的适应性，有些猪种对严寒（民猪等）、酷暑（华南型猪）和高海拔（藏猪和内江猪）有很强的适应性。绝大多数中国猪种没有猪应激综合征（PSS）。

(3) 肉质优良　我国地方猪种素以肉质鲜美著称。10个地方猪种肌肉品质的研究表明：肌肉颜色鲜红（没有肉色灰白、质地松软和渗水的劣质肉，即所谓的PSE肉），系水力强，肌肉大理石纹适中，肌纤维细，肌肉内脂肪含量高。由于具有上述特点，在口感上具有细嫩多汁和肉香味美的感觉，加之肉色鲜红，而这些是国外猪种无法与之相比的。

(4) 矮小特性　我国贵州和广西的香猪、海南的五指山猪、云南的版纳微型猪以及台湾的小耳猪，是我国特有的遗传资源。成年体高在35～45cm，体重只有40kg左右，具有性成熟早、体形小、耐粗饲、易饲养和肉质好等特性，是理想的医学实验动物模型，也是烤乳猪的最佳原料，具有广阔的开发利用前景。

我国地方猪种虽具有以上优良特性，但同时也存在生长慢、成熟早、脂肪多和皮厚等缺点，需扬长避短，合理开发利用。

3. 国家级猪种资源保护品种

2006年6月2日，中华人民共和国农业部发布第662号公告，确定以下34个地方猪种为国家级猪种资源保护品种：八眉猪、民猪、黄淮海黑猪（马身猪、淮猪、莱芜猪、河套大耳猪）、汉江黑猪、蓝塘猪、槐猪、两广小花猪（陆川猪）、香猪、五指山猪、滇南小耳猪、粤东黑猪、大花白猪（广东大花白猪）、金华猪、华中两头乌猪（通城猪）、清平猪、湘西黑猪、玉江猪（玉山黑猪）、莆田黑猪、嵊县花猪、宁乡猪、太湖猪（二花脸猪、梅山猪）、姜曲海猪、内江猪、荣昌猪、乌金猪（大河猪）、关岭猪、藏猪、里岔黑猪、浦东白猪、撒坝猪、大蒲莲猪、巴马香猪、河西猪、安庆六白猪。

三、引入的国外品种

19世纪末期以来，从国外引入的猪种有10多个，其中对我国猪种改良影响较大的有中约克夏猪、巴克夏猪、大白猪、苏白猪、克米洛夫猪、长白猪等；20世纪80年代，又引进了杜洛克猪、汉普夏猪和皮特兰猪。

目前，在我国影响大的瘦肉型猪种有大约克夏猪、长白猪、杜洛克猪、皮特兰猪及PIC配套系猪、斯格配套系猪。

1. 国外引入品种的种质特性

(1) 生长速度快，饲料报酬高　体格大，体形均匀，背腰微弓，后躯丰满，呈长方形体型。成年猪体重300kg左右。生长育肥期平均日增重在700～800g以上，料重比2.8以下。

(2) 屠宰率和胴体瘦肉率　100kg体重的猪屠宰时，屠宰率70%以上，胴体背膘薄在18mm以下，眼肌面积33cm^{2}以上，后腿比例30%以上，胴体瘦肉率62%以上。

(3) 肉质较差　肉色、肌内脂肪含量和风味都不及我国地方猪种，尤其是肌内脂肪含量在2%以下。出现PSE肉（肉色苍白、质地松软和渗水肉）和暗黑肉（DFD）的比例高，尤其是皮特兰猪的PSE肉。

(4) 繁殖性能差　母猪通常发情不太明显，配种难，产仔数较少。长白和大白猪经产仔数为11～12.5头，杜洛克猪、皮特兰猪一般不超过10头。

(5) 抗逆性较差。

2. 主要引入品种

(1) 大约克夏猪　原产于英国。体型大、被色全白，又名大白猪。大约克夏猪具有增重快、繁殖力高、适应性好等特点。窝产仔数11.8头，日增重930g，饲料转化率2.30，胴体瘦肉率61.9%。在我国猪杂交繁育体系中一般作为父本，或在引入品种三元杂交中常用作母本或第一父本。

(2) 长白猪（兰德瑞斯猪）　原产于丹麦，体躯长，被毛全白，在我国都称它为长白猪。长白猪具有增重快、繁殖力高、瘦肉率高等特点。窝产仔数12.7头，日增重947g，饲料转化率2.36，胴体瘦肉率60.6%。在我国猪杂交繁育体系中一般作为父本，或在引入品种三元杂交中常用作母本或第一父本。

(3) 杜洛克猪　原产于美国，全身被毛棕色。杜洛克猪具有增重快、瘦肉率高、适应性好等特点。在生产商品猪的杂交中多用作终端父本。

(4) 皮特兰猪　原产于比利时。被毛灰白，夹有黑色斑块，还杂有部分红毛。皮特兰猪具有体躯宽短、背膘薄、后躯丰满、肌肉特别发达等特点，是目前世界上瘦肉率最高的一个猪种。但该品种肌纤维较粗，肉质、肉味较差。日增重 800g 以上，饲料转化率 2.4，胴体瘦肉率 64%。在生产商品猪的杂交中多用作终端父本。

四、我国培育品种

1. 哈尔滨白猪

哈尔滨白猪简称哈白猪，产于黑龙江省南部和中部，以哈尔滨市及周围各县较为集中。哈尔滨白猪是当地猪种同约克夏猪、巴克夏猪和俄国不同地区的杂种猪进行无计划的杂交，形成了适应当地条件的白色类群。自 1953 年以来，通过系统选育，扩大核心群，加速繁殖与推广，1975 年被认定为新品种。

哈白猪具有较强的抗寒和耐粗饲能力、肥育期生长快、耗料少、母猪产仔和哺乳性能好等特点。

2. 上海白猪

上海白猪的中心产区位于上海市近郊的上海县和宝山县。1963 年前很长一个时期，上海市及近郊已形成相当数量的白色杂种猪群，这些杂种猪具有本地猪和中约克夏猪、苏白猪、德国白猪等的血液。1965 年以后，广泛开展育种工作。1979 年被认定为一个新品种。

上海白猪体型中等，全身被毛白色，属肉脂兼用型猪，具有产仔较多、生长快、屠宰率和瘦肉率较高，特别是猪皮优质，适应性强，既能耐寒又能耐热等特性。

3. 湖北白猪

湖北白猪主产于湖北武昌地区。1973～1978 年展开大规模杂交组合实验，确定以通城猪、荣昌猪、长白猪和大白猪作为杂交亲本，并以“大白猪×(长白猪×本地猪)”组合组建基础群，1986 年育成的瘦肉型猪新品种。

湖北白猪体格较大，被毛白色，能很好地适应长江中下游地区夏季高温和冬季湿冷的气候条件，并能较好地利用青粗饲料，兼有地方品种猪耐粗饲特性，并且在繁殖性状、肉质性状等方面均超过国外著名的母本品种。

4. 三江白猪

三江白猪主产于黑龙江省东部合江地区。以长白猪和东北民猪为亲本，进行正反杂交，再用长白猪回交，经 6 个世代定向选育 10 余年培育成的瘦肉型猪新品种，于 1983 年通过鉴定，正式命名为三江白猪。三江白猪全身被毛白色，具有很强的适应性，不仅抗寒，而且对高温、高湿的亚热带气候也有较强的适应能力。在农场生产条件下，表现出生产快、耗料少、瘦肉率高、肉质良好、繁殖力较高等优点。

5. 北京黑猪

北京黑猪中心产区为北京市国营北部农场和双桥农场。基础群来源于华北型本地黑猪与巴克夏猪、中约克夏猪、苏白猪等国外优良猪种进行杂交，产生的毛色、外貌和生产性能颇不一致的杂种猪群。1960 年以来，选择优秀的黑猪组成基础猪群，通过长期选育，于 1982 年通过鉴定，确定为肉脂兼用型新品种。

北京黑猪被毛全黑，具有肉质优良、适应性强等特性，是北京地区的当家品种，与国外瘦肉型良种长白猪、大约克夏猪杂交，均有较好的配合力。

6. 南昌白猪

南昌白猪中心产区是江西省南昌市及其近郊。1987～1997 年通过滨湖黑猪、大约克夏猪等品种杂交培育而成，并经国家猪品种审定专业委员会审定通过。

南昌白猪毛色全白，背长而平直，后躯丰满，四肢结实，具有适应性强、肌内脂肪丰富、肉质优良等特性。

五、我国种猪资源的保护与利用

1. 我国猪种资源的保护

现代猪种的遗传改良集中在少数瘦肉型良种猪，世界各国都以很大的比例逐渐取代了地方猪种，占据了世界养猪生产的主导地位。对于发展中国家，虽有较丰富的猪种资源，由于盲目引进外来品种杂交和保种措施不当，造成地方猪种的退化和数量的锐减。世界性的猪种资源危机已成为严峻的现实。

我国重视地方猪种的保护工作，几乎每个地方的猪种都设有保种场，因此除少数猪种濒临灭绝外，绝大多数基本保存下来了。

2. 保种的重要性

(1) 人类社会生存发展的需要　畜禽遗传资源是创造人类所需要的畜禽品种的基本素材，是满足人类社会现在以及未来生存和发展的基本素材，是国家的战略性资源。

(2) 畜牧业可持续发展的需要　我国许多畜禽品种具有独特的遗传性状，如繁殖力高、成熟早、肉质风味独特及药用价值、特异抗病能力和抗逆性强，是培育高产、优质动物新品种的良好素材，有利于培植产业优势，提高我国畜产品在国际市场中的竞争能力。

3. 保种的基本方法

(1) 活体原位保存　实用，可以在利用中动态地保存资源。其弊端是需要设立专门的保种群体，维持成本很高，同时亦存在管理问题，而且畜群会受到各种有害因素的侵袭，如疾病、近交等。

(2) 配子或胚胎的超低温保存　目前还不能完全替代活畜保种，其作为补充方式具有很大的实用价值。可以较长时期地保存大量基因，免除畜群对外界环境条件变化的适应性改变；样本收集和处理费用较低，冷冻保存的样本也便于长途运输。

(3) DNA 保存　DNA 基因组文库作为一种新方法，目前处于研究阶段，随着分子生物学和基因工程技术的完善，可以直接在 DNA 水平上保存一些特定的性状。通过对独特性能的基因或基因组定位，进行 DNA 序列分析，利用基因克隆，长期保存 DNA 文库，是一种安全、可靠、维持费用最低的保存方法。

此外，体细胞保存也是很有希望的一种方式。这些方法各有利弊，需要共同使用，互相补充。

4. 我国猪种资源的开发利用

(1) 利用杂种优势　利用中国猪与西方现代猪种的显著差异，通过杂交，获得明显的互补效应和杂种优势。我国地方猪种普遍具有繁殖力高、肉质好、耐粗放的优点，西方现代猪种则具有生长快、饲料转化能力强、瘦肉率高的优点，双方的优点又正好是对方的弱点，杂种大多兼具双方的优点，既有较高的繁殖力和良好的肉质，生长较快、瘦肉率较高、适应性强，对饲养环境和繁殖技术要求较低，适合农村饲养。

(2) 培育新品种（系）　以我国地方猪种的突出优点作为育种素材，培育新的品种和品系。太湖猪具有繁殖力高（高于西方猪 80%）、肉质优良、耐粗放等优点，但它具有明显的弱点，即生长慢、瘦肉率低、精饲料转化能力差、缺乏市场竞争力。用太湖猪作为三元杂交的母本，效果很好，但经济上不合算。纯繁的公猪需要量不多，经济利用价值小，而且三元杂交不易组织。苏州市苏太猪育种中心，引入 50% 的杜洛克猪血液，经过 10 年的选育，育成了生长较快、瘦肉率较高、繁殖力高、肉质鲜美的新品种，命名为苏太猪。

欧美各国也都引进太湖猪以提高现代猪种的繁殖力，效果明显，一般都能提高产仔数 1～3 头，这是西方猪种上百年选种得不到的成绩。

(3) 特殊基因资源的利用　我国地方猪种矮小、肉质优良等，一可作为实验动物，二可开发名优特产品。香猪、五指山猪等小型猪种不仅是人类心血管疾病、消化代谢疾病、口腔疾病及胚胎遗传工程等方面理想的实验动物，而且是烤乳猪的最佳原料；金华猪、大河猪分别是金华火腿与宣威火腿的原料猪。

第二节 种猪的选择方法

一、猪的主要经济性状

1. 繁殖性状

（1）窝产仔数　包括总产仔数和产活仔数。总产仔数：出生时同窝的仔猪总数，包括死胎、木乃伊、畸形和弱仔猪。产活仔数：出生 24h 内同窝存活的仔猪数，包括衰弱即将死亡的仔猪在内。

（2）初生重与初生窝重　初生重是指仔猪出生后 12h 以内称取的重量，初生窝重是指同窝活产仔猪初生重的总和。

（3）泌乳力　由于母猪泌乳的生理特点，很难直接准确称量泌乳量，常用 20 日龄仔猪的全窝重量减去初生窝重来表示，包括寄养过来的仔猪在内，但寄养仔猪的体重不计入。

（4）断奶窝重　指同窝仔猪在断奶时的总重量。包括寄养仔猪在内，但应注明断奶日龄。国外仔猪断奶时间较早，为 21 日龄或 28 日龄；我国农村一般在 60 日龄左右。近年来，在一些集约化猪场采取 28 日龄或 35 日龄的早期断奶。现代养猪生产实践中，一般把断奶窝重作为选择性状的总指标，因为它与其他繁殖性状密切相关。

（5）初生日龄与产仔间隔　初产日龄指母猪头胎产仔的日龄。产仔间隔是指母猪相邻两胎次间的平均间隔期，即产仔期＝妊娠期＋空怀期。

2. 生长性状

（1）生长速度　通常用平均日增重来表示，即在一定时间内生长肥育猪平均每天增加的体重。计算方法是用某一段时间内的总增重除以饲养天数。我国当前通常从仔猪断奶后体重达 20kg 时开始，上市体重达 90kg 或 100kg 时结束，计算整个测定期间（肥育期）的平均日增重。

平均日增重＝(结束体重－开始体重)/饲养天数

（2）活体背膘厚　在测定 100kg 体重日龄的同时采用 B 超扫描测定其倒数第 3～4 肋骨间、距离背中线 5cm 处的背膘厚，以毫米为单位。无 B 超时可以采用 A 超测定胸腰结合部、腰荐结合部沿背中线左侧 5cm 处的两点膘厚平均值。

（3）饲料转化率　指生长肥育期内或性能测定期每增加 1kg 活重的饲料消耗量。

饲料转化率＝测定期间饲料消耗总量/(结束体重－开始体重)

（4）采食量　采食量是度量食欲的性状。在不限饲条件下，猪的平均日采食饲料量称为饲料采食能力或随意采食量，是近年来猪育种方案中日益受到重视的性状。

3. 胴体与肉质性状

（1）胴体重　猪屠宰后经放血、脱毛及去除头、蹄、尾及内脏（保留板油和肾脏）所得的重量。

（2）胴体背膘厚　胴体测量时，将左侧胴体（以下需屠宰测定的都是指左侧胴体）肩部最厚处、胸腰椎结合处和腰荐椎接合处三点膘厚的平均值作为平均背膘厚。

（3）眼肌面积　指热胴体（左半）的倒数第 1 和第 2 胸椎间背最长肌的横断面面积。在测定活体背膘厚的同时，利用 B 超扫描测定同一部位的眼肌面积，用平方厘米表示。用硫酸纸描绘出横断面的轮廓，用求积仪计算面积。如无求积仪可用下式计算：

眼肌面积(cm^2)＝眼肌宽度(cm)×眼肌厚度(cm)×0.7

（4）腿臀比例　指沿腰椎与荐椎结合处的垂直线切下的腿臀重占胴体重的比例。计算公式为：

腿臀比例＝腿臀重/胴体重×100％

（5）胴体瘦肉率和脂肪率　将左半胴体进行组织剥离，分为骨骼、皮肤、肌肉和脂肪四种组织。瘦肉量和脂肪量占四种组织总量的百分率即为胴体瘦肉率和脂肪率。公式如下：

胴体瘦肉率(%)＝瘦肉重量/(瘦肉重＋脂肪重＋皮重＋骨重)×100%

胴体脂肪率(%)＝脂肪重量/(瘦肉重＋脂肪重＋皮重＋骨重)×100%

由于我国胴体计算方法与国外不同（见胴体重），所以，胴体瘦肉率的数值往往比别的国家要高（3%～5%）。因此，在比较各国猪胴体瘦肉率时应予以注意。

(6) 肌肉 pH　pH 测定的时间是在屠宰后 45min 和宰后 24h，测定部位是背最长肌和半膜肌或头半棘肌中心部位。可将玻璃电极（或固体电极）直接插入测定部位肌肉内测定。宰后 45min 和 24h 眼肌的 pH 分别低于 5.6 和 5.5 是 PSE 肉［即宰后呈苍白颜色（pale)、质地松软（soft）和汁液渗出（exudative）特征的肌肉］；宰后 24h 半膜肌的 pH 高于 6.2 是 DFD 肉［即宰后肉外观呈暗红色（dark)、质地坚硬（firm)、肌肉表面干燥（dry）的特征的肌肉］。

(7) 肉色　屠宰后 2h 内，在胸腰结合处取新鲜背最长肌横断面用五分制目测对比法评定。1 分为灰白色（PSE 肉色），2 分为轻度灰白色（倾向 PSE 肉色），3 分为鲜红色（正常肉色），4 分为稍深红色（正常肉色），5 分为暗红色（DFD 肉色）。用目测评分法，宜在白天室内正常光照下评定，不允许阳光直射试样，也不允许在黑暗处进行评定。

(8) 滴水损失　屠宰后 2h 内取第 4～5 腰椎处最长肌，并将试样修整为长 5cm、宽 3cm、高 2cm 大小的肉样，放在感应量为 0.01g 的天平上称重，然后用细铁丝钩住肉条的一端，使肌纤维垂直向下吊挂在充气的塑料袋中（肉样不得与塑料袋壁接触），扎紧袋口后吊挂于冰箱内，在 4℃条件下保持 24h，取出肉条称重，按下式计算结果：

滴水损失(100%)＝(吊挂前肉条重－吊挂后肉条重)/吊挂前肉条重×100%

(9) 大理石纹　肌肉大理石纹是指一块肌肉内可见的肌内脂肪。一般取胸腰结合处的背最长肌肉样，置于 4℃条件下的冰箱内 24h 后，对照大理石纹评分标准图，按五分制目测对比法评定。1 分为脂肪呈极微量分布，2 分为脂肪呈微量分布，3 分为脂肪呈适量分布，4 分为脂肪呈较多量分布，5 分为脂肪呈过量分布。

(10) 肌肉嫩度　肌肉嫩度是影响肌肉风味的重要性状。评定肌肉嫩度有主观和客观两种方法。主观方法可以通过咀嚼煮熟肉样进行判定；客观方法有化学测定法和机械测定法，如用肌肉嫩度测定仪进行测定。

二、种猪性能测定方法

1. 性能测定的方式

种猪测定依据其测定方式大致分为场站测定和现场测定或农场测定两种方式。

(1) 场站测定　许多国家为了测定猪的生长性状和胴体品质而建立了中心测定站。它是由若干个优秀的育种场联合构成的一个有组织的种猪测定和育种的调控协调机构，其覆盖面大，形成网络，设施筹建完全相同，并且具有统一的标准化测试仪器和内外环境。它具有测定手段先进、结果可靠等优点，并且测定结果具有可比性、权威性。但测定效率低，很难满足大多数猪场的测定要求，并且将各个猪场的种猪集中到一起增加了感染传染病的机会。测定站的环境与供测猪场的环境有差异，所测定的结果与其在原场的生产水平也有差异。由于这些原因，有些国家的测定站数量逐渐减少，更加强调现场测定制度。

(2) 现场测定　也称猪场测定，是近年来世界各国普遍采用的种猪性能测定制度。现场测定要求各猪场建立自己的种猪测定舍，并且要做到这些圈舍与舍内的仪器设备和环境符合国家统一标准。一般各国都有自己的测定规程和标准。现场测定的最大优点是节约资金和设备，能进行大规模的种猪性能测定，一般规模化猪场都能做到。其不足是各猪场之间可能因条件和方法的差异，使各猪场测定结果可比性降低。

2. 性能测定的步骤与要求

(1) 供测猪的选择　选择优化配种组合，要求被测猪个体双亲均为经过测定证明是优秀个体且遗传稳定，供测猪本身发育良好，无任何疾病。

(2) 测定　供测猪一般断奶时就要送到中心测定站或在本场的测定舍组织测定，测定性状主要是生长速度（90kg 或 100kg 体重时日龄、日增重）、饲料转化率、胴体品质等。在测定过程中，要求做到供测猪的饲养管理和圈舍等环境条件必须保持一致，并实现标准化，遵循国家颁布的种猪性能测定标准，供测猪抽样要一致，以免产生“畜群效应”，而影响测定结果的准确性；尽可能采取单栏单槽饲喂，若采取小群饲喂时群体不宜过大，一般不超过 5 头，对不同品种不能同群饲养，肥育及屠宰方法应力求一致且标准化，一般是体重 20～25kg 时开始测定，对病猪、伤残猪或 1 个月内明显不增重的个体应予以淘汰，并扣除耗料量，肥育至 100kg 体重时结束，按标准进行屠宰和测定胴体肉质性状。

三、种猪的选择

1. 自繁后备猪的选择

后备猪的选择过程，一般经过 4 个阶段。

(1) 断奶阶段选择　第一次挑选（初选），可在仔猪断奶时进行。挑选的标准为：仔猪必须来自母猪产仔数较高的窝中，符合本品种的外形标准，生长发育好，体重较大，皮毛光亮，背部宽长，四肢结实有力，乳头数在 7 对以上（瘦肉型猪种 6 对以上），没有明显遗传缺陷。

从大窝中选留后备小母猪，主要是根据母亲的产仔数，断奶时应尽量多留。一般来说，初选数量为最终预定留种数量公猪的 10～20 倍以上，母猪 5～10 倍以上，以便以后能有较高的选留机会，使选择强度加大，有利于取得较理想的选择进展。

(2) 保育结束阶段选择　保育猪要经过断奶、换环境、换料等几关的考验，一般仔猪达 70 日龄保育结束，断奶初选的仔猪经过保育阶段后，有的适应力不强，生长发育受阻，有的遗传缺陷逐步表现，因此，在保育结束时拟进行第二次选择，将体格健壮、体重较大、没有瞎乳头、公猪睾丸良好的初选仔猪转入下阶段测定。

(3) 测定结束阶段选择　性能测定一般在 5～6 月龄结束，这时个体的重要生产性状（除繁殖性能外）都已基本表现出来。因此，这一阶段是选种的关键时期，应作为主选阶段。应该做到：①凡体质衰弱、肢蹄存在明显疾患、有内翻乳头、体型有严重损征、外阴部特别小、同窝出现遗传缺陷者，可先行淘汰。要对公、母猪的乳头缺陷和肢蹄结实度进行普查。②其余个体均应按照生长速度和活体背膘厚等生产性状构成的综合育种值指数进行选留或淘汰。必须严格按综合育种值指数的高低进行个体选择，该阶段的选留数量可比最终留种数量多 15%～20%。

(4) 母猪配种和繁殖阶段选择　这时后备种猪已经过了三次选择，对其祖先、生长发育和外形等方面已有了较全面的评定。所以，该时期选择的主要依据是个体本身的繁殖性能。对下列情况的母猪可考虑淘汰：①至 7 月龄后毫无发情征兆者；②在一个发情期内连续配种 3 次未受胎者；③断奶后 2～3 月龄无发情征兆者；④母性太差者；⑤产仔数过少者。公猪性欲低、精液品质差，所配母猪产仔均较少者淘汰。

2. 引种选择

(1) 品种的确定　根据办场定位或场内猪群血缘更新的需求进行确定。

一般现代瘦肉型猪场：

原种猪场——必须引进同品种多血缘纯种公、母猪；

扩繁场——可引进不同品种纯种公、母猪；

商品场——可引进纯种公猪及二元母猪。

长大二元母猪综合了长白猪与大约克猪的优点，具有繁殖力高、抗病力强、母性好、哺育率高的特点，是瘦肉型商品猪生产的优良母本。

(2) 引种场家的确定

① 猪群的健康状况是确定能否引种的前提。

② 种猪的性价比是否合适。

③ 该场的生产规模。规模过小势必选择范围窄、血统数少，近亲程度高。

④ 是否开展种猪选育（性能测定），技术资料（含三代系谱）是否齐全。

⑤ 服务是否完善。

⑥ 信誉度好坏。

（3）种公猪的选择

① 体型外貌。要求头和颈较轻细，占身体的比例小，胸宽深，背宽平，体躯要长，腹部平直，肩部和臀部发达，肌肉丰满，骨骼粗壮，四肢有力，体质强健，符合本品种的特征。

② 繁殖性能。要求生殖器官发育正常，有缺陷的公猪要淘汰；对公猪精液的品质进行检查，精液质量优良，性欲良好，配种能力强。

③ 生长肥育性能。要求生长快，一般瘦肉型公猪体重达100kg的日龄在170天以下；耗料省，生长育肥期每千克增重的耗料量在2.8kg以下；背膘薄，100kg体重测量时，倒数第3～4肋骨离背中线6cm处的超声波背膘厚在15mm以下。

（4）种母猪的选择

① 体型外貌。外貌与毛色符合本品种要求。乳房和乳头是母猪的重要特征表现，除要求具有该品种所应有的奶头数外，还要求乳头排列整齐，有一定间距，分布均匀，无瞎乳头、内翻乳头。外生殖器正常，四肢强健，体躯有一定深度。

② 繁殖性能。后备种猪在6～8月龄时配种，要求发情明显，易受孕。淘汰那些发情迟缓、久配不孕或有繁殖障碍的母猪。当母猪有繁殖成绩后，要重点选留那些产仔数高、泌乳力强、母性好、仔猪育成多的种母猪。根据实际情况，淘汰繁殖性能表现不良的母猪。

③ 生长肥育性能。可参照公猪的方法，但指标要求可适当降低，可以不测定饲料转化率，只测定生长速度和背膘厚。

（5）种猪运输　运输车辆忌社会上贩运肉猪的运输车。任何车辆承运前均须进行检查，并彻底清洗消毒。

① 做好车辆隔栏准备，以每栏8～10头为宜，种猪应能自由站立、活动，不可拥挤或过于宽松。

② 车箱底应垫上木屑或稻草，以免蹄脚受损。

③ 启运前不宜饱食。

④ 装车时尽可能同类别猪只混于一栏，且体重不宜相差太大，最好上车时对猪群喷洒有较浓气味的消毒药水。

⑤ 运输途中不能骤停急刹，应保持车辆平稳行驶。

长途运输应随车备有注射器及镇静、抗生素类药物，停车时注意观察猪群状况，遇有异常猪只需及时处理。

第三节　杂种优势的利用技术

一、影响杂种优势的因素分析

1. 性状

不同经济性状所表现的杂种优势是不相同的，遗传力低的性状如产仔数、泌乳力、断奶窝重等繁殖性状，杂种优势表现得明显；遗传力中等的性状如生长速度、饲料转化率等性状，杂交时较易获得杂种优势；而遗传力高的性状如外形结构、胴体长、膘厚、眼肌面积、瘦肉率等性状，杂交时不易获得杂种优势。

2. 亲本品种

杂种优势的大小在较大程度上取决于杂交亲本品种内的同质性和杂交亲本品种间的异质性。亲本品种越纯（遗传稳定性强），即品种内同质程度越高，杂种优势率越高；亲本品种间差异程度越大，即品种间异质性程度越高，则杂种优势也越高。一般说来，不同品种间杂交的杂种优势率要高于同品种内不同品系间杂交。

3. 杂交模式

在养猪生产中，一般三品种杂交效果要优于两品种杂交，而与四品种以上的多品种杂交效果相近，在杂交组织与方法上又比四品种以上的多品种杂交简单，因此，三品种杂交有较大的实用和推广价值。

4. 个体品质

同一品种内个体间存在差异，所以同品种不同个体的杂交效果不一样。因此，对个体同样要进行选择。

5. 饲养管理条件

杂种优势的体现受遗传和环境两大因素的制约。对于一个优良的杂交组合来说，如果所给予的饲养管理条件不适宜，使其基因型不能得到充分表现，那么就无法获得预期的杂种优势。因此，任何杂交组合的好与坏，都要与特定的饲养管理条件相结合，离开了具体的饲养管理条件，就无法评价杂交组合的优劣。

不同营养水平对杂交效果有明显的影响。由于不同营养标准水平下不同杂交组合的日增重、饲料转化率、屠宰率和背膘厚等指标差异极显著，在推广优良杂交组合的同时，需要相应推广最适宜的饲养标准，才能更有效地发挥杂种优势潜力与饲养标准的共同效应。例如，长白猪与我国本地猪交配，由于血缘关系较远，杂种优势较明显，但饲养管理条件较差时，其生长反而比配合力较低的约克夏纯种猪还慢。由于最佳杂交组合随饲养管理条件而变化，所以杂交组合试验不是一劳永逸的。

二、猪杂交模式的建立

1. 二元杂交

二元杂交即两品种杂交，也称单杂交，是指不同品种或不同品系间的公、母猪进行一次杂交，其杂种一代全部用于生产商品肉猪（图 1-3-1）。这种方法简单易行，已在农村推广应用，只要购进父本品种即可杂交。缺点是没有利用繁殖性能方面的优势，仅利用了生长肥育性能方面的杂种优势。二元杂交一般以当地饲养量大、适应性强、繁殖力高的地方品种或培育品种作为母本，选择生长速度快、饲料利用率高的外来品种（如杜洛克等）作为父本。我国培育的瘦肉猪品种或品系也可作为父本使用。

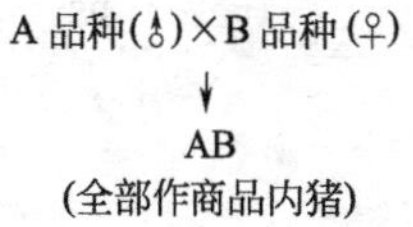

A 品种(♂)×B 品种(♀)
↓
AB
(全部作商品肉猪)

图 1-3-1　二元杂交示意图

2. 三元杂交

三元杂交即三品种杂交，指先利用两品种杂交，从杂种一代中挑选出优良母猪，再与第二父本品种杂交，所有杂种二代均用于生产商品肉猪。这种杂交方式与二元杂交相比，既利用了杂交母本产仔多的优势，又利用了第三品种公猪生长速度快、饲料利用率高的优势。如国内目前普遍采用的杜洛克猪、长白猪、大白猪三元杂交方式，获得的杂交猪具有良好的生产性能，尤其产肉性能突出，深受市场欢迎（图 1-3-2）。

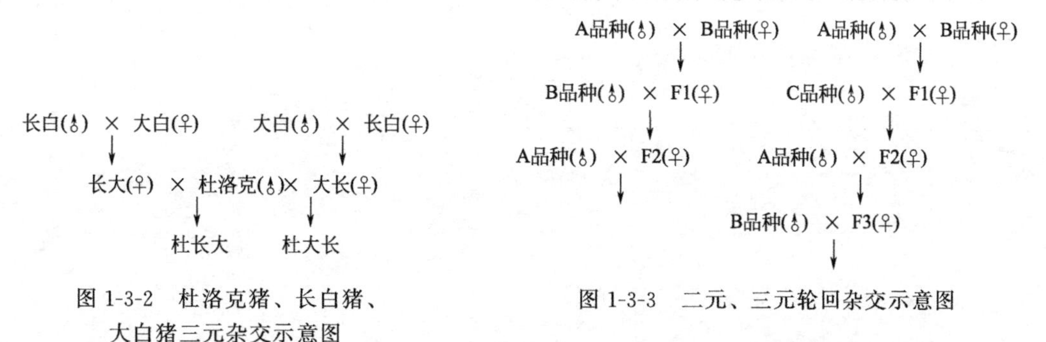

图 1-3-2　杜洛克猪、长白猪、大白猪三元杂交示意图

图 1-3-3　二元、三元轮回杂交示意图

3. 轮回杂交

轮回杂交指在杂交过程中，逐代选留优秀的杂种母猪作为母本，每代用组成亲本的各品种公猪轮流作为父本的杂交方式。利用轮回杂交，可减少纯种公猪的饲养量（品种数量），降低养猪成本，可利用各代杂种母猪的杂种优势来提高生产性能。因此，不一定保留纯种母猪繁殖群，可不断保持各子代的杂种优势，获得持续而稳定的经济效益。常用的轮回杂交方法有二元轮回杂交和三元轮回杂交（图 1-3-3）。

4. 配套系杂交

配套系杂交又叫四品种（品系）杂交，是采用四个品种或品系，先分别进行两两杂交，然后在杂种一代中分别选出优良的父、母本猪，再进行四品种杂交。

配套系杂交的优点：一是可以同时利用杂种公、母猪双方的杂种优势，可获得较强的杂种优势和效益；二是可减少纯种猪的饲养头数，降低饲养成本；三是遗传基础更丰富，不仅可生产出更多更优质的肉猪，而且还可发现和培育出“新品系”。目前国外所推行的“杂优猪”，大多数是由四个专门化品系杂交而产生的。如美国的“迪卡”配套系、英国的“PIC”配套系等。1991 年中国农业部决定从美国迪卡公司为北京养猪育种中心引入 360 头迪卡配套系种猪，其中原种猪有 A、B、C、E、F 五个专门化品系，是由当代世界最优秀的杜洛克猪、汉普夏猪、大白猪、长白猪等猪种组成。在此模式中 A、B、C、E、F 五个专门化品系为曾祖代（GGP）；A、B、C 及 E 和 F 正反交产生的 D 系为祖代（GP）；A 公猪和 B 母猪生产的 AB 公猪，C 公猪和 D 母猪生产的 CD 母猪为父母代（PS）；最后 AB 公猪与 CD 母猪生产的 ABCD 商品猪上市（图 1-3-4）。

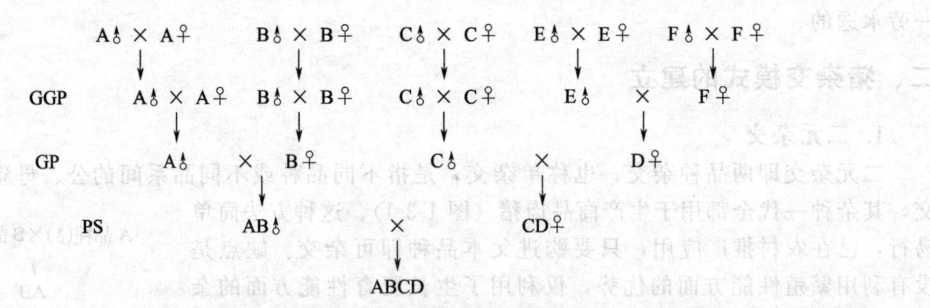

图 1-3-4 迪卡配套系种猪繁育体系模式

[复习思考题]

1. 我国地方猪种有哪些优势遗传特性？
2. 简述我国主要优良地方品种猪品种特征和生产性能。
3. 简述我国主要引入品种猪的品种特征和利用方向。
4. 简述我国新培育品种的品种特征和生产性能。
5. 简述种猪的常用选择方法。
6. 举例说明当地常用的经济杂交方式有哪几种？

第四章 种猪生产技术

[知识目标]

- 掌握种公猪生殖生理特点、饲养与管理知识。
- 掌握种后备母猪培育技术、母猪发情与配种理论与实践方法、妊娠母猪、分娩前后母猪、泌乳母猪和空怀母猪的养殖技术。
- 了解并掌握衡量母猪繁殖力的技术指标与母猪淘汰原则。

[技能目标]

- 学会公猪的采精技术。
- 学会母猪的发情鉴定与配种技术、母猪的妊娠诊断技术、母猪的分娩接产与初生仔猪的护理技术。

第一节 种公猪的生产技术

种猪生产是整个养猪业生产的基础，只有通过科学的饲养管理，种猪才能繁殖出数量多、质量高的仔猪，才能提高养猪业的经济效益。

一、瘦肉型种公猪的特点

头颈粗壮，胸部开阔、宽深，体格健壮，四肢有力；睾丸发育良好，两侧睾丸大小一致、左右对称，无阴囊疝，性欲旺盛，精液量多质好。

二、公猪生殖生理特点

公猪在各种家畜中射精量最大，射精持续时间最长。其一次射精量为150～500ml，最高可达900ml。交配时间为5～10min，最长可达20～25min。种公猪精液中水分占90%～95%，粗蛋白占1.2%～2%，粗脂肪占0.2%，在精液干物质中蛋白质可占60%，精液中还含有矿物质和维生素。因此，应根据公猪生产需要满足其所需要的各种营养物质。

三、种公猪的饲养

1. 营养需要

配种公猪营养需要包括维持公猪生命活动、精液生成和保持旺盛配种能力的需要。所需主要营养包括能量、蛋白质、矿物质、维生素等。各种营养物质的需要量应根据其品种、类型、体重、生产情况而定。

(1) 蛋白质需要　饲粮中蛋白质的品质和数量对维持种公猪良好的种用体况和繁殖能力，均有重要作用。供给充足优质的蛋白质，可以保持种公猪旺盛的性欲，增加射精量，提高精液品质和延长精子的存活时间。对于成年公猪来说，蛋白质水平一般以14%左右为宜，不要过高或过低。蛋白质过低会影响其精液中精子的密度和品质；蛋白质过高不仅会增加饲料成本，而且会使公猪体况偏胖影响配种。因此，在配制公猪饲粮时，要有一定比例的动物性蛋白质饲料（鱼粉、血粉、肉骨粉、鸡蛋等）与植物性蛋白质饲料（豆类及饼粕饲料）。在以禾本科籽实为主的饲料条件下，应补充赖氨酸、蛋氨酸等合成氨基酸，对维持种公猪生殖机能有良好的作用。

(2) 能量需要　种公猪能量需要是维持需要、配种活动、精液生成及生长需要的总和。种公猪每天能量需要量与其年龄、体重、配种频率、配种时活动量的大小及其所处的环境温度有关。例如，非配种期其能量需要为维持需要的1.2倍，配种期则为维持需要的1.5倍；舍温较最低温度每下降1℃，则每天能量摄入量应增加3%左右。饲粮中能量水平不宜过高，控制在中等偏上(每千克饲粮含消化能10.46～12.56MJ) 水平即可。长期喂给过多高能量饲料，公猪不能保持结实的种用体况，因体内脂肪沉积而肥胖，造成性欲和精液品质下降；相反能量水平过低，公猪消瘦，精液量减少，性机能减弱。

(3) 矿物质需要　矿物质对公猪的精液品质和健康同样具有很大影响，饲粮中钙不足或缺乏时，精子发育不全，活力降低或死精子增加；缺磷引起生殖机能衰退；缺锰会产生异常精子；缺锌使睾丸发育不良，精子生成停止；缺硒引起贫血，精液品质下降，睾丸萎缩。公猪饲粮多为精料型，一般含磷多含钙少，故需注意钙的补充。饲粮中钙、磷比例以 (1～1.2)：1为宜。食盐在公猪日粮中也不可缺少，其含量以0.35%为宜。在集约化养猪条件下，更需注意补充上述微量元素，以满足其营养需要。

(4) 维生素需要　维生素对公猪精液品质也有很大影响，特别是维生素A、维生素D和维生素E等，长期缺乏维生素A时，公猪睾丸肿胀、萎缩和性功能衰退，精液品质下降，长期缺乏会丧失繁殖能力。缺乏维生素E时，亦会引起睾丸上皮变性，导致精子生成异常。公猪可从青绿饲料中获得维生素A和维生素E，在缺乏青饲料的条件下，应注意补充维生素。维生素D影响钙、磷代谢，间接影响精液品质，让公猪每天晒一会儿太阳，就能保证维生素D的需要。

(5) 水的需要　除上述各种营养物质外，水也是公猪不可缺少的营养物质。公猪缺水，将会导致食欲下降、体内离子平衡紊乱、其他各种营养物质不能很好地消化吸收，甚至影响健康而发生疾病。因此，必须按其日粮3～4倍量提供清洁、卫生、爽口的饮水。

2. 饲养方式

根据公猪一年内配种任务的集中和分散情况，分别采用以下两种饲喂方式。

(1) 一贯加强的饲养方式　全年都要均衡地供给公猪配种所需的营养，饲养水平基本保持一致，使公猪保持良好的种用体况，适用于常年配种的公猪。

(2) 配种季节加强的饲养方式　实行季节性产仔的猪场，种公猪的饲养管理分为配种期和非配种期，配种期饲料的营养水平和饲料喂量均高于非配种期。于配种前20～30天增加20%～30%的饲料量，在日粮中可加喂鱼粉、鸡蛋等动物性饲料和多种维生素。配种季节保持高营养水平，配种季节过后逐渐降低营养水平。

3. 饲喂技术

(1) 定时定量饲喂　公猪要定时定量饲喂，每顿不能吃得过饱，以8～9成饱为宜，在满足公猪营养需要的前提下，要采取限饲，定时定量。一天一次或两次投喂，体重150kg以下日喂量2.3～2.5kg的全价料，150kg以上日喂量2.5～3.0kg的全价料。冬天要适当增加饲喂量，夏天提高营养浓度，适当减少饲喂量，使公猪保持7～8成膘情，处于理想膘情种公猪的比例应占全群的90%以上。

(2) 宜采用湿拌料或生干料　以精料为主，体积不宜过大，精料用量应比其他类别的猪要多些，适当搭配青绿饲料，尽量少用碳水化合物饲料，保持中等腹部，避免造成垂腹，影响配种。

(3) 公母猪采用不同的饲料类型，以增加生殖细胞差异。公猪宜采用生理酸性饲料，而母猪采用生理碱性饲料。

四、种公猪的管理

1. 建立良好的生活制度

对种公猪饲喂、采精或配种、运动、刷拭等各项作业都应在大体固定的时间内进行，利用条件反射养成规律性的生活制度，便于管理操作，增进健康，提高配种能力。

2. 单圈饲养

种公猪达到性成熟后，应单圈饲养在阳光充足、通风良好、环境安静的圈舍内，圈舍面积不低于 $5m^2$，除保持圈舍干燥清洁外，还必须保持猪体干净干燥。单圈饲养、单栏运动可减少相互爬跨干扰，以保持生活环境的安宁，杜绝自淫恶习。

3. 适时运动

种公猪的适时运动可加强机体新陈代谢，促进食欲，增强体质，锻炼四肢，改善精液品质，从而提高公猪的配种效果。运动不足会使公猪贪睡、肥胖、四肢软弱、性欲低下，且多肢蹄病，会严重影响配种利用。所以除其自由运动外，还应坚持每天上下午各驱赶一次，每次约 1h，行程不少于 1000m。其方法为“先慢，后快，再慢”。夏天选在早晨和傍晚天气凉爽时进行运动，冬季选在中午或天气暖和时进行运动。当发现公猪自淫时，应加大运动量和运动时间，早上赶出运动后再喂料，做到喂养、休息、运动、配种规律化。配种任务大时应酌减运动量或暂停运动。

4. 定时刷拭和修蹄

每天按时给公猪刷拭、清洁皮肤 1～2 次（在每次驱赶运动前进行），保持体表清洁美观，消灭体外寄生虫，促进皮肤代谢和血液循环，提高性活动机能。夏季每天可让公猪洗澡 1～2 次，切忌采精后洗冷水澡。修蹄可使其保持规则，避免影响采精或妨碍运动。

5. 定期检查精液品质

公猪在配种前 2 周左右或配种期中，应进行精液品质检查，防止因精液品质低劣影响母猪受胎率和产仔数。尤其是实行人工授精的公猪，每次采精都要进行精液品质检查。如果采用本交，每月也要进行 1～2 次精液品质检查。对于精子活力在 0.7 以下、密度 1 亿/ml 以下、畸形率 18%以上的精液不宜进行人工授精，限期调整饲养管理规程，如果调整无效应将种公猪淘汰。

6. 注意观察膘情和称重

公猪的膘情是饲料、运动量以及配种量等是否正常的反映。正在生长的幼龄公猪，要求体重逐日增重，但不宜过肥，成年公猪的膘情应保持中上水平，切忌忽肥忽瘦或过肥过瘦。

公猪定期称量体重，可检查其生长发育和体况。根据其体重和体况变化来调整日粮的营养水平、运动量和配种量。

7. 防暑保暖

瘦肉型种公猪的适宜环境温度是 18～20℃。夏季要防暑降温，注意猪舍通风，气温高于 35℃时，可向猪舍房顶及猪体喷水降温，严禁直接冲头部，冬天应补栏圈，铺垫清洁干草，做到勤出勤垫勤晒，搞好防寒保暖。

8. 搞好疫病防治工作

搞好环境卫生，保持栏圈清洁，食槽、用具定期清洗消毒，同时加强粪便管理，防止内外寄生虫侵袭。用阿维菌素驱虫，每年两次，每次驱虫分两步进行，第一次用药后 10 天再用药一次。同时每月用 1.5%的兽用敌百虫进行一次猪体表及环境驱虫。

每年分别进行两次猪瘟、猪肺疫、猪丹毒、蓝耳病等疾病的防疫，10 月底和 3 月份各进行一次口蹄疫防疫。4 月份进行一次乙脑防疫。公猪圈应设严格的防疫屏障，并进行经常性的消毒工作。

五、种公猪的调教与合理利用

1. 种公猪的调教

后备公猪达 8～9 月龄，体重达 125kg 时，可开始调教配种或采精。采精方法有以下几种。

（1）观摩法　将小公猪赶至待采精栏，让其旁观成年公猪交配或采精，激发小公猪性冲动，经旁观 2～3 次大公猪和母猪交配后，再让其试爬假母台畜试采。

（2）发情母猪引诱法　选择发情旺盛、发情明显的经产母猪，让小公猪爬跨，等小公猪阴茎伸出后用手握住螺旋阴茎头，有节奏地刺激阴茎螺旋体部可进行试采。

(3) 外激素或类外激素喷洒假母台畜法　用发情母猪的尿液、大公猪的精液、包皮冲洗液喷涂在假母台畜背部和后躯，公猪进入采精室后，让其先熟悉环境。公猪很快会去嗅闻、啃咬假母猪或在假母猪上蹭痒，然后就会爬跨假母猪。如果公猪比较胆小，可将发情旺盛母猪的分泌物或尿液涂在麻布上，使公猪嗅闻，并逐步引导其靠近和爬跨假母猪。同时可轻轻敲击假母猪以引起公猪的注意。必要时可录制发情母猪求偶时的叫声在采精室播放，以刺激公猪的性欲。

对于后备公猪，每次调教时间一般不超过15～20min，每天可练习一次，一周最好不要少于3次，直至爬跨成功。

2. 种公猪的合理利用

(1) 初配年龄和体重　公猪的初配年龄，随品种、生长发育状况和饲养管理等条件的不同而有所变化。一般来说，我国地方猪种公猪性成熟较早，引入的国外品种性成熟较晚。我国培育品种和杂种公猪性成熟居中，4～5月龄的公猪已性成熟，但并不意味着即可配种利用，如配种过早，会影响公猪本身的生长发育，缩短利用年限，还会降低与配母猪的繁殖成绩。最适宜的初配年龄，在生产中一般要求小型早熟品种在7～8月龄，体重75kg左右；大中型品种在9～10月龄，体重100kg。

(2) 利用强度　经训练调教后的公猪，一般一周采精一次，12月龄后，每周可增加至2次，成年后每周2～3次。青年公猪每周可配2～3次，2岁以上的成年公猪1次/日为宜，必要时也可2次/日，但具体次数要看公猪的体质、性欲、营养供应等。如果连续使用，应每周休息1天。使用过度，精液品质下降，母猪受胎率下降，减少使用寿命；使用过少则增加成本，公猪性欲不旺，附睾内精子衰老，受胎率下降。

(3) 配种比例　配种的方式不同，每头公猪一年所负担的母猪头数也不同。本交时公母性别比为1∶(20～30)；人工授精理论上可达1∶300，实际按1∶100配备。公母比例不当，负担过重或过轻，都会影响公猪的繁殖力。

(4) 利用年限　公猪繁殖停止期为10～15岁，一般使用6～8年，以青壮年2～4岁最佳。生产中公猪的使用年限，一般控制在2年左右。

第二节　种母猪的生产技术

一、后备母猪培育技术

后备母猪是指5月龄到初配前留作种用的母猪。后备猪是猪场的后备力量，及时选留高质量的后备猪，能保持母猪群较高的生产性能。从仔猪育成阶段到初次配种前，是后备猪的培育阶段，其目的是获得体格健壮、发育良好、具有品种典型特征和种用价值高的后备种猪。

1. 初配适龄

母猪性成熟时身体尚未成熟，还需继续生长发育，此时不宜进行配种。配种过早会影响母猪的产仔数及其本身的生长发育，配种过迟会降低母猪的有效利用年限，相对增加种猪成本。后备母猪适宜的初配年龄和体重因品种和饲养管理条件不同而异。一般适宜配种时间为：地方品种猪6月龄左右，体重60～70kg时开始配种；引入品种或含引进品种血液较多的猪种（系）7～8月龄，体重90～110kg，在第2或第3个发情期实施配种。

2. 营养要求

后备母猪由初情期至初次配种时间一般为21～42天，不仅时间长，而且自身尚未发育成熟，因此，后备母猪营养供给的总体原则是，后备母猪饲粮在蛋白质、氨基酸、主要矿物质供给水平上应略高于经产母猪，以满足其自身生长发育和繁殖的需要（表1-4-1）。营养物质需要量参照美国NRC（1998）标准。

表 1-4-1 后备母猪与经产母猪饲粮中主要营养物质含量比较

类 别	能量/(MJ/kg)	蛋白质/%	钙/%	磷/%	赖氨酸/%
后备母猪	14.21	14～16	0.95	0.80	0.70
经产母猪	14.21	12～13	0.75	0.60	0.50～0.55

在实际生产中，后备母猪应饲喂全价日粮，按照后备猪不同的生长发育阶段配合饲料。注意按照表 1-4-1 中所提供的能量、蛋白质、必需氨基酸及矿物质元素比例进行搭配，同时也要注意维生素的补充及水的供应。为了使后备猪更好地生长发育，有条件的猪场可饲喂优质的青绿饲料。

3. 饲养方式

分三个阶段饲养：体重达 15～30kg 充分饲养；体重达 30～40kg 后限制饲养，每天喂全价料 1～1.5kg，青绿多汁饲料 0.5kg；配种前的 10 天至配种结束，要提高饲粮的能量和蛋白质水平，可以对后备母猪实施短期优饲，增加日粮供给量 2～3kg，不仅可以增加排卵数 1～2 枚，而且可以提高卵子质量。

4. 管理

(1) 加强运动　为强健体质，促使猪体发育匀称，特别是增强四肢的灵活性和坚实性，应安排后备母猪适当运动。有条件的猪场，舍外应设运动场，增加母猪运动量、呼吸新鲜空气、接受阳光照射等有利于母猪健康，运动场面积至少 3.5m×5m。也可放牧运动。

(2) 合理分群　后备母猪宜小群低密度饲养，一般每栏数量不超过 6 头，饲养密度适当，每头占地不低于 1.5m²，选择体重、出生日期、大小相近的猪组为一组，防止强夺弱食、互相咬架现象的发生。

(3) 对于瘦肉型猪种，在第一次配种前，限制饲料摄入量将导致背膘减少，可能会影响繁殖性能。如果背中部脂肪厚度少于 7mm，就会发生繁殖方面的问题。

(4) 加强猪群调教训练，利用清理栏舍、喂食之便，经常对猪只进行抚摩、轻拍，建立人与猪的和睦关系，避免后期生产管理中因怕人而惊吓，造成流产现象。同时要训练其养成良好的生活规律，如定时饲喂、定点排泄等。

(5) 注意观察母猪发情现象，一般 6～7 月龄、体重 90～100kg 之后后备母猪往往有发情症状：食欲减少、烦躁不安、阴部肿胀发红，此时不宜配种，一般须发情 2 次后，年龄在 7～8 月龄，体重达 110kg 以上，第三次发情时才开始配种使用。

(6) 大多数青年母猪在体重 120kg 时都可以安全配种生产。对于早熟的地方品种 6～8 月龄时，体重 50～60kg 配种较合适。

(7) 用公猪去刺激育成母猪，能获得较高的发情率和受胎率。

国外通常是在体重 65～75kg 时，选择有潜力的青年母猪，与公猪接触，每天至少 20min，记录日期与所发生的情况。

(8) 做好配种前的疫苗注射及其他日常管理工作（准备配种前 2 个月注射乙脑、细小病毒等疫苗，新购种猪应按免疫程序全部注射一次疫苗）。

二、母猪的发情与配种

1. 初情期

小母猪一般在 120～160 日龄时出现不规则的外阴部潮红、红肿（地方猪会更早），其卵巢也有相当程度的发育，但不排卵。第一次排卵为初情期，标志小母猪性成熟，但第一次发情时排卵数目少，身体其他器官和组织的发育也未完全成熟，故一般应在第 2 或第 3 次发情时配种，此时体重应达 110～120kg，但没必要延迟到第四次发情才配种。这些是提高第一胎母猪产仔数的重要措施之一。

2. 断奶后发情

泌乳能够抑制母猪的发情，因此一般母猪在哺乳期不能正常发情。有些母猪可能分娩后 1 周左右会有一次发情，但与正常发情相比，其发情症状不明显，不接受公猪的爬跨，因此不能作为真正的发情。从内部变化看，母猪有卵泡发育，但一般不排卵。正常分娩哺乳的母猪，在断奶后 3～14 天能够正常发情。头胎母猪断奶后到发情的天数会超过 12 天，第二胎约间隔 9 天，第三胎为 3～7 天。超过 80％的经产母猪在断奶后 4～6 天发情。

3. 母猪的发情周期

母猪自初情期开始，正常情况下，只要没有怀孕、哺乳，每隔一定的时间，卵巢中重复出现卵泡成熟和排卵过程，并出现发情行为，如不配种，这种现象将呈周期性重复出现，称为发情周期。母猪的正常发情周期一般为 18～23 天，平均为 21 天。母猪发情周期可根据母猪生殖系统的变化和母猪的行为变化分为发情前期、发情期、发情后期和间情期四个时期。发情周期是一个逐渐变化的生理过程，四个时期之间并无明确的界限。

4. 母猪的发情表现

一般情况下出现下列症状的大部分甚至全部才能认为母猪已经发情：爬跨其他母猪；食欲减退，甚至完全停食；有渴望的表情，眼睛无神、呆滞；当查情员接近或有种公猪接近时，母猪表现为耳朵向上竖起，身体颤抖；按压其背部时，母猪站立不动，甚至有向后“坐”的姿势，尾巴上下起伏；阴户红肿，从肿胀到发亮，到开始起皱和渐渐消退；外阴流出黏液，从量多而清亮，到浑浊而量少，黏性增强；阴道黏膜红肿、发亮，逐渐呈深红色；把手放在阴唇上有潮湿、温暖的感觉。

5. 母猪排卵规律

母猪发情持续时间为 40～70h，排卵在后 1/3 时间内，而初配母猪要晚 4h 左右。其排卵的数量因品种、年龄、胎次、营养水平不同而异。一般初次发情母猪排卵数较少，以后逐渐增多。营养水平高可使排卵数增加。现代引进品种母猪在每个发情期内的排卵数一般为 20 枚左右，排卵持续时间为 6h 左右；地方品种猪每次发情排卵为 25 枚左右，排卵持续时间为 10～15h。

6. 适时配种

可以从以下两方面确定适宜的配种时间。①从发情症状判断：判断发情要一看二摸三压背，一看是看行为表现；二摸即摸阴户看分泌物状况；三压即按压母猪腰荐部。当母猪阴户红肿刚开始消退，表现呆立、竖耳举尾，按压背部表现不动后 8～12h 进行第一次配种（一般以早上或傍晚天气凉爽时进行)，再过 12～24h 进行第二次配种，此时配种最易受孕。②从发情时间上判断：母猪是在发情开始后 24～36h 排卵，排卵持续时间为 10～15h，卵子在输卵管内保持受精能力的时间为 8～12h，而精子在母猪生殖道内成活的时间为 10～20h，因此精子应在卵子排出前 2～3h 达到受精部位，以此推算，适宜的配种时间应是母猪发情开始后的 20～30h。过早或过迟均会影响受胎率和产仔数。

7. 配种方式

按照母猪一个发情期内配种次数，把配种方式分为单次配种、重复配种和双重配种。

(1) 单次配种　简称单配，指母猪在一个发情期内，只配种一次。优点是能减轻公猪的负担，可以少养公猪或提高公猪的利用率。但适宜的配种时间不好掌握，会影响母猪受胎率和产仔数，实际生产中应用较少。

(2) 重复配种　简称复配，即母猪在一个发情期内，用同一头公猪先后配种 2 次，间隔 8～12h。这是生产中普遍采用的配种方式，具体时间多安排在早晨或傍晚前。这种配种方式可使母猪输卵管内经常有活力较强的精子及时与卵子受精，有助于提高受胎率和产仔数。这种配种方式多用于纯种繁殖场。

(3) 双重配种　简称双重配，指母猪在一个发情期内，用不同品种或同一品种的两头公猪先后配种 2 次，间隔 10～15min。采用双重配种时，可促使卵子成熟，缩短排卵时间，增加排卵数，并可避免某一头公猪精液品质暂时降低所产生的影响，故双重配种可有效提高母猪受胎率和产仔数。缺点是双重配种易造成血缘混乱，不利于进行选种选配，故多用于杂交繁殖，生产育肥用仔猪；另外也存在与单配相似的缺点，即确定配种适期问题。

8. 配种方法

配种方法有本交和人工授精。本交分为自由交配和人工辅助交配。

(1) 本交

① 自由交配。自由交配即公、母猪直接交配，不进行人工辅助。这一方法存在很多缺点，生产实践中已很少采用。

② 人工辅助交配。为了达到理想的配种效果，必须重视交配场地的环境。交配场地应选择离公猪圈较远、安静而平坦的地方。配种时，先把发情母猪赶到交配场所，用0.1%高锰酸钾溶液擦洗母猪外阴、肛门和臀部，然后赶入配种计划指定与配公猪，待公猪爬跨母猪时，同样用消毒液擦净公猪的包皮周围和阴茎，防止阴道、子宫感染。配种员将母猪的尾巴拉向一侧，使阴茎顺利插入阴户中。必要时可用手握住公猪包皮引导阴茎插入母猪阴道，对于青年公猪实施人工辅助尤为重要。

与配公、母猪，体格相差较大时，应设置配种架，若无此设备，如公猪比母猪个体小，配种时应选择斜坡处，公猪站在高处；如公猪比母猪个体大，公猪站在低处。给猪配种宜选择早、晚饲喂前1h或饲喂2h后进行，即“配前不急喂，喂后不急配”。冷天、雨天、风雪天气应在室内交配；夏天宜在早晚凉爽时交配，配种后切忌立即下水洗澡或躺卧在阴暗潮湿的地方。

(2) 人工授精　人工授精可以提高优良公猪的利用率，加速猪种改良，减少公猪饲养头数，促进品种的改良和提高，克服体格大小差异，充分利用杂种优势，减少疾病传播，克服时间和空间差异，适时配种，节省人力、物力、财力，提高经济效益。特别是在规模化集约化猪场，人工授精是提高经济效益的一项重要措施。

① 采精方法。采精方法有假阴道采精法和徒手采精法两种。假阴道采精法是借助于特制模仿母猪阴道功能的器械采取公猪精液的方法，目前已很少使用。生产中常用徒手采精法，它具有设备简单、操作方便等优点。把采精训练成功的公猪赶到采精室台猪旁，采精者带上医用乳胶手套，将公猪包皮内尿液挤出去，并将公猪包皮及台猪后部用0.1%的高锰酸钾溶液擦洗消毒。待公猪爬上台猪后，根据采精者习惯，蹲在台猪的左后侧或右后侧，当公猪爬跨抽动3～5次，阴茎导出后，采精者迅速用右（左）手，手心向下将阴茎握住，拇指顶住阴茎龟头，握的松紧以阴茎不滑脱为度。然后用拇指轻轻拨动阴茎龟头，其余四指则一紧一松有节奏地握住阴茎前端的螺旋部分，使公猪产生快感，促进公猪射精。公猪开始射出的精液多为精清，并且常混有尿液和其他脏物不必收集。待公猪射出较浓稠的乳白色精液时，立即用另一只手持集精杯，在距阴茎龟头斜下方3～5cm处将其精液通过纱布过滤后，收集在杯内，并随时将纱布上的胶状物弃掉，以免影响精液滤过。根据输精量的需要，在一次采精过程中，可重复上述操作方法，促使公猪射精3～4次。公猪射精完毕，采精者应顺势用手将公猪阴茎送入包皮内，防止阴茎接触地面损伤阴茎或引发感染，并把公猪从台猪上驱赶下来。

② 精液处理及精液品质检查。将采集的精液马上送到20～30℃的室内，迅速置于32～35℃的恒温水浴锅内，防止温度突然下降对精子造成低温损害。并立即进行精液品质检查。检查项目有以下几项。

a. 精液量。把采集的精液倒入经消毒烘干的量杯中，测定其数量。一般公猪的射精量为200～400ml，多者可达500ml以上。

b. pH。猪正常精液pH为7.3～7.9，猪最初射出的精液为碱性，以后浓度大时则呈酸性。公猪患有附睾炎或睾丸萎缩时，精液呈碱性。pH值可用万用试纸或使用pH仪测定。

c. 气味。正常猪精液带有腥味，但无臭味，有其他异味的精液不能用于输精。

d. 颜色。正常猪精液为乳白色或灰白色；如果精液颜色异常应弃之。若精液为微红色，说明公猪阴茎或尿道有出血；精液若带绿色或黄色，则可能精液混有尿液或脓液。

e. 活力。将显微镜置于37～38℃的保温箱内，用玻璃棒蘸取一点精液，滴于载玻片的中央，盖上盖玻片，置于显微镜下观察，放大400～600倍目测评估。采用“十级一分制”方法。即所有精子均作直线运动的评为1分，80%精子作直线运动的为0.8分，以此类推。输精的精子活力应高于0.5分，否则应弃之不用。

f. 精子形态。用玻璃棒蘸取一点精液，滴于载玻片的一端，然后用另一张载玻片将精液涂开，制成抹片，自然干燥后，再用美蓝染色剂（或蓝墨水）染色3min，用蒸馏水冲去多余的浮色，最后用95%的酒精固定，干燥后置于400～600倍显微镜下观察。正常精子形状如蝌蚪。如看到双头、双尾、无尾等畸形精子数超过18%时，精液应弃掉。

g. 密度。精子密度分为密、中、稀、无四级。实际生产中用玻璃棒将精液轻轻搅动均匀，用玻璃棒蘸取一滴精液放在显微镜视野中，精子间的空隙小于1个精子者为密级（3亿/ml以上），小于1～2个精子者为中级（1亿～3亿/ml），小于2～3个精子者为稀级（1亿/ml以下），无精子者应废弃。

③ 精液稀释。精液稀释的目的是增加精液量，扩大配种头数，延长精子存活时间，便于运输和贮存，充分发挥优良种公猪的配种效能。精液稀释首先要配制稀释液，然后用稀释液进行稀释，稀释液必须对精子无害，与精液渗透压相等，pH为中性或微碱性。

稀释液配方很多，常用稀释液的主要成分为葡萄糖、柠檬酸钠、碳酸氢钠、乙二胺四乙酸（EDTA）、氯化钾、抗生素等。现介绍两种常用的稀释液配方（表1-4-2）。

表1-4-2 两种常用的稀释液配方

葡萄糖-卵黄稀释液		葡萄糖-柠檬酸钠-卵黄稀释液	
葡萄糖	5g	葡萄糖	5g
卵黄	10ml	乙二胺四乙酸	0.1g
青霉素	1000IU/ml	链霉素	1000μg/ml
柠檬酸钠	1.4g	蒸馏水	100ml
卵黄	8ml	青霉素	1000IU/ml
		链霉素	1000μg/ml
		蒸馏水	100ml

a. 稀释液配制方法。用天平称取葡萄糖5g（配方二中还要称取乙二胺四乙酸和柠檬酸钠），放入烧杯中，再用量筒量取蒸馏水100ml，将其溶解，搅拌均匀后过滤到三角烧瓶中，再放入水浴锅内消毒10～20min。青霉素、链霉素用一定量的蒸馏水溶解，在稀释液冷却到40℃时加入，同时加入抽取的卵黄液。

b. 精液稀释方法。根据精子密度、活力、需要输精的母猪头数、贮存时间确定稀释倍数。密度密级，活力0.8以上的可稀释2倍；密度中级，活力0.8分以上可稀释1倍；密度中级，活力0.8～0.7分者，可稀释0.5倍。总之，要求精液稀释后精液中应含有1亿个精子。活力不足0.6分的精液不宜保存和稀释，只能随采随用。稀释倍数确定后，即可进行精液稀释，要求稀释液温度与精液温度保持一致。稀释时，将稀释液沿瓶壁慢慢倒入原精液中，并且边倒边轻轻摇匀。稀释完毕后，应进行精子活力检查，用以验证稀释效果。

④ 输精。输精是人工授精的最后步骤，输精时输精员戴上医用乳胶手套，用0.1%的高锰酸钾溶液将母猪外阴及尾巴擦洗消毒。在输精管前端的螺旋形体处涂上液体石蜡，用于润湿输精管的尖端。输精时，输精员一只手分开待输母猪的阴门，另一只手将输精管螺旋形体的尖端紧贴阴道背部插入阴道，开始向斜上方插入10cm左右后，再向水平方向插入30cm左右，边插边按逆时针方向捻转，待感到螺旋形体已锁住子宫颈时（轻拉输精管而取不出），停止捻转插入。用玻璃或塑料注射器抽取精液30～50ml，将输精管与注射器连接起来，抬高注射器将精液缓慢地注入。输精时，输精员另一只手应有节奏地按摩母猪的阴门。当有精液逆流时，可暂停注入，轻轻地活动几下输精管再注入，直到输完，按顺时针方向将输管慢慢抽出。用手拍打一下母猪臀部，防止精液逆流。如果母猪在输精时走动，应对母猪的腰角或身体下侧进行温和刺激，有助于静立

以完成输精，输精后母猪应安静地停留在猪场 20min 左右。最后慢慢将母猪赶回。

三、妊娠母猪养殖技术

饲养妊娠母猪的任务是保证胚胎和胎儿在母体内的正常发育，防止化胎、流产和死胎的发生，使母猪每窝都能生产出数量多、初生体重大、体质健壮和均匀整齐的仔猪，同时使母猪有适度的膘情和良好的泌乳性能。

1. 早期妊娠诊断

为了缩短母猪的繁殖周期，增加年产仔窝数，需要对配种后的母猪进行早期妊娠诊断。主要方法有以下几种。

(1) 外部观察法　一般来说，母猪配种后，经一个发情周期未表现发情，基本上认为母猪已妊娠，其外部表为：食欲渐增，贪睡，行为稳重，性情温顺，喜欢趴卧，尾巴自然下垂，驱赶时夹着尾巴走路，被毛顺溜光滑，增膘明显，阴户缩成一条线且下联合向内上方弯曲等现象，这些均为妊娠母猪的综合表征。但配种后不再发情的母猪并不绝对已妊娠，要注意个别母猪的“假发情”现象，即表现为发情症状不明显，持续时间短，对公猪不敏感，不接受爬跨。

(2) 超声波测定法　利用超声波妊娠诊断仪诊断是工厂化养猪常用的方法，它是利用超声波感应效果测定动物胎儿心跳数，从而进行早期妊娠诊断。测定时，在母猪腹底部后侧的腹壁上（最后乳头上方 5～8cm 处）涂上一些植物油，然后将超声波诊断仪的探头紧贴在测量部位，如果诊断仪发出连续响声，说明该母猪已妊娠。如果诊断仪发出间断响声，并且经几次调整探头方向和方位均无连续响声，说明该母猪还没有妊娠。配种后 20～29 天的诊断准确率为 80%，40 天以后的准确率为 100%。

(3) 尿中雌激素测定法　孕酮与硫酸接触会出现豆绿色荧光化合物，此种反应随妊娠期延长而增强。其操作方法是将母猪尿 15ml 放入大试管中，加浓硫酸 5ml，加温至 100℃，保持 10min，冷却至室温，加入 18ml 苯，加塞后振荡，分离出有激素的层，加 10ml 浓硫酸，再加塞振荡，并加热至 80℃，保持 25min，借日光或紫外线灯观察，若在硫酸层出现荧光，则是阳性反应。母猪配种后 26～30 天，每 100ml 尿液中含有孕酮 5μg 时，即为阳性反应。这种方法准确率可达 95%，对母猪无任何危害。

(4) 诱导发情检查法　在发情结束后第 16～18 天注射 1mg 己烯雌酚，未孕母猪在 2～3 天内表现发情；孕猪无反应。

(5) 阴道活组织检查法　以阴道前端黏膜上皮、细胞层数和上皮厚度作为妊娠诊断的依据。超过三层者为未孕，2～3 层者定为妊娠。注意，使用该方法一定要慎重，如果使用不当会造成流产或繁殖障碍。

除上述方法外，还有 X 光透视法和血清沉降速度检查法等。

2. 预产期的推算

母猪配种时要详细记录配种日期和与配公猪的品种及耳号。一旦认定母猪妊娠就要推算出预产期，便于饲养管理，做好接产准备。母猪的妊娠期为 110～120 天，平均为 114 天。推算母猪预产期均按 114 天进行，常用以下两种方法推算。

(1)“三、三、三”法　即母猪妊娠期为 3 个月 3 周零 3 天。在配种的月份上加 3，在配种的日期上加上 3 个星期零 3 天，例如 3 月 9 日配种，其预产期是 3＋3＝6 月，9＋21＋3＝33 日，因此预产期是 7 月 3 日。

(2) 配种月份加 4，配种日数减 6，再减大月数，过 2 月加 2 天，闰年 2 月只加 1 天法。此法按公历计算。如上例中，其预产期是 3＋4＝7，9－6＝3，即预产期是 7 月 3 日。

3. 胚胎和胎儿的生长发育与死亡

(1) 胚胎与胎儿的生长发育　胚胎 2/3 的体重是在怀孕后期 1/3 时间内生长的。即妊娠的最后一个月是胎儿生长发育的高峰期，故应增加饲料喂量。但注意产前 1 周减料。在生产实践中，以 80 天（11～12 周）为界分妊娠前期和妊娠后期。

(2) 胚胎与胎儿死亡的规律　一般母猪一次发情排卵20个以上，能受精的约18个，但实际产仔约10头，其中40%～50%的受精卵死亡。其中胚胎死亡的三个高峰期如下。

第一个高峰时期：妊娠第9～13天内的附植初期，胚胎处于游离状态，易受外界机械刺激或饲料品质（如冰冻或霉烂的饲料等）的影响而引起流产；连续高温母猪遭受热应激，也会导致胚胎死亡；大肠杆菌和白色葡萄球菌引起的子宫感染，也会导致胚胎死亡；妊娠母猪的饲粮中能量过高，也会引起胚胎死亡。死亡率约占胚胎总数的20%～25%。

第二个死亡高峰时期：妊娠后约第3周（第21天）。此期正处于胚胎器官形成阶段，胚胎争夺胎盘分泌的营养物质，在竞争中强者存弱者亡。此期胚胎死亡率占胚胎总数的10%～15%。

第三个死亡高峰时期：妊娠至第60～70天，胎盘停止生长，而胎儿迅速生长，可能因胎盘机能不完全，胎盘循环不足影响营养供给而致胎儿死亡。此期胚胎死亡率占胚胎总数的10%～15%。

4. 妊娠母猪的营养需要

妊娠母猪的营养需要包括维持、胎儿生长发育、乳房组织、生殖道增生肥厚等方面的营养需要，青年母猪还包括自身发育的营养需要。

以第90天为界，分为妊娠前期和妊娠后期。妊娠前期体重、体长增重较慢，其体重还不到初生重的1%。妊娠后期不但生长迅猛，而且发育迅速，胎儿重量有2/3是在妊娠后期的1/4时间内增长的，钙、磷是在最后1/4的妊娠期内得到的。因此，前期对营养需要不多，但必须全价，而后期所需营养物质不但量大，而且品质要好。

5. 妊娠母猪的限制饲喂方法

妊娠母猪饲养成功的关键是在妊娠期要给予一个精确的配合日粮，以保证胎儿良好的生长发育，最大限度地减少胚胎死亡率，并使母猪产后有良好的体况和泌乳性能。在整个妊娠期本着“低妊娠、高泌乳”的原则，即削减妊娠期间的饲料给量，但要保证矿物质和维生素的供给。

妊娠母猪的日粮量应根据母猪年龄、胎次、体况、体重和舍内温度等灵活掌握。一般175～180kg经产七八成膘的妊娠母猪为：前期（40天内）2kg左右，中期（41～79天）2.1～2.3kg，后期（80天以后）2.5kg左右。青年母猪由于自身发育需要，应增加日粮10%～20%。整个妊娠期内经产母猪增重保持30～35kg为宜，初产母猪增重保持35～45kg为宜（均包括子宫内容物）。生产中以保持妊娠母猪七八成膘为宜，过肥过瘦均不利于妊娠。过肥会造成难产或影响泌乳，过瘦会造成胚胎过小或产后无乳，甚至影响断奶后的发情配种。整个妊娠期间严禁饲喂发霉变质饲料和过冷饲料，且要控制粗饲料喂量。综上所述，提倡妊娠母猪限制饲养，合理控制母猪增重，有利于母猪繁殖生产。

妊娠母猪限制饲喂的方法有以下几种。

(1) 单独饲喂法　利用妊娠母猪栏，单独饲喂，最大限度地控制母猪饲料摄入。这种方法节省饲养成本，可以避免母猪之间相互抢食与咬斗，减少机械性流产和仔猪出生前的死亡，但要注意肢蹄病的发生。

(2) 隔日饲喂法　在一周的3天中，如星期一、星期三、星期五，自由采食8h，在一周剩余的4天中，母猪只许饮水，但不给饲料。研究结果表明，母猪很容易适应这种方法，母猪的繁殖性能并没有受到影响。该方法不适于集约化养猪。

(3) 日粮稀释法　即添加高纤维饲料（如苜蓿干草、苜蓿草粉、米糠等）配成大体积日粮，可使母猪经常自由采食。这种方法能减少劳动力，但母猪的维持费用相对较高，同时也很难避免母猪偏肥。

(4) 母猪电子识别饲喂系统　使用电子饲喂器，自动供给每头母猪预定的料量。计算机控制饲喂器，通过母猪的磁性耳标或颈圈上的传感器来识别个体。当母猪采食时，就来到饲喂器前，计算机就分给它日料量的一小部分。该系统适合任何一种料型，如颗粒料或湿粉料、干粉料、稠拌料或稀料。

6. 妊娠母猪饲养方式

饲养方式要因猪而异，生产上常采用“依膘给料”的饲养方法，根据母猪的体况和生理特点分为以下几种。

(1)“抓两头带中间” 适于断奶后膘情差、体况瘦小的经产母猪，这类猪在猪群中占多数。前头指配种前10天至妊娠后20天，加喂精料；中期指体况恢复后，以青粗料为主并按饲养标准喂养；后头指妊娠80天以后，加喂精料。

(2)“前粗后精” 适用于配种前膘情较好的经产母猪。因为妊娠初期胎儿很小，加之母猪膘情好，这时按配种前的营养需要在日粮中可以多喂给青粗饲料，基本上就能满足胎儿生长发育需要，到后期再加喂精料。

(3)“步步登高” 适用于初产母猪。此时初产母猪还处于生长发育阶段，所需营养大。因此在整个妊娠期的营养水平，应根据胎儿体重的增长而逐步提高，到分娩前1个月达到最高峰。到产前3～5天，日粮应减少10%～20%。

无论哪一类型的母猪，妊娠后期（90天至产前3天）都需要短期优饲。一种办法是每天每头增喂1kg以上的混合精料。另一种办法是在原饲粮中添加动物性脂肪或植物油脂（占日粮的5%～6%）。这两种办法都能取得良好效果。

7. 妊娠母猪的管理

妊娠母猪管理的中心任务是防止化胎、流产和死胎。在妊娠母猪的管理上应注意以下几点。

(1) 合理分群饲养 妊娠母猪可分为小群饲养和单圈（单栏）饲养。小群饲养就是将配种期相近、体重大小和性情强弱相近的3～5头母猪在一圈饲养，饲养密度不宜过大，一头母猪平均占有面积不低于1.6～1.7m^2。到妊娠后期每圈饲养2～3头。小群饲养的优点是妊娠母猪可以自由运动，食欲旺盛；缺点是如果分群不当，胆小的母猪吃食少，影响胎儿的生长发育。单栏饲养也称定位饲养，优点是采食量均匀；缺点是不能自由运动，肢蹄病较多。

(2) 适量运动 圈舍应设有运动栏，保证母猪适量运动，也利于分娩。有条件的猪场可以进行放牧运动。到产前5～7天应停止驱赶运动。

(3) 保证质量，合理饲喂 保证饲料新鲜、营养平衡，不喂发霉变质和有毒的饲料，供给清洁饮水。饲料种类也不宜经常变换。配种后1个月内母猪应适当减料（仅供正常量的80%），防止采食过量，体内产热引起胚胎死亡。怀孕后期（妊娠第85天起）应加料30%～50%，促进胎儿生长。

(4) 精心管理 对妊娠母猪态度要温和，调群、运动时不要赶得太急，不能惊吓，避免拥挤、滑倒等。经常触摸腹部，便于将来接产管理。每天都要观察母猪吃食、饮水、粪尿和精神状态，做到防病治病，定期驱虫。

(5) 注意观察 注意巡查母猪是否返情（尤其是配种后18～24天和40～44天），若有返情应及时再配，防止空养；对屡配不孕药物处理无效者及时淘汰。

(6) 创造良好的环境条件 保持猪舍的清洁卫生和栏舍的干燥，注意防寒防暑，有良好的通风换气设备。保持猪舍安静，除喂料及清理卫生外，不应过多骚扰母猪休息。

四、分娩前后母猪养殖技术

分娩是养猪生产中最繁忙的生产环节，是解决猪源的关键。其任务是保证母猪安全分娩，尽可能提高仔猪的成活率。

1. 分娩前的准备

(1) 分娩舍的准备 分娩舍要求保持清洁、卫生、干燥，阳光充足，空气新鲜。舍内温度15～20℃，相对湿度60%～75%。在使用前1周左右，用2%氢氧化钠溶液或其他消毒液进行彻底消毒，6～10h后用清水冲洗，通风干燥后备用。

(2) 用具的准备 产前应准备好高锰酸钾、碘酒、干净毛巾、照明用灯，冬季还应准备仔猪保温箱、红外线灯或电热板等。

(3) 母猪产前的饲养管理　产仔前1周将妊娠母猪赶入产房，便于熟悉环境，有利于分娩。上产床前将母猪全身冲洗干净，驱除体内外寄生虫，这样可保证产床的清洁卫生，减少初生仔猪疾病。产前要将猪的腹部、乳房及阴户附近的污物清除，然后用2%～5%来苏尔溶液消毒，然后清洗擦干。

2. 分娩接产

(1) 临产征兆　产前征兆与产仔时间参见表1-4-3。

表1-4-3　产前征兆与产仔时间

产前征兆	距产仔时间
乳房胀大(俗称"下奶缸")	15天左右
阴户红肿，尾根两侧下凹(俗称"松胯")	3～5天
挤出透明乳汁	1～2天(从前面乳头开始)
叼草做窝(俗称"闹栏")，起卧不安	8～16h(初产猪、本地猪和冷天开始早)
乳汁为乳白色	6h左右
频频排泄粪尿	2～5h
呼吸急促(每分钟90次左右)	4h左右(产前一天每分钟呼吸54次)
躺下、四肢伸直、阵缩间隔时间逐渐缩短	10～90min
阴门流出分泌物	1～20min

其临产征兆总结起来为：行动不安，起卧不定，食欲减退，衔草作窝，乳房膨胀，色泽潮红，挤出奶水，频频排尿，阴门红肿下垂，尾根两侧出现凹陷。有了这些征兆后，一定要有人看管，做好接产准备工作。

(2) 接产技术　一般母猪分娩多在夜间，整个接产过程要求保持安静，动作要迅速准确。

① 临产前应让母猪躺下，用0.1%的高锰酸钾水溶液擦洗乳房及外阴部。

② 三擦一破。用手指将仔猪口、鼻的黏液掏出并擦净，再用抹布将全身黏液擦净；撕破胎衣。

③ 断脐（一勒二断三消毒）。先将脐带内的血液向仔猪腹部方向挤压，然后在距离腹部4～5cm处用细线结扎，而后将外端用手拧断，断处用碘酒消毒，若断脐时流血过多，可用手指捏住断头，直到不出血为止。

④ 剪犬齿。用剪齿钳将初生仔猪上下共8颗尖牙剪断，剪时应干净利落，不可扭转或拉扯，以免伤及牙龈。

⑤ 断尾。为防止日后咬尾，仔猪出生时应在尾根1/3处用钝钳夹断；若为利剪则须止血消毒。

⑥ 必要时做猪瘟弱毒苗乳前免疫，剂量3头份。切记凡进行乳前免疫的仔猪注射疫苗后1～2h开奶。

⑦ 及时吃上初乳。仔猪出生后10～20min内，应将其抓到母猪乳房处，协助其找到乳头，吸上乳汁，以得到营养物质和增强抗病力，同时又可加快母猪的产仔速度。

⑧ 应将仔猪置于保温箱内（冬季尤为重要），箱内温度控制在32～35℃。

⑨ 做好产仔记录，种猪场应在24h之内进行个体称重，并剪耳号。

种猪场在仔猪出生后要给每头猪进行编号，通常与称重同时进行。常见的编号方法有耳缺法、刺号法和耳标法。

全国种猪遗传评估方案规定的编号系统由15位字母和数字构成，编号原则为：前2位用英文字母表示品种：DD表示杜洛克猪，LL表示长白猪，YY表示大白约克夏猪，HH表示汉普夏猪，二元杂交母猪用父系＋母系的第一个字母表示，例如长白猪、大白约克夏猪杂交母猪用LY表示；第3位至第6位用英文字母表示场号，第7位表示分场号，用1,2,3,…,A,B,C…表示；第8位至第9位用数字表示个体出生时的年度；第10位至第13位用数字表示场内窝号；第14位至第15位用数字表示窝内个体号。耳缺法如图1-4-1所示。

⑩ 假死仔猪的急救：有的仔猪出生后不呼吸，但心脏仍然在跳动，称为“假死”，必须立即采取措施使其呼吸才能成活。救活的方法以下几种。

a. 人工呼吸法。将仔猪的四肢朝上，一手托着肩部，另一手托着臀部，然后一屈一伸反复进行，直到仔猪叫出声后为止。

b. 在鼻部涂酒精等刺激物或针刺。

c. 拍胸拍背法。用左手倒提仔猪两条后腿，用右手轻轻拍打其背部。

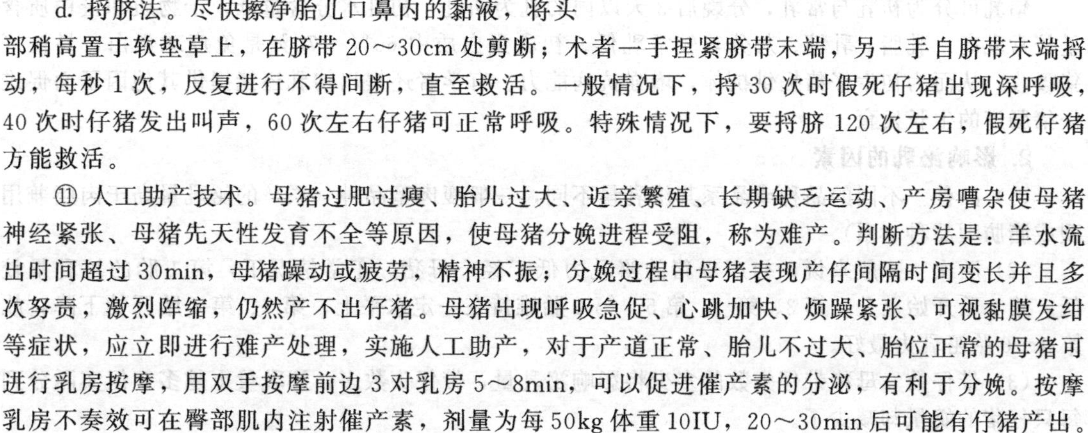

图 1-4-1　耳缺号样图

d. 捋脐法。尽快擦净胎儿口鼻内的黏液，将头部稍高置于软垫草上，在脐带 20～30cm 处剪断；术者一手捏紧脐带末端，另一手自脐带末端捋动，每秒 1 次，反复进行不得间断，直至救活。一般情况下，捋 30 次时假死仔猪出现深呼吸，40 次时仔猪发出叫声，60 次左右仔猪可正常呼吸。特殊情况下，要捋脐 120 次左右，假死仔猪方能救活。

⑪ 人工助产技术。母猪过肥过瘦、胎儿过大、近亲繁殖、长期缺乏运动、产房嘈杂使母猪神经紧张、母猪先天性发育不全等原因，使母猪分娩进程受阻，称为难产。判断方法是：羊水流出时间超过 30min，母猪躁动或疲劳，精神不振；分娩过程中母猪表现产仔间隔时间变长并且多次努责，激烈阵缩，仍然产不出仔猪。母猪出现呼吸急促、心跳加快、烦躁紧张、可视黏膜发绀等症状，应立即进行难产处理，实施人工助产，对于产道正常、胎儿不过大、胎位正常的母猪可进行乳房按摩，用双手按摩前边 3 对乳房 5～8min，可以促进催产素的分泌，有利于分娩。按摩乳房不奏效可在臀部肌内注射催产素，剂量为每 50kg 体重 10IU，20～30min 后可能有仔猪产出。如果注射催产素无效或产道异常、胎儿过大、胎位不正，应实施手掏术。其方法是：a. 将指甲磨光，先用肥皂洗净手及手臂，再用 2%来苏尔或 0.1%高锰酸钾水将手及手臂消毒，涂上凡士林或油类。b. 将手指捏成锥形，顺着产道徐徐伸入，触及胎儿后，根据胎儿进入产道部位，抓住两后肢或头部将小猪拉出；若出现胎儿横位，应将头部推回子宫，捉住两后肢缓缓拉出；若胎儿过大，母猪骨盆狭窄，拉小猪时，一要与母猪努责同步，二要摇动小猪，慢慢拉动。c. 助产过程中，动作必须轻缓，注意不可伤及产道、子宫，待胎儿胎盘全部产出后，于产道局部抹上青霉素粉，或肌注青霉素，防止母猪感染。

⑫ 产仔异常母猪的处理。超过预产期 3～5 天，仍无临产症状的母猪，须进行药物催产。注射氯前列烯醇 175μg，或前列腺素 2ml，一般 20～30h 后可分娩。

⑬ 及时清理产圈。产仔结束后，应及时将产床、产圈打扫干净，排出的胎衣随时清理，以防母猪由吃胎衣养成吃仔猪的恶癖。

（3）分娩前后的饲养　临产前 5～7 天应按日粮的 10%～20%减少精料，并调配容积较大而带轻泻性的饲料，可防止便秘，小麦麸为轻泻性饲料，可代替原饲料的一半。分娩前 10～12h 最好不再喂料，但应满足饮水，冷天水要加温。产后母猪胃肠消化功能尚未完全恢复，此时不要马上饲喂大量饲料。产后第一次饲喂时间最好是在产后 2～3h，并严格掌握喂量，一般只给 0.5kg 左右。以后日粮量逐渐增加，产后第 1 天，2kg 左右；第 2 天，2.5kg 左右；第 3 天，3kg 左右；第 4 天，体重 170～180kg 带仔 10～12 头的母猪可以给日粮 5.5～6.5kg。要求饲料营养丰富，易消化，适口性好，同时保证充足的饮水。在母猪增料阶段，应注意母猪乳房的变化和仔猪的粪便。若食欲下降，及时查找原因，尽快改善。方法是察看粪便，看是否便秘；察看外阴及乳房，看有无子宫炎、乳房炎或其他疾患。对食欲不振的猪要对症治疗，并给予助消化的药品。

（4）分娩前后的管理　母猪在临产前 3～7 天内应停止舍外运动，一般只在圈内自由活动，圈内应铺上清洁干燥的垫草，母猪产仔后立即更换垫草，保持垫草和圈舍的干燥清洁。冬春季要防止贼风侵袭，以免母猪感冒缺奶。保持母猪乳房和乳头的清洁卫生，减少仔猪吃奶时的污染。分娩后，母猪身体很疲惫需要休息，在安排好仔猪吃足初乳的前提下，应让母猪尽量多休息，以便迅速恢复体况。母猪产后3～5天内，注意观察母猪的体温、呼吸、心跳、皮肤黏膜颜色、产道分泌物、乳房、采食、粪尿等，一旦发现异常应及时诊治，防止病情加重，以免影响正常的泌乳和引发仔猪下痢等疾病。生产中常出现乳房炎、产后生殖道感染、产后无乳等病例，应引起重视，以免影响生产。

五、泌乳母猪养殖技术

饲养泌乳母猪的任务是提高母猪的泌乳能力，为仔猪提供质优量多的乳汁，保证仔猪正常生长发育；同时要维持母猪良好的体况，保证断奶后能正常发情配种。

1. 猪乳的成分

猪乳可分为初乳与常乳，分娩后3天以内的乳为初乳，初乳水分含量低，干物质和蛋白质含量较常乳高，乳脂、乳糖、灰分等较常乳低。初乳蛋白质中60%～70%是免疫球蛋白，易被仔猪吸收，从而为初生仔猪提供抗体，增强抗病能力。有学者还提出初乳还能提供其他因子而促进仔猪肠道的生长发育。

2. 影响泌乳的因素

(1) 品种　不同的品种或品系其泌乳量不同，一般瘦肉型品种（系）的泌乳量高于肉脂兼用型或脂肪型品种（系）。

(2) 胎次　一般来说，初产母猪的泌乳力低于经产母猪。正常情况下，第1胎的泌乳量较低，第2胎开始上升，第3、第4、第5、第6胎维持在一定水平上，第7、第8胎开始下降，故第4～6胎泌乳力最好。

(3) 带仔数　母猪带仔头数的多少将影响泌乳量，带仔头数多，泌乳量也越多，但实际分到每只仔猪的奶量却减少了。

(4) 营养　营养水平高低直接影响母猪的泌乳量，特别是能量、蛋白质、矿物质、维生素、饮水等对母猪泌乳性能均有直接影响。为了提高母猪泌乳量，加快仔猪生长速度，应充分满足母猪所需要的各种营养物质。

(5) 环境因素　温湿度适宜、安静舒适的环境有利于母猪泌乳，故夜间泌乳量高于白天；高温、高湿、低温、噪声干扰、粗暴地对待母猪，以及气候变化等，均会影响泌乳量。

3. 泌乳母猪的饲养

一头哺乳母猪的日产奶量大约为7kg，一般靠消耗背膘来泌乳，哺乳期在一定程度上会减轻一些体重。因此，要通过适宜饲养来控制体重的减轻程度，以防止繁殖上发生问题。如果母猪在分娩后7天不能很好地哺乳，则要检测日粮，特别注意钙和磷的水平。

(1) 合理投料　饲喂哺乳料，并根据阶段、仔猪数量及母猪膘情合理安排饲喂量。原则是前后少，中间多。

产仔当天停料，喂予麸皮汤，产后1～4天喂1～2.5kg；5～6天喂2kg+0.2kg/头仔猪，7天后喂2kg+0.4kg/头仔猪；断奶前3天开始减料，喂2kg+(0.3～0.1kg)/头仔猪，断奶当天停料。

(2) 少喂多餐　每天3～4次。有条件的猪场可加喂一些优质青绿饲料。

(3) 饮水和投青料　给予母猪充足干净的饮水，绝不能断水。最好喂生湿料［料：水=1：(0.5～0.7)］，如有条件可以喂豆饼浆汁。

4. 泌乳母猪的管理

(1) 保持良好的环境　保持猪舍安静，减少各种不利因素的干扰，让母猪得到充分休息，有利于泌乳。保持清洁、干燥、卫生、通风良好的环境，可减少母猪特别是仔猪感染疾病的机会，有利于母猪、仔猪健康。冬季应注意防寒保温，哺乳母猪产房应有取暖设备，防止贼风侵袭。在夏季应注意防暑，增设防暑降温设施，以免影响母猪采食量，防止母猪中暑。

(2) 保护好母猪的乳房　母猪乳房乳腺的发育与仔猪的吸吮有很大关系，特别是头胎母猪，一定要使所有的乳头都能均匀利用，以免未被吸吮利用的乳房发育不好，影响泌乳量。当头胎母猪产仔数过少时，可采取并窝的办法来解决。若无并窝条件，应训练一头仔猪吮吸几个乳头，尤其要训练仔猪吸吮母猪后部的乳房，防止未被利用的乳房萎缩，影响下一胎仔猪的吸吮。同时要经常保持哺乳母猪乳房的清洁卫生，特别是在断奶前几天内，通过控制精料和多汁饲料的喂量，使其减少或停止乳汁的分泌，以防母猪发生乳房炎。圈栏应平坦，特别是产床要去掉突出的尖物，防止刚伤、刚掉乳头。

(3) 保证充足的饮水　母猪哺乳时需水量大，每天达32L。只有保证充足清洁的饮水，才能有正常的泌乳量。产房内要设置乳头式自动饮水器（流速每分钟1L）和储水设备，保证母猪随时都能饮水。

(4) 饲料结构要相对稳定　不要频变、骤变饲料品种，不喂发霉变质和有毒饲料，以免造成母猪乳质改变而引起仔猪腹泻。

(5) 注意观察　要及时观察母猪吃食、粪便、精神状态及仔猪的生长发育，以便判断母猪的健康状态。如有异常及时报告兽医以查明原因，采取措施。

5. 泌乳母猪异常情况的处理

(1) 乳房炎　一种是乳房肿胀，体温上升，乳汁停止分泌，多出现于分娩之后。由于精料过多，缺乏青绿饲料，引起便秘、难产、高热等疾病，引起乳房炎；另一种是部分乳房肿胀，由于哺乳期仔猪中途死亡，个别乳房没有仔猪吮乳，或母猪断奶过急使个别乳房肿胀，乳头损伤，细菌侵入便可引起乳房炎，治疗时可用手或湿布按摩乳房，将残存乳汁挤出，每天挤4～5次，2～3天乳房出现皱褶，逐渐上缩。如乳房已变硬，挤出的乳汁呈脓状，可注射抗生素或磺胺类药物进行治疗。

(2) 产褥热　母猪产后感染，体温上升到41℃，全身痉挛，停止泌乳。该病多发生在炎热季节。为预防此病的发生，产前要减少饲料喂量，分娩前几天喂轻泻性饲料以减轻母猪消化道负担，若发生产褥热，应及时治疗。

(3) 产后奶少或无奶　最常见的有四种情况：①母猪妊娠期间饲养管理不善，特别是妊娠后期饲养水平太低，母猪消瘦，乳腺发育不良；②母猪年老体弱，食欲不振，消化不良，营养不足；③母猪妊娠期间喂给大量碳水化合物饲料，而蛋白质、维生素和矿物质供给不足；母猪过胖，内分泌失调；④母猪体质差，产圈未消毒，分娩时容易发生产道和子宫感染。因此，必须搞好母猪的饲养管理，及时淘汰老龄母猪，做好产圈消毒和接产护理。对消瘦和乳房干瘪的母猪，可喂给催乳饲料，如豆浆、麸皮汤、小米粥、小鱼汤等；亦可用中药催乳（药方：木通30g，茴香30g，加水煎煮，拌少量稀粥，分2次喂给）；因母猪过肥无奶，可减少饲料喂量，适当加强运动；母猪产后感染，可用2%的温盐水灌洗子宫，同时注射抗生素治疗。

六、空怀母猪养殖技术

空怀母猪是指未配种或配种未孕的母猪，包括青年后备母猪和经产母猪。饲养空怀母猪的目的是促使青年母猪早发情、多排卵、早配种，达到多胎高产的目的；对断奶母猪或未孕母猪，积极采取措施组织配种，缩短空怀时间。

空怀母猪配种前的饲养十分重要，因为后备母猪正处在生长发育阶段，经产母猪常年处于紧张的生产状态，所以必须供给营养水平较高的日粮（一般与妊娠期相同），使之保持适度膘情。母猪过肥会出现不发情、排卵少、卵子活力弱和空怀等现象；母猪太瘦会造成产后发情推迟等不良后果。

1. 短期优饲

配种前为促进发情排卵，要求适时提高饲料喂量，对提高配种受胎率和产仔数大有好处，尤其是对头胎母猪更为重要。对产仔多、泌乳量高或哺乳后体况差的经产母猪，配种前采用“短期优饲”办法，即在维持需要的基础上提高50%～100%，喂量达每天3～3.5kg，可促使排卵；对后备母猪，在准备配种前10～14天加料，可促使发情，多排卵，喂量可达每天2.5～3.0kg，但具体应根据猪的体况增减，配种后应逐步减少喂量。

2. 饲养水平

断奶到再配种期间，给予适宜的日粮水平，促使母猪尽快发情，释放足够的卵子，受精并成功着床。初产青年母猪产后不易再发情，主要是体况较弱造成的。因此，要为体况差的青年母猪提供充足的饲料，以缩短配种时间，提高受胎率。配种后，立即减少饲喂量到维持水平。对于正常体况的空怀母猪每天的饲喂量为 1.8kg。

在炎热季节，母猪的受胎率常常下降。一些研究表明，在日粮中添加一些维生素，可以提高受胎率。仔猪断奶前后母猪的给料方法：

$$泌乳期\xrightarrow[减料]{3天}断奶\xrightarrow[减料]{3天}干奶\xrightarrow[加料]{4\sim7天}发情$$

泌乳后期母猪膘情较差，过度消瘦的，特别是那些泌乳力高的个体失重更多。乳房炎发生机会不大，断奶前后可少减料或不减料，干乳后适当增加营养，使其尽快恢复体况，及时发情配种。断奶前膘情相当好，泌乳期间食欲好，带仔头数少或泌乳力差，泌乳期间掉膘少，这类母猪断奶前后都要少喂配合饲料，多喂青粗饲料，加强运动，使其恢复到适度膘情，及时发情配种。“空怀母猪七八成膘，容易怀胎产仔高”。

目前，许多国家把沿母猪最后肋骨在背中线下 6.5cm 的 P_2 点的脂肪厚度作为判定母猪标准体况的基准。高产母猪应具备的标准体况为，母猪断奶后标准体况得分应在 2.5，在妊娠中期应为 3，产仔期应为 3.5（表 1-4-4）。

表 1-4-4 母猪标准体况的判定

得 分	体 况	P_2 点的背脂肪厚度/mm	髋骨突起的感触	体 型
5	明显肥胖	25 以上	用手触摸不到	圆 形
4	肥	21	用手触摸不到	近乎圆形
3.5	略肥	19～21	用手触摸不明显	长筒形
3	理想	18	用手能够摸到	长筒形
2.5	略瘦	15～18	手摸明显，可观察到	狭长形
1～2	瘦	15 以下	能明显观察到	骨骼明显突出

注：P_2 为母猪最后肋骨在背中线往下 6.5cm 处。

3. 空怀母猪的管理

(1) 创造适宜的环境条件　阳光、运动和新鲜空气对促进母猪发情和排卵有很大影响，因此应创造一个清洁、干燥、温度适宜、采光良好、空气新鲜的环境条件。体况良好的母猪在配种准备期应加强运动和增加舍外活动时间，有条件时可进行放牧。

(2) 合群饲养　有单栏饲养和小群饲养两种方式。单栏饲养空怀母猪是工厂化养猪中采用较多的一种形式。在生产实践中，包括工厂化、规模化养猪场在内的各种猪场，空怀母猪通常实行小群饲养，一般是将 4～6 头同时断奶的母猪养在同一栏内，可自由运动，特别是设有舍外运动场的圈舍，可促进发情。

(3) 做好发情观察和健康记录　每天早晚两次观察记录空怀母猪的发情状况。喂食时观察其健康状况，必要时用试情公猪试情，以免失配。从配种准备开始，所有空怀母猪应进行健康检查，及时发现和治疗病猪。

4. 促进空怀母猪发情排卵的措施

(1) 短期优饲　配种前对体况瘦弱不发情的母猪，可采用短期优饲催情，效果较为明显。短期优饲的时间可在配种前 10～14 天开始，加料的时间一般为 1 周左右。优饲期间，可在平时喂料量的基础上增加 50%～100%，每头每天大致增加 1.5～2.0kg。短期优饲主要是提高日粮的总能量水平，而蛋白质水平则不必提高。

(2) 公猪诱导法　一是利用试情公猪去追爬不发情母猪，可促使其发情排卵；二是把公、母猪关在一个圈内，通过公猪的接触爬跨刺激，促使母猪发情排卵；三是播放公猪求偶录音带，其效果也很好。

（3）合群并圈　将不发情空怀母猪合并到有发情母猪圈内，通过发情母猪的爬跨等刺激，促进其发情排卵。

（4）加强运动　对不发情母猪，通过户外运动，接受日光浴，呼吸新鲜空气，促进新陈代谢，改善膘情。与此同时，限制饲养、减少精料喂量或不喂精料、多喂青绿饲料能有效促进母猪发情排卵，如能与放牧相结合效果更好。

（5）按摩乳房　对不发情母猪，每天早晨按摩乳房 10min，可促进其发情排卵。

（6）药物治疗　对不发情母猪利用孕马血清（PMSG）、绒毛膜促性腺激素（HCG）、PG-600、雌激素、前列腺素等治疗（按说明书使用），有促进母猪发情排卵的效果。

需要说明的是，对于母猪不能正常发情或不受孕，应针对不同情况采用相应技术措施，人工催情只能在做好饲养管理的前提下，才能获得良好的效果。对于那些长期不发情或屡配不孕的母猪，如果采取一切措施都无效时，应立即予以淘汰。

七、衡量母猪繁殖力的技术指标与母猪淘汰的原则

1. 衡量母猪繁殖力的技术指标

衡量母猪繁殖力的指标通常有以下几种。

（1）受胎率

① 情期受胎率：表示妊娠母猪头数占配种情期数的百分比。

情期受胎率＝妊娠母猪头数/配种情期数

情期受胎率又可分为以下两种。

a. 第一情期受胎率：即第一个情期配种的母猪，妊娠母猪数占配种母猪数的百分比。

第一情期受胎率＝妊娠母猪数/第一个情期配种母猪数

b. 总情期受胎率：即配种后妊娠母猪数占总配种情期数（包括历次复配情期数）的百分比。主要反映猪群的复配情况。

② 总受胎率：即最终妊娠母猪数占配种母猪数的百分率。

（2）每次妊娠平均配种情期数（配种指数）　指参加配种母猪每次妊娠的平均配种情期数。

每次妊娠平均配种情期数＝配种情期数/妊娠母猪数

（3）繁殖率　指本年度内出生仔猪数占上年度终适繁母猪数的百分比，主要反映猪群增殖效率。

繁殖率＝本年度内出生仔猪数/上年度终适繁母猪数

（4）成活率　一般指断奶成活率，即断奶时成活仔猪数占出生时活仔猪总数的百分比。或为本年度终成活仔猪数（可包括部分年终出生仔猪）占本年度内出生仔猪的百分比。

成活率＝断奶时成活仔猪数/出生时活仔猪总数
＝本年度终成活仔猪数/本年度内出生仔猪

（5）产仔窝数　一般指猪在一年之内产仔的窝数。

（6）窝产仔数　指猪每胎产仔的头数（包括死胎和死产）。一般用平均数来进行比较个体和猪群的产仔能力。

2. 母猪淘汰的原则

（1）正常淘汰　对年龄较大、生产性能下降的母猪予以淘汰。传统栏舍饲养，母猪一般利用 7～8 胎，年更新比例为 25%；集约化饲养，母猪一般利用 6～7 胎，年更新比例为 30%～35%。

（2）异常淘汰　后备母猪长期不发情，经药物处理后仍无效者淘汰；后备母猪虽有发情，但正常公猪连配两期未能受孕者淘汰；能正常发情、配种，但生产性能低下，产仔数低于盈亏临界点的淘汰（一般头三胎累计产仔低于 24 头；2～4 胎累计产仔低于 26 头；第 3 胎后连续三胎累计产仔低于 27 头者均应淘汰）；出现假孕现象者淘汰；母性特差，易压死或有咬、吃仔猪之恶习者

淘汰。出现肢体疾病，严重影响生产者淘汰。

[复习思考题]

1. 公猪具有哪些生殖生理特点？
2. 如何做好种公猪、妊娠母猪和分娩前后母猪的饲养管理工作？
3. 可采取哪些措施促进母猪发情排卵？
4. 试述母猪产仔时的接产工作要点。
5. 用所学知识谈谈如何提高母猪的繁殖力？
6. 简略概括猪人工授精技术要点。
7. 母猪妊娠期胚胎死亡原因有哪些？如何采取预防措施？

第五章　仔猪生产技术

[知识目标]

- 了解哺乳仔猪的生长发育和生理特点。
- 了解哺乳仔猪死亡原因。
- 掌握哺乳仔猪的饲养管理技术。
- 掌握断乳仔猪的饲养管理技术。
- 了解后备猪与育成猪的生长发育特点。
- 掌握育成猪和后备猪的饲养管理技术。

[技能目标]

- 能熟练地进行哺乳仔猪的饲养管理。
- 能熟练地饲养断乳仔猪。

第一节　哺乳仔猪的养育技术

一、哺乳仔猪的生理特点

哺乳仔猪是指从出生至断奶前的仔猪。这一阶段是幼猪培育最关键的环节，仔猪出生后的生存环境发生了根本变化，从恒温到常温，从被动获取营养和氧气到主动吮乳和呼吸来维持生命，导致哺乳期死亡率明显高于其他生理阶段。因此，减少仔猪死亡率和增加仔猪体重是养好哺乳仔猪的关键。

哺乳仔猪生长发育的主要特点是生长发育快和生理上还不成熟，同时生后早期又发生一系列重要变化，从而构成了仔猪难养、成活率低的特殊原因。

1. 生长发育快，物质代谢旺盛

和其他家畜比较，猪出生时体重相对较小，成熟度低，不到成年时体重的1%（羊为3.6%，牛为6%，马为9%～10%），但出生后生长发育特别快。一般仔猪初生重在1kg左右，10日龄时体重达出生重的2倍以上，30日龄达5～6倍，60日龄增长10～13倍或更多，体重达15kg以上。如按月龄的生长强度计算，第一个月比初生重增长5～6倍，第二个月比第一个月增长2～3倍。

仔猪出生后的强烈生长，是以旺盛的物质代谢为基础的。一般出生后20日龄的仔猪，每千克体重要沉积蛋白质9～14g，相当于成年猪的30～35倍。每千克体重所需代谢能是72.2kcal（1kcal=4.1868kJ），为成年母猪22.8kcal的3倍。矿物质代谢也比成年猪高，每千克增重中含钙7～9g，磷4～5g。由此可见，仔猪对营养物质的需要在数量上相对较高，对营养不全的反应敏感。因此，仔猪补饲或供给全价日粮尤为重要。

2. 消化器官不发达，消化腺机能不完善

猪的消化器官在胚胎期内虽已形成，但出生时其相对重量和容积较小，机能发育不完善。成年时胃占体重的0.57%，但出生时仅为体重的0.44%，重4～8g，容纳乳汁25～50g，以后才随年龄的增长而迅速扩大，到20日龄时，胃重增长到35g左右，容积扩大3～4倍。小肠在哺乳期内也强烈生长，长度约增5倍，容积扩大50～60倍。消化器官这种强烈的生长保持到6～8月龄以后开始降低，到13～15月龄接近成年水平。

消化器官的晚熟，导致消化酶系统发育较差，消化机制不完善。由于初生仔猪胃和神经系统之间的联系还没有完全建立，缺乏条件反射性的胃液分泌，只有食物进入胃内直接刺激胃壁后，才能分泌少量胃液；而成年猪由于条件反射的作用，即使胃内没有食物，同样能大量分泌胃液。在胃液的组成上，哺乳仔猪在20日龄内胃液中仅有足够的凝乳酶，而唾液和胃蛋白酶很少，为成年猪的1/4～1/3，到3月龄时，胃液中的胃蛋白酶才增加到成年猪的水平。同时，初生仔猪胃腺不发达，不能分泌盐酸，胃内缺乏游离的盐酸，胃蛋白酶原没有活性，不能消化蛋白质，特别是植物性蛋白质。随着日龄的增长和食物对胃壁的刺激，盐酸的分泌不断增加，非乳蛋白质直到第14日龄后才能有限地被消化，到40日龄时，胃蛋白酶才表现出对乳汁以外的多种饲料的消化能力。新生仔猪的消化道只适应于消化母乳中简单的脂肪、蛋白质和碳水化合物，利用饲料中复杂分子的能力则还有待于发育。仔猪对营养物质的消化吸收取决于消化道中酶系的发育。仔猪生后第1周内消化酶主要是针对乳的消化，乳糖酶活性在生后很快达到最高峰，相反，胃蛋白酶和胰蛋白酶在仔猪初生时特别低，直到3～4周龄后才开始缓慢升高，淀粉分解酶的情况与胃蛋白酶和胰蛋白酶类似。所以，母乳是仔猪营养中消化率最高的饲料，5日龄到5周龄的仔猪，对母乳中蛋白质的消化率达到98%，对牛乳蛋白质的消化率可达95%～99%，鱼粉达到92%，而大豆蛋白质的消化率明显较低，仅为80%。

初生仔猪乳糖酶活性很高，仔猪能够很好地消化乳糖，而针对蔗糖和淀粉的分解酶发育比较缓慢。因此，1周龄仔猪对玉米淀粉的消化率只有25%，3周龄后也只能达到50%，提早补食饲料能够刺激盐酸和胃液的分泌。

仔猪从第1周龄开始就能很好地利用乳脂肪，对其他脂肪只要能够很好地乳化，仔猪的消化吸收几乎与成年猪相似，健康的仔猪对脂肪的消化没有特殊要求。

哺乳仔猪消化机能不完善的另一表现是食物通过消化道的速度较快，食物进入胃后完全排空的时间，15日龄时约为1.5h，30日龄为3～5h，60日龄为16～19h。由于哺乳仔猪胃的容积小，食物排入十二指肠的时间较短，所以应适当增加饲喂次数，以保证仔猪获得足够的营养。

3. 缺乏先天免疫力、容易得病

免疫抗体是一种大分子的γ-球蛋白。猪的胚胎构造复杂，在母猪血管与胎儿脐血管之间被6～7层组织隔开（人为3层，牛、羊为5层），限制了母猪抗体通过血液向胎儿的转移。因而，仔猪出生时先天免疫力较弱。只有吃到初乳后，才能把母体的抗体传递给仔猪，并过渡到自体产生抗体而获得免疫力。

母猪初乳中蛋白质含量很高，每100ml中含总蛋白15000μg以上，其中60%～70%是γ-球蛋白，但维持时间较短，3天后即降至500μg以下。

仔猪出生后24h内，由于肠道上皮对蛋白质有通透性，同时乳清蛋白与血清蛋白成分近似，因此，仔猪吸食初乳后，可将其直接吸收到血液中，使仔猪血清γ-球蛋白的水平很快提高，免疫力迅速增加。肠壁的通透性随肠道的发育而改变，36～72h后显著降低。

仔猪10日龄以后才开始自身产生免疫抗体，30～35日龄前其数量还很少，直到5～6月龄才达成年猪水平（每100ml含γ-球蛋白约65mg）。因此，14～35日龄是免疫球蛋白的青黄不接阶段，最易患下痢，是最关键的免疫期。同时，这时仔猪吃食较多，胃液又缺乏游离盐酸，对随饲料、饮水进入胃内的病源微生物的抑制作用较弱，从而成为仔猪多病的原因。

4. 调节体温的机能发育不全，对寒冷的应激能力差

仔猪初生时，控制外界环境适应能力的下丘脑、垂体前叶和肾上腺皮质等系统机能虽已相当完善，但大脑皮层发育不全，垂体和下丘脑的反应能力，以及为下丘脑所必需的传导结构的机能较低。因此，调节体温适应环境的应激能力差，特别是生后第1天，在冷的环境中，不易维持正常体温，易被冻僵、冻死。

初生仔猪主要是依靠皮毛、肌肉颤抖、竖毛运动和挤堆共暖等物理作用对体温进行调节，但仔猪被毛稀疏，皮下脂肪又很少，还不到体重的1%，主要依靠细胞膜组织，但其保温、隔热能力很差。

仔猪化学调节体温机能的发育可以分为3个时期：贫乏调节期（出生至6日龄）；渐近发育

期（7～20 日龄）；充分发挥期（20 日龄以后）。所以，对初生仔猪保温是养好仔猪的重要措施。

二、哺乳仔猪死亡原因的分析

哺乳仔猪死亡是养猪生产中的一大损失，初生仔猪每死亡 1 头即损失 56.7kg 饲料；60 日龄内死亡 1 头平均损失 67.9kg 饲料。因此，分析哺乳仔猪死亡的原因，并采取相关措施，减少哺乳仔猪死亡，对提高养猪经济效益具有重要意义。哺乳仔猪死亡主要有以下原因。

1. 冻死

初生仔猪对寒冷环境非常敏感，尽管仔猪有利用糖原储备应付寒冷的能力，但由于其体内能源储备有限，调节体温的生理机能不完善，加上被毛稀少和皮下脂肪少等因素，在保温条件差的猪场，可冻死仔猪。同时，寒冷又是仔猪被压死、饿死和下痢的诱因。

2. 压死、踩死

母猪母性较差，或产后患病，环境不安静，导致母猪脾气暴躁，加上仔猪不能及时躲开而被母猪压死或踩死。有时猪舍环境温度低，垫草太厚，仔猪躲在草堆里，或仔猪向母猪腿下、肚下躺卧，也容易被母猪压死或踩死。

3. 病死

疾病是引起哺乳仔猪死亡的重要原因之一。常见病有肺炎、下痢、低血糖病、溶血病、先天性震颤综合征、涌出性皮炎、仔猪流行性感冒、贫血、心脏病、寄生虫病、白肌病和脑炎等。

4. 饿死

母猪母性差，产后少奶或无奶且通过催奶措施效果不佳；乳头有损伤；产后食欲不振；所产仔猪数大于母猪有效乳头数，以及寄养不成功的仔猪等均可因饥饿而死亡。

5. 咬死

仔猪在某些应激条件下（如拥挤、空气质量不佳、光线过强、饲粮中缺乏某些营养物质）会出现咬尾或咬耳恶癖，咬伤后发生细菌感染，重者死亡；某些母性差（有恶癖）、产前严重营养不良、产后口渴烦躁的母猪有咬吃仔猪的现象；仔猪寄养时，保姆母猪认出寄养仔猪不是自己亲生儿女而咬伤、咬死寄养仔猪。

6. 初生重小

初生重对仔猪死亡率也有重要影响，引入瘦肉型品种猪初生重不足 1kg 的仔猪存活希望很小，并且在以后的生长发育过程中，落后于全窝平均水平。据对 100 多头仔猪试验数据分析，初生重不足 1kg 的仔猪，死亡率为 44%～100%，随仔猪初生重的增加，死亡率下降。

三、哺乳仔猪的饲养管理技术

1. 及早吃足初乳

初生仔猪不具备先天性免疫能力，必须通过吃初乳获得免疫力。仔猪出生 6h 后，初乳中的抗体含量下降一半，因此应让仔猪尽可能早地吃到初乳、吃足初乳，这是初生仔猪获得抗体的唯一有效途径。推迟初乳采食，会影响免疫球蛋白的吸收。初乳中除含有足够的免疫抗体外，还含有仔猪所需要的各种营养物质、生物活性物质。初乳中的乳糖和脂肪是仔猪获取外源能量的主要来源，可提高仔猪对寒冷的抵抗能力；初乳对加强激素、促进代谢、保持血糖水平有积极作用。仔猪出生后应随时放到母猪身边吃初乳，能刺激消化器官的活动，促进胎粪排出，增加营养产热，提高仔猪对寒冷的抵抗力。初生仔猪若吃不到初乳，则很难养活。

2. 仔猪保温防压

新生仔猪对于寒冷环境和低血糖极其敏感，尽管仔猪有利用血糖储备应付寒冷的能力，但由于初生仔猪体内的能源储备有限，调节体温的生理机制还不完善，这种能源利用和体温调节是很有限的。初生仔猪皮下脂肪少，保温性差，体内的糖原和脂肪储备一般在 24h 之内就要消耗殆尽。在低温环境中，仔猪要依靠提高代谢效率和增加战栗来维持体温，这更加快了糖原储备的消耗，最终导致体温降低，出现低血糖症。因此，初生仔猪保温具有关键性意义。

对个体较小的仔猪，在产栏内吊红外线灯式取暖比铺垫式取暖更具有优越性，因为可使相对较大的体表面积采热。仔猪保温可采用保育箱，箱内吊 250W 或 175W 的红外线灯，距地面 40cm，或在箱内铺垫电热板，都能满足仔猪对温度的需要。

3. 仔猪补铁

仔猪缺铁时，血红蛋白不能正常生成，从而导致营养性贫血症。母乳能够保证供给 1 周龄仔猪全面而理想的营养，但微量元素铁含量不够。初生仔猪体内铁的贮存量很少，每千克体重约为 35mg，仔猪每天生长需要铁 7mg，而母乳中提供的铁只是仔猪需要量的 1/10，若不给仔猪补铁，仔猪体内贮备的铁将很快消耗殆尽。给母猪饲料中补铁不能增加母乳中铁的含量，只能少量增加肝脏中铁的储备。圈养仔猪的快速生长，对铁的需要量增加，3～4 日龄即需要补充铁。缺铁会造成仔猪对疾病的抵抗力减弱，患病仔猪增多，死亡率升高，生长受阻，出现营养性贫血等症状。

补铁的方法很多，目前最有效的方法是给仔猪肌内注射铁制剂，如培亚铁针剂、右旋糖酐铁注射液、牲血素等，一般在仔猪 2 日龄注射 100～150mg。

在严重缺硒地区，仔猪可能发生缺硒性下痢、肝脏坏死和白肌病，宜于生后 3 天内注射 0.1％的亚硒酸钠、维生素 E 合剂，每头 0.5ml，10 日龄注射第二针。

4. 固定乳头

仔猪有固定乳头吮乳的习性，开始几次吸食某个乳头，直到断奶时不变。仔猪出生后有寻找乳头的本能。初生重大的仔猪能很快地找到乳头，而小而弱的仔猪则迟迟找不到乳头，即使找到乳头，也常常被强壮的仔猪挤掉，这样易引起互相争夺，而咬伤乳头或仔猪颊部，导致母猪拒不放乳或个别仔猪吸不到乳汁。

为使同窝仔猪生长均匀，放乳时有序吸乳，在仔猪生后 2 天内应进行人工扶助固定乳头，使其吃足初乳。在分娩过程中，让仔猪自寻乳头，待大多数仔猪找到乳头后，对个别弱小或强壮争夺乳头的仔猪进行调整，把弱小的仔猪放在前边乳汁多的乳头上，体大强壮的放在后边的乳头上。固定乳头要以仔猪自选为主，个别调整为辅，特别要注意控制抢乳的强壮仔猪，帮助弱小仔猪吸乳。

5. 剪犬齿与断尾

仔猪生后的第 1 天，可以剪掉仔猪的犬齿。对初生重小、体弱的仔猪可以不剪。去掉犬齿的方法是用消毒后的铁钳子，注意不要损伤仔猪的齿龈，剪去犬齿，断面要剪平整。剪掉犬齿的目的，是防止仔猪互相争乳头时咬伤乳头或仔猪双颊。

用于育肥的仔猪出生后，为了预防育肥期间的咬尾现象，要尽可能早地断尾，一般可与剪犬齿同时进行。方法是用钳子剪去仔猪尾巴的 1/3（约 2.5cm 长），然后涂上碘酒，防止感染。注意防止流血不止和并发症。

6. 选择性寄养

在母猪产仔过多或无力哺乳自己所生的部分或全部仔猪时，应将这些仔猪移给其他母猪喂养。影响哺乳仔猪死亡率的主要原因是仔猪的初生体重，当体重较小的仔猪与体重较大的仔猪共养时，较小仔猪处于劣势，其死亡率会明显提高。

在实践中，最好是将多余仔猪寄养到迟 1～2 天分娩的母猪，尽可能不要寄养到早 1～2 天分娩的母猪，因为仔猪哺乳已经基本固定了奶头，后放入的仔猪很难有较好的位置，容易造成弱仔或僵猪。同日分娩的母猪较少，而仔猪数多于乳头数时，为了让仔猪吃到初乳，可将窝中体重大较强壮的仔猪暂时取出 4h，以留出乳头给寄养的仔猪使其获得足够的初乳。这种做法可持续 2～3 天。对体重较小的个体，人工补喂初乳或初乳代用品，同时施以人工取暖。

为了使寄养顺利实施，可在被寄养的仔猪身上涂抹收养母猪的奶或尿，同时把寄养仔猪与收养母猪所生的仔猪合养在一个保育箱内一定时间，干扰母猪的嗅觉，使母猪分不出它们之间的气味差别。

7. 预防腹泻

腹泻是哺乳仔猪和断奶仔猪最常见的疾病，是影响仔猪生长发育的最重要因素之一，也是导致哺乳仔猪死亡的最常见病症。预防仔猪下痢是养育哺乳仔猪的关键技术之一，由传染性病原体引起的下痢病，如痢疾、副伤寒、传染性胃肠炎，特别是哺乳仔猪的大肠杆菌性痢疾，都有很高的死亡率，尤其表现在抵抗力弱的仔猪。

生产实践中，以下情况易发生仔猪腹泻。

(1) 初产母猪所产仔猪常发生腹泻，原因是初产母猪体内缺乏某种特定的抗体。

(2) 当母猪生病或消化系统功能紊乱，泌乳不足时，仔猪易发生下痢。

(3) 窝产仔数较多，腹泻发生的概率增加。

(4) 分娩栏内卫生状况较差，仔猪发病及死亡率提高。

(5) 分娩舍内寒冷，使仔猪抵抗力减弱，特别是弱小的仔猪发病率更高。

(6) 60%以上的仔猪死亡发生在生后第1周内，第2周内发生的概率降到10.5%，第3周降到1.3%。仔猪死亡率与下痢发生的日龄成反比，与下痢持续时间成正比。

(7) 感染其他疾病，如呼吸系统疾病、复合性炎症等，均会与腹泻共同作用，导致仔猪死亡率提高。

预防哺乳仔猪腹泻必须采取综合措施，首先是提高青年母猪的免疫力，才能使仔猪从初乳中获得某种特定的抗体，生产实践中可以将青年母猪与经产母猪放在同一栏内饲养，或者让青年母猪接触到经产母猪的粪便。其次是通过寄养的仔猪，平衡窝仔猪数。最后要注意保温，防止湿冷及空气污浊，提高母猪的泌乳量，严格施行全进全出制度，保持良好的环境卫生。免疫注射对于防止肠道病原菌感染也是有效的。帮助仔猪抵抗病原菌的同时要注意补水，当下痢仔猪失去体液10%时，即面临死亡。给仔猪施以胃管直接补水的效果最好，通常补水量应在体液的1/10左右，每千克体重每天需补水75ml；对严重的腹泻仔猪可腹腔注射葡萄糖生理盐水，并让其自由饮服补液盐加抗菌药物水溶液。

8. 提早开食补料

哺乳仔猪所需营养单靠母乳是不够的，还必须补喂饲料。母猪的泌乳量，一般在第3周龄开始逐渐下降，而仔猪的生长发育迅速增长，母乳已不能满足仔猪的营养需要，如不及时补喂饲料，必然会影响仔猪的生长发育。早期补料可刺激消化系统的发育与机能完善，减轻断奶后营养性应激反应导致的腹泻。给仔猪补料，一定要提早开食，因为仔猪从吸食母乳到采食饲料有一个适应过程，大约7天。给仔猪补料可分为调教期和适应期两个阶段。调教期从开始训练到仔猪认料，一般需要1周左右，即仔猪7～15日龄。这时仔猪的消化器官处于强烈生长发育阶段，消化机能不完善，母乳基本上能满足仔猪的营养需要。但此时仔猪开始出牙，好奇，四处活动，啃食异物。补料的目的在于训练仔猪认料，锻炼仔猪咀嚼和消化能力，并促进胃内盐酸的分泌，避免仔猪啃食异物，防止下痢。训练采取强制的办法，每天将仔猪关进补料栏数次，限制吃奶，强制吃饲料，装设自动饮水器，可自由饮用清洁水。适应期指从仔猪认料到能正式吃料的过程，一般需要10天左右，即仔猪生后15～30日龄。这时仔猪对植物性饲料已有一定的消化能力，母乳不能满足仔猪的营养需要。补料的目的，一则供给仔猪部分营养物质，二则进一步促进消化器官适应植物性饲料。训练仍具有强迫性，可减轻母猪的泌乳负担。补料的方法：每个哺乳母猪圈都装设仔猪补料栏，内设自动食槽和自动饮水器，强制补料时可短时间关闭限制仔猪的自由出入，平时仔猪可随意出入，日夜都能吃到饲料。饲料应是高营养水平的全价饲料，尽量选择营养丰富、容易消化、适口性强的原料配制。配合饲料时需要良好的加工工艺，粉碎要细、搅拌均匀，最好制成经膨化处理的颗粒饲料，保证松脆、香甜等良好的适口性。

猪场设备较好的分娩舍，仔猪生后5～7天即可开食，这时仔猪可以单独活动，并有啃咬硬物拱掘地面的习惯，利用这些行为有助于补料。生产中常采用自由采食方式，即将特制的诱食料投放在补料槽内，让仔猪自由采食。为了让仔猪尽快吃料，开始几天将仔猪赶入补料槽旁边，上、下午各一次，效果更好。在饲喂方法上要利用仔猪抢食的习性和爱吃新料的特点，每次投料要少，每天可多次投料，开食第1周仔猪采食很少，因为母乳基本上可以满足需要，投料的目的是使仔猪习惯采食饲料。仔猪诱食料要适合仔猪的口味，有利于仔猪的消化，最好是颗粒料。

(1) 补饲有机酸　给仔猪补饲有机酸，可提高消化道的酸度，激活某些消化酶，提高饲料的消化率。并有抑制有害微生物繁衍的作用，降低仔猪消化道疾病的发生率。常用有机酸有柠檬酸、甲酸、乳酸、延胡索酸等。

(2) 添加抗生素　抗生素有增强抗病力和促进生长发育的作用，其效应随年龄增长而下降，仔猪出生后的最初几周是抗生素效应最大时期。给仔猪饲粮中添加抗生素，可以提高仔猪成活率、增重速度和饲料利用率。猪用的抗生素有金霉素（氯四环素）、杆菌肽、竹桃霉素、土霉素、青霉素和泰乐霉素等。

(3) 补充矿物质　哺乳仔猪的生长发育同样需要矿物质，不仅需要常量元素，如钙、磷、钾、钠、氯等，也需要微量元素，如铁、铜、锰、锌、碘、硒等。吃料前的哺乳仔猪所需要的矿物质元素主要来自母乳，少量母乳不能满足仔猪所需要的微量元素，则要单独补给，如铁、铜、硒等。当仔猪学会吃料以后，通过饲料可补充一部分矿物质，断奶仔猪则完全从饲料中获得矿物质。

9. 仔猪补水

哺乳仔猪生长迅速，代谢旺盛，母乳和仔猪补料中的蛋白质含量较高，需要较多的水分，在生产实践中经常看到仔猪喝尿液和脏水，这是仔猪缺水的表现，及时给仔猪补喂清洁饮水，不仅可以满足仔猪生长发育对水分的需要，还可以防止仔猪因喝脏水而导致下痢。因此，在仔猪3～5日龄，给仔猪开食的同时，一定要注意补水，最好在仔猪补料栏内安装仔猪专用的自动饮水器或设置适宜的水槽。

第二节　断奶仔猪的保育技术

一、断奶仔猪的生活条件变化因素

断奶仔猪是指仔猪从断奶至70日龄左右的仔猪。断奶后仔猪生活条件发生巨大转变，由依靠母乳和采食部分饲料转变到完全采食饲料，生活环境由依靠母猪到独立生存，使仔猪精神上受到打击。随着养猪业进入一个以效益为中心，数量、质量并举的全面发展阶段，早期断乳的方法已被接受和采用，断乳的时间逐渐缩短，因此，根据仔猪的生长发育变化及其营养特点，为其提供一个理想的营养与饲养环境，成为断奶仔猪生产的首要问题。

二、断奶日龄及方法

1. 断奶日龄

猪的自然断奶发生在8～12周龄期间，此时母猪产奶量进入低谷，而仔猪采食固体饲料的能力较强。因此，自然断奶对母猪和仔猪都没有太大的不良影响。传统管理都采用8周龄断奶，而现代商品猪生产，断奶时间大多提前到21～35日龄。早期断奶能够提高母猪的年产窝数和仔猪头数，从理论上推算断奶时间每提前7天，母猪年产断奶仔猪数会增加1头左右。但是仔猪哺乳期越短，仔猪越不成熟，免疫系统越不发达，对营养和环境条件要求越苛刻。早期断奶的仔猪需要高度专业化的饲料和培育设施，也需要高水平的管理和高素质的饲养人员。仔猪早期断奶会增加饲养成本，并在一定程度上抵消了母猪增产的利润。另外，仔猪早期断奶如果早于21天，母猪断奶至受孕时间的间隔会延长，下一次的受胎率和产仔数都会降低，给母猪生产力带来不良影响。最适宜的断奶日龄应该是每头仔猪生产成本最低，因猪场具体生产条件而异。一般生产条件下采用21～35日龄断奶比较合适，21日龄后母猪子宫恢复已经结束，创造了最可靠的重新配种条件，有利于提高下胎的繁殖成绩。若提早开食训练，仔猪也已能很好地采食饲料，有利于仔猪的生长发育。

仔猪早期断奶的优点如下。

(1) 提高母猪繁殖力，充分利用母猪 仔猪早期断奶可以缩短母猪的产仔间隔（繁殖周期），增加年产仔窝数。

$$母猪年产仔窝数=\frac{365}{妊娠期+哺乳期+空怀期}$$

一年为365天，是一个常数，妊娠期、哺乳期、空怀期之和为一个繁殖周期。猪的妊娠期和空怀期变化很小，而哺乳期是可变化的，也就是说哺乳期的长短直接影响繁殖周期的长短。所以，缩短哺乳期可缩短产仔间隔，提高母猪年产仔窝数。另外，哺乳期短，母猪体重消耗少。

(2) 提高饲料利用效率 在哺乳期间，母猪食入饲料转化成乳汁，仔猪吃母乳，在转化过程中饲料利用效率为20%～30%（能量每经1次转化约损失20%），而仔猪自己吃入饲料，饲料利用率可提高到50%～60%。据国外报道，30日龄断乳与60日龄断乳相比，每千克增重节省31%～39%的饲料和20%～32%的可消化粗蛋白。

(3) 有利于仔猪的生长发育 早期断乳的仔猪，虽然在刚断乳时由于断乳应激的影响增重较慢，一旦适应后增重变快，可以得到生长补偿。根据陈廷济等的试验，在仔猪生后分别于28日龄断乳、35日龄断乳、45日龄断乳和60日龄断乳比较，在60日龄以内增重较慢，60日龄以后增重高于60日龄断乳仔猪，到90日龄时各组仔猪平均个体重已很接近。

早期断奶的仔猪能自由采食营养水平较高的全价饲料，得到本身生长发育所需的各种营养物质。在人为控制环境中养育，可促进断乳仔猪生长发育，使仔猪发育均匀一致，减少患病和死亡。

(4) 提高分娩猪舍和设备的利用率 早期断奶可减少母子占用产床的时间，从而提高每个产床的年产窝数和断奶仔猪头数，相应降低了生产1头断奶仔猪占用产床和设备的生产成本。

2. 断奶方法

仔猪断奶可采取一次性断奶、分批断奶、逐渐断奶和间隔断奶的方法。

(1) 一次性断奶法 即到断奶日龄时，一次性将母仔分开。具体可采用将母猪赶出原栏，留全部仔猪在原栏饲养。此法简便，并能促使母猪在断奶后迅速发情。其不足之处是突然断奶后，母猪容易发生乳房炎，仔猪也会因突然受到断奶刺激，影响生长发育。因此，断奶前应注意调整母猪的饲料，降低泌乳量；细心护理仔猪，使之适应新的生活环境。

(2) 分批断奶法 将体重大、发育好、食欲强的仔猪及时断奶，而让体弱、个体小、食欲差的仔猪继续留在母猪身边，适当延长其哺乳期，以利于弱小仔猪的生长发育。采用该方法可使整窝仔猪都能正常生长发育，避免出现僵猪。但断奶期拖得较长，影响母猪发情配种。

(3) 逐渐断奶法 在仔猪断奶前4～6天，把母猪赶到离原圈较远的地方，然后每天将母猪放回原圈数次，并逐日减少放回哺乳的次数，第1天4～5次，第2天3～4次，第3～5天停止哺育。这种方法可避免引起母猪乳房炎或仔猪胃肠疾病，对母、仔猪均较有利，但较费时、费工。

(4) 间隔断奶法 仔猪达到断奶日龄后，白天将母猪赶出原饲养栏，让仔猪适应独立采食；晚上将母猪赶进原饲养栏（圈），让仔猪吸食部分乳汁，到一定时间全部断奶。这样，不会使仔猪因改变环境而惊惶不安，影响生长发育，既可达到断奶目的，也能防止母猪发生乳房炎。

三、断奶仔猪的培育技术

断奶仔猪阶段是猪场能否取得经济效益的一个关键时期，该阶段不但要保证仔猪安全稳定地完成断奶转群，还要为育成育肥打下良好的基础，同时也是猪群易患易感病菌的高发期。

1. 断奶仔猪的饲养

为了使断奶仔猪尽快适应断奶后的饲料，减少断奶应激，除对哺乳仔猪进行早期强制性补料和断奶前减少母乳（断奶前给母猪减料）的供给，迫使仔猪在断奶前就能采食较多补料外，还要进行饲料过渡和饲喂方法过渡。饲料过渡就是仔猪断奶2周以内应保持饲料不变（仍然饲喂哺乳期补料），2周以后逐渐过渡到吃断奶仔猪饲料，以减轻应激反应。饲喂方法过渡是指仔猪断奶后3～5天最好限量饲喂，平均日采食量160g，5天以后再实行自由采食。否则，仔猪往往因过食而发生腹泻，生产上应引起注意。

稳定的生活制度和适宜的饲料调制是提高仔猪食欲、增加采食量、促进仔猪增重的保证。仔猪断奶后15天内，应按哺乳期的饲喂方法和次数进行饲喂，每次喂量不宜过多。夜间应坚持饲喂，以免停食过长，使仔猪饥饿不安。此后，可适当减少饲喂次数。

饲料的适口性是增进仔猪采食量的一个重要因素，仔猪对颗粒料和粗粉料的喜好超过细粉料。仔猪采食饲料后，经常感到口渴，应经常供给清洁的饮水，对仔猪的饲养管理是否适宜，可从其粪便和体况加以判断。断奶仔猪粪便软而表面光泽，长8～12cm，直径2.0～2.5cm，呈串状，4月龄时呈块状；饲养不当则粪便无形状，稀稠，色泽不同；如饲养不足，则粪成粒，干硬而小；精料过多则粪稀软或不成块；青草过多则粪便稀，色泽绿且有草味。如粪过稀且有未消化的剩料粒，则为消化不良，可减少进食量，1天后如仍不改变，可用药物进行治疗。

目前主要采取仔猪提前训料、缓慢过渡的方法来解决仔猪的断奶应激问题，可以使仔猪断奶后立刻适应饲料的变化。

(1) 断奶后的饲料过渡　断奶前3天减少母乳的供给（给母猪减料），迫使仔猪进食较多的乳猪料。断奶后2周内保持饲料不变，并适量添加抗生素、维生素，以减少应激反应。断奶后3～5天内采取限量饲喂，日采食量以160g为宜，逐渐增加，5天后自由采食。2周后饲料中逐渐增加仔猪料量减少乳猪料。3周后全部采用仔猪料。仔猪食槽口4个以上，保证每头猪的日饲喂量均衡，避免因突然食入大量干料造成腹泻。最好安装自动饮水器，保证供给仔猪清洁的饮水、断奶仔猪采食大量干料，常会感到口渴，如供水不足会影响仔猪的正常生长发育。

(2) 控制仔猪的采食量　在断奶一段时间限制仔猪采食量可缓减断奶后腹泻。但是，该阶段是仔猪生长较快的阶段，断奶一定时间后，要提高仔猪的采食量。提高仔猪断奶后采食量最成功的一种办法是采用湿料和糊状料。对刚断奶后采食量极低的仔猪和轻体重的仔猪来说，湿喂有好处，采用湿料时采食量提高，原因可能是行为性的，即仔猪不必在刚断奶后学习分别采食和饮水的新行为；采用湿料时，水和养分都可获自同一个来源，这与吸吮母乳有许多相似之处；湿喂可以极大地提高断奶后仔猪的采食量和幼猪的性能，但是湿喂时如采用自动系统则成本太高，且有实际困难，而采用手工操作则对劳力要求又太大，这些原因阻碍了其目前在商品猪生产上的广泛应用。但湿喂的上述优点将促使人们生产出在经济上可接受的湿喂系统。

2. 断奶仔猪的管理

(1) 环境过渡　仔猪断奶后头几天很不安定，经常嘶叫，寻找母猪。为减轻应激，最好在原圈原窝饲养一段时间，待仔猪适应后再转入仔猪培育舍。此法的缺点是降低了产房的利用率，建场时需加大产房产栏数量。断奶仔猪转群时一般采取原窝培育，即将原窝仔猪（剔除个别发育不良个体）转入仔猪培育舍，关入同一栏内饲养。如果原窝仔猪过多或过少时，需重新分群，可按体重大小、强弱进行分群分栏，同栏仔猪体重差异不应超过1～2kg。

为了避免并圈分群后的不安和互相咬斗，应在分群前3～5天使仔猪同槽进食或一起运动。然后，根据仔猪的性别、个体大小、吃食快慢进行分群。同群内体重差异以不超过2～3kg为宜。对体弱的仔猪宜另组一群，精心护理以促进其发育。每群的头数视猪圈面积大小而定，一般可为4～6头一圈或10～12头一圈。

(2) 控制环境条件

① 温度。断奶仔猪适宜的环境温度是：30～40日龄21～22℃，41～60日龄21℃，60～90日龄20℃。为了能保持上述温度，冬季要采取保温措施，除注意畜舍防风保温和增加舍内养猪头数外，最好安装取暖设备，如暖气、热风炉或煤火炉等，也可采取火墙供暖。在炎热的夏季则要防暑降温，可采取喷雾、淋浴、通风等降温方法。近年来，许多猪舍采取纵向通风降温，效果较好。

② 湿度。仔猪舍内湿度过大，可增加寒冷或炎热的程度，对仔猪的成长不利。断奶仔猪适

宜的环境湿度为65%~75%。

③ 清洁卫生。猪舍内应经常打扫、消毒，以防止传染病发生。舍内应定期通风换气，保持舍内空气新鲜。

(3) 调教管理　猪有定点采食、排粪尿、睡觉的习惯，这样既可保持栏内卫生，又便于清扫，但新断奶转群的仔猪需人为引导、调教才能养成这些习惯。仔猪培育栏最好为长方形（便于训练分区），在中间走道一端设自动食槽，另一端安装自动饮水器，靠近食槽一侧为睡卧区，另一侧为排泄区。训练的方法是：排泄区的粪便暂时不清扫，诱导仔猪来排泄，其他区的粪便及时清除干净。当仔猪活动时，对不到指定地点排泄的仔猪用小棍轰赶，当仔猪睡卧时可定时轰赶到固定区排泄，经过1周的训练可形成定位。

(4) 疾病防治　断奶仔猪由于没有了母乳这个天然抗原，又没有形成完整的免疫机制，很容易被病菌感染而患病。除了搞好环境卫生以外，使用药物饲料及疾病诊断防治是非常重要的。对于新断奶仔猪可在饲料中添加0.05%的土霉素，饮水中加入补液盐。对于仔猪常见疾病，如水肿病、流行性腹泻、仔猪副伤寒等病需要特别重视。

(5) 断奶仔猪的网床培育　断奶仔猪网床培育是集约化养猪场实行的一项科学的仔猪培育技术。与地面培养相比，网床培育有许多优点，首先是粪尿、污水可随时通过漏缝网格漏到网下，减少了仔猪接触污染源的机会，床面既可保持清洁、干燥，又能有效地预防和遏制仔猪腹泻病的发生和传播。其次是仔猪离开地面，减少冬季地面传导散热的损失，提高了饲养温度。

断奶仔猪在产房内经过渡期饲养后，再转移到培育猪舍网床培养，可提高仔猪日增重，生长发育均匀，仔猪成活率和饲料转化率提高，减少了疾病的发生，为提高养猪生产水平、降低生产成本奠定了良好的基础。网床培育已在我国大部分地区试验并推广应用，取得了良好的效果，对我国养猪业的发展和现代化起到了巨大的推动作用。

第三节　后备猪与育成猪的培育技术

一、后备猪与育成猪的生长发育特点

猪的生长发育是一个很复杂的过程。根据猪的生长发育特点，在不同生理阶段，通过控制日粮营养水平和科学的饲养管理措施，加速或抑制猪某些部位和器官组织的生长发育，从而培育出发育良好、体格健壮、骨骼结实及消化系统、神经系统和生殖器官机能健全的后备猪。过高的日增重、过度发达的肌肉或大量脂肪沉积，都对繁殖性能有不良影响。

1. 体重的增长

体重是猪体各部位及组织生长的综合度量指标。体重的增长因品种类型不同而不同，故能体现品种及类型的特征。在正常的饲养管理条件下，后备猪体重的绝对生长随月龄的增长而增加，其生长强度则随月龄的增长而降低，到成年时，则稳定在一定的水平。荣昌猪体重的变化见表1-5-1。

表1-5-1　荣昌猪的体重增长表

性能	初生	月龄					
		2	4	6	8	10	12
体重/kg	0.83	9.69	25.85	43.84	60.18	81.82	82.30
日增重/g	148	269	300	272	361	80	131
生长强度/%	100	1068	167	70	37	36	1

我国地方猪种的体重变化与引入的瘦肉型猪有所不同。地方猪种4月龄以前生长强度最高，8月龄以前生长速度最快；瘦肉型猪在2月龄以前生长强度最大，6月龄以前增重速度最快。除品种类型之外，后备猪的生长发育和体重变化还受到饲粮营养、饲喂方式、环境条件等诸多因素

的影响。日增重的快慢只能作为判断后备猪发育的间接依据，若生长速度过快，虽已达到配种体重，但生理上还没有达到适配状态，若这时进行配种，会导致初产母猪的配种困难，并对其以后繁殖性能不利。所以，后备猪培育期的生长速度要适度控制。

2. 体组织的生长

猪体内骨骼、肌肉、脂肪的生长顺序和强度是不平衡的，随年龄的增长，顺序有先后，强度有大小，呈现出一定的规律性，不同的时期和不同的阶段各有所侧重。从骨骼、肌肉、脂肪的发育过程来看，骨骼发育最早停止，肌肉居中，脂肪前期沉积很少，后期加快，直到成年。3种组织发育高峰出现的时间及发育持续期的长短与品种类型和营养水平有关。在正常的饲养管理条件下，早熟易肥的品种生长发育期较短，特别是脂肪沉积高峰期出现较早，而大型瘦肉母猪品种生长发育期较长，脂肪大量沉积出现较晚，肌肉生长强度大且持续时间长。因此，为保持后备母猪良好的生长发育，应根据品种及种用体况要求注意饲料中蛋白质和钙、磷的水平。

各组织器官和身体部位生长由早到晚的顺序大致是：神经组织、骨骼、肌肉、脂肪。组织生长是一个与时间有关的现象，每一组织都有其生长发育的最高峰，然后生长速度下降；另一组织的生长速度增高并在某一时间达到最高峰。因此，必然有一个瘦肉生长最快的时期，之后瘦肉生长下降而脂肪生长提高。现代瘦肉型猪种的肌肉生长高峰期在体重50～70kg之间，而脂肪型猪的肌肉生长高峰则在体重较小时出现。脂肪生长高峰期是猪最后达到的生长高峰期，脂肪的沉积速度取决于体内过剩能量的多少。因此，在猪采食能力的范围内，可以通过改变能量供应来提高或降低脂肪的沉积量，从而培育出优良的后备种猪。母猪体各部分及各组织的生长速度及发育程度，决定了母猪是否早熟，这也是母猪品种和类型的特征。如脂肪型母猪成熟较早，各组织的强烈生长期来得也早，活重在75kg（中国猪）时已经肥满，后腿发达，脂肪和肌肉比例达到了屠宰适期。而腌肉型母猪在同样体重时身体正在生长，蛋白质正在强烈沉积，脂肪比例较小，后腿欠丰满。因此，可以说晚熟型的母猪脂肪比例较小。

二、育成猪的饲养管理

1. 育成猪的饲养

育成猪阶段是指猪体重20～60kg阶段，此时正是骨骼和肌肉生长强度最高的时期，每天蛋白质生长为84～119g，以后基本稳定在125g左右。脂肪的生长规律相反，育成猪阶段绝对生长量很少，每天为29～120g，而体重60kg以后则直线上升，每天沉积量由120g猛增加到378g。根据这一规律，在育成猪阶段，应提供全价而平衡的日粮，以促进育成猪骨骼的充分发育和肌肉的快速生长。

2. 育成猪的管理

育成猪的饲养管理是断奶仔猪的继续，公、母猪可继续混合饲养，根据圈栏的面积大小确定猪的数量，地面平养，自由采食，防寒保暖，清洁卫生，防疫驱虫。也可以在生长育肥猪舍中与商品猪一起饲养。

三、后备猪的饲养管理

1. 后备猪的饲养

后备猪的饲养水平要与后备猪的培育结合起来，把眼前利益与长远目标区别开来。后备猪培育是选育具备蛋白质生长和沉积能力强、肉质优良且遗传性能稳定的种猪，这种遗传素质允许供给较高的饲养水平，因为随着蛋白质的大量沉积，同时机体需要消耗大量的能量。除控制日粮中蛋白质和能量水平外，还应供给后备猪足够的矿物质和维生素，以满足其正常生长发育需要，从而获得种用性能良好的后备种猪。

后备猪生后5月龄体重应控制在75～80kg，6月龄达到95～100kg，7月龄控制在110～120kg，8月龄控制在130～140kg。采用限制饲喂方式，既可保证后备猪的生长发育良好，又可控制体重的生长速度，使各组织器官能够协调发展。

2. 后备猪的管理

(1) 分群　后备猪在体重60kg以前，可按性别和体重大小分成小群（4～6头/群）进行饲养。60kg以后，按性别和体重大小再分成2～3头为一小群饲养。群养密度适中，后备猪的生长发育均匀；密度过高，则影响后备猪的生长发育速度，还会出现咬尾现象。后备猪达到性成熟时，常出现相互爬跨行为，可能造成阴茎损伤，对生长发育不利，最好单栏饲养。

(2) 调教　后备猪从一开始就应加强调教管理，使猪容易与人接近，为以后的采精、配种和接产等工作打下基础。饲养人员要经常触摸猪只，可对猪耳根、腹侧和乳房等敏感部位进行抚摸，既可使人、猪亲和，又可促进乳房充分发育。

(3) 定期测量体长和体重　后备猪应逐月测量体长和体重，不同品种类型在不同月龄有一个相应的体长和体重范围。通过后备猪各月龄体重变化，可间接判断其生长发育的优劣状况，并及时调整日粮营养水平和饲喂量，使后备猪生长符合其品种类型要求。

(4) 日常管理　后备猪在冬季同样需要注意防寒保暖，夏季要防暑降温；舍内通风换气良好，保持猪舍空气清新；猪舍地面及饲养设备和工具要定期消毒；经常刷拭猪体并定期驱虫，防止体内外寄生虫的寄生；后备公猪每天要有适当的运动，这样既可以使猪体格健壮，四肢灵活，并能接受日光浴和呼吸新鲜空气，又可以防止自淫恶癖。后备猪达到适配月龄和适配体重时，即可准备配种。

(5) 环境适应　后备母猪要在猪场内适应不同的猪舍环境，与老母猪一起饲养，与公猪隔栏相望或者直接接触，这样有利于促进母猪发情。

[复习思考题]

1. 仔猪生理特点有哪些？如何利用这些特点指导仔猪生产？
2. 哺乳仔猪死亡原因有哪些？在生产中如何使哺乳仔猪全活满壮？
3. 规模化猪场在冬季可采取哪些保温措施？
4. 如何预防仔猪下痢？
5. 什么是寄养？如何顺利寄养？
6. 仔猪早期断奶有何优点？生产中如何实施早期断奶技术？
7. 怎样养好断奶仔猪？
8. 怎样养好后备猪？

第六章　肉猪的育肥技术

[知识目标]

- 认识肉猪的生长发育规律。
- 掌握肉猪的饲养管理技术。

[技能目标]

- 能熟练地进行肉猪生产。

第一节　肉猪的生长发育规律

肉猪是指20～90kg这一阶段的育肥猪。肉猪生长发育主要表现在：体重增长的变化、体组织的变化和体化学成分的变化。

1. 体重的增长

商品肉猪体重增长速度的变化规律，是决定肉猪出售或屠宰的重要依据之一。猪体重的增长以平均日增重表示，随日龄增长而提高，表现为不规则的抛物线，呈现慢-快-慢的趋势。即随日龄（体重）的增长平均日增重上升，到一定体重阶段出现日增重高峰，然后日增重逐渐下降。由于品种、营养和饲养环境的差异，不同猪的绝对生长和相对生长不尽相同，但其生长规律是一致的。

生长育肥猪的绝对生长即生长速度，以平均日增重来度量，日增重与时间的关系呈一钟形曲线。生长育肥猪的生长速度先增快（加速度生长期），到达最大生长速度（拐点或转折点）后降低（减速生长期），转折点发生在成年体重的40%左右，相当于育肥猪的适宜屠宰期。据试验，国外品种与国内品种杂交，日增重高峰在80～90kg，少量在90kg以上。根据生产实践，猪体重达到90～100kg时生长速度最快，但也因遗传类型和饲养条件的不同而异。日增重高峰出现的早晚与品种、杂交组合、营养水平和饲养条件有关。在肉猪生产中要抓住该阶段的生长优势，在达到高峰时出栏。按月龄表示，大约在6月龄左右，这一阶段生长快、饲料利用率高。肉猪在70～180日龄为生长速度最快的时期，是肉猪体重增长中最关键的时期，肉猪体重的75%要在110天内完成，平均日增重保持在700～750g。25～60kg体重阶段日增重应为600～700g，60～100kg阶段应为800～900g。即从育成到最佳出栏屠宰的体重，该阶段占养猪饲料总消耗的68.47%，也是养猪经营者获得最终经济效益的重要时期。

生长育肥猪的生长强度可用相对生长来表示。年龄（或体重）越小，生长强度越大，随着年龄（或体重）增长，相对生长速度逐渐减慢。

因此，在生长育肥猪生产中，要抓好猪在生长转折点（适宜屠宰体重）之前的饲养管理工作，尤其是利用好其在生长阶段较大的生长强度，以保证其最快生长，提早出栏，并提高饲料转化效率。

2. 体组织的生长

猪体组织的变化是指骨骼、肌肉和脂肪的生长规律。生长育肥猪体组织重量的日增长速度曲线类似于体重增长曲线，也呈钟形。猪体的神经、骨骼、肌肉、脂肪的生长顺序和强度是不平衡的。神经组织和骨骼组织的最快生长期比肌肉和脂肪组织出现得早，而脂肪是最快生长期出现最晚的组织。皮肤的生长基本上比较平稳，其生长势一般出现于肌肉之前，而我国一些地方猪种如民猪、内江猪、太湖猪等，其肌肉组织比皮肤组织更为早熟，即生长后期皮肤的生长势强于肌肉，从而导致胴体肉少、皮厚，降低了肉用价值。与后备猪相比，育肥猪生长时缩短了各个组织部位的生长发育时间，脂肪组织的增长加快。

一般情况下，生长育肥猪 20～30kg 为骨骼生长高峰期，60～70kg 为肌肉生长高峰期，90～110kg 为脂肪蓄积旺盛期。以大白猪为例，皮肤的增长强度不大，其高峰出现在 1 月龄以前，以后则比较平稳；骨骼从 2 月龄左右开始到 3 月龄（活重 30～40kg）是强烈生长时期，强度大于皮肤；肌肉的强烈生长从 3～4 月龄（50kg 左右）开始，并较脂肪型和兼用型猪种维持时间更长，直至 100kg 才明显减弱；在 4～5 月龄（体重 70～80kg）以后脂肪增长强度明显提高，并逐步超过肌肉的增长强度，体内脂肪开始大量沉积。

品种及营养水平对体组织生长强度有一定的影响。瘦肉型猪种肌肉的生长期延长，脂肪沉积延迟，骨骼生长、肌肉生长、脂肪沉积的三个高峰期之间的间隔拉大。营养水平低时生长强度小，而营养水平高时生长强度大。育肥猪体脂肪主要贮积在腹腔、皮下和肌肉间。以沉积迟早来看，一般以腹腔中脂肪沉积最早，皮下次之，肌肉间最晚；以沉积数量来看，腹腔脂肪最多，皮下次之，肌肉间最少；以沉积速度而言，腹腔内脂肪沉积最快，肌肉间次之，皮下最慢。

根据以上生长发育规律，在生长育肥生长期（60～70kg 活重以前）应给予高营养水平的饲粮，并要注意饲粮中矿物质和必需氨基酸的供应，以促进骨骼和肌肉的快速发育；到育肥期（60～70kg 以后）则要适当限饲，特别是控制能量饲料在日粮中的比例，以抑制体内脂肪沉积，提高胴体瘦肉率。

3. 猪体化学成分的变化

猪体化学成分随体组织和体重的增长呈规律性变化。随日龄和体重的增长猪体的水分、蛋白质和灰分相对含量下降；幼龄时猪体的脂肪含量相对较低，以后则迅速增高。生长育肥猪一生中，体内水和脂肪的含量变化最大，而蛋白质和矿物质的含量变化较小。育肥猪与后备猪相比，随年龄增长，体内水分含量减少和脂肪含量增加的变化更快。从增重成分看，年龄越大，则增重部分所含水分愈少，含脂肪愈多。蛋白质和矿物质含量在胚胎期与生后最初几个月增长很快，以后随年龄增长而减速，其含量在体重达 45kg(或 3～4 月龄) 以后趋于稳定。

水分和脂肪是变化较大的成分，如果去掉干物质中的脂肪，则蛋白质和矿物质的比例变化不大。

随着体脂肪量的增加，猪板油中饱和脂肪酸的含量也相应增加，而不饱和脂肪酸含量逐渐减少。据测定，体重 34kg 时猪板油中饱和脂肪酸和不饱和脂肪酸分别占 34.89%和 65.11%；体重 86kg 时则分别为 37.26%和 62.74%。

第二节　肉猪育肥的综合技术

一、圈舍及环境的消毒

为保证猪只健康，防止疾病，在进猪之前必须对猪舍、圈栏、用具等进行彻底消毒。要彻底清扫猪舍走道、猪栏内的粪便、垫草等污物，用水洗刷干净后再进行消毒。猪栏、走道、墙壁可用 2%～3%的苛性钠（烧碱）水溶液喷洒消毒，隔 1 天后再用清水冲洗、晾干。墙壁也可用 20%的石灰水粉刷。应提前消毒饲槽、饲喂用具，消毒后洗刷干净备用。平时使用对猪只安全的消毒液进行带猪消毒。

二、肉猪的饲养管理

1. 适宜的饲养方式

（1）“吊架子肥育” 又称“阶段肥育方式”，其要点是将整个肥育期分为三个阶段，采取“两头精、中间粗”的饲养方式，把有限的精料集中在小猪和催肥阶段使用。小猪阶段喂给较多精料；中猪阶段喂给较多的青粗饲料，养期长达6个月左右；大猪阶段，通常在出栏屠宰前2～3个月集中使用精料，特别是碳水化合物饲料，进行短期催肥。这种饲养方式与农户自给自足的经济相适应。

(2)“直线肥育方式” 就是根据生长育肥猪生长发育的需要，在整个肥育期充分满足猪只对各种营养物质的需要，并提供适宜的环境条件，充分发挥其生长潜力，以获得较高的增重速度及优良的胴体品质，提高饲料利用率，在目前的商品生长育肥猪生产中被广泛采用。

(3)“前高后低式肥育方式” 在生长育肥猪生长前期采用高能量、高蛋白质饲粮，任猪自由采食以保证肌肉的充分生长。后期适当降低饲粮能量和蛋白质水平，限制猪只每日进食的能量总量。这样既不会严重降低增重，又能减少脂肪的沉积，得到较瘦的胴体。后期限饲方法：一是限制饲料的供给量，按自由采食量的80%～85%给料；二是仍让猪只自由采食，但降低饲粮能量浓度（不能低于11MJ/kg）。

2. 生长育肥猪的管理

(1) 合理组群 生长育肥猪一般都是群养，合理组群十分重要。按杂交组合、性别、体重大小和强弱组群可使猪只发育整齐，充分发挥各自的生产潜力，达到同期出栏。

(2) 群体大小与饲养密度 肥育猪最适宜的群体大小为每圈4～5头，但这样会降低圈舍及设备利用率，增加饲养成本。生产实践中，在温度适宜、通风良好的情况下，每圈以10头左右为宜。饲养密度按每只猪至少1m² 的面积来确定。

(3) 调教 根据猪的生物学习性和行为学特点进行引导与训练，使猪只养成在固定地点排粪、躺卧、吃料的习惯，既有利于其生长发育和健康，也便于日常管理。

(4) 温湿度 育肥舍的最适室温为18℃，在适温区内，猪增重快，饲料利用率高。舍内温度过低，猪只生长缓慢，饲料利用率下降。温度过高导致食欲降低、采食量下降，影响增重，若再加通风不良、饮水不足，还会引起猪只中暑死亡。湿度对猪的影响远远小于温度，空气相对湿度以60%～75%为宜。

(5) 舒适的环境 猪舍设计不合理或管理不善，通风换气不良，饲养密度过大，卫生状况不好，会造成舍内空气潮湿、污浊，充满大量氨气、硫化氢和二氧化碳等有害气体，从而降低猪的食欲、影响猪的增重和饲料利用率，还可引起猪的眼、呼吸系统和消化系统疾病。因此，除在猪舍建筑时要考虑猪舍通风换气的需要，设置必要的换气通道，安装必要的通风换气设备外，还要经常打扫猪栏，保持圈舍清洁，减少污浊气体及水汽的产生，以保证舍内空气的清新。

(6) 光照 生长育肥猪舍的光照只要不影响操作和猪的采食就可以了。

三、适时屠宰

1. 影响生长育肥猪屠宰活重的主要因素

(1) 生长育肥猪生物学特性的影响 生长育肥猪的适宜屠宰活重受到日增重、饲料转化率、屠宰率、瘦肉率等生物学因素的制约。生长育肥猪随着体重的增加，日增重逐渐增高，到一定阶段（随不同品种或杂交组合而异）之后，则逐渐下降，维持营养所占比例相对增多，饲料消耗增加，饲料转化率下降。育肥猪随体重的增加，屠宰率提高，但胴体沉积的脂肪比例增高，瘦肉率降低。

因此，生长育肥猪的屠宰活重不宜过大，否则日增重和饲料转化率下降，瘦肉率降低。但屠宰活重过小也不适宜，此时虽单位增重的耗料量少，瘦肉率高，而育肥猪尚未达到经济成熟，屠宰率低，瘦肉产量少。

(2) 消费者对胴体的要求与销售价格的影响 随着人民生活水平的提高，对瘦肉的需求很迫切，市场上瘦肉易销，肥猪肉难销。为了获取较好的销售价格和经济效益，生产者正积极探索饲养品种的最佳出栏活重，一些原来有养大猪习惯的地区也在一定程度上调低了生长育肥猪的出栏体重。

2. 生长育肥猪的适宜屠宰活重

生长育肥猪的适宜屠宰活重的确定，要结合日增重、饲料转化率、每千克活重的售价、生产成本等因素进行综合分析。由于我国猪种类型和经济杂交组合较多、各地区饲养条件差别较大，生长育肥猪的适宜屠宰活重也有较大不同。根据各地区的研究成果，地方猪种中早熟、矮小的猪及其杂种猪适宜屠宰活重为70～75kg，其他地方猪种及其杂种猪的适宜屠宰活重为75～85kg；我国培育猪种和以我国地方猪种为母本、国外瘦肉型品种猪为父本的二元杂种猪，适宜屠宰活重为85～90kg；以两个瘦肉型品种猪为父本的三元杂种猪，适宰活重为90～100kg；以培育品种猪为母本，两个瘦肉型品种猪为父本的三元杂种猪和瘦肉型品种猪间的杂种后代，适宰活重为100～115kg。

[复习思考题]

1. 简述下列概念：阶段肥育方式、直线肥育方式、前高后低式肥育方式。
2. 肉猪的生长发育有何规律？
3. 如何做好肉猪生产前的准备工作？
4. 肉猪适宜屠宰体重是什么时期？为什么？
5. 在肉猪生产过程中，你认为采取何种肥育方式较合适？

第七章　猪场经营管理技术

[知识目标]

- 理解与掌握现代养猪生产的特点与工艺流程。
- 掌握猪场现场管理与各车间管理的具体内容。
- 掌握猪场岗位职责的内容与联产计酬方案。

[技能目标]

- 能够进行规模化商品猪场工艺流程设计。
- 能够进行猪场现场管理与各车间管理。
- 能够合理设置猪场的岗位。
- 会制定猪场联产计酬方案。

自20世纪60年代以来，随着生产的发展和科学技术的进步，发达国家的养猪生产方式发生了巨大的变化，逐渐形成了以生产规模的集中化、生产管理的工厂化和经营管理的企业化为特征的集约化生产模式，从而使猪的生产水平、产品质量、人员的劳动生产率及企业的经济效益得到了大幅度提高。我国也在不断学习引进这种先进的养猪技术，特别是近20年来猪场的饲养规模越来越大，生产技术也越来越新，已形成集约化养猪的态势。这些猪场中有的直接引进国外的集约化猪场成套设备，有的是在消化、吸收国外先进设备与技术的基础上，根据我国的国情，自行研制了相应的集约化养猪设备。由于这些设备的采用，与传统养猪相比，提高了养猪生产水平，降低了人的劳动强度，提高了劳动生产率。

第一节　养猪生产工艺流程

一、现代养猪生产的特点

现代养猪生产是把猪从出生至出栏上市以工业生产方式，采用现代化的科学技术和设备，实行流水式生产作业，按照一定生产节律和繁殖周期，采用全进全出制工艺连续均衡地进行养猪生产。它是传统养猪生产技术上的一次革命。在养猪生产中，只要使用优良的猪种、全价的饲料、进行科学的饲养管理和严格的防疫，获得较高的经济效益，不管采用什么设施都可称为现代化养猪。

综合国内外现代化养猪生产的现状，其主要特点如下。

(1) 流水式均衡生产　就是说，把养猪生产中的配种、妊娠、分娩哺乳、保育、育成和肥育六个环节有机地联系起来，形成一条连续流水式的、全进全出的生产线，并按计划、有节律地常年均衡生产。即每期（年出栏1万～3万头的肉猪场，一般以周为单位）都有同等数量的母猪受孕、分娩，同时也有同窝数的仔猪断奶和育成猪出场，整个生产具有流水式作业特点并实现了全年度的均衡生产。

(2) 全进全出制工艺　所谓全进全出制，是指在同一时间内将同一生长发育或繁殖阶段的工艺猪群，全部从一种猪舍转至另一种猪舍，全年不分季节均衡生产。这样易于实现精确饲养管理并便于每单元维修、清洗、消毒和使用的有效管理，对疫病的防疫尤其有利。

(3) 使用优良的品种、优质的饲料，拥有严密的兽医卫生制度、合理的免疫程序和符合环境卫生要求的污物、粪便处理系统，提高猪场的生产水平。其中优良的品种是通过完整的育种体系来实现的。优质的饲料以发达的饲料工业为基础，为生产优质猪肉提供原料。随着畜牧业工程的发展，可用先进的设施设备控制猪舍小气候环境，提高了养猪生产水平。国家兽医法规的具体实施则是猪场对疫病严格控制的有效保障。

(4) 专门化的猪舍类别　工厂化养猪必须建立能适应各类猪群生理和生产要求的专用猪舍，包括公猪舍、配种舍、妊娠舍、分娩舍、仔猪保育舍、生长猪舍、肥猪舍（生长肥育猪舍）等，猪舍要达到保温隔热、冬暖夏凉、清洁干燥、空气新鲜的要求，只有这样才能保证各生产工艺有序地进行。

(5) 标准化的产品生产　工厂化养猪应采用先进的饲养管理技术，规模地、均衡地生产符合质量标准的种猪或商品猪，并保证猪肉的安全性。

(6) 具有现代科技知识水平的高素质人才，对猪场进行科学的经营管理。

二、现代养猪生产工艺流程

生产工艺是规模化养猪的总纲，是猪舍建筑设计的依据，是投产后的生产指南。由于猪场规模和技术水平各异，不同猪群的生理要求各异，为将过去传统的、分散的、季节性的生产方式转变为分阶段饲养、流水线作业、常年均衡生产和全进全出的养猪生产体系，必须因地制宜地制定生产工艺，不能生搬硬套、盲目追求先进。目前在生产中应用的工艺可以划分为两种，即一点式生产工艺和两点或三点式生产工艺。

1. 一点式生产工艺

一点式生产工艺指在一个生产区内按照空怀配种→妊娠→分娩哺乳→保育→生长→育肥的生产程序组成一条生产线。该方式是目前我国养猪业中采取的一般方式，具有场地集中、管理方便、转群简单、猪群应激小、投入资金少等优点，适合规模小的猪场，但猪群饲养在同一个地点，易致疫病的水平、垂直传播，不利于疫病防控。

根据商品猪生长发育不同阶段饲养管理方式的差异，它又分成以下几种常见的工艺流程。

(1) 三段饲养工艺流程　空怀及妊娠期→泌乳期→生长肥育期。

三段饲养二次转群是比较简单的生产工艺流程，它适用于规模较小的养猪企业，其特点是：简单，转群次数少，猪舍类型少，节约维修费用，还可以重点采取措施，例如分娩哺乳期可以采用好的环境控制措施，满足仔猪生长的条件，提高成活率，提高生产水平。

(2) 四段饲养工艺流程　空怀及妊娠期→泌乳期→仔猪保育期→生长肥育期。

① 空怀及妊娠阶段。此阶段母猪要完成配种并渡过妊娠期。母猪断奶后1周左右配种，在配种区观察1～2个情期，约4周，待确定妊娠后转入妊娠猪舍，没有妊娠的转入下批继续参加配种。妊娠母猪群继续饲养11.5周，提前1周转入产房。规模小的猪场空怀和妊娠可在同一栋猪舍。

② 分娩泌乳阶段。此阶段要完成分娩和对仔猪的哺育。妊娠母猪按预产期推算提前1周转入产房，哺乳仔猪断奶期为3～5周，这样母猪在产房饲养4～6周，断奶后仔猪转入下一阶段饲养，母猪回到空怀母猪舍参加下一个繁殖周期的配种。

③ 断奶仔猪培育阶段。仔猪断奶后，同批转入仔猪保育舍，这时幼猪已对外界环境条件有了一定的适应能力，在培育舍饲养5～6周，体重达20kg以上，再共同转入生长肥育舍进行生长肥育。

④ 生长肥育阶段。由仔猪保育舍转入生长肥育舍的所有猪只，按生长肥育猪的饲养管理要求饲养，共饲养15周，体重达90kg时，即可上市出售。生长肥育阶段也可按猪场条件分为中猪舍和大猪舍，这样更利于猪的生长。

通过以上四个阶段的饲养，当生产走入正轨后，就可以实现每周都有配种、分娩、仔猪断奶和商品猪出售，从而形成工厂化饲养的基本框架。

（3）五段饲养工艺流程　空怀配种期→妊娠期→泌乳期→仔猪保育期→生长肥育期。

五段饲养四次转群与四段饲养工艺相比，是把空怀待配母猪和妊娠母猪分开，单独组群，有利于配种，提高繁殖率。空怀母猪配种后观察 21 天，确定妊娠后转入妊娠舍饲养至产前 7 天转入分娩哺乳舍。这种工艺的优点是断奶母猪复膘快、发情集中、便于发情鉴定、容易把握适时配种。

（4）六段饲养工艺流程　空怀配种期→妊娠期→泌乳期→仔猪保育期→育成期→肥育期。

六段饲养五次转群与五段饲养工艺相比，是将生长肥育期分成育成期和肥育期，各饲养 7～8 周。仔猪从出生到出栏经过哺乳、保育、育成、肥育四段。此工艺流程的优点是可以最大限度地满足其生长发育的饲养营养、环境管理的不同需求，充分发挥其生长潜力，提高养猪效率。

2. 两点或三点式生产工艺

鉴于一点式生产工艺存在的问题，20 世纪 90 年代一些国家采用了新的养猪工艺对仔猪实行早期断奶隔离饲养。所谓“两点或三点”式生产工艺，就是把整个饲养工艺流程按阶段分散在两地或三地进行，且两地或三地保持一定的距离，避免疫病的交叉感染。

（1）两点式生产工艺　两点式生产工艺流程图见图 1-7-1。

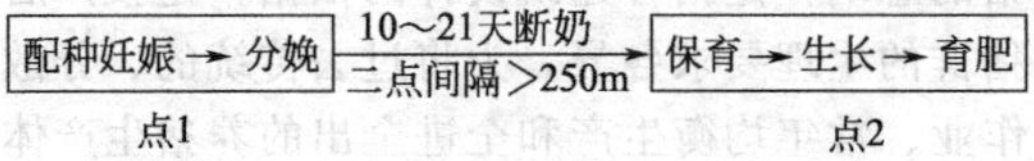

配种妊娠→分娩 —10～21天断奶 / 二点间隔≥250m→ 保育→生长→育肥
点1　点2

图 1-7-1　两点式生产工艺流程图

（2）三点式生产工艺　三点式生产工艺流程图见图 1-7-2。

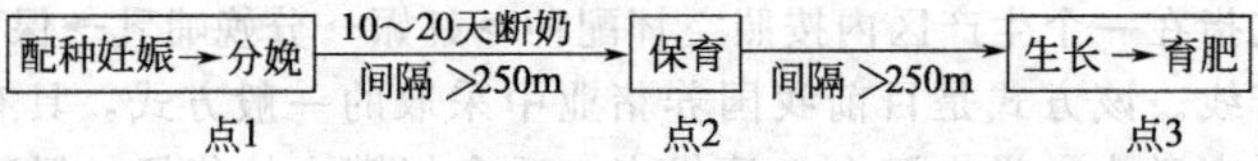

配种妊娠→分娩 —10～20天断奶 / 间隔≥250m→ 保育 —间隔≥250m→ 生长→育肥
点1　点2　点3

图 1-7-2　三点式生产工艺流程图

早期断奶隔离饲养工艺的主要优点是：在仔猪出生后 21 天以前其体内来自母乳的特殊疾病的抗体还没有消失，就将仔猪进行断乳，然后转移到远离原生产区的清洁干净的保育舍进行饲养。由于仔猪健康无病，不受病原体的干扰，免疫系统没有激活，减少了抗病的消耗，因此不仅成活率高，而且生长非常快，到 10 周龄时体重可达 30～35kg，比一点式生产工艺将近高 10kg 左右。两点或三点的隔离距离最好尽可能远些，理想的距离应为 3～5km，100～500m 的隔离可视为合理。如果条件允许，猪场中猪舍的间距也应当设计的大一些。有些猪场由于地盘不够或相临猪场太近，不适合多点生产。

三、生产工艺的组织方法

1. 确定生产节律

生产节律是指相临两群泌乳母猪转群的时间间隔（天数）。严格合理的生产节律是实现全进全出制流水式生产工艺的前提，也是均衡生产产品、有计划地利用猪舍圈栏和合理组织管理的基础。

一般采用 1 天、2 天、3 天、4 天、7 天或 10 天制，要根据猪场规模而定。年出栏 1 万～3 万头的肉猪场，一般以周为单位确定繁殖节律，具有以下优点。

第一，可减少待配母猪和后备母猪的头数，因为猪的发情期是 21 天，是 7 的倍数。

第二，可将繁育的技术工作和劳动任务安排在一周 5 天内完成，避开周六和周日，因为大多数母猪在断奶后第 4～6 天发情，配种工作可在 3 天内完成。如从星期一到星期四安排配种，不足之数可按规定要求由后备母猪补充，这样可使生产的配种和转群工作全部在星期四之前完成。

第三，有利于周、月、年工作计划的制订，建立有序的工作和休假制度，避免管理混乱和生产的盲目性。

2. 确定主要工艺参数

工艺参数是指反映猪群生产、技术和管理水平等因素在内的各种重要数据，也是猪场要实现的生产目标或所要达到的技术指标。应根据种猪群的遗传基础、生产力水平、技术水平、经营管理水平、物质保障条件、已有的历年生产记录和各项信息资料等，实事求是地确定生产工艺过程所必需的各参数。某规模化商品猪场的工艺参数（600头基础母猪）见表1-7-1。

表1-7-1 某规模化商品猪场的工艺参数（600头基础母猪）

项 目	参 数	项 目	参 数
妊娠期/天	114	断奶仔猪成活率/%	95
哺乳期/天	35	生长猪成活率/%	98
保育期/天	21～35	肥育猪成活率/%	99
断奶至受胎/天	7～14	生长期/天、肥育期/天	56、49
繁殖周期/天	142～156	公母猪年更新率/%	33
母猪年产胎次	2.34～2.57	母猪情期受胎率/%	85
年总产窝数(按100%受胎)	1404	公母比例	1∶25
周产窝数	27	圈舍冲洗消毒时间/天	7
日产窝数	3.86	繁殖节律/天	7
母猪窝产仔数/头	10	周配种次数	1.2～1.4
窝产活仔数/头	9	母猪临产前进产房时间/天	7
哺乳仔猪成活率/%	90	母猪配种后原圈观察时间/天	21

3. 猪群结构的计算（确定工艺参数）

(1) 公猪群组成

① 公猪头数：公猪头数＝母猪总头数×公母比例＝600×1/25＝24。

② 后备公猪头数：后备公猪头数＝公猪头数×年更新率＝24×1/3＝8，每月补进1头。

(2) 母猪群组成

① 空怀母猪头数

空怀母猪头数＝[总母猪数×年产胎次×(断奶至受胎天数＋观察天数)]÷365
＝[600×2.34×(14＋21)]÷365＝135

② 妊娠母猪头数

妊娠母猪头数＝(总母猪数×年产胎次×饲养日)÷365
＝[600×2.34×(114－21－7)]÷365＝330

③ 泌乳母猪头数

泌乳母猪头数＝(总母猪数×年产胎次×饲养日)÷365
＝[600×2.34×(7＋21)]÷365＝108

④ 后备母猪头数

后备母猪头数＝总母猪数×年更新率＝600×1/3＝200

占栏饲养35天，约200×35/365＝19头转栏。

(3) 仔猪群组成

全年应产仔窝数＝600×2.34＝1404

周产窝数＝1404÷52＝27

日产窝数＝27÷7＝3.86

计算方式：日产仔头数×成活率×饲养日

① 哺乳仔猪头数

哺乳仔猪头数＝3.86×10×21＝811

② 保育仔猪头数

保育仔猪数＝3.86×10×0.9×35＝1216

(4) 生长肥育猪群组成

生长猪头数＝3.86×10×0.9×0.95×56＝1848

肥育猪头数＝3.86×10×0.9×0.95×0.98×49＝1585

以上计算均为理论数据，生产实践中可视具体情况在此原则基础上进行调整。不同规模猪场猪群结构可参考表1-7-2。

表 1-7-2 不同规模猪场猪群结构（参考）

猪群类别	不同规模生产母猪存栏猪数/头					
	100	200	300	400	500	600
空怀配种母猪	25	50	75	100	125	150
妊娠母猪	51	102	156	204	252	312
分娩母猪	24	48	72	96	126	144
后备母猪	10	20	26	39	46	52
公猪(包括后备公猪)	5	10	15	20	25	30
哺乳母猪	200	400	600	800	1000	1200
幼猪	216	438	654	876	1092	1308
育肥猪	495	990	1500	2010	2505	3015
合计存栏	1026	2058	3098	4145	5354	6211
全年上市商品猪	1612	3432	5148	6916	8632	10348

4. 猪舍栏位需要量

流水式生产工艺是否畅通运行，关键在于各专门猪舍是否具备足够的栏位数。在计算栏位数时，除了按各类工艺猪群在该阶段的实际饲养日外，还要考虑猪舍情况、消毒和维修时间，以及必要的机动备用期。不同规模猪场猪群栏位需要量可参考表1-7-3。

表 1-7-3 不同规模猪场猪群栏位需要量

猪群类别	不同规模生产母猪所需栏位数/个					
	100	200	300	400	500	600
种公猪	4	8	11	15	19	22
待配后备母猪	10	19	28	37	46	55
空怀母猪	16	31	46	62	77	92
妊娠母猪	66	131	196	261	326	391
哺乳母猪	31	62	92	123	154	184
哺乳仔猪	31	62	92	123	154	184
断奶仔猪	27	54	80	107	134	160
生长肥育猪	51	102	152	203	254	304

计算方法：猪舍栏位＝[存栏猪数×(饲养日＋消毒维修日)] ÷饲养日

(1) 公猪栏

种公猪数24头，后备公猪数1头，共25个圈栏。

(2) 母猪栏

① 空怀母猪栏

空怀母猪栏＝[135×(14＋21＋7)]÷35＝162　　162/4＝41个圈栏，每栏头数为4头

② 妊娠母猪栏

妊娠母猪栏＝[330×(86＋7)]÷86＝357　　357/4＝89个圈栏

③ 哺乳母猪栏

哺乳母猪栏＝[108×(21＋7＋7)]÷28＝135　　135个产床

④ 后备母猪：19×(7＋35)÷35＝23　　23/4＝6个圈栏

(3) 保育猪栏

保育猪栏＝1216×（35＋7）÷35＝1459　　原窝保育，115个保育床

(4) 生长育肥猪栏

生长猪栏＝1848×（56＋7）÷56＝2079　　原窝生长，2079/8.6＝242个圈栏

育肥猪栏＝1585×（49＋7）÷49＝1812　　原窝育肥，1812/8.4＝216个圈栏

第二节　猪场的现场组织与管理

一、现场管理

根据工艺流程安排一周的工作内容，对每一项内容提出具体的要求，并且监督执行。

星期一

① 大扫除：更换消毒液；清洁卫生：清扫猪舍墙壁、天花板、风扇及其他设备；全场消毒。

② 查情配种：对待配的后备母猪、断奶的成年空怀母猪和妊娠前期返情的母猪进行发情鉴定和人工授精。

③ 转猪：从妊娠舍内将产前 1 周的母猪群转至分娩母猪舍；育成猪从生长舍转育肥舍。对转出的空舍或栏位进行清洗消毒和维修工作。

星期二

① 查情配种：对待配空怀母猪进行发情鉴定和人工授精配种。

② 阉猪：哺乳小公猪去势。

③ 转猪：保育舍仔猪转入生长舍；对转出的空舍或栏位进行清洗消毒和维修工作。

④ 免疫注射：兽医防疫注射。

星期三

① 查情配种：母猪发情鉴定和配种。

② 设备检修：机电设备检查与维修。

③ 免疫注射：兽医防疫注射。

星期四

① 更换消毒液。

② 查情配种：母猪发情鉴定和人工授精配种。

③ 转猪：断乳母猪赶回配种舍；将上周断乳仔猪转入保育舍；分娩舍的清洗消毒和维修。

星期五

① 查情配种：母猪发情鉴定和人工授精配种，对断奶 1 周后未发情的母猪采取促发情措施。

② 转猪：已配种母猪转入妊娠舍。

星期六

① 备原料：检查饲料储备数量，制订下一周的饲料、药品等物资采购与供应计划。

② 查污染：检查排污和粪尿处理设备。

③ 写总结：填写本周各项生产记录和报表；总结分析一周生产情况。

④ 种猪随时出售，肉猪最好计划出售。

二、各车间现场管理

1. 配种妊娠舍管理

(1) 每天工作日程

① 喂料：定时、视体况阶段定量，给产前 1 周及便秘母猪投服轻泻剂。

② 清粪：定时清理圈内或限位栏后门的粪便。

③ 发情鉴定与配种：将后备母猪及断乳 4 天后的母猪暴露在公猪栏里试情和刺激；发情的母猪适时配种；检查复发情，对配种后 1～2 个情期的母猪进行重点检查。

④ 检查和治疗病猪。

⑤ 检查环境与设备。

(2) 每周工作日程

星期一

① 大扫除：清扫猪舍墙壁、天花板、风扇及其他设备；消毒。

② 更换脚盆消毒液。

③ 转猪：将产前1周妊娠母猪转至分娩舍。

④ 查情查孕、催情配种：对已配种的母猪进行妊娠检查，妊娠检查阴性的母猪和断乳后15天以上仍未配上种的母猪集中起来，集中在配种栏内，以便采取措施，尽早发情配种。

⑤ 驱虫：用左旋咪唑或阿维菌素为产前4周的母猪驱虫。

星期二

剔除淘汰猪：生产记录中性能表现较差的母猪，四肢及全身疾患难以康复的猪，两次以上流产、三次返情、两次阴道炎（子宫炎）的猪，后备母猪阴户发育不良、体型和生产性能较差的猪应予以淘汰，对于老龄、生产水平下降的母猪应有计划地淘汰。

星期三

① 调整猪群，填补空栏，为断乳母猪转入做准备。

② 根据免疫程序，给产前4周左右的母猪注射应注疫苗。

星期四

① 将断乳母猪从产房赶回配种舍，将后备母猪赶到配种栏内，并放进公猪，以利于发情。

② 为即将转群的母猪填好分娩记录卡片。

③ 更换脚盆消毒液。

星期五

① 将已妊娠的母猪从配种栏（舍）赶到妊娠栏（舍）。

② 制订下周配种计划。

③ 其他工作：每年给公猪驱虫两次（同一天对所有公猪同时进行），按免疫程序给公猪及后备母猪注射疫苗。

2. 分娩舍管理

（1）每天工作日程

① 母猪喂料：根据母猪不同状态定时适量饲喂。

② 仔猪补料：仔猪5～7日龄开始补料，饲料应保持新鲜。

③ 接产与仔猪护理。

④ 仔猪寄养与管理。

⑤ 检查仔猪：腹泻、跛行、精神状态。

⑥ 检查母猪：食欲、排泄、乳房、呼吸与体温是否正常。

⑦ 记录和治疗病猪。

⑧ 检查环境与设备。

⑨ 清扫及清理分娩舍。

（2）每周工作日程

星期一

① 大扫除：清扫猪舍地面、墙壁、天花板、风扇及其他设备并消毒。

② 转猪：将产前7天的母猪从妊娠舍调入分娩舍。

③ 更换消毒液。

④ 整理分析产仔记录。

星期二

① 按照免疫程序给猪注射疫苗。

② 给丢掉耳标的母猪打耳标。

星期三

① 为星期四断乳的母猪填写断乳记录卡片。

② 给下周准备断乳的小猪打耳标。

③ 冲洗分娩舍前门。

星期四

① 转猪：将断乳母猪赶回配种舍；将上周断乳仔猪转入保育舍。

② 清洗消毒已用过的圈舍和消毒分娩舍。

③ 更换脚盆消毒液。

星期五

① 给临产母猪挂上分娩记录卡。

② 填报分娩舍生产情况表。

③ 冲洗分娩舍前门。

3. 保育和生长育肥舍管理

(1) 每天工作日程

① 喂料：根据不同体重阶段饲喂不同的饲料，逐步增量并换断乳料；及时清扫散落在饲槽外面的饲料。

② 清粪：定时清理舍内走道及栏舍内的粪便。

③ 检查和治疗病猪：根据食欲、粪便、精神，查出并记录食欲差、厌食、腹泻、便秘、跛行等不正常的猪或病猪，及时治疗或汇报。

④ 检查环境与设备：a. 每日上下班或中间应检查记录舍内温度、湿度及空气状况，及时启闭窗户或排气扇。b. 每日上下班应检查自动饮水器是否有水或漏水，各种设备是否正常，并注意必要的保养或维修。

(2) 每周工作日程

① 保育舍

星期一

a. 大扫除：清扫猪舍墙壁、天花板、风扇及其他设备并消毒。

b. 驱虫：用左旋咪唑或阿维菌素为进入保育舍2周的仔猪驱虫。

c. 更换脚盆消毒液。

星期二

a. 转猪：将在保育舍饲养到期的一个单元仔猪调到生长舍。

b. 冲洗消毒刚转群空出的圈舍及消毒整个保育舍。

星期三

按免疫程序给仔猪注射疫苗。

星期四

a. 转猪：将断乳仔猪由分娩舍移入保育舍。

b. 填写记录卡。

c. 更换脚盆消毒液。

星期五

a. 调整各组猪群。

b. 填报保育猪生长情况表。

② 生长育肥舍

星期一

a. 大扫除：清扫猪舍地面、墙壁、天花板、风扇及其他设备并消毒。

b. 转猪：根据猪的体重、性别、品种等的不同要求，将一个单元的生长猪转到生长育肥舍。

c. 冲洗、消毒刚转群空留的圈舍。

d. 更换脚盆消毒液。

星期二

转猪：将在保育舍饲养到期的一个单元仔猪调到生长育肥舍。

星期三

a. 根据外貌和生长发育测定情况选留后备猪，并与待售猪群分栏饲养。

b. 按免疫程序给生长育肥猪注射疫苗。

星期四

a. 根据客户需求，随时发运和出售生长肥育舍的肥猪。

b. 冲洗消毒刚转群空出的圈舍和出猪台。

c. 更换脚盆消毒液。

星期五

填报生长育肥猪生长情况表。

第三节 猪场岗位职责与联产计酬方案

当今，面对竞争日益激烈的养猪业，任何一个猪场想在竞争中求生存求发展，都必须把猪场的日常管理作为猪场生产的主要任务来抓。在生产上都应按集约化养猪生产工艺流程和生产设计要求进行规范化生产作业，使养猪生产能有计划、按周期平衡地生产。在管理上要做到制度化，责、权、利明确，避免造成管理混乱，进行岗位设置，明确岗位责任，做到人人有事做，事事有人做，同时还要建立完善的生产激励机制，对生产员工进行生产指标绩效管理，使员工树立主人翁精神，充分调动生产积极性，造就优秀团队。

一、猪场组织架构

猪场组织架构要精干明了，岗位定编也要科学合理。一般来说，一条万头生产线生产人员定编约包括场长1人，副场长（技术、行政）2人，兽医技术员3人，配种妊娠车间4人，分娩保育车间6人，生长育肥车间6人，后勤人员按实际岗位需要设置人数：如后勤主管、会计出纳、司机、维修工、保安门卫、炊事员、勤杂工等。

责任分工以层层管理、分工明确、场长负责制为原则。具体工作专人负责，既有分工，又有合作，下级服从上级，重点工作协作进行，重要事情通过场领导班子研究解决。

二、猪场的岗位职责及日常工作规范

1. 场长

(1) 岗位职责

① 负责猪场的全面工作。

② 决定猪场的经营计划和投资方案。

③ 进行资金的筹备和硬件设施的完善（如猪场的建筑）。

④ 原料的采购。

⑤ 审批猪场日常经营管理中的各项费用。

⑥ 决定员工的聘用、升级、加薪、奖惩和辞退。

(2) 日常工作规范

① 每天进行各类报表的分析。

② 每周、每月例会听取各个部门的工作汇报并对猪场正面临的一些问题进行讨论和布置。

③ 定期到车间、职工内部了解生产和生活情况。

2. 副场长（技术）

(1) 岗位职责

① 对猪场人员进行调配，并有权对不服从的员工进行惩罚。

② 制订场内的消毒、保健、驱虫、免疫计划，并落实执行。

③ 负责全场养猪和饲料生产、种猪购销和兽医等工作。

④ 登记并申请全场生产药物、工具、器械等的采购计划。

⑤ 做好日报表、周报表、月报表的填写。

(2) 日常工作规范

① 前一天安排好当天兽医及全场人员的工作任务。

② 早上进场观察全场的通风、干燥、卫生、保温情况如何，饮水是否充足，猪群是否正常等。

③ 监督兽医、饲养员和饲料加工人员工作是否到位。

④ 晚上进行各类报表的登记，分析当天的生产状况，如当天的配种数、产仔数、断奶数、死亡率等，并总结经验和找出差距及解决问题的方法。

3. 副场长（行政）

其岗位职责如下。

① 管理猪场的日常工作事务，如员工的请假、员工物品发放等。

② 监督员工和其他进出人员、车辆、物品的卫生防疫制度。

4. 兽医技术员

其岗位职责如下。

① 严格执行场内的消毒、驱虫、保健、免疫工作及公猪的去势，病猪的治疗，死猪的处理。

② 做好片区的配套报表。

③ 负责该区域内猪群的治疗转群工作。

④ 定期安排对猪群的采血工作，送检测部门进行检测。

⑤ 发现可疑病猪应及时解剖并向技术副场长汇报情况。

5. 饲料加工员

其岗位职责如下。

① 做好进、出仓记录，做好原料、成品的堆放，不用变质饲料。

② 确保配方的正确性，每天称重之前进行秤的校对，确保称重的准确性。

③ 按计划生产，并有 2～3 天的库存。

④ 每天生产之前进行机器的检修及仓库的防鼠、防火、防水工作。

⑤ 计划购入饲料原料的种类和数量。

6. 机修工

其岗位职责如下。

① 每天检查猪舍的饮水、用电设施及一些栏舍是否损坏并及时进行维修。

② 负责猪舍、员工宿舍的设施安装、维修。

③ 做好猪场的绿化工作。

7. 门卫

其岗位职责如下。

① 严格遵守兽医卫生防疫制度，遵守猪场各项规章制度。

② 负责管理消毒池的清扫、更换。

③ 24h 有人值班，搞好传达室周边的环境卫生。

④ 严禁外来人员、车辆进入生产区。

⑤ 对允许进人场内的车辆进行严格消毒。

⑥ 领取和发送信件及其他物品。

8. 炊事职责

其岗位职责如下。

① 一日三餐应保证卫生、多样化。

② 保持厨房、食堂清洁卫生，定时对食堂进行消毒及灭蝇工作。

③ 保证食品储藏卫生，每天对餐具进行消毒。

④ 完成每天办公室的打扫工作。

9. 仓管职责

其岗位职责如下。

① 做好各类原始报表的收集、整理、统计工作。

② 负责对出售猪和转栏猪的过磅。

③ 完成每周、每月的饲料、药品、疫苗及生产报表及每月底猪群的盘点工作。

④ 及时补充每月该进的药品、疫苗种类及数量。

⑤ 建立药品、疫苗的领用、管理制度，定期对所保存药品、疫苗进行检查。

10. 配种舍

其岗位职责如下。

① 查母猪发情情况，重点检查。

② 利用公猪进行试情。

③ 更换消毒池消毒液。

④ 全面检查栏内各种设备（水、电等），如有损坏能修复的自行修复，自身不能修复的向上级部门书面报告。

⑤ 清洗、消毒空栏位。

⑥ 对公、母猪进行预防注射。

⑦ 接受分娩舍断奶母猪。

⑧ 挑选后备母猪进入配种舍。

⑨ 检查、分析、治疗未能配上种的母猪。

⑩ 检查确定已配种的母猪是否怀孕。

⑪ 调整本周已配种母猪，以便检查，及时登记挂牌。

⑫ 检查确定已配种的母猪是否怀孕。

⑬ 整理本周报表。

⑭ 制订下周配种计划。

11. 怀孕舍

其岗位职责如下。

① 打扫卫生，清洗栏舍、料槽、料斗等，全面检查栏内各种设备，如有损坏能修复的自行修复，自身不能修复的向上级部门书面报告。

② 协助兽医人员进行疫苗注射。

③ 整理各类待报的报表。

④ 检查第二、第三情期母猪怀孕情况，是否有返情流产等现象。

⑤ 对赶往分娩舍的母猪进行清洗、消毒，并转栏。

⑥ 清洗料槽、料斗及饲料车等。

12. 分娩舍

其岗位职责如下。

① 查饮水器、红外线灯的使用情况，观察舍内气温变化，天气热时使用滴水器及排风扇进行有效降温。

② 观察母猪采料情况。

③ 对刚分娩仔猪进行接生、断脐、断尾、调整、寄养等处理。

④ 清洗母猪栏位，打扫卫生及检查擦洗排风扇、抽气扇。

⑤ 根据配种计划，确定当天断奶母猪品种数量及头数，并做好记录。

⑥ 给掉了耳牌号的母猪重新挂牌。

⑦ 将断奶母猪迁入配种舍，断奶仔猪移入保育舍，并做好每窝仔猪的断奶记录及预选种猪

三周龄个体重记录。

⑧ 清洗空栏位，冲洗排污沟并进行消毒。

⑨ 检查设备使用情况，有损坏的及时向上级书面报告，油漆人员刷栏栅油漆。

⑩ 整理本周产仔情况报表。

⑪ 接受临产母猪，并填挂母猪卡片。

⑫ 填好本周分娩母猪产仔头数、平均产仔数、断奶仔猪数、仔猪总体重、平均个体重，表格交给统计员。

⑬ 按要求进行舍内、外卫生工作。

13. 保育舍

其岗位职责如下。

① 观察室内通风、换气、干燥、卫生、保温、饮水情况。

② 观察小猪状况，对不健康小猪进行隔离及治疗。

③ 日夜24h保持料槽内不断料。

④ 要求打扫舍内卫生，检查各种设备，对需要修理的用书面形式报告上级，将患疝气等疾病需进行手术治疗的小猪开始停料，以便手术。

⑤ 对该周将离舍的小猪，进行大小调整，协助兽医做好疫苗接种。

⑥ 做好转栏工作，接受分娩舍断奶小猪，并按小猪体重、大小、性别进行分栏，同时做好转出猪的工作。

⑦ 清洗空栏位，冲洗排污沟，并更换沟内积水。

⑧ 填报本周饲料用量、小猪存栏及小猪残死表格，交统计员。

14. 育肥舍

其岗位职责如下。

① 观察室内通风、换气、干燥、卫生、保温、饮水情况。

② 观察中猪状况，对不健康猪进行隔离及治疗。

③ 加饲料，一日最少三次，原则上不限料。观察猪只采料有无异常并及时向分管干部汇报。

④ 扫粪，一天二次，上下午各一次，保持干燥。

⑤ 填写每日猪数量及饲料报表。

⑥ 根据气候每天开关窗门。

⑦ 清洗消毒空的栏舍。

⑧ 清点各栋猪数量，填写本周各种报表，调整、书写下周各栋中猪舍饲料使用计划。

三、联产计酬参考方案

1. 基础种群的生产指标

(1) 年猪场生产预期成绩

① 年供100kg商品猪18～20头以上。

② 全年全场总平均料肉比（3.2～3.3）：1。

③ 初生至100kg体重控制在160～170天之间。

④ 断奶仔猪至100kg体重总饲料耗料量为250～260kg，料肉比（2.7～2.8）：1。

(2) 繁殖母猪的预期成绩

① 平均初生重1.30～1.65kg。

② 母猪平均年产胎数2.2～2.23（注：乳猪断奶日龄为25～28日龄）。

③ 平均每胎产活仔数为10头左右。

④ 哺乳猪育成率高床饲养达97%以上；地面饲养育成率达95%以上。

⑤ 每胎断奶活仔猪数为9.5头。

⑥ 断奶母猪发情天数3～7天，发情率低。

⑦ 全场繁殖母猪淘汰率为25%～30%，核心母猪淘汰率为33%～35%，公猪淘汰率为40%左右。

⑧ 后备母猪配种年龄210天。

⑨ 母猪分娩率95%（注：分娩率为母猪分娩数与妊娠数的百分比）。

⑩ 受胎率87%。

(3) 断奶至30kg体重的仔猪预期保育成绩

① 21～25日龄断奶体重达6～7kg，25～28日龄断奶体重三元猪可达7～8kg，纯种猪可达6.5～7.5kg。

② 保育舍仔猪平均成活率：地面保育成活率为95%，高床保育成活率为97%。

③ 60日龄体重为20～22kg；70日龄体重为24～27kg；75日龄体重为28～30kg。

④ 断奶仔猪8～30kg，料肉比为（1.6～1.8）：1。

(4) 30～100kg的生长肥育猪预期成绩

① 育成、育肥成活率97%～98%。

② 饲料转化率（2.6～2.8）：1。

③ 平均日增重700～800g。

2. 计酬参考方案

规模化猪场最适合的绩效考核奖罚方案，应是以车间为单位的生产指标绩效工资方案，绩效考核指标要根据猪场的软硬件设施、生产规模、管理水平、猪品种等制定，指标要留有余地，要使80%以上的饲养员经努力能完成和超额完成承包指标，这样才能调动饲养员的积极性，提高猪场经济利润。

下面以某公司万头猪场方案作为参考。

(1) 配种怀孕舍

① 工资：以500头母猪参加生产，每胎产活仔（不含木乃伊、死胎、畸形、弱仔等）8.5头计算，按产活仔数2.3元/头计发工资。

② 奖金

a. 年产胎次2.3胎，配种受胎率85%，怀孕分娩率97%，全年完成指标基础奖4800元；每超额0.1%另奖100元，每少0.1%赔50元。

b. 公猪年正常淘汰率40%，残次率12%；按200元/头奖赔。母猪年正常淘汰率25%，残次率6%，按100元/头奖赔。

c. 胎产仔数：以每胎均产仔数9头，活仔数8.5头计；每超产1头活仔奖10元，少产1头赔5元。

d. 饲料：按每产1头活仔给公母猪料44kg计算，节约或超出部分按10%奖赔。

(2) 分娩舍

① 工资：由两部分组成。

a. 每断奶1头仔猪工资1.78元。

b. 每净增重1kg仔猪工资0.191元。仔猪断奶日龄为21天，断奶平均5.5kg，个别仔猪不得小于4.5kg。

② 奖金

a. 活仔断奶成活率95%，全年完成指标基础奖4200元，增减1头按10元奖赔。

b. 饲料

乳猪料：每断奶1头仔猪给料0.33kg。

母猪料：按断奶仔猪窝重×2.5计算用料，节约或超出部分按10%奖赔。

(3) 保育舍

① 工资：由两部分组成。

a. 每出栏1头小猪工资为0.65元。

b. 每净增重 1kg 小猪工资为 0.022 元。

② 奖金

a. 小猪成活率 96%，全年完成指标基础奖 1200 元，多活少活 1 头按 10 元/头奖赔。

b. 饲料：按料肉比 1.7∶1 计算，节约或超出部分按 10%奖赔。保育饲养期为 5 周，平均转栏个体重 20kg，个别仔猪不得小于 15kg，未达 15kg 的中猪栏可拒收。

(4) 中猪舍

① 工资：由两部分组成。

a. 每出栏 1 头猪工资 0.968 元。

b. 每增重 1kg 工资 0.024 元。

② 奖金

a. 成活率 98.5%，每增减 1 头按 100 元奖赔。

b. 残次率 1%，少残多残 1 头按 100 元奖赔。

c. 饲料：按料肉比 2.5∶1 计，节约或超出部分按 10%奖赔。

d. 饲养期为 8～9 周，转栏平均重 60kg。

(5) 肥猪舍

① 工资：由两部分组成。

a. 每出栏 1 头猪工资为 1.27 元。

b. 每增重 1kg 工资为 0.043 元。

② 奖金

a. 成活率 99%，每增减 1 头按 100 元奖赔。

b. 残次率 0.5%，少残或多残 1 头按 100 元奖赔。

c. 饲料：以料肉比 3.4∶1 计，节约或超出部分按 10%奖赔。

(6) 场内技术人员及管理人员的工资奖金由场部视工作强度及成绩给予发放。

[复习思考题]

1. 现代养猪生产的特点有哪些？
2. 怎么划分阶段饲养工艺？
3. 根据所学知识，请你给一个规模化猪场设计养猪工艺。
4. 请你制定一个猪场联产计酬方案。

第二篇 禽生产技术

第一章 养禽工程设施

[知识目标]

- 掌握禽场场址选择和规划布局的原则。
- 掌握禽舍的建筑要求。
- 熟悉常用养禽设备的种类和特点。

[技能目标]

- 能够对中小型禽场进行规划设计。

进行家禽生产首先应具备必要的生产设施，包括家禽的生产场所即养禽场和禽舍，以及各种生产设备。为家禽提供适宜的生产场所和选择合适的生产设备，是充分发挥家禽生产潜力、合理组织生产、提高生产效益的先决条件。

第一节 禽舍的设计与建造

在集约化生产条件下，禽舍是家禽生产的场所，也是其重要的外部环境。养禽场的位置、规划布局和禽舍的设计与建造是否合理，直接影响到家禽生产环境的质量和生产管理工作的效率，以致影响家禽生产性能的发挥和饲养场的经济效益。

一、养禽场的场址选择及规划布局

建设禽场首先要根据环境卫生和生产管理方面的要求选择适宜的场址。禽场所在位置应符合以下要求：地势高燥，向阳背风，通风良好，地面平坦或稍有坡度，排水良好，土壤卫生状况良好；水电充足，交通便利，远离工矿企业、居民区和其他禽场，位于居民区的下风向和居民水源的下游。养禽场除上述要求外，还应濒临水源。

养禽场的场址以利于卫生防疫和方便管理为原则，根据拟建场区的自然条件和交通情况，对场内不同功能的建筑设施进行分区规划、合理布局。

通常将职工生活区和行政管理区统称为场前区，设在场区常年主导风向上风处及地势较高处，饲料库设在此区靠近生产区处。

生产区是养禽场的主体，设于全场中心地带。对于综合性鸡场（既有种鸡又有商品鸡）来说，由于鸡群组成比较复杂，生产区要继续分区规划，形成分场或生产小区，按所饲养鸡群的经济价值和鸡群获得的免疫力有序排列。在生物安全的保证上，种鸡生产小区应优于商品鸡，两个小区中的育雏育成鸡又应优于成年鸡。在我国大部分地区，禽舍朝向一般以南向或南偏东、偏西

45°以内为宜，有利于舍内通风换气和形成冬暖夏凉的环境条件。禽舍间距对禽群防疫、采光、通风以及防火和排污均有重要影响，适宜的距离为舍高的3～5倍。在保证禽舍适宜间隔的前提下，各建筑物排列要紧凑，以缩短筑路、给排水管道和架设电线的距离，减少建设投资。

隔离区（包括病畜隔离舍、兽医室、尸体剖检及处理设施和粪污处理及贮存设施）则设在全场下风向处和地势最低处。

场内道路应净、污分道，互不交叉，出入口分开。净道是饲料和产品的运输通道；污道为运输粪便、死禽、淘汰禽以及废弃设备的专用道。

在场区内可结合区与区之间、舍与舍之间的距离、遮阴及防风等需要进行合理绿化。但不宜种植有毒、飞絮的植物。

鸭场除上述基本格局外，生产区还应设有水、陆运动场。鸭舍、陆上运动场、水上运动场三部分面积的比例一般为1∶3∶2。随着鹅生产从放牧、半放牧饲养向规模化发展，鹅场布局也逐渐被重视，可参照鸭场布局。

二、鸡舍的设计与建造

1. 鸡舍类型的选择

依据鸡舍的开放程度，可分为开放式和密闭式两种类型。它们的建筑形式不同，各有特点，需根据当地气候、饲养管理和经济条件选择适宜的类型。

（1）开放式鸡舍　舍内与外部直接相通，可利用光、热、风等自然能源，建筑投资低，但易受外界不良气候的影响，需要投入较多的人工进行调节。包括棚式、开敞式和半开敞式、有窗舍式三种形式。

① 棚式。只有棚顶，四周无墙壁。通风效果好，但防暑、防雨、防风效果差，适于炎热地区或北方夏季使用，低温季节需封闭保温。

② 开敞式和半开敞式。房舍三面有墙，一面无墙或只有半面墙，不设风机、不供暖。敞开部分可以装上卷帘，通过卷帘控制通风换气量和调节舍温。这种形式高温季节便于通风，低温季节又可封闭保温，适于冬不太冷、夏不太热的地区。

③ 有窗舍式。四周用围墙封闭，前后墙设窗以采光和通风，能通过调节换气量在一定程度上调节舍温。这种鸡舍是目前采用最多的类型。

（2）密闭式鸡舍　又称环境控制型鸡舍。一般无窗，屋顶与四壁隔热良好，通过各种设备控制舍内环境，使舍内小气候适宜于鸡体生理特点的需要，消除外界环境的不良影响。故密闭式鸡舍养鸡可不受地域和季节的限制，并能节省人力和提高生产效率，但建筑和设备投资高，对电的依赖性大，耗能高，对饲养管理水平要求高。

按组建方式，鸡舍还可分为传统的砌筑型鸡舍和现代新兴的装配型鸡舍。装配型鸡舍的墙壁、门窗是活动的，由这些活动的构件进行装配，施工时间短且灵活方便，可使鸡舍在开放式和密闭式之间转换。

2. 鸡舍设计

在设计鸡舍前，首先要确定鸡的类型、饲养阶段、饲养规模、饲养方式和饲养密度。

（1）各鸡舍配套比例及饲养面积的计算　对于产蛋鸡和种鸡的饲养，可采用三段制、两段制或一段制。若采用育雏、育成、产蛋三段制饲养，需建筑三种类型的鸡舍。由于各鸡群的饲养周期不同，其中产蛋舍每批饲养时间最长，育雏舍最短。所以应首先确定产蛋舍饲养面积，再根据各舍的周转次数和各养育阶段成活率逆推育成、育雏舍的饲养面积。

（2）鸡舍外围护结构的设计　鸡舍的外围护结构主要包括墙壁、屋顶、天棚、门、窗、通风口和地面。这些外围护结构设计合理与否，直接影响鸡舍内的小气候状况。为满足保温和隔热要求，墙壁和屋顶可采用多层复合结构，中间层选择导热系数小的材料，目前常用的屋顶形式为双层彩钢夹聚苯板结构。为减少地面散热，可在水泥地面下铺油毡。对于有窗鸡舍来说，窗口设置形式不一，除南北侧墙上部设面积较大的通风窗外，有的鸡舍上部设天窗，或在侧壁下部设地窗，起调节气流或辅助通风作用。对于无窗舍，利用机械负压通风时风机口是集中的排气口，进气口面积和位置应与风机功率大小相一致，既要避免形成穿堂风，又要使气流均匀，防止出现涡流或无风的滞留区。

(3) 鸡舍内部结构的设计　鸡舍内部结构设计，应合理安排和布置笼具（鸡栏）、过道、附属房间等，从而确定鸡舍跨度、长度和高度。

① 舍内布局。不同的饲养方式其笼具（鸡栏）、过道的布局不同。对于地面平养鸡舍，按鸡栏排列与过道的组合有无过道式、单列单过道、双列单过道或双过道、三列二过道或四过道等布局方式；对于网上平养和笼养鸡舍，鸡栏和鸡笼的列数与地面平养鸡栏的形式相同，只是列间必须留有一定宽度的工作道；还有一种网上与地面结合平养的饲养方式，即中央为地面垫料、两侧为网架的混合平养（图 2-1-1）。

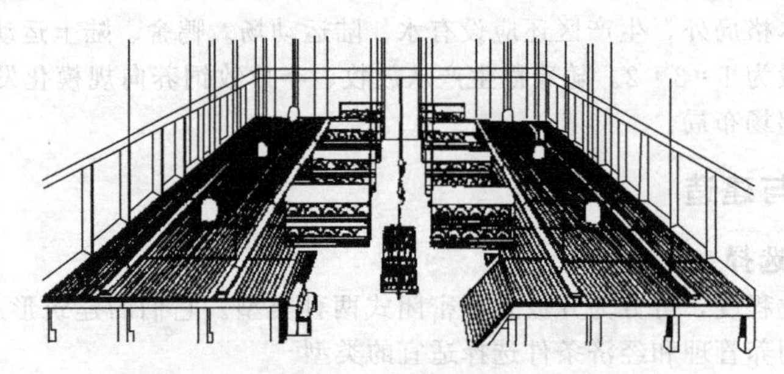

图 2-1-1　混合平养——两高一低禽舍内景

（引自杨宁．家禽生产学．北京：中国农业出版社，2002.）

一般在鸡舍纵轴一侧设置饲料间、饲养员值班室等附属房间。

② 鸡舍跨度。即鸡舍宽度，与鸡舍类型和舍内的设备安装方式有关。普通开放式鸡舍跨度不宜太大，否则，舍内的采光与换气不良，一般以 6～9.5m 为宜；采用机械通风跨度可在 9～12m。笼养鸡舍要根据安装列数和过道宽度来决定鸡舍的跨度。

③ 鸡舍长度。鸡舍长度取决于设计容量，应根据每栋舍需要的面积与跨度来确定。大型机械化生产鸡舍较长，过短机械效率较低，房舍利用也不经济，按建筑模数一般为 66m、90m、120m；中小型普通鸡舍为 36m、48m、54m。

④ 鸡舍高度。鸡舍高度应根据饲养方式、笼层高度、跨度与气候条件来确定。跨度不大、平养、气候不太热的地区，鸡舍不必太高，一般从地面到屋檐口的高度为 2.5m 左右。跨度大、气温高的地区，采用多层笼养可增高到 3m 左右。高床式鸡舍，其高度比一般鸡舍要高出 1.5～2m。通常鸡舍中部的高度不应低于 4.5m。

三、鸭舍的建筑要求

鸭舍普遍采用房屋式建筑，是鸭采食、饮水、产蛋和歇息的场所。较为正规的鸭舍宽度通常为 8～10m，长度根据需要而定，最长可达 80～100m。对于蛋鸭或种鸭来说，可分为育雏舍、育成舍、产蛋舍三类。初生雏鸭绒毛短，调节体温能力弱，抵抗力差，因此育雏舍要求保温性能良好、干燥透气。育成阶段及成鸭的生活力较强，对环境适应能力增强。因此育成舍和产蛋舍的要求不严格，能围栏鸭群，挡住风雨即可。

一般来说，一个完整的蛋鸭舍或种鸭舍还应包括陆上运动场和水上运动场。陆上运动场是鸭休息和运动的场所，要求砂质壤土地面，渗透性强，排水良好。坡度以 20～25°为宜，既基本平坦，又不积水。运动场面积的 1/2 应搭设凉棚或栽种葡萄等植物形成遮阴棚，以利冬晒夏阴及供舍饲饲喂之用。陆上运动场与水上运动场相连接的部位可修一暗沟，沟上面用砖等砌成条状有缝的通道（也可盖网栅于沟上），鸭从水中到运动场时身上的水可从缝中流入暗沟，这样可保持圈舍干燥和清洁卫生。

水上运动场供鸭洗毛、纳凉、采食水草、饮水和配种用，可利用天然沟塘、河流、湖泊，也可用人工浴池。周围用1～1.2m高的竹篱笆或用水泥或石头砌成围墙，以控制鸭群的活动范围。人工浴池一般宽2.5～3m，深1m以上，用水泥制成。水上运动场的排水口要有一沉淀井，排水时可将泥沙、粪便等沉淀下来，避免堵塞排水道。水上运动场水不可太浅、太少，否则很易浑浊而影响鸭体健康和产蛋性能。水塘断面一侧垂直，另一侧是20°～25°缓坡，便于鸭群出入水面。

四、鹅舍的建筑要求

鹅舍可分为育雏舍、肥育舍、种鹅舍和孵化舍等。鹅舍的适宜温度应在5～20℃，舍内要光线充足，干燥通风。由于不同阶段鹅的生理特点不同，对环境的要求也不同，不同鹅舍的建筑要求也不相同。

1. 育雏舍

雏鹅体温调节能力较差，对环境温度要求较高，因此育雏舍要有良好的保温性能。育雏舍建筑面积的估算应根据所饲养鹅种的类型和周龄而定（表2-1-1）。

育雏舍前应设运动场，要求场地平坦，略向沟倾斜，以防雨天积水。

表2-1-1 每100只雏鹅应占有育雏舍面积 单位：m^2

型别	1周龄	2周龄	3周龄	4周龄
中小型	5～7	7～10	10～15	15～20
大型	7～8	10～12	14～18	20～25

2. 肥育舍

肉鹅生长快，体质健壮，对环境适应能力增强，饲养比较粗放，以放牧为主的肥育鹅，可设棚舍或开敞舍。

3. 种鹅舍

种鹅舍要求防寒隔热性能好，光线充足。种鹅舍外需设水、陆运动场。

4. 孵化舍

采用母鹅进行自然孵化时，应设置专用的孵化舍。孵化舍要求环境安静，冬暖夏凉，空气流通。窗面积不需太大，舍内光线要暗，这样有利母鹅安静孵化。

第二节 养禽设备

养禽设备包括供料设备、饮水设备、环境控制设备、笼具、清粪设备等。科学选用养禽设备，可改善禽舍环境，方便饲养管理，提高生产效率和生产水平。

一、供料设备

在家禽的饲养管理中，喂料耗用的劳动量较大。采用机械喂料系统不但可提高劳动效率，还可节省饲料。机械喂料设备包括贮料塔、输料机、喂料机和饲槽四部分。

1. 贮料塔

用于大、中型机械化鸡场，使用散装饲料车从塔顶向塔内装料，主要用作配合饲料的短期储存。贮料塔喂料时，由输料机将饲料送往禽舍的喂料机，再由喂料机将饲料送到饲槽，供家禽采食。

2. 输料机

输料机是贮料塔和舍内喂料机的连接纽带，将贮料塔或储料间的饲料输送到舍内喂料机的料箱内。输料机有螺旋叶片式、螺旋弹簧式和塞盘式。前一种生产效率高，但只能作直线输送，输送距离也不能太长，所以需分成两段，使用两个螺旋输送机。后两种可以在弯管内送料，不必分两段，可以直接将饲料从贮料塔底送到喂料机。

3. 喂料机

喂料机用来向饲槽分送饲料。常用的喂料机有链式和螺旋弹簧式两种。

(1) 链式喂料机 主要由食槽、料箱、驱动器、链片、转角器、清洁器和升降装置构成(图 2-1-2)。由驱动器和链轮来带动链片的移动,将料箱中的饲料均匀地输送到食槽中,并将多余的饲料带回料箱,可用于平养或笼养。按喂料机链片运行速度又分为高速链式喂料机(18~24m/min)和低速链式喂料机(7~13m/min)两种。肉种鸡的喂料设备最好选用高速型链式喂料机。

(2) 螺旋弹簧式喂料机 属于直线型喂料设备(图 2-1-3)。其工作原理为:通过螺旋弹簧的不断旋转,连续把饲料向前推进,通过落料口落入每个食盘,当所有食盘都加满料后,最后一个食盘中的料位器就会自动控制电机使其停止转动停止输料。当饲料被鸡采食之后,食盘料位降到料位器启动位置时电机又开始转动,螺旋弹簧又将饲料依次推送至每一个食盘。

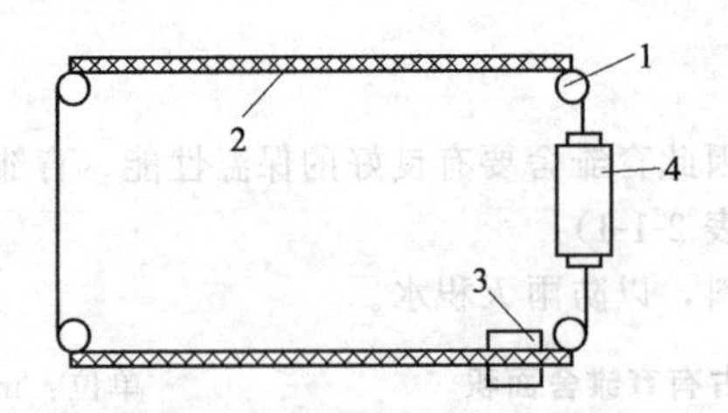

图 2-1-2 链式喂料示意图
1—转角转动齿轮;2—食槽;3—清洁器;4—驱动器及料箱
(引自豆卫. 禽类生产. 北京:中国农业出版社,2001.)

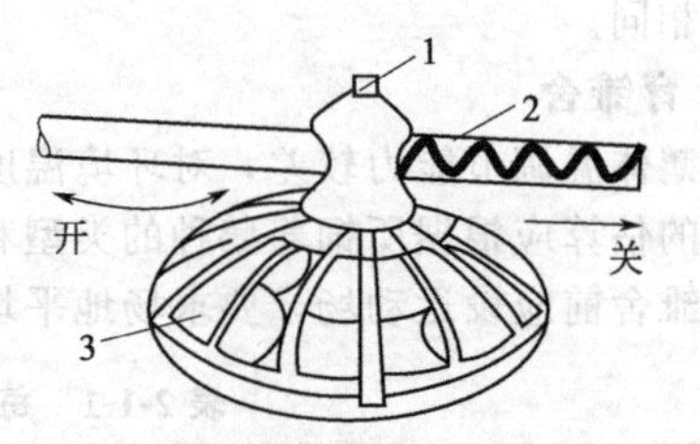

图 2-1-3 螺旋弹簧式喂料机
1—吊挂;2—弹簧;3—食盘
(引自豆卫. 禽类生产. 北京:中国农业出版社,2001.)

4. 饲槽(料盘)

供家禽采食的容器有料槽、料盘和料桶。如图 2-1-2 中为料槽,图 2-1-3 中为料盘。对于混合平养的肉种公鸡可采用料桶饲喂。

二、饮水设备

禽用饮水设备分为乳头式、杯式、水槽式、吊塔式和真空式等不同类型(如图 2-1-4、2-1-5)。雏鸡开始阶段和散养鸡多用真空式、吊塔式和水槽式,平养鸡现在趋向使用乳头式饮水器。各种类型饮水系统性能及优缺点见表 2-1-2。

表 2-1-2 各饮水系统性能及优缺点

名称	主要部件及性能	优缺点
水槽	1. 常流水式由进水龙头、水槽、溢流水塞、下水管组成,当供水超过溢流水塞,水即由下水管流入下水道 2. 控制水面式由水槽、水箱和浮阀等组成,适用于短禽舍	结构简单,但耗水量大,疾病传播机会多,刷洗工作量大,安装要求精度大,在较长的禽舍中很难保持水平,供水不匀,易溢水
真空式饮水器	由聚乙烯塑料筒和水盘组成,筒倒装在盘上,水通过筒壁小孔流入饮水盘,当水将小孔盖住时即停止流出,保持一定水面,适用于雏鸡和平养鸡	自动供水,无溢水现象,供水均衡,使用方便,不适于饮水量较大时使用,每天清洗工作量大
吊塔式饮水器	由钟形体、滤网、大小弹簧、饮水盘、阀门体等组成,水从阀门体流出,通过钟形体上的水孔流入饮水盘,保持一定水面,适用于大群平养	灵敏度高,利于防疫,性能稳定,自动化程度高,洗刷费力
乳头式饮水器	由饮水乳头、水管、减压阀或水箱组成,还可配置加药器。乳头由阀体、阀芯和阀座等组成。阀座、阀芯由不锈钢制成,装在阀体中并保持一定间隙,利用毛细管作用使阀芯底端经常保持一个水滴,鸡啄水滴时即顶开阀座使水流出。平养、笼养都适用。雏鸡可配各种水杯	节省用水、清洁卫生,只需定期清洗过滤器和水箱,节省劳力,经久耐用,无需更换,但对材料和制造精度要求较高,质量低劣的乳头饮水器容易漏水

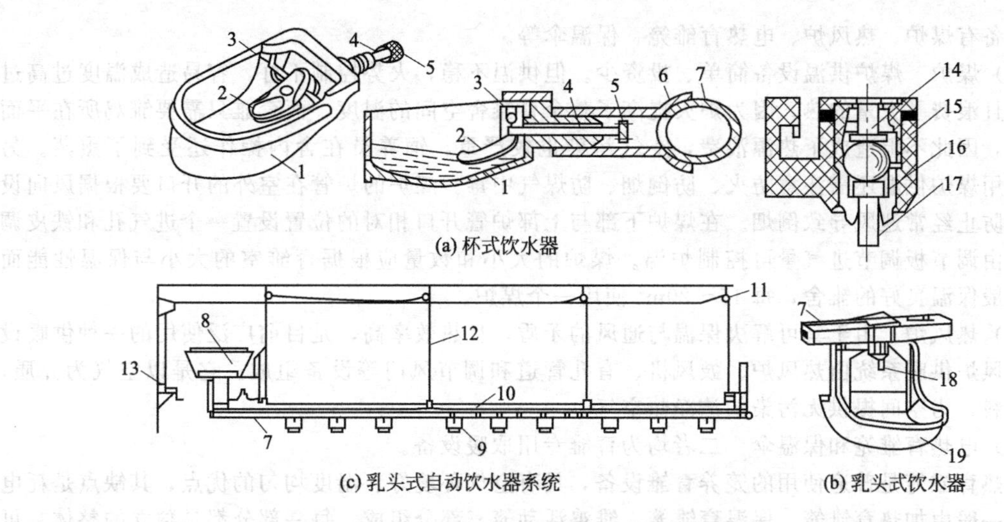

图 2-1-4　乳头或杯式饮水器及其系统

(a) 杯式饮水器；(b) 乳头式饮水器；(c) 乳头式自动饮水器系统

1—杯体；2—触发浮板；3—小轴；4—阀门杆；5—橡胶塞；6—鞍形接头；7—水管；8—水箱；9—饮水器；10—防晒钢丝；11—滑轮；12—升降钢索；13—减速器及摇把；14—控水杆；15—外壳；16—钢套；17—顶杆；18—乳头饮水器；19—接水杯

（引自杨宁．家禽生产学．北京：中国农业出版社，2002.）

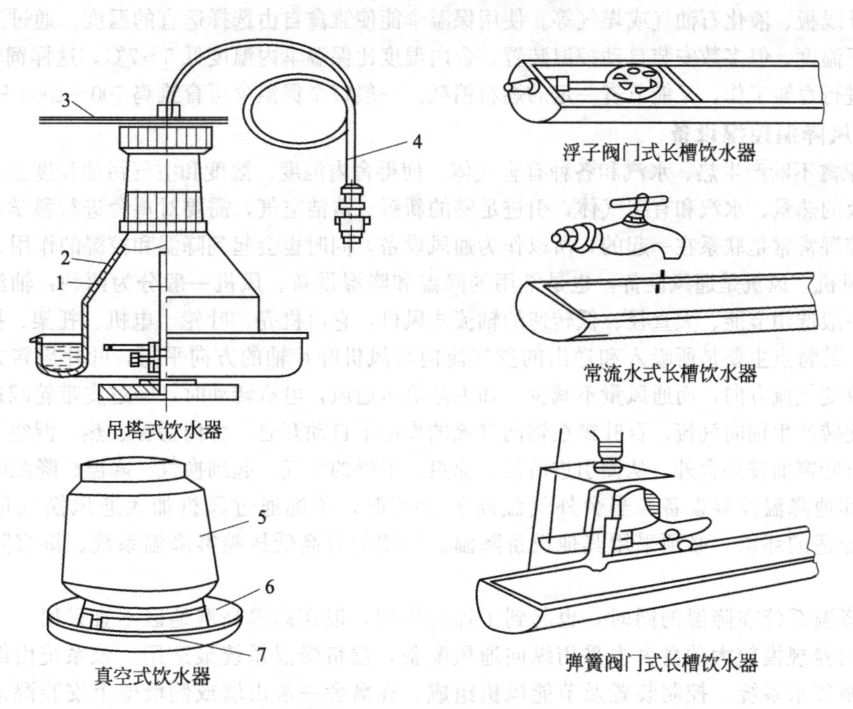

图 2-1-5　各种饮水设备

1—防晃装置；2—饮水盘；3—吊攀；4—进水管；5—杯体；6—底盘；7—出水孔

（引自杨宁．家禽生产学．北京：中国农业出版社，2002.）

三、环境控制设备

1. 保温设备

在寒冷的冬季和育雏期，需人工采暖加温，使家禽在适宜的温度条件下生长和生产。常用的保温设备有煤炉、热风炉、电热育雏笼、保温伞等。

(1) 煤炉　煤炉供温设备简单、投资少。但供温不稳，火势控制不好，容易造成温度过高过低。而且浪费了大量的热，因为炉火提高了整个育雏舍空间的温度，而育雏只需要雏鸡所在平面的温度，因此不但造成了热源浪费，空气污染也较严重，饲养员在舍内操作还受到了熏蒸。另外，使用煤炉供温还需注意防火、防倒烟、防煤气中毒。煤炉的炉管在室外的开口要根据风向设置，以防止经常迎风导致倒烟。在煤炉下部与上部炉管开口相对的位置设置一个进气孔和铁皮调节板，由调节板调节进气量可控制炉温。煤炉的大小和数量应根据育雏室的大小与保温性能而定，一般保温良好的雏舍，每 15～20m^2 使用一个煤炉。

(2) 热风炉　由于其可解决保温与通风的矛盾，且热效率高，是目前广泛使用的一种供暖设备。热风炉供暖系统由热风炉、鼓风机、有孔管道和调节风门等设备组成。它是以空气为介质，煤为燃料，为空间提供无污染的洁净热空气。

(3) 电热育雏笼和保温伞　二者均为育雏专用取暖设备。

电热育雏笼是普遍使用的笼养育雏设备，具有空气环境好、温度均匀的优点，其缺点是耗电量大。一般由加热育雏笼、保温育雏笼、雏鸡活动笼三部分组成，每一部分都是独立的整体，可根据需要进行组合。电热育雏笼一般为四层，每层四个笼为一组，每个笼宽 60cm、高 30cm、长 110cm，笼内装有电热板或电热管。在通常情况下多采用一组加热笼、一组保温笼、四组活动笼的组合方式。立体电热育雏笼饲养雏鸡的密度，开始为 70 只/m^2 左右，随着日龄的增长逐渐减少，20 日龄时为 50 只/m^2 左右，夏季还应适当减少。

保温伞供热是平面育雏常用的方法，寒冷季节需结合暖气供热。保温伞的热源有电热丝、红外线灯和远红外线板、液化石油气或煤气等。使用保温伞能使雏禽自由选择适宜的温度。通过升降伞罩高度调节伞下温度，但多数安装自动控温装置。舍内温度比保温伞内温度低 5～7℃，这样饲养人员既可在室温下进行育雏工作，又能节省一定的燃料消耗。一般每个保温伞可育雏鸡 500～1000 只。

2. 通风降温控湿设备

由于家禽不断产生热、水汽和各种有害气体，使得舍内温度、湿度和空气污浊程度上升，为了排除舍内多余的热量、水汽和有害气体，引进足够的新鲜、清洁空气，需要对鸡舍进行科学通风。通风与降温和控湿常常是联系在一起的，所以作为通风设备，同时也会起到降温和控湿的作用。

(1) 风机　风机是通风设备，也是常用的降温和降湿设备。风机一般分为两种：轴流式和离心式。禽舍一般选用节能、大直径、低转速的轴流式风机，它由机壳、叶轮、电机、托架、护网、百叶窗等组成，其特点主要是所吸入和送出的空气流向与风机叶片轴的方向平行，叶片旋转方向可以逆转，即可改变气流方向，而通风量不减少。如果是负压通风，电机转动时，经过皮带轮减速传动到叶轮，叶轮旋转产生轴向气流，百叶窗在轴向气流的作用下自动开启，舍内污秽、热、湿空气穿过安全防护网及百叶窗而排到舍外，从而引进清洁、凉爽、干燥的空气，起到换气、降温、降湿的作用。

(2) 其他降温控湿设备　当舍外气温高于 30℃时，单纯通过风机加大通风换气量已不能为禽体提供舒适的环境，必须采用其他设备降温。常用的有高低压喷雾降温系统、湿帘降温系统和冷风机。

喷雾降温系统在降温的同时，也起到了加湿作用，但在高温高湿地区不宜采用。

由于饲养规模较大的禽舍多采用纵向通风配备，湿帘降温系统最适用。该系统由纸质波纹多孔湿帘、循环水系统、控制装置及节能风机组成。在禽舍一端山墙或侧墙壁上安装湿帘、水循环控制系统，风机安装在另一端山墙或侧墙壁上，当风机启动后，整个舍内形成纵向负压通风，迫使舍外不饱和空气流经多孔湿帘表面时，把其湿热转变为蒸发潜热，空气的干球温度降低并接近于舍外的湿球温度。经湿帘过滤后冷空气不断进入禽舍，舍内的热空气不断被风机排出，可降低舍温 5～8℃。同时湿帘也属增湿设备。

冷风机是喷雾和冷风相结合的一种新设备，降温效果较好，同时兼具通风和增湿作用。

3. 采光设备

实行人工控制光照或补充照明是现代养禽生产中不可缺少的重要技术措施之一。目前禽舍人工采光设备主要是光照自动控制器、光源和照度计。

光照自动控制器能够按时开灯和关灯，其特点是：①开关时间可任意设定，控时准确；②光照强度可以调整，光照时间内日光强度不足，自动启动补充光照系统；③灯光渐亮和渐暗；④停电程序不乱。

目前多采用白炽灯和节能灯作为光源。对于要求照度较低的禽舍，可采用白炽灯；对于要求较高光照强度的禽舍，可采用节能灯。

照度计是用来测量舍内光照强度大小的仪器。生产中常用的是光电池照度计。

四、笼具

笼具是养鸡设备的主体。它的配置形式和结构参数决定了饲养密度，决定了对清粪、饮水、喂料等设备的选用要求和对环境控制设备的要求。鸡笼设备按组合形式可分为全阶梯式、半阶梯式、叠层式、复合式和平置式（图 2-1-6）；按几何尺寸可分为深型笼和浅型笼；按鸡的种类分为蛋鸡笼、肉鸡笼和种鸡笼；按鸡的体重分为轻型蛋鸡笼、中型蛋鸡笼和肉种鸡笼。

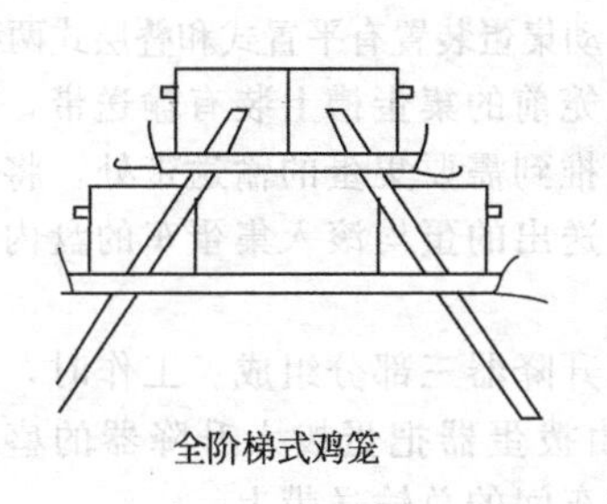

全阶梯式鸡笼

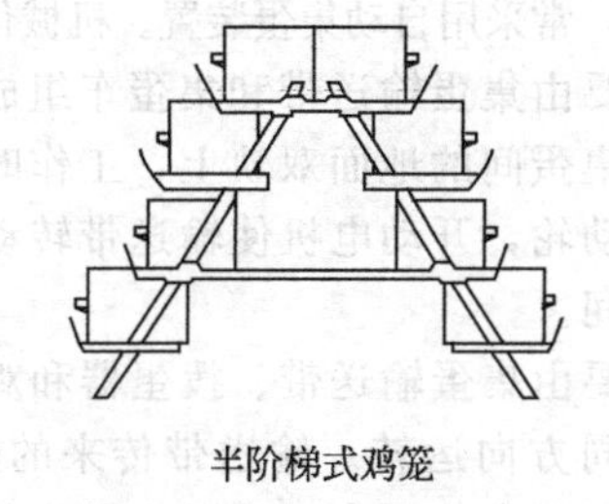

半阶梯式鸡笼

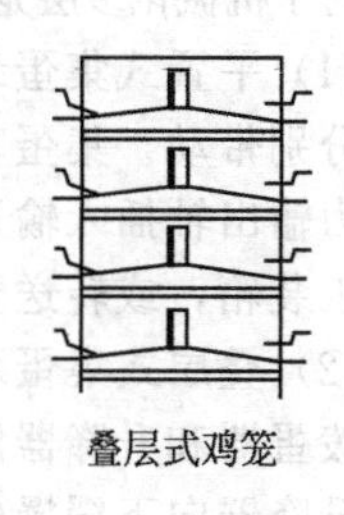

叠层式鸡笼

图 2-1-6 鸡笼形式类型

1. 全阶梯式鸡笼

全阶梯式鸡笼上下层之间无重叠部分，其优点是：①各层笼敞开面积大，通风好，光照均匀；②清粪作业比较简单；③结构较简单，易维修；④机器故障或停电时便于人工操作。其缺点是饲养密度较低，为 10～12 只/m²。三层全阶梯式蛋鸡笼和两层全阶梯式人工授精种鸡笼是我国目前采用最多的鸡笼组合形式。

2. 半阶梯式鸡笼

半阶梯式鸡笼上下层之间部分重叠，上下层重叠部分有挡粪板，按一定角度安装，粪便滑入粪坑。其舍饲密度（15～17 只/m²）较全阶梯式鸡笼高，但是比叠层式鸡笼低。由于挡粪板的阻碍，通风效果比全阶梯式鸡笼稍差。

3. 叠层式鸡笼

叠层式鸡笼上下层之间为全重叠，层与层之间有输送带将鸡粪清走。其优点是舍饲密度高，三层为 16～18 只/m²，四层为 18～20 只/m²。但是对禽舍建筑、通风设备和清粪设备的要求较高。

不同类型和生理阶段的鸡对鸡笼有不同的要求。蛋鸡笼分为轻型蛋鸡笼、中型蛋鸡笼两种规格，由底网、前网、隔网、顶网和后网 6 个面组成。鸡笼应使鸡有一定的活动空间和采食宽度，同时为了使产下的蛋能自动滚到笼外的蛋槽内并保持完整，其笼底要有一定的坡度和弹性，前网比后网高 5.5～6cm，前网间隙为 5～7cm，便于鸡头伸出采食饮水，后网和隔网间隙 3cm。根据以上要求，蛋鸡笼须由许多小的单体笼组成，每个单体小笼有养 2 只鸡、3 只鸡或 4～5 只鸡几种。种鸡笼可分为蛋用种鸡笼和肉用种鸡笼，多为 2 层。种母鸡笼与蛋鸡笼结构差不多，只是尺寸放大一些，但在笼门结构上做了改进，以方便抓鸡进行人工授精。育成笼基本结构与蛋鸡笼相似，但底网无坡度、无集蛋槽。育雏笼多为叠层式。

五、清粪设备

多层笼养或大面积网养时，由于清粪工作量大，常采用机械清粪。机械清粪常用设备有刮板式清粪机、传送带式清粪机和抽屉式清粪机。刮板式清粪机多用于阶梯式笼养和网上平养；传送带式清粪机多用于叠层式笼养；抽屉式清粪板多用于小型叠层式鸡笼。前两种使用较多。

1. 刮板式清粪机

一般分为全行程式和步进式两种。全行程式适用于短禽舍，步进式适用于长禽舍。全行程刮板式清粪机由牵引机、刮粪板、涂塑钢绳、卷筒等构成，配置在鸡笼下方粪沟内。当刮粪行程较长时，刮粪量增多会使牵引力过大，此时可采用多个刮粪机接力传递鸡粪。其结构稍加改变就是步进式刮粪机。

2. 传送带式清粪机

常用于叠层式鸡笼，每层鸡笼下面均要安装一条输粪带，鸡粪直接排到传送带上，开启减速电机将鸡粪送到鸡舍末端，再由刮板将鸡粪刮到集粪沟内。

六、其他设备

1. 集蛋设备

对于机械化多层笼养蛋鸡舍，常采用自动集蛋装置。机械化自动集蛋装置有平置式和叠层式两种。

(1) 平置式集蛋装置　主要由集蛋输送带和集蛋车组成。笼前的集蛋槽上装有输送带，由集蛋车分别带动。集蛋车安装在集蛋间的地面双轨上，工作时，推到需要集蛋的输送带处，将车上的动力输出轴插入输送带的驱动轮，开动电机使输送带转动，送出的蛋均滚入集蛋车的盘内，再由手工装箱，或转送至整理车间。

(2) 叠层式集蛋装置　主要由集蛋输送带、拨蛋器和鸡蛋升降器三部分组成。工作时，输送带、拨蛋器和升降器同时向不同方向运转。输送带传来的蛋由拨蛋器把蛋拨入升降器的盛蛋篮内，升降器向下缓慢转动又将蛋送入集蛋台，或送入通往整理车间的总输送带上。

2. 消毒设备

为杀灭禽舍内的病原体，防止传染病的流行，保证舍内卫生，需对禽舍进行定期和非定期的消毒。常用的消毒设备有火焰消毒器和喷雾消毒器。

(1) 火焰消毒器　其工作原理是把一定压力的燃油雾化并燃烧产生喷射火焰，喷向消毒部位以杀灭病原体。火焰消毒器结构简单，操作方便，并且由于燃烧的火焰温度很高，触及之处可以烧死所有病原微生物，所以消毒效果较好。

(2) 喷雾消毒器　一般分为气动喷雾消毒器和电动喷雾消毒器两种。其工作原理是消毒液在压力作用下被雾化，雾滴直接喷施于消毒间或消毒部位，实现药液化学灭菌消毒。

3. 填饲机械

填饲机械为水禽肥育的专用设备，主要有螺旋推运式填饲机和压力泵式填饲机两种类型。

(1) 螺旋推运式填饲机　螺旋推运式填饲机是利用小型电动机带动螺旋推运器，推运填饲物料经填饲管填入鸭、鹅食管。该填饲机适用于填饲整粒玉米，劳动效率较高，在法国使用较多。

(2) 压力泵式填饲机　压力泵式填饲机是利用电动机带动压力泵，使饲料通过填饲管进入鸭、鹅食管。适用于填饲糊状饲料。其填饲管是采用尼龙和橡胶制成的软管，不易造成咽喉和食管损伤，也不必多次向食管捏送饲料。

上述两种填饲机均为国外产品，对我国的鹅种尤其是颈部细长的鹅不太适合。我国在其基础上研制出了不同型号的填饲机，如仿法改良式、9DJ-82-A 型、9TFL-100 型、9TFW-100 型。其中 9TFL-100 型、9TFW-100 型两种填饲机比较适合中国鹅。

除上述养禽设备之外，还有常用小型设备如断喙器、称禽器、产蛋箱和搬运设备等。

[复习思考题]

1. 选择禽场场址有哪些基本要求？
2. 要建一座 10 万只的蛋鸡场，实行三段制饲养，计算各鸡舍配套比例。
3. 列举 5 种环境控制设备。

第二章　家禽品种

[知识目标]

- 了解家禽品种的概念及品种分类方法。
- 掌握主要家禽品种产地、生产性能和外貌特征。

[技能目标]

- 能写出标准品种和地方品种的产地、类型和外貌特征。
- 能熟知现代家禽品种的生产性能。

第一节　家禽品种概念与分类

一、家禽品种的概念

家禽品种，是人类在一定的自然生态和社会经济条件下，在家禽种内通过选择、选配和培育等手段选育出来的具有一定生物学、经济学特性和种用价值，能满足人类的一定需求，具有一定数量的家禽类群。

二、家禽品种分类方法

家禽品种分类方法有多种，目前公认的是标准品种分类法、《中国家禽品种志》分类法和现代化养鸡分类法。

1. 标准品种分类法

按国际上公认的标准品种分类法将家禽分为类、型、品种和品变种。

(1) 类　即按家禽的原产地分为亚洲类、美洲类、地中海类和英国类等。每类之中又细分为品种和品变种。

(2) 型　根据家禽的用途分为蛋用型、肉用型、兼用型和观赏型。

(3) 品种　是指通过育种而形成的一个有一定数量的群体，它们具有特殊的外形和相似的生产性能，并且遗传性稳定，有一定适应性。这个群体尚具有一定的结构，即由若干各具特点的类群构成。

(4) 品变种　又称亚变种、变种或内种，是在同一个品种内按不同的羽毛颜色、羽毛斑纹或冠形分为不同的品变种。

2.《中国家禽品种志》分类法

1979～1982年全国品种资源调查，1989年编写的《中国家禽品种志》，将家禽分为地方品种、培育品种、引入品种三类。

(1) 地方品种　由某地区长期选育成的适应当地的地理、气候、饲料条件、饲养方式和经营消费特点的品种。共收入地方品种52个，其中，鸡27个，分为蛋用型、肉用型、兼用型、药用型、观赏型和其他六型；鸭12个，分为蛋用型、肉用型、兼用型三型；鹅13个，全为肉用型。

(2) 培育品种　即人工选育的品种。与地方品种比较，遗传性能稳定，生产性能高，特征、特性基本一致，有较高的种用价值。但对饲养管理条件的要求较高。目前鸡的培育品种有9个，分为蛋用型、肉用型、兼用型三型。

(3) 引入品种　从国外引入我国的品种。引入鸡的标准品种分为蛋用、肉用、兼用三型；一个蛋鸭品种，1个肉鸭品种；1个火鸡品种。它们分别被编入《中国家禽品种志》中。

3. 现代化养鸡分类法

蛋鸡按其蛋壳颜色分为白壳蛋鸡、褐壳蛋鸡、粉壳蛋鸡和少量的绿壳蛋鸡。肉鸡分为快大型肉鸡和优质肉鸡。

第二节　家禽主要品种

一、鸡的品种

1. 标准品种

(1) 白来航　原产于意大利，是蛋鸡标准品种中历史最久、分布最广、产量最高而遗传性稳定的世界名种，也是现代蛋鸡育种中应用最多的育种素材。其特点是全身羽毛为显性白羽，蛋壳颜色纯白，单冠特大，喙、胫、皮肤黄色，耳垂白色，体型小而清秀。成年公鸡体重约 2.2kg，母鸡约 1.5kg，160 天性成熟，年产蛋约 230 枚，耗料少，适应性强，无就巢性，活泼好动，容易惊群。

(2) 洛岛红　属兼用型，于美国洛特岛州育成，有单冠与玫瑰冠 2 个品变种。其特征是羽毛呈深红色，尾羽黑色，中型体重，背宽平长，适应性强，产蛋量较高，年产蛋约 170 枚，蛋重约 60g，蛋壳褐色。

(3) 新汉夏　育成于美国新汉夏州，是从洛岛红鸡中选择体质好、产蛋多、成熟早、蛋重大和肉质好的鸡，经 30 多年选育而成。亦属兼用型，其体型似洛岛红，但背部略短，羽色略浅，单冠。年产蛋约 200 枚，蛋重约 60g，蛋壳褐色。

(4) 澳洲黑　是在澳州用黑色奥品顿鸡经 25 年选育而成的兼用型鸡种。羽色、喙、眼、胫皆黑色，脚底白色，皮肤白色。年产蛋约 180 枚，蛋壳黄褐色。

(5) 白洛克　兼用型，育成在美国，属洛克品种的品变种之一，白羽，单冠，喙、胫、皮肤皆黄色，体重较大。性成熟约 180 天，年产蛋约 170 枚，平均蛋重约 59g，蛋壳褐色。1937 年开始向肉用型改良，经改良后早期生长快，胸、腿肌肉发达，羽色洁白，成为现代杂交肉鸡的专用母系。

(6) 狼山鸡　原产于我国江苏省。1872 年由中国狼山输往英国而得名，后至欧、美其他国家，1883 年承认为标准品种。狼山鸡有黑羽和白羽两种，外貌特点是颈部挺立，尾羽高耸，呈 U 字形，眼、喙、胫、脚底皆黑色，胫外侧有羽毛。属兼用型，年产蛋约 170 枚。

(7) 九斤鸡　九斤鸡原产于我国黄浦江以东的广大地区，又称浦东鸡，是世界著名肉鸡标准品种之一，1843 年输入英国，后至美国。该鸡体躯硕大，胸深体宽，近似方块形，成年公鸡体重约 4.8kg，母鸡约 3.6kg，而且肉质优良，性情温驯，有胫羽、趾羽。对许多国外鸡种的改良贡献巨大。

(8) 丝毛乌骨鸡　原产于我国，主产区在福建、广东和江西，几乎遍布全国。亦属标准品种。国内作药用，主治妇科病的“乌鸡白凤丸”即用丝毛乌骨鸡全鸡配药制成。国外分布亦广，列为玩赏型鸡。丝毛乌骨鸡体小，乌眼，羽毛白色、丝状，有十大特征或叫“十全”：紫冠（桑葚状复冠）、缨头（毛冠）、绿耳、胡须、五爪、毛脚、丝毛、乌皮、乌骨、乌肉。

2. 地方品种和培育品种

(1) 仙居鸡　原产于浙江省仙居县，属蛋用型。该鸡的外形和体态颇似来航鸡。羽色有白色、黄色、黑色、花羽及栗羽之分。胫多为黄色。成年公鸡体重约 1.4kg，母鸡 1.0～1.3kg。产蛋量目前变异很大，农村饲养的年产蛋量 100～200 枚，饲养条件好时，年产蛋量平均约 220 枚，最高达 269 枚，蛋重 35～45g。

(2) 萧山鸡　原产于浙江省萧山一带。该鸡体型较大，单冠，冠、肉垂、耳叶均为红色。

喙、胫黄色，颈羽黄黑相间，羽毛淡黄色。成年公鸡体重2.5～3.5kg，母鸡2.1～3.2kg，肉质富含脂肪，嫩滑味美。年产蛋量130～150枚，蛋壳褐色。

(3) 惠阳胡须鸡　又称三黄胡须鸡，产于广东省。该鸡属肉用型，背短，后躯发达，呈楔形。其特点为：黄毛、黄嘴、黄腿、有胡须、短身、矮腿、易肥、软骨、白皮及玉肉。成年公鸡体重2.0～2.2kg，母鸡1.5～1.8kg。年产蛋量80～90枚，蛋重约47g，蛋壳浅褐色。在较好的饲养条件下，85天公母混合饲养平均活重可达1.1kg。肉品质好，风味独特，是出口创汇的好商品。

(4) 庄河鸡　又称大骨鸡，原产于辽宁庄河一带，为兼用型品种。庄河鸡体型硕大，腿高粗壮，结实有力，身高颈粗，胸深背宽，健壮敦实。公鸡羽色多为红色，尾羽为黑色，母鸡多为黄麻色。成年公鸡体重在3.2～5.0kg，母鸡2.3～3.0kg。年均产蛋146枚，蛋重约63g。

3. 现代鸡种（配套系）

(1) 白壳蛋鸡

① 北京白鸡。是北京市种禽公司从1975年开始，在引进国外白壳蛋鸡的基础上，经过精心选育杂交而成，先后有京白823、京白938等若干个配套系。具有体型小、生产性能好、适应性强等特点。

② 星杂288。是加拿大雪佛公司育成的白壳蛋鸡四系配套系。20世纪70年代曾风靡世界。我国已引进曾祖代种鸡于辽宁辽阳进行繁育推广。该鸡体型小，抗逆性强，产蛋量高，商品代可自别雌雄。

③ 巴布考克B-300。原为美国巴布考克公司育成（该公司后被法国依莎公司兼并）的白壳蛋四系杂交鸡。北京于1987年引进曾祖代繁育推广。

(2) 褐壳蛋鸡

① 依利莎褐。是上海市新杨种畜场利用若干引进的纯系蛋鸡和长期积累的育种素材，运用先进的育种技术培育成的褐壳蛋鸡配套系。

② 罗曼褐。是德国罗曼公司培育的四系配套杂交鸡。父、母代雏可利用羽速自别雌雄，商品代雏可利用羽色自别雌雄，生产性能较高而稳定。1989年上海华申曾祖代蛋鸡场引进曾祖代种鸡，在全国各地推广效果较好。

③ 北京红鸡。是北京市第二种鸡场在1981年引进加拿大雪佛公司的星杂579曾祖代种鸡的基础上，经10多年选育而成并定名。父母代、商品代雏鸡皆可自别雌雄。

④ 罗斯褐。是英国罗斯公司培育的四系褐壳蛋鸡配套系。1981年上海新杨种畜场引入曾祖代种鸡繁育推广，是我国早期褐壳蛋鸡饲养量较大的一个品种。

⑤ 依莎褐。是法国依莎公司育成的四系配套高产鸡种，体型中等偏小，生产性能优秀，要求条件较高，父母代、商品代皆可自别雌雄。我国从20世纪80年代开始引入祖代鸡，推广后反映较好。

⑥ 海兰褐。是美国海兰国际公司育成的四系配套褐壳蛋鸡。其突出优点是产蛋量高，抗病力强（其携带B21血型基因，对马立克病和白血病有较强的抵抗力）。20世纪90年代以来引进祖代种鸡较多。

⑦ 尼克红。是美国辉瑞国际公司育成。该公司20世纪80年代后归属德国罗曼集团。近几年我国引入祖代种鸡后表现尚好，商品蛋鸡抗逆性较强，生产性能比较稳定。

(3) 粉壳蛋鸡　属褐壳蛋专门化品系与白壳蛋专门化品系进一步杂交配套而成。蛋壳为粉褐色，但因色泽深浅斑驳不一，定名为驳壳蛋系，生产中称为粉壳蛋系。

① 雅康。是以色列联合家禽公司育成的四系配套粉壳蛋鸡，4个系皆为显性白羽，A、B系产白壳蛋，C、D系产褐壳蛋，商品代产粉壳蛋，并可自别雌雄。特点是抗应激性强，耐暑热。我国1991年引进祖代鸡。主要生产性能见表2-2-1。

表 2-2-1 商品粉壳蛋鸡主要生产性能

品种 \ 生产性能	产蛋达50%周龄	72周龄产蛋量/枚	平均蛋重/g	后备期成活率/%	产蛋期存活率/%	料蛋比
北京白988	23	310	63	96~98	94.5	2.0
星杂288	23~24	266~285	61.5	98	92	2.30
巴布考克B-300	23	274.6	64.6	98	94.5	2.45
迪卡白	21	293	61.7	96	92	2.27
海兰W-36	24	273	63	95.5	92	2.20
罗曼白	22~23	290	62	98	95	2.35
尼克白	25	260	58	95.1	90	2.57
海塞克斯白	22~23	284	60.7	95.5	91.5	2.34
依利莎白	21~22	322~334	61.5	95~98	95	2.23
依利莎褐	22~23	283~296	64	96~98	94~95	2.4
罗曼褐	22~23	285~295	64	97~98	94~96	2.1
北京红		275~285	63~64	98	88~94	2.5~2.6
依莎褐	24	289	62	98	93.5	2.45
海塞克斯褐	22~23	283	63.2	97	95.0	2.39
海兰褐	22	298	63.1	96~98	94~96	2.3
尼克红	22.5	282	63.3	96	94.5	2.4
迪卡褐	23	270~300	63.7	97	94	2.36
亚发	22~23	290~305	64	94~96	92~94	2.4
雅康(粉)	23~24	262~277	63	94~96	94~92	
星杂444	22~23	270~290	62	92	94	2.57

② 星杂444。是加拿大雪佛公司育成的粉壳蛋鸡，父本洛岛红型，母本轻型。商品代可自别雌雄，雏鸡绒毛白色，母雏在头的前端与喙连接处有浅褐色绒毛，公雏则无。优点是产蛋率高，体型小，耗料比低，但对环境敏感，易惊群，抗寒性较差。主要生产性能见表2-2-1。

近十几年来，我国还引进很多白壳蛋系和褐壳蛋系的祖代种鸡。表2-2-1列出了一些现代蛋鸡品种的生产性能仅供参考。

(4) 快大型肉鸡　快大型肉仔鸡生产特点是生长速度快，周期短，饲料转化率高，适应性强。

① 艾维茵。是美国艾维茵国际家禽公司育成的优秀四系配套杂交肉鸡。中国、美国、泰国三方合资的北京家禽育种公司引进了原种鸡及配套技术，1988年通过中国农业部的验收，是目前国内饲养量最大的肉鸡品种。肉仔鸡生长快，饲料转化率高，适应性也强。

② 爱拔益加（简称AA)。是美国爱拔益加公司培育的四系配套杂交肉鸡。我国引入祖代种鸡已经多年，饲养量较大，效果也较好。其父、母代种鸡产蛋量高，并可利用快慢羽自别雌雄，商品仔鸡生长快，耗料少，适应性强。

③ 依莎明星。是法国依莎公司育成的五系配套肉鸡，其特点是母系的第一父本D系携带慢羽基因K，第二父本C系携带矮小型基因dw。父、母代种雏可自别雌雄。成年母鸡体型矮小，节省饲料和饲养面积，因而可显著降低苗鸡成本；商品代的生长速度和饲料报酬基本不受影响。我国于20世纪80年代曾引入原种鸡繁育推广。

④ 宝星。是加拿大雪佛公司育成的四系杂交肉鸡。1978年我国引入曾祖代种鸡，曾译为星布罗，1985年第二次引进曾祖代种鸡，称为宝星肉鸡，当时表现较好。

⑤ 安卡红。是以色列PBU公司培育的有色羽杂交肉鸡，其生长速度接近白羽肉鸡，特别是抗热应激、抗病能力较强。我国上海引进有曾祖代种鸡。

⑥ 红布罗。是加拿大雪佛公司育成的红羽快大型肉鸡，具有羽黄、胫黄、皮肤黄三黄特征。该鸡适应性好、抗病力强，肉味亦好，与地方品种杂交效果良好。我国引进有祖代种鸡繁育推广。

此外，我国引进的祖代快大型肉鸡还有荷兰的海波罗、哈巴德等。现将若干商品肉鸡主要生产性能列于表 2-2-2。

表 2-2-2　商品肉鸡主要生产性能指标

品种	6周龄		7周龄		8周龄	
	体重/kg	料肉比	体重/kg	料肉比	体重/kg	料肉比
艾维茵	1.98	1.74	2.61	1.89	2.92	2.08
AA	2.07	1.74	2.57	1.91	3.06	2.09
依莎明星	1.75	1.84	2.15	1.98	2.55	2.12
红布罗	1.29	1.86	1.73	1.94	2.29	2.25
海波罗	2.00	1.79	2.45	1.94	2.88	2.09
哈巴德	1.41	1.92	1.78	2.08	2.12	2.26
塔特姆	1.63	1.83	2.05	1.97	2.48	2.05
罗斯1号	1.67	1.89	2.09	2.01	2.50	2.15

(5) 优质肉鸡　优质肉鸡是由优质地方黄羽土鸡经过多年的纯化选育或杂交而形成的鸡种；其生产性能有一定提高；生长周期较长；食性较广，且有其独特的饲喂制度和方法；性情活泼，好斗爱追啄，易发生啄癖；其羽毛多为黄色或带麻点，黄喙、黄肤、黄脚，皮薄骨软，肉质鲜美，鸡味浓郁，且有较好的产肉性能和抗病能力。

① 石岐杂鸡。该鸡种是香港有关部门由广东惠阳鸡、清远麻鸡和石岐鸡与引进的新汉夏、白洛克、科尼什等外来鸡种杂交改良而成。它保留了地方三黄鸡种骨细肉嫩、味道鲜美等优点，克服了地方鸡生长慢、饲料报酬低等缺陷。具有三黄鸡黄毛、黄皮、黄脚、短脚、圆身、薄皮、细骨、肉厚、味浓等特征。一般肉仔鸡饲养3～4个月，平均体重可达2kg左右，料肉比（3.2～3.5）：1。

② 惠阳胡须鸡。又称三黄胡须鸡。原产于广东省惠阳地区，属中型肉用鸡种。该鸡具有肥育性能好、肉嫩味鲜、皮薄骨细等优点，深受广大消费者欢迎，尤其在中国港澳活鸡市场久享盛誉，售价也特别高。它的毛孔浅而细，屠体皮质细腻光滑，是与外来肉鸡明显的区别之处。在农家饲养条件下，5～6月龄体重可达1.2～1.5kg，料肉比（5～6）：1。

③ “882”黄鸡。“882”黄鸡是广州市白云家禽发展公司10多年来应用合成法和级进育种技术，经36种不同类型的杂交配套组合近10万羽肉鸡的杂交组合试验，选育出来的配套种鸡，荣获广州市科技进步一等奖。

鸡体结构匀称，呈矩形，胸部宽阔，腿肌发达，高矮适中，胫长6～8.8cm；公鸡单冠直立，6～8齿；公鸡饲养60天上市重1450g，母鸡淘汰体重2800g。

④ 江村黄鸡。江村黄鸡是广州市江村家禽企业发展公司为能在中国香港市场适销对路而培养的黄鸡配套系。从1985年开始，该公司经过长期的个体选育、家系选育、品系配套试验和近500万羽肉鸡的饲养试验，最终育成了江村黄鸡。

江村黄鸡头部较小，鸡冠鲜红直立，嘴黄而短，被毛紧实，色泽鲜艳，体形短而宽，肌肉丰满，肉质鲜嫩，鸡味鲜美，皮下脂肪特佳。

江村黄鸡父母代母鸡22周龄开产，50%产蛋率的周龄为25周龄，产蛋高峰期在27～29周，产蛋率达78%左右。66周龄时产蛋150枚，平均受精率92%，入孵蛋出雏率85%，66周龄入舍母鸡平均产雏鸡127只。肉用公鸡63日龄体重达到1.5kg，料肉比2.3：1；肉用母鸡100日龄体重1.7～1.9kg，料肉比3.0：1。

⑤ 新浦东鸡。新浦东鸡是由上海市农业科学院畜牧兽医研究所以浦东鸡为基础，分别与白洛克鸡、红科尼什鸡进行杂交育种而成。1981年通过品种鉴定。

其外貌特征与浦东鸡相比，除体躯较长而宽、胫部略粗短而无胫羽外，其余差异不大。

商品代28日龄公鸡433g，母鸡391g；63日龄公鸡1863g，母鸡1491g；70日龄公鸡2172g，母鸡1704g。公母鸡平均半净膛屠宰率85%。

种鸡平均开产日龄 184 天，42 周龄平均产蛋 78 枚，66 周龄平均产蛋 177 枚，平均蛋重 61g。蛋壳浅褐色。公鸡性成熟期 130～150 天。公母鸡配种比例 1：(12～15)。

⑥ 新狼山鸡。新狼山鸡是建国后第一个育成的兼用型鸡种。1952 年开始由华东农业科学研究所选育，1958 年基本定型。1959 年移交中国农科院家禽研究所继续培育和扩繁推广。

新狼山鸡体型为兼用型类型。不像原来狼山鸡的背型。羽毛紧凑程度介于澳洲黑与黑色狼山鸡之间，既不像澳洲黑那么松也不像狼山鸡那么紧凑。光脚、无毛脚类型，全身羽毛黑色、单冠，眼的虹膜呈黄褐色，胫、脚部浅色，部分蓝灰色。新狼山鸡换羽后的羽毛发蓝绿色光泽，其虹膜、脚腹部、羽毛色泽以及体型与原来的狼山鸡有明显区别。

据 1992 年国家地方禽种资源基因库测定：新狼山母鸡开产日龄为 185 天，开产体重为 2125g，500 日龄平均产蛋 192 枚，平均蛋重为 54.6g，蛋壳褐色，蛋型相当一致。

90 日龄平均体重：公鸡为 1203g，母鸡为 1005g；成年鸡半净膛屠宰率：公鸡为 80.4%，母鸡为 78.3%；全净膛屠宰率：公鸡为 73.4%，母鸡为 72.5%。

⑦ 北京油鸡。北京油鸡是北京地区特有的地方优良品种，至今已有 300 余年历史。北京油鸡是一个优良的肉蛋兼用型地方鸡种。具特殊的外貌（即凤头、毛腿和胡子嘴），肉质细致，肉味鲜美，蛋质佳良，具有生活力强和遗传性稳定等特性。

北京油鸡体躯中等，羽色美观，主要为赤褐色和黄色羽色。赤褐色者体型较小，黄色者体型大。公鸡羽毛色泽鲜艳光亮，头部高昂，尾羽多为黑色。母鸡头、尾微翘，胫略短，体态敦实。北京油鸡羽毛较其他鸡种特殊，毛冠、毛腿和毛髯，故称为“三毛”，这就是北京油鸡的主要外貌特征。

北京油鸡的生长速度缓慢。屠体皮肤微黄，紧凑丰满，肌间脂肪分布良好，肉质细腻，肉味鲜美。公母平均初生重为 38.4g，4 周龄重为 220g，8 周龄重为 549.1g，12 周龄重为 959.7g，16 周龄重为 1228.7g，20 周龄的公鸡为 1500g，母鸡为 1200g。

⑧ 广西三黄鸡。广西三黄鸡，产于广西东南部的桂平、平南、藤县、苍梧、贺县、岑溪、容县等地。

属小型鸡种，基本具“三黄”特征。公鸡羽毛酱红色，颈羽颜色比体羽浅，翼羽常带黑边，尾羽多为黑色。母鸡均为黄羽，但主翼羽和副翼羽常带黑边或黑斑，尾羽多为黑色。单冠，耳叶红色，虹彩橘黄色。喙与胫黄色，也有胫为白色的。皮肤白色居多，少数为黄色。成年鸡体重：公鸡 1985～2320g，母鸡 1395～1850g。半净膛屠宰率：公鸡 85.0%，母鸡 83.5%；全净膛公鸡 77.8%，母鸡 75.0%。开产日龄 150～180 天，年产蛋 77 个，蛋重 41g，蛋壳呈浅褐色。

二、鸭的品种

1. 肉用型鸭品种

(1) 北京鸭　是现代肉鸭生产的主要品种。原产于北京市郊区。具有生长快、繁殖率高、适应性强和肉质好等优点，尤其适合加工烤鸭。体型硕大丰满，挺拔美观。头大颈粗，体躯长方形，背宽平，胸丰满，胸骨长而直。翅较小，尾短而上翘。开产日龄为 150～180 天。母本品系年平均产蛋可达 240 枚，平均蛋重 90g 左右，蛋壳白色。父本品系的公鸭体重 4.0～4.5kg，母鸭 3.5～4.0kg；母本品系的公、母鸭体重稍轻一些。

(2) 樱桃谷鸭　樱桃谷鸭是由英国樱桃谷公司引进北京鸭和埃里斯伯里鸭为亲本，经杂交育成。羽毛洁白，头大、额宽、鼻脊较高，喙橙黄色，颈平而粗短。翅膀强健，紧贴躯干。背宽而长，从肩到尾部稍倾斜，胸部较宽深。种鸭性成熟期为 182 日龄，父母代群母鸭年平均产蛋 210～220 枚，蛋重 75g。父母代群母鸭年提供初生雏 168 只。父母代成年公鸭体重 4.0～4.5kg，母鸭 3.5～4.0kg，开产体重 3.1kg。

(3) 狄高鸭　是由澳大利亚狄高公司利用中国北京鸭，采用品系配套方法育成的优良肉用型鸭种。具有生长快、早熟易肥、体型硕大、屠宰率高等特点。该品种性喜干爽，能在陆地上交配，适于丘陵地区旱地圈养或网养。雏鸭绒羽黄色，脱换幼羽后，羽毛白色。头大颈粗、胸宽，体躯稍长。性成熟期为182日龄，33周龄进入产蛋高峰，产蛋率达90%。年平均产蛋230枚左右，平均蛋重88g。

2. 蛋鸭品种

(1) 金定鸭　是优良的高产蛋鸭品种，因中心产区位于福建省龙海县紫泥乡金定村而得名。体型较长，前躯高抬，公鸭胸宽背阔，头部和颈上部羽毛具有翠绿色光泽，有“绿头鸭”之称。性羽黑色，并略上翘。母鸭身体细长，匀称紧凑，腹部丰满，全身羽毛呈赤褐色麻雀羽。公鸭和母鸭的喙黄绿色，虹彩褐色。胫、蹼橘红色，爪黑色。尾脂腺发达。产蛋期长，高产鸭在换羽期和冬季可持续产蛋而不休产。一般年产蛋280～300枚，舍饲条件下，平均年产蛋313枚，平均蛋重70～72g，产蛋量最高的个体年产蛋360枚。壳色以青壳蛋为主，约占95%。成年鸭平均体重1.85kg。母鸭开产日龄为110～120天，公鸭性成熟日龄为110天左右。

(2) 绍兴鸭　简称绍鸭，又称绍兴麻鸭、浙江麻鸭、山种鸭，因原产地位于浙江旧绍兴府所辖的绍兴等县而得名，是我国优良的高产蛋鸭品种。绍兴鸭根据毛色可分为红毛绿翼绍兴鸭和带圈白翼绍兴鸭两个类型。带圈白翼绍兴公鸭全身羽毛深褐色，头和额上部羽毛墨绿色，有光泽。母鸭全身以浅褐色麻雀羽为基色；颈中间有2～4cm宽的白色羽圈。红毛绿翼绍兴公鸭全身羽毛以深褐色为主，头至颈部羽毛均呈墨绿色，有光泽；母鸭全身羽毛以深褐色为主，颈部无白圈，颈上部褐色，无麻点。红毛绿翼绍兴母鸭年产蛋为260～300枚，300日龄蛋重70g；带圈白翼绍兴母鸭年产蛋250～290枚，蛋壳为玉白色，少数为白色或青绿色。红毛绿翼绍兴公鸭成年体重1.3kg，母鸭1.25kg；带圈白翼绍兴公鸭成年体重1.40kg，母鸭1.30kg。母鸭开产日龄为100～120天，公鸭性成熟日龄为110天左右。

(3) 康贝尔鸭　由印度跑鸭与芦安公鸭杂交，其后代母鸭再与公野鸭杂交，经多代培育而成，育成于英国。康贝尔鸭有3个变种：黑色康贝尔鸭、白色康贝尔鸭和咔叽·康贝尔鸭（即黄褐色康贝尔鸭）。我国引进的是咔叽·康贝尔鸭，体躯较高大，深广而结实。头部秀美，面部丰润，喙中等大，眼大而明亮，颈细长而直，背宽广、平直、长度中等。胸部饱满，腹部发育良好而不下垂。母鸭开产日龄为120～140天，年平均产蛋260～300枚，蛋重70g左右，蛋壳为白色。成年公鸭体重2.4kg，母鸭2.3kg。

3. 兼用型鸭品种

(1) 高邮鸭　是较大型的蛋、肉兼用型麻鸭品种。主产于江苏省高邮、宝应、兴化等县。该品种觅食能力强，善潜水，适于放牧。背阔肩宽胸深，体躯长方形。公鸭头和颈上部羽毛深绿色，有光泽；背、腰、胸部均为褐色芦花羽。母鸭全身羽毛褐色，有黑色细小斑点，如麻雀羽。开产日龄为110～140天，年产蛋140～160枚，高产群可达180枚。平均蛋重76g。成年体重平均2.6～2.7kg。放牧条件下70日龄体重达1.5kg左右，在较好的饲养条件下70日龄体重可达1.8～2.0kg。

(2) 建昌鸭　是麻鸭类型中肉用性能较好的品种，以生产大肥肝而闻名。主产于四川省凉山彝族自治州的安宁河谷地带的西昌、德昌、冕宁、米易和会理等县、市。西昌古称建昌，因而得名建昌鸭。由于当地素有腌制板鸭、填肥取肝和食用鸭油的习惯，因而促进了建昌鸭肉用性能及肥肝性能的提高。该鸭体躯宽深，头颈大。公鸭头和颈上部羽毛墨绿色而有光泽，颈下部有白色环状羽带；尾羽黑色。母鸭羽色以浅麻色和深麻色为主，浅麻雀羽居多，占65%～70%；除麻雀羽色外，约有15%的白胸黑鸭，这种类型的公、母鸭羽色相同，全身黑色，颈下部至前胸的羽毛白色。母鸭开产日龄为150～180天，年产蛋150枚左右。蛋重72～73g，蛋壳有青、白两种，青壳占60%～70%。成年公鸭体重2.2～2.6kg，母鸭2.0～2.1kg。

三、鹅的品种

1. 小型鹅种

(1) 太湖鹅　原产于江苏、浙江两省沿太湖的县、市，现遍布江苏、浙江、上海，在东北、河北、湖南等地均有分布。体型较小，全身羽毛洁白，体质细致紧凑。体态高昂，肉瘤圆而光滑、姜黄色、发达。颈长，呈弓形，无肉垂。公鹅喙较短，约6.5cm，性情温顺，叫声低，肉瘤小。性成熟较早，母鹅160日龄即可开产。一个产蛋期（当年9月至次年6月）每只母鹅平均产蛋60枚，高产鹅群达80～90枚，高产个体达123枚。平均蛋重135g，蛋壳色泽较一致，几乎全为白色，就巢性弱。成年公鹅体重4.33kg，母鹅3.23kg。

(2) 豁眼鹅　俗称豁鹅，因其上眼睑边缘后上方有豁口而得名。原产于山东莱阳地区。由于历史上曾有大批的山东移民移居东北时将这种鹅带往东北，因而现已以辽宁昌图饲养最多，俗称昌图豁鹅。体型轻小紧凑，全身羽毛洁白。喙、胫、蹼均为橘黄色，成年鹅有橘黄色肉瘤；眼三角形，眼睑淡黄色，两眼上眼睑处均有明显的豁口，此为该品种的独有特征；虹彩蓝灰色；头较小，颈细稍长。公鹅体型较短，呈椭圆形，有雄相。母鹅体型稍长，呈长方形。豁眼鹅雏鹅，绒毛黄色，腹下毛色较淡。一般在7～8月龄时产蛋。在放牧条件下，年平均产蛋80枚，在半放牧条件下，年平均产蛋100枚以上；饲养条件较好时，年产蛋120～130枚。最高产蛋记录180～200枚，平均蛋重120～130g，蛋壳白色。成年公鹅平均体重3.72～4.44kg，母鹅3.12～3.82kg。

(3) 乌鬃鹅　原产于广东省清远市，故又名清远鹅。因羽大部分为乌棕色，故得此名。中心产区位于清远市北江两岸的江口、源潭、洲心、附城等10个乡。体型紧凑，头小、颈细、腿矮。公鹅体型较大，呈橄榄核形；母鹅呈楔形。羽毛大部分呈乌棕色，从头部到最后颈椎有一条鬃状黑褐色羽毛带。在背部两边有一条起自肩部直至尾根的2cm宽的白色羽毛带，在尾翼间未被覆盖部分呈现白色圈带。青喙，有肉瘤，胫、蹼均为黑色，虹彩棕色。母鹅开产日龄为140天左右，母鹅有很强的就巢性，一年分4～5个产蛋期，平均年产蛋30枚左右，平均蛋重144.5g。蛋壳浅褐色。

(4) 籽鹅　原产于黑龙江省绥北和松花江地区。因产蛋多，群众称其为籽鹅。该鹅种具有耐寒、耐粗饲和产蛋能力强的特点。体型较小，紧凑，略呈长圆形。羽毛白色，一般头顶有缨又叫顶心毛，颈细长，肉瘤较小，颌下偶有垂皮，即咽袋，但较小。喙、胫、蹼皆为橙黄色，虹彩为蓝灰色。腹部一般不下垂。母鹅开产日龄为180～210天。一般年产蛋在100枚以上，多的可达180枚，蛋重平均131.1g，最大153g，最小114g。成年公鹅体重4.0～4.5kg，母鹅3.0～3.5kg。

2. 中型鹅种

(1) 皖西白鹅　其中心产区位于安徽省西部丘陵山区和河南省固始一带。体型中等，体态高昂，气质英武，颈长呈弓形，胸深广，背宽平。全身羽毛洁白，头顶肉瘤呈橘黄色，圆而光滑且无皱褶，喙橘黄色，胫、蹼均为橘红色，爪白色，约6%的鹅颌下带有咽袋。公鹅肉瘤大而突出，颈粗长有力，母鹅颈较细短，腹部轻微下垂。皖西白鹅分为有咽袋腹皱褶多、有咽袋腹皱褶少、无咽袋有腹皱褶、无咽袋无腹皱褶等类型。母鹅开产日龄一般为6月龄，产蛋多集中在1月份及4月份。皖西白鹅繁殖季节性强，时间集中。一般母鹅年产两期蛋，年产蛋25枚左右，3%～4%的母鹅可连产蛋30～50枚，群众称之为常蛋鹅。平均蛋重142g，蛋壳白色。母鹅就巢性强。成年公鹅体重6.12kg，母鹅5.56kg。皖西白鹅羽绒质量好，尤以绒毛的绒朵大而著称。

(2) 雁鹅　原产于安徽省西部，后来逐渐向东南迁移，现在安徽的宣城、郎溪、广德一带和江苏西南的丘陵地区形成了新的饲养中心。在江苏分布区通常称雁鹅为灰色四季鹅。体型中等，体质结实，全身羽毛紧贴；头部圆形略方，头上有黑色肉瘤，质地柔软，呈桃形或半球形；喙黑色、扁阔，胫、蹼为橘黄色，爪黑色；颈细长，胸深广，背宽平；皮肤多数为黄白色。成年鹅羽毛呈灰褐色和深褐色，颈的背侧有一条明显的灰褐色羽带。一般母鹅开产在8～9月龄，一般母鹅年产蛋25～35枚。雁鹅在产蛋期间，每产一定数量蛋后即进入就巢期休产，以后再产第二期蛋，如此反复，一般可间歇产蛋3期，也有少数产蛋4期，因此，江苏镇宁地区群众称之为四季鹅。平均蛋重150g，蛋壳白色。就巢性强。成年公鹅体重6.02kg，母鹅4.78kg。

(3) 朗德鹅　又称西南灰鹅，原产于法国西南部靠比斯开湾的朗德省，是世界著名的肥肝专用品种。毛色灰褐，也有部分白羽个体或灰白杂色个体。喙橘黄色，胫、蹼肉色。性成熟期约在180日龄，一般在2～6月产蛋，年平均产蛋35～40枚，平均蛋重180～200g。母鹅有较强的就巢性。成年公鹅体重7.0～8.0kg，母鹅6.0～7.0kg。8周龄仔鹅活重可达4.5kg左右。肉用仔鹅经填肥后，活重达到10～11kg，肥肝重达0.7～0.8kg。朗德鹅对人工拔毛耐受性强，羽绒产量在每年拔毛2次的情况下，可达0.35～0.45kg。

(4) 莱茵鹅　原产于德国莱茵州，是欧洲产蛋量最高的鹅种，现广泛分布于欧洲各国。江苏省于1989年从法国引进。莱茵鹅体型中等偏小。初生雏背面羽毛为灰褐色，从2周龄到6周龄，逐渐转变为白色，成年时全身羽毛洁白；喙、胫、蹼呈橘黄色；头上无肉瘤，颈粗短。开产日龄为210～240天，年产蛋50枚，平均蛋重150～190g。成年公鹅体重5.0～6.0kg，母鹅4.5～5.0kg。仔鹅8周龄活重可达4.2～4.3kg，料肉比2.8∶1。莱茵鹅能适应大群舍饲，是理想的肉用鹅种。但产肝性能较差，平均肝重276g。

3. 大型鹅品种

(1) 狮头鹅　是我国唯一的大型鹅种，因前额和颊侧肉瘤发达呈狮头状而得名。狮头鹅原产于广东省。现中心区位于澄海市和汕头市郊；在北京、上海、黑龙江、广西、云南、陕西等20多个省、市、自治区均有分布。体型硕大，体躯呈方形；头部前额肉瘤发达，覆盖于喙上，颌下有发达的咽袋一直延伸到颈部，呈三角形；喙短，质坚实，黑色；全身羽毛主体为棕褐色。母鹅就巢性强，开产日龄为160～180天，一般控制在220～250日龄。产蛋季节通常在当年9月至次年4月，这一时期一般分3～4个产蛋期，每期可产蛋6～10枚。一个产蛋年产蛋24枚，平均蛋重176g，蛋壳乳白色。种公鹅配种一般都在200日龄以上，2岁以上的母鹅，年平均产蛋28枚，平均蛋重217.2g。成年公鹅体重约8.8kg，母鹅7.8kg。70～90日龄上市未经肥育的仔鹅，公鹅平均体重6.2kg，母鹅5.5kg。狮头鹅平均肝重600g，最大肥肝可达1.4kg，肥肝占屠体重量的13%，肝料比为1∶40。

(2) 埃姆登鹅　原产于德国西部的埃姆登城附近。全身羽毛纯白色，着生紧密，头大呈椭圆形，眼鲜蓝色，喙短粗、橙色、有光泽，颈长略呈弓形，颌下有咽袋。体躯宽长，胸部光滑看不到龙骨突出，腿部粗短，呈深橙色。雏鹅全身绒毛为黄色，但在背部及头部有不等量的灰色绒毛。在换羽前，一般可根据绒羽的颜色来鉴别公、母，公雏鹅绒毛上的灰色部分比母雏鹅的浅些。母鹅10月龄左右开产，年平均产蛋10～30枚，蛋重160～200g，蛋壳坚厚，呈白色。母鹅就巢性强。成年公鹅体重9～15kg，母鹅8～10kg。肥育性能好，肉质佳，用于生产优质鹅油和肉。羽绒洁白丰厚，活体拔毛，羽绒产量高。

[复习思考题]

1. 现代蛋鸡品种分哪几类？各有何特点？
2. 现代肉鸡品种分为哪几类？各有何特点？
3. 调查一下你学校所在地饲养商品蛋鸡和肉仔鸡的品种有哪些？生产性能如何？

第三章　家禽良种繁育技术

[知识目标]

- 了解并掌握家禽的主要经济性状。
- 掌握家禽的选种方法和现代家禽的良种繁育体系。
- 掌握家禽的配种方法。

[技能目标]

- 学会种公、母禽的选择与淘汰技术。
- 学会家禽的人工授精技术。

第一节　家禽的主要经济性状

一、生活力性状

家禽生活力性状是指不同品种的家禽，在相同环境条件下的适应性和抵抗疾病的能力。适应性差、抗病能力差的家禽，在一定的环境条件下，轻者生长发育不良，严重时发生大量死亡。所以，家禽的生活力是一个重要的经济性状，它受环境因素的影响较大，但仍可遗传，遗传力为0.05～0.1。生产中一般用以下指标衡量家禽生活力性状。

(1) 育雏率　即雏禽成活率，指育雏期末成活雏禽数占入舍雏禽数的百分比。

育雏率＝育雏期末成活雏禽数/入舍雏禽数×100％

各种家禽的育雏期为：蛋用雏鸡0～6周龄；肉用雏鸡0～3周龄；蛋用雏鸭0～4周龄；肉用雏鸭0～3周龄；雏鹅0～4周龄。要求育雏率达到95％以上。

(2) 育成禽成活率　指育成期末成活育成禽数占育雏期末入舍雏禽数的百分比。

育成禽成活率＝育成期末成活育成禽数/育雏期末入舍雏禽数×100％

育成禽成活率要求达96％以上。各种家禽的育成期为：蛋鸡7～18周龄；肉种鸡7～22周龄；蛋鸭5～16周龄；鹅5～30周龄。

(3) 产蛋期母禽存活率　即入舍母禽数减去死亡数和淘汰数后的存活数占入舍母禽数的百分比。

母禽成活率＝[入舍母禽数－(死亡数＋淘汰数)]/入舍母禽数×100％

母禽成活率要求达到88％以上。

(4) 抗病力　不同品种或同一品种的不同品系对同一疾病或逆境的抵抗力是不同的，通过选择，可以改进这一性状。

二、繁殖力性状

(1) 种蛋受精率　指受精种蛋数占入孵种蛋数的百分比。

种蛋受精率＝受精种蛋数/入孵种蛋数×100％

入孵的种蛋中，并非全部受精。一般要求受精率达到85％以上。受精率受品种、生理状况、生殖机能、饲养管理及受精方式等多种因素的影响，遗传力很低，约为0.05。

(2) 种蛋合格率　指种母禽在规定的产蛋期内所产符合本品种、品系要求的种蛋数占产蛋总数的百分比。一般要求种蛋合格率应在90%以上。

种蛋合格率=合格种蛋数/产蛋总数×100%

种蛋合格率的高低与家禽的类型、品种、产蛋周龄、营养条件、气温和营养管理水平高低等有关。

(3) 孵化率　又叫出雏率。有受精蛋孵化率和入孵蛋孵化率两种表示方法。

① 受精蛋孵化率。指出雏数占受精蛋数的百分比。一般要求达到90%以上。

受精蛋孵化率=出雏数/受精蛋数×100%

② 入孵蛋孵化率。指出雏数占入孵蛋数的百分比。一般要求达到83%以上。

入孵蛋孵化率=出雏数/入孵蛋数×100%

影响孵化率的因素主要有种禽的饲养管理、种蛋的保存技术、孵化条件等，遗传力也不高，一般在0.1～0.5之间。多数情况下，种禽产蛋量高、种蛋受精率高，则孵化率也高，但也有产蛋量高、种蛋受精率高而孵化率低的情况，所以，孵化率的遗传力变动范围较大。

(4) 健雏率　指健康雏禽数占出雏数的百分比。一般要求达到98%以上。

健雏率=健康雏禽数/出雏数×100%

(5) 种母禽提供的健雏数　指在规定产蛋期内，每只种母禽所提供的健康雏禽数。

三、产蛋性状

1. 产蛋量

产蛋量是指在一定时间内产蛋的数量。产蛋量是饲养蛋禽最重要的经济性状。

(1) 产蛋量　指母鸡在统计期内的产蛋数量。育种场使用自闭产蛋箱，可以准确地测定鸡的产蛋量。通常统计开产后60天产蛋量、300日龄产蛋量和500日龄产蛋量。繁殖场和商品场统计群体产蛋量。群体产蛋量的计算方法有以下两种。

① 按母鸡饲养只日计算。一只母鸡饲养1天为一个饲养只日，简称饲养日。

饲养日产蛋量(枚/只)=统计期内产蛋总数/统计期内平均每日饲养只数

=统计期内产蛋总数/(统计期内饲养只日总和÷统计期日数)

这种统计方法，受饲养期中死亡、淘汰鸡数的影响，有时死亡淘汰只数越多，鸡群的产蛋量和产蛋率反而越高。因此，它不能真实地反映鸡群的综合情况，实际生产中也不常用。

② 按入舍母鸡数计算。18～20周龄育成转群时的母鸡数量为入舍母鸡数，该数量是一个不变的数量。

入舍母鸡产蛋量(枚/只)=统计期内产蛋总数/入舍母鸡数

这种方法计算的产蛋量和产蛋率，未将饲养期中死亡、淘汰的鸡数计算在内。从表面上看，其比按饲养日计算时产蛋量低了，甚至低许多，但它却真实地反映了鸡群的产蛋量、生活力和鸡场的经济效益，综合性强。因此，鸡场多采用这种计算方法。

(2) 产蛋率　指母鸡在统计期内的产蛋百分率。通常用饲养只日产蛋率（%）和入舍母鸡产蛋率（%）来表示。

饲养只日产蛋率=统计期内产蛋总数/统计期内每天饲养只数之和×100%

入舍母鸡产蛋率=统计期内产蛋总数/(入舍母鸡数×统计期日数)×100%

(3) 影响产蛋量的因素　禽群的产蛋量主要受环境、饲料营养、家禽本身生理状况及遗传等因素的影响。饲养日产蛋量的遗传力为0.25～0.35，入舍母鸡产蛋量的遗传力仅为0.05～0.1，说明产蛋量的高低主要受外界环境因素及本身生理因素的影响。

影响产蛋量的生理因素如下。

① 开产日龄。家禽开始产蛋的日龄称为开产日龄。个体记录，开产日龄为产第一枚蛋的日龄；群体记录，蛋鸡和蛋鸭的开产日龄为产蛋率达到50%的日龄，肉种鸡和鹅的开产日龄是指产蛋率达到5%的日龄。开产日龄的遗传力为0.15～0.30。

在同样的饲养管理条件下，家禽适时开产则全年产蛋量高。过早开产时，由于身体尚未发育完全就开始产蛋，不仅蛋重小，而且由于体质弱，产蛋不能持久，容易早产早衰；开产过晚，一方面说明禽群的体质状况较差，营养严重缺乏可能是导致这一结果的直接原因。另一方面，禽群可能遭受过疾病的侵袭，导致开产过晚。

② 产蛋强度。母禽在一定的时间内，连续产蛋的天数加停产的天数，称为产蛋周期。一个产蛋周期中，产蛋天数所占的比率，称为产蛋强度。个体记录用产蛋频率表示；群体记录用产蛋率表示。

$$产蛋频率表示为：f=n/(n+z)$$

式中，f 为个体产蛋频率；n 为连续产蛋的天数；z 为停产的天数；$n+z$ 为一个产蛋周期的总天数。

当 $n=z$(即产一枚蛋停产 1 天或产二枚蛋停产 2 天等）时，产蛋频率为 0.5；当 $n<z$ 时，则 f 值小于 0.5，而向 0 移动，但决不会等于 0；当 $n>z$ 时，f 值大于 0.5 向 1 移动，但决不会等于1。因此，$1>f>0$。这就是说，产蛋频率越大，说明家禽在产蛋周期内的连产多，停产少，属于优良产蛋家禽。当产蛋周期内只停产 1 天的即 $z=1$ 时，称产蛋紧密周期。在产蛋紧密周期内，不论 n 值如何，产蛋频率均在 0.5～1 之间。

产蛋强度大的鸡全年产蛋量多，现在育种工作者多注重产蛋高峰产蛋率的高低（一般要求应在 90％以上）及 16～18 月龄产蛋率的高低（一般要求高于 60％）。

③ 产蛋持久性。是指母禽从开产到换羽休产的天数。一般为 1 年左右。所以，这段时间又常称为生物学产蛋年。高产鸡开产适时，换羽晚，一个生物学产蛋年的产蛋天数多，说明产蛋持久性好，全年产蛋多。产蛋持久性除与遗传性有关外，还与饲养管理、环境、疾病及应激等因素有关。优秀的商品蛋鸡，在良好的饲养管理条件下能持续产蛋 14～15 个月。

④ 冬休性。春孵的散养鸡群（利用自然光照）开产后，在冬季常有休产现象。如果休产 7 天以上且又不是抱性时，称为产蛋冬休性。密闭鸡舍的内环境一年四季都是稳定的，不存在冬休问题。开放鸡舍的内环境不太稳定，可能有冬休性，应注意冬季保温。

⑤ 抱性。母禽抱蛋孵化的自然属性称为抱性，也称为就巢性（俗称抱窝）。抱性是家禽繁殖后代的生理现象，是脑垂体前叶分泌催乳素所致。母鸡在就巢期间，卵巢萎缩，停止产蛋。所以，经常就巢的母鸡应予以淘汰。抱性具有高度的遗传力，可以通过淘汰办法消除抱性。

上述因素不仅受饲养管理条件的影响，而且是可以遗传的。对于遗传力高的因素，可通过育种手段得到改良，例如来航鸡通过多年的选育，已经失去就巢性。

2. 蛋重

蛋重是评定家禽生产性能的一项重要指标，同样的产蛋量，蛋重越大，总产蛋重就大。蛋重的遗传力较高，为 0.2～0.7。蛋重除与品种的遗传因素有关外，还与下列因素有关：产蛋期的不同阶段蛋重不一，初产时蛋重小，以后逐渐增大；第二个产蛋年，蛋重达最大重量，以后蛋重逐渐变小；蛋重与体重呈正遗传相关，与产蛋量呈负遗传相关；蛋重还与鸡性成熟的早晚有关，成熟过早的个体往往蛋重小。另外，蛋重也受营养水平和环境条件的影响，饲粮营养丰富时蛋重大，夏季较小，秋季又有所增加。

（1）平均蛋重　育种场称测个体蛋重，通常是测初产蛋重、300 日龄蛋重和 500 日龄蛋重三个时期的蛋重。方法是在上述时间连续称测 3 天，求其平均数作为该时期的蛋重。一般以 300 日龄的蛋重作为其代表蛋重；繁殖场和商品场只称测群体蛋重，方法是每月按日产量的 5％连称 3 天，求其平均数，作为该群该月龄的平均蛋重。通常平均蛋重以克为单位。

（2）总蛋重

$$总蛋重(kg)=[平均蛋重(g)\times 总产蛋数]\div 1000$$

3. 蛋的品质

测定蛋的品质应在蛋产出后 24h 内进行，每次测定不应少于 50 枚。

（1）蛋形指数　蛋形指数表示蛋的形状，是指蛋的长径与短径之比。正常的蛋为椭圆形，蛋形指数在 1.30～1.35 之间，大于 1.35 的蛋为长形蛋，小于 1.30 的蛋为圆形蛋。如果鸡蛋的蛋形指数偏离标准太大，不但影响种蛋的孵化率和商品蛋的等级，而且也不利于机械集蛋、分级和包装。蛋形指数的遗传力为0.25～0.5。

(2) 蛋壳厚度　用蛋壳厚度测定仪分别测定蛋的钝端、锐端和中腰三处蛋壳（除去壳膜）厚度，求其平均值。理想的鸡蛋壳厚0.33～0.35mm，鸭蛋壳厚度为0.43mm左右。该性状遗传力为0.3～0.4。

(3) 蛋壳强度　指蛋壳耐受压力的大小。蛋壳结构致密，则耐受的压力大，不易破碎。蛋壳强度用蛋壳强度测定仪测定，标准厚度的蛋壳能耐受2.5～4.0kg/cm²。蛋的纵轴耐压力大于横轴，装运时应竖放。该性状的遗传力为0.3。

(4) 蛋的比重　蛋的比重不仅可以表明蛋的新鲜程度，而且还可间接表示蛋壳厚度和蛋壳强度。新鲜的鸡蛋比重不应低于1.07。一般用盐水漂浮法进行测定。其遗传力为0.3～0.6。

(5) 蛋壳色泽　蛋壳色泽是品种的重要特征，常见的有白色、褐色、浅褐色和青色等。遗传力为0.3～0.9。

(6) 蛋的内部品质

① 蛋白浓度　蛋白浓度的程度表示蛋的新鲜程度的高低，国际上用哈氏单位表示。测定方法是：将蛋称重后破壳，把内容物置于平板上，用蛋白高度测定仪测量蛋黄边缘与浓蛋白边缘的中点的高度。应避开系带，测量三个位置，求平均数即为蛋白高度，然后按公式计算哈氏单位：

$$哈氏单位=100Lg(H-1.7W^{0.37}+7.57)$$

式中，H为浓蛋白高度，mm；W为蛋重，g。

哈氏单位越大，表明蛋白黏稠度越大，蛋的品质越好。

② 蛋黄色泽。国际上按罗氏比色扇的15个等级进行比色分级，蛋黄色泽越浓艳，表明蛋的品质越好。蛋黄色泽与饲料所含叶黄素有关，如饲喂胡萝卜、黄玉米等含叶黄素较多的饲料，蛋黄的色泽就浓艳。该性状的遗传力为0.15。

③ 血斑蛋率和肉斑蛋率。蛋内存在血斑和内斑的蛋称为血斑蛋和肉斑蛋。血斑蛋和肉斑蛋占总蛋数的百分比称为血斑蛋率和肉斑蛋率，通常为1%～2%。蛋内含有血斑或肉斑会大大降低蛋的品级。该性状的遗传力为0.25。

四、肉用性状

1. 生长速度

早期生长速度是肉用仔禽在育种和生产上极为重要的指标。生长快，增重迅速，可以缩短饲养期，减少饲料消耗，提高设备利用率，减少疾病传播机会，利于防疫灭病，还能加速资金周转，提高经济效益。

鸡的生长速度与鸡种、初生体重、年龄、性别，以及饲养管理条件有关。肉鸡比蛋鸡生长快；初生重大者生长快；早期生长快（特别是1～2月龄）；公鸡比母鸡生长快；饲养管理条件好者生长快。生长速度的评定可用以下指标。

(1) 相对增重　即统计期增加的体重占始重的百分比。用于表达一个时期生长的强度，鸡的年龄越小相对增重率越大。

(2) 绝对增重　即统计期增加的体重。一般随年龄增长，绝对增重越来越大，达到高峰后又越来越小。

生长速度的遗传力较高，为0.4～0.8。

2. 体重

一般情况下，体重越大产肉越多。对肉用家禽而言总的要求是有较大的体重。但体重越大，消耗饲料越多，饲养上不经济。因此，在实际生产中，为了提高经济效益，应把体重和饲料报酬两者结合起来考虑。

体重与品种、年龄、性别、饲养管理等因素有关。在日常饲养管理中，需要经常抽测体重，以检查饲养效果，决定喂料量。该性状的遗传力为0.2～0.6。

3. 屠宰率

屠宰率能反映肉禽肌肉的丰满程度和肥育程度，屠宰率越高，产肉越多。对于肉用家禽要求有较高的屠宰率。该性状的遗传力为0.3左右。

(1) 屠宰率

屠宰率＝屠体重/宰前活重×100％

屠体重是指活体重减去放血、净毛及剥去脚皮、趾壳、喙壳后的重量；宰前活重是屠宰前停饲12h后的重量。

(2) 半净堂率

半净膛率＝半净膛重/屠体重×100％

半净膛重是屠体去除气管、食管、嗉囊、肠、脾、胰和生殖器官，保留心、肺、肝（去胆）、肾、腺胃和肌胃（去内容物及角质层）以及腹脂的重量。

(3) 全净堂率

全净膛率＝全净膛重/屠体重×100％

全净膛重是半净膛重去除心、肺、肾、肝、腺胃、肌胃、腹脂及头、脚后的重量（鸭、鹅保留头和脚）。

4. 屠体品质

主要通过以下指标评定屠体品质。

(1) 胸宽　胸部肌肉占全身产肉量的比例较大，所以要求其胸肌发达。理想的肉用仔禽屠体胸角应在90°以上，一般于8周龄时屠体测量。用胸角器测量，测量部位为胸肌前1/3处。

(2) 肉质嫩度　指肌纤维的粗细和拉力，通过测量可判断肉质的细嫩程度，如肌纤维粗、拉力大时，肉的品质差；反之，则说明肉质细嫩。

(3) 屠体美观　屠体皮肤以黄色或白色为佳，外观应丰满、有光泽、洁净、无伤痕及胸部囊肿。

五、饲料利用率性状

(1) 产蛋期料蛋比　指产蛋期消耗的饲料量与总产蛋重的比值，即每生产1kg蛋所消耗的饲料量。

产蛋期料蛋比＝产蛋期耗料量(kg)/总产蛋量(kg)×100％

(2) 肉用仔禽耗料比　即饲料转化率，通常用每增重1kg体重所消耗的饲料量来表示。

肉用仔禽耗料比＝全程耗料量(kg)/总活重(kg)×100％

商品肉禽的耗料比与生长速度相关，只有生长快，才能在较短的时间消耗较少的饲料，而获得较大的经济效益。此外，商品肉禽的饲料报酬还与出售的时间、体重有关，肉用仔禽的生长期越短，增重越快，饲料报酬就越高。

第二节　家禽的选种与良种繁育体系

一、种公禽的选择

种公禽的质量对种蛋的受精率有很大的影响，无论是自然交配还是人工授精都非常重要。因此，必须加强对种公禽的选择，在实际生产中，种公禽的选择一般分三次进行。

1. 第一次选择

鸡在6～8周龄时进行。在符合本品种外貌特征的前提下，选择体重大和发育良好者；淘汰外貌有缺陷者，如喙、胸部和腿部弯曲，嗉囊大而下垂，关节畸形，胸部有囊肿者，对体重过轻和雌雄鉴别有误的应予以淘汰。选留的公母比例以1：(7～8)为宜。

鸭需饲养到8～10周龄时进行选择，鹅应在育雏结束后进行选择，选留生长发育良好者，重点选择体型大，符合本品种特征，羽毛生长快，无杂色羽毛，健壮，无生理缺陷的个体。选留的公母比例小型鹅 1∶(4～5)，中型鹅 1∶(3～4)，大型鹅 1∶2。

2. 第二次选择

鸡在 17～19 周龄结合转群时进行。选留身体健壮，发育匀称，体重符合标准，雄性特征明显，外貌符合本品种特征要求者。用于人工授精的公鸡，还应考虑公鸡性欲是否旺盛，性反射是否良好。选留比例，平养自然交配公母比 1∶(9～10)，人工授精公母比 1∶(15～20)。被选留的公鸡如果用于人工授精，应采取单笼饲养；用于自然交配，应于母鸡转群后，开始收集种蛋前 1 周放入母鸡群中。

鸭在 24～28 周龄进行第二次选择，选留体重符合标准，头大颈粗，眼大有神，喙宽而齐，身长体宽，羽毛紧密而有光泽，健康结实，第二性征明显、配种能力强的留种。公鸭经两次选择后，即可留作种用。

鹅应在 10～12 周龄时进行选择，选留体重符合标准、发育良好、健壮者，淘汰生长缓慢、体型较小和腿部有伤残的个体。

3. 第三次选择

鸡在 21～22 周龄进行选留，中型种鸡、肉用型种鸡可推迟 1～2 周进行。对于平养方式，应在公母混群交配后 10～20 天时进行。此时应淘汰性欲差、交配能力低，以及精神不振的公鸡。用于人工授精的公鸡，主要根据精液的品质和体重选留。选择性反射良好、乳状突充分外翻、大而鲜红、有一定精液量的公鸡。若经过几次训练按摩，精液量少、稀薄如水或无精液、无性反射的公鸡应予以淘汰。留种比例，自然交配蛋用型鸡公母比例为 1∶(10～15) 左右，肉用型鸡公母比例为 1∶(6～8)；人工授精公母比例为 1∶(20～30)。

鹅一般在开产前进行选择，选留具有本品种特征、发育良好、体重较大、体型结构匀称、健壮、雄性特征明显的留作种用。公母比例以品种不同而异，小型鹅 1∶(5～6)，中型鹅 1∶(4～5)，大型鹅 1∶(3～4)。

二、母禽选择与淘汰

无论是大型鸡场还是小型鸡场，在饲养过程中，要经常不断地选优去劣，及早淘汰低产鸡或停产鸡，减少非生产性饲料消耗，提高鸡群的生产力，从而提高经济效益。而选择与淘汰最简单的方法是根据外貌进行选择。

1. 雏鸡的选择

(1) 蛋用雏鸡的选择　蛋鸡在育雏结束时结合转群选择一次。此时，应选择体型外貌符合品种要求、健康无病、体重大小适中、羽毛生长速度快的鸡。淘汰体重过小、有病、外貌或生理上有残疾（伤残、眼残、腿瘸等）的个体。体重过大，将来产蛋量低，应隔离进行限制饲养，加强饲养管理，提高日粮水平，待体重达到正常水平时可并群饲养，否则应予以淘汰。

(2) 肉用雏鸡的选择　肉鸡上市日龄（6 周龄）的体重、生长速度等与成鸡的生产指标呈正相关，故肉用种鸡在 6 周龄时进行选择淘汰比较合适。简单的方法就是将生长速度快、体重较大、肌肉丰满、羽毛光泽、健康、精神饱满的个体留作种用，将体弱有病、有残疾的鸡只淘汰。

2. 育成期的选择

在 18～20 周龄育成鸡转群时要进行一次选择，选留特征明显、体型结构良好、身体健康的育成鸡，这时要淘汰那些体重不足、有生理缺陷和有病的鸡。

3. 产蛋期高产鸡的选择

(1) 外貌选择法　高产鸡头清秀，头顶宽、呈方形；喙短而宽，微弯曲；冠和肉垂发育良好、鲜红；胸部宽深、向前突出，胸骨长直、微向后下方倾斜；眼大有神；背部宽直；腹大柔软；皮肤华润、富有弹性。反之，为低产鸡。在饲养管理中，一定要仔细观察，及时发现低产鸡和停产鸡，及早予以淘汰。

(2) 生理特征选择法

① 根据触摸品质和腹部容积选择高产鸡。高产鸡腹部容积大，胸骨末端与耻骨之间的距离应在4指以上，耻骨与耻骨之间的距离应在3指以上。用手触摸鸡冠、肉垂时有温暖感；腹部柔软、有弹性、无硬块腹脂；两耻骨薄而有弹性。正在产蛋的泄殖腔大，湿润，松弛，呈半开状，颜色发白。不产蛋的泄殖腔小而紧缩，有皱褶，干燥。对不符合条件的鸡予以淘汰。

② 根据换羽迟早选择高产鸡。一般情况下，高产鸡换羽晚，且换羽快，1～2个月换完，或边换羽边产蛋，有些甚至不停产。低产鸡换羽季节较早，速度慢，更换时间长，常需3～4个月才能完全换羽，造成长期停产。

③ 根据行动和性情选择高产鸡。高产鸡活泼好动，勤于采食，经常发出咯咯的叫声。低产鸡行动迟缓，安静，食欲不佳。

4. 种母鸭的选择

母鸭饲养至8～10周龄，可根据外貌特征进行第一次初选。饲养至4～5月龄时，进行第二次选择，该工作一直进行到6～7月龄开始配种为止。

种母鸭的具体选择标准如下。

① 蛋用型种母鸭。头中等大小，颈细长，眼亮有神，喙长而直，身长背阔，胸深腹圆，后躯宽大，耻骨开张，羽毛致密，两翼紧贴体躯，脚稍粗短，蹼大而厚，健康结实，体肥适中。

② 肉用型种母鸭。体型呈梯形，背略短宽，腿稍粗短，羽毛光洁，头颈较细，腹部丰满下垂，耻骨开张，繁殖力强。

5. 种母鹅的选择

根据鹅的生长发育情况和外貌特征进行种母鹅的选择，主要按以下两个时期进行选择。

第一次选择在70～80日龄进行，此时鹅的羽毛丰满，品种的外貌特征明显，不仅可以选择到所需要的羽毛颜色，而且此时体重大的鹅，说明其早期生长速度快，饲料转化率高。因此，第一次选择应将生长发育快、体重大、健康状况良好、羽毛等外貌特征符合品种要求的留作种鹅。由于这是第1次初选，选留数应比计划的留种数多出10%～20%，为产蛋前的选择提供一定数量的候选鹅群。

第二次选择一般在180～200日龄进行。选择第二性征明显的母鹅。具体标准是：头清秀，颈细长；体型硕大，羽毛整齐、紧密，具有光泽；前躯较浅，后躯宽深，腹部圆大；胫结实、强健，间距宽。

第三次选择在180日龄后，母鹅开产时进行选择。母鹅选留标准：体躯各部位发育匀称，头大小适中，眼睛明亮有神，颈细且中等长，体躯长且圆，前躯较浅窄，后躯宽且深，两脚健壮且距离较宽，羽毛光洁、紧密贴身，尾腹宽阔，尾平直。

虽然鹅的体形外貌能在很大程度上反映出其品质优劣，但还不能准确地评价种鹅潜在的生产性能和种用品质。所以，种鹅场（户）应做好生产记录，根据记录资料进行有效选择。其方法是：将留作种用的鹅，分别编号登记，逐只记录开产日龄、开产体重、成年体重，第1个产蛋年的产蛋数、平均蛋重，第2年的产蛋数、平均蛋重，种蛋受精率、孵化率，有无抱窝性等。根据资料，将适时开产、产蛋多、持续期长、平均蛋重合格、无抱窝性、健壮的优秀个体留作种鹅，将开产过早或过晚、产蛋少、蛋重过大或过小、抱窝性强、体质弱的个体及时淘汰。

三、现代家禽的良种繁育体系

1. 家禽繁育的基本环节

现代禽种的繁育过程包括保种、育种、配合力测定和制种四个基本环节。

(1) 保种　指保存具有育种价值的某些原有品种或品系，采用本品种选育或提纯复壮等保种措施，提高原有品种或品系的生产性能，为育种场提供素材。

(2) 育种　指利用某些原有品种或品系为育种素材，采用近交系育种法、正反交反复选择法、闭锁群育种法等先进的育种方法，培育出若干各有特点的纯系。

(3) 配合力测定　通过配合力测定杂交后代生产性能高低的方法，来评定父母双亲配合力的好坏。具体方法是把育种场培育的各个纯系的杂交组合，送到配合力测定站，在相同的饲养管理条件下进行饲养试验，通过对杂交后代生产性能进行测定，从中选出配合力最佳的杂交组合，从而构成配套品系。

(4) 制种　指利用构成配套品系的各个纯系，按照固定的模式进行逐代杂交，生产商品杂交禽的过程。其杂交方式主要有二系配套杂交、三系配套杂交和四系配套杂交三种。

① 二系配套杂交。这是最简单的一种杂交方式，也叫单交。配套系由两个纯系构成，制种过程包括原种场的一次纯繁制种和父母代场的一次杂交制种，利用杂交一代做商品禽生产（图 2-3-1)。

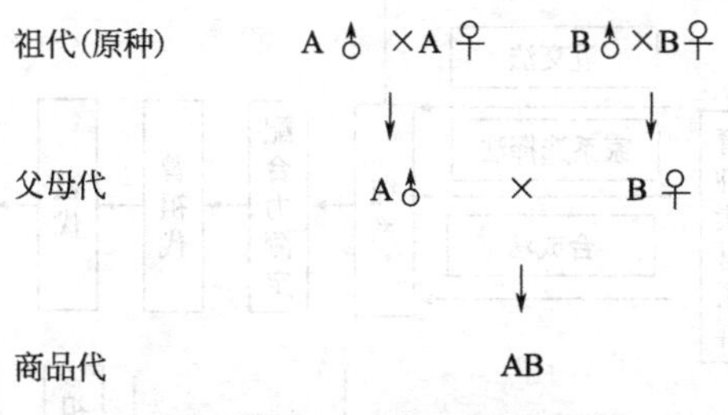

图 2-3-1　二系配套杂交示意图

② 三系配套杂交。配套系由三个纯系构成。其制种过程包括原种场的一次纯繁制种和祖代场及父母代场的两次杂交制种，即先用两个纯系固定性别的公、母禽进行杂交，利用杂交子一代的母禽再与第三个纯系的公禽杂交，用于生产商品杂交禽（图 2-3-2)。这种杂交方式比两系方式的遗传基础广泛，因此获得的杂交优势也比较强。

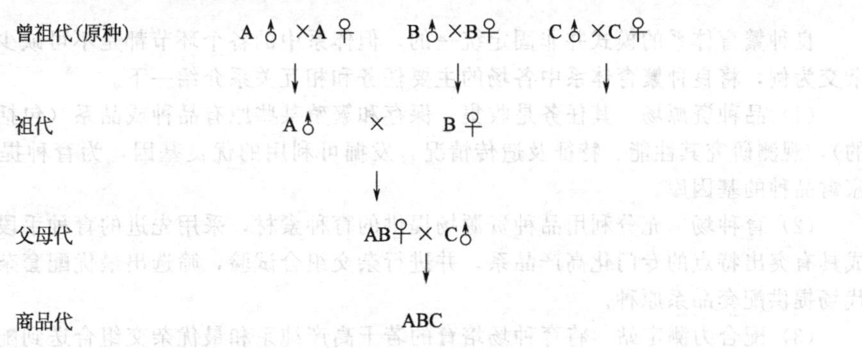

图 2-3-2　三系配套杂交示意图

③ 四系配套杂交。配套系由四个纯系构成。其制种过程包括原种场的一次纯繁制种和祖代及父母代场的两次杂交制种。即先用四个纯系固定性别的公、母禽分别进行两两杂交，利用其产生的子代再进行杂交，用于生产商品杂交禽（图 2-3-3)。四系配套杂交又称为双杂交，这种杂交方式遗传基础更广，杂交优势也更强。

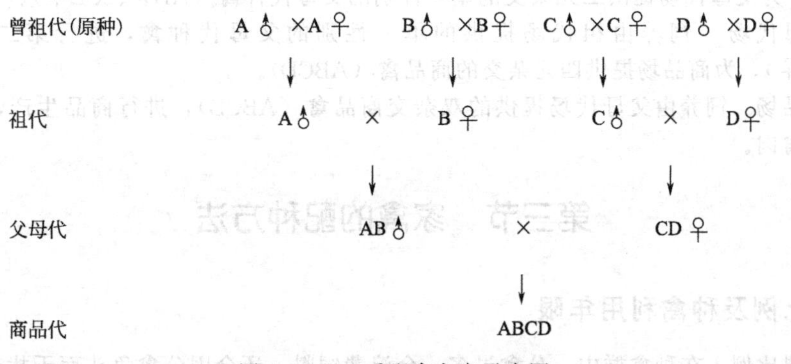

图 2-3-3　四系配套杂交示意图

2. 良种繁育体系

现代禽种的培育过程就是繁育体系的基本内容。主要包括保种、育种、配合力测定和制种四个基本环节。整个过程的实现要通过良种繁育体系来实现。良种繁育体系是现代禽种繁育的基本组织形式。为了获得生产性能高、有突出特点和具有市场竞争能力的优良禽种，必须进行一系列的育种和制种工作，需要把品种资源、纯系培育、配合力测定，以及曾祖代、祖代、父母代、商品代的组配与生产等环节有机地配合起来，从而形成一套体系，这套体系就是良种繁育体系（图 2-3-4）。

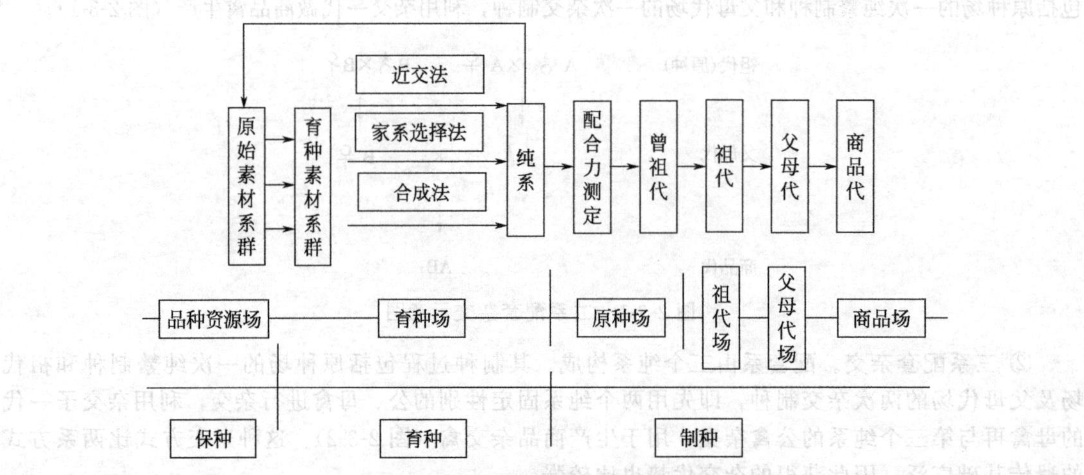

图 2-3-4　现代家禽良种繁育体系

良种繁育体系的模式并非固定统一的，但体系中的各个环节都是不可缺少的。现以四系配套杂交为例，将良种繁育体系中各场的主要任务和相互关系介绍一下。

(1) 品种资源场　其任务是收集、保存和繁殖某些原有品种或品系（包括国外引进的和国内的），观测研究其性能、特征及遗传情况，发掘可利用的优良基因，为育种提供素材，实际就是家禽品种的基因库。

(2) 育种场　充分利用品种资源场提供的育种素材，采用先进的育种手段和方法，选育或合成具有突出特点的专门化高产品系，并进行杂交组合试验，筛选出最优配套杂交组合，并为曾祖代场提供配套品系原种。

(3) 配合力测定站　将育种场培育的若干高产纯系和最优杂交组合送到配合力测定站，在相同的饲养管理条件下进行配合力测定，筛选出配合力最好的杂交组合，构成配套品系。

(4) 原种场（曾祖代场）　原种场饲养配套杂交用的纯系种鸡，即饲养由育种场提供的配套原种禽（双性别的 A、B、C、D 四个纯系），在进行纯繁保种的同时，为祖代场提供单一性别的祖代种禽（A♂、B♀、C♂、D♀）。

(5) 祖代场　饲养由原种场提供的单一性别的祖代种禽，进行第一次杂交制种（A♂×B♀、C♂×D♀），为父母代场提供二元杂交的单一性别的父母代种禽（AB♂、CD♀）。

(6) 父母代场　饲养由祖代场提供的单一性别的父母代种禽，进行第二次杂交制种（AB♂×CD♀），为商品场提供四元杂交的商品禽（ABCD）。

(7) 商品场　饲养由父母代场提供的双杂交商品禽（ABCD），进行商品生产，为市场提供商品禽蛋或禽肉。

第三节　家禽的配种方法

一、配偶比例及种禽利用年限

(1) 配偶比例　在种禽群中，公禽过多，会浪费饲料，还会因公禽争斗而干扰交配，降低受精率；反之，公禽过少，每只公禽的配种任务大，影响精液品质，受精率不高。因此，家禽的配偶比例应适当，在自然交配时，公母禽配偶比例见表2-3-1。

表2-3-1　公母禽自然交配的比例

品　　种	公　母　配　比	品　　种	公　母　配　比
轻型蛋鸡	1∶(12～15)	蛋用型鸭	1∶(15～20)
中型蛋鸡	1∶(10～12)	兼用型鸭	1∶(10～15)
肉用种鸡	1∶(8～10)	肉用型鸭	1∶(8～10)
鹅	1∶(4～6)	火鸡	1∶(10～12)

(2) 种禽利用年限　家禽的繁殖性能与年龄有直接关系，种禽的利用年限因种类和禽场的性质而不同。鸡和鸭都属于性成熟后第一个生物学产蛋年的产蛋量和受精率最高，第二个产蛋年比第一个产蛋年产蛋量下降15%～20%，以后每年下降10%左右。因此，繁殖场和商品场饲养的禽群，一般都利用一个产蛋年。育种场的优秀禽群，可利用3～4年。鹅的生长期较长，性成熟较晚，第二个产蛋年比第一个产蛋年增加产蛋量15%～20%，第三个产蛋年比第一个产蛋年增加30%～40%，以后逐年下降。所以，产蛋母鹅可利用3～4年。

二、家禽的配种方法

(1) 大群配种　指在较大的母禽群中放入一定比例的公禽，与母禽随机交配。禽群的大小，应根据家禽的种类、品种及禽舍大小而定。如鸡根据具体情况为100～1000只，当年的鸡群公母配比可大些，但最大不能超过1∶15，否则影响种蛋受精率。这种配种方法管理方便，省工省力；一次可获得较多的种蛋；种鸡活动场所大，体质较好；可以实现双重配种，种蛋的受精率高。但种蛋来源不明确，不能辨认后代的血缘，不能作谱系记录。因此，仅适用于种禽繁殖场。肉种鸡使用较多。

(2) 小群配种　又称单间配种，即在一小群母禽中放入一只公禽与其配种。要求有小间配种舍、自闭产蛋箱，公母禽均佩戴脚号，群的大小根据品种的差异而定，一般为10～15只。

在繁殖场使用小群配种虽有利于鸡群净化，种蛋的卫生度得以改善，但小群配种管理麻烦，且常因公母禽之间交配的偏爱性，使受精率往往低于大群配种。但种蛋来源明确，能辨认后代的血缘，可作谱系记录。因此，此方法适于育种场使用，目前在肉种鸡父母代笼养中也有应用。另外，由于该法饲养密度未有提高而同时又增加了生产成本，在生产上普遍推广应用的意义不大。

三、家禽的人工授精

家禽人工授精具有扩大公母配比、提高受精率、克服公禽的择偶与配种困难、便于净化和清洁卫生、扩大基因库，以及操作简单易行、便于推广等优点，因此，目前人工授精已成为促进养禽业的一项新技术。

1. 采精

(1) 采精前的准备　采精前公、母禽应隔离，单笼饲养，公禽经隔离1周后便可开始训练。开始训练时，每天1～2次，经3～4天后，大部分公禽都可采出精液。选留的公禽需定期采精并检查精液品质。对于长期采不出精液或精液量少、精子密度小及精子活率不高的公禽应予以淘汰。

采精前应剪掉公禽泄殖腔周围的羽毛，并将所有可能与精液接触的器具严格消毒烘干，以防止病原微生物感染。

采精前3～4天应停水、停料，以减少粪便对精液的污染。

(2) 采精方法　家禽采精方法有多种，按摩法最适于生产中使用，因为按摩法简便、安全、可靠、采出的精液干净。

① 鸡的按摩采精法。采精时，由2人操作，保定人员双手各握住公鸡一条腿，自然分开，

拇指扣其翅，使公鸡头部向后，保定在身体一侧偏前位置。采精员右手中指与无名指夹着集精杯，杯口朝外。左手掌心向下，贴于公鸡背部，由翼根轻轻推向尾羽区，数次后可引起公鸡性反射，左手迅速将尾羽拨向背部，并使拇指与食指分开，跨捏于泄殖腔上缘两侧，与此同时，右手呈虎口状紧贴于泄殖腔下缘腹部两侧，轻轻抖动触摸，当公鸡露出交配器时，左手拇指与食指作适当压挤，精液即流出，右手便可用集精杯承接精液。

也可单人采精，采精员坐在约 35cm 高的小凳上，左右腿交叉，将公鸡双腿夹于两腿之间。右手夹采精杯，放于公鸡后腹部柔软处，左手由背部向尾根按摩数次，即可翻尾、挤肛、收集精液。

② 鸭、鹅的按摩采精。一人坐在凳子上，将公鸭（鹅）放在膝盖上，鸭（鹅）头伸向左臂下，助手位于采精员右侧保定公鸭（鹅）双脚。采精员整个左手掌心向下紧贴公鸭（鹅）背腰部，并向尾部方向抚摩，同时用右手手指握住泄殖腔环按摩揉捏，一般 8～10s。当阴茎即将勃起的瞬间，正进行按摩的左手拇指和食指稍向泄殖腔背侧移动，在泄殖腔上部轻轻挤压，阴茎即会勃起伸出，射精沟闭锁完全，精液会沿着射精沟从阴茎顶端快速射出。助手使用集精杯收集精液。熟练的采精员操作过程约需 30s，并可单人进行操作。如果左手拇指和食指在泄殖腔下部挤压，而阴茎的腹侧受到压力，迫使位于阴茎背侧的射精沟开放，形成缺口，造成精液从阴茎的基部流出，以致集精困难。公鸭（鹅）髂骨部位是引起性兴奋的部位。当阴茎勃起的瞬间，左（右）手拇指和食指稍微向背侧方向移动，在阴茎的上部轻轻挤压，使精液沿螺旋状阴茎的排精沟流下，右（左）手迅速持集精器接取精液或用注射器迅速沿排精沟吸取精液。左（右）手松开（停止按摩），让阴茎慢慢缩回。最后将精液注入集精瓶中，用盖盖好。

(3) 采精频率　家禽的采精次数以隔 1 天采 1 次的精液品质最好。精液浓稠，呈乳白色。公禽经过 48h 的性休息之后，精液量和精子密度都能恢复到最高水平，如果配种任务大，也可以在 1 周内采精 4～5 次，或每天采精 1 次，但要注意增加蛋白质饲料及维生素 A 和维生素 E。

2. 精液品质检查

(1) 外观检查　正常精液为乳白色，不透明。有其他颜色说明被污染。

(2) 精液量检查　可用刻度吸管或带刻度的集精杯检查精液量。精液量因品种、年龄和生理状况、饲养管理条件的不同而有差异，也与采精人员的手法和熟练程度有关（表 2-3-2）。

表 2-3-2　种公禽的精液品质指标

指标	公鸡		公鸭	公鹅
	蛋用型	肉用型		
射精量/ml	0.35	0.4～0.5	0.3	0.2
精子密度/(亿/ml)	15～30	15～30	20	15～20
精子活力	0.7	0.7	0.7	0.4～0.5

(3) 精子活率检查　活率检查于采精后 20～30min 内进行，方法是：取 1 滴精液放在载玻片上，密度大时可加 1 滴生理盐水，盖上盖玻片，置于 200～400 倍显微镜下检查。根据以下三种活动方式估计评定：呈直线前进运动的精子，具有受精能力，以其所占的比例评为 0.1～0.9 级；呈圆周运动和摆动的精子，都没有受精能力。精子活力对受精率影响较大。

(4) 精子密度检查　可采用血细胞计数板来计算，此法精确，但操作较麻烦，故一般采用估测法将精子密度分为密、中、稀三等。

(5) 畸形率检查　取 1 滴精液于载玻片上，抹片，自然干燥后，用 95% 的酒精固定 1～2min，冲洗，再用 0.5% 的龙胆紫（或红、蓝墨水）染色，3min 后冲洗，干燥后即在 400～600 倍显微镜下检查，数出 300～500 个精子中有多少个畸形精子，计算百分率。

3. 精液的稀释

(1) 稀释的目的　家禽精液量少，密度大，通过稀释可以增加精液的容量，增加输精母禽的数量，提高公禽的利用率；为精子提供能量，提供缓冲剂防止 pH 变化，延长精子寿命以利于保存。

(2) 稀释的比例　公禽采精后应尽快稀释，将精液和稀释液分别装入试管中，并同时放入30～35℃保温瓶或恒温箱中，使精液和稀释液的温度相同或接近。稀释时应将稀释液沿管壁缓慢加入，轻轻转动，使两者混合均匀。若高倍稀释则应分次进行，防止突然过急改变精子的环境，影响精子活力。

精液稀释的比例应根据精液的品质、稀释液的质量、保存温度和时间而定。常温保存时的稀释比例一般为1∶(1～2)。

(3) 稀释液的配制

① 稀释液配方。精液如果立刻使用，不作保存，可用简单的稀释液（表2-3-3）

表2-3-3　家禽精液常用稀释液的成分

名　称	生理盐水	等渗溶液	Lake液	BPSE液	磷酸缓冲液	Broun液
葡萄糖		5.7				0.5
果糖			1.00	0.5		
谷氨酸钠			1.92	0.867		0.234
氯化镁			0.068	0.034		0.013
醋酸钠			0.857	0.43		
柠檬酸钠			0.128	0.064		0.231
磷酸二氢钾				0.065	1.456	
磷酸氢二钾				1.27	0.837	
TES				0.195		2.235
氯化钠	0.9					

注：1. 各稀释液除加表中成分外，再加100ml蒸馏水，各成分的单位均为克。

2. TES为*N*-三甲基-2-氨基乙烷磺酸。

3. 每毫升稀释液中加青霉素1000IU、链霉素1000μg。

② 注意事项。配制稀释液时应严格执行操作规程：所用试剂应为化学纯或分析纯；用新鲜的呈中性的蒸馏水或离子水；一切用具要彻底洗净、消毒、烘干；各种药品的称量要准确，并经充分溶解、过滤、密封消毒；要调整pH和渗透压。

4. 输精

(1) 笼养鸡的输精

① 输精方法。母鸡输精常用阴道输精法。给母鸡输精时，一定要把母鸡泄殖腔的阴道口翻出（俗称翻肛），再将精液准确地注入阴道口内。给大群鸡进行人工授精时，输精应由3人进行，2人翻肛，1人注入精液。翻肛人员用左手握住母鸡的双腿，使鸡头朝下，右手置于母鸡耻骨下给母鸡腹部施加压力，泄殖腔外翻时，阴道口露出在左上方、呈圆形，右侧开口为直肠口。当阴道口外露后，输精员将吸有精液的输精管，插入阴道口内2～3cm注入精液，同时解除对母鸡腹部施加的压力。

笼养鸡在人工授精时，可不必将母鸡从笼中取出来，翻肛人员只需用左手握住母鸡双腿，将母鸡腹部朝上，鸡背部靠在笼门口处，右手在腹部施加一定压力，阴道口随之外露，即可进行输精。

输精时间为每5～7天输精1次，每次输入新鲜精液0.025～0.05ml，其中含精子1亿个。母鸡第一次输精时，应注入2倍精液量，输精后48h便可收集种蛋。输精时间一般在下午4时以后输精。此时，母鸡产蛋已基本上结束。

② 注意事项

a. 精液采集后，应在半小时内尽快输精。

b. 捉取母鸡和输精动作要轻缓，插入输精管时不可用力过猛，勿使空气进入。

c. 输精时遇有硬壳蛋时动作要轻，而且要将输精管偏向一侧缓缓插入输精。

d. 输精器材要洗净、消毒、烘干，每输1只母鸡要更换1次输精管或吸嘴，注入精液的同时，助手要解除对母鸡腹部施加的压力。

(2) 鸭的输精　由于鸭的生殖道开口较深，阴道口括约肌紧缩，阴道部不像母鸡那样容易外翻（特别是番鸭），所以，采用一般的输精方法受精率不高。在生产上一般采用输卵管外翻输精法和手指引导输精法，受精率最高，操作也比较简便。

① 输卵管外翻输精法。输精员用左脚轻轻采压母鸭背部，用左手挤压泄殖腔下缘，迫使泄殖腔张开，以暴露阴道口，再用右手将吸有精液的输精器从阴道口注入精液，同时松开左手。采用本法部位准确，受精率高，但操作时阴道部易受感染，不熟练时易将蛋压破。因此，采用本法时输精员必须具备熟练的技术，同时做好消毒工作，以防阴道部炎症。

② 手指引导输精法。输精员用左手食指从泄殖腔口轻缓插入泄殖腔，往泄殖腔左下侧寻找阴道口所在。阴道口括约肌较紧，而直肠口较松。待找到阴道口时，左手食指尖定准阴道口括约肌，与此同时右手将输精器的头部沿着左手食指的方向插入泄殖腔的阴道口（不必插入阴道深部，借助特别的输精器，能使精液喷射阴道深部）后，将食指抽出，并注入精液。这一方法可借助食指指尖帮助撑开阴道口，以利于输精，最适用于一些阴道口括约肌紧缩的母鸭（如母番鸭等）。

鸭每次输新鲜稀释精液 0.1～0.2ml，每次输入活精子 0.3 亿～0.5 亿，首次输精时应加倍。鸭精子受精持续期比陆上家禽短，一般输精 6～7 天受精率急剧下降。家鸭 5～6 天输 1 次精，可获得较高的受精率。公番鸭与母麻鸭杂交时，每 3 天输 1 次精。母鸭宜在上午 8～11 时输精，因为此时母鸭的子宫内硬壳蛋尚未完全形成。

（3）鹅的输精

① 手指探测法。需 2 人配合，1 人固定，另 1 人用手指探测并输精。使母鸭蹲于长板凳上，双手轻轻按住腿及翅膀，以右手食指伸入泄殖腔，探测位于左下侧的阴道口，将装好的精液注入器沿右食指至阴道口，插入阴道后注入精液。此方法仅食指插入探测，操作简单，母鸭不会过度挣扎，但手指探测需有熟练的技巧，否则不易测知阴道口。不能目睹精液注入阴道，注入器的活塞如未固定好，精液在到达阴道前即已漏失而无法觉察。

② 阴道外翻法。此法需 2～3 人配合。2 人操作时，须先将精液装入注射器，固定者兼注入工作。母鹅跨骑于长板凳上，胸部贴于板凳末端，腹部以下则悬在外面。操作者站在母鹅左侧，右手心将尾羽往前翻并下压，同时右手将腹部上托，使腹压增大，右食指与拇指张开泄殖腔口，此时直肠口先翻出，接着阴道口外翻。当腹部加压后，鹅只不再挣扎，固定者迅速取注入器，插入阴道深部后，将腹部放松，让生殖道回缩，同时注入精液。3 人操作时，另 1 人持注入器，负责注入精液。每次注入精液 0.05ml，或以生理盐水稀释 1 倍后注入 0.1ml。每周授精 1 次，受精率约 80%，每隔 4 天授精可维持 90%以上的受精率。

此方法需要较多的人手，以 3 人操作较合适。要目睹精液注入阴道内，确保受精率。但因鹅产蛋时间不规律，无论何时授精均会发现有些鹅只产道内有蛋未产出，故操作时须小心，以免鹅蛋破裂或使生殖道受伤。

输精时间和剂量：输精量主要取决于精液品质的高低。输精量：如使用原精液，一般每次输入的精液量为 0.03～0.05ml；如使用稀释的精液，用量为 0.05～0.1ml。每次输精时每只母鹅至少应输入 0.3 亿～0.5 亿个精子。如果鹅在产蛋期开始第一次输精时，剂量还应增加 1 倍。鹅的输精时间以每日下午 4～6 时以后为好，此时抓鹅会影响产蛋，由于鹅的受精持续期比鸡和火鸡短，一般在受精后 6～7 天受精率即急速下降。因此，要获得高的受精率，以 5～6 天输精 1 次为宜。

[复习思考题]

1. 评定家禽生产性能的各项指标及其影响因素有哪些？各项指标的计算方法如何？
2. 何谓配套品系？画出配套品系杂交图，并说明在配套杂交过程中应注意的问题。
3. 现代家禽良种繁育体系包括哪些内容？说明良种繁育体系中各场的主要任务？
4. 采用双人背腹式按摩法如何采取公鸡的精液？
5. 简述笼养鸡的输精技术要点。
6. 如何对鸭、鹅进行采精？
7. 简述鸭、鹅的输精要点。

第四章　家禽孵化技术

［知识目标］

- 了解蛋的构造与形成。
- 掌握种蛋的管理方法。
- 掌握种蛋在不同孵化期的胚胎发育情况。
- 了解孵化场的总体布局与建筑设计要求。
- 了解孵化器的构造，熟练掌握孵化机的使用。

［技能目标］

- 能熟练掌握机器孵化的操作程序。
- 能运用所学的知识全面分析孵化中所出现的问题并加以解决。
- 掌握雏禽的雌雄鉴别技术。

第一节　蛋的形成与构造

一、蛋的形成

禽蛋是在母禽的卵巢和输卵管中形成的。卵巢产生成熟的卵子即蛋黄，输卵管则在蛋黄外面依次形成蛋白、壳膜、蛋壳（图 2-4-1）。

1. 成熟卵泡的形成

禽类的卵巢形似一串葡萄，位于腰椎腹面、肾脏前叶处。卵巢有许多发育大小不同的卵泡，肉眼可见到 2000 个左右，这说明母禽的产蛋潜力很大。卵泡外面有一小柄与卵巢相连。卵泡膜上布满血管，以供卵细胞发育所需的营养物质。成熟的卵泡自缝痕破裂，卵子掉入输卵管的漏斗部，称为排卵。

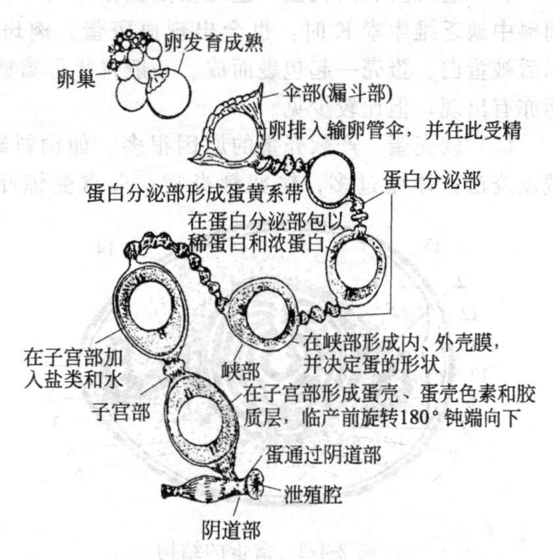

图 2-4-1　禽蛋形成过程

（引自刘福柱等. 最新鸡鸭鹅饲养管理技术大全. 北京：中国农业出版社，2002.）

2. 输卵管形态及功能

禽类输卵管右侧退化，左侧发达，是一条弯曲、直径不同、富有弹性的长管，由输卵管系膜悬挂于腹腔左侧顶壁。输卵管包括漏斗部（又称输卵管伞）、膨大部、峡部、子宫部、阴道部，为形成蛋的器官。阴道部开口于泄殖腔。

(1) 漏斗部　即输卵管的入口处，形状像喇叭，其边缘薄而不整齐，长约 9cm。在排卵前后作波浪式蠕动。成熟卵泡排出时，被张开的漏斗部边缘包裹。卵细胞在漏斗部与精子结合成受精卵。卵细胞在此部停留 20～28min。由于输卵管的蠕动，卵细胞顺输卵管旋转下行，进入膨大部。漏斗部与膨大部无明显界线。

(2) 膨大部　长30～50cm，壁厚，黏膜有纵褶，前部分泌稀蛋白，后部分泌浓蛋白。卵下移时，由于旋转和运动，形成蛋白的浓稀层次。由于蛋白内层的黏蛋白纤维受到机械扭转和分离，形成螺旋形的蛋黄系带。卵在此部停留时间3～5h。

(3) 峡部　是输卵管最细部分，长约10cm。蛋在峡部主要是形成内、外壳膜，增加少量水分，峡部的粗细决定蛋的形状。受精卵在此处进行第一次卵裂。卵细胞通过此部历时1.5h。

(4) 子宫　是输卵管的袋状部分，长8～12cm。肌肉发达，黏膜呈纵横皱褶，并以特有的玫瑰色和较小腺体而区别于输卵管的其他部分。其主要作用是：形成稀蛋白层；形成蛋壳及蛋壳表面的一层可溶性胶状物，在产蛋时起润滑作用，蛋排出体外后胶状物凝固，一定程度上可防止细菌侵入以及蛋内水分蒸发，称壳上膜，在产蛋前约5h形成蛋壳色素。卵在此处停留16～20h或更长时间。

(5) 阴道　以括约肌为界线，区分子宫与阴道。阴道长8～12cm，开口于泄殖腔背壁的左侧，它对蛋的形成不起作用。产蛋时，阴道自泄殖腔翻出。蛋在阴道停留约0.5h。近年来研究认为，子宫与阴道结合部的黏膜皱襞，是精子贮存场所。

3. 畸形蛋及其形成的原因

(1) 双黄蛋和多黄蛋　有时发现一个蛋中有两个或两个以上的蛋黄。这是由于两个或两个以上的卵细胞成熟的时间很接近或同时成熟，排卵后在输卵管内相遇，被蛋白包围在一起所形成的。这种现象多出现在刚开始产蛋不久的母禽。因为此时母禽生活力旺盛，或因母禽尚未达到完全成熟，不能完全控制正常排卵。

(2) 特小蛋　指蛋重在10g以下的蛋。各种日龄的禽都可能产生，但主要多出现在后期。多为输卵管脱落的黏膜上皮或血块刺激输卵管分泌蛋白和蛋壳而引起的。一般没有蛋黄，少数有不完整的蛋黄，是卵细胞破裂碎片进入输卵管，被蛋白、蛋壳包裹而形成。

(3) 蛋中蛋　当蛋在子宫中形成硬壳后，母禽受惊吓或生理反常，输卵管发生逆蠕动，将蛋推至输卵管上部，当恢复正常后，蛋又下移，被蛋白、蛋壳重新包裹，从而形成蛋中蛋。此现象较为少见。

(4) 血斑蛋和肉斑蛋　血斑蛋是在排卵时，卵泡血管破裂，血滴附着在卵上形成的。此外，饲料中缺乏维生素K时，也会出现血斑蛋。肉斑蛋是卵细胞进入输卵管后，输卵管上皮脱落，尔后被蛋白、蛋壳一起包裹而成。一般青年母禽或低产期生殖机能差时，会出现这种情况，高产期亦有出现，但比较少见。

(5) 软壳蛋　产软壳蛋的原因很多。如饲料缺钙和维生素D_3；酷暑季节或盛产期；接种新城疫疫苗；体脂过多；输卵管炎症；母禽受惊吓，卵细胞下移过快，还未分泌硬壳就产出体外等。

(6) 异形蛋　输卵管蛋壳分泌不正常，或输卵管的峡部、子宫收缩反常，子宫扩张力变异，都可能产出过长、过圆、扇形、葫芦形、砂壳和皱纹等异形蛋。

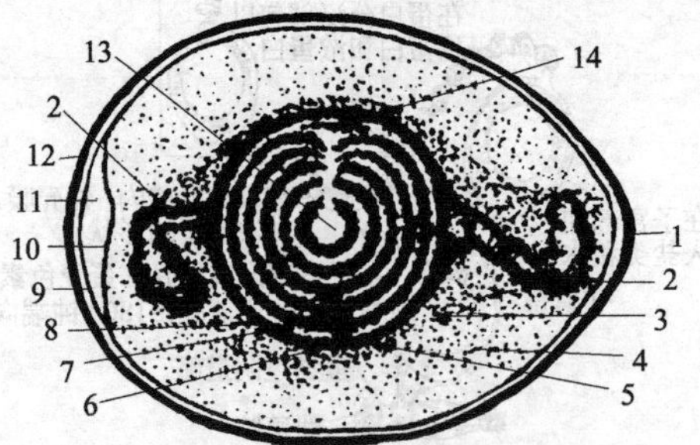

图2-4-2　禽蛋的结构

(引自刘福柱等．最新鸡鸭鹅饲养管理技术大全北京：中国农业出版社，2002.)

1—胶质层；2—蛋黄系带；3—浓蛋白；4—稀蛋白；5—内稀蛋白；6—卵黄膜；7—黄蛋黄；8—白蛋黄；9—外壳膜；10—内壳膜；11—气室；12—蛋壳；13—卵黄心；14—胚盘或胚珠

二、蛋的构造

从禽蛋的形成过程中，可知道蛋由壳上膜、蛋壳、蛋壳膜、蛋白、蛋黄系带、蛋黄、胚珠或胚盘和气室等部分组成（图2-4-2）。

1. 蛋壳及壳上膜（胶质层）

蛋壳主要是碳酸钙组成的多孔结构。蛋壳的抗压强度，长轴大于短轴，所以运输时，以大头朝上竖直码盘为好。鸡蛋壳厚度一般为0.2～0.4mm，锐端略厚于钝端。蛋壳上约有7500个直径为4～40μm的气孔，对胚胎发育中的气体交换是极为重要的，但同时也给微生物进入壳内提供了通道。蛋壳外表有一层油质薄膜称壳上膜，刚产下的蛋用它封闭蛋壳上的气孔，对阻止细菌侵入蛋内和防止水分过分蒸发有一定作用。但随着蛋的存放或孵化，会使壳上膜逐渐脱落，气孔敞开。

2. 蛋壳膜

蛋壳膜分内壳膜和外壳膜两层。内壳膜包围蛋白，厚约0.015mm，外壳膜在蛋壳内表面，厚约0.05mm。蛋壳膜是由角蛋白形成的网状结构，具有很强的韧性和较好的透气性，在一定程度上可防止微生物侵入。

3. 气室

蛋在禽体输卵管内并无气室，产出后由于温度下降，引起蛋白收缩，钝端内壳膜下陷，在内外壳膜中间形成一个直径1～1.5cm的气室。新鲜蛋气室很小，随存放时间和孵化时间的推移，蛋内水分蒸发，气室逐渐扩大。因此，可根据气室大小来判断种蛋的新陈代谢程度或胚胎发育情况。

4. 蛋白及蛋黄系带

蛋白是带黏性的半流动透明胶体，呈碱性，约占蛋重的56%。蛋白分浓蛋白和稀蛋白。

蛋黄系带是两条扭转的蛋白带状物，它与蛋的纵轴平行，一端粘住蛋黄膜，另一端位于蛋白中。其作用是使蛋黄悬浮在蛋白中并保持一定位置，使蛋黄上的胚盘不致粘壳造成胚胎发育畸形和中途死亡。

5. 蛋黄与胚盘（或胚珠）

蛋黄是一团黏稠的不透明黄色半流体物质，约占蛋重的33%。蛋黄外面包裹一层极薄而富有弹性的蛋黄膜，使蛋黄呈球形。

胚盘是位于蛋黄中央的一个里亮外暗的圆点（无精蛋则无明暗之分，称胚珠），直径3～4mm。因为胚盘比重较蛋黄小并有系带的固定作用，因此不管蛋的放置如何变化，胚盘始终在卵黄的上方，这是生物的适应性，可使胚盘优先获得母体的热量，以利胚胎发育。

第二节　种蛋的管理

一、种蛋的选择

优良种禽所产的蛋并不全部是合格种蛋，必须严格选择。选择时首先注意种蛋来源，其次是注意选择方法。

1. 种蛋的来源

种蛋应来自生产性能高、无经蛋传播的疾病、受精率高、饲喂营养全面的饲料、管理良好的种禽。受精率在80%以下、患有严重传染病或患病初愈和有慢性病的禽产的蛋，均不宜作种蛋。如果需要外购种蛋，应先调查种蛋来源的种禽群健康状况和饲养管理水平，签订供应种蛋的合同。

2. 种蛋的选择方法

（1）清洁度　合格种蛋的蛋壳上，不应该有粪便或破蛋液污染。用脏蛋入孵，不仅本身孵化率很低，而且污染了正常种蛋和孵化器，增加腐败蛋和死胚蛋，导致孵化率降低，雏禽质量下降。轻度污染的种蛋可以入孵，但要认真擦拭或用消毒液洗去污物。

（2）蛋重　蛋重过大或过小都影响孵化率和雏禽质量。一般要求蛋用鸡种蛋为50～65g；肉用鸡种蛋52～68g；鸭蛋80～100g；鹅蛋160～200g。

（3）蛋形　合格种蛋应为卵圆形，蛋形指数为0.72～0.75，以0.74最好。细长、短圆、橄榄形（两头尖）、腰凸的种蛋不宜入孵。

(4) 蛋壳厚度　比重在1.080孵化率最好。蛋壳过厚（壳厚在0.34mm以上）的钢皮蛋、过薄（壳厚在0.22mm以下）的砂皮蛋和蛋壳厚薄不均的皱纹蛋，都不宜用来孵化。

(5) 壳色　应符合本品种的要求。如北京白鸡蛋壳应为白色；海兰褐鸡、伊萨褐鸡的蛋壳为褐色。但若孵化商品杂交鸡，蛋壳颜色无需苛求。

(6) 听声　目的是剔除破蛋。方法是两手各拿3枚蛋，转动五指，使蛋互相轻轻碰撞，听其声响。完整无损的蛋其声清脆，破蛋可听到破裂声。

二、种蛋的保存

即使来自优良种禽且又经过严格挑选的种蛋，如果保存不当，也会导致孵化率下降，甚至造成无法孵化的后果。因为受精蛋中的胚胎，在蛋的形成过程中（输卵管里）已开始发育，因此，种蛋产出至入孵前，要注意保存温度、湿度和时间。

1. 种蛋保存的适宜温度

蛋产出母体外，胚胎发育暂时停止，随后，在一定的外界环境下胚胎又开始发育。

实践证明，鸡胚胎发育的临界温度（也称生理零度）是23.9℃（有人认为是20～21℃）。即当环境温度低于23.9℃时，鸡胚胎发育处于静止休眠状态。但是一般在生产中保存种蛋的温度要比此临界温度低。种蛋保存适宜温度应为13～18℃。保存时间短，采用温度上限；保存时间长，则采用温度下限。

2. 种蛋保存的适宜相对湿度

种蛋保存期间，蛋内水分通过气孔不断蒸发，其速度与贮存室的湿度成反比。为了尽量减少蛋内水分蒸发，必须提高贮存室的湿度，一般相对湿度保持在75%～80%。这样既能明显降低蛋内水分蒸发，又能防止霉菌滋生。

3. 种蛋贮存室的要求

环境温湿度是多变的，为保证种蛋保存的适宜温湿度，需设种蛋贮存室。其要求是：隔热好（防冻、防热），清洁卫生，防尘沙，杜绝蚊蝇和老鼠，不让阳光直射和间隙风直接吹到种蛋上。

4. 种蛋保存时间

即使种蛋保存在适宜的环境下，孵化率也会随着保存时间的延长而降低。

有空调设备的种蛋贮存室，种蛋可保存2周。一般种蛋保存以5～7天为宜，不要超过2周。温度在25℃以上时，种蛋保存最多不超过5天。温度超过30℃时，种蛋应在3天内入孵。原则上天气凉爽时（早春、春季、初秋），种蛋保存时间可以长些。严冬酷暑，保存时间应短些。总之，在可能的情况下种蛋入孵越早越好。

5. 种蛋保存期的转蛋和保存方法

保存期间转蛋的目的是防止胚胎与壳膜粘连，以免胚胎早期死亡。一般认为，1周以内不必转蛋，超过1周，每天转蛋1～2次。种蛋保存时，一般大头向上存放，可防止系带松弛、蛋黄粘壳。后来试验发现，种蛋小头向上存放能提高孵化率。所以种蛋保存超过1周以上，可采用种蛋小头向上不转蛋的存放方法，节省劳力。

三、种蛋的消毒

蛋产出母体时会被泄殖腔排泄物污染，接触到产蛋箱垫料和粪便时，蛋进一步被污染。因此，必须对种蛋进行认真消毒。

1. 种蛋消毒时间

从理论上讲，最好在蛋产出后立刻消毒，这样可以消灭附在蛋壳上的绝大部分细菌，防止其侵入蛋内，但在生产实践中无法做到。比较切实可行的办法是每次拣蛋完毕，立刻送到禽蛋贮存室消毒。种蛋入孵后，应在孵化器里进行第二次消毒。

2. 种蛋消毒方法

(1) 甲醛熏蒸消毒法　此法消毒效果好，操作简便。每立方米用42ml福尔马林加21g高锰酸钾，在温度20～24℃、相对湿度75%～80%的条件下，密闭熏蒸20min。为了节省用药量，可在蛋盘上罩塑料薄膜，以缩小空间。在孵化器内进行第二次消毒时，每立方米用福尔马林30ml、高锰酸钾15g，熏蒸20min。但须注意：①种蛋在孵化器里消毒时，应避开24～96h胚龄的胚蛋。②福尔马林与高锰酸钾的化学反应很剧烈，又具有很大的腐蚀性。所以，要用容积较大的陶瓷盆，先加少量温水，再加高锰酸钾，最后加福尔马林。③种蛋从贮存室取出送至孵化场消毒室后，在蛋壳上会凝有水珠，应让水珠蒸发后再消毒。

（2）新洁尔灭浸泡消毒法　用含5%的新洁尔灭原液加50倍水，即配成1：1000的水溶液，将种蛋浸泡3min（水温43～50℃）。

种蛋保存前不能用溶液浸泡法消毒，因为破坏胶质层，会加快蛋内水分蒸发，细菌也容易进入蛋内，故此法仅用于入孵前消毒。

第三节　胚胎发育

家禽胚胎发育有两个特点：一是胚胎发育所需营养物质来自蛋，而不是母体；二是整个胚胎发育分母体内（蛋形成过程）和外界环境中（孵化过程）两个阶段。

各种家禽的孵化期为：鸡21天，鸭、珍珠鸡、火鸡、孔雀28天，鹅31天，非洲雁35天。

一、胚胎在蛋形成过程中的发育

成熟的卵细胞，在输卵管的喇叭口受精至产出体外，在输卵管中约停留25h。由于家禽体温高，适合受精卵发育，在卵产出这一过程中不断分裂，当禽蛋产出体外时，禽胚发育已达具有内外胚层的原肠期，发育暂时停止。剖视受精蛋，肉眼可见形似圆盘状的胚盘。

二、胚胎在孵化过程中的发育

受精蛋如获得孵化条件，胚胎继续发育很快形成中胚层，以后就从内、中、外3个胚层中形成新个体的所有组织和器官。中胚层形成肌肉、骨骼、生殖泌尿系统、血液循环系统、消化系统的外层、结缔组织。外胚层形成羽毛、皮肤、喙、趾、感觉器官、神经系统。内胚层形成呼吸系统上皮、消化器官（黏膜部分）、内分泌器官。

胚胎在不同发育时期的主要特征见表2-4-1。

表2-4-1　胚胎在不同发育时期的主要特征

胚龄/天			胚胎发育的主要特征
鸡	鸭、火鸡	鹅	
1	1～1.5	1～2	形成左右对称呈正方形薄片的体节；在蛋黄表面有一稍微透亮的圆点，俗称“白光珠”
2	1.5～3	3～3.5	开始形成卵黄囊、羊膜和绒毛膜；孵化30～42h后，心脏开始跳动。照蛋时，可见卵黄囊血管区，形似樱桃，俗称“樱桃珠”
3	4	4.5～5	尿囊开始长出，形成前后肢芽，眼色素开始沉着；照蛋时，可见胚胎和伸展的卵黄囊血管形似蚊子，俗称“蚊虫珠”
4	5	5.5～6	卵黄囊血管包围蛋黄达1/3，肉眼看到尿囊；照蛋时，蛋黄不容易转动，俗称“叮壳”。胚胎与卵黄囊血管形似蜘蛛，俗称“小蜘蛛”
5	6	7	胚极度弯曲，呈“C”形，可见趾（指）原基；眼黑色素大量沉着；照蛋时，可明显看到黑色的眼点，俗称“单珠”或“起珠”
6	7～7.5	8～8.5	尿囊达蛋壳内表面，卵黄囊达蛋黄1/2以上；喙原基出现，翅脚可区分；照蛋时，可见到两个小圆团，一个是头部，另一个是增大的躯干部，俗称“双珠”

续表

胚龄/天			胚胎发育的主要特征
鸡	鸭、火鸡	鹅	
7	8～8.5	9～9.5	形成"卵齿"、口腔、鼻孔和肌胃；胚胎显示鸟类特征；照蛋时，胚在羊水中不容易看清，俗称"沉"，半个蛋的表面布满血管
8	9～9.5	10～10.5	可明显分辨肋骨、肝脏、肺脏和胃；颈、背和四肢出现羽毛乳状突起；照蛋时，正面看胚胎在羊水中浮游，背面看，两边卵黄不易晃动，俗称"边口发硬"
9	10.5	11.5～12.5	喙开始角质化，软骨开始骨化；眼睑达虹膜，胸腔已愈合，尿囊绒毛膜越过卵黄；照蛋时，可见卵黄两边易晃动，尿囊血管伸展越过卵黄，俗称"窜筋"
10	13	15	颈、背和大腿覆盖羽毛乳状突起；形成胸骨突；照蛋时，可见尿囊血管在蛋的小头合拢，除气室外，整个蛋布满血管，俗称"合拢"
11	14	16	背部出现绒毛，冠呈锯齿状，腺胃明显可辨；腹腔即将完全闭合，仅保留脐部的开口；浆羊膜道已形成；照蛋时，血管加粗，色加深
12	15	17	身躯覆盖绒毛，肾、肠开始有功能，开始用喙吞食蛋白
13	16～17	18～19	头和身体大部分覆盖绒毛；跖、趾出现鳞片原基；眼睑达瞳孔；照蛋时，蛋小头发亮部分随胚龄增加而逐渐减少
14	18	20	胚胎全身覆盖绒毛，头向气室，胚胎开始改变横着的位置，逐渐与蛋长轴平行
15	19	21	翅已完全成形，跖、趾鳞片开始形成，眼睑闭合。此时，体内外的器官大体上都形成了
16	20	22～23	冠和肉髯明显可辨，绝大部分蛋白已进入羊膜腔。照蛋时，小头仅有少量发亮
17	20～21	23～24	两脚紧抱头部，喙向气室，蛋的小头已没有蛋白；羊膜中仍有少量蛋白羊水；照蛋时，蛋小头看不到发亮的部分，俗称"封门"
18	22～23	25～26	头弯曲在右翼下，喙向气室；眼开始张开；照蛋时，可见气室倾斜，俗称"斜口"
19	24.5～25	27.5～28	尿囊绒毛膜血管开始枯萎，绝大部蛋黄与卵黄囊缩入腹腔；雏开始啄壳，可听到雏鸣叫；照蛋时，可见气室有翅膀、喙、颈部的黑影闪动，俗称"闪毛"
20	25.5～27	28.5～30	胚胎的喙部穿破壳膜，伸入气室，俗称"起嘴"，接着开始破壳
21	27.5～28	30.5～32	雏禽孵出

第四节 种蛋孵化的条件

家禽胚胎母体外的发育，主要依靠外界条件，即温度、湿度、通风、翻蛋等。

1. 温度

温度是孵化最重要的条件，保证胚胎正常发育所需的适宜温度，才能获得高的孵化率和优质雏禽。

就立体孵化器而言，最适孵化温度是37.8℃。出雏期间为37～37.5℃。

2. 相对湿度

鸡胚胎发育对环境相对湿度的适应范围比温度要宽些，一般为40%～70%。立体孵化器最适湿度是：孵化器50%～60%，出雏器65%～75%。孵化室、出雏室相对湿度为75%。

3. 通风换气

胚胎在发育过程中，不断吸收O_2，排出CO_2。而且随着胚胎日龄的增加，O_2吸入量和CO_2排出量迅速增大，从孵化第2天至第21天，日需氧量和排出CO_2量增加近90倍，而且孵化到中期后，增长速度急剧加快。为了保持胚胎正常的气体代谢，必须供给新鲜空气。要保证出雏器空气中氧气含量不低于20%，CO_2含量不高于0.6%。CO_2达1%时，则胚胎发育迟缓，死亡率增高，出现胎位不正和畸形等现象。孵化机内空气的流速也要注意，空气流速不正常，直接影响孵化机内温、湿度的状态及各处温度的均匀性。因此，孵化时必须保持孵化机内空气新鲜、风速正常。到孵化后期，胚胎需氧量增加，就要调节通风孔的大小，加大孵化机的通风量。

只要能保持正常的温度与湿度，机内的空气愈通畅愈好，尤其在超过海拔 1000m 以上的地区更是如此。

4. 翻蛋

在孵化阶段，种蛋是大头向上直立放置。每隔 1～2h 翻蛋一次，孵化 19 天移盘后停止翻蛋，并把胚蛋改作水平摆放。天然孵化时，母鸡经常上下翻动种蛋，并且将蛋从中央调到窝边，又从窝边移到中央。在孵化期经常翻动种蛋具有以下重要意义。

(1) 翻蛋可避免胚胎与壳膜粘连　蛋黄因脂肪含量高，比重较小，总是浮于蛋的上部，而胚胎位于卵黄之上，容易与内壳膜接触，如长时间放置不动，则与壳膜粘连而致死亡。

(2) 翻蛋可使胚胎各部受热均匀并增加新鲜空气，有利于胚胎发育。

(3) 翻蛋可促进胎膜与营养成分的充分接触，这对早期的胚胎发育（吸收养分）尤其重要。

(4) 翻蛋也有助于胚胎运动，保证胎位正常。因此，孵化过程中必须经常翻蛋，特别是前 2 周。为保证翻蛋效果，翻蛋角度不应低于 45°，每 2h 翻动一次，也有人主张每小时翻动一次，并尽量加大角度，正常是 90°。

5. 晾蛋

晾蛋是指种蛋孵化到一定时间，让胚蛋温度下降的一种孵化操作。因胚胎发育到中、后期，物质代谢产生大量热能，需要及时晾蛋。所以晾蛋的主要目的是驱散胚蛋内多余的热能，还可以交换孵化机内的空气，排除胚胎代谢的污浊气体，同时用较低的温度来刺激胚胎，促使其发育并逐渐增强胚胎对外界的适应能力。

鸭、鹅蛋含脂肪高，物质代谢产热量多，必须进行晾蛋，否则，易引起胚胎自烧死亡。孵化鸡蛋，在夏季孵化的中、后期，孵化机容量较大的情况下也要进行晾蛋。若孵化机有冷却装置可不晾蛋。

晾蛋的方法依孵化机类型、禽蛋种类、孵化制度、胚龄、季节而定。鸡蛋在封门前，水禽蛋在合拢前采用不开机门、关闭电源、风扇转动的方法；鸡蛋在封门后、水禽蛋在合拢后采用打开机门、关闭电源、风扇转动甚至抽出孵化盘喷洒冷水等措施。每天晾蛋的次数、每次晾蛋时间的长短视外界温度与胚龄而定，一般每日晾蛋 1～3 次，每次晾蛋 15～30min，以蛋温不低于 30～32℃为限，将晾过的蛋放于眼皮下稍感微凉即可。

第五节　孵化管理技术

一、孵化场的总体布局与建筑的设计要求

1. 孵化场的总体布局

长条形流程布局适合小型孵化场，如果是大型孵化场则应以孵化室和出雏室为中心，根据流程要求及服务项目来确定孵化场的布局，安排其他各室的位置和面积，以减少运输距离和人员在各室的往来，有利于防疫和提高建筑物的利用率。当然这给通风换气的合理安排带来一定困难。

2. 孵化场的建筑设计要求

(1) 孵化场的建筑要求

① 孵化场的规模。根据孵化场的服务对象及范围，确定孵化场规模。建孵化场前应认真做好社会调查（如种蛋来源及数量、雏禽需求量等），弄清雏禽销售量，以此来确定孵化批次、孵化间隔、每批孵化量。在此基础上确定孵化室、出雏室及其他各室的面积。孵化室和出雏室面积，还应根据孵化器类型、尺寸、台数和留有足够的操作面积来确定。其他各室实用面积，见表 2-4-2。

表 2-4-2　辅助房间的面积（每周出雏 2 次，单位：m^2）

计算基数	收蛋室	贮蛋库	雏禽存放室	洗涤室	贮藏库
孵化器出雏器(1000 枚种蛋需)	0.19	0.03	0.37	0.07	0.07
每入孵 300 枚蛋	0.33	0.05	0.67	0.13	0.12
每次出雏量(1000 只混合雏需)	1.39	0.23	2.79	0.55	0.49

② 土建要求。孵化场的墙壁、地面和天花板，应选用防火、防潮和便于冲洗、消毒的材料；孵化场各室（尤其是孵化室和出雏室）最好为无柱结构，若有柱则应考虑孵化器安装位置，以不影响孵化器布局及操作管理为原则。门高 2.4m 左右、宽 1.2～1.5m，以利种蛋等的输送。而且门要密封，以推拉门为宜。地面至天花板高 3.4～3.8m。孵化室与出雏室之间，应设缓冲间，既便于孵化操作（作移盘室），又利于卫生防疫。地面平整光滑，以利于种蛋输送和冲洗。设下水道（如用明沟需加盖板或用双面带釉陶土管暗管加地漏）并保证畅通。屋顶应铺保温材料，这样天花板不致出现凝水现象。

(2) 孵化场的通风换气系统　孵化场通风换气的目的是供给氧气、排除废气和驱散余热。通风换气系统不仅需考虑进气问题，还应重视废气排出和调节温度等问题。最好各室单独通风，将废气排出室外，至少应以孵化室与出雏室为界，前后两单元各有一套单独通风系统。有条件的单位，可采用正压过滤通风系统。出雏室的废气，应先通过加有消毒剂的水箱过滤后再排出室外，否则带有绒毛的污浊空气还会进入孵化场，污染空气。采用过滤措施可大大降低空气中的细菌数量（可滤去 99%的微生物），提高孵化率和雏禽质量。如采用负压通风，最好用管道式，这样换气均匀。

二、孵化器的基本构造与功能

目前，国内、外孵化器大多采用电力作为能源。根据鸡胚发育所需条件不同，分孵化和出雏两部分。孵化部分是从种蛋入孵至出雏前 3～4 天胚胎生长发育的场所，称入孵器。出雏部分是胚蛋从出雏前的 3～4 天至出雏结束期间发育的场所，称出雏器。两者最大的区别是孵化部分有转蛋装置，出雏部分无转蛋装置，温度也低些，但通风换气比孵化部分要求更严格。

孵化器质量优劣的首要标志是孵化器内各点的温差，如温差在±0.28℃范围内则说明孵化器质量较好。温差受孵化器外壳保温性能、风扇匀温性能、进出气孔的位置及大小等因素的影响。孵化器由主体结构、自控系统、机械传动系统、照明和安全系统 4 部分组成。

1. 主体结构

(1) 孵化器外壳　为了保证胚胎的正常发育和操作方便，对孵化器外壳的要求是：隔热性能好，防潮能力强，坚固美观。孵化器门的密封性要好，选材要严格，绝对不能变形。孵化器的箱体外壳由胶合板喷塑、塑料板、彩涂钢板或铝合金板等材料制作，夹层内填充玻璃纤维、聚苯乙烯泡沫或硬质聚氨酯泡沫等隔热材料。由于胶合板材料制作的箱体易变形及耐用性和保温性能较差，目前多采用彩涂钢板和铝合金板做外壳。

(2) 蛋盘　蛋盘分孵化蛋盘和出雏盘两种。为使胚胎均匀而充分受热，蛋盘应通气性能好，不变形，安全可靠，不掉盘，不跑雏。孵化蛋盘有木质铁丝栅式、木质栅式、塑料栅式或孔式等几种。现多采用塑料制品。出雏盘有木质、钢网及塑料制品。现多用塑料出雏盘，其无毒、无味，透气性好，结实，不锈蚀，便于清洗消毒。

入孵前码盘、移盘和出雏等操作，费工费时，为了提高效率，便于清洗消毒，多采用以下措施：①码盘落盘机械化；②直接整盘移盘出雏；③扣盘移盘法；④叠层出雏盘出雏法；⑤抽盘移盘法。

(3) 活动转蛋架和出雏车

① 孵化活动转蛋架。按活动转蛋架形式，可分滚筒式、八角架式和跷板式。

a. 滚筒式活动转蛋架：因孵化蛋盘规格很不一致、不能互相调换位置等原因，现已不生产。

b. 八角架式活动转蛋架：由 4 片角铁焊成八角形框架，等距离焊上角铁成为蛋盘托，并用角铁和螺丝连接成两个距离相等的间隙，再固定在中轴上，由两侧用角铁制成的支架将整个活动转蛋架悬挂在孵化器内。其特点是整体性能好，稳固牢靠。

c. 跷板式活动转蛋架：整个蛋架由多层跷板式蛋盘托组成，靠连接杆连接，转蛋时以蛋盘托中心为支点，分别左右或前后倾斜 45°～50°。

② 出雏车。由于不需要转蛋，所以结构较简单，仅用角铁做支架，在支架上等距离焊上角铁的出雏盘滑道即可，底下四脚安有四个活络轮。

2. 自控系统

自控系统是孵化器的控制中心，能提供胚胎发育的适宜温、湿度，并保证孵化器正常运转。自控系统总的要求是：灵敏度高，控制精确，稳定可靠，经久耐用，便于维修。

先进的孵化器技术指标精度已达很高水平，以下指标可供参考。

温度显示精度：0.01～0.1℃；控温精度：0.1～0.2℃；箱内温度场标准差：0.1～0.2℃。湿度显示精度：1%～2%相对湿度（RH）；控湿精度：2%～3%RH。

自控系统除了控温系统、控湿系统外，还包括报警系统。报警系统包括超温报警及降温冷却系统，低温、高湿和低湿报警系统，电机缺相或停转报警系统。

3. 机械传动系统

（1）转蛋系统　滚筒式活动转蛋孵化器的转蛋系统由设在孵化器外侧壁的连接滚筒的扳手及扇形厚铁板支架组成，人工扳动扳手转蛋。八角式活动转蛋孵化器的转蛋系统由安装在中轴一端的扇形蜗轮与蜗杆组成，可采用人工转蛋。如采用自动转蛋系统，需增加微电机、减速箱及定时自动转蛋仪。跷板式活动转蛋孵化器均采用自动转蛋系统。

（2）通风换气系统　孵化器的通风换气系统由进气孔、出气孔、均温电机和风扇叶等组成。顶吹式风扇叶设在孵化器顶部中央内侧，进气孔在顶部近中央位置左右各一个，出气孔设在顶部四角。侧吹式风扇叶设在侧壁，进气孔设在近风扇轴处，出气孔设在孵化器顶部中央。进气孔设有通风孔调节板，以调节进气量；出气孔装有抽板或转板，可调节出气量。巷道式孵化器进气孔设在孵化器尾顶部，出气孔设在孵化器入口处顶部。

出雏器是孵化最后 3～4 天胚胎发育成雏的场所。由于胚胎自身温度高且需氧量多，所以通风换气尤为重要，要保证出雏器空气中氧气含量不低于 20%，二氧化碳含量不高于 0.6%。

4. 照明和安全系统

为了便于观察和安全操作，机内设有照明设备及启闭电机装置。一般采用手动控制，有的将开关设在孵化器门框上。当开孵化器门时，孵化器内照明灯亮，电机停止转动；关门时，孵化器内照明灯熄灭，电机转动。

三、孵化前的准备工作

1. 制订计划

在孵化前，根据孵化与出雏能力、种蛋数量及雏鸡销售等情况，制订孵化计划。每批入孵种蛋装盘后，将该批种蛋的入孵、照检、移盘和出雏日期填入孵化进程表，以便于孵化人员了解入孵的各批种蛋情况，提高工作效率，使孵化工作顺利进行。

2. 验表试机

孵化前对孵化室和孵化器要做好检修、消毒和试温工作。孵化室的温度以 22℃左右较为合适，不得低于 20℃，亦不得高于 24℃；室内湿度应保持在 55%～60%。

孵化器安装或停用一段时间后，在使用前要认真校正、检验各部件的性能。孵化器在孵化前 1 周进行试机和运转，检查机械传动装置是否正常，各类仪表是否正常，特别是控温、控湿、转蛋和报警装置是否调节失灵。电机在整个孵化季节不停地转动，最好多准备一台，一旦发生问题即可装换，保证孵化的正常进行。

经过上述检修校正无异常后，方可入孵。

3. 种蛋的预热

存放于空调蛋库的种蛋，入孵前应置于22～25℃的环境条件下预热6～8h，使胚胎发育从静止状态中逐渐苏醒过来，减少孵化器内温度下降的幅度，并除去蛋面上凝聚的水珠，以便入孵后能立刻对种蛋消毒。

4. 码盘入孵

将种蛋放置于孵化蛋盘上称码盘。国外多采用真空吸蛋器码盘。在国内多采用手工码盘，码盘时应将种蛋钝端向上。一般可每天码上若干种蛋，装在有活动轮子的孵化盘车上，挂上明显标记后，推入贮存室保存。

一般整批孵化，每周入孵两批。入孵时间最好是在下午4时以后，这样大批出雏时可赶上白天，工作比较方便。整批孵化时，将装有种蛋的蛋盘插入孵化架车推入孵化器中。若分批入孵，"新蛋"蛋盘与"老蛋"蛋盘在蛋架上的位置应相互交错，以便"新蛋"和"老蛋"能相互调温，使孵化器内的温度均匀。通风和调温性能良好的孵化器，可一次装满种蛋。

5. 入孵前种蛋消毒

入孵前种蛋消毒，见种蛋的消毒部分。

四、孵化操作技术

1. 温、湿度的调节

孵化器的控温系统，在入孵前已经校正、定好，一般不要随意改动。在孵化过程中应每小时检查一次，看温度是否保持平稳，温度忽高忽低对胚胎发育有不良影响。在正常情况下，温度偏低或偏高0.5～1℃时，才进行调节。

每2h观察记录一次湿度。相对湿度的调节是通过放置水盘多少、控制水温和水位高低来实现的。湿度偏低时，可增加水盘扩大蒸发面积，提高水温、降低水位和加快蒸发速度。还可在孵化室地面洒水，必要时可用温水直接喷洒胚蛋。湿度过高时，要加强室内通风，使水汽散发。要注意湿度计的纱布在水中容易因钙盐作用而变硬或沾染灰尘和绒毛，影响水分的蒸发，必须保持清洁，经常清洗或更换。

2. 照蛋

在孵化过程中通常对胚蛋进行2～3次灯光透视检查，以了解胚胎的发育情况，剔除无精蛋、死胚蛋。照蛋要稳、准、快，尽量缩短时间。

3. 移盘

鸡胚孵至第18～19天后，将胚蛋从孵化器移到出雏器的出雏盘的过程，称移盘或落盘。一般应在10%左右的鸡胚"起嘴"时移盘。此后停止转蛋，增加水盘，提高湿度，准备出雏。

移盘的时期可根据胚胎发育情况灵活掌握。最后一次照蛋时，如气室界限已成波浪状起伏，气室下部黑暗，气室内见有喙的阴影，或已开始啄壳，或喙已出壳，则胚胎发育良好，即可移盘；如胚蛋气室界限平齐，气室下部发红，则为发育迟缓，可推迟一段时间移盘。

4. 出雏

发育正常的鸡胚满20天就开始出雏。此时应关闭出雏器内的照明灯，以免雏鸡骚动影响出雏。在成批出雏时，每4h左右拣雏一次。也可出雏30%～40%时拣第1次，出雏60%～70%拣第2次，最后再拣一次并"扫盘"。出雏期间不可经常打开出雏器门，以免温、湿度降低而影响出雏。拣出绒毛已干的雏鸡的同时，拣出空蛋壳，以防空蛋壳套在其他胚蛋上闷死雏鸡。大部分出雏后，将已啄壳的胚蛋并盘集中，放在上层，以促进弱胚出雏。

出雏快结束时，对已啄壳但无力自行破壳的，尿囊血管已经干枯的，可进行人工助产。把蛋壳膜已枯黄的胚蛋，轻轻剥离粘连处，把头、颈、翅拉出壳外，令其自行挣扎出壳。蛋壳膜湿润发白的胚蛋，不能进行人工助产，因其卵黄囊未完全进入腹腔或脐部未完全愈合，尿囊绒毛膜血管未完全干枯，若强行剥壳，将会使尿囊绒毛膜血管破裂，造成雏鸡死亡或成为毫无价值的弱残雏。

每次拣出的雏鸡应放在分隔的雏箱或雏篮内，置于22～25℃的暗室中充分休息，等待鉴别和接运。

5. 停电时的措施

应备有发电机。若无条件，孵化室应备有加温用的火炉或火墙，在停电前几小时将火炉升起，使孵化器上部的温度达37℃左右。打开全部机门、气孔，每隔0.5h或1h转蛋一次，保证上下部温度均匀，同时在地面上喷洒热水以调节湿度。

如停电时间不超过4～6h，则不必升温加温。

第六节　孵化效果检查与分析

一、孵化效果的检查

通过照蛋、出雏观察和死胎蛋的病理解剖，并结合种蛋品质以及孵化条件等综合分析、判断，查明原因，作出客观判断，并以此作为改善种鸡饲养管理、种蛋管理和调整孵化条件的依据。这项工作是提高孵化率的重要措施之一。

1. 照蛋

(1) 用照蛋灯透视胚胎发育情况，方法简单，效果好。一般整个孵化期进行1～3次（表2-4-3）。

表 2-4-3　照蛋日期和胚胎特征

照蛋	孵化天数			胚胎特征
	鸡	鸭、火鸡	鹅	
头照	5	6～7	7～8	黑色眼点
二照	10～11	13～14	15～16	尿囊膜“合拢”
三照	19	25～26	28	闪毛

(2) 发育正常的胚蛋与各种异常胚蛋的辨别

① 发育正常的活胚蛋。剖视新鲜的受精蛋，肉眼可看到蛋黄上有一中心部位透明、周围浅暗的圆形胚盘（有显著的明暗之分）。头照可明显看到黑色眼点，血管成放射状，蛋色暗红。二照时，尿囊绒毛膜“合拢”，整个蛋除气室外布满血管。三照时，气室向一侧倾斜，有黑影闪动，胚蛋暗黑。

② 弱胚蛋。头照胚体小，黑眼点不明显，血管纤细，或看不到胚体和黑眼点，仅仅看到气室下缘有一定数量的纤细血管。胚蛋色浅红。二照时，胚蛋小头淡白。三照时，气室比发育正常的胚蛋小，且边缘不整齐，可看到红色血管。因胚蛋小头仍有少量蛋白，所以照蛋时，胚蛋小头浅白发亮（图2-4-3）。

③ 无精蛋。照蛋时，蛋色浅黄、发亮，看不到血管或胚胎。蛋黄影子隐约可见。头照多不散黄，而后黄散（图2-4-3）。

④ 死胚蛋（俗称血蛋）。头照只见黑色的血环（或血点、血线、血弧）紧贴壳上，有时可见到死胚的小黑点贴壳静止不动，蛋色浅白，蛋黄沉散。二照时，看到很小的胚胎与蛋黄分离，固定在蛋的一

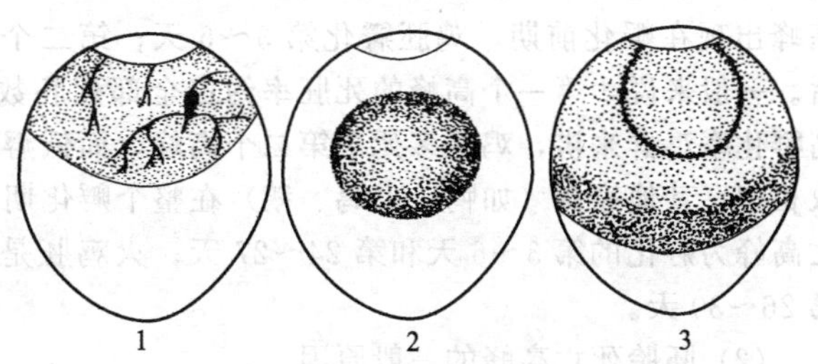

图 2-4-3　头照各种异常胚蛋
1—弱胚蛋；2—无精蛋；3—死胚蛋

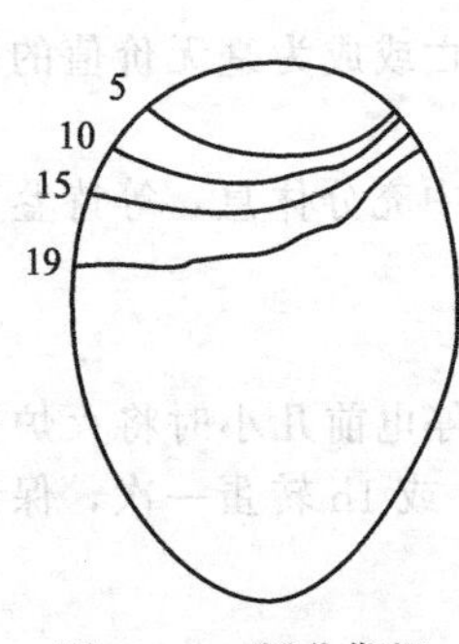

图 2-4-4 孵化期间气室的变化

侧，蛋的小头发亮。三照时，气室小而不倾斜，其边缘模糊，色粉红、淡灰或黑暗。胚胎不动，见不到“闪”（图 2-4-3）。

⑤ 破蛋。照蛋时可见裂纹（呈树枝状）或破孔，有时气室跑到一侧。

⑥ 腐败蛋。整个蛋色褐紫，有异臭味，有的蛋壳破裂，表面有很多颗粒状的黄黑色渗出物。

2. 蛋在孵化期间的失重

在孵化过程中，由于蛋内水分蒸发，胚蛋逐渐减轻，其失重多少，随孵化器中的相对湿度、蛋重、蛋壳质量及胚胎发育阶段而异。

孵化期间胚蛋的失重不是均匀的。孵化初期失重较小，第 2 周失重较大，而第 17～19 天（鸡）失重很多。第 1～19 天，鸡蛋失重为 12%～14%（图 2-4-4）。蛋在孵化期间的失重过多或过少均对孵化率和雏禽质量不利。我们可以根据失重情况，间接了解胚胎发育和孵化的温湿度。

3. 出雏期间的观察

（1）出雏的持续时间　孵化正常时，出雏时间较一致，有明显出雏高峰，俗称出得“脆”，一般 21 天全部出齐；孵化不正常时，无明显的出雏高峰，出雏持续时间长，至第 22 天仍有不少未破壳的胚蛋。

（2）观察初生雏　主要观察绒毛、脐部愈合、精神状态和体型等。

4. 死雏、死胚外表观察及病理解剖

种蛋品质差或孵化条件不良时，死雏或死胚一般表现出病理变化。如维生素 B_2 缺乏时，出现脑膜水肿；维生素 D_3 缺乏时，出现皮肤浮肿；孵化温度短期强烈过热或孵化后半期长时间过热时，则出现充血、溢血现象等。因此，应定期抽查死雏和死胚。检查时，首先从外表观察，尤其是蛋黄吸收情况、脐部愈合状况。死胚要观察啄壳情况（是啄壳后死亡还是未啄壳，啄壳洞口有无黏液，啄壳部位等），然后打开胚蛋，判断死亡时的胚龄。观察皮肤、绒毛、内脏及胸腔、腹腔、卵黄囊、尿囊等有何病理变化，如充血、出血、水肿、畸形、雏体大小、绒毛生长情况等，初步判断死亡时间及其原因。对于啄壳前后死亡或不能出雏的活胚，还要观察胎位是否正常（正常胎位是头颈部埋在右翅下）。

5. 死雏和死胚的微生物学检查

定期抽验死雏、死胚及胎粪、绒毛等，作微生物学检查。当种鸡群有疫情或种蛋来源较混杂或孵化效果较差时尤应取样化验，以便确定疾病的性质及特点。

二、孵化效果的分析

1. 胚胎死亡原因的分析

（1）整个孵化期胚胎死亡的分布规律　据研究无论是自然孵化还是人工孵化，是高孵化率还是低孵化率的鸡群，胚胎死亡在整个孵化期不是平均分布的，而是存在着两个死亡高峰：第一个高峰出现在孵化前期，鸡胚孵化第 3～5 天；第二个高峰出现在孵化后期，鸡胚孵化第 18 天以后。一般来说，第一个高峰的死胚率约占全部死胚数的 15%，第二个高峰约占 50%。但是，对高孵化率鸡群来讲，鸡胚多死于第二个高峰，而低孵化率鸡群，第一、第二个高峰期的死亡率大致相似。其他家禽（如鸭、火鸡、鹅）在整个孵化期中胚胎死亡也出现类似的两个高峰；鸭胚死亡高峰为孵化的第 3～6 天和第 24～27 天；火鸡胚是第 3～5 天和第 25 天；鹅胚是第 2～4 天和第 26～30 天。

（2）胚胎死亡高峰的一般原因

① 第一个死亡高峰正是胚胎生长迅速、形态变化显著的时期，各种胎膜相继形成而作用尚未完善。胚胎对外界环境的变化是很敏感的，稍有不适，胚胎发育便受阻，以至夭折。

② 第二个死亡高峰正是胚胎从尿囊绒毛膜呼吸过渡到肺呼吸的时期，胚胎生理变化剧烈，需氧量剧增，其自温猛增，传染性胚胎病的威胁更为突出。对孵化环境（尤其是氧）要求高，如通风换气、散热不好，势必有一部分本来较弱的胚胎不能顺利破壳出雏。孵化期其他时间胚胎死亡，主要是受胚胎生活力的强弱左右。

（3）孵化率高低受内部和外部两方面因素的影响　在自然孵化的情况下，胚胎死亡率低，而且第一、第二个高峰死亡率大体相同，主要是内部因素的影响。而人工孵化，胚胎死亡率高，特别是第二个高峰更显著。胚胎死亡是内外因素共同影响的结果。从某种意义上讲，外部因素是主要的。内部因素对第一个死亡高峰影响大；外部因素对第二个死亡高峰影响大。

① 内部因素。胚胎发育的内部因素是种蛋内部的品质（胚盘、卵黄、蛋白），它们是由遗传和饲养管理所决定的。

② 外部因素。包括入孵前的环境（种蛋保存）和孵化中的环境（孵化条件）。一般胚胎的死亡原因是复杂的，较难确认。归于某一因素是困难的，往往是多种原因共同作用的结果。

2. 孵化各期胚胎死亡原因

（1）前期死亡（第1～6天）　种鸡的营养水平及健康状况不良，主要是缺乏维生素A、维生素B_2；种蛋贮存时间过长，保存温度过高或受冻；种蛋熏蒸消毒不当；孵化前期温度过高；种蛋运输时受到剧烈震动；遗传性。

（2）中期死亡（第7～12天）　种鸡的营养水平及健康状况不良，如缺乏维生素B_2，胚胎死亡高峰在第9～14天；缺乏维生素D_3时出现水肿现象；污蛋未消毒；孵化温度过高，通风不良；若尿囊未合拢，除发育落后外，多是因转蛋不当所致。

（3）后期死亡（第13～18天）种鸡的营养水平差，胚胎多死于第16～18天；气室小，系湿度过高所致；胚胎如有明显充血现象，说明有一阶段温度过高；发育极度衰弱，系温度过高所致；小头打嘴，系通风换气不良或小头向上入孵所致。

（4）闷死壳内　出雏时温度、湿度过高，通风不良；胚胎软骨畸形，胚位异常；卵黄囊破裂，颈、腿麻痹软弱等。

（5）掏洞后死亡　洞口多黏液，系高温高湿所致；第20～21天通风不良；在胚胎利用蛋白时遇到高温，蛋白未吸收完；尿囊合拢不良，卵黄进入腹腔，移盘时温度骤降。

第七节　雏禽的雌雄鉴别

雏禽出壳后进行性别鉴定，商品蛋鸡可将公雏及时淘汰或肥育；肉禽公、母分养，可提高禽群均匀度和饲料报酬。因此，对初生雏禽进行性别鉴定具有明显的经济效益，在现代养禽业中得到普遍采用。准确可靠的鉴别方法有下述两种。

一、翻肛鉴别法

1. 初生雏鸡

翻开初生雏鸡的肛门，在泄殖腔口下方的中央有微粒状的突起，称为生殖突起，其两侧斜向内方有呈八字形的皱襞，称为八字状襞（图2-4-5）。在胚胎发育初期，公、母雏都有生殖突起，但母雏在胚胎发育后期开始退化，出壳前已消失。少数母雏退化的生殖突起仍有残留，但在组织形态上与公雏的生殖突起仍有差异。因此，根据生殖突起的有无，或突起组织形态的差异，于雏鸡出壳后12h以内，在200W的白炽灯下用肉眼即可分辨出雌、雄。熟练的鉴别员，每小时可鉴别雏鸡500只以上，准确度可达95%以上。

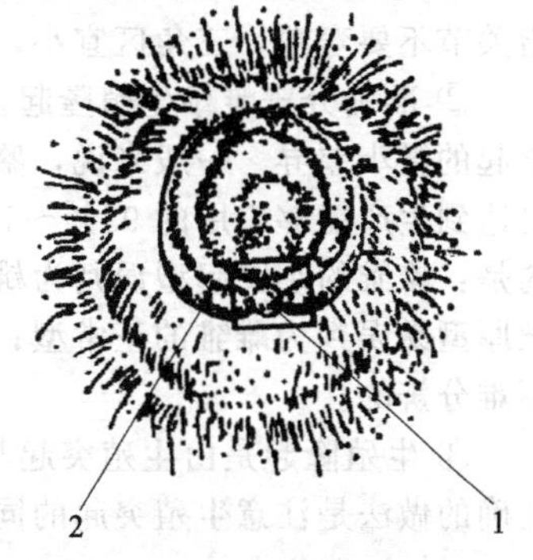

图2-4-5　翻肛鉴别法
（引自刘福柱等. 最新鸡鸭鹅饲养管理技术大全. 北京：中国农业出版社，2002.）
1—生殖突起；2—八字皱襞

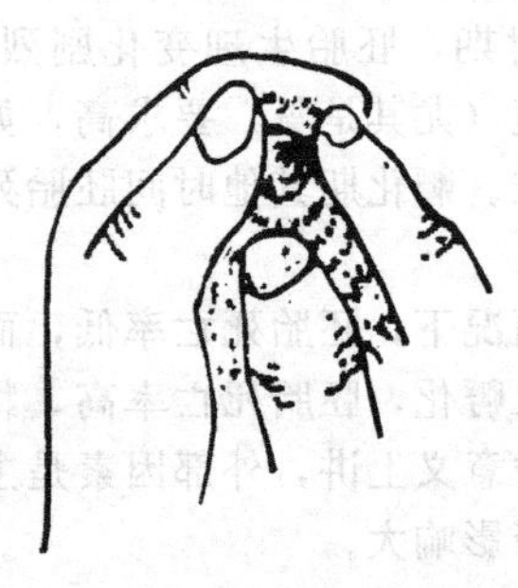

图 2-4-6 翻肛手势
（引自刘福柱等．最新鸡鸭鹅饲养管理技术大全．北京：中国农业出版社，2002.）

翻肛鉴别法的准确率很大程度取决于翻肛操作的熟练程度。因为翻肛是一项技巧，只有使肛门开张完全，生殖突起全部露出，才能准确识别。翻肛的手势有多种，常用的如图 2-4-6。肛门翻开后，识别困难主要在于母雏有少数（来航型鸡大约有 20%）个体有残留的异常型生殖突起（正常型无生殖突起），容易与公雏的生殖突起混淆，误将母雏判定为公雏，这就要依据母雏异常型生殖突起与公雏生殖突起在组织形态上的差异来正确区分。公雏的生殖突起充实，饱满，有光泽，富于弹性，用指头轻轻压迫，或左右伸张时不易变形，公雏的生殖突起血管发达，受刺激易充血；母雏的生殖突起不饱满，有萎缩感，表面软而表现透明，缺乏弹力，易变形，不易充血。

2. 初生雏鸭、雏鹅

鸭、鹅公雏具有伸出的外部生殖器，翻开肛门即可见 0.2～0.3mm、状似芝麻的阴茎，容易准确判别。我国民间创造了快速准确的鸭、鹅捏肛、顶肛和鸣管鉴别法，不需翻肛即可准确判别雌、雄。

(1) 捏肛鉴别法　以左手拇指、食指在雏鸭（鹅）颈部分开，握住雏鸭（鹅），右手拇、食指即将肛门两侧捏住，上、下或前、后稍一揉搓，感到有一似芝麻大小的小突起，尖端可以滑动，根端相对固定，即为阴茎。

(2) 顶肛鉴别法　用左手捉住鸭（鹅），以右手的食指与无名指夹住雏鸭（鹅）的体侧，中指在鸭（鹅）的肛门部位轻轻往上一顶，如感觉有小突起，即为雄雏。

(3) 雏鸭鸣管鉴别法　利用触摸公、母雏鸭鸣管大小的差异来鉴别雌、雄。触摸时，左手大拇指与食指抬起鸭头，右手从腹部握住雏鸭，食指触摸颈基部，如有直径 3.4mm 的小突起，雏鸭鸣叫时感觉到振动，即为公雏鸭。

3. 鉴别的适宜时间与鉴别要领

(1) 鉴别的适宜时间　最适宜的鉴别时间是出雏后 2～12h。在此时间内，雌雄雏鸡生殖隆起的性状最显著，雏鸡也好抓握、易翻肛。而刚孵出的雏鸡，身体软绵，呼吸弱，蛋黄吸收差，腹部充实，不易翻肛，技术不熟练者甚至造成雏鸡死亡。孵出 1 天以上，肛门发紧，难以翻开，而且生殖隆起萎缩，甚至陷入泄殖腔深处，不便观察。因此，鉴别时间以不超过 24h 为宜。

(2) 鉴别要领　提高鉴别的准确性和速度，关键在于正确掌握翻肛手法和熟练而准确地分辨雌雄雏的生殖隆起。

① 鉴别的关键首先在于正确掌握翻肛手法。既要翻开肛门，又要位置正确。翻肛时，3 指的指关节不要弯曲，三角区宜小，不要外拉、里顶，才不致人为造成隆起变形，而发生误判。

② 准确分辨雌雄生殖隆起。在正确翻肛的前提下，鉴别的关键是能否准确地分辨雌雄生殖隆起的微小差异。一般来说，鉴别准确率达到 80%～85%并非难事，训练几天就可以做到。但要达到生产能够应用的 95%～100%准确率及速度，却需要较长时间的实践。一般容易发生误判的是：雌雏的小突起型误判为雄雏的小突起型，雌雏的大突起型易误判为雄雏的正常型；雄雏的肥厚型易误判为雌雏的正常型；雄雏的小突起型易误判为雌雏的小突起型。这些只要不断实践是不难分辨的。

③ 生殖隆起是由生殖突起与八字状襞所构成。初学者往往只注重生殖突起而忽略八字状襞，正确的做法是注意生殖突起的同时兼顾八字状襞，把两者作为一个整体来观察分辨。

二、伴性性状鉴别法

利用伴性遗传原理，用特定的品种或品系杂交，杂交制种生产的商品代初生雏鸡，雌、雄的羽色、羽型（快慢羽）或皮肤明显有别，据此可以准确的鉴别雌、雄，既准确又方便，为现代养鸡业中普遍采用的方法，主要有以下两种。

1. 银白羽色对金黄羽色

银白色为显性，金黄色为隐性。用金黄色公鸡与银白羽色母鸡交配，子一代中银白羽色为公鸡，金黄羽色为母鸡。

2. 慢生羽对速生羽

慢生羽（慢羽）是指主翼羽与覆主翼羽等长；或覆主翼羽长于主翼羽；速生羽型（快羽）是指主翼羽长于覆主翼羽。慢羽为显性，快羽为隐性。用慢羽母鸡与快羽公鸡交配，子一代中，快羽型为母鸡，慢羽型为公鸡。

进行快慢羽型鉴别时，左手握住雏鸡，右手将翅展开，从上向下观察外侧面主翼羽面上的羽毛。覆主翼羽从翼面的近下缘处长出，主翼羽则由翼下缘处长出。鉴别的要领是比较主翼羽和覆主翼羽的长短，以判断为何种羽型，从而确定雏鸡的雌、雄。

主翼羽长于覆主翼羽且本应属于快羽型，杂交子一代雏鸡应为雌雏。但有特例，据报道，从大量观测中发现，主翼羽长于覆主翼羽且在 2mm 以内，经解剖证实属慢羽型，称为慢型中的微长型，杂交子一代雏鸡为雄雏。这种羽型是慢羽型中比例最少的一种，但容易引起误判。羽型鉴别法多用于白羽蛋鸡和肉鸡，以及褐壳蛋祖代鸡。

[复习思考题]

1. 简述输卵管的形态与功能。
2. 提高孵化效果的措施有哪些？
3. 雏禽的雌雄鉴别方法有哪些？
4. 简述孵化器的基本构造与功能。
5. 种蛋孵化的条件有哪些？
6. 简述禽蛋的胚胎发育特征。
7. 简述种蛋的保存方法。
8. 怎样进行种蛋的选择？

第五章　蛋鸡生产技术

[知识目标]

- 了解蛋鸡养育阶段的划分，理解不同阶段蛋鸡的生理特点与培育要求。
- 掌握雏鸡的育雏方式与育雏前的准备，雏鸡的饮水与开食，雏鸡的温度管理与断喙要点。
- 掌握育成鸡的限制饲养、提高育成鸡群体均匀度的关键技术。
- 理解蛋鸡的产蛋规律，掌握蛋鸡开产前后、产蛋期的饲养管理要点，掌握蛋鸡不同阶段的光照控制技术。
- 掌握蛋用种鸡育雏育成期和产蛋期的特殊饲养管理要求。

[技能目标]

- 学会雏鸡的开食与饮水技术。
- 学会雏鸡的不同养殖方式与供温要求的技术。
- 学会雏鸡的断喙技术。
- 学会育成鸡的限制饲养技术。
- 学会体重和群体均匀度测定技术。
- 学会商品蛋鸡的笼养技术、分段饲养技术、调整饲养技术、光照控制技术、蛋用型种鸡的特殊管理技术等。

第一节　雏鸡的饲养管理

一、蛋鸡养育阶段的划分与雏鸡培育目标

1. 蛋鸡养育阶段的划分

现代蛋鸡生产中，商品蛋鸡的全程饲养时间约为 72 个星期，通常将蛋鸡从孵化出壳到淘汰分为三个阶段：雏鸡阶段（1～6 周龄）、育成鸡阶段（7～20 周龄）、产蛋鸡阶段（21～72 周龄）。其中，雏鸡和育成鸡又称后备鸡，此期是蛋鸡的生长阶段。由于 0～6 周龄的小鸡对环境条件的要求非常严格，因此雏鸡阶段是蛋鸡生产中的一个重要时期，必须给予精细的饲养管理。

2. 雏鸡的培育目标

雏鸡的培育是十分重要的工作，雏鸡生长发育不良是一种无法弥补的损失，在雏鸡培育中应高度重视，提高雏鸡育雏成活率和保证其正常的生长发育。雏鸡培育中要达到的目标如下。

（1）保证雏鸡健康无病　雏鸡培育过程中食欲正常，精神活泼，反应灵敏，羽毛紧凑而富有弹性，未发生传染病，特别是烈性传染病。

（2）保证较高的育雏成活率　由于雏鸡自身的生理特点，雏鸡培育过程中容易受到各种因素的影响而导致育雏成活率下降，因此提高雏鸡育雏成活率是雏鸡培育中的一个主要指标。现代蛋鸡生产中，要求雏鸡第 1 周死亡率不超过 1%，0～6 周龄死亡率不超过 2%。

（3）雏鸡生长发育正常　体重是衡量雏鸡生长发育的重要指标之一，要求雏鸡体重符合品种

标准，骨骼良好，胸骨平直而结实，具有良好的均匀度。

二、雏鸡的生理特点

雏鸡从孵化器中出雏后转入育雏鸡舍内进行饲养，其生活环境发生剧烈改变，由出雏前蛋壳内的恒温环境过渡到外界的变温环境，营养物质的供给途径也发生相应变化。因此，雏鸡培育中必须充分了解雏鸡的生理特点。

1. 雏鸡体温调节机能不完善，不能适应外界温度的变化

刚出壳的雏鸡，全身绒毛稀短，保温能力差；单位体重散热面积大于成年鸡，散热量大；体温调节中枢机能不完善，通常3周龄后才逐步完善。因此，雏鸡对外界环境温度的适应力差，既怕冷，又怕热，尤其是低温危害大。低温易引起雏鸡发生挤堆而造成死亡，诱发雏鸡白痢等多种疾病。可见在雏鸡培育过程中，提供温暖、干燥、卫生、安全的环境条件，是提高雏鸡育雏成活率的前提条件。

2. 雏鸡消化机能未健全，但生长发育旺盛

刚出壳雏鸡，消化器官容积小，消化腺也不发达，缺乏某些消化酶，肌胃对饲料的研磨能力差，消化机能差，特别是对粗纤维的消化差。但雏鸡生长发育快，代谢旺盛。据有关资料，雏鸡出壳重约40g，6周龄末可达440g，是出壳重量的11倍。

因此，在雏鸡培育中要严格按照雏鸡的营养标准予以满足，蛋白质、氨基酸、能量、矿物质与微量元素、维生素等营养物质应全价。同时，给予含粗纤维低、易消化的日粮，投料管理上应少喂勤添，适当增加饲喂次数（每天5～7次）。棉籽饼、菜籽饼等非动物性蛋白料，适口性差，雏鸡难以消化，应适当控制比列。

3. 雏鸡抗病力差，特别易发病

雏鸡免疫机能较差，约10日龄才开始产生自身抗体，且产生的抗体较少，出壳后母源抗体也日渐衰减，3周龄左右母源性抗体降至最低水平。因此，雏鸡体弱娇嫩，易感染各种疾病，如鸡白痢、鸡大肠杆菌病、鸡法氏囊病、鸡球虫病、慢性呼吸道疾病等。雏鸡出壳后第1天就可感染马立克病毒，应在孵化出壳后及时接种马立克疫苗；雏鸡培育中要做好疫苗接种和药物防病工作，搞好环境净化，投药均匀适量。

4. 其他生理特点

雏鸡胆小，群居性强，应保持环境安静，避免出现噪声或使雏鸡受到惊吓；非工作人员严禁进入育雏室。

羽毛更新速度快。从出壳到20周龄，鸡要更换4次羽毛，分别在4～5周龄、7～8周龄、12～13周龄、18～20周龄。因此，雏鸡对饲料中的蛋白质要求高，特别是含硫氨基酸。

三、雏鸡的育雏方式与育雏前的准备

1. 雏鸡的育雏方式

雏鸡的育雏方式可分为以下三种：地面育雏、网上育雏和笼养育雏。其中，地面育雏、网上育雏又称平面育雏，笼养育雏又称立体育雏。

（1）地面育雏　地面育雏是指在水泥地面、砖地面、土地面上铺垫约5cm厚的垫料，垫料上设有喂食器、饮水器及保暖设备等，雏鸡饲养在垫料上。垫料要求干燥、保暖、吸湿性强、柔软、不板结。常用垫料有锯末、麦秸、谷草等。这种育雏方式育雏成本低，条件要求不高，但占地面积大，管理不方便，易潮湿，雏鸡易患病。

（2）网上育雏　网上育雏是把雏鸡饲养在离地50～60cm高的铁丝网或特制的塑料网或竹网上，网眼大小一般不超过1.2cm×1.2cm。鸡粪可落入网下掉在地面上，鸡不与鸡粪直接接触。网架要求稳固、平整，便于拆洗。网上育雏可节省垫料，提高圈舍利用率（网上平养可比地面平养提高30％～40％的饲养密度），减少了鸡白痢、球虫病及其他疾病的传播，育雏率较高。但投

资较大，技术要求较高（饲料必须全价化）。

(3) 笼养育雏　笼养育雏是将雏鸡饲养在分层的育雏笼内，育雏笼一般4～5层，采用层叠式。育雏笼由镀锌或涂塑铁丝制成，网底可铺塑料垫网，鸡粪由网眼落下，收集在层与层之间的承粪板上，定时清除。育雏笼四周挂料桶和水槽，雏鸡伸出头即可吃食、饮水。这种育雏方式可增加饲养密度，节省垫料和热能，便于实行机械化和自动化饲喂，同时可预防鸡白痢和球虫病的发生和蔓延，但投资大，且上下层温差大（日龄小的雏鸡应移到上层集中饲养），对营养、通风换气等要求较为严格。

2. 供温方式与供温设备

(1) 温室供温　即人工形成一个温室环境，雏鸡饲养在温室中，采取网上育雏和笼养育雏必须采用该供温方式。温室供温主要有以下几种方式。

① 暖风炉供温。该种方式通过以煤为原料的加热设备产热，舍外设立热风炉，将热风送入鸡舍上空使育雏舍温度升高。国内大型养鸡厂采用较多，但投资较大。

② 锅炉供温。该种方式通过锅炉烧水，热水集中通过育雏舍内的管网进行热交换，使育雏舍温度升高。该法可在较大规模养鸡厂使用。

③ 烟道温室供温。烟道设计分地上烟道、地下烟道两种，烟道建于育雏舍内，一端砌有炉灶（煤燃烧产热），烟道通过育雏舍后在另一端砌有烟囱，要求烟囱高出屋顶1m以上。该法育雏效果好，规模化育雏场常使用。

(2) 保温伞供温　常用保温伞主要有电热保温伞、煤炉保温伞、红外线灯保温伞等。保温伞的伞面有方形、圆形、多角形等多种形式，可用铁皮、铝皮或其他材料制成，采用电热丝、煤炉、红外线灯等进行供热，是育雏中常用的一种育雏器。

3. 育雏前的准备

(1) 育雏计划的制订　蛋鸡育雏场在进行育雏前，应根据各鸡场育雏建筑和设备条件、生产规模和工艺流程制订合理的育雏计划。育雏计划应包括全年育雏总数、育雏批数与每批育雏数量、育雏所需饲料、垫料、药品和管理人员等技术指标。

(2) 育雏舍与用具消毒　购入鸡苗前，对育雏室、垫网、饮水器、料槽、料盘等有关设备、用具进行彻底清洗、消毒。可提前1～2天采用甲醛高锰酸钾对育雏舍和用具进行熏蒸消毒，消毒药品用量为：高锰酸钾15g/m³、福尔马林溶液30ml/m³。

(3) 准备并铺设好垫料，对保温设备进行检查　运雏前准备并铺设好垫料，垫料要干燥、无霉变、吸水性好。检查保温设备、烟道、保温伞等是否良好，并提前一天升温达到育雏温度。笼养育雏室32～34℃；平养育雏室25℃以上；保温伞温度35℃。平养鸡舍应安装好保温伞（500只/个），在伞边缘上方8cm处悬挂温度计，测试保温伞温度。育雏舍相对湿度60%。

(4) 准备充足的料盘、饮水器，并准备好饲料、疫苗等　进鸡前2h将水装入饮水器并放入舍内预热，水中加入2%～5%葡萄糖，通过饮水补充部分能量。为了缓解应激，防止疾病发生，可在饮水中添加适量多维、抗生素等。

四、雏鸡的选择与运输

1. 雏鸡的选择

雏鸡应购自规模较大、雏鸡质量较好、信誉较高、雏鸡出壳后及时注射了马立克疫苗的孵化场。雏鸡的质量与健康直接影响雏鸡培育的成败，故应做好雏鸡的选择。

健康雏鸡的表现是：雏鸡活泼好动，反应灵敏，叫声响亮；脐部愈合良好，无脐血，无毛区较小；腹部柔软，大小适中，卵黄吸收良好，肛门周围无污物黏附；嘴、眼、腿、爪等无畸形；手握时挣扎有力；体重大小均匀，羽毛清洁干净，体重符合品种标准。弱雏的表现是：绒毛污乱，独居一隅，无活力，两眼常闭，头下垂，脚站立不稳甚至拖地，有的翅下垂，雏鸡显得疲惫不堪；腹部干瘪或腹大拖地；脐部有残痕或污浊潮湿，有异臭味；如果出现脱水，则喙、跖、趾干瘪、无光泽；有时可见交叉喙、瞎眼、残疾的雏鸡。

2. 雏鸡的运输

（1）雏鸡运输季节的选择　雏鸡运输的最适温度为22～24℃，运输中温度过高、过低都会对雏鸡造成不良影响，甚至引起大量死亡。因此，雏鸡的运输与不同季节的温度密切相关，不同的季节有不同的运输要求。

夏季温度高，雏鸡运输过程中极易出现过热而发生死亡。因此，夏季高温季节早晚运输较好，可具体选择在早上9点以前，或下午7点以后进行运输，以错过一天的高温时段。冬季运输的关键是做好保温措施，防止运输过程中挤堆而引起死亡。春季和秋季对雏鸡的运输影响不大，但应注意天气变化。

（2）雏鸡运输工具的选择　目前雏鸡运输距离较远的运程可采用空运，运输过程中对雏鸡的影响小，不易发生死亡，但运输成本较高。雏鸡采取汽车运输的较多，主要是价格便利，运输成本低。必要时也可采取火车、船舶运输。

（3）雏鸡运雏箱的选择　运输时最好使用专用的运雏箱，最好选择一次性使用的运雏箱。雏鸡运输专用纸箱一般长60cm、宽45cm、高20～25cm，箱内用瓦楞纸分为四格，每格装20～25只雏鸡，每箱可装80～100只雏鸡。纸箱上下、左右均有通气孔若干个，箱底铺有吸水性强的垫纸，可吸收雏鸡排泄物中的水分，保持干燥清洁。装雏工具应进行严格消毒，一般禁止互相借用。

（4）掌握适宜的运雏时间　初生雏鸡体内还有少量未被利用的卵黄，故初生雏鸡在出壳一段时间内可以不喂饲料进行运输。初生雏鸡最好能在出壳后24h运到目的地。运输过程力求做到稳而快，减少震动。

五、雏鸡的饲喂技术

1. 做好雏鸡的饮水

（1）饮水原则　雏鸡运抵目的地后应先饮水后开食，即先让雏鸡充分饮水1～2h后再开食。其原因主要是：雏鸡出壳后失水较多，先饮水可及时补充水分、恢复体力；及时饮水可促进卵黄的吸收和胎粪的排出。

（2）做好初饮　初饮是指雏鸡出壳后的第一次饮水。初饮最好饮温水，水温15～25℃。饮水中加入2%～5%葡萄糖，以后可在水中加入适量多维、抗生素（如泰农、环丙沙星等），连续饮水2～3天，具有抗应激和防病的作用。对不会饮水的雏鸡应调教饮水，可滴嘴或强迫饮水。

育雏第1周，饮水器、饲料盘应离热源近些，便于鸡取暖、饮水和采食。立体笼养时，开始1周内在笼内饮水、采食，1周后训练其在笼外饮水和采食。

（3）保证饮水清洁、充足　饮水器应分布均匀，每1～2天洗刷、消毒一次。每100只雏鸡应有饮水器2个，或每只雏鸡占有1.5～2cm长的水槽。

雏鸡的需水量与品种、体重和环境温度的变化有关。体重愈大，生长愈快，需水量愈大；中型品种比小型品种饮水量大；高温时饮水量较大。一般情况下，雏鸡的饮水量是其采食干饲料的2～2.5倍。雏鸡在不同气温和周龄下的饮水量见表2-5-1。

表2-5-1　蛋用型雏鸡饮水量/（L/100只）

周　龄	21℃以下	32℃	周　龄	21℃以下	32℃
1	2.27	3.90	4	6.13	10.60
2	3.97	6.81	5	7.04	12.11
3	5.22	9.01	6	7.72	12.32

2. 做好雏鸡的饲喂

（1）开食与饲喂要求　开食是指雏鸡出壳后的第一次喂料，通常在雏鸡饮水后2h或在雏鸡出壳后24～36h进行开食。开食的方法是将浅平饲料盘或塑料布铺在地面或垫网上，将调制好的饲料均匀撒在其上，并增加环境光亮度，引诱雏鸡啄食。绝大多数雏鸡可自然开食。为保证开食整齐，对不会开食的雏鸡应进行调教。为防止雏鸡出现糊肛现象，1～2 日龄的开食饲料最好喂给碎玉米、碎米等，可添加适当酵母帮助消化，以后可逐渐更换为全价饲料。

开食 1～3 天，在光照控制上最好采取每天 23h 光照和 1h 黑暗的方法，让雏鸡熟悉环境，有利于开食。

育雏期间应少喂勤添，增强食欲。最初几天喂料次数可保持每天 8 次；1 周后可逐渐减少为每天6～7 次（春夏季）或每天 5～6 次（冬季、早春），3 周后改为每天 4～5 次。待雏鸡习惯开食后撤去料盘或塑料布，1～3 周龄使用幼雏料盘，4～6 周龄使用中型料槽，6 周龄后改为大型料槽。

(2) 保证足够的饲喂空间　备足料槽，保证每只雏鸡都有采食位置，可保证生长均匀。饲喂空间不足，易导致雏鸡采食时发生争斗，降低群体均匀度。

(3) 雏鸡日粮营养水平应满足生长发育要求　雏鸡日粮应严格按照雏鸡营养标准予以满足，蛋白质、氨基酸、能量、矿物质与微量元素、维生素等应全价，同时饲料要容易消化，粗纤维含量不宜过高。

(4) 保证雏鸡采食量　蛋用型雏鸡饲料的需要量依雏鸡品种、日粮的能量水平、鸡龄大小、喂料方法和鸡群健康状况等而有差异。同品种鸡随鸡龄的增大，每日的饲料消耗逐渐上升，饲养员应根据雏鸡情况及时进行调整。通常情况下，育雏期间每只雏鸡需要消耗 1.1～1.25kg 饲料，其具体耗料量见表 2-5-2。

表 2-5-2　蛋用型雏鸡育雏期参考喂料量/(g/只)

周　龄	白壳蛋鸡		褐壳蛋鸡	
	日耗量	周累计耗料	日耗量	周累计耗料
1	7	49	12	84
2	14	149	19	217
3	22	301	25	392
4	28	497	31	609
5	36	749	37	868
6	43	1050	43	1169

六、雏鸡的管理技术

雏鸡对环境条件的要求比较严格，是由雏鸡自身的生理特点决定的。因此，在育雏期间为雏鸡创造适宜的环境条件，是提高雏鸡育雏成活率和保证雏鸡正常生长发育的关键措施之一。这些条件主要包括适宜的温度、湿度和饲养密度、通风换气、光照、环境的卫生消毒等。

1. 提供合适的温度

刚出壳的雏鸡体温调节机能不完善，绒毛稀短，皮薄，对育雏温度的变化非常敏感。适宜的育雏温度是影响育雏成活率的关键条件，特别是对 2～3 周龄的雏鸡极为重要。因此，必须严格掌握雏鸡的育雏温度。

环境温度直接影响雏鸡的体温调节、采食、饮水和饲料的消化吸收。如育雏温度过低，雏鸡因怕冷而相互拥挤在一起，鸡只相互挤压，容易造成窒息死亡；同时，低温条件还容易诱发雏鸡发生各种疾病。育雏温度过高，鸡只采食减少，张口喘气，争夺饮水，容易弄湿羽毛和引起呼吸道疾病等。

育雏温度包括育雏室温度、育雏器（伞）温度。平育育雏时，育雏器温度是指将温度计挂在保温伞边缘或热源附近，距垫料 5cm 处，相当于雏鸡背高的位置测得的温度；育雏室的温度是指将温度计挂在远离热源的墙上，离地 1m 处测得的温度。笼养育雏时，育雏器温度指笼内热源区离网底 5cm 处的温度；育雏室的温度是指笼外离地 1m 处的温度。育雏期间雏鸡所需的适宜温度见表 2-5-3。

表 2-5-3　育雏期间雏鸡所需的适宜温度

日　龄	笼养温度/℃		平养温度/℃	
	育雏器	育雏室	育雏器	育雏室
1～3	32～34	24～22	34	24
4～7	31～32	22～20	32	22
8～14	30～31	20～18	31	20
15～21	27～29	18～16	29	18～16
22～28	24～27	18～16	27	18～16
29～35	21～24	18～16	24	18～16
36～42	18～20	18～16	18～20	18～16

温度是否合适，不但要看温度计，更主要的是观察鸡群的活动状态和其他行为表现来判断温度是否符合雏鸡需要，即“看鸡施温”。温度适宜时，雏鸡食欲正常，饮水良好，羽毛生长良好，活泼好动，分布均匀，安静；温度过高时，雏鸡远离热源，饮水量增加，伸颈，张口呼吸；温度过低时，雏鸡靠近热源，打堆，运动减少，尖声鸣叫。另外，育雏室内有贼风侵袭时，雏鸡亦有密集拥挤现象，但鸡大多密集于远离贼风吹入方向的某一侧。

随着雏鸡年龄增大，体温调节机能逐步完善，可逐渐脱温。脱温应逐渐过渡，时间3～5天。脱温时应避开各种逆境（如免疫接种、转群、更换饲料等）进行。

2. 保持适宜的育雏湿度

育雏湿度的高低，对雏鸡的健康和生长有较大的影响。初生雏鸡体内含水量高达76%，在环境温度较高的情况下，如果育雏室过分干燥，雏鸡又没有及时饮水，则雏鸡可能因为呼吸散发大量水分而发生脱水。同时，还会影响雏鸡体内剩余卵黄的吸收，对羽毛生长也不利。因此，育雏期间应注意保持育雏室内适宜的相对湿度，使雏鸡室的相对湿度达到56%～70%。

雏鸡养育到10日龄以后，随着年龄与体重的增加，雏鸡的采食量、饮水量、呼吸量、排泄量等逐日增加，加上育雏的温度又逐周下降，很容易造成室内潮湿。因此，雏鸡10日龄后，育雏室内要注意加强通风，勤换垫料。

通常使用干湿球温度计来测定育雏室的相对湿度，干湿球温度计应悬挂在育雏室内距地面40～50cm的高度，空气流通的地方，每天上下午各观察一次。

3. 合理的通风换气

通风换气可以有效排出育雏室内的有害气体，保持室内空气良好，并调节室内温度和湿度。雏鸡生长快，代谢旺盛，呼吸频率高，会通过呼吸排出大量的二氧化碳。此外，雏鸡的消化道较短，但日粮中蛋白质含量高，雏鸡排出的粪便中含有较多的含氮有机物和含硫有机物，这些物质在育雏室的温湿条件下容易经微生物分解而产生大量的氨气、硫化氢等有害气体，对雏鸡的健康和生长发育都不利。低浓度的氨即可使雏鸡生长受阻，肉鸡的肉质下降；当氨气含量达20mg/m^3，持续6周以上，会引起雏鸡肺水肿、充血，诱发呼吸道疾病，削弱抵抗力，如使新城疫病的发生率增高；氨气含量46～53mg/m^3时，可导致角膜炎、结膜炎的发生。因此，育雏舍中氨的浓度不应超过20mg/m^3。育雏室内硫化氢的含量要求在6.6mg/m^3以下，最高不能超过15mg/m^3。

育雏舍内的通风和保温常常是矛盾的，尤其是在冬季，为了保温而关闭门窗，容易造成育雏室内有害气体不能及时排出。因此，在做好保温的同时，合理进行通风换气，寒冷天气通风时间最好选择在晴天中午前后，可利用自然通风、机械通风。通风换气的程度以育雏室内空气不刺鼻和眼，不闷人，无过分臭味为宜。

4. 保持合适的饲养密度

饲养密度是指育雏室内每平方米地面或笼底面积所饲养的雏鸡数。饲养密度的大小与育雏室内的空气、湿度、卫生状况等有直接关系。饲养密度过大，雏鸡采食和饮水拥挤，饥饱不均，生长发育不整齐，育雏室内空气污浊，二氧化碳浓度高，氨味浓，湿度大，易引发疾病。若室温偏高，光照强度过大时，还易引起雏鸡互啄。饲养密度过小，房舍及设备的利用率降低，人力增加，育雏成本提高。雏鸡适宜的饲养密度见表2-5-4。

表 2-5-4 不同饲养方式下雏鸡的饲养密度/(只/m³)

周龄	地面平养	网上平养	立体笼养
1～3	20～30	30～40	50～60
4～6	20～25	20～30	30～40

5. 适宜的光照控制

育雏期间采取适宜的光照控制，可促进雏鸡的血液循环，加快新陈代谢，增强食欲，促进营养物质的消化吸收，促进钙磷代谢和骨骼的发育，增强机体的免疫力，从而提高雏鸡的培育质量。雏鸡的光照控制参见本章第三节“商品产蛋鸡的饲养管理”。

6. 及时断喙

在笼养和平养条件下，特别是当鸡群饲养密度过高、空气污浊、饲料中缺乏某些营养物质、光照过强的情况下，容易诱发雏鸡啄癖。啄癖的主要表现是啄趾、啄羽、啄肛、啄冠、啄髯、啄蛋等，给养鸡生产造成损失。雏鸡断喙的目的在于防止啄癖，同时可避免鸡只扒损饲料而减少饲料浪费，提高养鸡效益。

雏鸡断喙时间最好选择在6～10日龄进行，并与免疫接种错开2天以上。如果有断喙不成功的可在12周龄左右进行修整。雏鸡断喙方法是：断喙者一手握住雏鸡脚部，另一只手拇指放在雏鸡头部背侧上方，食指放在咽喉部下方，其余三指放在雏鸡胸部下方。将雏鸡喙插入断喙器的孔眼中，将上喙断去1/2，下喙断去1/3，并使高温刀片（600～800℃）停留2～3s，以利止血。

断喙时的注意事项：免疫接种前后2天不应断喙；鸡群健康状况不良时不断喙；断喙前后2天不喂磺胺类药物；断喙前后1～2天，在饲料中添加维生素K 4mg/kg、维生素C 150mg/kg，以利止血和抗应激；断喙后料槽中饲料应撒得厚些。

7. 做好雏鸡疾病预防

雏鸡体小娇嫩、抗病力弱，在育雏过程中容易受到病原微生物的感染而发病，因此做好雏鸡疾病预防是提高育雏成活率的关键措施。

(1) 育雏室采取“全进全出”的饲养制度　即整个家禽育雏场或整个育雏舍在相同的时间内只养同一批鸡，同时进场（舍），又同时出场（舍），出场后对育雏场（室）进行彻底清扫、消毒，然后再养下一批雏鸡。“全进全出”的饲养制度可避免各种传染病的循环感染，也能使接种后的家禽获得一致的免疫力，减少雏鸡发病。

(2) 搞好环境卫生与消毒　经常保持育雏舍内的环境卫生与消毒，是养好雏鸡的关键。育雏用具要清洁，饲槽、水槽要定期洗刷、消毒。舍内要经常开窗换气，及时清除鸡粪，更换垫料，特别是饮水器周围容易潮湿的垫料。厚垫料育雏的，要经常勾松垫料，定期补充垫料。

每次育雏开始或结束，都必须彻底打扫、清洗和消毒。育雏舍门口要有消毒池，池内交替使用3%～5%的来苏尔、2%NaOH液等，一般每2天冲刷、更换一次，随时保持池内消毒液不干。工作人员更衣、换鞋后经消毒池进入鸡舍，不得在生产区内各禽舍间串门，严格控制外来人员进入生产区。要重视经常性的带鸡消毒及鸡舍周围环境消毒。

(3) 做好投药防病　在雏鸡的饲料和饮水中均匀添加适量药物，以预防雏鸡白痢、球虫病等。雏鸡3日龄至3周龄期间，饲料或饮水中要注意添加预防雏鸡白痢的药品；15日龄至60日龄时，饲料中要添加抗球虫药，接种疫苗前后几天最好停药。

(4) 做好免疫接种　适时免疫接种是预防传染病的一项极为重要的措施。育雏期间，需要接种的疫苗很多，必须编制适宜的免疫程序。免疫程序应根据当地禽病流行情况、雏鸡的抗体水平与健康状况、疫苗的使用说明等合理制定。商品蛋鸡的免疫程序参见表2-5-5。

表 2-5-5　商品蛋鸡的免疫程序

鸡日龄	免疫项目	疫苗名称	用　法
1	鸡传染性马立克病	火鸡疱疹病毒苗	颈部皮下注射
4	鸡传染性支气管炎	H_{120}	点眼或滴鼻、饮水
10	鸡新城疫	Ⅱ系、Ⅳ系	点眼、滴鼻、饮水
18	鸡传染性法氏囊病	弱毒苗	饮水
28	鸡传染性法氏囊病	弱毒苗	饮水
30	鸡痘	鹌鹑化弱毒苗	翼下刺种
35	鸡新城疫	Ⅱ系、Ⅳ系	点眼、滴鼻、饮水
40	鸡传染性支气管炎	H_{52}	点眼、滴鼻、饮水
45	鸡传染性喉气管炎	弱毒苗	点眼、滴鼻
70	鸡新城疫	Ⅰ系或油苗	肌内注射
120	蛋鸡产蛋下降综合征	油苗	肌内注射
130	鸡新城疫	Ⅰ系或油苗	肌内注射

(5) 合理处理家禽场的废弃物，如孵化废弃物、禽粪、死禽及污水等，防止对场内环境和场外环境造成污染。

第二节　育成鸡的饲养管理

一、育成鸡的生理特点及培育要求

1. 育成鸡的生理特点

(1) 育成鸡体温调节机能和抗病能力逐渐完善　育成鸡主要是通过羽毛的隔热和呼吸的散热进行体温调节。育成鸡的羽毛在7～8周龄、12～13周龄、18～20周龄各更换一次，羽毛逐渐丰满密集而成片状，保温、防风、防水作用强，加上皮下脂肪的逐渐沉积、采食量的增加、体表毛细血管的收缩等，使育成鸡对低温的适应幅度变宽。因此，进入育成期的育成鸡可逐渐脱温。

随着体温调节机能的逐步完善，育成鸡的抗病能力逐步提高。

(2) 消化系统发育完善，体重增加迅速　育成鸡的消化机能逐渐完善，消化道容积增大，各种消化腺的分泌增加，采食量增大，钙、磷的吸收能力不断提高，饲料转化率逐渐提高，为骨骼、肌肉和其他内脏器官的发育奠定了基础。

育成鸡的骨骼和肌肉生长迅速，脂肪沉积能力增强，是体重增长最快的时期。特别是育成后期的鸡已具备较强的脂肪沉积能力，如果在开产前后小母鸡的卵巢和输卵管沉积过多脂肪，会影响母鸡卵子的产生和排出，从而导致产蛋率降低或停产。因此，这一阶段既要满足鸡生长发育的需要，又要防止鸡体过肥。可通过监测育成鸡体重和骨骼的发育来达到提高育成鸡培育质量的目的。

(3) 性腺和其他生殖器官发育加速　蛋鸡2月龄前性腺的发育比较缓慢，育成鸡大约在12周龄后，性腺发育明显加快。刚出壳的小母鸡卵巢为平滑的小叶状，重0.03g，性成熟时未成熟卵子逐渐积累营养物质而迅速生长，使卵巢呈葡萄状，上面有许多大小不同的白色和黄色卵泡，卵巢重40～60g。当卵泡成熟能分泌雌激素时，育成鸡输卵管开始迅速生长，故育成鸡的腹部容积逐渐增大。一般育成鸡的性成熟要早于体成熟，但在体成熟前过早产蛋，则不利于提高蛋鸡产蛋量。因此，育成阶段可通过控制光照和饲料中营养的供给，既保证育成鸡骨骼和肌肉的充分发育、防止过肥，又适度限制性腺和其他生殖器官的过快发育，使性成熟与体成熟趋于一致，提高蛋鸡产蛋期的生产性能。

2. 育成鸡的培育要求

(1) 育成鸡体质培育要求　育成鸡未发生烈性传染病，食欲旺盛，羽毛紧凑，体质健康结实，活泼好动，体型紧凑似“V”字形，体重和骨骼发育符合品种要求且均匀一致，胸骨平直，脂肪沉积少而肌肉发达，适时达到性成熟，初产蛋重较大，能迅速达到产蛋高峰且持久性好。

(2) 体重符合品种标准，均匀度好　现代蛋鸡品种在良好的饲养管理条件下，20周龄体重标准是：罗曼褐鸡1.64～1.87kg，迪卡1.76kg，伊萨褐鸡1.55～1.65kg，罗曼白鸡1.35kg。

群体均匀度好。测定个体体重和跖骨长度时，标准体重±10%、标准跖骨长度±10%范围内的鸡只数量均应达到鸡群总数的80%以上。

(3) 育成率高　在良好的饲养管理条件下，育成期第1周死亡率不超过0.5%，前8周不超过2%，7～20周龄育成率应达96%～97%。

二、育成鸡的饲养技术

1. 做好育雏鸡向育成鸡的过渡

(1) 做好脱温与转群　随着鸡只羽毛的更换，其体温调节机能逐渐完善。可根据具体情况在4～6周龄后逐渐停止供温。脱温应有1周左右的过渡期，严禁突然停止供温。

该阶段的转群是指将6周龄左右的雏鸡由育雏鸡舍转入育成鸡舍饲养的过程。雏鸡转群前应进行选择，淘汰不合格鸡只，并根据鸡只强弱做好分群；转群前应对育成鸡舍、各种用具彻底清扫、消毒，并准备好饲料和饮水；转群时不要粗暴抓鸡，以防鸡只出现伤残；冬季转群最好安排在温度较高的中午，夏季安排在早、晚较凉爽的时间进行；转群后注意观察鸡只情况，发现问题及时处理。

(2) 做好饲料的过渡　育成鸡消化机能逐渐健全，采食量与日俱增，骨骼肌肉都处于旺盛发育时期。此时的营养水平应与雏鸡有较大区别，尤其是蛋白质水平要逐渐减少，能量也要降低，否则，会大量积聚脂肪，引起过肥和早产，影响成年后的产蛋量。

当鸡群7周龄平均体重和跖长达标时，即将育雏料换为育成料。若此时体重和跖长达不到标准，则继续喂育雏料，达标时再换为育成料；若此时两项指标超标，则换料后保持原来的饲喂量，并限制以后每周饲料的增加量，直到达标为止。育成蛋鸡的体重和耗料见表2-5-6。

表2-5-6　NRC（第九版）育成蛋鸡的体重和耗料

周　龄	白壳品系		褐壳品系	
	体重/g	耗料/(g/周)	体重/g	耗料/(g/周)
8	660	360	750	380
10	750	380	900	400
12	980	400	1100	420
14	1100	420	1240	450
16	1220	430	1380	470
18	1375	450	1500	500
20	1475	500	1600	550

更换饲料要逐渐进行，过渡期以5～7天为宜。如用2/3的育雏料混合1/3的育成料喂2天，再各混合1/2喂2天，然后用1/3育雏料混合2/3育成料喂2天，以后则全喂育成料。

2. 育成鸡限制饲养

限制饲养是指蛋鸡在育成阶段，根据育成鸡的营养需要特点，限制其饲料的采食量，适当降低饲料营养水平的一项特殊饲养技术。其目的是控制母鸡适时开产，提高饲料利用率。

(1) 育成鸡限制饲养的意义　通过限制饲养，可节约饲料，育成期可减少7%～8%的饲料消耗；控制体重增长，维持标准体重；保证正常的脂肪蓄积，可防止脂肪沉积过多，有利于开产后蛋鸡产蛋的持久性；育成健康结实、发育匀称的后备鸡；防止早熟，提高产蛋性能；限制饲养期间，及时淘汰病弱鸡，减少产蛋期的死亡淘汰率。

(2) 限制饲养的时间与方法

① 限制饲养的时间。蛋鸡一般从6～8周龄开始，到开产前3～4周结束，即在开始增加光

照时间时结束（一般为18周龄）。必须强调的是，限制饲养必须与光照控制相一致，才能起到应有的效果。

② 限制饲养的方法。主要有限量饲喂、限时饲养、限质饲喂等，生产中可根据情况选用适当的限制饲养方法。

a. 限量饲喂：即每天每只鸡的饲料量减少到正常采食量的90%，但应保证日粮营养水平达到正常要求。此法容易操作，应用较普遍，但饲粮营养必须全面，不限定鸡的采食时间。

b. 限时饲养：就是通过控制鸡的采食时间来控制采食量，达到控制体重和性成熟的目的。主要有以下两种方法：一种方法是隔日限饲，即将2天的饲料集中在1天喂完，然后停喂一天，停喂时要供给充足饮水，这种方法对鸡的应激影响较大，仅用于体重超过标准的育成鸡；另一种方法是每周限饲，即每周停喂1～2天，具体做法是在周日、周三停喂，然后将1周的饲料量均衡地在五天中喂给，这种方法能减少对鸡只产生的应激，在蛋用型育成鸡限制饲养中常使用。

c. 限质饲喂：即限制饲粮的营养水平，就是降低日粮中粗蛋白质和代谢能的含量，减少日粮中鱼粉、饼类能量饲料，如玉米、高粱等饲料的比例，增加养分含量低、体积大的饲料，如麸皮、叶粉等。限制水平一般为：7～14周龄日粮中粗蛋白质为15%，代谢能11.49MJ/kg；15～20周龄蛋白质为13%，代谢能11.28MJ/kg。

（3）限制饲养时应注意的问题

① 应以跖长、体重监测为依据进行限制饲养，掌握好给料量　限制饲养期间，应每1～2周测定跖长、体重一次，然后与育成鸡标准跖长、体重进行对照，以差异不超过5%～10%为正常，否则就要调整喂料量。可按鸡群数量的5%～10%测定，数量不得少于50只。

② 限制饲养前应断喙，淘汰病弱鸡、残鸡。

③ 保证足够的食槽和饮水，确保每只鸡都有一定的采食和饮水位置，防止因采食不均造成发育不整齐。

④ 防止应激　当气温突然变化、鸡群发病、疫苗接种、转群时停止限制饲养。

⑤ 不可盲目限制饲养　鸡的饲料条件不好、鸡群发病、体重较轻时停止限制饲养。此外，亦应考虑鸡种区别，白壳蛋鸡有时可不限制饲养，褐壳蛋鸡必须限制饲养。

三、育成鸡的管理技术

1. 保持合理的饲养密度

育成鸡无论采取平面饲养还是笼养，都必须保持适当密度，才能确保个体发育均匀。适当的饲养密度，可增加鸡的运动机会，促进骨骼、肌肉和内部器官的发育，提高后备鸡的培育质量。如果饲养密度不合理，即使其他饲养管理工作都很好，也难以培育出理想的高产鸡群。饲养密度的确定除与周龄和饲养方式有关外，还应随品种、季节、通风条件等而调整。蛋用型育成鸡的饲养密度参见表2-5-7。

表2-5-7　蛋用型育成鸡的饲养密度/(只/m^2)

周　龄	地面平养	网上平养	半网栅平养	立体笼养
6～8	15	20	18	26
9～15	10	14	12	18
16～20	7	12	9	14

2. 保证水位、料位充足

平养条件下，每只鸡应有8cm长的料槽长度或4cm长的圆形食槽位置；每1000只鸡应有25m长的水槽位置。充足的水位、料位可以防止抢食和拥挤践踏，提高育成鸡均匀度。

3. 合理通风

鸡舍通风条件要好，特别是夏天，一定要创造条件使鸡舍有对流风。即使在冬季也要适当进行换气，以保持舍内空气新鲜。通风换气好的鸡舍，人进入后感觉不闷气、不刺眼和刺鼻。鸡舍空气应保持新鲜，使有害气体减至最低量，以保证鸡群的健康。随着季节的变换与育成鸡的生长，鸡舍通风量要随之调整。

当气温高于30℃时，应加大通风换气量。

4. 预防啄癖

育成鸡在限制饲养的条件下容易产生啄癖，因此预防啄癖是育成鸡管理的一个难点。预防啄癖的主要措施有合理断喙，雏鸡断喙时间最好选择在6～10日龄进行，断喙不成功的鸡可在12周龄左右进行修整；注意改善舍内环境，降低饲养密度，改进日粮，采用低强度光照（10Lx光照强度）。

5. 添喂不溶性沙砾和钙

育成鸡添喂不溶性沙砾的作用是提高肌胃的消化机能，改善饲料转化率；防止育成鸡因肌胃中缺乏沙砾而吞食垫料、羽毛等；避免育成鸡因长期不能采食沙砾而造成肌胃逐渐缩小。

沙砾的添加量与粒度要求：前期沙砾用量少且直径小，后期用量多且沙砾直径增大。每1000只育成鸡，5～8周龄时一次饲喂4500g沙砾，沙砾粒度能通过1mm筛孔；9～12周龄时9kg，能通过3mm筛孔；13～20周龄时11kg，能通过3mm筛孔。沙砾可拌入日粮中，或撒于饲料面上让鸡采食，也可单独放在饲槽内让鸡自由采食。饲喂前沙砾用清水洗净，再用0.01％的高锰酸钾水溶液消毒。

育成鸡从18周龄到产量率5％的阶段，日粮中钙的含量应增加到2％，以供小母鸡形成髓质骨，增加钙盐的贮备。但由于鸡的性成熟时间可能不一致，晚开产的鸡不宜过早增加钙量，因此，最好单独喂给1/2的粒状钙料，以满足每只鸡的需要，也可代替部分砂砾，改善适口性和增加钙质在消化道内的停留时间。

6. 定期称测体重、跖骨长度和群体均匀度

（1）体重测定与群体均匀度的评定　现代蛋鸡都有其能最大限度发挥遗传潜力的各周龄的标准体重，标准体重绝不是自由采食状态下的体重。在后备鸡培育上要通过科学的精细的饲喂、及时调控喂料量和体重等综合措施才能达到标准体重。

① 体重测定的时间。白壳蛋鸡从6周龄开始，每1～2周称测体重一次；褐壳蛋鸡从4周龄开始，每1～2周称测体重一次。

② 确定鸡只数量。从鸡群中随机取样，鸡群越小取样比例越高，反之越低。如500只鸡群按10％取样；1000～5000按5％取样，5000～10000按2％取样。取样群的每只鸡都称重、测胫长，并注意取样的代表性。

③ 取样方法。抽样应有代表性。一般先将鸡舍内各区域的鸡统统驱赶，使各区域的鸡和大小不同的鸡分布均匀，然后在鸡舍任一地方用铁丝网围大约需要的鸡数，然后逐个称重登记。

④ 体重均匀度的计算。通常按标准体重±10％范围内的鸡只数量占抽样鸡只数量的百分率作为被测鸡群的群体均匀度。其计算公式是：

$$\text{体重均匀度}=\frac{\text{平均体重}\pm 10\%\text{范围内的鸡只数}}{\text{抽样鸡只总数}}\times 100\%$$

例：某鸡群10周龄平均体重为760g，超过或低于平均体重±10％的范围是：760＋(760×10％)＝836g，760－(760×10％)＝684g。

在5000只鸡群中抽样5％的250只鸡中，标准体重±10％(836～684g）范围内的鸡为198只，占称重总数的百分比为：198÷250＝79％。

则该鸡群的群体均匀度为79％。

体重均匀度优劣的判断标准见表2-5-8。

表 2-5-8 鸡群体重均匀度优劣的判断标准

鸡群中标准体重±10%范围内的鸡只所占的百分比/%	鸡群发育整齐度	鸡群中标准体重±10%范围内的鸡只所占的百分比/%	鸡群发育整齐度
85%以上	特佳	70%~75%	合格
80%~85%	佳	70%以下	不合格
75%~80%	良好		

(2) 跖骨长度测定 跖骨长度简称跖长，是鸡爪底部到跗关节顶端的长度。用游标卡尺测定，单位为厘米。跖长反映鸡骨骼生长发育的好坏。早期骨骼发育不好，在后期将不可补偿。8周龄末，跖长未达到标准，应提高日粮中的营养水平，并适当加大多维用量，同时可在每吨饲料中加入500g氯化胆碱。

(3) 提高群体均匀度 群体均匀度是显著影响蛋鸡生产性能的重要指标。如果鸡群显著偏离体重和胫长指标或均匀度不好，应设法找到原因。造成群体均匀度差的主要原因有：①疾病，特别是肠道寄生虫病；②喂料不均；③密度过大；④ 管理不当，如舍内温度不均匀、断喙不成功、通风不良等。提高均匀度的措施：①分群管理应做好；②降低饲养密度。

7. 做好育成鸡的光照控制

在饲料营养平衡的条件下，光照对育成鸡的性成熟起着重要作用，必须掌握好，特别是10周龄以后，要求光照时间短于光照阈值时数12h，且育成期光照时间只能缩短，强度也不可增强。育成鸡的光照控制参见本章第三节“商品产蛋鸡的饲养管理”。

8. 做好卫生防疫

(1) 鸡群的日常管理 主要包括鸡群精神状态、采食情况、排粪情况、外观表现等。重点在早晨、晚上、喂料过程中进行观察，发现异常及时处理。

(2) 驱虫 地面养的雏鸡和育成鸡容易患蛔虫病与绦虫病，15～60日龄易患绦虫病，2～4月龄易患蛔虫病，应及时对这两种内寄生虫病进行预防，增强鸡只体质和改善饲料效率。

(3) 接种疫苗 应根据各个地区、各个鸡场，以及鸡的品种、年龄、免疫状态和污染情况的不同，因地制宜地制订本场的免疫计划，并切实按计划落实。参考免疫程序参见本章第一节“雏鸡的饲养管理”部分。

(4) 减少应激 日常管理工作要严格按照操作规程进行，尽量避免外界不良因素的干扰。抓鸡时动作不可粗暴；接种疫苗时要慎重；不要穿着特殊衣服突然出现在鸡舍，以防炸群，影响鸡群正常的生长发育。

第三节 商品产蛋鸡的饲养管理

育成鸡从21周龄开始产第一个蛋，标志育成期结束，进入商品产蛋鸡阶段。商品产蛋鸡饲养管理的要求是为蛋鸡创造适宜的饲料和环境条件，尽可能减少各种应激的发生，充分发挥蛋鸡的遗传潜力，提高蛋鸡产蛋率，同时降低鸡群的死淘率和蛋的破损率，最大限度地提高蛋鸡的经济效益。

一、商品产蛋鸡的饲养方式与饲养密度

1. 商品产蛋鸡的饲养方式

目前，蛋鸡的饲养方式分为平养与笼养两大类。

(1) 平养 是指利用各种地面结构在平面上饲养鸡群。平养一次性投资较少，投入少量资金即可养鸡；便于全面观察鸡群状况，鸡的活动多，骨骼坚实，体质良好。但平养的饲养密度较低，捉鸡比较困难，需设产蛋箱，管理不当容易发生窝外蛋。根据具体情况，平养又分为垫料地面平养、网状或条板平养和地网混合平养三种方式。

① 垫料地面平养。这种养殖方式基本与雏鸡垫料平养相同，只是垫料稍厚一些，在管理上

与雏鸡相似。该法投资较少，冬季保温较好，但舍内易潮湿，饲养密度低，窝外蛋和脏蛋较多，鸡舍内尘埃量较大。

② 网状或条板平养。离地70cm左右搭建塑料垫网或条板地面，结构与雏鸡网上饲养相似。塑料垫网网眼稍大，一般为2.5cm×5.0cm，垫网每30cm设一较粗的金属架，防止网凹陷。板条宽2.0～5.0cm，间隙2.5cm，可用木条、竹片、塑料板条等搭建。

这种方式每平方米地面可比垫料平养多养40%～50%的鸡，舍内易于保持清洁与干燥，鸡体不与粪便接触，有利于防病，但轻型蛋鸡易于神经质，窝外蛋与破蛋较多，如果地面不平整光滑，容易使鸡的脚爪受伤，发生脚爪肿胀。

③ 地网混合平养。舍内1/3面积为垫料地面，居中或位于两侧，另2/3面积为离地垫网或板条，高出地面40～50cm，形成"两高一低"或"两低一高"的形式。这种方式多用于种鸡，特别是肉种鸡，可提高产蛋量和受精率。商品产蛋鸡很少采用。

（2）笼养 蛋鸡笼养是我国集约化蛋鸡场普遍采用的饲养方式，乡镇或小型鸡场也多采用笼养。

① 笼养的优点。由于笼子可以立体架放，节省地面，因此可以提高饲养密度；不需要垫料，舍内尘埃少，蛋面清洁，能避免寄生虫等疾病的危害，降低死亡率；便于进行机械化、自动化操作，生产效率高；蛋鸡不容易发生啄蛋癖，且便于观察和捉鸡。

② 笼养的缺点。笼养鸡易于发生挫伤与骨折；鸡只在笼中的活动量小，容易造成鸡体过肥和发生脂肪肝综合征；要求饲料营养必须全面，尤其是维生素、矿物质和微量元素，否则容易引起营养缺乏症；笼养设备投资较大。

③ 蛋鸡笼的布置。可分为阶梯式与叠层式，其中阶梯式又分为全阶梯式与半阶梯式。全阶梯式光照均匀，通风良好；叠层式上下层之间要加承粪板。目前，我国笼养蛋鸡多采用三层阶梯式笼具。

蛋鸡笼的尺寸大小要能满足其一定的活动面积、一定的采食位置和一定的高度，同时笼底应有一定的倾斜度以保证产下的蛋能及时滚到笼外。蛋鸡单位笼的尺寸，一般为前高445～450mm，后高400mm，笼底坡度8°～9°，笼深350～380mm，伸出笼外的集蛋槽为120～160mm，笼宽在保证每只鸡有100～110mm的采食宽度的基础上，根据鸡体型加上必要的活动转身面积。笼具一般制成组装式，即每组鸡笼各部分制成单块，附有挂钩，笼架安装好后，挂上单块即成。

2. 蛋鸡的饲养密度

蛋鸡的饲养密度与饲养方式密切相关（表2-5-9）。

表2-5-9 蛋鸡的饲养密度

饲养方式	轻型蛋鸡		中型蛋鸡	
	只/m^2	m^2/只	只/m^2	m^2/只
垫料地面	6.2	0.16	5.3	0.19
网状地面	11.0	0.09	8.3	0.12
地网混合	7.2	0.14	6.2	0.16
笼养	26.3	0.038	20.8	0.048

注：笼养所指面积为笼底面积。

二、蛋鸡的产蛋规律与产蛋曲线

1. 蛋鸡的产蛋规律

蛋鸡的产蛋具有规律性，就年龄来讲，第一个产蛋年产蛋量最高，第二年和第三年产蛋量每年递减15%～20%。

蛋鸡在一个产蛋期中产蛋规律性强，随着产蛋周龄的增加，产蛋呈现"低→高→低"的规律性变化。根据产蛋曲线的变化特点和蛋鸡的生理年龄，可将产蛋期分为初产期、高峰期、产蛋后期三个不同的阶段。初产期是指蛋鸡产第一个蛋到产蛋率达到70%以上这一阶段，一般为20～24周龄；高峰期蛋鸡的产蛋率在85%以上，一般在28周龄前后产蛋率可超过90%，而且这一水平可维持8～16周；产蛋后期产蛋率缓慢下降，直到第二年换羽停产为止。

2. 产蛋曲线

如果将蛋鸡产蛋期周龄作横坐标，每周龄产蛋率作纵坐标，在坐标纸上描出各点并将各点连接起来，就能得到的一条曲线，即为蛋鸡的产蛋曲线。这条产蛋曲线反映了蛋鸡在一个产蛋期的产蛋规律性变化。

蛋鸡产蛋曲线具有以下三个特点。

(1) 开产后产蛋率上升快　一般呈陡然上升态势，这一时期产蛋率成倍增长，在产蛋6～7周内产蛋率达到90%以上。通常在27～32周龄达到产蛋高峰，高峰期产蛋量93%～94%，可持续8～16周。

(2) 产蛋高峰期过后，产蛋率下降缓慢，而且平稳，产蛋曲线下降呈直线状。通常每周下降0.5%～1%，呈直线平稳下降。

(3) 不可补偿性　产蛋过程中，若遇到饲养管理不善，或其他刺激时，会使产蛋率低于标准并不能完全补偿。

3. 产蛋曲线的应用

每个蛋鸡品种均有其标准的产蛋曲线，每个蛋鸡养殖群体都有其实际的产蛋曲线，将实际产蛋曲线与标准产蛋曲线进行对照，可判断蛋鸡在养殖过程中是否达到标准，从而找出原因，对饲养管理进行改进。

三、产蛋鸡的饲喂技术

1. 蛋鸡开产前后的饲养管理

开产前后是指18～25周龄这一段时间，这是育成母鸡由生长期向产蛋期过渡的重要时期，因此应做好蛋鸡开产前后的饲养管理，以利母鸡完成这种转变，为产蛋期的高产做好准备。

(1) 适时转群

① 转群时间的选择。现代蛋鸡一般在18周龄进行转群，最迟不超过21周龄。这时母鸡还未开产，有一段适应新环境的时间，对培养高产鸡群有利。转群过晚，由于鸡对新环境不熟悉，会出现中断产蛋的情况，影响和推迟产蛋高峰的到来，降低产蛋期的产蛋量。

② 转群前的准备。转群前应对产蛋鸡舍进行彻底清洗、修补和消毒后方可转入鸡群。转群前要准备充足的饮水和饲料，使鸡一到产蛋舍就能吃到水和料。

鸡群在转群上笼前要进行整顿，严格淘汰病、残、弱、瘦、小的不良个体。并进行驱虫，主要是驱除线虫。经过整顿后，白壳蛋鸡体重1.2～1.3kg、褐壳蛋鸡体重1.4～1.5kg后即可转群。

做好转群前后备蛋鸡的饲养管理。在转群前两天内，为了加强鸡体的抗应激能力和促进因抓鸡和运输所导致的鸡体损伤的恢复，应在饲料或饮水中添加抗生素和双倍的多维、电解质。转群当日连续24h光照并停喂水料4～6h，将剩余的料吃净或料剩余不多时再进行转群。

③ 做好转群工作。转群时注意天气不应太冷太热，冬天尽量选择晴天转群，夏天可在早晚或阴凉天气转群。捉鸡要捉双脚，不要捉颈或翅，且轻捉轻放，以防骨折和惊恐。转群工作量大，可把转群人员分成抓鸡组、运鸡组和接鸡组三组，各组要配合好，轻拿、轻放，防止运输过程中出现压死、损伤，提高工作效率。

鸡群转群后要立即饮水、采食，饲料中可添加抗生素和双倍的多维、电解质2～3天。转群后注意观察鸡群动态，鸡可能会拉白色鸡粪，但2天后可恢复正常。当鸡群经过1周时间的适应过程后，要依次进行断喙（主要是修喙）、预防注射、换料、补充光照等工作。

(2) 蛋鸡开产前后的饲养管理要点

① 适宜的体重标准。18周龄应测定鸡只体重，并与鸡种的标准体重进行对照。若达不到标准，则由限制饲养改为自由采食。

② 日粮更换与饲喂。开产前后的蛋鸡对饲料营养的要求严格，开产前3～4周内，母鸡的卵巢和输卵管都在迅速增长，体内也需储备营养，鸡体内合成蛋白量与产蛋高峰期相同，此期应喂

给青年母鸡较高营养浓度的日粮。一般从18～19周龄开始由育成鸡饲料更换为产蛋鸡饲料。更换方法有二：一是设计一个开产前饲料配方，含钙量2%左右，其他营养与产蛋鸡相同；二是产蛋鸡饲料按1/3、1/2、2/3等比例逐渐更换育成鸡日粮，直至全部更换为产蛋鸡日粮。从鸡群开始产蛋起，由限制饲养改为自由采食，一直到产蛋高峰过后2周为止。

③ 补充光照。18周龄体重达标的鸡群，应在18周龄或20周龄开始补充光照。如果体重未达标，则补充光照的时间可推迟1周。补充光照一般为每周增加0.5～1h，直至增加到16h。

④ 准备产蛋箱。在平养鸡群开产前2周，要放置好产蛋箱，否则会造成窝外蛋现象。产蛋箱宜放在墙角或光线较暗处。

⑤ 保持鸡舍安静。鸡性成熟时是其新生活阶段的开始，特别是平养蛋鸡产头两个蛋的时候，精神亢奋，行动异常，高度神经质，容易惊群，应尽量避免惊扰鸡群。

2. 蛋鸡产蛋期的饲养技术

(1) 满足产蛋鸡的营养需要　产蛋鸡的营养要求，除满足自身维持需要和适当增重外，还必须供给产蛋的营养。现代蛋鸡生产性能高，绝大多数都养于笼内，必须喂给全价饲粮，用尽可能少的饲粮全面满足其营养需要，充分发挥其产蛋潜力，达到经济高效的目的。

① 能量需要。包括维持能量需要与生产能量需要两部分。其中2/3用于维持能量需要，1/3用于产蛋能量需要，并且首先满足维持能量需要，然后才用于产蛋能量需要。必须满足能量需要，才有可能提高蛋鸡产蛋量。

② 蛋白质需要。同样包括维持能量需要与生产能量需要两部分。其中1/3用于维持能量需要，2/3用于产蛋能量需要。可见，饲料中的蛋白质主要用于产蛋。产蛋鸡对蛋白质的需要，不仅应从数量上考虑，还要从质量上满足要求，主要的限制性氨基酸有蛋氨酸、赖氨酸、胱氨酸等。

③ 矿物质需要、微量元素、维生素需要。钙对产蛋是非常重要的。日粮中缺钙，蛋鸡会动用骨骼中的钙产蛋，但长期缺钙则产软壳蛋，甚至停产。此外，饲料中的各种微量元素、维生素对蛋鸡的产蛋影响也很大。

产蛋鸡与种鸡的饲养标准见表2-5-10、表2-5-11。

表2-5-10　产蛋鸡与种鸡的饲养标准（轻型白壳品系）（一）

项　目	我国标准(1986年)			NRC(第8版)
	产蛋率＞80%	65%～80%	＜65%	
代谢能/(MJ/kg)	11.50	11.50	11.50	12.12
粗蛋白/%	16.5	15.0	14.0	14.5
蛋氨酸/%	0.36	0.33	0.31	0.32
蛋氨酸＋胱氨酸/%	0.63	0.57	0.53	0.55
赖氨酸/%	0.73	0.66	0.62	0.64
色氨酸/%	0.16	0.14	0.14	0.14
精氨酸/%	0.77	0.70	0.66	0.68
亮氨酸/%	0.83	0.76	0.70	0.73
异亮氨酸/%	0.57	0.52	0.48	0.50
苯丙氨酸/%	0.46	0.41	0.39	0.40
苯丙氨酸＋酪氨酸/%	0.91	0.83	0.77	0.80
苏氨酸/%	0.51	0.47	0.43	0.45
缬氨酸/%	0.63	0.57	0.53	0.55
组氨酸/%	0.18	0.17	0.15	0.16
甘氨酸＋丝氨酸/%	0.57	0.52	0.48	0.50
亚油酸/%	1.00	1.00	1.00	1.00
钙/%	3.5	3.4	3.2	3.40
可利用磷/%	0.33	0.32	0.30	0.32
钾/%	?	?	?	0.15
钠/%	—	—	—	0.15
氯/%	—	—	—	0.15
NaCl/%	0.37	0.37	0.37	—

注：“?”表示数据缺乏；“—”表示缺损项。

表 2-5-11 产蛋鸡与种鸡的饲养标准（轻型白壳品系）（二）

维生素及微量元素	我国标准(1986 年)		NRC(第 8 版)		阿克斯推荐量(种鸡)
	产蛋鸡	种鸡	产蛋鸡	种鸡	
维生素 A/IU	4000	4000	4000	4000	15400
维生素 D/IU	500	500	500	500	3300
维生素 E/IU	5	10	5	10	27.5
维生素 K/mg	0.5	0.5	0.5	0.5	2.2
硫胺素/mg	0.8	0.8	0.8	0.8	2.2
核黄素/mg	2.2	3.8	2.2	3.8	9.9
泛酸/mg	2.2	10.0	2.2	10.0	11.0
烟酸/mg	10	10	10.0	10.0	44.0
吡哆醇/mg	3	4.5	3.0	4.5	5.5
生物素/mg	0.10	0.15	0.10	0.15	0.22
胆碱/mg	500	500	?	?	300
叶酸/mg	0.25	0.35	0.25	0.35	0.66
维生素B12/mg	0.004	0.004	0.004	0.004	0.013
铜/mg	6	8	6	8	8
碘/mg	0.3	0.3	0.30	0.30	0.45
铁/mg	50	60	50	60	75.0
锰/mg	30	60	30	60	100.0
硒/mg	0.1	0.1	0.10	0.10	0.3
锌/mg	50	65	50	65	75.0
镁/mg	?	?	500	500	?

注：“?”表示数据缺乏。

(2) 产蛋鸡的饲喂与饮水

① 喂料量、次数。每只蛋鸡产蛋期喂料量为每天 110～120g，喂料次数每天 3 次，产蛋高峰期增加到每天 4 次。每天喂料量应根据体重、周龄、产蛋率、气温进行调整。

② 补喂大颗粒钙。蛋鸡产蛋量高，需要较多的钙质饲料，一般在下午 5 点补喂大颗粒（直径 3～5mm）贝壳砾，每 1000 只鸡 3～5kg。饲料中的钙源采用 1/3 贝壳粉、2/3 石粉混合应用的方式为宜，可提高蛋壳质量。

③ 保证充足饮水。水是鸡生长发育、产蛋和健康所必需的营养，必须确保水质良好的饮水全天供应，每天清洗饮水器或水槽。产蛋鸡的饮水量随气温、产蛋率和饮水设备等因素不同而异，每天每只的饮水量为 200～300ml。有条件的最好用乳头式饮水器。夏季饮凉水。

(3) 饲养密度、水位、料位

① 密度。笼养蛋鸡 450cm^2/只。

② 料位。每只鸡 10cm 长料位长度。

③ 水位。每只鸡 4cm 长水位长度。

(4) 蛋鸡产蛋期的分段饲养技术 分段饲养是根据鸡的年龄和产蛋水平，将产蛋期分为若干阶段，并考虑环境因素，按不同阶段喂给不同营养水平的饲料。分段饲养目前常用的是三阶段饲养法，具体可分以下两种。

① 按鸡群周龄进行分段饲养。根据鸡群周龄将整个产蛋期分为三个阶段，即 20～42 周龄为第一段，43～58 周龄为第二段，58 周龄以后为第三段。在产蛋前期（20～42 周龄），蛋鸡的产蛋率上升很快，且蛋鸡体重也在增加过程中，应提高日粮中粗蛋白质、矿物质和维生素的含量，促使鸡群产蛋率迅速上升达到高峰期，并能持续较长时间；在产蛋中期（43～58 周龄）、产蛋后期（58 周龄以后）蛋鸡产蛋率缓慢下降，蛋重有所增加，可适当减低日粮中的蛋白质水平，但应满足蛋鸡的营养需要，使鸡群产蛋率缓慢而正常地下降。

② 按鸡群产蛋率进行分段饲养。即根据产蛋率的高低把产蛋期分为三个阶段：产蛋率小于

65%、产蛋率65%～80%、产蛋率大于80%，各阶段给予不同营养水平的饲料进行饲养。各阶段日粮中的营养水平参见表2-5-10。

(5) 产蛋鸡的调整饲养　根据环境条件和鸡群状况的变化，及时调整日粮配方中主要营养成分的含量，以适应鸡对各种因素变化的生理需要，这种饲养方式称调整饲养。分以下几种情况。

① 按育成鸡体重进行调整饲养。育成鸡体重达不到标准的，从18～19周龄转群后就应更换成营养水平较高的蛋鸡饲料，粗蛋白质水平控制在18%左右，经3～4周饲养，使体重恢复正常。

② 按季节变化调整饲养。冬季，蛋鸡采食量大，可适当降低日粮中的粗蛋白质水平；夏季，蛋鸡采食量减小，可适当提高日粮中的粗蛋白质水平。

③ 鸡群采取特殊管理措施时的调整饲养。在断喙当天或前后1天，在饲料中添加5mg维生素K/kg；断喙1周内或接种疫苗后7～10天内，日粮中蛋白质含量增加1%；出现啄癖时，在消除原因的同时，饲料中适当增加粗纤维含量；在蛋鸡开产初期、脱羽、脱肛严重时，可加喂1%的食盐；在鸡群发病时，可提高蛋白质1%～2%、多维0.02%等。

(6) 蛋鸡的饲料形状与减少饲料浪费的措施

① 蛋鸡的饲料形状：粉料。

② 减少饲料形状的措施：饲养高产优质品种；采用优质全价配合饲料；按需给料；严把饲料原料质量关；饲料不可磨得太细；注意保存饲料；改进饲槽结构，使其结构更加合理；每次加料不超过料槽深度的1/3；及时淘汰低产和停产鸡。

四、产蛋鸡的饲养环境与管理

1. 做好温度控制

温度对鸡的生长、产蛋、蛋重、蛋壳品质、受精率与饲料效率都有明显的影响。高温对蛋鸡产蛋性能影响很大，能引起产蛋率下降，蛋形变小，蛋壳变薄变脆，表面粗糙；低温，特别是气温突然下降，也使产蛋率下降，但蛋较大，蛋壳质量正常。相对而言，高温对产蛋鸡的影响大于低温，因此，夏季的防暑降温工作很重要。

成年鸡的适温范围为5～28℃；产蛋适温为13～25℃，其中13～16℃时产蛋率较高，15.5～25℃时产蛋的饲料效率较高。

2. 做好湿度控制

湿度与正常代谢和体温调节有关，湿度对家禽的影响大小往往与环境温度密切相关。对产蛋鸡适宜的湿度为50%～70%，如果温度适宜，相对湿度低至40%或高至72%，对家禽均无显著影响。试验表明：舍温分别为28℃、31℃、33℃，相应的湿度分别为75%、50%、30%时，鸡产蛋的水平均不低。

3. 加强通风换气

目前，蛋鸡场的养殖规模越来越大，且多采用高密度饲养，如果舍内空气污浊，必然会不同程度地影响蛋鸡的生存和生产，因此在环境控制上应更加重视通风换气，特别是在冬季要重点解决好鸡舍保温与通风的矛盾，这一点对开放式鸡舍尤为重要。

通风换气的作用主要有减少舍内空气中的有害气体（NH_3、H_2S、CO_2、粪臭素等）、灰尘和微生物，保持舍内空气清新，供给鸡群足够的氧气，调节舍内温度和湿度。因此，通风换气是调节蛋鸡舍空气状况最主要、最经常的手段。蛋鸡舍内常见的有害气体的卫生学标准是：CO_2不超过0.15%，H_2S不超过$10mg/m^3$，NH_3不超过$20mg/m^3$。

4. 做好蛋鸡光照控制

(1) 光照时间对蛋鸡性成熟的影响　性成熟是指蛋鸡生殖器官发育完善，具备正常的生殖功能，其标志是蛋鸡开产。

蛋鸡孵化出壳——2月龄，性腺（即卵巢）的发育相对较慢，而其他组织和器官发育相对较快，故应保证较长的光照时间，以保证采食和饮水的需要；当蛋鸡达到2月龄后，性腺的发育明显加快，此时光照时间的长短对性腺的发育有明显的调控作用。据有关资料：当每天光照时间在12h以下时，抑制性腺的发育，光照时数越短，性腺的发育越慢；如每天光照时数超过12h，则促进性腺的发育，光照时数越长，性腺的发育越快。因此，每天12h的光照时间被视为育成鸡性腺发育的"阈值时数"。性腺发育加快的结果，导致母鸡开产过早，而此时母鸡的骨骼、肌肉和其他内脏组织器官尚未发育成熟，常导致产蛋高峰期维持时间过短，产蛋率低，蛋小，产蛋量降低。因此，早产对蛋鸡不利，产蛋母鸡应做到适时开产，严防过早开产。

此外，育成期光照时间的变化对育成鸡性成熟也有明显影响，既"阈值时数"对处于从短光照时数到长光照时数变化的育成母鸡来讲，有着明显的阈值效应；但当育成母鸡处于从长光照时数到短光照时数变化时，即便最初光照时数大大超过"阈值时数"，只要它一直处于下降的趋势，则有抑制性腺发育的作用，且对性腺发育后期的作用明显大于性腺发育前期。

因此，育成期防止蛋鸡性腺发育过快的光照控制措施有二：一是使蛋鸡在性腺发育期处于低于"阈值时数"（一般为每日8～9h）的光照环境中，以防止过早开产；二是使蛋鸡处于光照时数逐渐缩短的光照环境中，同样可以抑制性腺的发育。

（2）光照时间对蛋鸡产蛋期产蛋量的影响　蛋鸡开产后，应逐渐缓慢增加光照时间，以促进产蛋高峰期的到来，但此期光照时数不可骤然增加，否则导致初产蛋鸡肛门外翻，造成不必要的损失。当光照时数增加到每日14～16h时，则不可继续增加，在整个产蛋期保持不变。产蛋期母鸡对光照的变化非常敏感，若光照时数下降，常导致产蛋量下降，并出现过早换羽，甚至还会出现短时间的停产，从而减低产蛋期的产蛋量。

（3）光照强度对蛋鸡的影响　光照强度是指光源发出光线的亮度，常用的单位是勒克司(lx)。光照强度对母鸡性成熟的影响小，对母鸡产蛋的影响大。光照强度过低，导致采食、饮水困难而影响产蛋；而过强的光照，则引起蛋鸡情绪不安，啄癖增多，从而导致死亡率增加，尤其是蛋鸡笼养时更加明显。人工控制光照强度的标准：生长鸡5～10lx，产蛋鸡10～40lx。

（4）蛋鸡的光照控制　关键是控制光照时间和光照强度。

① 蛋鸡光照时间的控制原则。蛋鸡出壳后，为尽快保证其采食和饮水，0～3日龄采取23～24h的光照时间；生长期的光照时间宜短，特别是10～20周龄阶段，性腺发育加快，不可逐渐延长光照时间；产蛋期光照时间宜长，并保持恒定，不可缩短光照时间。

② 蛋鸡光照时间的控制方案。分为密闭式鸡舍光照控制和开放式鸡舍光照控制两种。

a. 密闭式鸡舍光照控制。密闭式鸡舍又称无窗鸡舍，鸡舍内的环境条件均为人工控制而不受自然光照条件的影响。该鸡舍主要在大型机械化养鸡场采用。光照控制方法是：0～3日龄，每日23～24h光照；4～19周龄，每日8～9h光照；20周龄开始，在原来每日8～9h光照的基础上，每周增加1h，直至每日光照达16h时为止，并维持到产蛋期结束。

b. 开放式鸡舍的光照控制。除机械化养鸡场外，绝大多数养鸡场均为开放式鸡舍。开放式鸡舍主要利用窗户自然采光，日照随季节变化而变化。从冬至到夏至，每日光照时数逐渐延长，到夏至达到最高；从夏至到冬至，日照时数逐渐下降，到冬至达到最低。因此，应根据育雏育成阶段的自然光照变化来进行控制。

(a) 蛋鸡生长阶段

ⅰ. 利用自然光照：每年4月15日到9月1日孵出的鸡，其生长后期处于日照逐渐缩短或日照较短的时期，对防止蛋鸡过早开产是有利的，完全可以利用自然光照，而不必人工控制光照。

ⅱ. 人工控制光照：每年9月1日到次年4月15日孵出的鸡，其生长后期处于日照逐渐增加或日照较长的时期，对防止蛋鸡过早开产是不利的，必须采取渐减的光照控制方案，其方法是：以母雏长到20周龄时的自然日照时数为准，然后加5h，如母雏长到20周龄时的自然日照时数为15h，则加5h，总共20h（自然光照时间＋人工光照时间）作为孵出时的光照时间，以后每周减少15min，减至20周龄时刚好是自然日照时间，在整个生长期形成一个光照渐减的环境，可有效防止蛋鸡过早开产。

(b) 蛋鸡产蛋阶段：从21周龄开始，在20周龄日照时数的基础上，每周增加15～30min人工光照，直到每日光照时数达16h为止，并维持到产蛋期结束。

③ 光照强度的控制。光源可选15～60W的白炽灯，安装高度为2m，灯泡行间距3.6m，保证照度均匀。

为达到光照强度标准，舍内每平方米面积所需灯泡瓦数为：出壳至第1周，2.5～3W；第2～20周，1.5W；第21周后，3.5～4W。产蛋期每周擦拭灯泡，以保证正常发光效率，坏掉的灯泡及时更换。

5. 产蛋鸡的日常管理

(1) 观察鸡群 主要观察以下几方面情况：鸡群的精神状态、粪便情况、鸡群的采食与饮水情况、有无脱肛和啄肛现象、有无鸡只意外伤害、有无呼吸道疾病和其他疾病。可在清晨开灯、喂料给水、夜晚关灯时进行观察。

(2) 保持稳定、良好的环境 蛋鸡对环境变化非常敏感，尤其是轻型蛋鸡尤为神经质，环境的突然改变，如高温、断喙、接种、换料、断水、停电等，都可能引起鸡群食欲不振、产蛋下降、产软壳蛋、精神紧张，甚至乱撞引起内脏出血而死亡。这些表现往往需要数日才能恢复正常，因此，稳定而良好的环境对产蛋鸡非常重要。

夏季高温对蛋鸡产蛋影响很大，可采取以下措施缓解热应激：①加强通风换气，地面和墙角喷洒凉水，降低舍内温度。②饮喂凉水，必要时可在饮水中加入冰块。③鸡舍外围搭阴棚、种丝瓜、植葡萄及瓜蔓等植物遮阳避暑，以减缓直射阳光的强度，给鸡创造一个适宜的小气候环境。④改变饲料配方，增加营养浓度，在饲料中添加1%～3%的油脂，提高饲料的能量水平，同时可提高日粮中钙含量（达到4%）。⑤加喂抗应激药物，如在饮水中添加0.1%碳酸氢钠，对提高蛋鸡的抗高温能力和产蛋率有明显作用；在饮水中添加0.01%～0.04%维生素C和0.2%～0.3%氯化铵；在饲料中添加适量的杆菌肽锌，可维持肠道内的菌群平衡，促进营养吸收；在饲料中添加0.3%的柠檬酸可以缓解热应激。

冬季低温季节应注意缓解寒冷效应：①保持适宜舍温，关闭门窗，减少舍内外热量交换，尽量使鸡舍保持产蛋所需的适宜温度。②降低舍内湿度，保持鸡舍干燥。③人工补充光照，每天必须保证15～17h的有效光照。④及时调整产蛋鸡日粮，提高日粮中的能量水平。

(3) 做好生产记录 要管理好鸡群，就必须做好鸡群的生产记录。鸡只死亡数、产蛋量、耗料、舍温、防疫、投药等都必须每天（次）记载。通过这些记录，可以及时了解生产、指导生产，发现问题、解决问题。

(4) 做好捡蛋 捡蛋次数以每日上午、下午各捡一次（产蛋率低于50%，每日可只捡一次）。捡蛋时要轻拿轻放，尽量减少破损，全年破损率不得超过3%。捡蛋时应注意：将蛋分类、计数、记录、装箱；破蛋、空壳蛋禁止直接喂产蛋鸡；及时处理脏蛋，尽量减少破蛋。

蛋鸡饲养管理日程见表2-5-12。

表2-5-12 蛋鸡饲养管理日程

时间		工作内容
早晨	早晨5:00	开灯查鸡舍温、湿度，查鸡群情况，看有无病鸡、死鸡
	5:00～5:30	冲水槽、加料，如果喂青饲料、投药等须先拌料
	5:30～8:00	(1)刷水槽，每天1次；(2)擦食槽、托蛋板，每周2次；(3)打扫墙壁、屋顶、屋架，擦门窗玻璃，灯泡每周擦一次；(4)清理下水道；(5)铲除走廊上鸡粪等
上午	8:00～8:30	早饭
	8:30～10:00	(1)观察鸡群，挑选治疗病鸡；(2)对病鸡、好斗鸡、偷吃鸡蛋鸡，调整鸡笼；(3)捡破蛋，推平被鸡啄成堆的料
	10:00～10:40	加料并清扫
	10:40～12:00	修蛋箱、蛋箱垫料过秤，捡蛋并分类、装箱、结算、登记
	12:00～12:30	清扫鸡舍、工作间、更衣室卫生、洗刷用具、准备交班
	12:30～13:00	午饭（接班人先吃）

续表

时间		工作内容
下午	13:00～13:30	交接班，讲评，交班双方共同检查鸡群、鸡舍设备
	13:30～14:30	冲水槽，观察鸡群，擦风扇叶
	14:30～15:10	加料并清扫(此料不喂可匀在早上和晚上喂)
	15:10～16:30	观察鸡群，挑选治疗病鸡，均料，调整鸡笼，挑出鸡冠萎缩的鸡、发育不良的鸡等
	16:30～17:30	修蛋箱，第二次捡蛋、过秤、分类装箱、检查、结算、登记
	17:30～18:00	晚饭
晚	18:00～19:00	加料并清扫鸡舍，值班室、更衣室、鸡舍卫生、洗刷用具
	19:00～22:00	紫外线照射，观察鸡群，均料，消毒，填写值班记录，结算当天产蛋个数、斤数、死淘鸡数，关灯

五、蛋鸡的生产标准和提高产蛋量的措施

1. 蛋鸡的生产标准

蛋鸡的生产标准是在良好饲养管理条件下衡量蛋鸡生产性能的依据，是蛋鸡遗传力和饲养管理条件综合作用的结果。如果蛋鸡养殖场提供的饲养管理条件良好，则该鸡场养殖的蛋鸡能达到生产标准；反之，饲养管理不良，蛋鸡实际产蛋水平与生产标准之间存在距离，蛋鸡养殖经济效益降低。

尽管现代蛋鸡的生产性能比较接近，但不同的蛋鸡品系有不同的生产标准，且随着蛋鸡产蛋遗传潜力的提高和饲养管理条件的改善而不断提高。因此，商品蛋鸡养殖场最好参考引进品系鸡种的原产公司所介绍的最新性能指标进行饲养管理，更具实用价值。如海兰棕壳蛋鸡生产标准见表 2-5-13。

表 2-5-13 海兰棕壳蛋鸡生产标准

周龄	饲养日产蛋率/%	累计饲养日产蛋数	累计入舍鸡产蛋数	体重/kg	平均蛋重/(g/枚)	累计入舍鸡蛋重/kg
19	0	0.0	0.0	1.61	—	—
20	9	0.6	0.6	1.66	45.5	0.03
21	22	2.2	2.2	1.71	48.5	0.10
22	48	5.5	5.5	1.75	51.5	0.28
23	71	10.5	10.5	1.79	53.5	0.54
24	84	16.4	16.3	1.83	55.5	0.86
25	90	22.7	22.6	1.86	57.5	1.22
26	91	29.1	28.9	1.90	58.5	1.59
27	92	35.5	35.3	1.93	59.0	1.97
28	93	42.0	41.7	1.96	59.5	2.35
29	93	48.5	48.1	1.99	59.9	2.74
30	93	55.0	54.5	2.01	60.3	3.13
31	92	61.5	60.9	2.04	60.6	3.51
32	92	67.9	67.2	2.06	60.9	3.90
33	92	74.3	73.6	2.08	61.2	4.28
34	92	80.8	79.9	2.10	61.5	4.67
35	92	87.2	86.2	2.11	61.8	5.06
36	92	93.7	92.5	2.13	62.1	5.46
37	91	100.0	98.7	2.15	62.4	5.84
38	91	106.4	105.0	2.16	62.7	6.23
39	90	112.7	111.1	2.17	63.0	6.62

续表

周龄	饲养日产蛋率/%	累计饲养日产蛋数	累计入舍鸡产蛋数	体重/kg	平均蛋重/(g/枚)	累计入舍鸡蛋重/kg
40	89	118.9	117.2	2.18	63.3	7.01
41	88	125.1	123.2	2.19	63.5	7.39
42	88	131.3	129.2	2.20	63.6	7.77
43	87	137.3	135.1	2.21	63.8	8.15
44	86	143.4	140.9	2.22	63.9	8.52
45	85	149.3	146.7	2.22	64.1	8.89
46	85	155.3	152.5	2.23	64.2	9.26
47	84	161.1	158.1	2.23	64.4	9.62
48	83	167.0	163.7	2.24	64.5	9.99
49	83	172.8	169.3	2.24	64.6	10.35
50	82	178.5	174.9	2.24	64.7	10.70
51	82	184.2	180.4	2.24	64.8	11.06
52	81	189.9	185.8	2.25	64.9	11.42
53	81	195.6	191.3	2.25	65.0	11.77
54	80	201.2	196.6	2.25	65.1	12.12
55	80	206.8	202.0	2.25	65.2	12.47
56	79	212.3	207.3	2.25	65.3	12.81
57	79	217.8	212.6	2.25	65.3	13.16
58	78	223.3	217.8	2.25	65.4	13.50
59	78	228.8	223.0	2.25	65.4	13.84
60	77	234.2	228.1	2.25	65.5	14.17
61	77	239.5	233.2	2.25	65.5	14.51
62	76	244.9	238.3	2.25	65.6	14.84
63	76	250.2	243.3	2.25	65.6	15.17
64	75	255.4	248.3	2.25	65.6	15.50
65	75	260.7	253.2	2.25	65.7	15.82
66	74	265.9	258.1	2.25	65.7	16.14
67	74	271.0	263.0	2.25	65.7	16.46
68	73	276.2	267.8	2.25	65.8	16.78
69	73	281.3	272.6	2.25	65.8	17.10
70	72	286.3	277.3	2.25	65.8	17.41
71	72	291.3	282.1	2.25	65.9	17.72
72	71	296.3	286.7	2.25	65.9	18.03
73	71	301.3	291.4	2.25	65.9	18.33
74	70	306.2	295.9	2.25	65.9	18.63
75	70	311.1	300.5	2.25	66.0	18.94
76	70	316.0	305.1	2.25	66.0	19.24
77	69	320.8	309.6	2.25	66.0	19.53
78	69	325.6	314.1	2.25	66.0	19.83
79	68	330.4	318.5	2.25	66.1	20.12
80	68	335.2	322.9	2.25	66.1	20.41

注：引自《海兰棕壳蛋鸡商品代管理指南》。

2. 提高产蛋量的措施

(1) 选择高产健康的蛋鸡鸡种　现代蛋鸡根据蛋壳颜色主要分为棕（褐）壳蛋鸡、白壳蛋鸡两种。选种时，要考虑品种的生产性能和市场需求，到制种条件良好的父母代种鸡场或孵化场购雏，并注意雏鸡的孵化质量。

(2) 饲喂全价配合饲料　现代蛋鸡产蛋性能优良，产蛋期间产蛋强度高，对周围条件特别是饲料条件非常敏感。因此，应根据蛋鸡的饲养标准配制符合蛋鸡生长和生产需要的全价饲料，实行分段饲养，以提高产蛋率。此外，产蛋期间应保证清洁充足的饮水。

(3) 防止和减缓各种可能的应激　应激是指不良环境条件造成蛋鸡生理紧张状态和心理压力的反应，能造成蛋鸡健康和产蛋性能的下降。所以在蛋鸡养殖过程中保持各种环境条件的适宜、稳定和渐变，保持鸡舍宁静，不采取可能导致鸡群应激的措施，注意针对性地采取措施降低高温和低温环境对蛋鸡产蛋的不良影响。

(4) 减少破损蛋　从饲料配合、集蛋管理与保存、商品蛋运输等方面采取措施。

(5) 采用新技术和新设备　如蛋鸡育成期实施限制饲养，产蛋期根据产蛋率和饲养阶段分段饲喂，对第一个产蛋年后留养的蛋鸡实施人工强制换羽技术，采用快速喂料系统、乳头式饮水器、湿帘降温系统、粪污处理设备、纵向负压通风设备，改进笼养和集蛋设备等，为蛋鸡提供良好的环境以保持持续高产。

(6) 做好蛋鸡的综合卫生防疫　主要包括定期驱虫、接种疫苗，搞好环境、饲料、饮水卫生，保证鸡群健康等，具体可参见本章相关内容。

(7) 及时发现蛋鸡生产中的问题并进行处理　如发现产蛋量下降，要及时查明原因（饲料、饮水、环境、管理、疾病等），尽快消除原因。

第四节　蛋用种鸡的饲养管理

蛋用种鸡的饲养目的是为商品蛋鸡养殖场提供优质的母雏，而种鸡所产母雏的数量、母雏的优劣，取决于种鸡各阶段的饲养管理和鸡群疾病的净化程度。因此，蛋用种鸡的饲养要求是：保持良好的种用体况、繁殖能力，更多地生产合格种蛋，保证种蛋的受精率、孵化率和健雏率。蛋用种鸡的饲养管理在许多方面与商品蛋鸡相似，这里主要介绍蛋用种鸡一些特殊的饲养管理措施。

一、蛋用种鸡育雏育成期的特殊饲养管理

1. 培育方式与饲养密度

育雏育成期种鸡的培育方式有地面平养、网上平养和笼养等不同方式，生产中多采用网上平养和笼养。由于种鸡的特殊要求，不同时期的饲养密度比商品鸡小30%～50%即可。随着日龄的增加，饲养密度也应相应降低，可结合断喙、免疫接种等工作调整饲养密度，并实行强弱分群饲养、公母分开饲养，淘汰体质过弱的鸡。

2. 佩戴翅号与分群饲养

目前生产中饲养的种鸡都是高产配套系的种鸡，不同种鸡养殖场饲养的种鸡在配套杂交方案中所处的位置是特定的，不能互相调换。因此，不同种鸡在出雏时都要佩戴不同的翅号进行区别。

各系种鸡还应分群饲养，以免弄错和方便配种计划的编制，也便于根据各系种鸡不同的生长发育特点进行饲养管理。不同性别的种鸡在6～8周龄前可混养，但9～17周龄阶段应分开饲养。公鸡最好采用平养育成，鸡舍外设置运动场，可以保证公鸡充分运动，体格健壮结实，提高后备种公鸡质量。种公鸡的饲养密度要求是：6周龄后，450～500cm^2/只，成年种公鸡900cm^2/只。育雏育成期间注意将体重过大和过小者分开饲养，对体重超标的进行限饲，对体重未达标的进行补饲。

分群后，公母鸡应按同样的光照程序进行管理。控制饲喂量，公鸡比母鸡多喂10%左右。育成后期至产蛋高峰前逐渐增加光照时数，母鸡增加到每天16h，公鸡每天增加到12～14h为止。

3. 蛋用种鸡育成期的限制饲养

蛋用种鸡育成期采取限制饲养，可以保证种鸡培育质量，提高种鸡繁殖能力。限制饲养应考虑鸡种要求，在具体应用时应参考所饲养鸡种的最新饲养管理手册，结合种鸡体重、跖长和群体

均匀度进行，才能达到预期目的。限制饲养的方法可参考商品蛋鸡育成期的限制饲养。

来航型种鸡与中型蛋种鸡的体重标准见表 2-5-14，迪卡父母代种鸡的跖长标准见表 2-5-15。

表 2-5-14　来航型种鸡与中型蛋种鸡的体重标准/kg

周　龄	来航型种鸡		中型蛋种鸡(产褐壳蛋)	
	母　鸡	公　鸡	母　鸡	公　鸡
1	0.09	0.14	0.13	0.18
2	0.14	0.18	0.18	0.22
3	0.22	0.27	0.27	0.32
4	0.27	0.36	0.36	0.45
5	0.36	0.46	0.46	0.59
6	0.41	0.55	0.59	0.73
7	0.50	0.68	0.68	0.86
8	0.59	0.77	0.77	1.00
9	0.68	0.91	0.86	1.09
10	0.73	1.00	0.95	1.22
11	0.82	1.04	1.04	1.32
12	0.91	1.14	1.14	1.45
13	0.96	1.23	1.23	1.54
14	1.04	1.32	1.32	1.63
15	1.09	1.36	1.36	1.73
16	1.14	1.46	1.45	1.82
17	1.19	1.50	1.50	1.91
18	1.23	1.55	1.54	1.96
19	1.27	1.64	1.64	2.09
20	1.32	1.68	1.68	2.13
21	1.36	1.73	1.73	2.18
22	1.41	1.77	1.77	2.27
23	1.45	1.86	1.82	2.32
24	1.50	1.90	1.86	2.36
25	1.55	1.96	1.96	2.45
30	1.59	2.00	2.00	2.54
40	1.64	2.09	2.05	2.59
50	1.68	2.13	2.09	2.64
60	1.73	2.18	2.18	2.72
70	1.77	2.27	2.23	2.82
80	1.82	2.32	2.27	2.94

注：来源于美国《商品鸡生产手册》1990 年版。

表 2-5-15　迪卡父母代种鸡的跖长标准/mm

周　龄	公鸡跖长	母鸡跖长	周　龄	公鸡跖长	母鸡跖长
1	35	33	11	106	91
2	44	40	12	110	95
3	52	46	13	114	99
4	60	52	14	117	101
5	67	58	15	120	102
6	74	65	16	122	103
7	81	71	17	124	104
8	88	78	18	125	105
9	95	83	19	125	106
10	101	87	20	126	106

4. 种公鸡育雏育成期的特殊管理与饲养要求

(1) 断喙、断趾与戴翅号　对采取人工采精的公鸡在育雏期要断喙，以减少育雏、育成期间的死亡。自然交配的公鸡不用断喙，但要断趾，防止配种时踩伤、抓伤母鸡。公鸡断喙的合理长度为商品蛋鸡的一半；断喙时间与商品鸡相同，即7～10日龄进行第1次断喙，在12周龄左右将断喙效果不好的公鸡进行补断或重断。采用自然交配的公鸡，可将内侧第一、第二趾断去，以免配种时抓伤母鸡。

引种时，各亲本雏出雏时都要戴翅号，以方便识别。

(2) 剪冠　现代蛋用型种公鸡的冠较大，容易影响种公鸡的采食、饮水和配种，平养时发生争斗容易受伤。因此，种公鸡要剪冠。同时，在引种时为了便于区别公母鸡也要剪冠。

剪冠的方法有两种：一是出壳后通过性别鉴定，用手术剪剪去公雏的冠，但不要太靠近冠基，防止出血过多；二是南方炎热地区，只把冠齿剪去即可，以免影响散热。

(3) 单笼饲养　繁殖期人工授精的公鸡应单笼饲养。群养时，公鸡相互争斗、爬跨等，影响精液数量和品质。

(4) 种公鸡的选择　由于种公鸡在配种时所需数量明显少于种母鸡，特别是采取人工授精技术时更是如此。因此选择种公鸡时必须更严格。种公鸡在参加繁殖配种前应进行三次选择。

① 第一次选择（6周龄阶段）。在育雏结束公母分群饲养时进行，选留个体发育良好、冠髯大而鲜红者。留种的数量按1∶(8～10)的公母比选留，并做好标记，最好与母鸡分群饲养。

② 第二次选择（17～18周龄阶段）。选留体重和外貌都符合品种标准、体格健壮、发育匀称的公鸡。自然交配的公母比为1∶9；人工授精的公母比为1∶(15～20)，并选择按摩采精时有性反应的公鸡。

③ 第三次选择（21～22周龄阶段）。自然交配的公鸡此时已经配种2周左右，淘汰配种时处于劣势的公鸡，如鸡冠发紫、萎缩、体质瘦弱、性活动较少的公鸡，选留比为1∶10。进行人工授精的公鸡，经过1周按摩采精训练后，主要根据精液品质和体重选留，选留精液颜色乳白色、精液量多、精子密度大、活力强的公鸡，选留比例为1∶(20～30)。

5. 后备种公鸡的营养水平

种公鸡的饲料最好不要使用母鸡料，应单独配制。后备公鸡的日粮是代谢能11～12MJ/kg；育雏期粗蛋白质18%～19%，钙1.1%，有效磷0.45%；育成期粗蛋白质12%～14%，钙1.0%，有效磷0.45%；微量元素与维生素含量可与母鸡相同。公母混养时应设公鸡专用料槽，放在比公鸡背部略高的位置，公鸡可以伸颈吃食而母鸡够不着；母鸡的料槽上安装防护栅，使公鸡的头伸不进去而母鸡可以自由伸头进槽采食。

种母鸡育雏育成期的营养水平与商品蛋鸡一致。

二、蛋用种鸡产蛋期的特殊饲养管理

1. 饲养方式和饲养密度

(1) 饲养方式　蛋用种鸡产蛋期的饲养方式与繁殖方式关系密切。采取人工授精的蛋鸡普遍采取个体笼养，多采取二阶梯式笼养，这样有利于公鸡采精和母鸡人工输精技术的操作；采取自然交配的种鸡多采取地面垫料平养、网上平养、地网混合平养等饲养方式（图2-5-1、图2-5-2），同时配备产蛋箱，每四只母鸡配一个。

图2-5-1　种鸡笼养

图2-5-2　种鸡地网混合平养

（2）蛋用种鸡产蛋期的饲养密度　饲养密度的大小与种鸡饲养方式和体型有关。不同饲养方式下不同体型蛋用种鸡母鸡的饲养密度见表2-5-16，公鸡所占的饲养面积应比母鸡多1倍。

表2-5-16　不同饲养方式下不同体型蛋用种鸡母鸡的饲养密度

鸡体型	地面平养		网上平养		混合地面		笼　养	
	m^2/只	只/m^2	m^2/只	只/m^2	m^2/只	只/m^2	m^2/只	只/m^2
轻型蛋用种鸡	0.19	5.3	0.11	9.1	0.16	6.2	0.045	22
中型蛋用种鸡	0.21	4.8	0.14	7.2	0.19	5.3	0.050	20

注：笼养所指的面积为笼底面积。

2. 转群与公母合群、种蛋收集、提高种蛋合格率的措施

（1）转群与公母合群　蛋用种鸡开产时间比商品鸡晚1～2周，故种鸡的转群时间比商品蛋鸡推后1～2周，安排在18～19周龄进行。产蛋期进行平养的后备种鸡要求提前1～2周（即安排在17～18周龄）转群，目的是让育成母鸡充分熟悉环境和产蛋箱，减少窝外蛋，提高种蛋合格率。

采取自然配种时，可在母鸡转群后的第2天投放公鸡，以晚间投放为好。最初可按1∶8的公母比放入公鸡，待群体优胜序列确立后，按1∶10的公母比剔除多余的体质较差的公鸡。公鸡与母鸡混群后2周即可得到受精率较高的种蛋。

（2）种蛋收集时间　种蛋收集的适宜时间与蛋重有关，蛋重必须在50g以上才能留种，即合格种蛋的收集时间从25周龄开始。种鸡采取人工授精时，只要提前1周训练公鸡使其适应按摩采精即可进行采精和输精，最初两天连续输精，第3天即可收集种蛋，受精率可达95%以上。对于老龄的种母鸡，最好用青年公鸡配种，种蛋受精率较高。每天应拣蛋5次，其中上午拣蛋3次，下午拣蛋2次。

（3）提高种蛋合格率的措施　饲养种鸡不但要考虑提高产蛋量，还要考虑提高种蛋合格率与受精率，其主要措施如下。

① 饲喂全价日粮。种鸡的饲料中除了考虑能量和蛋白质外，还要考虑影响蛋壳质量的维生素和矿物质元素的添加，尤其是钙、磷、锰、维生素D_3。种禽场种蛋的破蛋率应控制在2%以内。

② 科学管理种鸡。种鸡的常规管理可参考商品蛋鸡进行。但要注意的是：饲养员的工作责任心对种蛋收集和管理特别重要，种鸡场应将种蛋破损率定为饲养员工作质量的考核指标之一。鸡舍保持安静，尽量减少预防免疫的次数，严格按照标准培养后备鸡，使开产日龄、开产体重达到标准。

③ 合理设计蛋鸡笼。种鸡在良好的养鸡笼具中进行饲养，其种蛋的破蛋率很低，一般可控制在2%以内。种鸡笼的设计要求：底网弹性好；镀锌冷拔钢丝直径不超过2.5mm；笼底蛋槽的坡度不超过8°；每个单体笼装鸡数不超过3只，每只鸡占笼体面积不少于400cm^2。

④ 合理控制光照。蛋用种鸡光照控制的原理和方法与商品蛋鸡相似，但具体方案略有不同，其光照管理方案见表2-5-17、表2-5-18。

表2-5-17　密闭式鸡舍光照管理方案（恒定渐增法）

周龄	光照时间/(h/天)	周龄	光照时间/(h/天)
0～3	24	23	12
4～19	8～9	24	13
20	9	25	14
21	10	26	15
22	11	65～72	17

表 2-5-18　开放式鸡舍光照管理方案

周　龄	出雏时间/月	
	4/5～11/8	12/8～3/5
	光照时间/(h/天)	
0～3	24	24
4～7	自然光照	自然光照
8～19	自然光照	按日照最长时间恒定
20～64	每周增加 1h，直到达 16h	每周增加 1h，直到达 16h
65～72	17h	17h

⑤ 提高种蛋受精率。提高种蛋受精率是提高合格种蛋利用率的有效途径，提高种蛋受精率主要从以下几个方面采取措施：选择繁殖力强的公鸡进行配种，并适时淘汰公鸡；保持种鸡群适宜的公母比例；推广应用人工授精技术。采取人工授精时，要掌握好正确的输精操作、准确的输精剂量和输精深度、适宜的输精间隔时间、一天中最佳的输精时间。同时，输精人员不要过度挤压母鸡腹部（特别是初产母鸡），防止卵黄破裂进入腹腔内引起卵黄性腹膜炎。

3. 蛋用种鸡的营养水平

为了提高种蛋受精率与孵化率，在营养需要上种母鸡比商品蛋鸡需要更多的维生素、必需氨基酸和微量元素。

繁殖期种公鸡的营养需要比种母鸡低。种公鸡繁殖期饲料中代谢能水平的要求是10.80～12.13MJ/kg，粗蛋白质11%～12%；如果采精频率高，12%～14%的蛋白日粮最为适宜，日粮氨基酸要平衡。种公鸡日粮中钙含量为1.5%，磷为0.8%。每千克日粮中，维生素A为10000～20000IU，维生素E为22～60mg，维生素D_3为2000～3850IU，维生素B_1为4mg，维生素B_2为8mg，维生素C为50～150mg，其他维生素和微量元素与种母鸡相同。

由于不同种鸡在营养需要上存在一定差异，在实际管理中应参考有关育种公司制定的种鸡饲养标准来进行调整。同时，为了防止公鸡体重过大，给料量应加以控制，为每天110～125g/只。

4. 种鸡体重检查与疾病检疫净化

（1）种鸡体重检查　实施人工授精的公鸡，应每月检查体重一次，凡体重下降100g以上的公鸡，应暂停采精或延长采精间隔，并加强饲养，甚至补充后备公鸡。对自然配种的公鸡，应随时观察其采食饮水、配种活动、体格大小、冠髯颜色等，必要时更换新公鸡，种鸡群中放入新公鸡应在夜间进行。

随时检查种母鸡，及时淘汰病弱鸡、产蛋量低的鸡和停产鸡，可通过观察冠髯颜色、触摸腹部容积和泄殖腔等办法进行。如淘汰冠髯萎缩、苍白、手感冰冷，腹部容积小而发硬，耻骨开张较小（三指以下），泄殖腔小而收缩的母鸡。

（2）做好种鸡疾病检疫净化　种鸡场生产的种蛋或鸡苗主要供给下一级鸡场或商品蛋鸡场进行饲养，要求提供的禽苗符合质量要求，因此种鸡场所饲养的种鸡群要健康无病。种鸡场应对一些可以通过垂直传染方式进行传播的疾病做好检疫和净化工作，如鸡白痢、鸡大肠杆菌病、鸡白血病、鸡霉形体病、鸡脑脊髓炎等。种鸡疾病检疫工作要年年进行，而且各级种鸡场都要进行。

此外，种鸡场在疾病控制上要始终贯彻“防重于治”的方针，做好日常的卫生防疫工作，谢绝参观，加强疫苗的免疫接种和疫病监测工作，减少各种应激因素，控制鼠害、寄生虫，妥善处理死鸡和废弃物。

5. 蛋用种鸡的生产标准

不同品种蛋用种鸡的生产性能存在差异。在生产实际中，应重视使用蛋用种鸡的生产标准，特别是蛋用种鸡原产公司所制定的最新蛋用种鸡生产标准，以便在种鸡生产中，及时与蛋用种鸡的生产标准进行对照，寻找原因，调整蛋用种鸡的饲养管理方法。如海兰棕壳父母代生产性能见表2-5-19。

表 2-5-19 海兰棕壳父母代生产性能

周龄	饲养日产蛋率/%	饲养日产蛋数		入舍鸡产蛋数		合格率/%	合格入舍鸡产蛋数		孵化率/%	母雏数		母鸡体重/kg
		当时	累计	当时	累计		当时	累计		当时	累计	
20	0	0.0	0.0	0.0	0.0	—	—	—	—	—	—	1.77
21	5	0.4	0.4	0.3	0.3	—	—	—	—	—	—	1.81
22	35	2.5	2.9	2.4	2.7	—	—	—	—	—	—	1.86
23	50	3.5	6.4	3.5	6.2	—	—	—	—	—	—	1.91
24	75	5.3	11.7	5.2	11.4	—	—	—	—	—	—	1.95
25	80	5.6	17.3	5.5	16.9	40	2.2	2.2	75	0.8	0.8	2.00
26	82	5.7	23.0	5.7	22.6	52	2.9	5.1	76	1.1	1.9	2.04
27	84	5.9	28.9	5.8	28.4	63	3.6	8.7	78	1.4	3.3	2.08
28	86	6.0	34.9	5.9	34.3	75	4.4	13.1	80	1.8	5.1	2.11
29	87	6.1	41.0	6.0	40.3	81	4.8	17.9	82	2.0	7.1	2.14
30	88	6.2	47.2	6.0	46.3	86	5.2	23.1	84	2.2	9.3	2.17
31	88	6.2	53.4	6.0	52.3	89	5.4	28.5	85	2.3	11.6	2.20
32	87	6.1	59.5	5.9	58.2	92	5.5	34.0	86	2.3	13.9	2.22
33	87	6.1	65.6	5.9	64.1	93	5.5	39.5	87	2.4	16.3	2.24
34	86	6.0	71.6	5.8	69.9	94	5.5	45.0	87	2.4	18.7	2.25
35	86	6.0	77.6	5.8	75.7	95	5.5	50.5	87	2.4	21.1	2.26
36	85	6.0	83.6	5.8	81.5	95	5.5	56.0	87	2.4	23.5	2.27
37	85	6.0	89.6	5.7	87.2	96	5.5	61.5	88	2.4	25.9	2.27
38	84	5.9	95.5	5.7	82.9	96	5.4	66.9	88	2.4	28.3	2.28
39	84	5.9	101.4	5.7	98.6	96	5.4	72.3	88	2.4	30.7	2.28
40	83	5.8	107.2	5.6	104.2	96	5.4	77.7	88	2.4	33.1	2.29
41	83	5.8	113.0	5.6	109.8	96	5.3	83.0	87	2.3	35.4	2.29
42	82	5.7	118.7	5.5	115.3	96	5.3	88.3	87	2.3	37.7	2.30
43	81	5.7	124.4	5.4	120.7	96	5.2	93.5	87	2.3	40.0	2.30
44	80	5.6	130.0	5.3	126.0	96	5.1	98.6	87	2.2	42.2	2.30
45	79	5.5	135.5	5.3	131.3	96	5.1	103.7	86	2.2	44.4	2.30
46	78	5.5	141.0	5.2	136.5	96	5.0	108.7	86	2.1	46.5	2.31
47	78	5.5	146.5	5.2	141.7	96	5.0	113.7	86	2.1	48.6	2.31
48	77	5.4	151.9	5.1	146.8	96	4.9	118.6	86	2.1	50.7	2.31
49	76	5.3	157.2	5.0	151.8	96	4.8	123.4	85	2.0	52.7	2.31
50	76	5.3	162.5	5.0	156.8	96	4.8	128.2	85	2.0	54.7	2.31
51	75	5.3	167.8	4.9	161.7	96	4.7	132.9	84	2.0	56.7	2.31
52	75	5.3	173.1	4.9	166.6	96	4.7	137.6	83	2.0	58.7	2.31
53	74	5.2	178.3	4.9	171.5	96	4.7	142.3	83	1.9	60.6	2.31
54	73	5.1	183.4	4.8	176.3	96	4.6	146.9	82	1.9	62.5	2.31
55	72	5.0	188.4	4.7	181.0	95	4.5	151.4	81	1.8	64.3	2.31
56	72	5.0	193.4	4.7	185.7	94	4.4	155.8	81	1.8	66.1	2.31
57	71	5.0	198.4	4.6	190.3	94	4.3	160.1	80	1.7	67.8	2.31
58	70	4.9	203.3	4.5	194.8	94	4.3	164.4	79	1.7	69.5	2.31
59	69	4.8	208.1	4.5	199.3	94	4.2	168.6	78	1.6	71.1	2.31
60	68	4.8	212.9	4.4	203.7	93	4.1	172.7	78	1.6	72.7	2.31
61	67	4.7	217.6	4.3	208.0	93	4.0	176.7	77	1.5	74.2	2.31
62	66	4.6	222.2	4.3	212.3	93	4.0	180.7	77	1.5	75.7	2.31
63	66	4.6	226.8	4.2	216.5	92	3.9	184.6	76	1.5	77.2	2.31
64	65	4.6	231.4	4.2	220.7	91	3.8	188.4	75	1.4	78.6	2.31
65	64	4.5	235.9	4.1	224.8	90	3.7	192.1	74	1.4	80.0	2.31
66	63	4.4	240.3	4.0	228.8	89	3.6	195.7	73	1.3	81.3	2.31
67	62	4.3	244.6	4.0	232.8	88	3.5	199.2	72	1.3	82.6	2.31
68	61	4.3	248.9	3.9	236.6	87	3.4	202.6	71	1.2	83.8	2.31
69	60	4.2	253.1	3.8	240.4	85	3.2	205.8	70	1.1	84.9	2.31
70	59	4.1	257.2	3.7	244.1	83	3.1	208.9	69	1.1	86.0	2.31

注：以每周 0.18%死亡率计。

[复习思考题]

1. 结合雏鸡生理特点，分析提高雏鸡育雏成活率的技术措施。
2. 雏鸡的育雏方式有哪些？怎样因地制宜地选择适宜的育雏方式？
3. 某育雏鸡舍要培育一批雏鸡，请你设计一个育雏方案。
4. 怎样做好雏鸡的开食与饮水？
5. 雏鸡断喙的意义有哪些？怎样做好雏鸡的断喙？
6. 什么是脱温、转群、限制饲养？限制饲养的方法与注意问题有哪些？
7. 结合实际，谈谈做好产蛋鸡开产的技术措施。
8. 什么是蛋鸡的分段饲养、调整饲养？减少蛋鸡饲料浪费的措施有哪些？
9. 根据蛋鸡的光照控制原则，请你设计一个密闭式鸡舍和开放式鸡舍的光照控制方案。

第六章　肉鸡生产技术

[知识目标]

- 了解肉仔鸡生产的特点。
- 了解肉仔鸡的生产性能及生长规律。
- 掌握肉仔鸡的饲养管理。
- 掌握肉种鸡的饲养管理。
- 掌握优质肉鸡的饲养管理。

[技能目标]

- 能运用所学的知识解决肉仔鸡生产中所出现的问题。
- 学会肉种鸡的饲养管理技术。
- 能成功制定优质肉鸡饲养管理程序。

第一节　肉仔鸡生产

一、肉仔鸡生产的特点

1. 生长速度快，饲料报酬高

肉鸡出壳体重在40g左右，饲养7周龄时体重可达2.5kg左右，为出壳时体重的60多倍。一只2.5kg左右的肉仔鸡消耗饲料5kg左右，料重比已达2∶1，甚至更低。一些大型的养殖基地料肉比已达到1.8∶1。从各种畜禽料肉比看，肉牛为5.0∶1，猪为（3.5～4.0）∶1，而肉仔鸡为2.0∶1，也就是说，用来生产1kg猪肉的饲料可生产2kg肉鸡。

2. 生长期短，资金周转快

肉仔鸡一般7周龄即可出售，国外已提前到6周龄出售。每栋鸡舍一年可饲养4～5批肉仔鸡。

3. 饲养密度大，房舍利用率高

与蛋鸡比较，肉鸡不爱活动。饲养密度可达8～10只/m^2，由于国外技术先进和设施配套，舍内环境条件好，饲养密度可高达20只/m^2以上。

4. 工厂化生产，劳动生产率高

肉仔鸡的群居性较强，高饲养密度仍具良好的生产性能，便于工厂化生产。目前我国在一般饲养条件下，地面平养，每人可养2000只左右，机械化饲养可养5000只左右。

肉仔鸡的以上特点可概括为“三高一低”，即成活率高、产肉能力高、饲料报酬高、成本低。生产中要充分考虑这些特点，采取相应措施，充分发挥其生产潜力。

二、肉仔鸡的生产性能及生长规律

1. 肉仔鸡的生产性能

肉仔鸡是指用配套品系杂交所生产的雏鸡，无论公母，养到6～8周龄，活重2kg左右。现代肉仔鸡养到5周龄活重达1.6～2.8kg或6周龄活重达2.3～2.5kg即可屠宰上市。

2. 生长规律

肉仔鸡在不同时期的生长强度、增重情况各有特点。掌握这些特点，可使我们在饲养管理上采取相应措施，以发挥其最大生产潜能，提高经济效益。

(1) 绝对增重的变化特点　绝对增重＝期末重－期初重。它反映的是直接增重效果。商品肉鸡在7周龄前的每周绝对增重随周龄的增长而增加，至7周龄时达到高峰，7周龄后逐渐下降。根据绝对增重的特点，在生长高峰前，要满足充分的采食和较高的营养水平。

(2) 相对增重的变化特点　相对增重＝(期末重－期初重)/期初重×100%。这个指标反映了肉鸡某一生长阶段的相对生长速率，即生长强度。肉鸡生长强度在1～2周龄时很快，特别是在第1周，体重比初生重增加近3倍。以后随周龄增长，生长强度逐渐降低。肉鸡相对增重的特点同样也说明，应采取有效措施加强早期饲养管理。

(3) 饲料转化率的变化特点　饲料转化率亦称料肉比，反映了肉鸡不同周龄利用饲料的能力。肉鸡早期生长发育快，物质代谢旺盛，体组织中以肌肉生长和蛋白质的积累为主；后期体组织中脂肪沉积加快，饲料中较多能量和部分蛋白质都转化为体脂，从而降低了饲料利用率。根据饲料转化率的变化特点，饲养者应在8周龄前采取科学饲养管理措施，使肉鸡达到上市体重，及时出栏。

三、肉仔鸡的饲养管理

1. 肉仔鸡的饲养方式

由于肉仔鸡性情温顺，飞跃能力差，生长快，体重大，容易发生骨骼外伤和胸、脚病；肉仔鸡的适应性差，对环境条件的变化敏感。因此，在选择饲养方式时要全面考虑。肉用仔鸡的饲养方式主要有以下几种。

(1) 厚垫料地面平养　厚垫料地面平养是商品肉鸡应用最普遍的一种饲养方式。方法：在鸡舍地面上铺设一层10cm左右的厚垫料，肉鸡长大出栏后，一次性将粪便和垫料清除，中间不再更换。随着鸡日龄的增加，如被践踏，厚度降低，粪便增多，应不断地添加新垫料，一般在进雏2～3周龄后，每隔3～5天添加一次，使垫料厚度达到15～20cm。对因粪便多而结块的垫料，要及时用耙子翻松，以防板结。

(2) 网上平养　网上平养是在离地面60cm高处搭设网架，架上再铺设金属、塑料或竹、木制成的网、栅片，鸡群在网、栅片上生活，鸡粪通过网眼或栅条间隙落到地面，蓄积一个饲养期，在鸡群出栏后一次清除。

(3) 笼养　笼养是指肉仔鸡从出壳到出售一直在笼内饲养。笼养设备有的用金属制成，有的用塑料制成。目前，国外多采用塑料制成，特别是新研制的笼底底网，使粪便从孔眼漏下时，不沾粪便，大大减轻了疾病的感染和劳动强度。

(4) 笼养和散养相结合　不少地区的肉鸡饲养户，在育雏阶段，即3～4周龄以前采用笼养，然后转群改为地面厚垫料散养。这种饲养方式由于前期笼养阶段体重小，胸囊肿发病率低，而且笼养也便于集中供暖，以控制环境温度。

2. 肉仔鸡的饲养管理技术

(1) 实行“全进全出”饲养制　肉用仔鸡饲养周期短，一般采用全年多批次饲养，为保证鸡群健康和正常周转，实行“全进全出”的饲养制度，即在同一生产区内只饲养同批同日龄或相近日龄的肉仔鸡，采用统一的饲养程序和管理措施，并且在同一时间全部出栏。出栏后对生产区、鸡舍、设备进行彻底清扫和严格消毒，提高下一批饲养鸡群的生产安全性。

(2) 饲养环境控制

① 温度。雏鸡出生后体温调节能力很差，入舍后要严格控制育雏温度。详见表2-6-1。6周后可维持在20℃左右。

表 2-6-1　肉仔鸡不同周龄的适宜温度

周龄(或日龄)	1～3天	4～7天	2	3	4	5	6
温度/℃	34	33～32	32～29	29～26	26～23	23～21	21～20

② 湿度。育雏第1周相对湿度要求控制在70%，以后降至60%左右。育雏前期雏鸡体内含水量较大，舍内温度又高，湿度过低容易造成雏鸡脱水，影响鸡的健康和生长。

③ 通风。肉仔鸡饲养密度大，生长快，所以通风尤为重要。简易鸡舍要求有足够面积的通风窗，保持适宜的舍内气流速度。在低温季节要特别注意处理好通风与保温的关系，否则不仅影响肉仔鸡的生长速度，还可能引起呼吸系统疾病和导致腹水症增多。

④ 光照。肉用仔鸡的光照目的是刺激其采食和饮水，尽量减少运动。所以在肉鸡的饲养过程中，采用尽可能弱的人工光照强度和尽可能长的光照时间，以达到鸡群的采食量最大、生长速度最快和鸡群最安静。在现代肉仔鸡的饲养过程中主要有以下两种光照制度。

a. 连续光照制度。育雏前2天连续48h光照，而后每天23h光照，夜间关灯1h保持黑暗，防止一旦停电造成应激，引起鸡群骚乱、聚堆压死。光照制度在育雏初期要强一些，以便采食和饮水，而后逐渐降低。育雏第1周为4～5W/m²，第2周降为3W/m²，第3周为2W/m²，4周龄后减至0.75～1W/m²。

b. 间歇光照制度。在开放式鸡舍，白天采用自然光照，从第2周开始实行晚上间断照明，即喂料时开灯，喂完后关灯；在全密闭式鸡舍，可实行1～2h照明、2～4h黑暗的间歇光照制度。这种方法不仅节省电，还可促进肉鸡采食，鸡生长快，腿脚结实。

⑤ 密度。有两种方法可确定每平方米饲养鸡数：一是依活体重确定每平方米饲养只数，体重大占地面积也大，饲养密度应减少（表2-6-2）；二是随周龄增大降低饲养密度（表2-6-3）。

表 2-6-2　不同活体重肉仔鸡的饲养密度

体重/kg	性别			管理方式	
	公母混养/(只/m²)	公鸡/(只/m²)	母鸡/(只/m²)	厚垫料地面平养/(只/m²)	网上平养/(只/m²)
1.4	18	18	18	14	17
1.8	14	12	14	11	14
2.3	11	10	12	9	11
2.7	9	8	10	7.5	9
3.2	8	7	8	6.5	8

表 2-6-3　肉仔鸡在不同周龄的饲养密度

周龄	1	2	3	4	5	6	7	8	9
密度/(只/m²)	40	35	30	25	20	16	13	9～11	8～10

注：引自赵聘，潘琦．畜禽生产技术．北京：中国农业大学出版社，2007。

(3) 公母鸡分群饲养　公母鸡性别不同，其生理基础代谢不同，因而对环境、营养条件的要求和反应也不同。主要表现在以下几点：生长速度不同，公鸡生长快，母鸡生长慢，56天体重相差27%；羽毛的生长速度不同，公鸡长得慢，母鸡长得快；沉积脂肪能力有差异，母鸡沉积脂肪能力比公鸡沉积脂肪能力强；对饲料要求不同，公母鸡分群后按公母鸡生理特点调整日粮营养水平，饲喂高蛋白质、高氨基酸日粮能加快公鸡生长速度。

(4) 限制饲养　肉仔鸡吃料多、增重快，鸡体代谢旺盛，组织耗氧量大。当饲养管理及环境控制技术不合理时，鸡易发生腹水症，降低商品合格率。在肉鸡早期进行限制饲养，可减少腹水症的发生。限制饲养方法有两种：一种是限量不限质法；另一种是限质不限量，这是一个切实可行的早期限饲方案。

(5) 观察鸡群　通过观察鸡群，可以了解鸡群的健康水平，熟悉鸡群情况，及时发现鸡群的异常表现。以便采取相应技术措施。

四、肉仔鸡生产中的主要问题与解决措施

1. 疾病控制与药物残留的矛盾

抗生素的应用大大提高了肉仔鸡的生产水平，使养禽业规模化、集约化生产成为可能，但其引发的药物残留问题和耐药性问题一直是人们争论的焦点，越来越多的国家倾向于禁用抗生素饲料添加剂，瑞典1986年首先提出禁用促生长抗生素。欧盟1999年禁用了四种抗生素类生长促进剂：弗吉尼亚霉素、螺旋霉素、泰乐菌素和杆菌肽锌，这些都是世界各地常用于饲料中的抗生素。欧盟在2002年通过了一项提案，要在2006年全面禁止抗生素作为饲料添加剂使用。因此，应尽快开发新型的替代抗菌药物并寻求安全的辅助制剂。

2. 代谢性疾病

(1) 胸囊肿　胸囊肿就是肉鸡胸部皮下发生的局部炎症，是肉用仔鸡最常见的疾病。它不传染也不影响生长，但影响屠体的商品价值和等级，造成一定的经济损失。

防治措施：要减少胸囊肿发生率，加强垫料管理，防止垫料潮湿板结，保持松软干燥和一定厚度，避免鸡体直接与地面接触；尽量不采用金属网面饲养；适当促使鸡只活动，减少伏卧时间。

(2) 腿部疾病　腿部疾病是肉鸡生产中存在的第二个大问题。随着肉用仔鸡生产性能的提高，腿部疾病的严重程度也在增加。

预防肉用仔鸡腿部疾病，主要从营养方面、管理方面及防病方面考虑。比如，在营养方面肉鸡容易因缺磷或缺锰引起腿部疾病，在饲料中添加适量的磷酸氢钙。因磷酸氢钙中的磷比骨粉中的磷吸收利用率高；饲料中锰的含量应在80mg/kg左右为好。

(3) 腹水症　控制肉鸡腹水发生的措施：①改善环境通气条件，特别是冬季和早春育雏密度大的情况下，应充分注意鸡舍的通风换气。②肉鸡饲料含硒量不应低于0.2mg/kg，维生素E也需适量增加。③当早期发现肉鸡有轻度腹水症时，除采取以上措施外，还应在饲料中补加维生素C，用量是0.05%，以控制腹水症的发生。

3. 防暑降温问题

持续炎热的季节，可给鸡群造成强烈的热应激，肉用仔鸡表现为采食量下降、增重慢、死亡率高等，必须采取相应措施，以确保肉用仔鸡生产顺利进行。

① 鸡舍方位应坐北朝南，屋顶隔热性能良好，所有门窗要全部打开，但要在门窗上加上铁丝网，以防兽害和飞鸟。

② 有条件的可采用动力鼓风，以降低室温。

③ 在房顶洒水的方法更实用，可降低舍温4～6℃。

④ 在进风口处设置水帘进行空气冷却，达到防暑降温的目的。

第二节　肉种鸡的饲养管理

一、饲养方式与密度

肉用种鸡的饲养方式主要有棚板-垫料饲养、网上平养、地面平养和笼养四种。其中，被广泛采用的是棚板-垫料方式饲养，其饲养密度大，孵化率高，地面蛋少，管理易于施行。

1. 棚板-垫料饲养

即为通常所说的“两高一低”。由2/3的棚板和1/3的地面垫料组成。棚板常用宽2～3cm木质板条或竹片钉成，板条之间留有2.5cm左右的间隙，便于鸡粪落下。棚板置于离地面60cm的棚板架上，并靠鸡舍两侧放置，棚板上再铺上一层弹性塑料网。中间留有1/3鸡舍面积的地面，铺以厚10cm的垫料。种鸡在棚板上采食、饮水。在地面上交配，这种饲养方式种蛋受精率高。饲养密度快速型肉种鸡5.6只/m^2；中速型肉种鸡6.8只/m^2；优质型肉种鸡8.6只/m^2。

2. 网上平养

网上平养是将肉种鸡饲养在特制的网床上。网眼的大小以使鸡爪不进入而又能落下鸡粪为宜。一般板离地面50～60cm。采用这种饲养方式可大大减少消化道疾病，特别是球虫病的发生机会，同时能节省垫料费用。饲养密度快速型肉种鸡5.2只/m^2；中速型肉种鸡6.2只/m^2；优质型肉种鸡8.2只/m^2。

3. 地面平养

因地面平养具有投资少、简便易行的特点，也被饲养场（户）较多采用，但由于垫料容易潮湿、板结，常会导致种鸡腿部疾病，特别是产蛋后期会造成种公鸡较高的淘汰率。饲养密度快速型肉种鸡5.0只/m^2；中速型肉种鸡6.0只/m^2；优质型肉种鸡8.0只/m^2。

4. 笼养

笼养是一种立体化的饲养。近年来肉用种鸡笼养方式有逐渐增加的趋势。每笼养3只种母鸡，采用人工授精，既提高了饲养密度，又获得了较高而稳定的受精率，因而采用者日趋增多。肉用种母鸡每只占笼底面积720～800cm^2，一般笼架上只装两层鸡笼，便于抓鸡与输精，喂料与拣蛋。

二、肉种鸡的选择

对于父母代或祖代种鸡都要进行外貌选择，首先要求符合品种特征要求，其次应注意与生产性能有关的外貌部位。肉用种鸡选择分3次进行，即在1日龄、6～7周龄和转到种鸡舍时选择。

(1) 1日龄选择时，母雏绝大多数留下，只淘汰那些个小的、瘦的和畸形的母雏。公雏选留那些活泼健壮的，数量为选留母雏数的17%～20%。

(2) 6～7周龄时的选择是关键　此时种鸡的体重与其后代仔鸡的体重呈相当高的正相关关系，选择的重点在公鸡。选留的标准按体重大小排队。也要重视胸部的饱满、腿粗壮结实等条件。将外貌合格、体重较大的公鸡，按母鸡选留数的12%～13%选留下来，将体重发育不符合品种标准、外貌不合格的全部淘汰（转为肉用仔鸡）。

(3) 转入种鸡舍时进行第三次选择　这次淘汰数很少，只淘汰那些明显不合格，如发育差、畸形或因断喙过多而喙过短的鸡。公鸡按母鸡选留数的11%～12%留下。

三、肉种鸡的饲养标准

肉种鸡的饲养标准是指鸡的日粮中各种营养成分正好满足肉用种鸡产蛋的需要。饲养标准是设计饲料配方的依据，是获得最佳生产性能的物质基础。肉用种鸡饲养标准见表2-6-4、表2-6-5。

表2-6-4　肉种鸡各饲养阶段营养物质需要

项目	生长种鸡		肉种鸡产蛋期间		
	7～14周龄	15～22周龄	产蛋率大于80%	产蛋率为65%～80%	产蛋率小于65%
代谢能/(MJ/kg)	11.92	11.72	11.5	11.5	11.5
粗蛋白/%	16	12	16.5	15.0	14.0
蛋白能量比/%	13.4	10	14.3	12.9	12.2
钙/%	0.75	0.60	3.5	3.25	3.00
总磷/%	0.60	0.50	0.60	0.60	0.60
有效磷/%	0.50	0.40	0.40	0.40	0.49
食盐/%	0.37	0.37	0.37	0.37	0.37
蛋氨酸/%	0.26	0.20	0.29	0.27	0.25
赖氨酸/%	0.59	0.43	0.66	0.60	0.56
色氨酸/%	0.14	0.11	0.12	0.11	0.10
精氨酸/%	0.82	0.65	0.88	0.88	0.75
亮氨酸/%	0.82	0.65	1.32	1.32	1.12
异亮氨酸/%	0.49	0.39	0.55	0.55	0.47
苯丙氨酸/%	0.44	0.35	0.44	0.44	0.37

续表

项　目	生长种鸡		肉种鸡产蛋期间		
	7～14周龄	15～22周龄	产蛋率大于80%	产蛋率为65%～80%	产蛋率小于65%
苏氨酸/%	0.46	0.36	0.44	0.44	0.37
缬氨酸/%	0.51	0.40	0.55	0.55	0.47
组氨酸/%	0.21	0.16	0.24	0.24	0.20
甘氨酸+丝氨酸/%	0.57	0.45	0.55	0.55	0.47

注：引自杨廷桂，周俊．肉鸡快速饲养200问．北京：中国农业大学出版社，2006。

表 2-6-5　肉种鸡维生素和微量元素的饲养标准（每千克饲料中的含量）

营养成分	7周龄至开产	肉用种鸡产蛋期间	营养成分	7周龄至开产	肉用种鸡产蛋期间
维生素A/IU	1500	4000	叶酸/mg	0.25	0.35
维生素D/IU	200	500	维生素 B_{12}/mg	0.003	0.003
维生素E/IU	5	10	核黄素/mg	1.8	3.8
维生素K/mg	0.5	0.5	亚油酸/%	0.8	1.0
硫胺素/mg	1.3	0.8	铜/mg	3	4
泛酸/mg	10	10	碘/mg	0.35	0.3
烟酸/mg	11	10	铁/mg	40	80
吡哆醇/mg	3	4.5	锰/mg	25	30
生物素/mg	0.10	0.15	硒/mg	0.1	0.1
胆碱/mg	500	500	锌/mg	35	65

注：引自杨廷桂，周俊．肉鸡快速饲养200问．北京：中国农业大学出版社，2006。

四、肉种鸡的光照管理

通过对种母鸡的人工补充光照，刺激其性成熟及提高产蛋量的方法已被普遍采用。正确的光照程序应该是在雏鸡进舍时，根据季节、光照强度等制定一个合适的程序。

1. 开放式鸡舍光照

在开放式鸡舍条件下饲养，采用以下光照程序可收到较好的效果，第1周内光照23h；2～18周龄，按当地的最长自然光照时间补充人工照明，直至达到最长自然光照为止，而后停止人工照明；肉鸡龄19周龄到产蛋期，依18周龄末的自然光照时间而定。

如19周龄时自然光照少于10h，则19周龄、20周龄每周各增加1h，而后每周增加0.5h，达16h为止，以后保持不变。

如19周龄时自然光照在10～12h之间，于19周龄增加1h，而后每周增加0.5h，直到16h为止，以后保持不变。

如19周龄时自然光照达12h或12h以上时，则于21周龄增加0.5h，而后每周增加0.5h，直到16～17h为止，以后保持不变。

2. 密闭式鸡舍光照（表2-6-6）

表 2-6-6　密闭式鸡舍不同时期光照时数

鸡舍类型	日龄或周龄	光照时数	鸡舍类型	日龄或周龄	光照时数
密	1～2日龄	23h	密	22～23周龄	13h
闭	3～7日龄	16h	闭	24周龄	14h
式	8日龄～18周龄	8h	式	25～26周龄	15h
鸡	19～20周龄	9h	鸡	27周龄	16h
舍	21周龄	10h	舍		

五、肉种鸡的生长期饲养管理

对于肉用种鸡，既要求遗传上具有增重快的特点，在饲养管理上又要注意控制采食量，防止鸡体重过大过肥，还要保证较高的产蛋率、受精率和孵化率，以便生产更多的肉仔鸡。因此，巧妙地运用限制饲养与人工光照措施，就成为饲养肉用种鸡的关键。

1. 肉用种鸡生长期的限制饲养

(1) 限制饲养的目的和效果　肉种鸡生长期限制饲养的目的在于控制体重，使鸡长成适于产蛋的体况，控制恰当的性成熟期，减少初产期的小蛋和产蛋后期的大蛋数量；防止因采食过多而致鸡体过肥，节省饲料消耗，提高饲料效率，从而提高饲养种鸡的经济效益。

(2) 限制饲养的方法　主要有限质法和限量法两种方法。由于限质法不容易掌握鸡的采食量及营养摄入量，较难进行严格限饲。目前多采用限量法，即通过限制喂料量达到控制体重的目的。

饲料量的限制程度，主要取决于鸡体重的变化，一般要求肉用父母代母鸡到 20 周龄时体重大约 2kg，24 周龄时，母鸡体重接近 2.4kg，公鸡不超过 3.2kg，体质结实强健，成活率在 92%～94%以上为宜。有规模的种鸡公司均依实际情况自己制定不同周龄的适宜体重和喂料量，用户可每周称测鸡的体重，将称测结果与标准对照，以确定每周实际的喂料量。

(3) 饲喂程序　最理想的限饲方法是每日限饲。但肉用种鸡必须对其饲料量进行适宜的限饲，不能任其自由采食。因为有时每日的料量太少，难以由整个喂料系统均匀供应，为尽可能减少鸡只彼此之间的竞争，维持体重和鸡群均匀度，结果只能选择限饲程序，累积足够的饲料，在“饲喂日”为种鸡提供均匀的料量。从每日饲喂转化成隔日限饲、“五、二限饲”、“四、三限饲”、“六、一限饲”等。近年来，“四、三限饲”应用较多，主要原因在于该程序周料量增加的比较缓和。也有依肉种鸡生长期不同采用综合限饲方案。例如，0～2 周龄自由采食，3～4 周龄每日限饲，5～9 周龄隔日限饲，10～17 周龄“五、二限饲”，18～23 周龄“六、一限饲”，24 周龄以后改为每日限饲。生产实践中具体采用什么饲喂程序，可参考育种公司提供的饲养管理手册，并根据鸡群的实际生长曲线和饲养条件灵活运用，不必照搬。

(4) 体重控制　为了获得肉种鸡良好的繁殖性能，限制饲养应贯穿于肉种鸡的整个饲养期，在肉种鸡限饲中必须符合以下四项要求：一是从育雏期到产蛋高峰期体重要稳定增长，即每周必须有一定幅度的增重，不能有不增重现象，一生中任何一段不得有体重减轻现象；二是从育雏期到产蛋高峰，任何一周不得减少喂料量；三是在上述各限料方式中不能连续 2 天停料，应把停料日间隔安排，最好每周最后一天为停料日，有利于空腹称重；四是无论采用哪种限饲方式，喂料日的喂料量不能突破肉种鸡高峰期的给料量。

(5) 调群控制均匀度　体重均匀度是衡量品种质量（种雏质量）及各阶段饲养管理成绩好坏的一个重要综合指标。鸡群体重均匀度是指体重在鸡群平均体重±10%范围内的个体所占的比例。生产实践表明，以 70%的鸡只控制在标准体重范围内为基础，鸡群的均匀度每增减 3%，每只鸡平均年产蛋数相应增减 4 枚。1～8 周龄鸡群体重均匀度要求在 80%，最低 75%。9～15 周龄鸡群体重均匀度要求在 80%～85%。16～24 周龄鸡群体重均匀度要求在 85%以上。

2. 限制饲养时鸡群的管理

(1) 筛选鸡群　限饲前应将体重过小和体格软弱的个体移出或淘汰。

(2) 限饲应尽早开始　在正常的饲养条件下，一般母鸡从第 3 周龄，公鸡从第 6 周龄开始限饲；若按采食量计算，当母鸡每日自由采食量达到 28g，公鸡达 48～58g 时即转入限饲期。公鸡开始限饲的时间晚，有利于体重和骨架发育。

(3) 公、母分群饲喂　雏鸡从 1 日龄开始公、母鸡分栏或分舍饲养，分别控制限饲时间、喂料量和体重，提高公、母鸡群的均匀度，便于实现各自的培育目标。

(4) 称重与喂料量的确定　为了掌握鸡群的生长发育情况，确定下一周喂料量，从第 3 周龄开始每周一次随机抽样称重。在鸡舍的不同地方用捕捉围栏把抽样的鸡围起来，逐只称重。每次每群抽测 5%～10%的鸡。每日限饲应在早上空腹称重，隔日限饲、“五、二限饲”或“六、一限饲”应在停料日称重。如果停料日不在周日那一天，可以提前或推后 1 天称重，计算体重时将称重结果或体重标准按每日增重比例减 1 天量或加 1 天量即可，以便与标准相对照。如果在喂料日称重，也可在下午进行。称重要准确无误，并将每周的称重结果记入鸡群饲养档案。

喂料量的确定，将鸡群平均体重与标准体重进行对比，若平均体重比标准体重高，则下一周少增料量或者维持上一周的给料量，但不可因为体重超过了标准，就减少给料量。如果周末体重比标准低，下一周的给料量应适当增加，但不宜大幅度加料。15周龄后体重的生长曲线要与标准体重曲线平行，直到性成熟。另外，在计算和称量饲料时，一定要准确清点鸡数，将一天的料量上午一次性投给，不得分几次喂给，以防强夺弱食造成体重两极分化。

(5) 确保足够的料位和饲喂速度　限饲期由于投料量少，鸡采食时间短，如果料位不足或饲喂速度慢，往往由于鸡抢料而造成伤亡和鸡群的均匀度不达标。

(6) 注意鸡群健康　鸡群在应激状态下，如患病或接种疫苗时应临时恢复自由采食。

(7) 限饲期内的饲料营养水平　一般以鸡种推荐的指标进行配合日粮并酌量增加多维素、微量元素和抗球虫药等的含量。

六、肉种鸡的产蛋期饲养管理

产蛋期是从22周龄至淘汰，肉种鸡一般在66周龄淘汰。如果不用预产料（也叫产前料），应在22周换成产蛋料；如果用预产料，可在24周换料。肉种鸡的正常开产周龄在24～25周龄（产蛋率达5%叫开产，鸡群产第一枚蛋叫见蛋）。从开产到产蛋高峰这段时期的营养供给和饲养管理尤为重要，一旦鸡群受到应激，产蛋率就会下降，且无法补救，致使整个饲养期效益降低。

1. 产蛋前期的饲喂

一般24～25周龄开产鸡数可达5%，27～28周龄时产蛋率应达50%，这个阶段的喂料量要参考所养品种规定的标准进行，同时也要随着产蛋率上升快慢而适当增加喂料量。

一般从3%产蛋率开始急速增加饲喂量，每周增加日喂料量5～8g/只，则鸡群的产蛋率每天上升3%～5%，直至产蛋高峰料量。如果产蛋率的增长达不到3%～5%或停止，可增加日喂料量9～10g/只，以促进产蛋率的上升。通常在27～28周龄时饲喂量达到最大。

2. 产蛋高峰期的饲喂

(1) 饲喂产蛋高峰料量的时机　一般情况下，产蛋高峰饲喂量应根据产蛋率的升幅来确定，通常情况下，鸡群25周龄产蛋率为5%，日饲喂量增加5g/只，以后产蛋率每提高5%～8%，每只鸡每天应增加3～5g料量。产蛋率每天上升2%～3%，高峰料量最好在产蛋率达到40%时给予，产蛋率每天上升低于2%时，高峰料量在产蛋率达到60%时给予。高峰料量确定后，要保持6～8周，目的是把产蛋率下降减少到最低程度，尽量使产蛋高峰更高一些，持续时间更长。

(2) 试探性增料　在接近产蛋高峰日（30～31周龄），产蛋率上升迟缓，可进行试探性增料，以试探鸡群是否达到产蛋高峰或最大料量。鸡群的产蛋率达高峰后持续5天不再增加，在高峰料量的基础上增加料量3～5g/只，连喂3～5天，如产蛋率继续上升，则再应用此法，直至产蛋率不再上升，再恢复到前一次的饲喂量。

(3) 产蛋高峰后饲喂量的维持　产蛋高峰后的4～5周内34～36周龄前，饲料量一般不能减少，因为产蛋数虽然减少了，但蛋重仍在增加，因此，鸡对营养的需要量仍然与高峰期的需要量相近，应保持最大饲喂量，以延长产蛋高峰的持续时间、减缓产蛋率的下降。

3. 产蛋后期的限饲

当鸡群的产蛋率降至80%以下时（43周龄后），种鸡的体重和蛋重增加速度减缓、产蛋率下降时，必须逐渐削减饲喂量。鸡群产蛋率每降低1%，每只鸡料量应减少0.6g，但每周每只鸡的减料量不能多于2.3g，当料量减到最大料量的70%～72%时，不再继续减料，减料只是降低鸡的增重，而不能使体重减轻，产蛋高峰后鸡群保持每周10～15g的增重，才能取得良好的生产成绩。

4. 提高种蛋受精率

(1) 影响种蛋受精率的原因

① 限饲不当。整齐度不好，公鸡体重偏大、过肥，不爱活动，行动迟缓，性欲减退，配种

能力差，精液品质不好，同时体重越大越容易发生腿病，给交配带来困难。人工采精时公鸡过肥，性反射冷漠，采不出精液或精液很少。倘若公鸡太小，母鸡过肥，体重相差悬殊，交配时也很难成功，即使公母搭配比例合适，受精率也不会太高。

② 公鸡断趾不当。如果公鸡没有断趾或断趾不当，在交配时就会抓伤母鸡脊背，引起母鸡疼痛，因而拒绝交配。

(2) 提高种鸡受精率的措施　除了正确的限制饲喂、严格控制体重和防止腿部疾病之外，还可采取以下措施。

① 地面厚垫草养鸡撒布谷粒于垫草上任其自由啄食；网上养鸡可悬吊青菜，以促进其活动，增强体质。

② 没有断过趾的公鸡要进行断趾和断距，对于断过趾又重新长出的趾、距，要再次切断。

③ 剪去母鸡的尾羽和肛门周围的羽毛，同时也剪去公鸡肛门周围的羽毛，以利于交配。

④ 增加日粮中维生素 A、维生素 E 的供给量。

5. 防疫与免疫

(1) 坚持“全进全出”，这种方式在很大程度上减少了疾病暴发的危险性，避免鸡群在转群时产生应激。防疫是鸡场生存的基本条件。谢绝一切参观人员。执行最严格的卫生管理措施，以防止将疾病带入种鸡场。

(2) 种鸡场应有阻栏，以阻止未经许可的人员入内。每个场应有自己的设备和工具，不允许场与场之间共用设备。带入鸡场的物品必须事先熏蒸消毒或用消毒液浸泡消毒。只能用消过毒的塑料蛋盘来转送种蛋。

(3) 种鸡场的所有进出口处必须有消毒设施　所有工作人员必须经消毒后方可允许入内，这些消毒设施包括热水淋浴，彻底更换衣服和鞋。建议饲料用散装料或一次性使用的袋装饲料，饲料厂的所有车辆必须在鸡场的入口处彻底消毒。运送饲料日程表应该按照鸡群的日龄顺序编排。发病的鸡场或鸡舍必须最后一个送料。每栋鸡舍的进口处应设有消毒池，消毒池应经常保持有效的消毒液。进出口人员须经过消毒池。

(4) 父母代种群必须进行严格免疫，使其具有抵抗疾病的能力，同时使其商品代仔鸡有适当的母源抗体。免疫程序的制定除参考有关书籍外，还要考虑本场的情况和周围环境。

(5) 在严格执行全面的卫生健康和生物安全系统的前提下，应由兽医专家及种鸡场的生产管理人员协商制定免疫程序。

第三节　优质肉鸡的饲养管理

一、优质肉种鸡的饲养管理

根据种鸡的生长发育特点和生理要求，对种鸡必须采取分段饲养。种鸡饲养大致分为三个阶段：育雏期 0～7 周，育成期 8～22 周，23 周以后为产蛋期。

1. 雏鸡的饲养管理特点

雏鸡培育除参考肉种鸡的饲养方法和方式外，还要考虑优质肉鸡的特点。肉种鸡在育雏期间最好公母分群饲养，不同的性别施以不同的育雏手段。为了促进母鸡消化器官的发育，以适应在产蛋高峰时需要获取大量营养的生理要求，在肉雏鸡的饲养上除考虑供给充足的营养外，还要注意适当增加一些沙砾和粗纤维，以利刺激消化道的生长发育。

作为种用的鸡，光照制度对其性成熟的年龄及成年后的生长水平影响很大。为了控制其性成熟的年龄，常采用接近自然日照时间的渐进光照。雏鸡要有一定的运动量，以便增强体质，一般公雏要求 7.2 只/m^2，母雏 10.8 只/m^2。种鸡的生产水平受季节性自然气候的影响，一般来说，在春季育种鸡最好，初夏与秋冬次之，盛夏最差。

2. **育成期的饲养管理**

(1) 育成期的控制饲养　育成期优质肉种鸡的限喂因品种不同而有差异，一般饲喂量控制在自由采食的75%～80%。控制饲养主要有限制饲料的质量和限制饲料的数量两种做法，这两种做法各有缺点和适用性，应根据具体情况选用。

① 限制饲料的数量。保持饲料的良好质量及其全价性，减少饲料的投喂量，使鸡的摄入营养量少于自由采食水平。限制喂料量的方法有隔日限制饲养、每天限制饲养、每周限制饲喂5天的限制饲养等做法。

② 限制饲料的质量。就是使日粮中某些营养素低于正常水平，使生长速度降低，性成熟延缓。控制饲料质量又有以下几种做法。

a. 低能量饲料法。育成期饲料的正常代谢能水平一般是每千克饲料含代谢能11.30～12.13MJ，低能量饲料可控制在每千克含代谢能9.20MJ左右。

b. 低蛋白质饲料法。育成期一般饲料含粗蛋白质14%～16%。低蛋白质饲料只含10%～12%的粗蛋白质。

c. 低赖氨酸饲料法。在育成期，饲料一般含赖氨酸0.43%～0.59%，而低赖氨酸饲料只含0.39%。

必须注意的是，前面叙述的3种方法只减少一种营养成分，其他成分保持正常。

③ 开始控制饲喂的周龄。正确确定开始限喂周龄是控制饲养能否成功的关键之一。常因品种不同而异，仿土单交母鸡在7～8周龄开始限喂为好。土种鸡由于前期生长较慢，也没有大群饲养，目前尚没有进行限饲的习惯，故本节不做介绍。

④ 正确判定喂料量。质量限喂法一般采用自由采食，不制定饲喂量，根据种鸡的生长速度与标准体重的吻合程度调整日粮的营养水平。在确定喂料量的过程中，应每周抽测5%～10%的个体体重，抽取的鸡只应具有代表性。如果平均体重低于标准体重，则增加喂料量；如果超过标准体重，则投喂较计划少的量，直至与标准体重相吻合为止。不同品种的种鸡都有自己的饲养管理技术要求，其中必定有标准体重及参考料量，生产上可参考使用。

(2) 育成期的管理

① 逐渐减少饲养密度和适当分群。密度过大将影响鸡的正常采食、休息和运动，对鸡的生长发育都有影响。育成鸡适当的饲养密度如表2-6-7所示。

表 2-6-7　不同周龄鸡只饲养密度/(只/m²)

周　龄	垫草地面平养	网上平养	周　龄	垫草地面平养	网上平养
7	15～14	17～15	12～13	9～8	9～8
8	12～11	14～11	14～16	7	8
9	11	12～11	17～18	6	7～6
10～11	10～9	11～10	19～20	5	6

② 及时淘汰不适于留种的鸡只。除在控制饲喂开始时淘汰那些生长发育不良、不符合留作种用的鸡之外，在育成期还应经常观察鸡群，对不健康的鸡只随时淘汰，开产之前再进行一次挑选淘汰。

③ 及时移入产蛋种鸡舍。育成鸡经过淘汰处理后，及时转移到产蛋鸡舍，使鸡只有足够的时间适应和熟悉新的环境。产蛋设备要及时放入，以利于鸡群在开产前熟悉它们。公母鸡分栏饲养的鸡群，在母鸡转群前2～5天先转公鸡，以便它们在产蛋前形成群居层次，使母鸡产蛋后稳定配种和减少斗殴。

④ 公鸡的切距。距是公鸡特有的胫部内侧角质突出物。当公鸡配种时，距常抓伤母鸡的背部，致使母鸡害怕配种，影响受精率。为了避免这种现象的发生，应将种公鸡的距用锐利的小刀切掉，一般在10～16周龄进行。

此外，还要注意天气和外界环境对育成鸡的影响，注意光照的管理和鸡舍的环境卫生及鸡群的疾病防疫工作。

3. 产蛋期的饲养管理

(1) 开产前的饲养管理　即种鸡限制饲养结束后到母鸡开始产蛋之前，仅有2周左右。该时期将控制饲养的饲料改为产蛋鸡饲料。在饲喂方法上，由隔日饲喂改为每日饲喂，由一日喂一餐改为一日喂两餐。但必须注意饲料的改变要逐渐进行，一般在1周内完全过渡到种鸡产蛋饲料。

(2) 产蛋期的饲养管理

① 产蛋前期的饲养管理。从开产到产蛋高峰期阶段为产蛋前期，即开产至30周龄。在生产性能上该阶段是产蛋率上升期。在母鸡的生长发育上，也是从性成熟向体成熟迈进的时期，其营养需要除供产蛋以外，还要供生长所需。所以，在饲养上，要求日粮的蛋白质、能量、钙、磷水平都较高，而且在营养水平改变的情况下，每日的饲喂量日益增加，以适应产蛋率越来越高的营养需要。产蛋不同时期的饲料营养需要如表2-6-8所列。

表2-6-8　产蛋不同时期的饲料营养

环境温度/℃	产蛋前期			产蛋中期			产蛋后期		
	代谢能/(MJ/kg)	粗蛋白/%	钙/%	代谢能/(MJ/kg)	粗蛋白/%	钙/%	代谢能/(MJ/kg)	粗蛋白/%	钙/%
17～21	11.9	18	3.2	11.97	16.5	3.2	11.97	15	3.4
10～13	12.89	17	3.0	12.89	15.5	3.0	12.89	14	3.2
29～35	11.05	19	3.4	11.05	17.5	3.4	11.05	16	3.7

注：引自刁有祥，杨全明．肉鸡饲养手册．第2版．北京：中国农业大学出版社，2007。

② 产蛋中期的饲养管理。从产蛋高峰到产蛋量迅速下降的阶段，称为产蛋中期，一般指32～52周龄。由于该阶段母鸡产蛋最高，种蛋受精率、合格率最好，故又称为盛产期。该时期的主要任务是使产蛋高峰维持较长时间，下降缓慢一些。在饲养上，本阶段不要随意改变饲料成分，饲料量也不要增加。当产蛋量下降时，可以调整饲料配方，适当减少饲料中的蛋白质和能量含量，而保持原来的饲喂量。

③ 产蛋后期的饲养管理。产蛋后期是指产蛋量下降到淘汰为止，即53～72周龄。该阶段产蛋量下降速度较快。在生理上，由于体成熟后，多余的营养主要用于沉积脂肪，故在饲养上应根据产蛋量下降的速度适当减少喂量，或者降低日粮的蛋白质水平，适当增加钙含量。

④ 产蛋母鸡日粮饲喂量的确定。实践证明，产蛋期母鸡体重增长过快、长得过肥会使后期的产蛋量降低，种蛋受精率降低，容易发生软脚病等。合理的限饲是产蛋期间饲养管理的一项重要措施。一般喂给自由采食所消耗的饲料量的85%左右。

(3) 产蛋期的一般管理

① 消除窝外产蛋。可试用以下办法：其一，配备足够的产蛋箱，一般要求4～5只母鸡配备一个产蛋箱。其二，将近开产时，放置假蛋在产蛋箱内，以诱导母鸡产蛋。

② 降低蛋的破损率。正常的种蛋破损率在2%～3%，发现破蛋率增加，应及时检查，采取措施，以提高饲养效益。

③ 及时催醒就巢母鸡。母鸡的就巢性因品种不同而差异较大，现代肉鸡的就巢性很弱，而土种鸡的就巢性特别强。但是就巢可使产蛋量减少。现介绍催醒就巢母鸡的几种方法：将就巢母鸡隔离到通风而明亮的环境，并给予其他物理因素的干扰，如水浸脚、吊起一只脚、用鸡毛穿鼻孔等，数天后即醒巢。

④ 防止食蛋癖和食毛癖。种鸡的食蛋与食毛是两个常见恶癖，给养鸡业带来很大的经济损失。发生恶癖的原因是多方面的，常见的有缺乏蛋白质、矿物质或维生素，饮水不足，饲养密度过大，光线过强。最好的措施是设置添加沙砾和贝壳粉的专用食槽，让鸡只自由采食。每250只母鸡提供一个盛装沙子的饲料器和一个盛装贝壳粉的饲料器。到24周龄时，开始每100只鸡每周喂约1000g贝壳粉，以后母鸡可以根据需要自由采食贝壳粉和沙砾。

4. 种公鸡的特殊饲养管理

种公鸡的管理和母鸡的管理有所不同，要注意以下几点：首先是满足公鸡的运动需要；其次是注意保护公鸡的脚；最后是必须剪冠和断趾。

此外，如果育雏与育成是公母分开饲养的，在18周龄便要按1∶8的公母比例，将公鸡与母鸡合群饲养，以便能有时间互相熟识，减少争斗。

二、优质商品肉鸡的饲养管理

1. 饲养阶段划分

根据优质肉鸡的生长发育规律及饲养管理特点，大致可划分为育雏期（0～6周龄）、生长期（7～9周龄）和肥育期（10周龄后或出栏前2周）。但在实际饲养过程中，饲养阶段的划分又受到鸡品种和气候条件等因素的影响。例如，在寒冷季节，优质肉鸡育雏期往往延长至7周龄后，羽毛生长比较丰满、抗寒能力较强时才脱温；而气候温暖的季节，育雏期可提前到4周龄，甚至更短的时间。养殖户应根据实际情况灵活掌握。

2. 饲养方式

优质肉鸡的饲养方式通常有放牧饲养、地面平养、网上平养和笼养4种。

3. 主要管理措施

（1）光照管理　给予商品优质肉鸡光照的目的是延长肉鸡采食时间，促进其快速生长。光照时间通常为每天23h光照、1h黑暗，光照强度不可过大，否则会引起啄癖。开放式鸡舍白天应限制部分自然光照，这可通过遮盖部分窗户来达到目的。随着鸡日龄的增大，光照强度则由强变弱。

（2）饲喂方案　优质肉鸡新陈代谢旺盛，生长速度较快，必须供给高蛋白、高能量的全面配合饲料，才能满足机体维持生命和生长发育的需要。优质肉鸡的整个生长过程均应采取自由采食方式。

（3）饲喂方式　饲喂方式可分为两种：一种是定时定量，就是根据鸡日龄大小和生长发育要求，把饲料按规定的时间分为若干次投给的饲喂方式。另一种是自由采食的方式，就是把饲料放在饲料槽内任鸡随意采食。一般每天加料1～2次，终日保持料槽内有饲料。

（4）防止啄癖　优质肉鸡活泼好动，喜追逐打斗，特别容易引起啄癖。啄癖的出现不仅会引起鸡的死亡，而且影响以后的商品外观，必须引起注意。

（5）优质肉鸡的断喙　断喙多在雏鸡阶段进行，一般在1日龄或6～9日龄进行。因初生雏的喙短而小，难以掌握深浅度，一般都选择6～9日龄进行。

（6）减少优质肉鸡残次品的管理措施

① 避免垫料潮湿，增加通风，减少氨气，提供足够的饲养面积。

② 训练抓鸡工人，在捉鸡时务必要小心。在抓鸡、运输、加工过程中操作要轻巧，勿惊扰鸡群，减少碰伤。

③ 在抓鸡时，鸡舍使用暗淡灯光。

[复习思考题]

1. 肉仔鸡的饲养方式的哪些？
2. 简述肉仔鸡的饲养管理技术有哪些？
3. 肉种鸡的饲养方式有哪些？
4. 怎样选择肉种鸡？
5. 简述肉种鸡生长期的饲养管理。
6. 简述肉种鸡产蛋期的饲养管理。
7. 简述商品优质肉鸡的饲养管理措施。

第七章　水禽生产技术

[知识目标]

- 掌握水禽的生活习性。
- 掌握商品蛋鸭和蛋用型种鸭的生产技术。
- 掌握商品肉鸭和肉用型种鸭的生产技术。
- 掌握商品肉鹅和种鹅的生产技术。

[技能目标]

- 能运用所学的知识解决水禽生产中所出现的问题。
- 学会商品蛋鸭的饲养管理技术。
- 能成功制定商品肉鸭饲养管理程序。
- 学会商品肉鹅的生产技术。

第一节　水禽生活习性

水禽生产主要包括鸭生产和鹅生产。我国鸭生产中，主要是家鸭的生产，也包括部分番鸭的生产。家鸭起源于绿头野鸭和斑嘴鸭，番鸭起源于野生瘤头鸭。鹅的祖先则起源于鸿雁和灰雁，其中中国鹅品种中除新疆的伊犁鹅起源于灰雁外，其他品种的祖先均是鸿雁；欧洲鹅的祖先则是灰雁。因此水禽的生活习性与其野生祖先和驯化过程中的生态环境密切相关，在水禽饲养管理过程中应充分利用水禽的生活习性，进行科学合理的饲养。

1. 喜水性

水禽善于在水中觅食、嬉戏、求偶、交配，因此，在水禽饲养管理中，宽阔的水域和良好的水源是水禽养殖的重要环境条件之一。水禽舍饲需设置一些人工小水池，特别是对种用水禽特别重要。

2. 合群性

水禽的祖先喜群居和成群飞行，此习性驯化家养后仍未改变。经过训练的鸭群、鹅群可以呼之即来，挥之即去，这种合群性使水禽适应大群放牧或圈养，也比较易管理，便于集约化养殖。

3. 耐寒性

家禽全身披有厚密的羽毛，隔热保温，因而耐寒性较强。水禽的羽毛比鸡等陆禽的羽毛更紧密贴身，绒羽层厚，具有更强的防寒保暖作用。同时，水禽尾脂腺发达，皮下脂肪更发达，具有更强的耐寒性。故水禽在0℃左右的环境中，仍可在水中自由活动。但水禽的耐热性相对较差。

4. 食性广，耐粗饲

水禽食性比陆禽更广，更耐粗饲。鸭对饲料要求不高，各种粗饲料、精饲料、青绿饲料都可作为鸭的饲料。据四川农业大学家禽研究室对稻田放牧鸭的食性分析结果，表明鸭采食的植物性食物近20种，动物性食物近40种，中小型鸭可充分利用这一特点进行放牧。鹅具有强健的肌胃，能有效裂解植物细胞壁，同时具有发达的盲肠，盲肠中含较多的厌氧纤维分解菌，能将纤维分解发酵，因此鹅对饲料中粗纤维的分解能力比其他家禽高45%～50%，属于典型的节粮型草食家禽。

5. 对周围环境敏感

水禽富于神经质，反应敏捷，能较快接受管理和调教。但易受刺激而惊群，必须保持环境安静、稳定。

6. 生活规律性强

水禽具有良好的条件反射能力，一日生活节奏极有规律性，一日之中的放牧、觅食、戏水、休息、交配和产蛋均有较强的固定时间，并且群体的生活节奏一旦形成则不易改变。因此，水禽的饲养管理日程应保持相对稳定，不能随便变动。

7. 鹅的繁殖习性

鹅产蛋量少，具有季节性。鹅产蛋一般从每年的秋季开始，到第二年的春末结束，因此冬春季节为鹅的繁殖季节，夏季则为鹅的休产期。

此外，除少数品种的鹅基本无抱性外，大多数品种的鹅抱性较强；公母鹅还表现出有固定配偶交配的习性。

第二节　鸭生产技术

鸭的生产，分为蛋鸭生产和肉鸭生产两部分。

一、商品蛋鸭的饲养管理

1. 蛋鸭生产应具备的条件

(1) 选择优秀的蛋鸭品种　不同的蛋鸭品种其产蛋性能具有较大差异，因此在从事蛋鸭生产前要选好蛋用鸭品种，如金定鸭、绍兴鸭、卡基-康贝尔鸭等。

(2) 做好雏鸭的选择　蛋鸭场在买进鸭苗时要求雏鸭体质健康、健壮，脐部收缩良好，无伤残，外貌特征符合品种要求。作为商品蛋鸭生产的养殖场，雏鸭出壳后及时进行公母性别鉴别，淘汰公鸭。

(3) 合理配制产蛋鸭的饲料　蛋鸭品种产蛋量高，而且持久，产蛋率在90%以上的时间可持续20周左右，整个生产期产蛋率基本稳定在80%以上。因此，蛋鸭产蛋期饲料要求较高，特别要注意粗蛋白质、矿物质、维生素和能量等的供给，以满足高产、稳产的需要。蛋用鸭的营养需要见表2-7-1。

表2-7-1　蛋用鸭的营养需要

营养成分	0～2周龄	3～8周龄	9～18周龄	产蛋期
代谢能/(MJ/kg)	11.506	11.506	11.297	11.088
粗蛋白质/%	20	18	15	18
可利用赖氨酸/%	1.1	0.85	0.7	1.0
精氨酸/%	1.20	1.00	0.70	0.80
蛋氨酸/%	0.4	0.30	0.25	0.33
蛋氨酸+胱氨酸/%	0.7	0.6	0.50	0.65
赖氨酸/%	1.20	0.90	0.65	0.90
钙/%	0.9	0.8	0.8	2.5～3.5
磷/%	0.50	0.45	0.45	0.5
钠/%	0.15	0.15	0.15	0.15
维生素A/(IU/kg)	6000	4000	4000	8000
维生素D_3/(IU/kg)	600	600	500	800
维生素E/(mg/kg)	20	20	20	20
维生素B_1/(mg/kg)	4	4	4	2
维生素B_2/(mg/kg)	5	5	5	8
烟酸/(mg/kg)	60	60	60	60

续表

营养成分	0～2周龄	3～8周龄	9～18周龄	产蛋期
维生素 B_6/(mg/kg)	6.6	6	6	9
维生素 K/(mg/kg)	2	2	2	2
生物素/(mg/kg)	0.1	0.1	0.1	0.2
叶酸/(mg/kg)	1.0	1.0	1.0	1.5
泛酸/(mg/kg)	15	15	15	15
氯化胆碱[①]/(mg/kg)	1800	1800	1100	1100
锰/(mg/kg)	100	100	100	100
锌/(mg/kg)	60	60	60	80
铁/(mg/kg)	80	80	80	80
铜/(mg/kg)	6	6	6	6
碘/(mg/kg)	0.5	0.5	0.5	0.5
硒/(mg/kg)	0.1	0.1	0.1	0.1

① 拌料时不能将胆碱加入维生素和矿物质添加剂中，而应单独加入。

(4) 做好蛋鸭的环境控制　蛋鸭最适宜的环境温度是13～20℃，在该温度范围内，蛋鸭产蛋率、饲料利用率最高。气温过高和过低，均导致蛋鸭产蛋显著下降。光照可促进鸭生殖器官的发育，使青年鸭适时开产，提高产蛋率。产蛋期的光照强度以10～15lx为宜，光照时间保持在每天16～17h。

商品蛋鸭圈养时需要在地势干燥、靠近水源的地方修建鸭舍，要求鸭舍采光和通风良好，鸭舍朝向以朝南或东南方向为宜。饲养密度以舍内面积5～6只/m^2计算。在鸭舍前面应有一片比舍内宽约20%的陆地运动场，供鸭吃食和休息。陆地运动场外侧连接水面的地方，是鸭群上岸、下水之处，其坡度一般为20°～30°。水上运动场应有一定深度而又无污染的活水。

(5) 做好蛋鸭疾病预防　蛋鸭生产周期长，养殖技术要求相对较高。鸭场要建立完善的消毒和防疫措施，严格实行鸭场卫生管理制度。搞好环境卫生，做好主要传染病的防疫工作，减少疾病发生的机会。蛋用型种鸭的参考免疫程序见表2-7-2。

表2-7-2　蛋用型种鸭的参考免疫程序

序号	接种日龄	免疫项目	疫苗名称	接种方法
1	7	鸭病毒性肝炎	DHV弱毒苗	颈部皮下注射
2	10	鸭传染性浆膜炎	鸭疫里氏杆菌灭活苗	皮下注射
3	30	鸭瘟	鸭瘟弱毒苗	胸部肌内注射
4	60	禽霍乱	禽巴氏杆菌弱毒苗	颈部皮下注射
5	90	鸭病毒性肝炎	DHV弱毒苗	皮下注射
6	100	禽霍乱	油乳剂灭活苗	颈部皮下注射
7	120	鸭病毒性肝炎	DHV弱毒苗	皮下注射
8	240	鸭病毒性肝炎	DHV弱毒苗	皮下注射

2. 商品蛋鸭产蛋期饲养管理要求

蛋鸭育雏期、育成期饲养管理可参见本节“商品肉鸭的生产”相关内容。商品蛋鸭产蛋期的饲养方式主要有半舍饲、全舍饲、放牧等方式。

根据蛋鸭产蛋性能测定，在正常饲养管理条件下，商品蛋鸭150日龄群体产蛋率可达50%，至200日龄时可上升到90%以上，产蛋高峰期可持续到450日龄左右，以后逐渐下降。因此，商品蛋鸭产蛋期的饲养管理可分为四个时期进行，即产蛋初期（150～200日龄）、产蛋前期（201～300日龄）、产蛋中期（301～400日龄）、产蛋后期（401～500日龄）。

① 产蛋初期与产蛋前期的饲养管理。蛋鸭150日龄开产后，产蛋量逐渐增加直至达到产蛋高峰。因此，蛋鸭日粮中的营养水平特别是粗蛋白质水平要随着产蛋率的提高而逐渐增加，促使

鸭群尽快达到产蛋高峰期。当鸭群达到产蛋高峰期后，饲料种类和营养水平要尽量保持稳定，促使产蛋高峰期尽可能长久。采取自由采食方式进行饲喂，每只蛋鸭每天喂料约15g。每天喂料4次，通常白天喂料3次，晚上再喂料1次。

在做好喂料的同时，要特别做好光照管理，蛋鸭开产后，逐渐增加光照时间，达到产蛋高峰时，使其光照时间达到每天15～16h，以后保持光照时间的恒定。此外，在产蛋前期，还要注意抽测蛋鸭体重，若蛋鸭体重在标准体重的±5%以内，表明饲养管理正常；若蛋鸭体重超过或低于标准体重5%以上，则要查明原因，调整蛋鸭喂料量和日粮营养水平。

② 产蛋中期的饲养管理。该期蛋鸭已达产蛋高峰期，并持续高强度产蛋，因此对蛋鸭的体况消耗很大，是蛋鸭饲养的关键时期，应对蛋鸭进行精心管理，尽可能延长高峰期产蛋时间。此期蛋鸭日粮中营养水平应在前期基础上适当提高，日粮中粗蛋白质水平应保持在20%左右，并注意钙量和多种维生素的添加。由于日粮中钙量过高会降低饲料适口性，影响蛋鸭采食量，可在日粮中添加1%～2%的贝壳粒，也可单独喂给。

此期光照时间保持在每天16～17h，并注意观察蛋鸭精神状况是否良好、蛋壳质量有无明显变化、产蛋时间是否集中、洗浴后羽毛是否沾湿等，如发现异常及时采取措施。

③ 产蛋后期的饲养管理。蛋鸭经过连续的高强度产蛋后，体况消耗很大，产蛋率将有所下降。因此，产蛋后期的饲养管理重点是根据鸭群的体重和产蛋率的变化调整日粮的营养水平和喂料量，尽量减缓产蛋率下降幅度，使该期产蛋率保持在75%～80%。如果发现蛋鸭体重增加较大，应适当降低日粮能量水平，或适量降低采食量；如果发现蛋鸭体重降低而产蛋量有所下降时，应适当提高日粮中的蛋白质水平，或适当增加喂料量。产蛋后期还应加强蛋鸭选择，注意及时淘汰低产蛋鸭，以提高饲养效果。

④ 其他管理要求。蛋鸭富于神经质，在日常的饲养管理中切忌使鸭群受到突然惊吓和干扰，受惊后鸭群容易发生拥挤、飞扑等不安现象，导致产蛋量减少或软壳蛋增加。

3. 蛋用型种鸭的饲养管理

蛋用型种鸭饲养管理的要求是：提高种鸭产蛋数量，提高种蛋受精率。蛋用型种鸭的饲养管理应做好以下几方面的工作。

(1) 根据种鸭产蛋率的变化调整日粮营养水平　种鸭产蛋初期日粮蛋白质水平控制在15%～16%即可满足产蛋鸭的营养需要，以不超过17%为宜；进入产蛋高峰期时，日粮中粗蛋白质水平应增加到19%～20%，如果日粮中必需氨基酸比较平衡，蛋白质水平控制在17%～18%也能保持较高的产蛋水平。

(2) 保持适宜的公母配种比例

① 选好公鸭。公鸭在种鸭群中数量少，但对种蛋的质量影响很大，要求选留的公鸭生长发育良好、体格健壮结实、性器官发育正常、精液品质优良。因此，留种公鸭必须在育雏期、育成期和性成熟初期严格按照选种标准进行选择，保证种公鸭质量。育成期公鸭和母鸭最好分群饲养，并在母鸭开产前2～3周按照适宜公母比例放入母鸭群中，让彼此相互熟悉，以提高配种质量。

② 适宜的公母配种比例。适宜的公母配种比例是提高种蛋受精率的重要措施。公鸭过多，公鸭相互间发生争配、抢配等现象，造成母鸭伤残，影响种蛋受精率。放牧种鸭公母配种比例应根据种鸭体重的大小来掌握。轻型品种适宜的公母比例为1∶(10～20)，中型品种一般为1∶(8～12)。

③ 注意观察种鸭配种情况。种鸭公母混群后注意观察种鸭配种情况。通常，种鸭交配高峰期发生在清晨和傍晚，已开产的放牧种鸭或圈饲种鸭每天早晚要让鸭群在有水环境中进行嬉水、配种，这样可提高种蛋的受精率。

(3) 加强种鸭日常管理　母鸭开产前1个月左右应逐渐增加喂料量，放牧种鸭收牧后要补饲，使母鸭能饱嗉过夜，保证母鸭开产整齐，能较快进入产蛋高峰。

放牧种鸭在放牧时不要急赶、惊吓，不能走陡坡，以防母鸭受伤造成母鸭难产。通过开产前的调教饲养，产蛋期种鸭形成的放牧、采食、休息等生活规律要保持相对稳定，不能随意变动。日粮中的饲料种类和光照作息时间也应保持相对稳定，如突然改变则容易引起产蛋下降。

放牧种鸭因农作原因不能下田放牧，可采用圈养方式饲养，但应特别加强补饲，否则会造成鸭群产蛋量的大幅度下降。

(4) 做好种蛋的收集　初产母鸭的产蛋时间多集中在清晨1～6点，随着产蛋日龄的延长，产蛋时间有所推迟，产蛋后期的母鸭多在上午10时前完成产蛋。

种蛋收集应根据不同的饲养方式而采取相应的措施。若种鸭采取放牧饲养，种蛋常产在垫料或地面上，及时收集种蛋，可减少种蛋污染和破损，保持良好的种蛋品质，提高种蛋合格率和孵化率。放牧饲养的种鸭可在产完蛋后赶出去放牧。舍饲饲养的种鸭可在舍内设置产蛋箱，注意保持舍内垫料的干燥，特别是产蛋箱内的垫草应保持干燥、松软；刚开产的母鸭可通过人为训练让其在产蛋箱内产蛋；增加拣蛋次数，减少种蛋的破损。

二、商品肉鸭的生产

目前肉用仔鸭的生产根据选用的品种、饲养方式的不同可分为：快大型肉用仔鸭生产、放牧肉用仔鸭生产、填鸭生产、骡鸭（半番鸭）生产等。

1. 快大型肉用仔鸭的生产

快大型肉用仔鸭是指配套系生产的杂交商品代肉鸭，采用集约化方式饲养，批量生产，是现代优质肉鸭生产的主要方式。

(1) 快大型肉用仔鸭的生产特点

① 生长速度快，饲料转化率高。在舍饲条件下，快大型商品肉鸭7～8周龄体重可达3.0～3.8kg，为其孵化出壳重的50倍以上；上市体重一般在3kg以上，其生长速度和饲料转化率远远高于麻鸭类型品种或其杂交鸭。

② 产肉率高，肉质好。通过选育后的快大型商品肉鸭，其上市体重大，胸腿肌特别发达。据测定7周龄上市的肉鸭体重在3kg以上，胸腿肌重量可达600g以上，占全净膛重的25.4%。具有肉质好的特点，其肌肉纤维间脂肪多、肉质细嫩，是优质肉品。

③ 生产周期短。快大型商品肉鸭从出壳到上市全程饲养期为6～8周，因此具有生产周期短、资金周转快的特点。此外，快大型商品肉鸭生长整齐，可采用全舍饲养，打破了稻田放牧生产肉用仔鸭生产的季节性，可全年以“全进全出制”的饲养方式进行批量生产。

(2) 快大型肉用仔鸭的常用品种与饲养规模　快大型肉用仔鸭生产中采用的品种主要有樱桃谷肉鸭、天府肉鸭、澳白星63肉鸭、北京鸭等。这些品种均属于大型白羽肉鸭，具有体大、生长快等特点。

(3) 快大型商品肉鸭的日粮配制与日粮配方举例　肉鸭的生长是以饲料中的营养物质为基础转化而来，由于快大型商品肉鸭体重增长特别迅速，因此在饲养上要根据肉鸭不同生长阶段对营养的要求，配制营养全价而平衡的日粮。快大型肉用仔鸭的营养需要见表2-7-3。

表2-7-3　快大型肉用仔鸭的营养需要

营养成分	0～3周龄	4周龄至屠宰	营养成分	0～3周龄	4周龄至屠宰
代谢能/(MJ/kg)	12.35	12.35	蛋氨酸+胱氨酸/%	0.70	0.53
粗蛋白质/%	21～22	16.5～17.5	色氨酸/%	0.24	0.18
钙/%	0.8～1.0	0.7～0.9	精氨酸/%	0.21	0.91
有效磷/%	0.4～0.6	0.4～0.6	苏氨酸/%	0.70	0.53
食盐/%	0.35	0.35	亮氨酸/%	1.40	1.05
赖氨酸/%	1.10	0.83	异亮氨酸/%	0.70	0.53
蛋氨酸/%	0.40	0.30			

注：微量元素、维生素另加。

快大型商品肉鸭的饲粮参考配方见表2-7-4。

表 2-7-4 快大型商品肉鸭的饲粮参考配方

饲粮成分	饲粮配方/%					
	1		2		3	
	0～3 周龄	4 周龄～上市	0～3 周龄	4 周龄～上市	0～3 周龄	4 周龄～上市
玉米	54.0	57.7	51	56.7	59.0	63.0
麦麸	15.0	23.2	20.2	28.2	5.7	14.2
豆饼	12.0	4.0	8.4	—	24.0	15.5
鱼粉	13.0	—	—	—	10.0	5.0
菜籽饼	5.0	3.0	5.0	3.0	—	—
蚕蛹	—	10.0	8.3	3.0	—	—
骨粉	0.7	1.8	1.8	1.8	0.5	—
肉粉	—	—	5.0	7.0	—	—
贝壳粉	—	—	—	—	0.5	1.0
磷酸氢钙	—	—	—	—	—	1.0
食盐	0.3	0.3	0.3	0.3	0.3	0.3
合计	100	100	100	100	100	100

注：微量元素、维生素添加剂按照产品使用说明书另加。

(4) 0～3 周龄阶段快大型商品肉鸭的饲养管理　在快大型商品肉鸭的饲养上，通常将其分为 0～3 周龄、4 周龄～出栏两个阶段进行饲养管理。其中 0～3 周龄为育雏期，4 周龄～出栏为育肥期。0～3 周龄阶段肉鸭的饲养管理要点如下。

① 育雏期雏鸭的生理特点与育雏方式

a. 育雏期雏鸭的生理特点。从出壳到 3 周龄，称为雏鸭阶段。此时雏鸭刚出壳，对外界的适应能力较差，消化能力较差，消化器官容积小，采食量少，但雏鸭相对生长很快，需要充足的营养需要满足雏鸭的生长发育。同时应根据雏鸭体温调节机能不完善的特点，人为创造良好的育雏条件特别是温度条件，让雏鸭尽快适应外界环境，提高育雏成活率。

b. 雏鸭的育雏方式。根据肉鸭养殖的具体条件，主要采取以下三种育雏方式。

(a) 地面垫料平养育雏。该法是在鸭舍地面上饲养雏鸭，地面上铺设垫料，如锯末、刨花、铡短的干草等。垫料要求干燥、保暖、吸湿性强、柔软、不板结。但水槽、料槽附近的垫料周围易潮湿，可铺垫砖块。该法饲养成本低，条件要求不高，简单易行。

(b) 平面网上饲养育雏。该法是将肉鸭饲养在距地面 50～60cm 高的铁丝网（镀锌）或塑料垫网上。网眼 1.25cm×1.25cm，粪尿混合物可直接掉于地面。金属网和塑料垫网均有定型产品可购买，也可用竹木条板自行铺设。该法雏鸭不与粪接触，可有效控制球虫病和其他疾病的爆发，在肉鸭养殖中应用较广泛，值得推广，但投资较大，技术要求较高。

(c) 立体笼养育雏：该法是在鸭舍内搭起多层的笼架，将雏鸭饲养在 3～5 层笼内，鸭笼由镀锌或涂塑铁丝制成，网底可铺塑料垫网，层高通常为 40～45cm。该法饲养密度大，热源集中，易于保温，雏鸭成活率高，但投资较大。

② 进雏前的准备

a. 育雏室的维修。进雏之前，应及时维修破损的门窗、墙壁、通风孔、网板等。采用地面育雏的也应准备好足够的垫料。准备好分群用的挡板、饲槽、水槽或饮水器等育雏用具。

b. 育雏之前，先将室内地面、网板及育雏用具清洗干净、晾干。对育雏室、垫料、垫网、饮水器、料槽、料盘等有关设备、用具等彻底清洗、消毒。可采用甲醛高锰酸钾对育雏舍熏蒸消毒 1～2 天，用量为高锰酸钾 15g＋福尔马林 30ml/m³。墙壁、天花板或顶棚用 10%～20%的石灰乳粉刷，注意表面残留的石灰乳应清除干净。饲槽、水槽或饮水器等冲洗干净后放在消毒液中浸泡半天，然后清洗干净。

c. 准备并铺设好垫料。垫料要干燥、无霉变、吸水性好。

d. 检查保温设备、烟道、保温伞等是否良好，并提前一天升温达到育雏温度。笼养育雏室

30～32℃；平养育雏室25℃以上；保温伞温度30～33℃。在保温伞边缘上方8cm处悬挂温度计，测试保温伞温度。

e. 准备充足的料盘、饮水器，并准备好饲料、疫苗等。进雏前2h将水装入饮水器并放入舍内预热。育雏舍相对湿度保持在60%为宜。

③ 做好雏鸭的精细饲养。进雏后要尽早饮水与开食。快大型肉用仔鸭早期生长特别迅速，应尽早饮水开食，有利于雏鸭的生长发育，锻炼雏鸭的消化道。开食过晚体力消耗过大，失水过多而变得虚弱。一般采用直径为2～3mm的颗粒料开食，第1天可把饲料撒在塑料布上，以便雏鸭学会吃食，做到随吃随撒，第2天后就可改用料盘或料槽喂料。雏鸭进入育雏舍后，就应供给充足的饮水，头3天可在饮水中加入复合维生素（1g多维/kg水），并且饮水器（槽）可离雏鸭近些，便于雏鸭饮水，随着雏鸭日龄的增加，饮水器应渐远离雏鸭。

饲喂方法有粉料和颗粒料两种形式。粉料饲喂前先用水拌湿，可促进雏鸭采食，但粉料饲喂浪费较大，每次投料不宜太多，否则易引起饲料的变质变味。在有条件的地方，使用颗粒料的效果较好，可减少浪费。实践证明，饲喂颗粒料可促进雏鸭生长，提高饲料转化率。雏鸭自由采食，食槽或料盘内昼夜均应有饲料，做到少喂勤添，随吃随给，保证饲槽内常有料，余料又不过多。

a. 投料次数。雏鸭出壳后1～2周，每天6次，其中一次在晚上进行。为保证采食均匀，应保证每只鸭有足够的料位，料槽应保持一定高度。

b. 充分饮水。雏鸭1周龄以后可用水槽供给饮水，每100只雏鸭需要1m长的水槽。水槽的高度应随鸭子大小来调节，水槽上沿应略高于鸭背或与鸭背同高，以免雏鸭吃水困难或爬入水槽内打湿绒毛。水槽每天清洗一次，3～5天消毒一次。

c. 保证垫料的干燥。鸭饮水时喜呷水擦洗羽毛，易弄湿垫料。因此，要准备充足的垫料，随时撒上新垫料，保持舍内温暖干燥。

d. 防止脚跛症的发生。主要是由于饲料中缺乏钙磷或钙磷比例不平衡；缺乏锰、铁等微量元素；饲养密度过大；潮湿；饲料种类单一、营养不全等引起。

④ 做好育雏期雏鸭的管理

a. 做好温度管理。在育雏条件中，育雏温度对雏鸭的影响最大，直接影响到雏鸭体温调节、饮水、采食以及饲料的消化吸收，从而影响到雏鸭的育雏成活率。快大型肉用雏鸭的育雏温度见表2-7-5。

表2-7-5 快大型肉用雏鸭的育雏温度

日龄	育雏温度/℃	日龄	育雏温度/℃
1～3	31～28	11～15	22～19
4～6	28～25	16～20	19～17
7～10	25～22	21日龄后	<17

育雏温度是否恰当是提高雏鸭育雏成活率的关键。在生产实践中，可根据雏鸭的活动状态来判断育雏温度是否恰当。温度过高时，雏鸭远离热源，张口喘气，烦躁不安，分布在保温伞边缘附近或室内门窗附近，容易造成雏鸭体质软弱及抵抗力下降等现象；温度过低时，雏鸭鸣叫、打堆、互相挤压，容易造成伤亡，并影响雏鸭的开食、饮水；育雏温度适宜时，雏鸭三五成群，食后静卧而无声，分布均匀。

b. 做好湿度控制。刚出壳的雏鸭体内含水70%左右，同时又处在环境温度较高的条件下，因此湿度对雏鸭生长发育影响较大。湿度过低时，容易引起雏鸭轻度脱水，影响健康和生长；湿度过高时，霉菌及其他病原微生物大量繁殖，容易引起雏鸭发病。

舍内相对湿度第1周保持在60%为宜，这样有利于雏鸭卵黄的吸收，以后随着雏鸭日龄增大，其排泄物增多，应适当降低相对湿度。

c. 做好鸭舍通风换气。鸭舍适宜的通风换气有利于排出室内的污浊空气，并调节室内温度和湿度；夏季通风还有助于降温。育雏室内氨气浓度一般允许10μl/L，不超过20μl/L。当饲养管理人员进入育雏室感觉臭味大、有明显刺眼的感觉，表明氨气浓度超过允许范围，应及时通风换气。

d. 做好舍内光照控制。通常育雏1～3天每天采用24h光照，也可采取每天23h光照1h黑暗的光照控制方法，使雏鸭尽早熟悉环境、尽快饮水和开食。人工补充光照时，光照强度不宜过大，否则不利于雏鸭的生长。

e. 饲养密度保持适宜。饲养密度是指每平方米的面积上所饲养的雏鸭数。密度过大，会造成相互拥挤，体质较弱的雏鸭常吃不到料，饮不到水，致使生长发育受阻，影响增重和群体的整齐度，同时也容易引起疾病的发生。密度过低房舍利用率不高，增加饲养成本。肉用雏鸭饲养密度根据品种、饲养方式、育雏季节不同而异。1～3周龄快大型肉用雏鸭的饲养密度见表2-7-6。

表2-7-6　1～3周龄快大型肉用雏鸭的饲养密度/(只/m^2)

周　龄	地面垫料饲养	网上平养	立体笼养
1	20～30	30～50	50～65
2	10～15	15～25	30～40
3	7～10	10～15	20～25

(5) 4周龄～出栏阶段快大型商品肉鸭的饲养管理　4周龄～出栏阶段属于快大型商品肉鸭的育肥期。此时肉鸭体温调节能力已趋于完善，对外界环境的适应能力比雏鸭期明显增强，死亡率降低，同时肉鸭食欲旺盛，采食量大，生长快，骨骼和肌肉生长旺盛，绝对增重处于生理高峰期。因此饲养上要增大肉鸭采食量，提高增重速度，同时由于鸭的采食量增多，饲料中粗蛋白质含量可适当降低，从而达到良好的增重效果。

① 做好饲料和饲养方式过渡

a. 做好饲料的过渡。3周龄后，应将育雏期饲料更换为育肥期饲料，饲料更换应逐渐过渡，防止饲料的突然改变对肉鸭造成应激。过渡期每天饲料从育雏期饲料过渡为育肥期饲料其改变不超过20%～30%，这样经过3～5天将育雏期饲料完全过渡为育肥期饲料，让肉鸭有一个适应过程。

b. 做好饲养方式的过渡。由于快大型商品肉鸭体重较大，因此4～8周龄肉鸭的饲养方式多采取地面平养或网上平养。育雏期采取地面平养或网上平养的肉鸭可不转群，能避免转群给肉鸭带来的应激，但育雏期结束后可不再人工供温，应将保温设备撤去，并做好脱温工作。对于育雏期采用笼养育雏的肉鸭，应转为地面平养，并在转群前1周，将平养鸭舍和用具做好清洁卫生和消毒工作。因环境突然变化，常易产生应激反应，因此，在转群之前应停料3～4h。

随着鸭体躯的增大，应适当降低饲养密度。4周龄～出栏快大型肉用鸭的饲养密度见表2-7-7。

表2-7-7　4周龄～出栏阶段快大型肉用鸭的饲养密度/(只/m^2)

周龄	地面平养	网上平养
4	5～10	10～15
5～6	5～8	8～12
7～8	4～7	7～10

② 喂料及饮水。此阶段全天24h保持喂料与饮水，并经常保持饲料和饮水的清洁卫生。由于肉鸭在该期采食量增大，应注意添加饲料，每天可采取白天投料3次、晚上再投料1次的喂料方式，喂料量一般采取自由采食。投料时要注意食槽内余料不能过多。

饮水的管理也特别重要，应随时保持清洁的饮水，特别是在夏季，白天气温较高，采食量减少，应加强早晚的管理，此时天气凉爽，鸭子采食的积极性很高，不能断水。

③ 做好垫料的管理与光照控制

a. 垫料管理：由于其采食量增多，其排泄物也增多，应加强舍内和运动场的清洁卫生管理，每日定期打扫，及时清除粪便，保持舍内干燥，防止垫料潮湿。

b. 光照控制：该期采取全天光照的方式进行饲喂，白天可利用自然光照，晚上通宵照明。但光照强度不要过强，光照强度可控制为5～10lx。

④ 防止啄羽。如果鸭群饲养密度过大，通风换气差，地面垫料潮湿，光照强度过大，日粮中营养不平衡，特别是含硫氨基酸缺乏，容易引起肉鸭相互啄羽，因此在饲养上要注意采取综合措施防止啄羽的发生。

⑤ 上市日龄与上市体重。肉鸭一旦达到上市体重应尽快出售。商品肉鸭一般6周龄活重可达到2.5kg以上，7周龄可达3kg以上，肉鸭饲料转化率以6周龄最高，因此，42～45日龄为肉鸭理想的上市日龄。如果用于分割肉生产，则以8周龄上市最为理想，因为6～7周龄上市的肉鸭胸肌较薄，胸肌的丰满程度明显低于8周龄。此外，由于消费习惯的特点，如成都、重庆、云南等市场要求大型肉鸭小型化生产，当快大型肉用鸭的体重达到2～2.5kg时也应尽快上市。

2. 放牧肉用仔鸭的生产

水禽放牧饲养可以合理利用自然资源，是节粮型的畜牧业。放牧肉用仔鸭生产是中国传统的肉鸭养殖方式，这种养殖方式实行鱼鸭结合、稻鸭结合，是典型的生态农业项目，在中国南方广大地区被普遍采用。放牧肉用仔鸭的生产技术要点如下。

(1) 放牧肉鸭品种的选择与饲养方式

① 品种选择。传统稻田放牧养鸭采用的品种主要是中国地方麻鸭品种，如四川麻鸭、建昌鸭等，补饲饲料主要是谷物、玉米、麦类等单一饲料。现在放牧肉用仔鸭的生产主要采用现代快速生长型肉鸭品种（如樱桃谷肉鸭、天府肉鸭、澳白星63肉鸭、北京鸭等）与中国地方麻鸭品种进行杂交，其生产的杂交肉鸭进行放牧饲养，补饲饲料由过去的单一饲料改为配合饲料或颗粒饲料，可以缩短肉鸭出栏时间，增加上市体重，降低养鸭成本，提高经济效益，适合现阶段农村经济发展水平。

② 放牧肉用仔鸭的饲养方式

a. 放牧饲养。这是中国一种传统的养鸭方式，主要以水稻田为依托，采取农牧结合的稻田放牧养鸭技术。这种方式充分利用天然动植物及秋收后遗落在稻田中的谷物为食，节约粮食，同时投资少，只需要简易的鸭棚子供鸭子过夜。其最大缺点是安全性差，鸭群易受到不良气候和野兽的侵害，疾病也易于传播，发病率较高。

b. 半牧半舍饲饲养。这种养殖方式是在传统放牧养殖的基础上进行改进，肉鸭白天进行放牧饲养，自由采食野生饲料，人工进行适当补饲。晚上回到圈舍过夜，有固定的圈舍供鸭避风、挡雨、避寒、休息，而没有固定的活动场地。这种饲养方式固定投资小，饲养成本低，但肉鸭受外界环境因素的影响仍然较大。

(2) 放牧肉用仔鸭的饲养管理

① 幼雏鸭阶段的饲养管理

a. 幼雏鸭的育雏方式。幼雏鸭的育雏方式可分为舍饲育雏和野营自温育雏两种方式。舍饲育雏可参见“0～3周龄阶段快速生长型商品肉鸭的饲养管理”。我国南方水稻产区麻鸭为群牧饲养，采用野营自温育雏方式。育雏期一般为20天左右，每群雏鸭数多达1000～2000只，少则300～500只。

由于雏鸭体质较弱，放牧觅食能力差，因此野营自温育雏首先要选择好育雏营地。育雏营地由水围、陆围和棚子组成，水围包括水面和饲场两部分，供雏鸭白天饮浴、休息和喂料使用。水围要选择在沟渠的弯道处，高出水面50cm左右；陆围供雏鸭过夜使用，场地应选择在离水围近的高平的地方，附近设棚子供放牧人员寝食、休息、守候雏鸭使用。

b. 幼雏鸭的饲料与饲喂方式。

(a) 饲料。过去常用半生熟的米饭（或煮熟的碎玉米），现在提倡使用雏鸭颗粒饲料饲喂。喂料时将饲料均匀撒在饲场的晒席上。育雏期第1周喂料5～6次，第2周4～5次，第3周3～4

次，喂料时间最好安排在放牧之前，以便雏鸭在放牧过程中有充沛的体力采食。每日放牧后，视雏鸭采食情况，适当补饲，让雏鸭吃饱过夜。

(b) 饲喂方式。育雏期采用人工补饲为主、放牧为辅的饲养方式，放牧的次数应根据当日的天气而定，炎热天气一般早晨和下午4时左右才出牧。白天收牧时将雏鸭赶回水围休息，夜间赶回陆围过夜。育雏数量较大时，应特别加强过夜的守护，注意防止过热和受凉，野外敌害严重应加强防护。用矮竹围篱分隔雏鸭，每小格关雏20～25只，这样可使雏鸭互相以体热取暖，防止挤压成堆。雏鸭过夜管理十分重要，应安排值班人员每隔2～3h查看一次。

(c) 做好放牧前的准备。群鸭育雏依季节不同，养至15～20日龄，即由人工育雏转入全日放牧的育成阶段。放牧前为使雏鸭适应采食谷粒，需要采取饥饿强制方法，即只给水不给料，让雏鸭饥饿6～8h，迫使雏鸭采食谷粒，然后转入放牧饲养。

② 肉用仔鸭生长-肥育期的饲养管理

a. 选好放养时间。育雏结束后，鸭只已有较强的放牧觅食能力，南方水稻产区主要利用秋收后稻田中的遗留谷物为饲料。鸭苗放养的时间要与当地水稻的收割期紧密结合，以育雏期结束正好水稻开始收割最为理想。

b. 选择好放牧路线。放牧路线的选择是否恰当，直接影响放牧饲养的成本。选择放牧路线的要点是根据当年一定区域内水稻栽播时间的早迟，先放早收割的稻田，逐步放牧前进。按照选定的放牧路线预计到达某一城镇时，该鸭群正好达到上市，以便及时出售。

c. 保持适当的放牧节奏。鸭群在放牧过程中每一天均有其生活规律，在春末秋初每一天要出现3～4次采食高潮，同时也出现3～4次休息和戏水过程。秋后至初春气温低，日照时间较短，一般出现早、中、晚三次采食高潮。要根据鸭群这一生活规律，把天然饲料丰富的放牧地留作采食高潮时进行放牧，这样既充分利用了野生的饲料资源，又有利于鸭子的消化吸收，容易上膘。

d. 放牧群的控制。鸭子具有较强的合群性，从育雏开始到放牧训练，建立起听从放牧人员口令和放牧竿指挥的条件反射，可以把数千只鸭控制得井井有条，不致糟蹋庄稼和践踏作物。放牧鸭群要注意疫苗的预防接种，还应注意农药中毒。

3. 填鸭的生产

填鸭也称填肥鸭，是肉鸭的一种快速肥育方法，其生产的肉鸭主要用于制作烤鸭。因此，北京鸭多采用这种方法进行育肥，用来制作风味独特的北京烤鸭。其优点是通过填饲，可在短期内快速增长体重，屠体肉质鲜嫩；缺点是屠体脂肪含量高，瘦肉率低。

北京鸭饲养到6～7周龄，体重达1.7kg后，即可转入人工填饲育肥阶段，经过10～15天填饲育肥，体重达到2.7kg左右即可出栏。

(1) 填鸭的营养水平和日粮配合　由于填饲育肥期的中雏鸭尚处于发育未成熟阶段，因此填鸭的饲料应含有较高的能量水平（含代谢能12.14～12.55MJ/kg），而粗蛋白质含量达到14%～15%即可，同时注意矿物质、微量元素、维生素的供给，保持各种营养物质的平衡，这样有利于快速提高体重和沉积一定量的肌间脂肪。填肥鸭的饲料配方见表2-7-8。

表2-7-8　填肥鸭的饲料配方

饲料种类	前期		后期	
	1	2	1	2
玉米/%	45	57	70	75
高粱/%	5	3	5	—
土面/%	20	10	10	9
麦麸/%	5	8	1.0	—
米糠/%	5	—	—	—
豆饼/%	14	19	8	13
鱼粉/%	3	3	3	3

续表

饲料种类	前期		后期	
	1	2	1	2
骨粉/%	1.6	1.6	1.6	1.6
贝壳粉/%	1.0	1.0	1.0	1.0
食盐/%	0.4	0.4	0.4	0.4
合计/%	100	100	100	100
代谢能 MJ/kg	12.14	12.12	12.92	12.91
粗蛋白质/%	15.12	15.09	12.36	12.49

注：微量元素、维生素按照产品说明书添加。

(2) 填鸭饲养技术

① 开填日龄与分群。

a. 开填日龄。通常在雏鸭40～42日龄，体重达1.7kg时进行开填。

b. 分群。开填前应将雏鸭进行选择，按照性别、体重大小、体质强弱进行分群。同时剪去鸭爪，以免填饲期相互抓伤，降低屠体美观和等级。

② 填料的调制与填饲量。填饲料在填饲前3～4h按照水料1∶1的比例拌成糊状，每天填饲3～4次，可分别安排在上午9时、下午3时、晚上9时、清晨3时。填饲时要根据日龄和体重增加填饲量，逐渐增加填饲量，第1天150～160g，第2～第3天每天175g，第4～第5天每天200g，第6～第7天每天225g，第8～第9天每天275g，第10～第11天每天325g，第12～第13天每天400g，第15天450g。

③ 填食方法。填食时，填食者左手执鸭的头部，掌心握鸭的后脑，拇指与食指撑开上下喙，中指压住鸭舌，右手握住鸭的食道膨大部，将填食胶管小心送入鸭的咽下部，注意鸭体应与胶管平行，然后将饲料压入食道膨大部，随后放开鸭，填食完成。采用填食机填食的要点是：使鸭体平，开嘴快，压舌准，进食慢，撤鸭快。

4. 骡鸭（半番鸭）的生产

番鸭又称“瘤头鸭”、“麝香鸭”，是著名的肉用型鸭。家鸭（如北京鸭、麻鸭等）起源于河鸭属，瘤头鸭起源于栖鸭属，故家鸭和瘤头鸭是同科不同属、种的两种鸭类。中国饲养的番鸭，经长期饲养已驯化成为适应中国南方生活环境的良种肉用鸭。番鸭虽有飞翔能力，但性情温驯，行动笨重，不喜在水中长时间游泳，适于陆地舍饲，在东南沿海如福建、广东、广西、浙江、江西、台湾等地均大量繁殖饲养。

公番鸭与母家鸭之间的杂交属于不同属、不同种之间的远缘杂交，所生的第一代无繁殖力，但在生产性能方面具有较大的杂交优势，称“半番鸭”或“骡鸭”。这种杂交鸭体格健壮，放牧觅食能力强，耐粗放饲养，具有增重快，皮下脂肪和腹脂少，瘦肉率高。近年来，骡鸭（半番鸭）的生产在国内外发展都很快。

骡鸭（半番鸭）的生产技术要点如下。

(1) 杂交方式　杂交组合分正交（公番鸭×母家鸭）和反交（公家鸭×母番鸭）两种。经生产实践证明以正交效果好，这是由于用家鸭作母本，产蛋多，繁殖率高，雏鸭成本低，杂交鸭公母生长速度差异不大，12周龄平均体重可达3.5～4kg。如用番鸭作母本，产蛋少，雏鸭成本高，杂交鸭公母体重差异大，12周龄时，杂交公鸭可达3.5～4kg，母鸭只有2kg，因此，在半番鸭的生产中，反交方式不宜采用。

杂交母本最好选用北京鸭、天府肉鸭、樱桃谷肉鸭等大型肉鸭配套系的母本品系，这样繁殖率高，生产的骡鸭体型大，生长快。

(2) 配种方式　骡鸭的配种方式分为自然交配和人工授精。采用自然交配时，每个配种群体可按25～30只母鸭，放6～8只公鸭，公母配种比1∶4左右进行组群。公番鸭应在育成期（20周龄前）放入母鸭群中，提前互相熟识，先适应一个阶段，性成熟后才能互相交配。增加公鸭只数，缩小公母配比和提前放入公鸭，是提高受精率的重要方法。

要进行规模化的骡鸭生产，最好采用人工授精技术。番鸭人工授精技术是骡鸭生产成功与否的关键。采精前要对公鸭进行选择，人工采精的种公鸭必须是易与人接近的个体。过度神经质的公鸭往往无法采精，这类个体应于培育过程中予以淘汰。种公鸭实施单独培育，与母番鸭分开饲养。公番鸭适宜采精时间27～47周龄，最适采精时期为30～45周龄。低于27周龄或超过47周龄采精，则精液质量低劣。

(3) 骡鸭的饲养方法　番鸭与家鸭的生活习性及其种质特性虽有区别，但骡鸭的饲养方法与一般肉鸭相似。

第三节　鹅生产技术

根据鹅的生长发育规律和生理特点，通常将种鹅的饲养分为以下几个阶段进行：育雏期（出壳～4周龄)、育成期（5周龄～开产)、产蛋期。育雏期的鹅如不作种用，则将育雏期结束的鹅作肉用仔鹅进行育肥。

一、雏鹅（出壳～4周龄）的培育

孵化出壳至4周龄的小鹅称雏鹅。该阶段雏鹅具有体温调节机能差、消化道容积小、消化吸收能力差、雏鹅抗病能力差等特点，因此雏鹅的培育是养鹅生产中一个关键的生产环节。此期间饲养管理的重点是培育出生长发育快、体质健壮、成活率高的雏鹅。雏鹅培育的技术要点如下。

1. 雏鹅的选择与运输

(1) 雏鹅的选择　雏鹅在育雏前必须进行严格的选择。雏鹅的选择最好在出壳后12～24h进行。健雏的判断标准是：品种特征明显，出壳时间正常，体质健壮，体重大小符合品种要求，群体整齐；脐部收缩良好，脐部被绒毛覆盖，腹部柔软；绒毛洁净而富有光泽；握在手中挣扎有力，感觉有弹性。弱雏则表现为体重过小；脐部突出，脐带有血痕；腹部较大，卵黄吸收不良，腹部有硬块；绒毛蓬松无光泽，两眼无神，站立不稳，挣扎无力等。在购买鹅苗时，必须询问清楚，如果种蛋来自未经小鹅瘟疫苗免疫的母鹅群，必须在雏鹅出壳后24～48h内注射小鹅瘟高免血清。

(2) 雏鹅的运输　盛放雏鹅的用具必须清洁，要用专用纸箱、塑料运雏箱或竹筐。运雏用具应先进行暴晒和消毒。装运时，防止每筐装得太多，严防拥挤，既要注意保温，同时又要注意通风。雏鹅的运输以在孵出后8～12h到达目的地最好，最迟不得超过36h。在冬季和早春时节，运输途中应注意保温，勤检查雏鹅动态，防止雏鹅打堆。夏季运输要防止日晒雨淋，防止雏鹅受热。运输途中不能喂食，如果路途距离较长，可中途让雏鹅饮水，饮水中加入多维（1g多维/kg水)，以免引起雏鹅脱水而影响成活率。雏鹅运到目的地后，让其先充分饮水后，再开食。

2. 雏鹅的育雏方式

根据雏鹅的保温方式和热源的来源，可将雏鹅的育雏方式分为自温育雏和平面供温育雏。

(1) 自温育雏　其方法是将雏鹅放在箩筐内，箩筐内铺以垫草，利用雏鹅自身散发出的热量来保持育雏温度。通常室温在15℃以上时，可将15日龄的雏鹅白天放在柔软的垫草上，用30cm高的竹围围成直径1m左右的小栏，每栏养20～30只；晚上则将雏鹅放在育雏箩筐内。5日龄以后，根据气温的变化情况，逐渐减少雏鹅在育雏箩筐内的时间，7～10天以后，应让雏鹅就近放牧采食青草，逐渐延长放牧时间。在育雏期间注意保持筐内垫草的干燥。在四川和长江中下游地区，当育雏数量不多时，多采用自温育雏饲养雏鹅。

(2) 平面供温育雏　当育雏数量较大或规模化育雏时，常采用平面供温育雏。该法通常采用地面或者网上平养，其热源依靠人工控制，主要有保温伞形、红外线灯、烟道、火坑等供温方式。育雏前的准备和加温方法可参见本章第二节“鸭生产技术”相关内容。

3. 雏鹅的饲养管理技术

(1) 先饮水后开食 雏鹅出壳后的第一次饮水又叫潮口。雏鹅出壳时，腹腔内尚有部分未利用完的卵黄，但雏鹅出壳后体内水分损失很大，运输过程中也容易造成大量失水，加上腹腔内卵黄的利用也需要水分，因此雏鹅应先饮水后开食。如果喂水过晚或先开食后饮水，容易造成干爪鹅，影响雏鹅的生长发育。

雏鹅饮水最好使用小型饮水器，或使用水盘，盘中水深不超过1cm，以雏鹅绒毛不湿为原则。1～3日龄，最好在饮水中加入电解多维（1～2g/kg水），也可饮0.1%的高锰酸钾溶液。

(2) 做好雏鹅开食与饲喂

① 适时开食。开食是指雏鹅第一次吃料。初生雏鹅及时开食，有利于提高雏鹅成活率。开食时间通常在雏鹅出壳后12～24h进行，可将饲料撒在浅食盘或塑料布上，让其啄食。如用颗粒料开食，应将颗粒料磨破，以便雏鹅采食。由于雏鹅消化道容积小，喂料量应少喂勤添。

② 开食饲料的要求。刚出壳的雏鹅消化能力较弱，可喂给蛋白质含量高、容易消化的饲料。雏鹅日粮中饲料种类应多样搭配，最好采用全价配合日粮饲喂雏鹅。实践证明，颗粒饲料适口性好，增重快，饲喂效果好。因此，有条件的地方最好使用直径为2.5mm的颗粒饲料饲喂。随着雏鹅日龄的增加，逐渐减少精料喂量，增加优质青饲料的饲喂量，青绿饲料或青菜叶可以单独饲喂，但应切成细丝状。在减少精料的同时，应逐渐延长放牧时间。

③ 饲喂次数和方法。1～7日龄，约每3h喂料1次，每天喂料6～9次；7日龄后，随着雏鹅采食量增大，可减少到每天喂料5～6次，其中夜里喂两次。为了满足雏鹅的营养需要，喂料时可以把精料和青料分开，先喂精料后喂青料，防止雏鹅专挑青料吃而影响精料的采食。随着雏鹅放牧能力的加强，可适当减少饲喂次数。

(3) 做好雏鹅的适时放牧 适时放牧有利于提高雏鹅适应外界环境的能力，降低饲养成本。春季育雏，4～5日龄后可开始放牧，选择晴朗无风的日子，喂料后将雏鹅放在育雏室附近草场上放牧，让其自由采食青草。开始放牧的时间要短，以后随雏鹅日龄的增加逐渐延长放牧时间。放牧要与放水相结合，放牧地要有水源或靠近水源，将雏鹅赶到浅水处让其自由下水、戏水，既可促进雏鹅生长发育，又利于羽毛清洁，提高抗病力。放水时切忌将雏鹅强迫赶入水中。

(4) 做好育雏前期的温度控制 刚出壳的雏鹅绒毛稀短，体温调节机能差，抗寒能力较弱；直到10日龄后体温调节机能才逐渐完善。因此，育雏前期提供适宜的育雏温度，是促进雏鹅生长发育、提高雏鹅成活率的关键措施。

在育雏管理中，育雏温度是否适宜，主要根据雏鹅的活动状态来判断。育雏温度过低，雏鹅躯体卷缩，绒毛直立，互相拥挤成团，发出“叽叽”的尖叫声，严重时造成大量的雏鹅被压伤、踩死；温度过高时，雏鹅表现为张口呼吸，精神不振，食欲减退，频频饮水，远离热源，多集中分布于育雏室的门、窗附近，容易引起雏鹅呼吸道疾病或感冒；温度适宜时，雏鹅表现为活泼好动，呼吸平和，睡眠安静，食欲旺盛，均匀分布在育雏室内。雏鹅育雏温度因品种、季节、饲养方式不同而不同，要灵活掌握育雏温度的控制。在育雏期间，温度必须平稳下降，切忌忽高忽低。雏鹅育雏期适宜温度见表2-7-9。

表2-7-9 雏鹅育雏期适宜温度与湿度

日龄	1～5	6～10	11～15	16～20
温度/℃	27～28	25～26	22～24	20～22
相对湿度/%	60～65	60～65	65～70	65～70

适时脱温。随着雏鹅体温调节机能的逐渐完善，可逐步脱温。当外界气温较高或天气较好时，雏鹅在3～5日龄可进行第一次放牧和下水，白天可停止加温，夜间气温低时加温，即开始逐步脱温；在寒冷的冬季和早春季节，气温较低，可适当延长保温期，但也应在7～10日龄开始脱温，到10～14日龄达到完全脱温。

(5) 注意湿度和通风控制 育雏期间在保温的同时应注意湿度的控制，防止育雏环境潮湿。

雏鹅饮水时往往弄湿饮水器或水槽周围的垫料；同时粪便、垫料发酵，容易导致室内湿度和有害气体（如氨气）浓度的升高。因此，育雏期间应注意室内通风换气，保持舍内垫料干燥、新鲜，地面干燥清洁。雏鹅育雏期适宜湿度见表2-7-9。

（6）雏鹅育雏期饲养密度与分群饲养　雏鹅生长发育迅速，随着日龄的增长和体重增加，在育雏期间应及时调整饲养密度，并按雏鹅体质强弱、个体大小及时分群饲养，有利于提高群体的整齐度。雏鹅适宜的饲养密度见表2-7-10。

表2-7-10　雏鹅的饲养密度/（只/m^2）

类型	1周龄	2周龄	3周龄	4周龄
中、小型鹅种	15～20	10～15	6～10	5～6
大型鹅种	12～15	8～10	5～8	4～5

（7）防御敌害　育雏初期，雏鹅体质较弱，对敌害无防御和逃避的能力。鼠害是雏鹅最危险的敌害，因此对育雏室的墙角、门窗要仔细检查，堵塞鼠洞。此外，野外育雏还要防御黄鼠狼、猫、狗、蛇等危害。

二、肉用仔鹅的育肥

肉用仔鹅是雏鹅育雏期结束后，将不作种用的仔鹅转入育肥饲养的中雏鹅。

1. 肉用仔鹅的育肥模式

肉用仔鹅具有早期生长速度快的特点，通过短期肥育，可以快速增膘长肉，沉积脂肪，增加体重，改善肉的品质，达到上市体重出栏。根据肉用仔鹅饲养管理方式，其育肥模式可分为三种：放牧育肥法、舍饲育肥法和人工填饲育肥法。目前，中国肉鹅生产多采用放牧饲养进行育肥。

（1）放牧育肥法

① 放牧育肥的特点。放牧育肥是一种传统的育肥方法，该法主要是利用草山草坡、湖渠沟塘、农作物收割后的麦地和水田等进行充分放牧达到育肥目的。放牧育肥不仅使鹅获得营养丰富的青绿饲料，而且满足肉鹅觅食青草的生活习性和生理需要，可节省大量的精饲料，具有养殖成本低、经济效益高的特点，适用于放牧条件较好的地方。

② 放牧育肥的饲养要求。在中雏鹅放牧饲养早期，由于肉鹅生长发育快，需要充足的营养物质。因此，放牧时选择的牧地要有充足的青绿饲料，牧草应较嫩，富有营养；在放牧的同时根据放牧情况适当补饲全价配合日粮，促进鹅体的生长发育，特别是促进骨骼发育。

肉鹅放牧时间随日龄增加而延长，直至过渡到全天放牧。一般40日龄左右可每天放牧4～6h，50日龄左右可进行全天放牧。具体放牧时间长短，可根据鹅群状况、气候及青绿饲料等情况而定。一般可在放牧前和放牧后进行补饲精料，注意放牧前喂七八成饱，收牧后喂饱过夜。补饲次数和补饲量应根据日龄、增重速度、牧草质量等情况而定。

③ 肉用仔鹅的放牧管理

a. 搭好鹅棚。可因地制宜、因陋就简搭建临时性鹅棚。鹅棚多用竹制的高栏围成，上罩渔网防兽害。除下雨外，棚顶不加盖芦席等物。场地要高燥，以防鹅受寒或引起烂毛。

b. 放牧场地的选择。要求选择有丰富的牧草、草质优良，并靠近水源的地方放牧。农村的荒山草坡、林间地带、果园堤坡、沟渠塘旁及河流湖泊退潮后的滩涂地，均是良好的放牧场地。开始放牧时应选择牧草较嫩、离鹅舍较近的牧地，随日龄的增加，可逐渐远离鹅舍。放牧场地要合理利用。

c. 做好分群。为了保证放牧鹅群的生长发育和群体整齐度，鹅群的大小要适宜，通常根据放牧场地大小、青绿饲料生长情况、草质、水源情况、鹅群的体质状况和放牧人员的技术经验来确定放牧鹅群的大小。对草多、草好的草山草坡、果园和谷物残留较多的麦田稻田，可采取轮流放牧方式，以250～300只为一群比较适宜。如果农户利用田边地角、沟渠道旁、林间小块草地放牧养鹅，以30～50只为一群比较适合。放牧前可按体质强弱、批次分群，保证放牧群中个体大小基本一致。

d. 管好鹅群。鹅的合群性强，对周围环境的变化十分敏感。在放牧初期，应根据鹅的行为习性调教鹅的出牧、归牧、下水、休息等行为，放牧人员加以相应的信号，使鹅群建立起相应的条件反射，养成良好的生活规律，提高放牧管理效率。放牧过程中，放牧场地小、草料丰盛处，鹅群赶得拢些；放牧场地大、草料欠丰盛时，鹅群赶得散些。驱赶少数离群鹅时，动作要和缓，以防惊群而影响采食。放牧期间还应做好疫苗接种工作，不到疫区放牧，防止农药和化肥中毒。

(2) 舍饲育肥法

① 舍饲育肥的特点。仔鹅养到60日龄时，由放牧饲养转为舍饲育肥。舍饲育肥主要依靠配合饲料达到育肥目的，也可喂给高能量的日粮，适当补充一部分蛋白质饲料，同时限制肉鹅的活动。这种育肥方法饲养成本高于放牧育肥，但育肥鹅群的均匀度良好，可提高产品的等级标准和规格，缩短鹅群育肥周期，生产效率较高，适用于集约化批量饲养肉用仔鹅或放牧条件较差的地区。

② 栏饲育肥的技术要求

a. 选好场地。选择河边半水半陆处筑建围栏，每栏分为游水处、休息处和采食处三部分。每栏100m² 的陆地面积饲养育肥仔鹅500只。

b. 选好育肥仔鹅。育肥鹅必须健康，羽毛丰满整齐，剔除残、弱、病、伤鹅，按膘情和体重分级、分群育肥。

c. 日粮配合与喂量。要求日粮营养充分全价，饲料品质要新鲜，饲料种类多样化。育肥前期青饲料、糠麸类饲料、精饲料分别占20%、30%、50%，育肥后期分别占10%、10%、80%，每只育肥鹅每天喂饲料0.25kg。

d. 加强饲养管理。设专用食槽，每天喂2次。青草、蔬菜应切碎后拌入混合料中饲喂。一般育肥前期为7天，育肥后期为10天。少喂勤添，保证每只鹅吃饱吃好。谷粒饲料应泡透浸软，在采食中间放水一次，然后赶回继续采食，放水时间不宜过长。尽量减少应激，严防惊群。

e. 注意清洁卫生。场地与食槽保持清洁，定期消毒，严禁使用对鹅有害的消毒药品。经常查看粪便，防止发生传染病，严格剔除病鹅。

(3) 人工填饲育肥法　此法可缩短育肥期，肥育效果好，主要用于肥肝鹅的生产。

2. 肉用仔鹅的上市体重

肉用仔鹅的上市体重和产肉性能受品种、饲养方式、管理条件等因素的影响。为了提高肉鹅生产经济效益，当达到适宜上市体重后要及时出栏。在放牧补饲条件下，大型鹅种体重达到5～5.5kg，中型鹅种达到3.5～4kg，小型鹅种达到2.5～3kg应及时上市屠宰。

三、种鹅的饲养管理

1. 育成期（5～30周龄开产）的饲养管理

雏鹅养至4周龄后，即从5周龄开始至30周龄产蛋前为止，称为种鹅的育成期。

(1) 育成鹅的生理特点与饲养要求

① 育成鹅阶段是骨骼、肌肉发育的关键时期。育成期阶段是鹅骨骼、肌肉发育的关键时期，也是脱换旧羽、更换新羽的时期。该阶段如果补饲日粮的蛋白质和能量水平过高，会导致鹅体过大过肥，促使母鹅开产时间提前，而鹅的骨骼尚未得到充分发育，降低产蛋期产蛋量和种蛋质量。因此，种鹅的育成期补饲日粮应保持较低的蛋白质和能量水平，减少补饲日粮的饲喂量和补饲次数，加强种鹅的放牧饲养，促进骨骼、肌肉、生殖器官和羽毛的充分发育，培育体格健壮结实的后备种鹅。

② 育成鹅消化道发达，耐粗放饲养。育成鹅消化道极其发达，食道膨大部较宽大，富有弹性，一次可采食大量的青粗饲料；肌胃肌肉厚实，收缩力强；消化道是躯体长的11倍，有发达的盲肠，对饲料中粗纤维的消化能力可达40%～50%。因此，在种鹅的育成期应利用放牧能力

强的特性，以放牧为主，锻炼种鹅的体质，降低饲料成本。

(2) 做好育成鹅的限制饲养

① 育成鹅限制饲养的目的。种鹅育成期间饲养管理的重点是对种鹅进行限制性饲养，限制饲养一般从17周龄开始到22周龄结束（即从120日龄开始至开产前50～60天结束），限制饲养期为40～50天。

限制饲养目的是：控制育成鹅体重，防止体况过肥，保持后备鹅良好的种用体况；做到适时开产，保证开产后种蛋质量和较高产蛋量，延长种鹅的有效利用期；节省饲料，降低培育成本，提高种鹅饲养的经济效益。

② 限制饲养的方法。种鹅限制饲养方法主要有两种：一种是减少补饲日粮的饲喂量，实行定量饲喂；另一种是控制饲料的质量，降低日粮的营养水平特别是蛋白质和能量水平。由于种鹅育成期以放牧饲养为主，故通过控制饲料的质量进行限制饲养在生产中更常用，但限制饲养时要根据放牧条件、季节、育成鹅体质状况灵活掌握饲料配比和喂料量，达到维持鹅正常体质、降低种鹅培育成本的目的。

限制饲养期间每日的喂料次数由3次改为2次，尽量延长放牧时间，逐步减少每次给料的喂料量。限制饲养阶段母鹅的日平均饲料用量比生长阶段减少50%～60%，饲料中可添加较多的填充粗料（如米糠、啤酒糟、曲酒糟等）。

③ 育成期喂料量的控制。种鹅育成期的喂料量应根据种鹅放牧采食青饲料情况、种鹅体重进行适当调整。从8周龄开始，每周龄开始的第1天早上空腹随机称测群体10%个体求其平均体重，称重时应分公鹅和母鹅，然后用抽样平均体重与种鹅标准体重进行比较。如果种鹅平均体重在标准体重±2%范围内，表明鹅群生长发育正常，则该周按标准喂料量饲喂；如超过标准体重2%以上，表明鹅群体况偏肥，则该周每只每天喂料量减少5～10g；如低于体重标准2%，则每只每天增加5～10g喂料量。称测体重时需要注意的是：每周龄开始第1天称取的体重代表上周龄的体重，如第43天早晨称取的体重代表6周龄的体重。表2-7-11为天府肉鹅父母代标准体重。

表2-7-11　天府肉鹅父母代标准体重/g

周龄	母鹅			公鹅		
	+2%	标准	−2%	+2%	标准	−2%
7	1894	1875	1820	3142	3080	3018
8	1975	1936	1897	3273	3209	3145
9	2249	2205	2161	3388	3322	3256
10	2415	2368	2321	3501	3432	3363
11	2536	2486	2436	3571	3501	3431
12	2656	2604	2552	3677	3605	3533
13	2832	2776	2720	3748	3674	3601
14	2985	2926	2868	3889	3813	3737
15	3127	3066	3005	4031	3952	3873
16	3218	3155	3092	4184	4102	4020
17	3278	3214	3150	4327	4242	4157
18	3329	3264	3199	4468	4380	4292
19	3420	3353	3286	4621	4530	4439
20	3507	3438	3369	4769	4675	4582
21	3588	3518	3448	4840	4745	4650
22	3675	3603	3531	4998	4900	4802
23	3741	3668	3595	5182	5080	4978
24	3808	3733	3658	5249	5146	5043
25	3874	3798	3722	5302	5198	5094
26	3930	3853	3776	5347	5242	5137
27	3986	3908	3830	5398	5292	5186
28	4022	3943	3864	5444	5337	5230
29	4067	3987	3907	5495	5387	5279
30	4128	4047	3966	5546	5437	5328

限制饲养期间，每只鹅应保证有20～25cm长的槽位，保证鹅群采食均匀。每天的喂料量必须一次投喂，每天清晨先将饲料和饮水加好后，然后再放鹅采食。

此外，经过限制饲养的种鹅在开产前60天左右进入恢复期饲养，逐步提高补饲日粮的营养水平，粗蛋白质水平控制在15%～17%为宜，并增加喂料量和饲喂次数，使后备鹅整齐一致地进入产蛋期。

(3) 育成鹅的日常管理

① 注意观察鹅群动态。在育成期间特别是限制饲养时，注意通过观察鹅群精神状态、采食情况、排粪情况、呼吸状况等以判断鹅群健康状况，发现异常及时处理。

② 选择好放牧场地。应选择收割后的稻田、麦地、水草丰富的草滩丘陵等进行放牧。

③ 放牧过程中注意防暑。种鹅育成期往往处于5～8月份，放牧时应早出晚归，避开中午酷暑，上午10时左右将鹅群赶回圈舍，或赶到阴凉的树林下让鹅休息，休息场地最好有水源，便于鹅群饮水、洗浴。

④ 搞好鹅舍清洁卫生。每天清洗食槽、水槽以及更换垫料，保持垫草和舍内干燥。

(4) 做好育成期种鹅的选择　后备种鹅的选择是提高种鹅质量的一个重要生产环节。为了培育出健壮、高产的种鹅，保证种鹅的质量，后备种鹅需经过3次选择。

① 第一次选择：在4周龄育雏期结束时进行，公鹅选择的重点是体重大，母鹅具有中等体重。淘汰体重偏小的、伤残的、有杂色羽毛的个体，淘汰鹅转入肉用鹅进行育肥饲养。

② 第二次选择：在70～80日龄进行，主要根据生长发育情况、羽毛生长情况以及体型外貌等进行选择，淘汰生长速度较慢、体型较小、腿部有伤残的个体。

③ 第三次选择：在150～180日龄进行，应选择品种特征典型、生长发育良好、体重符合品种要求、健康状况良好的鹅留作种用。公鹅要求雄性特征明显，并注意检查生殖器，淘汰生殖器发育不好或有缺陷的公鹅；母鹅要求体重中等，颈细长而清秀，体型长而圆，两腿间距宽。种鹅经三次选择后公母配种比例为：大型鹅种1∶(3～4)，中型鹅种1∶(4～5)，小型鹅种1∶(6～7)。

2. 种鹅产蛋期的饲养管理

种鹅产蛋期饲养管理的目的是提高种鹅合格种蛋的数量，保证每只种母鹅生产出更多合格的雏鹅。根据种鹅的产蛋规律和生理特点，将种鹅产蛋期饲养管理分为产蛋前期、产蛋期和休产期三个阶段进行。

(1) 产蛋前期的饲养管理　后备种鹅进入产蛋前期时，骨骼、肌肉、内部器官和生殖器官已基本发育成熟，母鹅体态丰满，羽毛富有光泽，食欲旺盛，性情温驯，有衔草做窝行为，表明种鹅临近产蛋期。

种鹅从第26周起由育成期饲料改为产蛋前期饲料，饲料更换要逐渐进行。每周增加日喂料量25g饲料，约用4周时间过渡到自由采食，不再限量，为产蛋积累营养物质。

管理上仍然要注意充分放牧，但放牧路程要缩短，不能急赶久赶。还应对种鹅驱虫一次，并在开产前注射一次小鹅瘟疫苗。

(2) 产蛋期的饲养管理

① 适时调整日粮营养水平。育成期以放牧饲养为主，日粮的营养水平较低。种鹅开产后，由于连续产蛋的需要，消耗的营养物质特别多，特别是蛋白质、钙、磷等营养物质。因此，后备鹅群在开产前1个月应将日粮粗蛋白质水平调整到15%～16%，待日产蛋率达到30%～40%时，将日粮中蛋白质水平增加到18%～19%，以满足母鹅的产蛋需要。为了防止软壳蛋，日粮中还要注意钙的补充，产蛋期钙的水平保持在2.25%～2.5%。

产蛋期种鹅一般每日补饲3次，早、中、晚各1次。补饲的饲料总量控制在150～200g。

② 保持适宜的配种公母比。适宜的公母配种比有利于提高种蛋受精率。适宜的配种公母比为：大型鹅种1∶(3～4)，中型鹅种1∶(4～5)，小型鹅种1∶(6～7)。

③ 采取科学的光照控制。光照对种鹅产蛋量影响很大，必须根据鹅群生长发育的不同阶段

制订合理的光照方案。

a. 育雏期：0～7 日龄，每天 23～24h 的光照时间；8 日龄以后，从 24h 光照逐渐过渡到只利用自然光照。

b. 育成期：只利用自然光照时间，但临近开产前，用 6 周的时间逐渐增加每日的人工光照时间，使种鹅的光照时间（自然光照＋人工光照）达到 16～17h。

c. 产蛋期：当光照时间增加到每天 16～17h，保持恒定维持到产蛋结束。

④ 加强产蛋期管理

a. 提供洗浴条件。良好的洗浴有利于提高种鹅受精率。早晨和傍晚是种鹅洗浴配种的高峰期，每天早晚将种鹅赶入有良好水源的水池中洗浴、戏水，以满足种鹅高峰期配种的需要。同时水池应有一定深度和宽度。

b. 放牧管理。产蛋期种鹅通常采用放牧与补饲相结合的饲养方式，每天大部分母鹅产完蛋后应外出放牧，晚上赶回圈舍过夜。放牧前要熟悉当地的草地和水源情况；放牧时应选择路近而平坦的草地，路上应慢慢驱赶，上下坡时不可让鹅争先拥挤，以免跌伤。

c. 防止窝外蛋。母鹅有择窝产蛋的习惯，在开产前应设置产蛋箱或产蛋窝，让母鹅熟悉环境在固定地方产蛋。母鹅的产蛋时间多集中在凌晨至上午 10 时左右，个别的鹅在下午产蛋，产蛋鹅上午 10 时以前不能外出放牧。放牧时如果发现有母鹅神态不安，有急欲找窝的表现时，应将母鹅送入产蛋箱产蛋。

(3) 休产期的饲养管理　种鹅的产蛋期一般只有 7～8 个月，产蛋末期产蛋量明显减少，畸形蛋增多，公鹅的配种能力下降，种蛋受精率降低，大部分母鹅的羽毛干枯，种鹅进入持续时间较长的休产期。休产期饲养管理的重点如下。

① 人工强制换羽

a. 人工强制换羽的目的。母鹅自然换羽所需时间较长，换羽有早有迟，强制换羽可以缩短换羽的时间，换羽后产蛋比较整齐。

b. 人工强制换羽方法。通过改变种鹅的饲养管理条件，促使其换羽。强制换羽前清理淘汰产蛋性能低的母鹅及多余的公鹅，停止人工光照，停料 3～4 天，只提供少量的青饲料，并保证充足的饮水；第 4 天开始喂给由青料加糠麸糟渣等组成的青粗饲料；第 10 天试拔主翼羽和副主翼羽，如果试拔不费劲，羽根干枯，可逐根拔除，否则应隔 3～5 天后再拔一次，最后拔掉主尾羽；拔羽后当天鹅群应圈养在运动场内喂料、喂水，不能让鹅群下水，防止细菌污染，引起毛孔发炎；拔羽后一段时间内因其适应性较差，应防止雨淋和烈日暴晒。

② 做好休产期的选择组群。一般到每年的 4～5 月份，种鹅开始陆续停产换羽，进入休产期。种鹅繁殖利用时间较长，每年休产期内要对种鹅进行选择淘汰，同时按配种公母比例补充新的后备鹅，重新组群，淘汰种鹅转入育肥鹅群育肥。组群时考虑鹅群年龄结构，一般种鹅群合理的年龄结构是：1 岁鹅占 30%，2 岁鹅占 30%，3 岁鹅占 20%，4～6 岁鹅占 20%。

[复习思考题]

1. 水禽的生活习性表现在哪些方面？在水禽生产中应怎样合理利用？
2. 商品蛋鸭的生产应具备哪些条件？
3. 什么是快大型肉用仔鸭？其生产特点表现在哪些方面？
4. 简要说明雏鸭的育雏方式。育雏实践中怎样判断雏鸭育雏温度是否合理？
5. 怎样做好肉用仔鸭和仔鹅的放牧管理？
6. 种用水禽为什么要进行限制饲养？简要说明限制饲养的技术要点。
7. 种用水禽育成期、产蛋期的光照控制原则是什么？
8. 怎样做好种用水禽产蛋期种蛋的收集？

第三篇 牛生产技术

第一章 牛场建设与污染控制

[知识目标]

- 掌握场址选择与规划布局技术。
- 了解牛场不同类型牛舍的建设与主要设施配套。
- 掌握牛场粪污处理和利用技术。

[技能目标]

- 能够利用当地的自然条件合理选择和规划牛场。
- 能够根据养殖规模和当地的条件正确设计和建设牛舍及其配套设施。
- 结合本场实际能够设计出牛场污染控制的合理渠道和方法。

第一节 牛场建设与设施配套

一、牛场建设

1. 场地选择

牛场是牛生活和生产的场所。牛生长发育的好坏、生产力发挥的高低，都与牛场的环境好坏有直接关系，因此，合理选址是建设好牛场全局中非常关键的一步。现代牛场选址首先要符合整个国家或地区畜牧业发展的规划和布局，并结合气候环境、人口分布、饲料饲草等综合因素来考虑，并对地势、地形、土质、水源、交通、供电等进行全面调查和了解。选址应充分考虑以下几点。

第一，地势高燥，土质坚实，地下水位较低，排水良好。低洼地或地下水位高，易潮湿，饲草饲料易发霉、腐烂，细菌寄生虫卵易于繁殖，常常导致一系列疾病。

第二，地形要平坦而稍有坡度（不超过2.5%），总的坡度应向南倾斜。山区地势变化大，面积小，坡度大，应选择在坡度平缓、向南或向东南倾斜处，使之有利于阳光照射和通风透光。

第三，要有充足的良好的水源，且取用方便，设备投资少，保证生活、生产和牛群及防火等用水。切忌在严重缺水或水源严重污染地区建场。

第四，场址应符合兽医卫生要求，场周围没有毁灭性的家畜传染病，应与交通主要道、工厂及住宅区保持500～1000m以上的距离，以利于防疫及环境卫生。

第五，要保证充足的电能供应。用电对于大规模专业化养殖场来说是必不可少的基本条件。喂食、饮水、加温、清粪、挤奶、照明、通风等每一个生产环节都需要电力资源。

2. 场地规划

牛场内建筑物的配置要正确合理，要遵守生产、畜牧兽医卫生和防火等要求，应有利于提高劳动生产率，图3-1-1为某牛场的规划图。其具体要求如下。

第一，房舍及各类建筑要合理配置，协调一致，要符合远景规划的布局。

第二，建筑物的综合规划要符合牛的饲养、管理技术要求。

第三，配置牛舍及其他房舍时，应考虑放牧和交通方便，以便于给料给草、运牛运奶和运粪，以及适应机械化操作的要求。

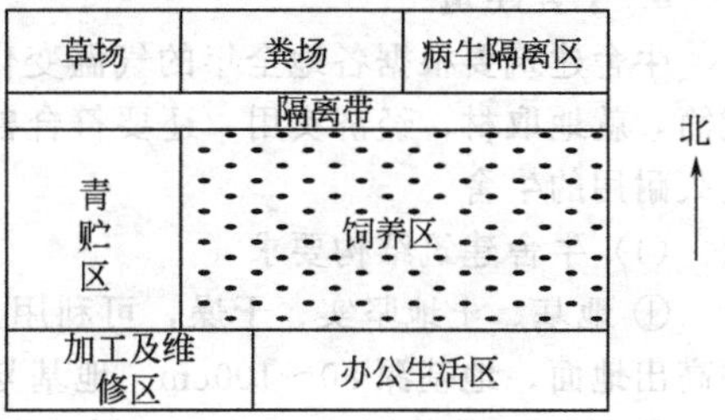

草场 粪场 病牛隔离区
隔离带
青贮区 饲养区
加工及维修区 办公生活区
北

图 3-1-1　牛场规划

第四，各类建筑物配置要遵守卫生及防火要求：

① 宿舍距离牛舍应在 50m 以上。

② 牛舍之间应相隔 60m（不可少于 30m）。

③ 贮藏畜产品的房舍应在上风向，并便于往外运输。

④ 生产建筑应有良好的供水、排水设备及绿化区。

⑤ 舍内配置应考虑到兽医卫生要求。

⑥ 牛舍内的出粪口应通运动场及放牧地，或设在牛舍的一端，不可与运草料共用一个出口。

⑦ 贮粪池距牛舍不可少于 50m。

第五，兽医室及病牛隔离室要建在下风向，距牛舍 300m 远的地方，并有围墙隔开。

第六，牛的运动场应距牛舍 6～8m，运动场四周应植树绿化，以防风、防暑。每头成年牛可按 $20m^2$、幼牛 $15m^2$ 计算运动场的面积。

第七，人工授精室室设在牛场一侧，距牛舍 50m 以上，受精室要有单独的入口。

3. 牛舍布局

牛舍布局应考虑周密，要根据牛场的全盘规划来安排。牛舍位置，还应根据当地主要风向而定，避免冬季寒风侵袭，保证夏季凉爽。一般牛舍要安置在与主风向平行的下风向位置。北方建牛舍需要注意冬季防寒保暖，南方则应注意防暑和防潮。

确定牛舍方位时要注意自然采光，让牛舍能有充足的阳光照射。北方建牛舍应坐北朝南（或东南方向），或是坐西朝东，但均应依当地地势和主风向等因素而定。

牛舍还要高于贮粪池、运动场、污水排泄通道的地方。为了便于工作，可依坡度由高向低依次设置饲料仓库、饲料调制室、牛舍、贮粪池等，既可方便运输，又能防止污染。下面图 3-1-2 为一个牛场的平面布局图。

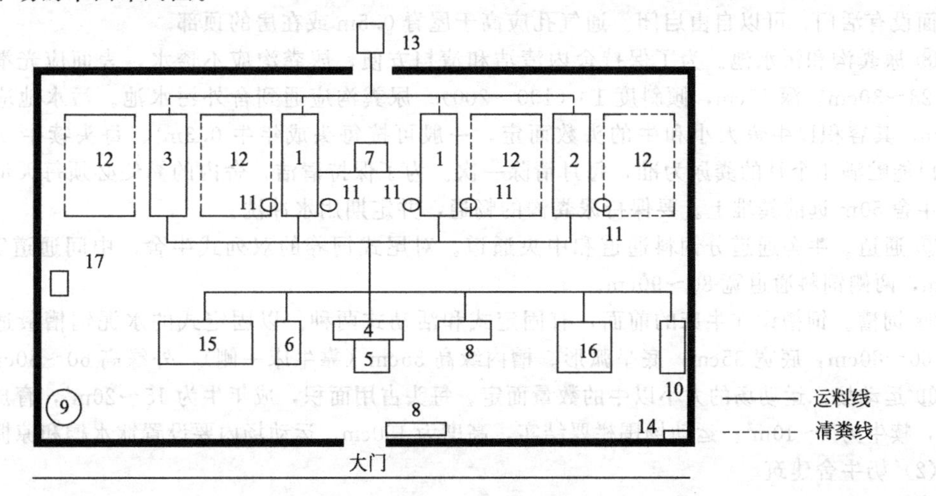

图 3-1-2　某奶牛场平面布局图

1—成年牛舍；2—青年奶牛舍；3—犊牛舍；4—饲料调制间；5—块根饲料库；6—精饲料库；7—挤奶间；8—休息室；9—水池；10—干草间；11—青贮塔；12—运动场；13—贮粪场；14—厕所；15—饲料堆放场；16—青贮池；17—人工授精室

4. 牛舍建筑

牛舍建筑要根据各地全年的气温变化和牛的品种、用途、性别、年龄而确定。建牛舍要因陋就简，就地取材，经济实用，还要符合兽医卫生要求，做到科学合理。有条件的可盖质量好的、经久耐用的牛舍。

(1) 牛舍建筑结构要求

① 地基。土地坚实、干燥，可利用天然的地基。若是疏松的黏土，需用石块或砖砌好地基并高出地面，地基深 80～100cm。地基与墙壁之间最好要有油毡绝缘防潮层。

② 墙壁。砖墙厚 50～75cm。从地面算起，应抹 100cm 高的墙裙。在农村也可用土坯墙、土打墙等，但从地面算起应用石块砌 100cm 高的墙。土墙造价低，投资少，但不耐久。

③ 顶棚。北方寒冷地区，顶棚应用导热性低和保温的材料。顶棚距地面 350～380cm。南方则要求防暑、防雨并通风良好。

④ 屋檐。屋檐距地面 280～320cm。屋檐和顶棚太高，不利于保温；过低则影响舍内光照和通风。可视各地最高温度和最低温度而定。

⑤ 门与窗。牛舍大门应坚实牢固，宽 200～250cm，不用门槛，最好设置推拉门。一般南窗应较多、较大（100cm×120cm），北窗则宜少、较小（80cm×100cm）。牛舍内的阳光照射量受牛舍方向、窗户的形式、大小、位置、反射面的影响。光照系数：1∶(12～14)。窗台距地面高度为 120～140cm。

⑥ 牛床。一般肉乳兼用牛床长 160～180cm，每个床位宽 110～120cm。本地牛或肉用牛床可适当小些，床长 160～170cm，宽 116cm。肉牛肥育期因是群饲，所以牛床面积可适当小些，或用通槽。牛床坡度为 1.5%，前高后低。牛床有下列几种类型。

a. 水泥及石质牛床：其导热性好，比较硬，造价高，且清洗和消毒方便。

b. 沥青牛床：保温好并有弹性，不渗水，易消毒，遇水容易变滑，修建时应掺入煤渣或粗砂。

c. 砖石床：用砖立砌，用石灰或水泥抹缝。导热性好，硬度较高。

d. 木质牛床：导热性差，容易保暖，有弹性且易清扫，但容易腐烂，不易消毒，造价也高。

e. 土质牛床：将土铲平，夯实，上面铺一层砂石或碎砖块，然后再铺层三合土，夯实即可。这种牛床能就地取材，造价低，并具有弹性，保暖性好，并能护蹄。

⑦ 通气孔。通气孔一般设在屋顶，其大小因牛舍类型不同而异。单列式牛舍通气孔为 70cm×70cm，双列式为 90cm×90cm。北方牛舍通气孔总面积为牛舍面积的 0.15%左右。通气孔上面设有活门，可以自由启闭。通气孔应高于屋脊 0.5m 或在房的顶部。

⑧ 尿粪沟和污水池。为了保持舍内清洁和清扫方便，尿粪沟应不透水，表面应光滑。尿粪沟宽 28～30cm，深 15cm，倾斜度 1∶(100～200)。尿粪沟应通到舍外污水池。污水池应距牛舍 6～8m，其容积以牛舍大小和牛的头数而定，一般可按每头成年牛 $0.3m^3$、每头犊牛 $0.1m^3$ 计算，以能贮满 1 个月的粪尿为准，每月清除一次。为了保持清洁，舍内的粪便必须每天清除，运到距牛舍 50m 远的粪堆上。要保持尿粪沟的畅通，并定期用水冲洗。

⑨ 通道。牛舍通道分饲料通道和中央通道。对尾式饲养的双列式牛舍，中间通道宽 130～150cm，两侧饲料通道宽 80～90cm。

⑩ 饲槽。饲槽设在牛床的前面，有固定式和活动式两种。以固定式的水泥饲槽最适用，其上宽 60～80cm，底宽 35cm，底呈弧形。槽内缘高 35cm（靠牛床一侧），外缘高 60～80cm。

⑪ 运动场。运动场的大小以牛的数量而定。每头占用面积，成年牛为 $15～20m^2$，育成牛 $10～15m^2$，犊牛为 $5～10m^2$。运动场围栏要结实，高度为 150cm。运动场内要设置饮水槽和凉棚。

(2) 奶牛舍建筑

建筑奶牛舍的要求如下。

a. 牛舍内应干燥，冬季能保温。要求墙壁、天棚等结构的导热性小，耐热，防潮。

b. 牛舍内要有一定数量和大小的窗户，以保证太阳光线直接射入和散射光线射入。

c. 牛舍地面应保温，不透水，且不滑。

d. 要求供水充足，保证污水、粪尿能排净，舍内清洁卫生。

e. 安置家畜和饲养人员的住房要合理，以便于正常工作。

依照不同经济用途修建不同类型的牛舍，也应根据条件建辅助性房舍，如饲料库、饲料调制室、青饲料贮藏室、青贮设备和牛奶存放室等；还应按牛的饲养头数建兽医室、隔离室及人工授精室。

(3) 奶牛舍的设计要求

① 奶牛舍内的主要设施

a. 牛床、牛栏。牛床是指每头牛在牛舍中占有的面积。牛栏是两牛床之间的隔离栏。一般牛床长、宽设计参数见表 3-1-1。

表 3-1-1　牛床长、宽设计参数/cm

牛群类别	长　度	宽　度
成乳牛	170～180	110～130
青年牛	160～170	100～110
育成牛	150～160	80
犊牛	120～150	60

牛床过宽、过长，牛活动余地过大，牛的粪尿易排在牛床上，影响牛体卫生；过短过窄，会使牛体后躯卧入粪尿沟且影响挤奶操作。牛床应有 1%～1.5%坡度，便于排水，并在牛床后半部划线防滑。

b. 饲槽。在牛床前面设置固定的通长食槽，食槽需坚固光滑，不透水，稍带坡，以便清洗消毒。为适应牛舌采食的行为特点，槽底壁呈圆弧形为好，槽底高于牛床地面 5～10cm。一般成年牛食槽尺寸如图 3-1-3 和表 3-1-2。

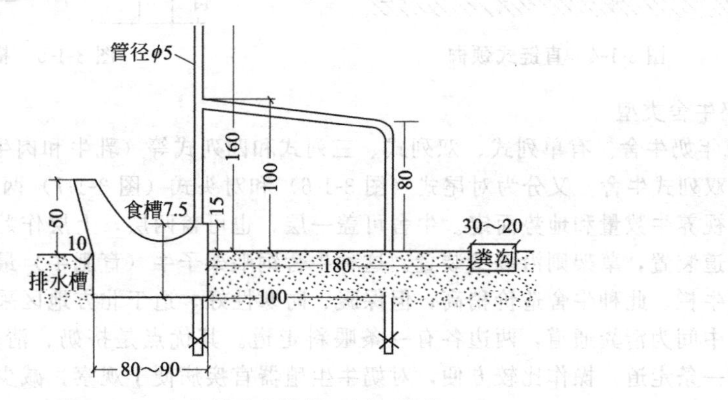

图 3-1-3　牛床栏及食槽侧面图（单位：cm）

表 3-1-2　牛食槽设计参数/cm

饲槽种类	槽顶部内宽	槽底部内宽	前高	后高
成乳牛	60～70	40～50	30～40	60
青年牛	50～60	30～40	25	50～55
育成牛	40～50	30～35	20	40～—50
犊牛	30	25～30	15	30

c. 喂料通道和清粪通道。喂料通道宽度一般为 1.2～1.5m。

要求：便于手推车运送草料，清粪通道同时是牛进出及挤奶工作的通道，其宽度要能满足粪尿运输工具的往返，考虑挤奶工具的通行和停放。

双列对尾式牛舍：中间通道一般为 1.6～2.0m，路面要有防滑棱形槽线，以防牛出入时滑跌。

双列对头式牛舍：清粪通道在牛舍的两边，宽度一般为 1.2～1.5m 即可，路面要向粪沟倾斜，坡度为1%。

d. 粪沟。设在牛床与通道之间，一般为明沟，沟宽30～32cm，以板锹放进沟内为宜，沟深3～10cm，以免牛蹄滑入造成扭伤。沟底应有一定排水坡度。

e. 颈枷

作用：把牛固定在牛床上，便于起卧休息和采食，又不至于随意乱动，以免前肢踏入饲槽，后肢倒退至粪尿沟。

要求：坚固、轻便、光滑、操作方便。

种类：(a) 直链式。由两条长短不一的铁链构成。长链长130～150cm，下端固定在饲槽的前壁上，上端则拴在一条横梁上。短铁链（或皮带）长约50cm，两端用2个铁环穿在长铁链上，并能沿长铁链上下滑动，使牛有适当的活动余地，采食休息均较方便（图3-1-4）。

(b) 横链式：由长短不一的两条铁链组成，为主的是一条横挂着的长链，其两端有滑轮挂在两侧牛栏的立柱上，可自由上下滑动。用另一短链固定在横的长链上套住牛颈，牛只能自如地上下左右活动，而不致拉长铁链而导致抢食（图3-1-5）。

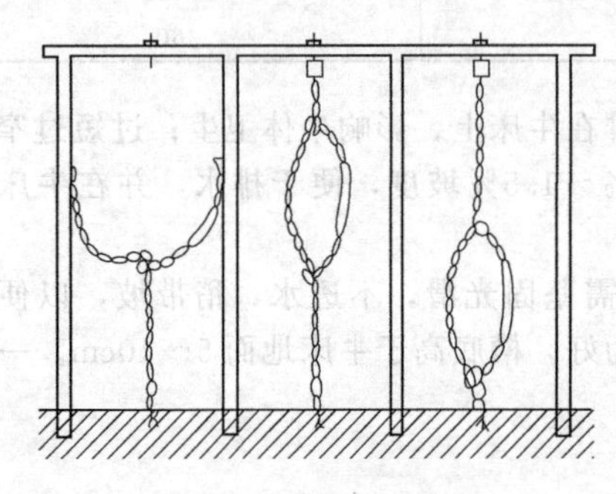

图3-1-4 直链式颈枷

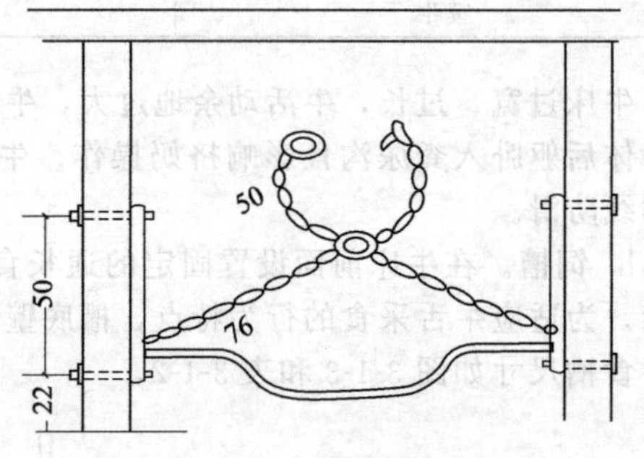

图3-1-5 横链式颈枷

② 奶牛舍类型

a. 成年奶牛舍。有单列式、双列式、三列式和四列式等（乳牛和肉牛都可通用）。

(a) 双列式牛舍。又分为对尾式（图3-1-6）和对头式（图3-1-7）两种。牛舍一般宽12m左右，长可视养牛数量和地势而定。牛舍可盖一层，也可盖两层，上层作贮干草或垫草用，饲槽可沿中间通道装置，草架则沿墙壁装置。这种牛舍饲喂架子牛（育肥牛）最合适，若喂母牛、犊牛则必须装牛栏。此种牛舍造价稍高，但保暖、防寒性好，适于北方地区采用。对尾式牛舍较为常见，牛舍中间为清粪通道，两边各有一条喂料走道。其优点是挤奶、清粪都可以集中在牛舍中间，合用一条走道，操作比较方便，对奶牛生殖器官疾病便于观察，减少牛病传播。缺点是饲喂不便，饲料运输线路较长，且清粪通道常年不见太阳，不利于利用日晒进行消毒。

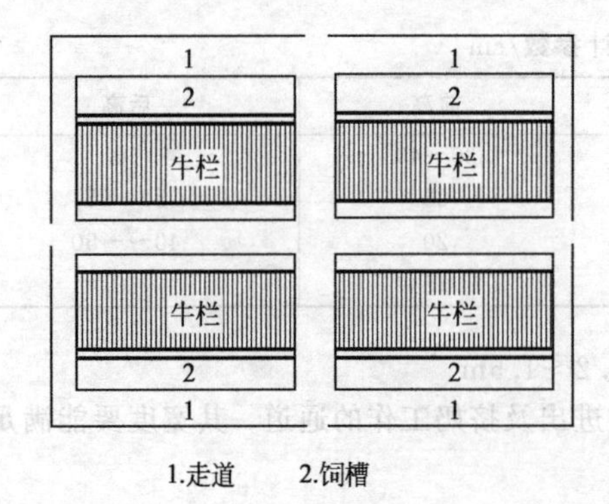

图3-1-6 对尾双列式奶牛舍

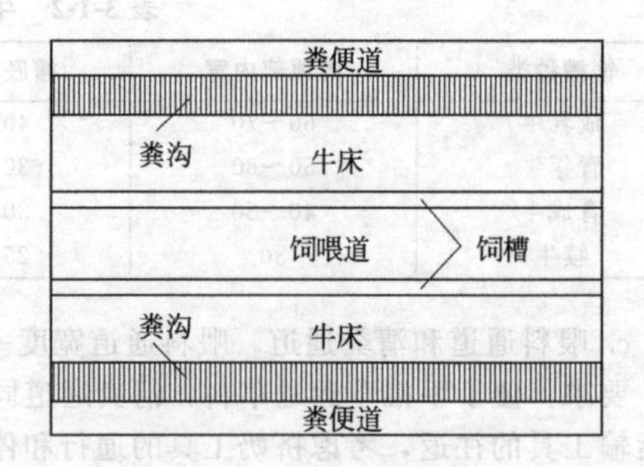

图3-1-7 对头双列式奶牛舍

(b) 单列式牛舍。适于饲养10头左右的中小规模养牛农户使用。在建筑形式上，主要要求是：坚固耐用，冬暖、夏凉，就地取材，造价较低。牛舍宽度一般为5m左右，长度按饲养头数决定。一般的牛，每头可按1.1～1.2m计算。通道为1.5m左右，牛床1.8m，饲槽0.7m，粪便沟及过道1m（图3-1-8）。

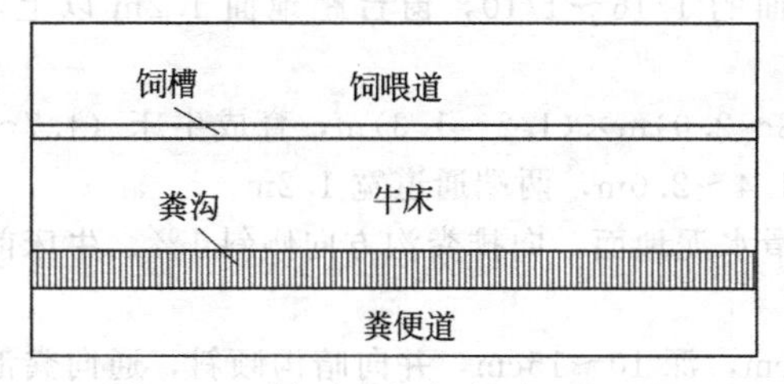

图3-1-8　单列式奶牛舍平面布置图

(c) 三列式、四列式牛舍。主要适用于大型牛场，使用此种类型的牛场一般采用散栏式饲养（图3-1-9和图3-1-10)。

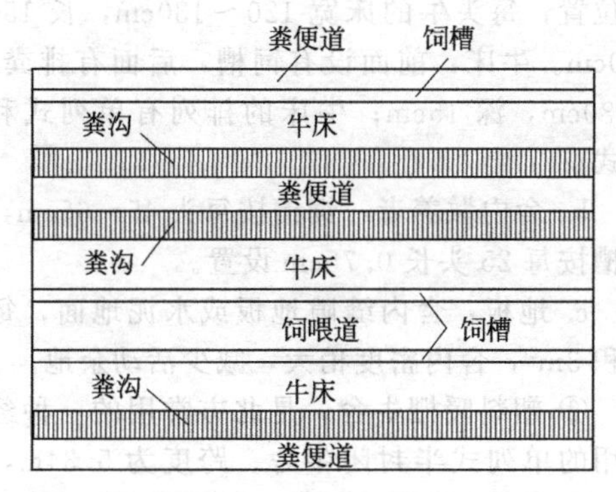

图3-1-9　三列式牛舍

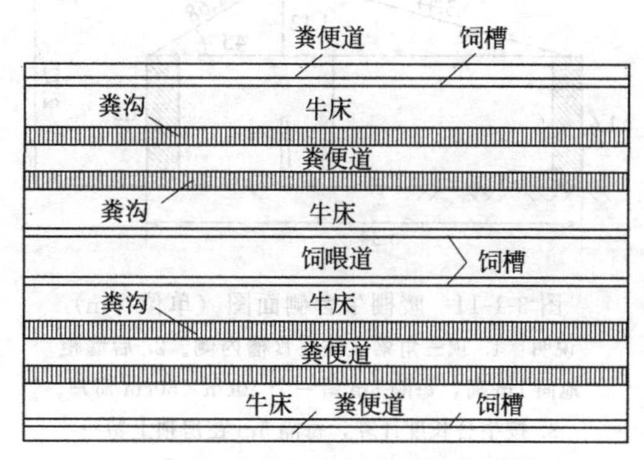

图3-1-10　对尾四列式牛舍

b. 育成牛、青年牛舍

育成牛：6～16月龄的奶牛。

青年牛：16月龄后配种受孕到首次分娩前的奶牛。

共同特点：无特殊要求，基本形式同成年牛舍，只是牛床尺寸小，中间走道稍窄。

牛舍建筑上可采用东、西、北面有墙壁，南面没有墙或仅有半墙的敞开式或半敞开式牛舍。

优点：造价低廉，又利于育成牛、青年牛的培育。

c. 产房和犊牛舍。产房的床位占成年乳牛头数的10%，床位应大一些，一般宽1.5～2.0m，长2.0～2.1m，粪沟不宜深，约8cm即可。

一般产房多与初生犊的保育间合建在同一舍内，既有利于初生犊哺饲初乳，又可节省犊牛的防护设施。有条件时，将产后半个月内的犊牛养于特制的活动犊牛栏（保育笼）中。

保育笼：用轻型材料制成，长110～140cm，宽80～120cm，高90～100cm，栏底离地面10～15cm，以防犊牛直接与地面接触造成污染。

保育间要求阳光充足，无贼风，忌潮湿。

犊牛舍按成年母牛的40%设置。采用分群饲养，一般分成0.5～3月龄、3～6月龄两部分。3月龄内犊牛分小栏饲养，栏长130～150cm，宽110～120cm，高110～120cm。

3月龄以上的犊牛可以通栏饲喂。牛床长130～150cm，宽70～80cm，饲料道宽90～120cm，粪道宽140cm。

(4) 肉牛舍的设计要求

① 标准牛舍

a. 双列式：跨度10～12m，高2.8～3m。

b. 单列式：跨度6.0m，高2.8～3m。每25头牛设一个门，其大小为（2～2.2)m×(2～2.3)m，不设门槛。

c. 窗：窗的面积占地面的1/16～1/10，窗台距地面1.2m以上，其大小为1.2m×(1.0～1.2)m。

d. 牛床：母牛床（1.8～2.0)m×(1.2～1.3)m，育成牛床（1.7～1.8)m×1.2m。送料通道宽1.2～2m，除粪通道宽1.4～2.0m，两端通道宽1.2m。

e. 地面：建成粗糙防滑水泥地面，向排粪沟方向倾斜1%。牛床前面设固定水泥槽，饲槽宽60～70cm，槽底为U形。

f. 排粪沟：宽30～35cm，深10～15cm，并向暗沟倾斜，通向粪池。

② 简易牛舍。北方可采用四面有墙或三面有墙、南面半敞开的全封闭式或半封闭式牛舍。南方可采用北面有墙、其他三面半敞开的敞开式牛舍。

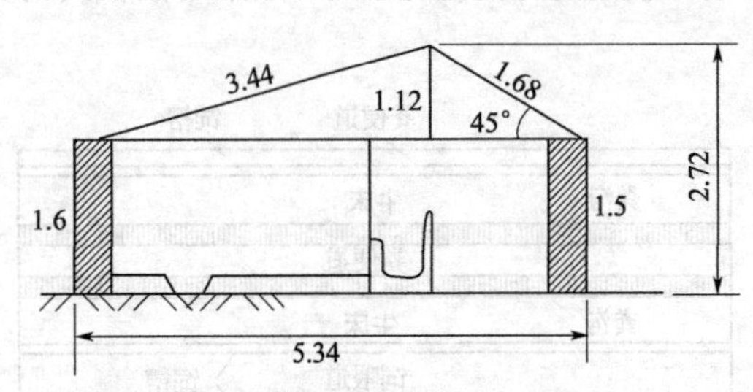

图3-1-11　暖棚牛舍侧面图（单位：m）

说明：1. 顶三角梁支柱在食槽内侧。2. 后墙距地面1m高，每隔3m留一个30cm×50cm窗户。3. 按牛舍长度计算，每隔5m在房顶上留一个50cm×50cm的可开闭天窗

a. 舍内拴养者：每头牛在舍内有相对固定的位置，每头牛的床宽120～130cm，长150～170cm。牛床：前面设有饲槽，后面有排粪沟，宽30cm，深15cm；牛床的排列有单列式和双列式。

b. 舍内散养者：饲槽按每头45～65cm，饮水槽按每25头长0.75cm设置。

c. 地板：舍内缝隙地板或水泥地面，每头面积3m²，舍内密度稍大，减少活动余地。

③ 塑料暖棚牛舍。是北方常用的一种经济实用的单列式半封闭牛舍。跨度为5.34m，前墙高1.5m，后墙高1.6m，牛舍房脊高2.72m，牛舍棚盖后坡长占舍内地面跨度70%，宜以盖瓦为佳，要严实不透风。前坡占牛舍地面的30%，冬季上面覆盖塑料大棚膜。后墙1m高处，每隔3m有一个30cm×50cm的窗孔，棚顶每隔5m有一个50cm×50cm的可开闭天窗。牛舍一端建饲料调制室和饲养员值班室，另一端设牛出入门（图3-1-11)。

二、牛场配套设施

1. 运动场和凉棚

(1) 运动场面积　一般为牛舍面积的3～4倍。

(2) 运动场地面　最好用三合土夯实，亦可建造水泥地面。

要求：平坦且有一定坡度，中央较高、四周稍低，以利于排水，周围应设排水沟，便于排除场内积水，保持运动场地干燥、整洁。

(3) 运动场内设置

① 饲槽：大小、长度根据牛群大小而定，以免相互争食、争饮而打斗。

② 水槽：长3～4m，宽70cm，槽底40cm，槽高60～80cm，槽底向场外开排水孔，以便经常清洗，保持饮水清洁。

夏季炎热，运动场应设凉棚，以防夏季烈日暴晒及雨淋，凉棚应建在运动场中央，以砖木、水泥结构为好，棚顶覆盖石棉瓦隔热。一般棚顶净高3.5m或略高一点，凉棚地面应为三合土硬地面，大小按成年奶牛每头平均4m²为宜。

运动场周围应设围栏，宜用钢筋水泥制成方形柱，高2m，埋入地下50cm，并夯紧埋实水泥抹面，柱间距2～2.5m，方形柱之间用直径20钢筋相连，上下两根，一根离地70cm，另一根离地1.1m；增育牛运动场的围栏要用三根直径20钢筋相连，以免牛从围栏内跑出。

2. 防疫设施

为了加强防疫，在生产区周围应建造围墙。生产区门卫要有消毒池、消毒间等消毒设施，车辆进入需经消毒池，人员进入需更衣换鞋，脚踩消毒池，并在消毒间经紫外线照射杀菌消毒。

3. 人工授精室

包括采精及输精室、精液处理室、器具洗涤室。采精及输精室卫生、光线充足；精液处理室的建筑结构应有利于保温隔热，并与消毒室药房分开，以防影响精子的活力。

4. 乳品处理间

乳牛场所生产的牛乳一般需经过初步处理方可出场，故凡有有条件的牛场均应建立乳品处理间，其至少包括两部分，即乳品的冷却处理部分和贮藏、洗涤及器具消毒部分。

5. 兽医诊断室

包括化验室、治疗室、药房、值班室。兽医室和人工授精室应建在生产区较中心部位，以便及时了解、发现牛群发病、发情情况。

6. 牛场绿化

绿化设计是整个牛场设计的一部分，对绿化工作应进行统一的规划和布局。场内绿化应把遮阴、改善小气候和美化环境结合起来考虑。在牛舍、运动场四周以种植杨、柳、梧桐之类树干高大、树冠大的落叶乔木为主。这类树木，夏季枝叶繁茂，遮阴面积大。此外，还应利用一切可以栽种场地、边角地种植各种常绿灌木花草，以美化环境。

第二节　牛场污染的控制

随着养牛业生产规模化、集约化的迅速发展，一方面为市场提供了大量质优价廉的奶和肉；另一方面养牛场也产生大量的粪、尿、污水、废弃物、甲烷、二氧化碳等，控制与处理不当，将造成环境污染。据报道1000头规模的奶牛场日产粪尿50t，1000头规模的肉牛场日产粪尿20t。这些粪尿、污水及废弃物除部分作为肥料外，部分排放在畜牧场周围，污物产生的臭气及滋生的蚊蝇，影响周边环境。据农业部环境保护科研监测所估测，我国家养动物和动物废弃物甲烷排放量每年为661万吨（1990年），其中反刍动物排放量达567万吨，占89.4%。且排放量平均每年大约以2.34%的速度递增。目前，虽然我国对畜牧污染还没有制定明确的法规，但《中华人民共和国环境保护法》、《水污染防治法》、《大气环境质量标准》及《中华人民共和国固体废弃物污染环境防治法》等均对人类生存环境表现出极大的关注。

一、牛场环境污染的特点和危害

1. 粪便污染

粪便是造成环境污染的主要污染源，其随意排放极易造成水体污染，导致水质恶化；粪便不及时处理，其中的有机物会分解产生氮、硫化氢等气体，产生恶臭或刺激性，对人畜造成危害。

2. 传播疫病

目前奶牛养殖场（户）大多是人畜共居，一些人畜共患病很容易通过家畜传染给人和其他动物。

3. 产品的污染

饲料中的农药残留、霉变饲料、滥用抗生素导致药物和毒素在牛奶中残留，极易使人体产生毒性反应和过敏反应，甚至有致畸形、致癌变作用，严重危害人类健康。

二、减少污染的一般措施

对牛场的环境污染，应坚持“预防为主、防重于治，治本治标、标本兼治”的原则，采取综合治理措施。因此，控制牛场环境的根本办法是从饲料着手，并对废弃物进行处理和循环利用。

(1) 科学加工饲料，注意加强饲料卫生，提高日粮消化率　饲料中的非淀粉多糖（主要是阿拉伯糖、木聚糖、半纤维素、纤维素等），由于有较高的黏性，会结合消化酶而阻止向底物渗透，抑制对营养物质的消化，引起排泄物增多，造成氮和磷等的综合污染。因此，可对品质差的粗饲料进行氨化、碱化、青贮等，并使日粮多样化，充分利用营养互补和调养互补性，提高消化率，减少排泄物。

(2) 对粪便及污水的无害化处理　一是控制用水量，减少污水排放。水冲式清粪，用水量大，排污多，不应提倡，即使采用也要尽量减少用水量，减轻污水处理负担；最好采取人工或机械清粪，使粪尿分离，粪水分离，降低牛体、场地的污染程度；牛舍周围建造污水渠、化粪池和雨水渠，做到雨污分离。二是搞好粪便的再利用。建设粪便无害化处理设施，通过生物生化和生态等手段处理粪便和污水，主要是利用厌氧发酵原理生产沼气和有机肥料，实现资源的综合利用，促进农牧结合，实现能源、经济和环境的良性循环。

(3) 抓好防疫、检疫，控制疫病发生　严格卫生防疫制度，及时清除积水、污物，定期消毒、杀灭蚊蝇，保持环境整洁；严禁外来人员、车辆进入生产区，以防传染病入侵；制定科学的免疫程序，定期进行免疫、检疫，防止传染病发生。

(4) 加强饲料质量控制和科学用药，减少产品污染　饲料作物应通过各种有效措施控制农药残留，禁止使用违禁药物作为饲料添加剂；严禁滥用抗生素，并建立治疗用药档案，以控制药物残留问题。并加强产品检测和质量控制，防止药物残留的产品进入市场。

(5) 绿化环境，改善饲养条件　以营造舒适的牛场小气候，达到净化空气、促进生态平衡的目的。

三、牛粪尿的合理利用

牛粪含有一定的营养价值，其干物质中含粗蛋白质12%，粗纤维20.7%，无氮浸出物47%，粗灰分18.1%，所以牛粪经过干燥、发酵或化学处理后可用作畜禽饲料，目前常用牛粪和秸秆类饲料青贮后饲喂牛羊，效果较好。

粪尿中含较多的氮、磷、钾等，所以粪尿可用作有机肥料，将牛的粪尿直接施入农田，或将粪尿堆放腐熟，利用好气性微生物对粪便与垫草等废气物进行分解，既能使土壤直接得到肥料，又具有杀菌、杀虫作用。采用腐熟堆肥要有足够的氧气，所以通气腐熟堆肥效果良好。

粪尿污水可作为原料生产沼气，从而节省能源，这对牛粪尿的无害化处理具有重要意义。沼气是厌氧微生物（主要是甲烷细菌）分解粪污中的有机物而产生的混合气体，主要是甲烷。沼气是一种能源，可用于照明、作燃料和发电等，发酵后的残渣还可作肥料。使粪污产生沼气的条件是：首先保持无氧环境，利用不透气的沼气池，上面加盖密封；需有足够的有机物；有适宜的碳氮比，一般为25∶1；温度要适宜，以35℃细菌活动最为活跃，产气多且快；沼气池的酸碱度保持中性，pH值在6.5～7.5时适宜，酸度大可用石灰石或草木灰中和。沼气积累到一定容积后产生压力，通过管道即可使用。

四、病、死牛的处理

需要处死的病牛应在指定地点进行扑杀，传染病尸体要按照国家《畜禽病害肉尸及其产品无害化处理规范》(GB 16548) 进行处理。有使用价值的病牛应隔离饲养、治疗，病愈后归群。

五、目前世界推广的牛场污染控制的先进方法

1. 厌气（甲烷）发酵法

将牛场粪尿进行厌气（甲烷）发酵法处理，不仅净化了环境，而且可以获得生物能源（沼气），同时通过发酵后的沼渣、沼液把种植业、养殖业有机结合起来，形成一个多次利用、多层增值的生态系统，目前世界上许多国家广泛采用此法处理牛场粪尿。

以1000头奶牛场为例，利用沼气池或沼气罐厌气发酵牛场的粪尿，每立方米牛粪尿可产生

多达 1.32m^3 沼气（采用发酵罐），产生的沼气可供应 1400 户职工烧菜做饭，节约生活用煤 1000 多吨。粪尿经厌气（甲烷）发酵后的沼渣含有丰富的氮、磷、钾及维生素，是种植业的优质有机肥。沼液可用于养鱼或用于牧草地灌溉等。

2. 土地还原法

牛粪尿的主要成分是粗纤维，以及蛋白质、糖类和脂肪类等物质，其明显的特点是易于在环境中分解，经土壤、水和大气等的物理、化学及生物的分解、稀释和扩散，逐渐得以净化，并通过微生物、动植物的同化和异化作用，又重新形成动、植物性的糖类、蛋白质和脂肪等，再度变为饲料。根据我国的国情，在今后相当长时期，特别是农村，粪尿可能仍以无害化处理、还田为根本出路。

3. 人工湿地处理

“氧化塘＋人工湿地”处理模式在国外也很常见。湿地是经过精心设计和建造的，湿地上种有多种水生植物（如水葫芦、细绿萍等）。

水生植物根系发达，为微生物提供了良好的生存场所。微生物以有机物质为食物而生存，它们排泄的物质又成为水生植物的养料，收获的水生植物可再作为沼气原料、肥料或草鱼等的饵料，水生动物及菌藻，随水流入鱼塘作为鱼的饵料。通过微生物与水生植物的共生互利作用，使污水得以净化。据报道，高浓度有机粪水在水葫芦池中经 7～8 天吸收净化，有机物质可降低 82.2％，有效态氮降低 52.4％，速效磷降低 51.3％。该处理模式与其他粪污处理设施比较，具有投资少、维护保养简单的优点。

4. 生态工程处理

本系统首先通过分离器或沉淀池将固体厩肥与液体厩肥分离，其中，固体厩肥作为有机肥还田或作为食用菌（如蘑菇等）培养基，液体厩肥进入沼气厌氧发酵池。通过微生物—植物—动物—菌藻的多层生态净化系统，使污水得到净化。净化的水达到国家排放标准，可排放到江河，回归自然或直接回收利用以冲刷牛舍等。

此外，牛场的排污物还可通过干燥处理、粪便饲料化应用等措施进行控制。

总之，随着养牛业生产的发展，牛场污染问题应给予高度重视，解决牛场污染问题的措施应因地制宜，实事求是。

[复习思考题]

1. 牛场选址应注意哪些方面？
2. 牛场场地规划有哪些要求？
3. 成年奶牛舍有哪些种类？
4. 牛场配套的设施主要有哪些？
5. 牛场污染的特点和危害有哪些？
6. 控制牛场污染的一般措施有哪些？

第二章 牛的品种

[知识目标]

- 了解牛的品种分类。
- 掌握奶牛、肉牛等牛种的主要特征及生产性能，重点掌握奶牛和国外著名肉牛品种的特征。
- 掌握五大良种黄牛、瘤牛、牦牛和水牛主要品种的主要特征及生产性能。
- 掌握我国培育牛品种的特征与生产性能。

[技能目标]

- 学会常见牛品种的识别方法。
- 能识别当地饲养的主要牛品种，并了解其原产地、外貌特征和生产性能。

第一节 牛的分类

根据动物分类学的排列，牛应属于

脊索动物门

—脊椎动物亚门

—哺乳纲

—偶蹄目

—反刍亚目

—洞角科（牛科）

—牛亚科

牛亚科又分为牛属和水牛属。牛属包括普通牛、牦牛、亚洲野牛和欧洲野牛；水牛属包括亚洲水牛属和非洲野水牛。其中，普通牛包括奶牛品种、肉牛品种、役用牛品种及兼用牛品种。

本章将探讨主要普通牛品种、瘤牛、牦牛及水牛。

第二节 奶牛品种

奶牛品种是指专门用来产奶的牛，其主要特点是产奶量高。国内外主要的奶牛品种有乳用型荷斯坦奶牛、中国黑白花奶牛、娟姗牛、更赛牛和爱尔夏牛。

一、乳用型荷斯坦奶牛（黑白花奶牛）

此牛为世界著名的奶牛品种，因其毛色为黑白相间的花片，所以也称之为黑白花奶牛（图3-2-1、图3-2-2）。

（1）原产地　产于荷兰的弗里生省。

（2）分布　主要分布于美国、加拿大、日本和澳大利亚等国家。

（3）外貌特征　该牛体格高大，结构匀称，皮下脂肪少，被毛细短，毛色为界限明显的黑白花片，额部多有白星（大或小的白流星或广流星），四肢下部、腹下部和尾帚多为白色毛片；后躯发达，乳静脉粗大而弯曲，乳房发达且结构良好，整体看具有典型乳用型牛的外貌特征，成年母牛体型从正面、侧面和后面看均呈楔形。

图 3-2-1 乳用型荷斯坦奶牛（公牛）

图 3-2-2 乳用型荷斯坦奶牛（母牛）

成年乳用型荷斯坦公牛体重为 900～1200kg，母牛体重为 650～750kg；公牛平均体高为 145cm，平均体长为 190cm，胸围 206cm，管围 23cm；母牛平均体高 135cm，平均体长为 170cm，胸围 195cm，管围 19cm。

(4) 生产性能　乳用型荷斯坦牛的泌乳性能为各乳牛品种之首。成年母牛平均年产奶6000～7000kg，乳脂率为 3.6%～3.8%，乳蛋白率 3.30%。

二、中国荷斯坦奶牛（中国黑白花奶牛）

中国荷斯坦奶牛是我国培育成的唯一乳用型奶牛品种，其在我国乳牛业中发挥着巨大的作用。

(1) 育成史　1992 年底中国奶牛协会将“中国黑白花奶牛”品种名更改为“中国荷斯坦牛”，中国荷斯坦牛是由美国、加拿大等国引进的乳用型荷斯坦奶牛纯种公牛，长期与我国的本地黄牛级进杂交 4 代，经过近百年的选育逐渐形成的乳牛品种（图 3-2-3、图 3-2-4）。

图 3-2-3 中国荷斯坦奶牛（公牛）

图 3-2-4 中国荷斯坦奶牛（母牛）

(2) 分布　各地均有分布。

(3) 外貌特征　毛色黑白相间，花片分明，额部多有白斑，腹底、四肢下部及尾端呈白色。但由于引入的公牛来源不同，加之我国各地杂交用的母牛体格大小不一等因素，目前我国荷斯坦奶牛还存在以下缺点。

① 体格类型不一致，出现大、中、小三种体格类型，可分为北方荷斯坦牛和南方荷斯坦牛两大品系。

② 体型外貌不一致，乳用特征不明显，存在尻部尖斜的缺点。

③ 产奶量、乳脂率偏低。

因此，今后我国荷斯坦奶牛的选育方向是：加强适应性的选育，特别是耐热、抗病能力的选育，重视外貌结构和体质方面的培育，提高优良牛在牛群中的比例；在生产性能方面继续以提高产奶量为主，并兼顾提高乳脂率。

(4) 生产性能　据1997年全国25个省、市、区调查，我国拥有荷斯坦成年母牛大约115万头，年产奶量平均4774kg，平均乳脂率3.4%。在育种水平高的京、津、沪大城市平均单产达7000kg，个别高产群产产奶量已经超过8000kg。

三、娟姗牛

娟姗牛（图3-2-5、图3-2-6）是世界上著名的小型乳用牛品种，早在18世纪娟姗牛就以乳脂率高的特点闻名于世。

图3-2-5　娟姗牛（公牛）

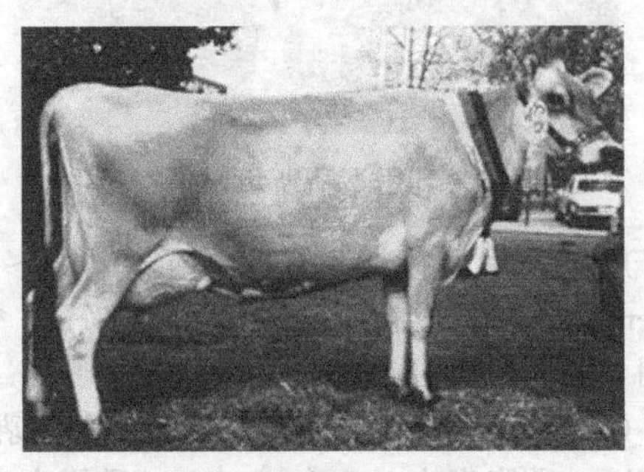

图3-2-6　娟姗牛（母牛）

(1) 原产地　原产于英国的英吉利海峡南端的娟姗岛。

(2) 外貌特征　娟姗牛体型较小，轮廓清晰，外貌清秀，头小而轻，两眼间距宽，眼大而明亮，额部稍显凹陷，髻甲狭窄，胸深而宽，背腰平直，腹围较大，尻部长而宽平，尾帚细长，四肢较细。乳房发育良好，结构匀称，外形美观，乳静脉粗大而弯曲，具有典型的乳用型品种特征，体型呈楔形。

娟姗牛被毛细短，毛色为深浅不同的褐色，但以浅褐色最多。鼻镜及舌为黑色，嘴的周围及眼圈有浅色毛环，尾帚为黑色。

娟姗牛的体格较小，成年公牛体重为650～750kg，母牛360～400kg；犊牛初生重23～27kg；成年母牛体高113.5cm，体长133cm，胸围154cm，管围15cm。

(3) 生产性能　成年母牛平均年产奶3000～3600kg，乳脂率5%～7%，乳蛋白率3.7%～4.4%。该品种乳成分中以干物质含量高而闻名于世。其最大特点是乳质浓厚，乳脂肪球大，易于分离，乳脂黄色，风味好，适于制作黄油。娟姗牛单位体重产奶量高，2000年美国登记娟姗牛平均产奶量为7215kg，乳脂率4.61%，乳蛋白率3.71%。在英国此牛一个泌乳期最高产奶量记录为18929.3kg，在美国泌乳期单产最高纪录为18891kg。

在各国用娟姗牛改良当地牛，能够明显提高当地牛的乳脂率；该牛属于早熟品种，一般15～16个月龄即可配种；其耐热性能好，最适于热带、亚热带地区饲养。

四、更赛牛

更赛牛（图3-2-7、图3-2-8）属于中型乳用品种，世界上分布较少。19世纪末开始输入我国，1947年又输入一批，主要饲养在华东、华北各大城市。目前，在我国纯种更赛牛已绝迹。

(1) 原产地　原产于英国更赛岛，该岛距娟姗岛仅35km，故气候与娟姗岛相似，雨量充沛，牧草丰盛。1877年成立更赛牛品种协会，1878年开始良种登记。

(2) 外貌特征　其体型较娟姗牛稍大，头小，额狭，角向上方弯曲；颈长而薄，体躯较宽深，后躯发育较好，乳房发达，呈方形。被毛为浅黄色或金黄色，也有浅褐色个体；腹部、四肢下部和尾帚多为白色，额部常有白星，鼻镜为深黄色或肉色。

成年公牛体重550～1000kg，平均750kg；母牛体重400～650kg，平均500kg；犊牛初生重27～35kg。

(3) 生产性能　产奶量较娟姗牛稍高，乳脂率稍低。1992年美国更赛牛登记平均产奶量为

6659kg，乳脂率为4.49％，乳蛋白率为3.48％。更赛牛以高乳脂、高乳蛋白以及奶中含有较高的胡萝卜素而著名。同时，更赛牛的单位奶量饲料转化效率较高，产犊间隔较短，初次产犊年龄较早。

图 3-2-7　更赛牛（公牛）

图 3-2-8　更赛牛（母牛）

（4）特点　该牛性情温驯，易管理，耐粗饲，适放牧，对温热气候有较好的适应性。但是，该牛体质欠结实，抗病力较差，在全世界分布较少。

五、爱尔夏牛

爱尔夏牛（图 3-2-9、图 3-2-10）是英国古老的乳用品种之一。

图 3-2-9　爱尔夏牛（公牛）

图 3-2-10　爱尔夏牛（母牛）

（1）原产地　原产于英国苏格兰南部埃尔郡。1835 年开始良种登记，1877 年成立爱尔夏牛协会。

（2）外貌特征　体格中等，结构匀称，乳用型外貌特征明显；头部清秀，额部稍短；角细长且向外上方弯曲，角尖向后稍弯，蜡白色，尖端带黑色；颈薄有皱褶；胸深，但不够宽，背腰平直，腹圆，后躯发育良好；乳房发育匀称，乳静脉明显，乳头中等长，排列整齐；被毛细短，有光泽，标准毛色为红白花。眼圈和鼻镜为浅红色，尾帚为白色。

（3）生产性能　爱尔夏牛的产奶量一般低于荷斯坦奶牛，但高于娟姗牛和更赛牛。美国统计该牛一个泌乳期平均产奶量 5448kg，乳脂率 3.9％，个别高产群体达 7718kg，乳脂率 4.12％；最高个体 305 天泌乳量为 16875kg，乳脂率 4.28％；365 天产奶记录最高为 18614kg，乳脂率 4.39％。

（4）特点　爱尔夏牛适应性强，抗病力强，死亡率低；能够适应较大的气候或地域性变化。在不同类型的牛舍中或混群饲养时都能够发挥良好的生产性能。

第三节　肉牛品种

肉用型牛是用来专门生产牛肉的牛，以下介绍世界上主要的肉牛品种。

一、夏洛来牛

（1）原产地　夏洛来牛（图 3-2-11、图 3-2-12）原产于法国中部、西部和东南部的夏洛来、涅夫勒地区，后逐渐扩展到全法国。

图 3-2-11　夏洛来牛（公牛）

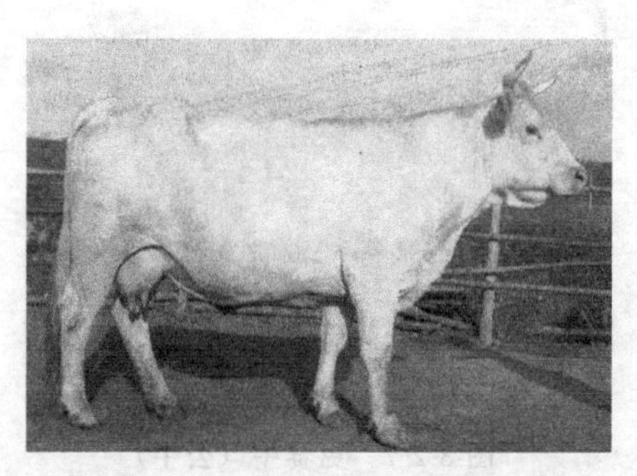
图 3-2-12　夏洛来牛（母牛）

（2）分布　夏洛来牛广泛分布于全世界五十多个国家和地区。我国早在 1965 年开始从法国引进该品种牛，现分布于国内大部分省、自治区、直辖市及地区。

（3）外貌特征：夏洛来牛属于大型肉牛品种，体躯高大，中躯较长，后躯发达，全身肌肉丰满，具典型肉用型牛外貌特征；额宽面短，角中等粗细，向两侧或向前方伸展，胸深肋圆，背腰宽平，臀部丰满，肌肉十分发达；体躯呈圆筒形，后腿部肌肉尤其丰厚，常形成“双肌”特征；牛角和蹄呈蜡黄色，鼻镜、眼睑为肉粉色。毛色为白色、乳白色或枯草黄色。

成年公牛体重 1100～1200kg，体高 145cm，体斜长 176cm；成年母牛体重 700～800kg，体高 137.5cm，体斜长 164.6cm。

（4）生产性能　在良好的饲养条件下公牛周岁体重可达 500kg 以上；屠宰率 60%～70%，胴体产肉率 80%～85%。据法国测定，在良好的饲养管理条件下，6 月龄公犊体重可达 234kg，公犊可达 1～1.2kg，母犊平均日增重可达 1kg。英国肉畜委员会对夏洛来牛的早熟性也进行了对比，在大陆型肉牛品种中，夏洛来牛早熟性最优。

（5）特点　体型大，生长速度快，瘦肉率高，饲料转化效率高；但是难产率较高。

二、利木赞牛

（1）原产地　原产于法国中部利木赞高原。最初是大型的役用牛，从 1850 年开始选育，1886 年建立良种登记，1924 年育成专门化肉用品种，现已成为法国主要的肉用型牛品种之一（图 3-2-13）。

（2）分布　主要分布于欧洲及北美国家，目前世界上有 50 多个国家引入利木赞牛。我国从法国引入后，因毛色接近中国黄牛，比较受群众欢迎，是中国用于改良本地牛的主要引入品种之一。目前利木赞牛在世界上的分布呈增长趋势。

图 3-2-13　利木赞牛（公牛）

（3）外貌特征　利木赞牛体格略小于夏洛来牛，亦属于大中型肉牛品种，具典型的肉用型牛外貌特征；体躯长，全身肌肉丰满，胸躯部肌肉特别发达，肋弓开张，背腰宽平，后躯肌肉明显，四肢强健细致，蹄为红色；毛色棕黄色，被毛较厚，腹下、四肢内、眼睑、鼻圈、会阴等部呈肉色或草白色；公牛角向两例伸展并略向外前方挑起，母牛角不很发达，向侧前方平。

成年公牛体重900～1100kg，成年母牛体重600～800kg；公牛体高140cm，母牛130cm；公犊牛初生重36kg，母犊35kg。

(4) 生产性能　生长速度快，尤其是犊牛期间，8月龄公牛体重可达290kg，适合于小牛肉生产；屠宰率63%～71%，瘦肉率高，肉质细嫩；由于犊牛出生体重相对较小，这种出生重小、成年体重大的相对性状，是现代肉牛业追求的优良性状。

(5) 特点　早期生长速度快，单位体重的增加需要的营养较少，早熟易肥；体质结实，抗逆性强，耐粗饲；难产率较夏洛来牛低；在肉牛杂交体系中能够起良好的配套作用。

三、海福特牛

(1) 原产地　海福特牛（图3-2-14、图3-2-15）原产于英国英格兰西部的威尔士地区，于1790年育成海福特肉用品种，1846年建立纯种牛登记簿，1876年成立品种协会。

图3-2-14　海福特牛（公牛）

图3-2-15　海福特牛（母牛）

(2) 分布　全世界许多国家均有分布，我国在1913年引入，1965年之后又陆续从英国引入，现已分布于东北、西北及华北大部分地区。

(3) 外貌特征　该牛属于中、小型早熟肉牛品种，头短额窄，颈垂发达，体躯宽深，体形呈圆筒状的典型肉用型牛外貌特征；前胸发达，肌肉丰满，四肢相对较短，分为有角和无角两种类型，有角者角呈蜡黄色或白色，向两侧伸展，微向下方弯曲；被毛为红色或暗红色，并具有“六端白”的特征，即头、颈垂、腹下、四肢下部及后帚为白色。

成年公牛体重850～1100kg，成年母牛体重600～700kg；成年公牛体高134cm，成年母牛体高126cm；成年公牛体长196cm，成年母牛体长153cm。

(4) 生产性能　该牛是英国最古老的肉牛品种之一，生长速度快，200日龄体重可达310kg，周岁体重可达410kg；屠宰率一般为60%～65%，饲料报酬率高。据加拿大肉牛成产协会测定，海福特牛公犊出生重为34kg，母犊为32kg，在良好的饲养条件下，平均日增重1.31kg，屠宰率高达70%。

海福特牛与我国黄牛杂交改良效果较好。杂交一代牛表现出生长快、耐粗饲、抗病性强、肉质好等优点。据山西省畜牧兽医研究所报道，杂交一代，公犊出生重22.4kg，母犊为21.7kg，12月龄公犊体重181.6kg，母犊达168.9kg，表现出明显的杂交优势。

(5) 特点　早熟性好，性情温顺，易于管理；耐寒，体质结实，抗病力强，耐粗饲，适应性好，能在不同气候环境中终年放牧饲养；肉质好，大理石纹明显；缺点是怕热，容易患蹄病及产科病。

四、安格斯牛

(1) 原产地　原产于英国苏格兰北部的阿伯丁、金卡丁和安格斯郡，全称阿伯丁安格斯牛。从18世纪末开始育种开展，1862年英国开始安格斯牛的良种登记，1892年出版良种登记簿（图3-2-16）。

图 3-2-16 安格斯牛（公牛）

（2）分布 从19世纪开始向世界各地输出，现分布于世界许多国家与地区，已成为英国、美国、加拿大、新西兰和阿根廷等国的主要肉牛品种之一。

（3）外貌特征 属于小型早熟肉牛品种，体格低矮，体躯宽深，四肢短而直，全身肌肉丰满，具有典型肉用型牛的外貌特征；体质紧凑、结实，头小而方正，无角，颈中等长，背线平直，腰荐丰满，体躯呈圆筒状；全身被毛黑色，此品种也有红色个体，在美国被育成红色安格斯牛品种。

在美国和加拿大逐步选育成大型牛种，成年公牛体重800～900kg，成年母牛体重500～600kg；成年母牛体高122cm，体斜长144cm。

（4）生产性能 安格斯牛早熟性能好，12月龄性成熟，常在18月龄初配，但在美国育成的较大型的安格斯牛可在13～14月龄初配。产犊间隔短，一般在12个月左右，连产性好，极少难产；该牛生长速度快，公犊6月龄断奶体重为198.6kg，母犊174kg，日增重约为1.0kg；205天断奶重为200kg，周岁体重可达400kg；屠宰率60%～65%。

（5）特点 安格斯牛性情温和，易于管理；早熟性好；肉质好，大理石纹明显；适应性强，耐寒，耐粗饲，适于放牧；繁殖力强，难产率低。

五、皮埃蒙特牛

（1）原产地 皮埃蒙特牛（图3-2-17、图3-2-18）原产于意大利北部皮埃蒙特地区，是古老的牛种，属于欧洲原牛与短角型瘤牛的杂交后代，1985年建成种牛测定站，1991年起开始公布后裔测定结果。

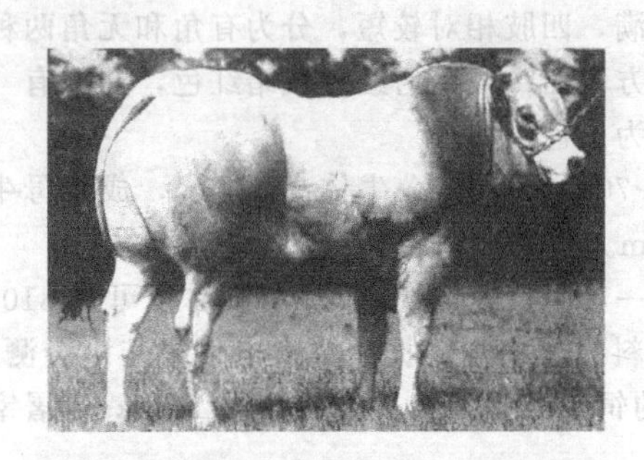

图 3-2-17 皮埃蒙特牛（公牛）

图 3-2-18 皮埃蒙特牛（母牛及犊牛）

（2）分布 该牛已被世界20多个国家引进，用于杂交改良本地牛；1995年美国、加拿大和巴西进口的皮埃蒙特牛冷冻精液均达数万份以上；我国已有10余个省、市引入该品种，用于改良本地牛。

（3）外貌特征 皮埃蒙特牛属于中型肉牛品种，刚出生时毛色为乳黄色，乳毛褪后逐渐变成浅灰白色，鼻镜、耳周、角、蹄、尾帚为黑色；角型为平出微向前弯，角尖为黑色；该牛皮薄、骨细，结构紧凑，全身肌肉丰满，肌肤明显暴露，体躯较长，臀部外缘特别丰满。

成年公牛体重800～1000kg，体高143cm，体斜长178cm，胸围227cm，管围22cm；母牛体重500～600kg，体高130cm，体斜长159cm，胸围187cm，管围18cm。

（4）生产性能：我国对胚胎移植的皮埃蒙特牛初生重测定结果为公犊45kg，母犊42kg；该牛与南阳牛杂交后，在唐河县农民饲养条件下公犊初生重为35kg，母犊为33kg。纯种牛的屠宰率为68%，胴体净肉率84%，胴体重为329.6kg时，眼肌面积为98.3cm²。

皮埃蒙特牛与荷斯坦牛的杂种公牛12月龄活重为451kg，平均日增重大约为1.2kg，屠宰率为61.4%。据意大利报道，该品种屠宰率为66%。另据报道，用皮埃蒙特牛冷冻精液改良杂一代牛得到级进二代后，肌肉度都大为改善，尤其是肩胸部及腰宽有很大改善，接近纯种胚胎犊牛。实践也表明，皮埃蒙特牛与黑白花牛和西门塔尔牛的杂交效果明显。

第四节　兼用牛品种

兼用型牛是指兼具两种或两种以上主要经济用途的牛，或兼具两种或两种以上主要生产性能的牛。目前全世界分布广、饲养量多、生产性能好的兼用型牛是西门塔尔牛。

一、西门塔尔牛

(1) 原产地　原产于瑞士阿尔卑斯西北部山区。原产地气候寒冷，有广阔的天然牧草场和山地牧场，该牛最初为役用牛，后经长期选育，培育出了现有的大型乳肉兼用牛（图3-2-19、图3-2-20）。

图3-2-19　西门塔尔牛（公牛）

图3-2-20　西门塔尔牛（母牛）

(2) 分布　分布于全世界许多国家。我国自1957年起，分别从瑞士、德国引入西门塔尔牛，分布于黑龙江、内蒙古、河北、山东、四川、青海、新疆等地，内蒙古拥有西门塔尔牛纯种繁育场。

(3) 外貌特征　西门塔尔牛为大型乳肉兼用品种；该牛体躯较长，前躯发达，中躯圆筒形，后躯肌肉丰满，体表肌肉群明显；结构匀称，体质结实；乳房发育好，前伸后展，乳头分布均匀，乳静脉明显。角为左右平出、略向前扭转、向上外侧挑出。被毛为黄白花或红白花，头、胸、腹下和尾帚多为白毛，有“六端白”之称。成年公牛体重800～1200kg，成年母牛体重600～750kg。

(4) 生产性能　一个泌乳期平均产奶量3500～4500kg，乳脂率3.64%～4.13%；该牛产肉性能良好，平均日增重0.8～1.0kg以上，屠宰率65%左右。西门塔尔牛在培育阶段生长良好，13～18月龄青年母牛平均日增重达505g，青年公牛在此阶段日增重为974g。母牛泌乳期270～305天，产乳量4000kg左右，乳脂率3.9%。

(5) 特点　西门塔尔牛兼有乳用型牛和肉用型牛的特点。该牛性情温顺，适应性强，杂交优势明显。对西门塔尔杂交牛进行育肥试验表明，杂一代平均日增重为864g，杂二代平均日增重为1134g。其在我国黄牛改良中具有十分重要的意义。

二、中国草原红牛

(1) 原产地　是我国最近育成的乳肉兼用型新品种，主要产于吉林白城地区，内蒙古昭乌达盟、锡林郭勒盟及河北张家口地区。

（2）育成史　草原红牛是以乳肉兼用的短角公牛与蒙古母牛长期杂交育成的，1985年经国家验收，正式命名为中国草原红牛（图3-2-21、图3-2-22）。

图3-2-21　中国草原红牛（公牛）

图3-2-22　中国草原红牛（母牛）

（3）外貌特征　该牛被毛为紫红色或红色，部分牛的腹下或乳房上有白斑；角质蜡黄褐色；鼻镜、眼圈粉红色；头较轻，多数有角，角多向前外方伸出，略向内弯曲；颈肩结合良好，胸宽深，背腰平直，四肢端正，蹄质结实。

体格中等大小，成年公牛体重700～800kg，体高137.3cm，成年母牛体重450kg，体高124.2cm；初生公犊31.3kg，母犊29.6kg。

（4）生产性能　据测定，18月龄阉牛经放牧肥育，屠宰率为50.8%；经短期肥育的牛，屠宰率可达58.2%。在放牧加补饲的条件下，平均产奶量为1800～2000kg，乳脂率4.0%；母牛一个泌乳期产奶约为210天，平均产奶量为2658kg，最高个体产奶量达4458kg，最高个体日产量25～35kg。乳脂率达4.5%。

（5）特点　草原红牛是在干旱、半干旱草原，饲养管理较为粗放的条件下培育而成的新品种，具有耐寒、耐粗饲、抗病性强的特点；该牛的遗传性能较为稳定，横交后代毛色、体型变异不大，是我国草原地区大有发展前途的品种。

第五节　其他牛品种

一、中国黄牛

中国黄牛是饲养于我国的各种不同品种黄牛的总称。由于长期生活于我国的自然、社会和经济条件下，形成了许多共同的特点，是我们在现代养牛生产中加以改良、利用的基础。

中国有黄牛9000多万头，品种繁多，已编入《中国牛品种志》的地方品种就有28个。

中国黄牛特点：品种原始，未经系统选育，多为原始兼用型，且以役用为主，生产性能低，不适合现代养牛生产。体型小，多为役用型牛外貌特征。适应性强，耐粗饲。生长速度慢，屠宰率低，肉质好，产奶能力差。

现将我国黄牛主要品种介绍如下（表3-2-1），其他黄牛品种可参阅《中国牛品种志》。

二、瘤牛

瘤牛是原产于亚洲与非洲的一种家牛，因其鬐甲部有一肌肉组织隆起似瘤而得名。

瘤牛特点：耳大、颈垂、脐垂特别发达，利于散热，故耐热。皮肤质地紧密而厚，分泌具有臭气的皮脂，能驱虱。抗焦虫病。

瘤牛的作用：瘤牛有乳用、肉用、役用等多种品种，适于热带和亚热带国家饲养。瘤牛与普通牛杂交其后代有繁殖能力，可与普通牛杂交，培育耐热、抗焦虫病的品种。

世界主要瘤牛品种介绍见表3-2-2。

表 3-2-1 中国五大良种黄牛品种特征

品种＼特征	产地	外貌特征	毛色	生产性能
秦川牛	陕西省	大型役肉兼用品种，体格高大，体质强健，肌肉丰满，前躯发育良好而后躯较差	紫色、红色为主，有少数为黄色	在中等饲养水平下肥育325天，18月龄体重为484kg，屠宰率58.3%，净肉率50.5%。肉质细嫩，大理石纹明显，肉味鲜美
南阳牛	河南省	大型役肉兼用品种，体格高大，结构紧凑	黄色最多，另有红色和草白色	在以粗饲料为主进行一般肥育下，18月龄体重可达412kg，屠宰率55.6%，净肉率46.6%。肉质细嫩，肉味鲜美，大理石纹明显
鲁西牛	山东省	大型役肉兼用品种，体躯高大，略短，结构较为细致紧凑，肌肉发达	有棕色、深黄色、黄和淡黄色，而以黄色居多	肉用性能良好。一般屠宰率为55%～58%，净肉率为45%～48%。皮薄骨细，肉质细致，大理石纹明显，是生产高档牛肉的首选品种
晋南牛	山西省	大型役肉兼用品种，体躯高大，胸围大，背腰宽阔	枣红色	断奶后肥育6个月平均日增重961g，屠宰率60.95%，净肉率51.37%
延边牛	吉林省	大型役肉兼用品种，体质粗壮结实，结构匀称，体躯宽深	长而密，多呈黄色	12月龄公牛肥育180天，日增重为813g，屠宰率57.7%，净肉率47.2%，肉质柔嫩多汁，鲜美适口，大理石纹明显

表 3-2-2 世界主要瘤牛品种特征

品种＼特征	产地	外貌特征	毛色	生产性能
辛地红牛	巴基斯坦	额宽突，耳大下垂，角小向上弯曲。体躯深，肋开张，颈、腹垂发达。公牛肩峰凸起，瘤峰高可达20cm左右	暗红	热带著名的乳肉兼用牛；成年母牛泌乳期平均为270天，产乳量1179kg。经选用的乳用系母牛，产乳量可达4000kg
婆罗门牛	美国	大垂耳、大垂皮、高瘤峰、长四肢、长脸，体躯较短，体格高大但狭窄	银灰	属肉用瘤牛品种，生长快，出肉率高，胴体质量好；且具有耐热、耐粗饲、抗蜱等吸血虫和易管理等优良性状

三、牦牛

牦牛是生活在海拔3000m以上高山草原地区的特有牛种，主要分布于青藏高原及毗邻地区。

牦牛的特点：体躯强壮，被毛粗长，尾短毛长似马；腹侧及躯干下部丛生密而长的被毛，形似围裙，故卧于雪地而不受寒；蹄底部有坚硬似蹄铁状的突起边缘，故能在崎岖的山路行走自如；上唇薄而灵活，能采食矮草；毛色以黑居多；与普通牛杂交后代称犏牛，但雄性犏牛不育。

主要牦牛品种介绍见表3-2-3。

四、水牛

水牛是热带和亚热带地区特有的牛种，分亚洲水牛和非洲水牛两个种；亚洲水牛中分沼泽型水牛和江河型水牛两个亚种。沼泽型水牛以役用为主，挽力大，适于水田耕作，产奶量500～700kg，产肉性能较差，肉质较粗。我国水牛全部为此类型。江河型水牛以产奶为主，产奶量可达1500～2000kg，印度的摩拉水牛和巴基斯坦的尼里-拉菲水牛为其优秀代表。世界主要水牛品种介绍见表 3-2-4。

表 3-2-3 主要牦牛品种简介

特征 品种	产地	外貌特征	毛色	生产性能
天祝白牦牛	中国甘肃	公牛头大而额宽，额毛卷曲，角粗长，母牛头俊秀，额较窄，角细长，角向外上方或外后上方弯曲。颈粗，垂皮不发达。前躯发育良好，鬐甲显著隆起，胸深，后躯发育差，尻多呈屋脊状。四肢较短	白色	具有乳用、肉用、役用、产毛等多种用途
麦洼牦牛	中国四川	头大小适中，额宽平，额毛丛生卷曲，绝大多数有角，角尖略向后，向内弯曲。颈较薄，鬐甲较低而单薄，背腰平直，腹大不下垂，尻部较窄、略倾斜。四肢较短，蹄较小，蹄质坚实	黑色	具有乳用、肉用、役用、产毛等多种用途
西藏高山牦牛	中国西藏	按体型外貌可分山地牦牛和草原牦牛两种。被毛以黑、花色为主。头稍偏重，额宽平，绝大多数有角，草原型牦牛角为抱头角，山地型牦牛角外向上开张。胸深、背腰平直，腹大不下垂。尻窄略斜，尾根低，尾短。蹄下而圆	黑色、花色为主	具有乳用、肉用、役用、产毛等多种用途

表 3-2-4 世界主要水牛品种简介

特征 品种	产地	外貌特征	毛色	生产性能
摩拉水牛	印度	前额宽而略突；四肢粗壮，角短面向上后方内弯曲，呈螺旋状，颈粗短而厚，因牛颈薄且长，无垂皮，肩峰。乳房良好，乳头长而粗	毛色通常黑色，尾帚白色，陈壳黑色	较好的乳用水牛品种，年平均产奶量 2200～3000kg，乳脂率 7.6%。具有耐粗饲、耐热、抗病能力强、繁殖率高、遗传稳定的优点，但集群性强，性较敏感，下奶稍难
尼里-拉菲水牛	巴基斯坦	前额突出，玉石眼(虹膜缺乏色素)。角短、基部宽广，角基向后再朝上紧紧卷曲呈螺旋状。体躯深厚，躯架较低，体格显得粗壮。腹垂较大。尾部着生较低，尾根渐尖细向下延伸，尾端达飞节以下，有的甚至接近地面。乳头特别粗大且长，乳静脉显露、弯曲。脸部、鼻端、四肢系部有白斑块	多数被毛黑色，部分牛为棕色	具有繁殖力高、育成率高、生长发育快、泌乳性能好、抗病力强、耐热、耐粗饲、易肥等优点。但尾巴及乳头特长，易受伤，易发生断尾和乳房炎
中国水牛	中国	前额平坦而较狭，眼大突出：角向左右平伸，呈新月形或弧形。鬐甲隆起，前躯宽深，肋骨弓张，背腰宽而略凹；腰角大而突出，尻部斜。尾粗短，四肢粗壮	全身被毛深灰色或浅灰色，部分白色	平均一个泌乳期泌乳量为 1800～2000kg。乳脂率 7%以上。屠宰率 50%～55%，净肉率为 39.3%

[复习思考题]

1. 世界上有哪些著名的奶牛品种？
2. 荷斯坦牛有什么特点？
3. 中国黑白花奶牛有什么特点？
4. 娟姗牛有什么特点？
5. 我国有哪几种经济类型牛？
6. 我国饲养哪些主要优良品种的奶牛？
7. 我国饲养哪些主要乳肉兼用型牛？
8. 瘤牛的主要特点是什么？
9. 我国有哪些优良品种的黄牛？
10. 牦牛的主要特点是什么？

第三章 牛种选种方法

[知识目标]

- 了解牛的育种知识。
- 了解影响产奶（肉）性能的因素。
- 掌握产奶（肉）性能的评定方法。
- 了解种牛的选择方法。

[技能目标]

- 学会根据各类型牛的外貌特征评定技术。
- 学会牛的体尺测量与体重估测技术。
- 学会牛的年龄鉴定方法（牙齿鉴定）。
- 学会奶牛线性评分鉴定法。

第一节 牛的生产性能及其测定

一、牛的产奶性能及其评定方法

1. 影响产奶性能的因素

（1）遗传因素

① 品种。不同品种之间产奶量和乳脂率有很大差异。例如娟姗牛产奶量低、乳脂率高，而荷斯坦牛则产奶量高、乳脂率低。

② 个体。同一品种的不同个体之间由于遗传素质的不同，产奶量和乳脂率也有很大不同。如某头荷斯坦牛产奶量为7500kg，乳脂率为3.7%；而另一头荷斯坦牛产奶量则为6400kg，乳脂率为4.1%。

（2）环境因素

① 饲养管理条件。奶牛产奶量的遗传力只有0.25～0.30，也就是说母牛产奶量的高低70%～75%是由环境因素造成的，而环境因素中对产奶量影响最大的是饲养管理条件。饲养管理条件好，母牛产奶量就高，反之就低。同时牛奶中的成分含量也与饲养管理条件密切相关。

② 产犊季节和外界温度。奶牛适宜的产奶温度为10～16℃。夏季七八月份产犊，则在其升乳期内不但高温酷暑对其产奶不利，且蚊蝇的叮咬也会干扰牛的产奶。另外，不同的季节，奶牛饲料供应情况也不同，同样可影响产奶。一般而言，以冬季和早春产犊母牛的产奶量最高，春秋季次之，夏季（七八月份）最低。

③ 挤奶次数与挤奶技术。奶的分泌与排出受神经体液的调节，科学熟练的挤奶技术，可刺激乳的分泌与排出，提高产奶量。挤奶前用热水擦洗乳房和按摩乳房，能提高产乳量和乳脂率。每天挤三次奶要比挤两次奶产奶量高，我国目前采取每日三次挤奶的体制。据研究，日产奶量30kg以上，挤4次；日产奶量15～30kg，挤3次；日产奶量15kg以下，挤2次。

④ 疾病与药物。在患病和损害健康的情况下，机体生理功能遭到破坏，会影响奶的形成，产奶量下降，特别是患乳房炎、酮病、乳热症和消化道疾病时，奶的组成亦发生变化。例如，患

急性乳房炎时，奶中干物质、乳脂肪、乳糖的含量显著减少，而蛋白质和矿物质成分则增加，酸度降低，奶呈碱性反应，有咸味，奶中白细胞数增加。奶牛服用药物，包括采用疫苗，都会转移于奶中，应禁止饮用出售。

(3) 生理因素

① 年龄与胎次。荷斯坦牛一般在2～2.5岁产头胎并开始产奶，此时其身体尚未完全发育成熟，随着胎次的增加，机体逐渐发育成熟，产奶量也随之增加而达到高峰，随后又随着机体的衰老而逐渐下降。

一般而言，母牛第一胎的产奶量相当于第五胎产奶量的70%；第二胎的产奶量相当于第五胎产奶量的80%；第三胎的产奶量相当于第五胎产奶量的90%；第四胎的产奶量相当于第五胎产奶量的95%。荷斯坦牛在第5～6胎产奶量最高。

② 产犊间隔。产犊间隔指连续2次产犊之间的间隔天数。奶牛最理想的情况是年产一胎，泌乳10个月，干奶2个月。

③ 初次产犊年龄。第一次产犊年龄不仅影响单次产奶量，而且影响终身产奶量。适宜的产犊年龄应根据品种特性和当地饲料条件而定。一般情况下，育成母牛体重达成年母牛体重70%左右时即可配种。中国荷斯坦牛在合理的饲养条件下，13～16月龄体重达360kg（北方380kg）以上进行配种，第一次产犊年龄为22～25月龄。

④ 体格。体格与产奶量呈正相关。但过大的体重并不一定产奶多，而且维持代谢需要也多，经济上不一定合算。据国内外经验，荷斯坦牛体重以650～700kg为宜。

⑤ 泌乳期。母牛从产犊开始泌乳到停止泌乳为止的这段时间称为泌乳期。

泌乳曲线：奶牛在泌乳期中多呈规律性变化，将全期中每个月的泌乳量或每个月平均日产奶量升降情况以图解曲线表示。

一般母牛分娩后产奶量逐渐上升，低产牛在产后20～30天，高产牛在产后40～50天产奶量达高峰，维持20～60天后开始下降。

母牛泌乳可分为以下四种类型。

a. 高度平稳型：下降速率维持在6%以内。优异。

b. 比较平稳型：下降速率为6%～7%。常见，全期泌乳量高。

c. 急剧下降型：下降速率平均在8%以上，不宜留种。

d. 波浪型：多见于患病的牛群。

奶质也呈相应变动，在泌乳高峰期，奶中的干物质、脂肪、蛋白质含量较低，但随着奶量的下降，奶中的营养成分又逐渐上升，即奶量与奶质的变化呈相反趋势（第2～8周乳脂率最低）。

⑥ 干奶期。母牛在妊娠的最后2个月前后为了保证胎儿的正常发育和使其在10个月的泌乳后得到休息，更新乳腺泡，要进行干奶。

合适的干奶期为45～75天。

⑦ 发情与妊娠。在发情期间，由于雌激素的作用，产奶量出现暂时性下降，为10%～20%。在妊娠期间，由于胎儿迅速发育，胎盘激素和黄体激素分泌量增加，抑制催乳素分泌，使产乳量下降。

2. 产奶性能的测定与计算

(1) 产奶量的测定方法

① 每天实测。每次挤奶后计量奶量，逐天累计。此法准确，但工作量大。

② 估测。每月计量3天的产奶量，每次间隔8～11天，以此为根据统计每月和整个泌乳期的产奶量。

$$全月产奶量=(M1\times D1)+(M2\times D2)+(M3\times D3)$$

式中 $M1$，$M2$，$M3$——测定日全天产奶量；

$D1$，$D2$，$D3$——当次测定日与上次测定日间隔的天数。

③ 在挤奶设备上安装不同类型的奶量计量装置和奶牛个体自动识别装置，用电脑自动测量、处理产奶量数据。

(2) 个体产奶量的测定与计算

① 个体305天产奶总量。指母牛自产犊第1天开始到第305天为止的产奶总量。

但母牛在一个泌乳期中的产奶时间不可能刚好是305天，如果不足305天，按实际产奶量计算，但应注明产奶天数，如产奶天数超过305天时，超过的部分不计在内。

② 个体校正305天产奶量。方法是将实际记录的产奶量乘以相应的校正系数，得到校正305天产奶量。

③ 个体全泌乳期产奶总量。指母牛自产犊之日起到干奶为止的累计产奶量。

因为牛泌乳期的长短受许多非遗传因素的影响，因而该指标不能正确反映牛的产奶性能。

④ 个体终生产奶量。指母牛在其一生中的全部产奶量。计算方法为将该头牛的各胎次全泌乳期实际产奶量累计求和。终生产奶量是奶牛生产性能的综合指标，终生产奶量高的牛，不但各胎次产奶量高，而且利用年限长，寿命长。

(3) 群体产奶量的测定与计算　反映该牛群整体产奶遗传性能的高低，也反映牛场的饲养管理水平。另外，群体产奶量的统计与计算是以日历年为基础的。

通常计算全群成母牛（应产牛）和泌乳母牛（实产牛）的全年平均产奶量。其计算公式为：

全群应产牛全年平均产奶量（kg）＝全群牛全年总产奶量/全年平均饲养成母牛头数

全群实产牛全年平均产奶量（kg）＝全群牛全年总产奶量/全年平均饲养泌乳牛头数

式中，“全群牛全年总产奶量”是指从1月1日起到12月31日止全群牛产奶的总量。“全年平均饲养成母牛头数”是指全年每天饲养的成母牛数（包括泌乳牛、干奶牛、不孕牛、转入和转出或死亡的成母牛）的总和除以365天；“全年平均饲养泌乳牛头数”是指全年每天饲养的泌乳母牛头数的总和除以365天。

全群应产牛全年平均产奶量与全群实产牛全年平均产奶量之间的差别在于计算全群全年每天饲养的母牛头数总和时，前者只计算实际产奶的母牛，后者是把全部具备产奶能力的母牛都计算在内，而不管它实际产奶与否。应产母牛的产奶与否不但受其自身生理规律的影响，也受饲养管理条件等人为因素的影响。因而，全群实产牛全年平均产奶量更能反映牛群的产奶素质，而全群应产牛全年平均产奶量除反映牛群的产奶素质外，还在很大程度上反映牛群饲养管理水平的高低。

(4) 乳脂率的测定与计算　乳脂率是指牛乳中所含脂肪的百分率，是衡量牛乳营养价值和牛乳质量的重要指标。一般所说的乳脂率是指平均乳脂率。

① 测定方法

a. 全泌乳期中每月测定一次。

b. 在全泌乳期中只在第二、第五、第八泌乳月各测定一次，共3次。

② 乳脂校正奶

a. 乳脂量计算：产乳量乘以乳脂率。

b. 4%标准乳计算

$$FCM=M(0.4+0.15F)$$

式中　FCM——乳脂率为4%的标准奶量；

M——乳脂率为F的奶量；

F——奶的实际乳脂率。

例如：甲牛头胎产奶量6500kg，乳脂率3.3%，乙牛头胎产奶量6300kg，乳脂率3.8%。试比较二者的产奶能力？

按公式：

$$甲牛:标准奶=[6500\times(0.4+0.15\times3.3)]\text{kg}$$
$$=5817.5\text{kg}$$

乙牛：标准奶＝[6300×(0.4＋0.15×3.8)]kg

＝6111kg

经换算为标准奶后，可以看出乙牛产奶性能比甲牛高。

(5) 排乳速度　排乳速度与产奶量呈正相关。国外对不同品种的母牛规定了排乳速度指标，如美国荷斯坦牛为3.61kg/min，德国荷斯坦牛为2.5kg/min。排乳速度的测定采用奶流速度测定器进行，也可用弹簧秤悬挂在三角架上直接称，以每30s或每分钟排出的奶量（kg）为准。被测定的奶牛，一次挤奶量不低于5kg。

测定时间：产后4～6周开始至150天之内，任何一天测定均可。

(6) 前乳房指数　表示乳房对称程度。指一头牛的2个前乳区即前乳房的产乳量占总产乳量的百分率。

前乳房指数＝(前2个乳区乳量/总乳量)×100％

前乳房的产乳量一般低于后乳房，要求前后乳区发育匀称，以利于机械挤奶。但头胎母牛的前乳房指数大于两胎以上的成母牛。

(7) 饲料转化率

① 每千克饲料干物质生产牛奶的千克数

$$饲料转化率=\frac{全泌乳期总产奶量(kg)}{全泌乳期饲喂各种饲料干物质总量(kg)}$$

② 每生产1kg牛奶需要消耗若干饲料干物质

$$饲料转化率=\frac{全泌乳期饲喂各种饲料干物质总量(kg)}{全泌乳期总产奶量(kg)}$$

二、肉牛性能及评定方法

1. 影响肉牛生产性能的因素

(1) 品种　一般而言，肉用型品种牛较乳用型品种牛、役用型品种牛生长速度快，屠宰率高，肉质好。肉用品种牛的肌肉纤维细嫩，脂肪分布均匀，肉层厚，产肉量高。

(2) 性别　一般而言，公牛生长速度快，瘦肉多，屠宰率高，饲料利用率也高；母牛的肌纤维较细，骨比例较小，脂肪含量高，肉质较好。阉牛的特点介于公牛与母牛之间。

(3) 年龄与体重　一般而言，年幼的牛较年老的牛生长速度快，饲料利用率高。年幼的牛较年老的牛肌纤维细，脂肪沉积少，肉较细嫩。相同品种的牛体重大者较体重小者屠宰率高。

(4) 饲养水平　饲养水平高，牛的增重速度快，饲料利用率高，屠宰率高，肉质也好。

2. 肉牛生长性能的评定

(1) 出生重和日增重

① 出生重。出生重指犊牛出生后被毛已干但尚未哺乳前的重量，用秤称量得到。犊牛出生重大，哺乳期日增重就高。具有中等遗传力，是选种的一个重要指标。犊牛出生重的大小主要与犊牛的品种及母牛妊娠期间的饲养管理条件有关。犊牛出生重过大易造成母牛难产，在以我国黄牛作受体母牛的胚胎移植和以大型肉牛品种作父本改良我国本地黄牛时尤应注意此点。

② 断奶重。指的是6月龄的断奶重。断奶重包括两个方面的信息，即出生重的大小和哺乳期日增重的快慢。

校正断奶重＝[(断奶重－出生重)/实际断奶日龄×校正断奶日龄＋出生重]×母牛年龄系数

母牛年龄系数：2岁＝1.15，3岁＝1.1，4岁＝1.05，5～10岁不校正，11岁或更大＝1.05

③ 12月龄、18月龄、24月龄体重。指牛在满12月龄、18月龄、24月龄时的实际体重，用秤称量。上述指标主要反映牛在各不同阶段的生长情况，也是肉牛肥育出栏的依据，既与牛的品种有关，也与饲养管理条件有关。

④ 断奶后增重。通常采用校正的1岁（365天）体重。

$$校正的365天体重=\frac{(实际最后体重-实际断奶体重)}{饲养天数}\times(365-校正断奶天数)+校正断奶重$$

⑤ 日增重。日增重是衡量增重和肥育速度的标志。肉用牛在充分饲养的条件下，日增重与品种、年龄关系密切，8月龄以前日增重较高，1岁后日增重下降。因此肥育出栏年龄宜在1～2岁之间。

⑥ 称重方法与要求。必须在早晨饲喂、饮水前进行，称量工具的感量应小于0.5kg，牛应安静地站立在地秤上，其姿势应保证牛的体重均匀分布在地秤上。每头牛必须连续称重2次，分别在连续2天的早晨进行。2天称重结果之间的差异不应超过其体重的3%，2天称重结果的平均数作为该牛的体重。

a. 直接称重。

b. 用体尺估测体重

公式：$体重(kg)=(胸围^2\times体长)/估测系数$

$估测系数=[胸围^2(cm)\times体斜长(cm)]/实际体重(kg)$

本地牛、乳用型牛的系数为2.00；兼用型牛、杂交肉牛系数为2.25；肉用型牛系数为2.50。

应用此法得到的体重与实际体重可能会有一定的误差，此误差的大小与体尺测量的操作方法和所用的公式的正确与否有密切关系。一般估重与实重以不超过5%为好。由此可见，在实际操作中，不论采用何估重公式，要注意事先进行校正，有时对公式中的常数（系数）要作必要的修正，以求其准确。

估测牛体重常用公式：

$体重(kg)=[胸围^2(cm)\times体斜长(cm)]/11420$ （适用于黄牛）

$体重(kg)=[胸围^2(m)\times体直长(m)]\times100$ （适用于肉牛）

$体重(kg)=[胸围^2(m)\times体直长(m)]\times87.5$ （适用于乳牛和乳肉兼用型牛）

$体重(kg)=[胸围^2(m)\times体直长(m)]\times80+50$ （适用于水牛）

(2) 饲料转化率　指牛在饲养期间每单位增重所消耗的饲料量，一般以干物质表示，它既表示牛将饲料转化为牛体自身组织的能力，也能反映饲养管理水平的高低和某种饲养管理措施的实际应用效果。

(3) 胴体质量评定

① 胴体重。指牛在屠宰后去掉头、皮、尾、内脏（但不包括肾和肾周脂肪）、蹄和生殖器官后的重量。

胴体重＝屠前活重*－[头重＋皮重＋血重＋尾重＋内脏重(不包括肾和肾周脂肪)＋蹄重＋生殖器官重]

*屠前活重是指屠宰前绝食24h的体重。

② 屠宰率。指牛胴体重占宰前活重的百分比，是牛产肉性能的重要指标，牛的屠宰率越高，说明其产肉性能越好。肉用牛的屠宰率为58%～65%，兼用牛为53%～54%，乳用牛为50%～51%，产肉指数（即肉骨比）相应为5.0、4.1和3.3。肉骨比随胴体重的增加而提高，胴体重185～245kg时肉骨比为4∶1，310～360kg时为5.2∶1。

③ 净肉率。牛的净肉率是指牛胴体净肉重占屠宰前活重的百分比。胴体净肉率指胴体剔骨后的肉重。净肉率依牛的品种、年龄、膘度和骨骼粗细不同而异，良种肉牛在较好的饲养条件下，肥育后净肉率在45%以上。早熟种、幼龄牛、肥度大和骨骼较细者净肉率高。

④ 肉骨比。肉骨比是指牛的胴体中肌肉重量和骨骼重量的比例，也就是肉重为骨重的倍数；肉脂比是指牛屠宰后肌肉重量和脂肪重量的比例，即肌肉重量为脂肪的倍数。

⑤ 眼肌面积。指在牛胴体的第12～13肋骨间切开后所量取的第12肋骨后缘的眼肌面积，以平方厘米表示。眼肌面积的大小与胴体瘦肉量高度相关，眼肌面积越大，则胴体瘦肉含量越

高。同时，眼肌也是牛胴体中质量最好、经济价值最高的部位之一。

第二节　牛的外貌及外貌评分

一、不同用途的牛的外貌

1. 乳用牛的外貌特征

乳用牛的体型，其侧望、俯望、前望的轮廓均趋于三角形。侧望，将乳房底部与腹线连成一条直线，与背线延长线在牛头前方相交，构成三角形，这表明乳用牛前躯浅，后躯深，消化系统、生殖器官和泌乳系统发育良好，产乳量高；前望，由鬐甲顶点分别向左右肩部作直线，与胸下水平线相交构成三角形，这表明鬐甲和肩部肌肉不多，胸部宽阔，肺活量大；俯望，由鬐甲分别向左右腰角引直线，与两腰角连线相交构成三角形，这表明牛体后躯宽大，发育良好。乳牛体型模式图见图 3-3-1。

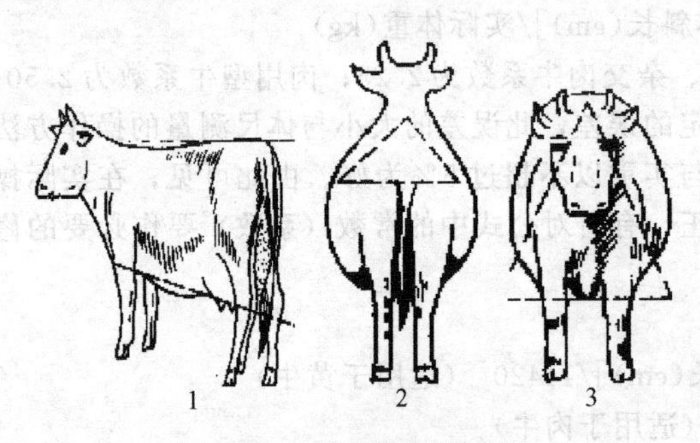

图 3-3-1　乳牛体型模式图
1—侧望；2—俯望；3—前望

乳用牛被毛细短而具有光泽，皮薄、致密而有弹性。骨骼细致而坚实，关节明显而健壮，肌腱分明，肌肉发育适度，皮下脂肪少，血管显露，体态清秀优美。头较小而狭长，表现清秀。颈狭长而较薄，颈侧多纵行皱纹，垂皮较小。鬐甲长平，肩不太宽而稍倾斜。胸部发育良好，肋长，适度扩张，肋骨斜向后方伸展。背腰平直，腹大不下垂。尻长、平、宽、方，腰角显露。尾细，毛长，尾帚低于飞节。四肢端正、结实。蹄质坚实，两后肢间距离较宽。乳房发育充分，皮肤薄软，毛短而稀，四个乳区发育匀称。乳房前部附着腹壁深广，后部附着高，向两后肢后方突出。乳镜充分显露。乳头分布均匀，呈圆柱状，粗细长短适中。乳静脉粗大、弯曲多，乳井大而深。

2. 肉牛的外貌特征

肉牛要求呈长方形体型，从前望、侧望、上望和后望，其轮廓均接近长方形。前躯和后躯高度发达，中躯相对较短，四肢短，重心低，体躯短、宽、深。颈圆粗而短，鬐甲部丰满且深平而宽，骨骼发育良好，全身肌肉丰满，皮下脂肪发达，被毛细密，富有光泽。我国劳动人民总结肉牛的外貌特征为“五宽五厚”，即“额宽颊厚，颈宽垂厚，胸宽肩厚，背宽肋厚，尻宽臀厚”，对肉用体型的外貌鉴定要点作了科学的概括。

3. 各种用途牛的外貌特点

(1) 奶牛的外貌特点　皮薄骨细，血管显露，肌肉不发达，后躯和乳房十分发达。从侧望、前望、上望均呈“楔形”。

(2) 肉牛外貌特点　体躯低垂，皮薄骨细，全身肌肉丰满。前望、侧望、后望均呈“矩形”。

(3) 役牛的外貌特点　皮厚骨粗，肌肉强大、结实，富于线条，整个体型呈“倒梯子形”。

二、牛外貌鉴定技术

1. 肉眼鉴定

肉眼鉴定是靠眼睛观察牛的外貌，并借助于手的触摸对牛的整个体躯及各个部位进行鉴定的方法。在鉴定之前，应首先了解牛的品种、年龄、胎次、泌乳月和配种妊娠等情况。鉴定时，应使牛自然站立于平坦光亮的场地，鉴定人员站在距牛 4m 左右的地方，首先进行整体观察，环视牛体一周对其体型轮廓和各部位发育情况有一个整体认识，然后分别站在牛的前面、侧面和后面进行观察。从前面观察头部的结构、胸和背腰的宽度、肋骨的扩张程度和前肢肢势等；从侧面观察胸部的深度，整个体型，肩及尻的倾斜度，颈、背、腰、尻等部的长度，乳房的发育情况，以及各部位是否匀称；从后面观察腹部和尻部发育情况，以及后肢肢势。肉眼观察完毕，再用手触摸，了解皮肤、皮下组织、肌肉、骨骼、乳房等的发育情况。最后让牛自由行走，观察四肢的动作、肢势、步样和系蹄情况。肉眼鉴定只能初步判定牛的品质好坏及生产性能的高低，要想准确掌握牛的品质及生产性能，还须采用其他鉴定技术。

2. 测量鉴定

(1) 体尺测量　为了掌握牛体各部位生长发育情况及各部位之间相对发育的关系，需要进行体尺测量。通过体尺测量还可以矫正肉眼鉴定的误差。测量时要求牛站立自然、正直，场地平坦，光线充足，并事先校正测量器械。由于体尺测量的目的不同，测量部位及数目也不同，一般要求测量体高、体斜长、胸围、管围等。在育种记录中，测量部位为 13 个。牛的体尺测量部位见图 3-3-2。

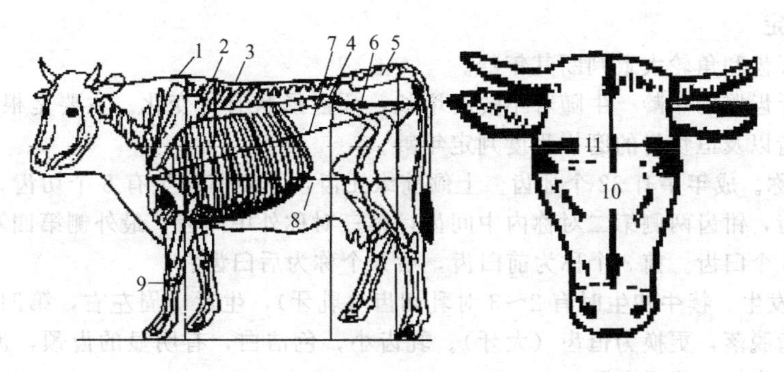

图 3-3-2　牛的体尺测量部位

1—体高；2—胸深；3—胸围；4—十字部高；5—荐高；6—尻长；7—体斜长；
8—体直长；9—管围；10—头长；11—最大额宽

体高：从鬐甲最高点到地面的垂直距离。

荐高：荐骨最高点到地面的垂直距离。

十字部高：两腰角连线中点到地面的垂直距离，亦称腰高。

体斜长：肩端前缘至坐骨结节后缘的距离，简称体长。体直长：肩端前缘向下引垂线与坐骨结节后缘向下所引垂线之间的水平距离。

胸深：肩胛软骨后缘处从鬐甲上端到胸骨下缘的垂直距离。

胸宽：在两侧肩胛软骨后缘处量取最宽处的水平距离。

腰角宽：两腰角外缘之间的距离。

髋宽：两侧髋关节之间的直线距离。

胸围：肩胛骨后缘处体躯垂直周径。

腹围：腹部最粗部位的垂直周径，于饱食后测量。

腿围：两后膝关节之间，经由两腿后方的水平距离。

管围：前肢掌骨上 1/3 处的水平周径（最细处）。

坐骨宽：两侧坐骨结节之间的最大宽度。

尻长：腰角前缘至坐骨结节后缘的直线距离。

(2) 体尺指数　体尺测量之后，为了分析牛体各部位相对发育状况，需要进行体尺指数的计算与分析。体尺指数项目很多，常用的项目如下。

体长指数：体斜长与体高之比。反映体长和体高的相对发育。乳用牛比肉用牛的指数大。

胸围指数：胸围与体高之比。反映前躯容量的相对发育，为役用牛的重要指标。

体躯指数：胸围与体斜长之比。反映躯干容量的相对发育。乳用牛、肉用牛该指数小。

尻宽指数：坐骨宽与腰角宽之比。反映尻部的发育程度，是鉴定母牛的重要指数。乳用牛的尻宽指数越大，表明泌乳系统越发达，大于67%时为宽尻，小于50%时为尖尻。

管围指数：前管围与体高之比。反映骨骼的相对发育。为役用牛的重要指标。

肉骨指数：腿围与体高之比。反映后躯肌肉的相对发育。为肉用牛的重要指标。

(3) 体重测定　体重是衡量发育程度的重要指标，对种公牛、育成牛和犊牛尤为重要。母牛体重应以泌乳高峰期的测定重量为依据，并应扣除胎儿的重量。

① 直接称重法。是最准确的体重测定法。称重要求在早晨饲喂前挤奶后进行，连称3天，取其平均数。同时要求称量迅速准确，做好记录。

② 公式估重法。缺乏直接测量条件时，可利用测量的体尺进行估算，并做好记录。

常用的估算公式有：

乳用牛体重(kg)=[胸围(m)]^2×体斜长(m)×90　(乳肉兼用牛和水牛可参用)

肉用牛体重(kg)=[胸围(m)]^2×体直长(m)×100　(肉乳兼用牛可参用)

3. 年龄鉴定

根据牛的牙齿和角轮大致判断其年龄。

(1) 根据牙齿鉴别年龄　牛随着年龄的增长，牙齿形状有所变化。主要是根据乳齿的出生、乳齿更换成恒齿以及恒切齿的磨损程度判定年龄。

① 齿的名称。成年牛有32个牙齿。上颌前缘无齿，下颌前缘生有8个切齿，也称门齿。中间第一对称钳齿，钳齿两侧第二对称内中间齿，第三对称外中间齿，最外侧第四对称隅齿。上下颌的两边各有6个臼齿。前3个称为前臼齿，后3个称为后臼齿。

② 门齿的发生。犊牛初生时有2～3对乳切齿（乳牙），生后1周左右，第四对乳切齿出生。到一定年龄乳齿脱落，更换为恒齿（大牙）。乳齿小，色洁白，有明显的齿颈，齿间空隙大。恒齿大，色淡黄，齿间一般无空隙。

③ 门齿的更换。从1.5～2岁乳门齿脱落，长出恒齿。2.5～3岁，内中间齿脱换为恒齿。3～3.5岁外中间齿脱换为恒齿。4～4.5岁乳隅齿脱换为恒齿。5岁时，永久隅齿与其他齿同高，但尚未磨损，称为齐口。

④ 门齿的磨损。牛齿磨损的程度和齿面的形状随着年龄的增长而发生变化。

牛齿的变化与年龄之间的关系如表3-3-1所示。

表3-3-1　牛齿变化简表

年龄	门齿	内中间齿	外中间齿	隅齿
出生	乳齿已生	乳齿已生	乳齿已生	—
2～3周	—	—	—	乳齿已生
4～6月龄	磨	磨	磨	微磨
1岁	重磨	重磨	较重磨	磨
1.5～2岁	更换	重磨	重磨	磨
2～3岁	微磨	更换	重磨	磨
3～3.5岁	轻磨	微磨	更换	重磨
4～4.5岁	磨	轻磨	微磨	更换
5岁	重磨	磨	轻磨	微磨
6岁	横椭圆形	重磨	磨	轻磨
6.5岁	横椭圆形较大	横椭圆形	重磨	磨
7岁	近方形	横椭圆形较大	横椭圆形	重磨
7.5岁	近方形	横椭圆形较大	横椭圆形较大	横椭圆形
8岁	方形	近方形	横椭圆形较大	横椭圆形较大
9岁	方形	方形	近方形	横椭圆形较大
10岁	圆形	近圆形	方形	近方形
11岁	三角形	圆形	方形	方形
12岁	近椭圆形	三角形	圆形	圆形

乳牛、肉牛及役用黄牛均可参用上述年龄鉴别方法。水牛齐口的时间为6岁，推算时应多加1岁。鉴别年龄时还应考虑到品种的成熟性、牙齿质地、饲养方式及饲料种类等因素对牛齿磨损程度的影响，以避免出现明显误差。

(2) 根据角轮鉴别年龄　角轮是角表面的凹陷形成的环形痕迹，是从角的基部开始逐渐向角尖方向形成。一般以角轮数加2或3（早熟牛加2，晚熟牛加3），即得牛的年龄。母牛在2～3岁开始产犊，每产犊一次就出现一个角轮；公牛和犍牛每年冬季也出现角轮，角轮数为其年龄。由于母牛空怀、营养差或患病等，角轮不出现或不清晰，所以用此法判断年龄易发生误差。

4. 外貌评分鉴定

牛的外貌评分鉴定是根据牛的不同生产类型，按各部位与生产性能和健康程度的关系，分别规定出不同的分数和评分标准进行评分，最后综合各部位评得的分数，得出该牛的总分后再确定外貌等级。

(1) 鉴定准备　鉴定前对牛的品种、年龄、胎次、产犊日期、泌乳天数、妊娠日期、健康状况、体尺体重、产乳量及饲养管理等情况要逐项调查清楚并进行登记。

(2) 鉴定方法　对乳用牛进行外貌评分鉴定时，使被鉴定牛自然站立在宽广平坦的场地，鉴定人员站在距离牛4m左右处，先大概观察牛体的整体轮廓，然后走近牛体，按鉴定评分标准逐一仔细触摸各个部位，并按评分表中规定的内容逐项给予评分，然后计算总分，最后根据外貌鉴定等级评分标准确定被鉴定牛的等级。

乳用母牛外貌鉴定评分表见表3-3-2，乳用公牛外貌鉴定评分表见表3-3-3，黑白花奶牛外貌鉴定等级评分标准表见表3-3-4。

乳用成母牛在第1、第3、第5胎产后1～2月内进行外貌鉴定。成年公牛每年定期进行。犊牛、育成牛尚处于发育阶段，不评特等，最高为一等。体重与外貌发育达标即可列入该等级，如其中一项不达标，应降低一个等级。犊牛初生时进行鉴定选留，以后分别在6月龄、12月龄、18月龄进行鉴定（见表3-3-5）。

表3-3-2　乳用母牛外貌鉴定评分表

项目	细目与评满分标准	标准分
一般外貌与乳用特征	1. 头、颈、鬐甲、后大腿等部位棱角和轮廓明显	15
	2. 皮肤薄而有弹性，毛细而有光泽	5
	3. 体高大而结实，各部结构匀称，结合良好	5
	4. 毛色黑白花，界线分明	5
	小计	30
体躯	5. 长、宽、深	5
	6. 肋骨间距宽，长而开张	5
	7. 背腰平直	5
	8. 腹大而不下垂	5
	9. 尻长、平、宽	5
	小计	25
泌乳系统	10. 乳房形状好，向前后延伸，附着紧凑	12
	11. 乳房质地：乳腺发达，柔软而有弹性	6
	12. 四乳区：前乳区中等大，四个乳区匀称，后乳区高、宽而圆，乳镜宽	6
	13. 乳头：大小适中，垂直呈柱形，间距匀称	3
	14. 乳静脉弯曲而明显，乳井大，乳房静脉明显	3
	小计	30
肢蹄	15. 前肢：结实，肢势良好，关节明显，蹄质坚实，蹄底呈圆形	5
	16. 后肢：结实，肢势良好，左右两肢间宽，系部有力，蹄形正，蹄质坚实，蹄底呈圆形	10
	小计	15
	总计	100

表 3-3-3　乳用公牛外貌鉴定评分表

项目	细目与评满分要求	标准分
一般外貌	1. 毛色黑白花，体型高大	7
	2. 有雄像，肩峰中等，前躯较发达	8
	3. 各部位结合良好而匀称	7
	4. 背腰平直而结实，腰宽而平	5
	5. 尾长而细，尾根与背线呈水平	3
	小计	30
体躯	6. 中躯：长、宽、深	10
	7. 胸部：胸围大、宽而深	5
	8. 腹部紧凑，大小适中	5
	9. 后躯：尻部长、大，宽	10
	小计	30
乳用特征	10. 头、体躯、后大脚的棱角明显，皮下脂肪少	6
	11. 颈长适中，垂皮小，甲呈楔行，肋骨扁长	4
	12. 皮肤薄而有弹性，毛细而有光泽	3
	13. 乳头呈柱形，排列距离大，呈方形	4
	14. 睾丸：大而左右对称	3
	小计	20
肢蹄	15. 前肢：肢势良好，结实有力，左右两肢间宽，蹄形正，质坚实，系部有力	10
	16. 后肢：肢势良好，结实有力，左右两肢间宽，飞节轮廓明显，系部有力，蹄形正，蹄质坚实	10
	小计	20
	总计	100

表 3-3-4　黑白花奶牛外貌鉴定等级评分标准表

性别＼等级	特级	一级	二级	三级
公	85	80	75	70
母	80	75	70	65

表 3-3-5　鉴定评级标准

等级	外貌	初生重		6 月龄重		12 月龄重		18 月龄重	
		公	母	公	母	公	母	公	母
一等	发育良好，肢势正常，体型外貌良好	40	38	200	180	350	295	480	400
二等	发育正常，体型外貌无明显缺陷	38	36	190	170	340	275	460	370
三等	发育一般，体型外貌无严重缺陷	36	34	180	160	320	260	440	340

（3）外貌缺陷与扣分　牛体有外貌缺陷必须扣分，扣分多少应视外貌缺陷程度而定。

（4）外貌鉴定复审　外貌鉴定评分时难以掌握尺度，不同的人鉴定可能会得出不同的结果，可由 3～5 人组成鉴定组进行复审。复审可在个人鉴定评分的基础上，进行优劣名次排队，比较复审，定出适宜的等级。

三、奶牛线性评分鉴定法

传统的体型外貌评定方法一般属于“经验型”，即以选择“理想型”牛体为指导思想。这些鉴定方法受主观意识的影响很大，因人而异，重复性较差。而体型线性评定是根据性状的生物学特点进行，因此被誉为“功能型”鉴定方法，其最大特点是客观性。

奶牛体型性状线性分析的概念最早于 1976 年由美国提出，1980 年提出奶牛体型线性评定方法，1983 年正式应用于美国荷斯坦牛的体型评定中。此方法公布后，很快被澳大利亚、比利时、加拿大、丹麦、德国、法国、匈牙利、以色列、意大利、日本等国直接或间接采用。我国于1990年制定了中国奶牛体型线性评定规范，1994和1995年先后分别制定了中国荷斯坦牛和中国西门塔尔牛体型线性评定实施方案（试行）。

1. 评定意义

现已证明，具备标准功能体型的牛群生产性能好，寿命长，经济效益高；同时，随着奶牛业机械化、集约化程度的提高，愈来愈要求奶牛体型趋于标准化，以适应机械化挤奶和高效率生产管理；此外，通过体型评定，可以缩短育种年限，提早选育公牛。总之，搞好奶牛体型线性评定有助于选育高产、健康、耐用、适于机械挤奶的优质牛群。

2. 评分体系

线性评定体系主要有两类：一类是美国、日本、荷兰采用的50分制；另一类是加拿大、英国、德国、法国采用的9分制。中国奶牛协会规定采用50分制，也允许使用9分制。

3. 评定性状

目前，国外线性评定的性状主要有主性状、次性状和管理性状3类。

（1）主性状　有15个，即体高、体强度、体深、乳用性、尻角度、尻宽、尻长、后肢侧视、蹄角度、前乳房附着、后乳房高度、后乳房宽度、乳房悬垂状况、乳房深度及乳头位置后视。

（2）次性状　有14个，即前躯相对高度、肩、背、阴门角度、后肢位置、后肢后望、动作灵敏度、前乳区伸展状况、前后乳区均衡性、乳头位置侧望、乳头大小、趾、尾根及系部。

（3）管理性状　又有主要管理性状和次要管理性状之分。

① 主要管理性状有行为气质、挤奶速度、乳腺炎抵抗力及繁殖性能4个。

② 次要管理性状有乳房水肿、健康状态及产犊难易3个。

我国使用的线性评定方法，是以美国荷斯坦牛协会标准为基础，结合我国实际而稍作改进编制而成。目前要求评定的性状有体高、胸宽、体深、楞角性、尻角度、尻宽、后肢侧视、蹄角度、前乳房附着、后乳房高度、后乳房宽度、悬韧带、乳房深度、乳头位置及乳头长度15项。

4. 评定时期

体型评定主要是针对母牛，而公牛则以其女儿体型外貌平均得分为评定依据，公牛自身的外貌评分也可作参考。

我国奶牛协会规定，凡参加牛只登记、生产记录监测及公牛后裔测定的牛场所饲养的全部成年母牛，必须在第1、第2、第3及第4胎分娩后第60～150天内，在挤奶前进行体型线性评定，用最好胎次成绩代表该个体水平。

5. 评定方法

（1）性状的识别与判定

① 体高。主要根据尻高，即尻部到地面的垂直高度进行线性评分。体高等于或低于130cm的母牛视为特矮，评1～5分；体高140cm者为中等，评25分；体高达到或超过150cm者为极高，评45～50分；即体高（140±1）cm，线性评分（25±2）分。

注意事项：评定该性状时，要认清尻部，找好固定参照物进行估测。体高在现代奶牛的机械化与集约化管理中有一定的作用，过高与过低的奶牛均不适于规范化管理。通常认为，极端低与极端高的奶牛均不理想，当代奶牛的最佳体高为145～150cm。

② 胸宽（体强度）。主要根据两前肢间距离进行线性评分。两前肢间距离极窄的个体，评1～5分；较窄者，评15分；两前肢间距离25cm，评25分；较宽者，评35分；极宽者，评45～50分。

③ 体深。主要根据肋骨长度和开张程度进行线性评分。极浅的个体，评1～5分；较浅者，评15分；中等深者，评25分；较深者，评35分；极端深者，评45～50分（图3-3-3）。

注意事项：评定时看中躯，以肩胛后缘的胸深为准进行比较综合。这一性状与母牛容纳大量粗饲料的能力有直接关系。通常认为，奶牛适度体深者为佳。

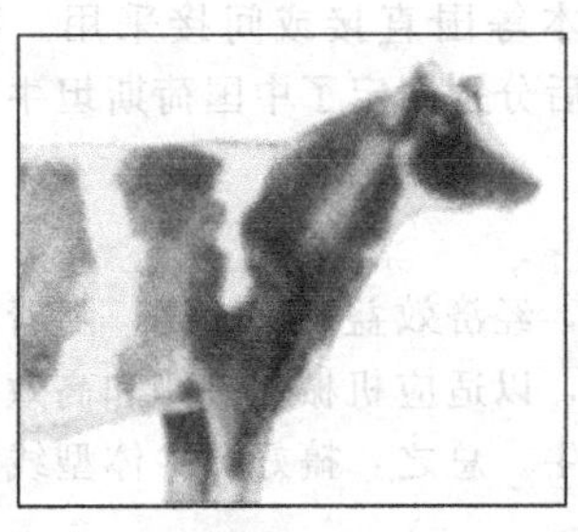
极浅 (1~5 分)

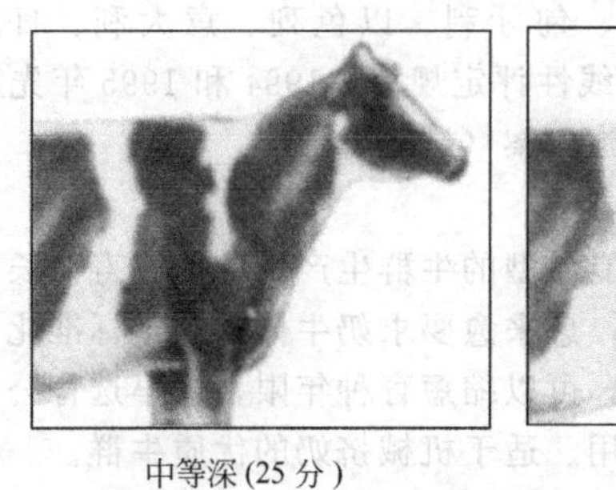
中等深 (25 分)

极深 (45~50 分)

图 3-3-3 体深线性评分标准示意图

(引自梁学武．现代奶牛生产．北京：中国农业出版社，2002.)

④ 楞角性（乳用性、清秀度）。主要依据肋骨开张度和颈长度、母牛的优美程度和皮肤状态等进行线性评分。肉厚、粗糙的个体，评 1～5 分；轮廓基本鲜明者，评 25 分；非常鲜明者，评 45～50 分（图 3-3-4）。

肉厚、粗糙 (1~5 分)

轮廓基本鲜明 (25 分)

非常鲜明 (45~50 分)

图 3-3-4 楞角性线评分标准示意图

(引自梁学武．现代奶牛生产．北京：中国农业出版社，2002.)

注意事项：评定时，鉴定员可根据第 12、第 13 肋骨，即最后两肋的间距衡量开张程度，两指半宽为中等程度，三指宽为较好。楞角性与产奶量密切相关。通常认为，轮廓非常鲜明者为佳。

⑤ 尻角度。由于尻角度会影响胎衣的排出，因此与母牛的繁殖性能有直接关系。尻角度主要根据腰角至尻角连线与水平线的夹角（从牛体侧面观察）进行线性评分。尻角明显高于腰角的个体（－10°），评 1～5 分；尻角略高于腰角者（－5°），评 15 分；水平尻者，评 20 分；腰角略高于尻角者（5°），评 25 分；腰角明显高于尻角者（10°），评 45～50 分（图 3-3-5）。通常认为，两极端的奶牛均不理想，当代奶牛的最佳尻角度是腰角略高于尻角，且两角连线与水平线呈 5°夹角。

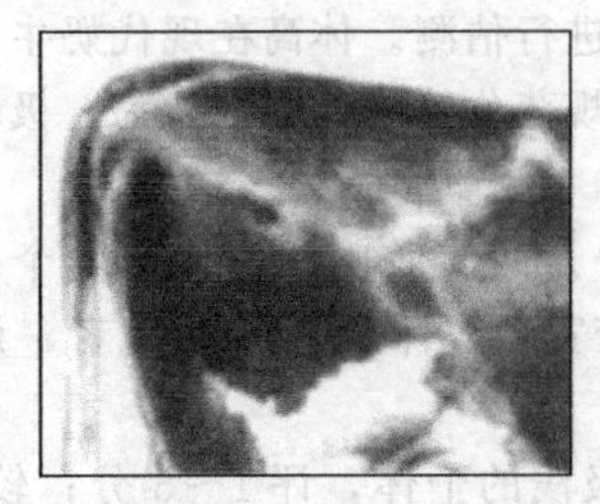
尻角明显高于腰角 (1~5 分)

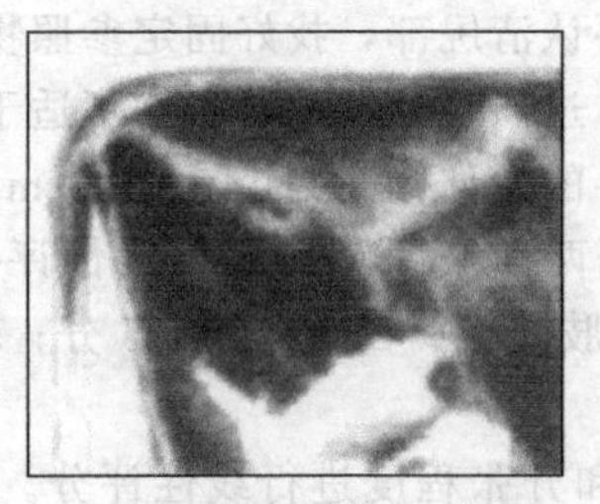
腰角略高于尻角 (25 分)

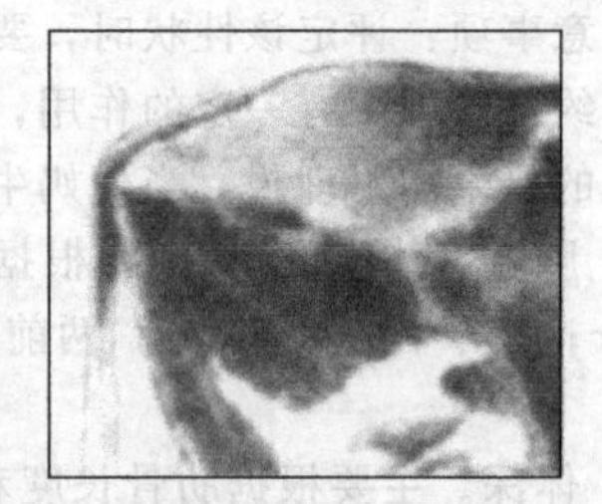
腰角明显高于尻角者 (45~50 分)

图 3-3-5 尻角度线性评分标准示意图

(引自梁学武．现代奶牛生产．北京：中国农业出版社，2002.)

⑥ 尻宽。尻宽与易产性有关，尻部越宽，产犊越顺利。尻宽主要根据髋宽进行线性评分。髋宽小于 38cm 者，视为极窄，评 1～5 分；髋宽为 48cm 者为中等，评 25 分；髋宽大于 58cm 者极宽，评 45～50 分；即髋宽（48±1）cm，线性评分（25±2）分（图 3-3-6）。

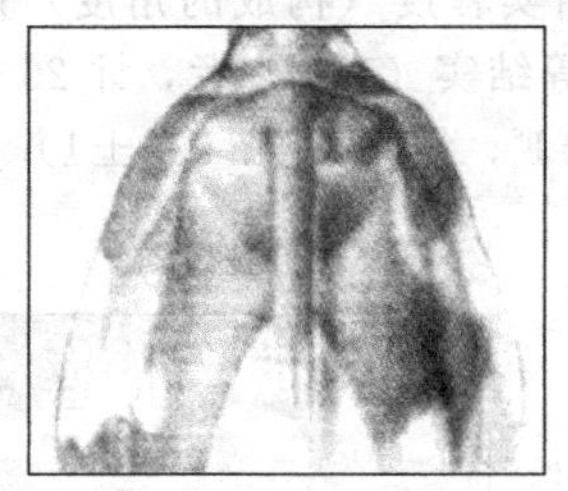
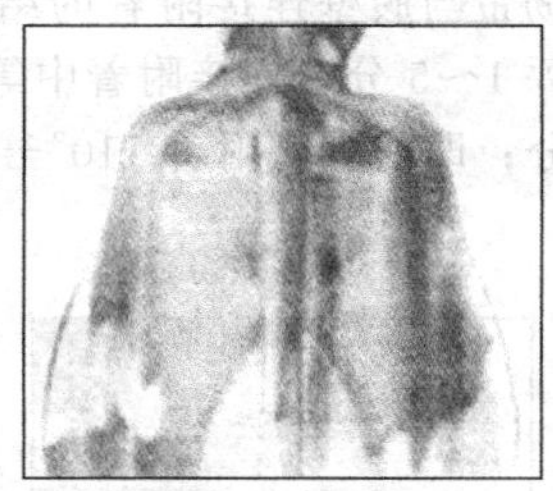
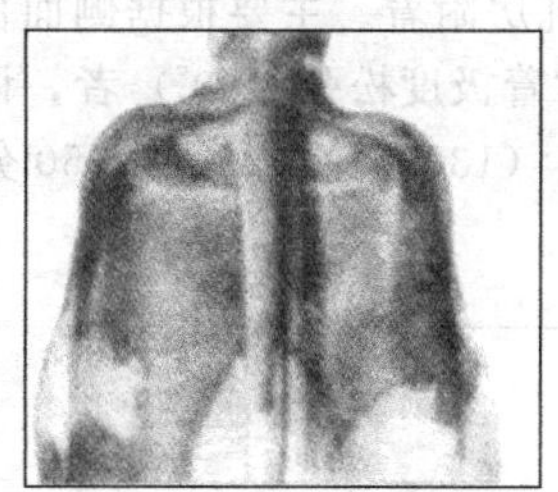
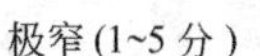

极窄 (1~5 分)　　中等 (25 分)　　极宽 (45~50 分)

图 3-3-6　尻宽线性评分标准示意图

（引自梁学武．现代奶牛生产．北京：中国农业出版社，2002.）

注意事项：评定尻宽时，要注意识别髋宽的位置。通常认为，尻极宽者为佳。

⑦ 后肢侧视。主要是从侧面看后肢的姿势，根据飞节处的弯曲度（飞节角度）进行线性评分。飞节角度大于 155°（直飞）者，评 1～5 分；飞节角度为 145°者，评 25 分；飞节角度小于 135°（极度弯曲呈镰刀状）者，评 45～50 分；即飞节角度 145°±1°，线性评分（25±2）分（图 3-3-7）。

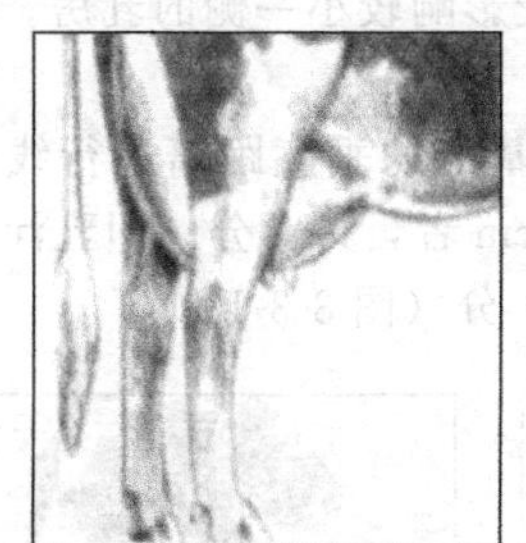
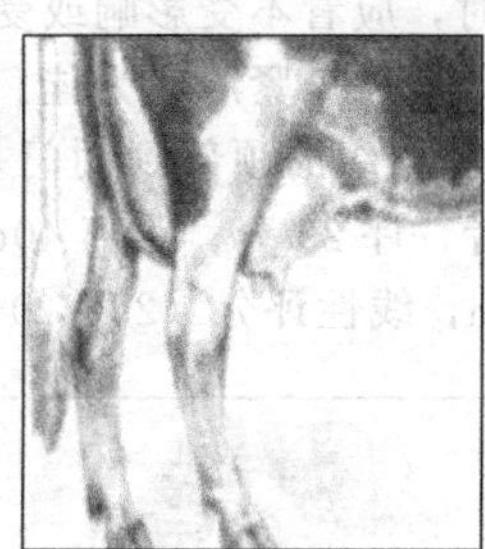
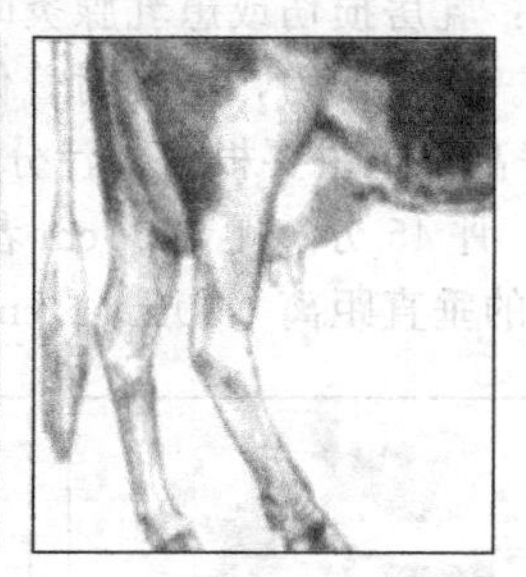

直飞 (1~5 分)　　适度弯曲 (25 分)　　极度弯曲 (45~50 分)

图 3-3-7　后肢侧视线性评分标准示意图

（引自梁学武．现代奶牛生产．北京：中国农业出版社，2002.）

注意事项：后肢一侧伤残时，应看健康的一侧。该性状与奶牛对肢蹄部的耐力有关。通常认为，飞节适度弯曲者为当代奶牛的最佳侧视姿势，且偏直一点的奶牛耐用年限长。

⑧ 蹄角度。主要根据蹄侧壁与蹄底的夹角进行线性评分。蹄角度小于 25°的个体视为极低，评 1～5 分；蹄角度 45°者为中等，评 25 分；蹄角度大于 65°者为极高，评 45～50 分；即蹄角度 45°±1°，线性评分（25±1）分（图 3-3-8）。

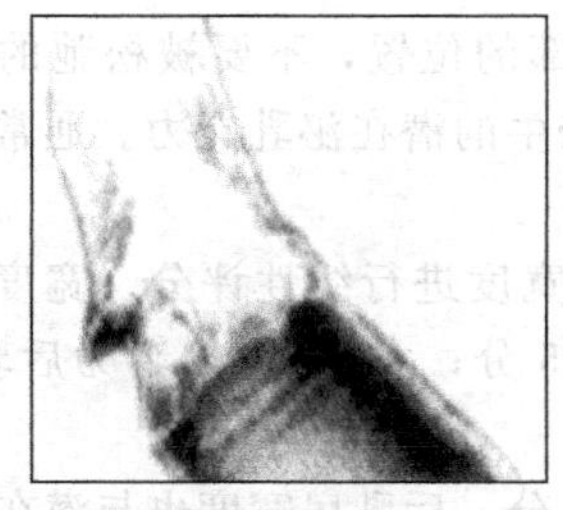
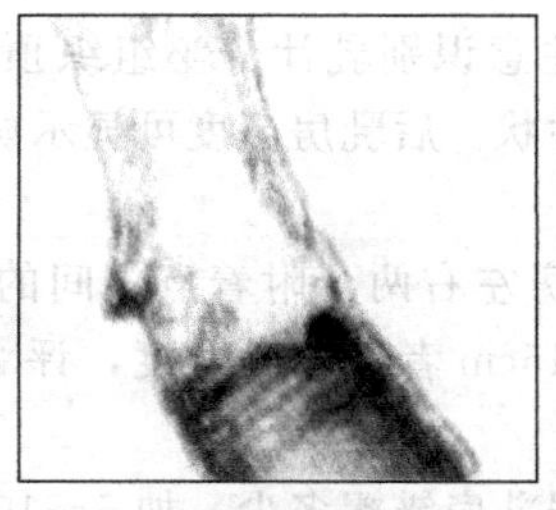
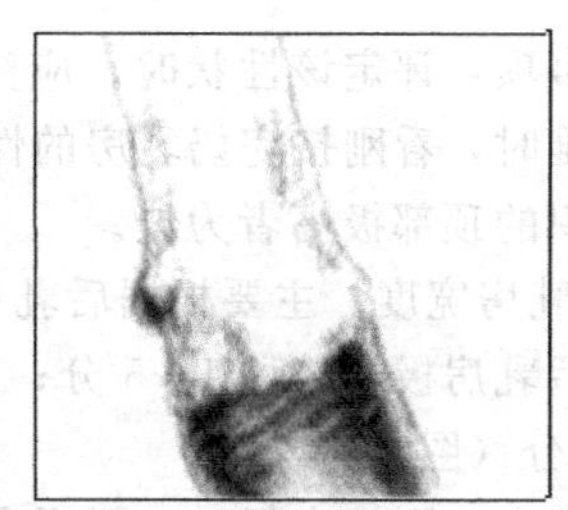

角度极低 (1~5 分)　　中等 (25 分)　　极高 (45~50 分)

图 3-3-8　蹄角度线性评分标准示意图

（引自梁学武．现代奶牛生产．北京：中国农业出版社，2002.）

注意事项：蹄的内外角度不一致时，应看外侧的角度，长蹄勿混淆弄错，要看蹄上边侧壁形成的角度，同时以后肢的蹄角度为主。蹄形的好坏影响奶牛的运动性能和健康状态。通常认为，蹄角度极低和极高的奶牛均不理想，只有适当的蹄角度（50°）才是当代奶牛的最佳选择。

⑨ 前乳房附着。主要根据侧面韧带与腹壁连接附着的结实程度（构成的角度）进行线性评分。连接附着极度松弛（90°）者，评 1～5 分；连接附着中等结实（110°）者，评 25 分；连接附着充分紧凑（130°）者，评 45～50 分；即前乳房附着 110°±1°，线性评分（25±1）分（图 3-3-9）。

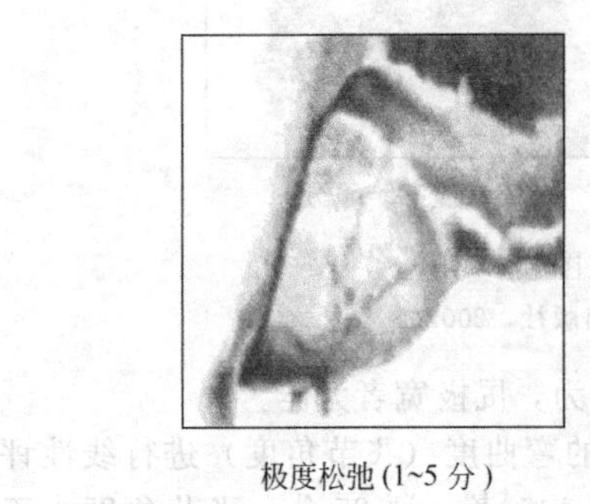

极度松弛 (1~5 分)

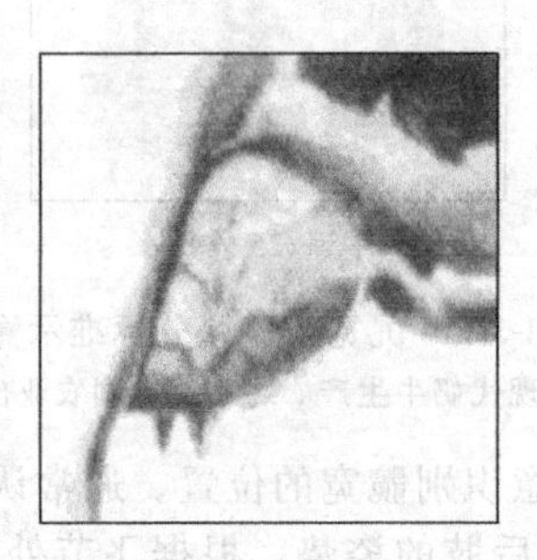

中等结实 (25 分)

充分紧凑 (45~50 分)

图 3-3-9 前乳房附着线性评分标准示意图

（引自梁学武．现代奶牛生产．北京：中国农业出版社，2002.）

注意事项：乳房损伤或患乳腺炎时，应看不受影响或受影响较小一侧的乳房。该性状与奶牛健康状态有关。通常认为，连接附着偏于充分紧凑者为佳。

⑩ 后乳房高度。主要根据乳汁分泌组织的顶部到阴门基部的垂直距离进行线性评分。该距离为 20cm 者，评 45 分；距离 30cm 者，评 25 分；距离 40cm 者，评 5 分；即乳汁分泌组织的顶部到阴门基部的垂直距离（30±1）cm，线性评分（25±2）分（图 3-3-10）。

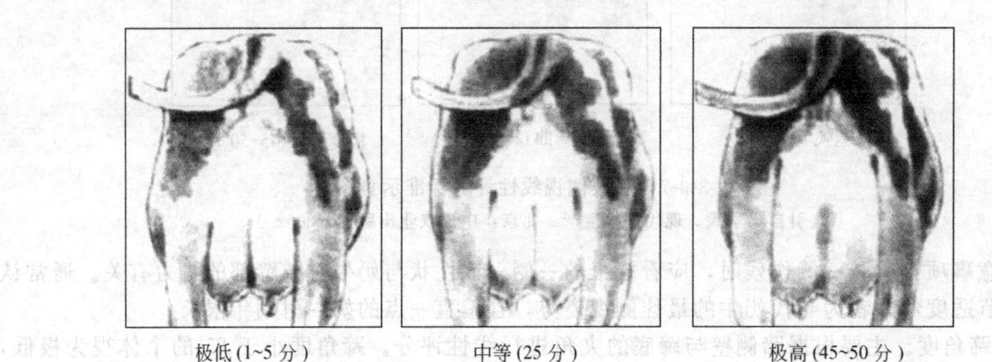

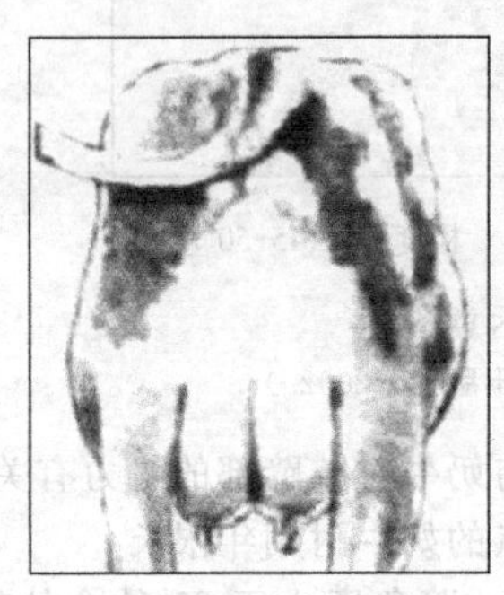

极低 (1~5 分)

中等 (25 分)

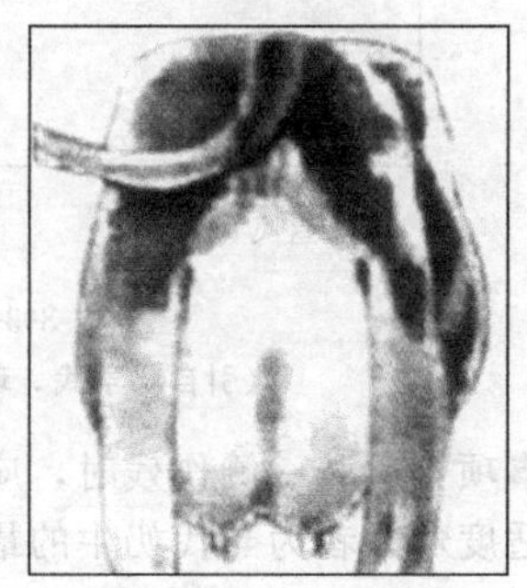

极高 (45~50 分)

图 3-3-10 后乳房高度线性评分标准示意图

（引自梁学武．现代奶牛生产．北京：中国农业出版社，2002.）

注意事项：评定该性状时，应注意识别乳汁分泌组织顶部的位置，不要被松弛的乳房所迷惑；较困难时，看刚挤完奶乳房的性状。后乳房高度可显示奶牛的潜在泌乳能力。通常认为，乳汁分泌组织的顶部极高者为佳。

⑪ 后乳房宽度。主要根据后乳房左右两个附着点之间的宽度进行线性评分。宽度小于 7cm 者，视为后乳房极窄，评 1～5 分；15cm 者为中等宽度，评 25 分；大于 23cm 者为后乳房极宽，评 45～50 分（图 3-3-11）。

注意事项：刚挤完奶时，可根据乳房皱褶多少，加 5～10 分。后乳房宽度也与潜在的泌乳能力有关。通常认为，后乳房极宽者为佳。

⑫ 悬韧带。主要根据后视乳房中央悬韧带的表现清晰程度进行线性评分。中央悬韧带松弛，

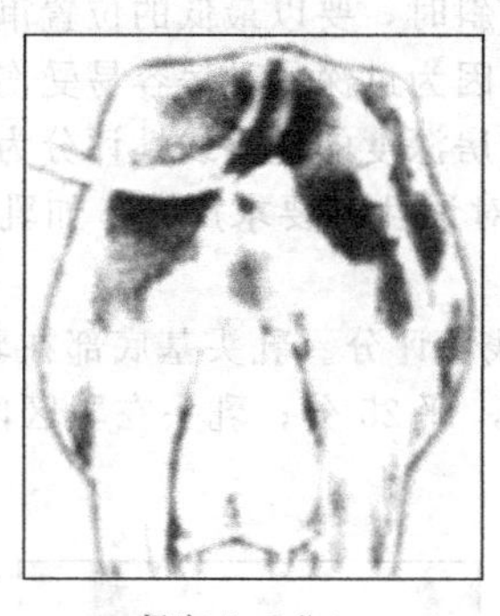
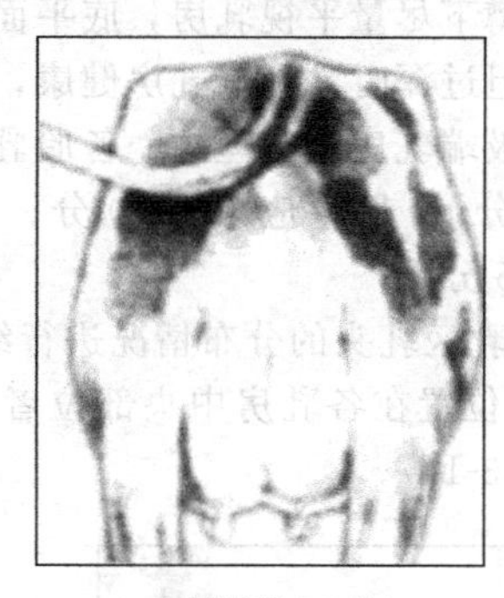
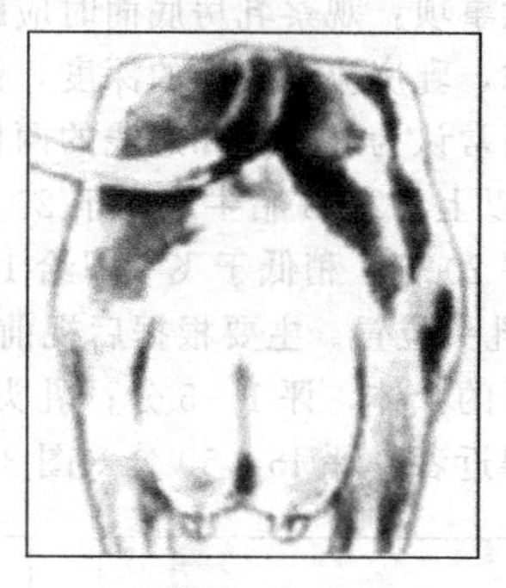
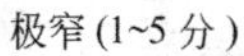

极窄 (1~5 分)　　中等宽度 (25 分)　　极宽 (45~50 分)

图 3-3-11　后乳房宽度线性评分标准示意图

（引自梁学武．现代奶牛生产．北京：中国农业出版社，2002.）

无乳房纵沟者，评 1～5 分；中央悬韧带强度中等，乳房纵沟明显者（沟深 3cm），评 25 分；中央悬韧带结实有力，乳房纵沟极为明显者（沟深 6cm），评 45～50 分（图 3-3-12）。

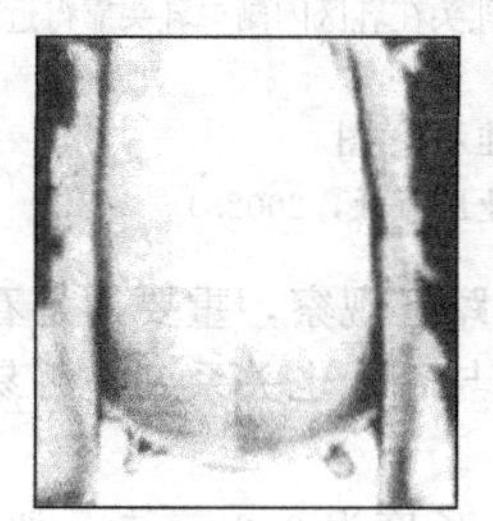
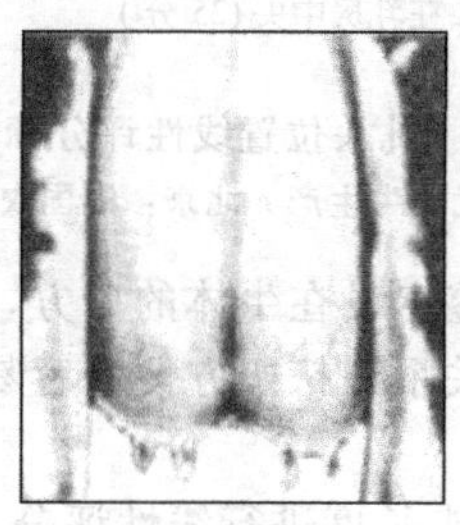
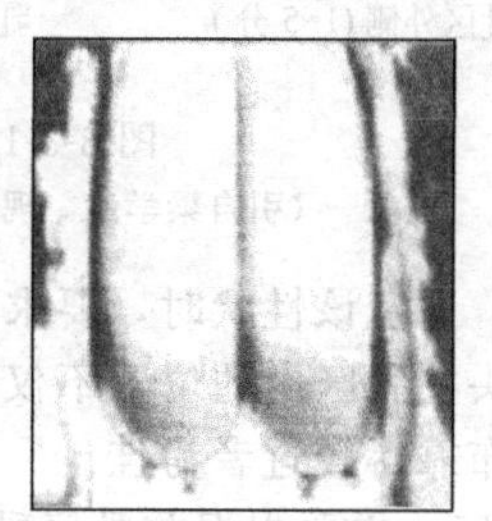

无乳房纵沟 (1~5 分)　　纵沟明显 (25 分)　　纵沟极为明显 (45~50 分)

图 3-3-12　悬韧带线性评分标准示意图

（引自梁学武．现代奶牛生产．北京：中国农业出版社，2002.）

注意事项：在评定时，为提高评定速度，通常可根据后乳房底部悬韧带处的夹角深度进行评定，无角度向下松弛呈圆弧者，评 1～5 分；呈钝角者，评 25 分；呈锐角者，评 45～50 分。只有坚强的悬韧带，才能使奶牛乳房保持应有的高度和乳头正常分布，减少乳房损伤。

⑬ 乳房深度。主要根据乳房底平面与飞节的相对位置进行线性评分。乳房底平面在飞节下 5cm 者，评 1～5 分；在飞节上 5cm 者，评 25 分；在飞节上 15cm 以上者，评 45～50 分；即乳房底平面与飞节的距离为（5±1）cm，线性评分（25±2）分（图 3-3-13）。

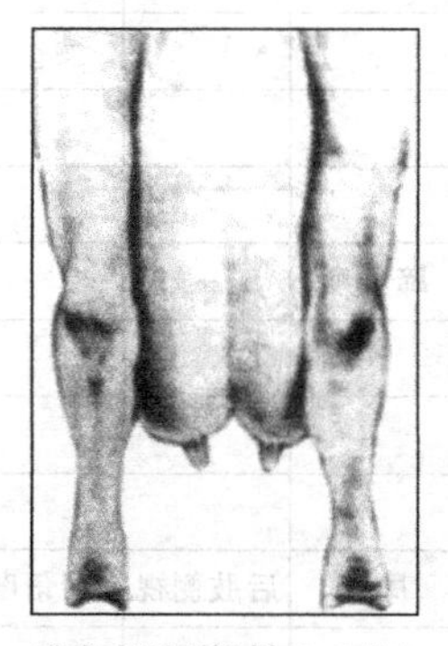
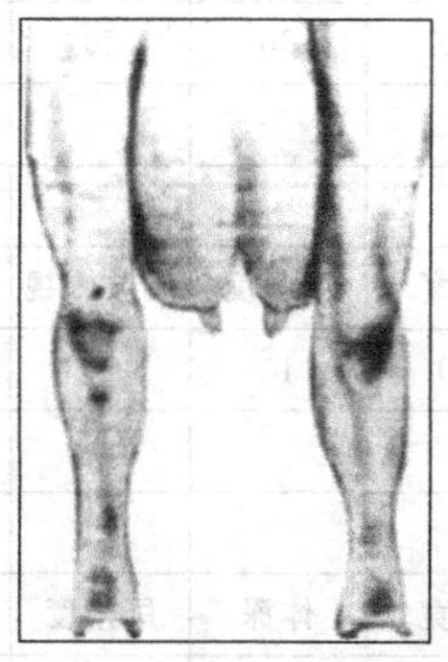
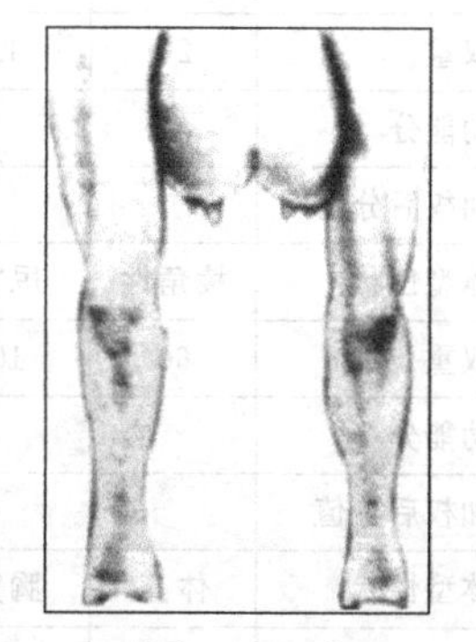

乳房底平面极低(1~5 分)　　中等 (25 分)　　极高 (45~50 分)

图 3-3-13　乳房深度线性评分标准示意图

（引自梁学武．现代奶牛生产．北京：中国农业出版社，2002.）

注意事项：观察乳房底面时应蹲下尽量平视乳房，底平面斜时，要以最低的位置审定。从容积上考虑，乳房应有一定的深度，但过深时又影响乳房健康，因为过深的乳房容易受伤和发生乳腺炎。通常认为，过深和过浅的两极端乳房均不理想，各胎乳房深度的适宜线性评分为：初产牛在30分以上；2～3胎牛应大于25分；4胎牛应大于20分。对该性状要求严格，如乳房底面在飞节上评20分，稍低于飞节即给15分。

⑭ 乳头位置。主要根据后视前乳区乳头的分布情况进行线性评分。乳头基底部在乳区外侧，乳头离开的个体，评1～5分；乳头位置在各乳房中央部位者，评25分；乳头在乳区内侧分布、乳头靠得近者，评45～50分（图3-3-14）。

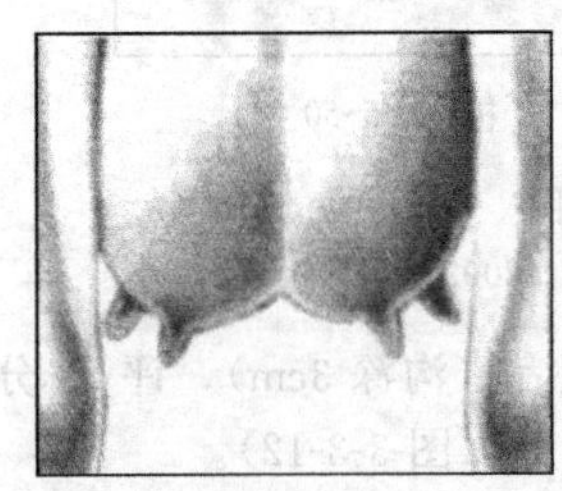
乳头在乳区外侧(1~5分)

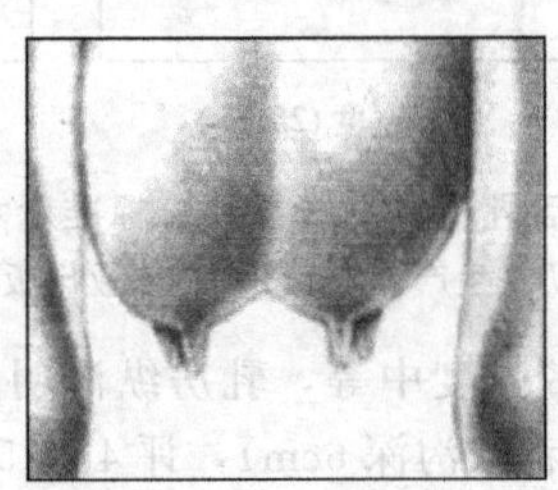
乳头在乳房中央(25分)

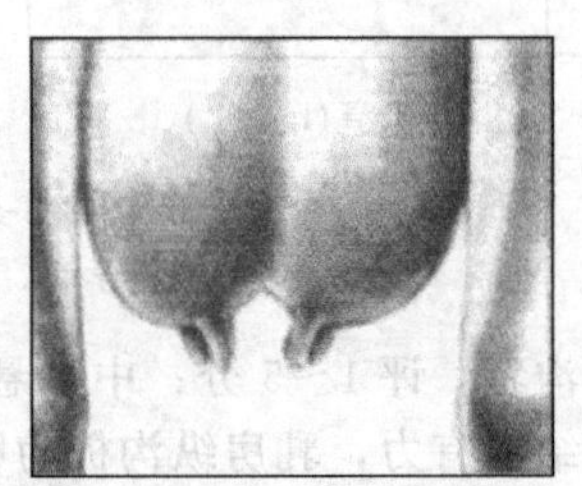
乳头在乳区内侧、乳头靠得近(45~50分)

图3-3-14 乳头位置线性评分标准示意图
（引自梁学武．现代奶牛生产．北京：中国农业出版社，2002.）

注意事项：评定该性状时，要求鉴定员在牛体的后方，蹲下观察，重要的是看前乳区两个乳头的位置。乳头在乳区内的位置不仅关系到挤奶方便和容易与否，也关系到是否易受损伤。通常认为，乳头分布靠得较近者为佳。

⑮ 乳头长度。主要根据前乳区乳头长度进行线性评分。长度为9.0cm者，评45分；长度为6.0cm者，评25分；长度为3.0cm者，评5分；即乳头长度（6±1.5）cm，线性评分（25±10）分。乳头长度与挤奶难易以及乳头是否易受损伤有关。通常认为当代奶牛的最佳乳头长度为6.5～7cm。

注意事项：最佳乳头长度因挤奶方式而有所变化，手工挤奶乳头长度可偏短，而机器挤奶则以6.5～7cm为佳。

（2）特征性状的综合评定　在线性评定主要性状评分的基础上，可进一步得出特征性状的评分（表3-3-6、表3-3-7）。母牛应得出一般外貌、乳用特征、体躯容积、泌乳器官四项特征性状。

表3-3-6 奶牛体型鉴定记录卡

体躯容积评分	体型性状	体高	胸宽	体深	尻宽				合计
	权重	20	30	30	20				100
	功能分								
	加权后分值								
乳用特征评分	体型性状	棱角性	尻宽	尻角度	后肢侧视	蹄角度			合计
	权重	60	10	10	10	10			100
	功能分								
	加权后分值								
一般外貌评分	体型性状	体高	胸宽	体深	尻角度	尻宽	后肢侧视	蹄角度	合计
	权重	15	10	10	15	10	20	20	100
	功能分								
	加权后分值								

续表

泌乳系统评分	体型性状	前房附着	后房高度	后房宽度	悬韧带	乳房深度	乳头位置	乳头长度	合计
	权重	20	15	10	15	25	7.5	7.5	100
	功能分								
	加权后分值								
整体评分	特征性状	体躯容积	乳用特征		一般外貌	泌乳系统		合计	等级
	权重	15	15		30	40		100	
	评分								
	加权后分值								

表 3-3-7 等级类别和给分区段表

等级	给分区段	等级	给分区段
优	90～100 分	好	75～79 分
良	85～89 分	中	65～74 分
佳	80～84 分	差	50～64 分

公牛可直接得出一般外貌、乳用特征、体躯容积三项特征性状。然后在四项或三项特征性状的评分基础上，再进一步得出整体的体型总分成绩。

四、肉牛的特殊外貌及其鉴别

1. 成年肉牛外貌鉴定

依据肉眼观察，辅以触摸和必要的测量，按照外貌鉴定评分标准（表 3-3-8），对牛体各部分的优缺点一一衡量，分别给予一定的分数，得出的全部分数加以总和。求出总分后，再根据外貌评分等级标准（表 3-3-9）来确定其外貌等级。

表 3-3-8 肉牛及乳肉兼用牛外貌鉴定评分标准

部位	鉴定要求	肉用		乳肉兼用	
		公	母	公	母
	品种特征明显，体尺达到要求，体质结实，乳肉兼用母牛的乳用性状及肉牛的肉用体型明显；公牛有雄相，各类牛的肌肉丰满，毛色合乎品种要求，皮肤柔软有力；公牛睾丸发育正常，精液品质好	30 分	25 分	30 分	25 分
前躯	胸深宽，前胸突出，肩胛宽平，肌肉丰满	15 分	10 分	15 分	10 分
中躯	肋骨开张；背腰宽而平直，中躯呈圆桶形，兼用牛腹较大；公牛腹部不下垂	10 分	15 分	10 分	15 分
后躯	尻部长、平、宽，大腿肌肉突出、伸延	25 分	20 分	25 分	20 分
乳房	肉用母牛乳房不要过小，兼用母牛乳房大，向长后延伸，乳头分布合适，长短、粗细适中，乳静脉粗、弯曲、分支多，乳井大		10 分		15 分
肢蹄	四肢端正，两肢间距宽，蹄形正，蹄质坚实，运步正常	20 分	20 分	20 分	15 分
	合计	100 分	100 分	100 分	100 分

表 3-3-9 外貌等级评定表

性别	特级	一级	二级	三级
公	85 分	80 分	75 分	70 分
母	80 分	75 分	70 分	65 分

注：以上标准适用于海福特、夏洛来、利木赞等纯种牛和西门塔尔牛、短角牛等兼用牛。

鉴定应在平坦、宽阔、光线充足处进行。鉴定人与牛保持约3倍于牛体长度的距离。其顺序：先从牛的前方观察，再走向牛的右侧，然后转向后方，最后到左侧鉴定。鉴定时主要观察牛的体型是否与选育方向相符，体质是否结实，各部位发育是否正常匀称，各部位是否协调，品种特征是否明显，肢蹄是否强健。全部观察后，令其走动，看其步态是否正常灵活。然后走近牛体对各部位进行详细审查，最后评定优劣。

成年母牛在1胎、3胎产后2～3个月进行外貌鉴定，成年公牛在3岁、4岁、5岁进行。

2. 肉牛犊牛及育成牛外貌鉴定

肉用犊牛、育成牛分别在断乳及18月龄进行等级评定（表3-3-10）。

表3-3-10 肉用犊牛、育成牛外貌鉴定评级标准

等级	外貌表现
一等	具有品种特征，发育良好，肢势端正，体型外貌良好
二等	具有品种特征，发育正常，体型外貌无明显缺陷
三等	具有品种特征，发育一般，体型外貌有明显缺陷

第三节 牛的选择方法

一、种公牛的选择

种公牛主要依据外貌、系谱、旁系和后裔等几个方面的材料进行选择。

1. 外貌选择

选择时主要看其体型结构是否匀称，外形及毛色是否符合品种要求，雄性特征是否突出，有无明显的外貌缺陷（四肢不够健壮结实、肢势不正、背线不平、颈浅薄、狭胸、垂腹、尖尻等），凡是体型结构局部外貌有明显缺陷的，或生殖器官畸形（单睾、隐睾、疝气等）的，一律不能留作种用。种公牛的外貌鉴定等级不得低于一级，种子公牛要求特级，具体等级评定方法见公牛的鉴定。

2. 系谱选择

系谱选择是根据系谱记载的祖先资料，如生产性能、生长发育、鉴定等级，以及其他有关资料，进行分析评定。在审查公牛系谱时，虽然祖先的代数愈远，对个体的影响愈小，但是不能忽略远祖中的某一个成员可能携带隐性有害基因。同时，还要逐代比较看其祖先的生产力是否一代超过一代，着重分析其亲代与祖代。种公牛的父母必须是良种登记牛。至少有3代以上记录详细、清楚完整的系谱。

凡是在系谱中母亲的生产力大大超过全群的平均数，父亲又经过后裔鉴定证明是优良的，或者父亲的姐妹是高产的，这样的系谱应予以高度注意，选择这种系谱的牛作种牛，对后代的影响是可靠的。

系谱选择时还应考虑饲养管理水平对生产性能的影响。因此，研究祖先的生产性能时，最好能结合当时的饲养管理条件进行分析，一般来讲祖先的饲养水平都赶不上后代。

3. 旁系选择

在选择后备公牛时，除审查本身的外貌和系谱外，可分析其半同胞的泌乳性能，肉用种公牛可以分析其同胞或半同胞的产肉性能，以判断从父母接受优良基因的情况。旁系亲属愈近，它们的各种表型资料对选择的参考价值愈大；旁系亲属数量愈多，资料愈可靠。

4. 后裔测定

根据后代的性能来确定种公牛的种用价值是最可靠的选择方法。后代品质的好坏，是亲本遗传性能种用价值最好的见证。一头公牛，如果不能将本身优良的性状传给后代，是没有任何种用

价值的。特别是在生产冷冻精液、推广人工授精技术时，种用公牛须经后裔测定后方能投入使用。在后裔测定前，必须对待测定公牛进行外貌选择、系谱选择、旁系选择。认为合格者，当年龄达到10～14个月时开始采精，争取在1～3个月内随机配种一定数量的母牛（200头）。当公牛的女儿产犊后30～50天内对其女儿进行外貌鉴定和体尺测量，再将女儿第一个泌乳期的产乳性能、发育等表现进行比较鉴定。对评定出的优秀公牛可以继续大量生产冷冻精液，推广应用。

后裔测定的方法很多，有母女比较法、公牛指数法等。现只介绍我国目前采用的同期同龄女儿比较法。同期同龄女儿比较法是将被测定公牛有计划地和几个不同牛场若干头青年母牛配种，产生的后代和同场其他公牛后代的生产性能进行对比，以女儿成绩高的公牛为好。具体方法如下。

（1）计算被测定公牛若干头女儿的第一胎平均产乳量（M_X），按不同场别、不同时期分别进行。

（2）计算同场其他公牛女儿的第一胎平均产乳量（M），按不同场别、不同时期分别进行。

（3）求被测定公牛女儿的平均产乳量和同场其他公牛女儿的平均产乳量之差（$d=M_X-M$）。

（4）计算被测定公牛女儿头数（n_X）和其他公牛女儿头数（n）的加权数$\left(W=\dfrac{n_X\times n}{n_X+n}\right)$。

W就是校正系数（即有效女儿数）。

（5）计算被测定公牛女儿和同场其他公牛女儿产乳量的加权平均差数（$dw=d\times W$）。

（6）计算加权数的总和（$\sum W$）。

（7）计算加权平均产乳量之差的总和（$\sum dw$）。

（8）计算总加权平均差数$\left(Dw=\dfrac{\sum dw}{\sum W}\right)$。

（9）计算被测定公牛的后裔测定相对值：

$$\hat{A}=\frac{DW+\overline{M}}{\overline{M}}\times 100$$

$\overline{M}$值可按以下三个原则确定：

在省（市）内比较使用时，$\overline{M}$值以省（市）平均值为基础。

在全国范围开展后裔测定时，$\overline{M}$值以全国平均值为基础。

在N个省联合后裔测定时，$\overline{M}$值以N个省的平均值为基础。

结论：相对育种值超过100者为良种公牛，超过的愈多说明公牛的种用价值愈高，低于100者为劣质公牛，不能选做种用。为了提高测定的准确度，要求被测公牛女儿数在30头以上，头数愈多，准确度愈高。这是育种工作中一项重要的基本建设，对不断提高种公牛质量、加速牛群改良有极为重要的作用。必须符合以下标准。

（1）系谱　父母应为良种登记牛，三代血统清楚。系谱中包括血统、本身外貌、生产性能、女儿外貌，以及历史上是否出现过怪胎、难产等。

（2）外貌特级，乳房、四肢等重要部位无明显缺陷者。

（3）第1、第2、第3胎各产乳7000kg、8000kg及9000kg以上，各胎总平均在8000kg以上。

（4）乳脂率在3.4%或3.6%以上。

（5）产犊间隔不超过380天。

从理论上讲，种子母牛的选择要比种公牛的选择严格，单纯从本身的生产性能表型值来考虑是不够的。因此，有必要在上述五条标准的基础上，提出一个更为合理、更为完善的选择办法。

二、种母牛的选择

1. 生产母牛的选择

生产母牛主要根据其本身表现进行选择。母牛的本身表现包括体质外貌、体重与体型大小、产乳性能、繁殖力、早熟性及长寿性等性状。最主要的是根据产乳性能进行评定，选优去劣。

产乳性能包括以下各项。

(1) 产乳量　按母牛产乳量高低进行排队，将产乳量高的母牛选留，将产乳量低的母牛淘汰。

(2) 乳的品质　除乳脂率外，乳中蛋白质含量和非脂固体物含量也是很重要的性状指标。乳脂率的遗传力为0.5～0.6，乳蛋白的遗传力为0.45～0.55，非脂固体物的遗传力为0.45～0.55。由此可见这些性状的遗传力较高，通过选择易见效果。而且乳脂率与乳蛋白含量之间呈0.5～0.6的中等正相关，与非脂固体物含量之间也呈0.5的中等正相关。这表明，在选择高乳脂率的同时，也相应地提高了乳蛋白及非脂固体物的含量。但要考虑到乳脂率与产乳量呈负相关，二者要同时进行，不能顾此失彼。

(3) 饲料报酬　饲料报酬较高的乳牛，每生产1kg 4%标准乳所需的饲料干物质较少。

(4) 排乳速度　排乳速度与整个泌乳期的总产乳量呈中等正相关(0.571)。排乳速度快的牛，其泌乳期的总产乳量高。同时，排乳速度快的牛，有利于在挤乳厅集中挤乳，可提高劳动生产率。

(5) 泌乳均匀性　产乳量高的母牛，在整个泌乳期中泌乳稳定、均匀，下降幅度不大，产乳量能维持在很高的水平。选择泌乳性能稳定、均匀的母牛所生的公牛作种用，在育种上具有重要意义。

2. 母犊及育成母牛的选择

(1) 母犊选择　根据育种标准要求，母犊应具有一定初生重(中国荷斯坦牛要求在38kg以上)，皮毛光亮，外貌良好，生长发育在一般水平以上，健康无病，同时参考祖代及姐妹的初生情况决定选留。

(2) 育成母牛选择　在初生母犊选择的基础上，进一步对育成母牛进行选择。严格来说，对育成母牛应进行三次选择，即6月龄、12月龄、18月龄。育成母牛应根据体重、体型发育决定选留。育成母牛正处于生长发育阶段，乳房发育和腹部容积均随年龄增长而增大，选择育成母牛时，虽不能过分强调乳房的大小和腹部容积，但要求乳房皮肤松软而多皱褶，乳头大小适中、分布均匀，腹部要求有一定容积。同时，要求胸部肋骨开张，尻部及背部平直。

第四节　杂交改良

杂交是创造新品种和改良本地品种的重要手段。利用纯种优良的公牛与我国本地黄牛杂交，其后代具有繁殖力高、早熟、增重快、耐粗饲和适应性强等杂交优势。杂交改良方法有经济杂交、轮回杂交、级进杂交、引入杂交、育成杂交和种间杂交等。由于条件和目的的不同，只能因牛制宜地采用。

一、经济杂交

经济杂交是以生产性能较低的母牛与培育品种的公牛进行杂交。其目的是为了利用杂交一代的杂种优势，提高其经济利用价值。这种方式多用于肉牛生产，小公牛全部去势后肥育。杂交一代小母牛下一步可应用级进杂交或轮回杂交继续改良。其中提高最显著的是体重。

二、轮回杂交

轮回杂交是两个或两个以上品种逐代进行轮流交配，杂种母牛继续繁殖，杂种公牛作肥育利用。其目的是保持一定的杂种优势，获得较高而稳定的生产性能。因此，在肉牛生产中常被采用。

(1) 两品种轮回杂交　用两个品种逐代进行轮流交配。

(2) 三品种轮回杂交　用三个品种逐代进行轮流交配。

三、级进杂交

用培育的优良品种公牛与生产性能低的本地品种母牛杂交，并经过逐代的级进过程，以达到彻底改造品种的目的。一般级进到3～4代为好，当级进到5～6代时，其理论纯度达96%以上，其表现已与纯种无异。级进杂交是我国应用最早的一种杂交改良方法，用荷兰纯种公牛与本地母黄牛级进杂交来创造、培育我国乳用型品种，已产生明显效果。级进代数过高会使杂交个体的生活力、生产性能全面下降，效果反而不好。

四、引入杂交

为纠正品种某些个别缺点，需要引入另一品种的血液，使品种特性更加完善。经比较，半血荷兰牛的产乳量、体高皆不如1/4小荷兰母牛。1/4小荷兰母牛的外貌较好，尻部和乳房得到了明显改善。而一些有小荷兰牛血液的母牛虽然尚留有小荷兰牛体宽及尻平的优点，但是平均产乳量及胸部、尻部、肢蹄等外貌结构皆有下降的趋势。因此，选择生产性能及外貌皆符合育种要求的含1/4小荷兰牛血液的个体横交固定而培育出了理想的乳用品种。

五、育成杂交

把两个或两个以上牛的品种所具有的优良特性结合到一起，并使其固定下来，从而创造出一个较原来杂交亲本品种更为优异的新品种称为育成杂交。

[复习思考题]

1. 影响产奶性能的生理因素有哪些？
2. 简述牛乳齿与永久齿的区别。
3. 种牛有哪些选择方法？各种选择方法有哪些优缺点？
4. 优良的肉牛在体型外貌上应该怎样要求？
5. 影响肉牛产肉量和肉质的主要因素有哪些？
6. 在选购乳牛时，如何根据其外貌特征进行选择？
7. 现有一头乳牛，经测量可知，体高140cm，体斜长175cm，胸围180cm，那么该牛的体重约为多少千克？

第四章　牛的繁殖技术

[知识目标]

- 掌握母牛发情的特点和母牛发情的症状。
- 了解并掌握牛发情鉴定、人工输精、妊娠诊断和正常分娩助产的方法。
- 掌握牛繁殖力的评价指标、提高繁殖力的措施。

[技能目标]

- 学会牛的发情鉴定、人工授精、妊娠诊断和分娩助产技术。
- 能正确推算母牛预产期。

第一节　母牛的发情与鉴定

一、母牛发情的特点

1. 发情持续时间短

母牛初情期一般为6～12月龄，水牛10～15月龄。发情持续时间短，平均18h，最短6h，最长只有36h。家畜发情持续时间的长短与牛品种、年龄、营养状况、环境温度的变化等有关。一般初情期的牛和老年牛发情持续期也较壮年牛为短。母牛的发情周期平均为21天，但也存在个体差异。壮龄、营养较好的母牛发情周期较为一致，而老龄和营养不良的母牛发情周期较长。一般来说，青年母牛发情期较成年母牛约短1天。母牛发情持续时间短而排卵快，容易错过配种机会。

2. 在交配欲结束后排卵

母牛发情开始时，卵泡中只产生少量雌激素，性中枢兴奋，出现交配欲，当卵泡继续发育接近成熟时，产生大量雌激素，性中枢反而受到抑制，交配欲消失，但卵泡仍在继续发育，最后在促黄体素的协同下排卵。大多数母牛在交配欲结束后的4～16h排卵，水牛是3～30h。

3. 子宫颈开口程度小

母牛发情期子宫颈开张的程度与马、驴、猪等家畜相比要小。这是因为母牛子宫颈肌肉层特别发达，子宫颈管道中有2～3圈横的朝向子宫颈外口的大皱褶，这就使子宫颈管道变得细窄而弯曲，即使在母牛发情中期，子宫颈开张也只有3～5cm，发情后期更小，这一特点也为人工输精时，插入输精器带来困难。

4. 发情结束后生殖道排血

母牛发情结束后，由于在血液中雌二醇含量急剧下降，于是子宫黏膜上皮中的微血管出现淤血，血管壁变碎而破裂，于是血液流入子宫腔，通过子宫颈、阴道排出体外。母牛生殖道排出血液的时间大多出现在发情结束后2～3天。育成牛排血者达80%～90%，而经产牛只有50%～60%。

5. 安静发情出现率高

发情母牛中，特别是舍饲乳牛，不少母牛卵巢上虽然有成熟卵泡，也能正常排卵受胎，但其外部的发情表现却非常微弱，甚至观察不到，常常被漏配，这种发情被称之为安静发情。产生安静发情的原因是牛的促卵泡素分泌量显著低于促黄体素，因此，虽然能够正常排卵，但发情表现常不明显。

6. 产后第一次发情时间晚

母牛产后第一次发情的间隔时间变化范围较大，通常在产后 20～70 天，多数在在产后 40～45 天发情，较其他家畜晚些。营养状况较差的牛，产后第一次发情的时间会更晚一些。因此，在生产中，要注意观察产后第一次发情的时间，及时配种，以免拖配。

二、母牛发情的症状

1. 精神变化

发情初期母牛精神不安，敏感，左顾右盼，常站立不卧，喜欢鸣叫，尤以初产母牛为甚。进入发情盛期后，母牛交配欲强烈，拴系的母牛表现为两耳竖立，不时转动倾听，手拨动尾根时无抗力，食欲减退，产奶量下降。进入发情后期母牛逐渐转入平静。

2. 爬跨表现

发情初期常有其他牛尾随，但拒绝爬跨，时常尾随、爬跨其他牛。进入发情盛期后，母牛表现为接受爬跨，被爬跨时站立不动，后肢叉开并举尾，喜欢嗅闻其他母牛的阴户，且有爬跨的欲望和举动。进入发情末期时，爬跨行为减弱，直到逃避爬跨。

3. 外阴部变化

母牛发情初期，阴户充血、微肿。阴道流出的黏液透明，少而薄。进入发情盛期后，阴户肿胀明显，阴道黏液半透明，多而浓稠，呈牵丝状，在尾巴处粘连，如同透明的玻璃棒（俗称吊线）。进入发情后期，阴户肿胀开始减退，稍有皱纹，阴道黏液浑浊，呈乳黄色，少而厚，牵丝状稍差。

4. 排卵

母牛排卵标志发情已经结束。排卵一般发生在性欲结束，母牛拒绝爬跨后 8～12h。多数牛在深夜到翌晨之间排卵。

三、母牛发情的鉴定

母牛发情鉴定的目的是为了找出发情的母牛，确定最适宜的配种时间，提高受胎率。常用的鉴定方法有以下几种。

1. 外部观察法

主要是根据母牛的精神状态和外部表现来判断牛的发情状况，是鉴定母牛发情的主要方法。需说明的是，在生产中，妊娠假发情和卵泡囊肿的母牛也有爬跨现象，应注意与真正发情母牛加以区别。

2. 试情法

将切断输精管或切除阴茎的公牛按 1∶(20～30) 的比例混于母牛群中，公牛会紧紧跟随或爬跨发情母牛，据此来检出发情母牛，但不能准确鉴定出母牛的发情阶段。

3. 阴道检查法

不发情的母牛，阴道黏膜苍白，较干燥，插入开膣器时有干涩之感；子宫颈紧闭，如菊花瓣状。发情时，阴道黏膜由于充血而潮红，表面光滑湿润，开膣器容易插入，子宫颈充血松弛、半开张，颈口有大量黏液附着。

4. 直肠检查法

(1) 牛卵泡发育各期特点　母牛在间情期，一侧卵巢较大，能触摸到一个枕状的黄体突出于卵巢的一端，当母牛进入发情期后，则能触到一黄豆大的卵泡，这个卵泡由小到大，由硬变软，由无波动到有波动。牛的卵泡发育可分为四期，各期特点如下。

第一期（卵泡出现期）：卵巢稍增大，卵泡直径为 0.5～0.75cm，触诊时感觉卵巢上有一隆起的软化点，但波动不明显。此期约为 10h，大多数母牛已开始表现发情。

第二期（卵泡发育期）：卵泡直径增大到1～1.5cm，呈小球状，波动明显，突出于卵巢表面。此期持续时间为10～12h，后半段母牛的发情表现已经不大明显。

第三期（卵泡成熟期）：卵泡不再增大，但泡壁变薄，紧张性增强，触诊时有一触即破的感觉，似熟葡萄。此期持续时间为6～8h。

第四期（排卵期）：卵泡破裂，卵泡液流失，卵巢上留下一个小的凹陷。排卵多发生在性欲消失后10～15h。夜间排卵较白天多，右侧卵巢排卵较左侧多。排卵后6～8h可摸到肉样感觉的黄体，其直径为0.5～0.8cm。

(2) 直肠检查的操作方法　将母牛保定，尾巴拉向一侧。检查人员将手指甲剪短磨光，挽起衣袖，用温水清洗手臂并涂抹润滑剂（肥皂或香皂）。检查人员站立在母牛正后方，五指并排呈锥形，旋转缓慢伸入直肠内，排出宿粪。手进入骨盆腔中部后，将手掌展平，掌心向下，慢慢下压并左右抚摸钩取，找到软骨棒状的子宫颈，沿着子宫颈前移可摸到略膨大的子宫体和角间沟，向前即为子宫角，顺着子宫角大弯向外侧一个或半个掌位，可找到卵巢。用拇指、食指和中指固定卵巢并体会卵巢的形状、大小及卵巢上卵泡的发育情况，按同样的方法可触摸到另一侧卵巢。母牛发情时，可摸到黄豆大小的卵泡突出于卵巢表面。如卵泡表面光滑，且有波动感，表明卵泡已经发育成熟，即将排卵，是配种的最佳时机。

一般正常发情的母牛其外部表现是比较明显的，通过外部观察法就可以判断牛是否发情。阴道检查是在牛输精时作为一种鉴定发情的辅助方法。有些母牛常常出现安静发情或假发情，有些母牛由于营养不良、生殖器官机能衰退，卵泡发育缓慢，排卵时间延迟或提前，有必要通过直肠检查进行判断。另外，鉴定发情的方法还有离子选择电极法、仿生学法、孕酮含量测定法、光感排卵记载法、生殖道黏液pH测定法等实验室方法，但在生产中均不及上述方法普遍。

第二节　母牛配种技术

一、适时配种时间

1. 发情配种时间的确定

根据排卵时间、精子与卵子的运行速度、精子与卵子在受精部位相遇的时间、精子与卵子在母牛生殖道内保持受精能力的时间等进行推算，一般适宜的配种时机应在母牛发情转入末期后不久（4h左右）或排卵前6h左右，即在发情开始后的15～24h。实践表明，如母牛上午被爬不动，下午已不接受爬跨，表现安静，阴道黏液变黏稠、量少、呈乳黄色、牵缕性较强（但较中期差），用拇指和食指拉7～8次不断，阴道黏膜由粉红色逐渐变成苍白色，直肠检查时卵泡突出于卵巢表面，卵泡增大，卵泡直径在1.5cm以上，泡壁薄、紧张、波动感明显，有一触即破的感觉，此时配种最合适。

为提高受胎率，可以在每次发情期内输精2次。通常在性欲结束后进行第一次输精，间隔8～12h进行第二次输精。在生产实践中，准确掌握母牛性欲结束是比较困难的，但性欲高潮容易观察。因此，根据母牛接受爬跨情况来判定适宜的配种时间。黄牛一般采用上午接受爬跨，应下午配种，次日晨视具体情况再复配一次；下午接受爬跨，次日晨配种，下午再复配一次。水牛一般是发现爬跨，隔日再配种。

对于年老体弱的母牛或在炎热的夏季，牛的发情持续期往往较短，排卵较早，配种时间应适当提前。炎热的夏季，要尽量避免在上午或下午气温较高的时候配种，应安排在夜晚或清晨进行。

2. 产后配种时间

母牛产犊后子宫恢复及体质恢复需要20～30天，产后40天以后出现第一次发情。营养状况好的，产后第一次发情来得早；反之则迟。为保证母牛年产一犊，产后出现第一次发情就应及时配种。由于牛的情期受胎率较低，只有50%左右，即每受胎一次，平均要配两个情期，个别母牛需配多次才能受孕，加之母牛产后第1～3个情期排卵较规律，以后会因排卵不规律而大大影响受胎率。因此，产后尽早配种不仅能增加产犊数，提高母牛的繁殖利用率，还能提高情期受胎率。

二、配种方法

1. 人工授精

随着我国养牛业的发展，特别是黄牛改良工作的迅速展开，应用冷冻精液进行人工授精的技术已越来越普及，并获得了良好的经济效益。

（1）人工授精的优点　一是高度发挥优良种公牛的利用率；二是节约大量购买种公牛的投资，减少饲养管理费用，提高养牛效益；三是克服个别母牛生殖器官异常而本交无法受孕的缺点；四是防止母牛生殖器官疾病和接触性传染病的传播；五是有利于选种选配；六是有利于优良品种的推广，迅速改变养牛业低产的面貌。

（2）人工输精方法

① 阴道开膣器法　左手持开膣器将母牛阴道打开，右手持输精器插入子宫颈口内附近，将精液注入。这种方法受胎率低，已很少使用。

② 直肠把握法　将一只手伸入直肠，握住子宫颈，另一只手持输精器，将输精器插入子宫颈深部输精。这是目前普遍采用的方法，输精准确可靠，精液不易倒流，并能及时发现母牛生殖道疾病，准确掌握卵泡的发育程度，确定适宜的输精时间。因此，其受胎率明显高于阴道开膣器法，但操作者需要有较熟练的操作技术。

2. 自然交配

发情母牛直接与公牛交配，主要有两种方式。

（1）自由交配　将公母牛合群放牧，某一母牛发情被公牛发现随时配种。

（2）人工辅助交配　将发情母牛固定在配种架里，再牵公牛交配，在人工辅助下进行，配种后立即将公、母牛分开。采用人工辅助交配时应注意以下几点。

① 为提高受胎率，一头成年公牛的年配种量为60～80头。每天只允许配1～2次，连续使用4～5天应让公牛休息1～2天，青年公牛的年配种量减半，每周配2～3天即可，以利公牛健康，延长使用年限。

② 种公牛不能与生殖道有疾病的母牛交配，以防扩大传染。

③ 注意观察，把发情症状微弱的母牛及时挑选出来，给予配种，避免漏配。

④ 配种结束后，应在背腰上捏一把，并立即进行驱赶运动，防止精液倒流。

⑤ 加强种公牛的饲养管理。在配种任务繁忙季节提高日粮中的蛋白质营养水平，增加青绿饲料的饲喂量，并加强运动和刷拭，以保证良好的精液品质。

第三节　母牛的妊娠与分娩

一、母牛的妊娠

1. 妊娠症候

母牛配种后经过一二个发情周期不再发情就可能是妊娠了。妊娠与非妊娠的母牛在外形和举动上有所不同。妊娠母牛行动谨慎，性情变得安静、温顺，举动迟缓，放牧时往往走在牛群的后面，常躲避角斗和追逐，食欲好，吃草和饮水量增多，被毛光亮，膘情渐趋转好。经产牛妊娠5个月后腹围逐渐增大，泌乳量显著下降，脉搏、呼吸频率增加。妊娠6～7个月时，用听诊器可听到胎儿的心跳，一般母牛的心跳为75～85次，胎儿的心跳为112～150次。初产母牛妊娠4～5个月后，乳房、乳头逐渐增大，7～8个月后胀大更加明显。

2. 妊娠诊断

搞好妊娠诊断特别是早期妊娠诊断是提高繁殖率的重要措施，即在配种后20～30天进行妊娠检查，它对减少空怀、保胎、提高繁殖率具有十分重要的意义。生产中常用的妊娠诊断方法有以下几种。

(1) 外部观察法　对配种后的母牛在下一个发情周期到来之前，注意观察其是否发情，如不发情则可能受胎。母牛妊娠3个月后，性情变得安静，食欲增加，体况变好。妊娠5～6个月后，腹围有所增大，右下腹常可见到胎动，乳房显著发育。

(2) 阴道检查法　在母牛配种后的30天进行检查，妊娠的牛插入开膣器时阻力明显；阴道黏膜苍白，表面干燥，无光泽；阴道黏液浓稠，呈白色；子宫颈口偏向一侧，呈闭锁状态，有子宫颈塞。

(3) 直肠检查法　通过触摸卵巢和子宫角的变化来判断，配种30天后即可检查。已妊娠的母牛子宫角不对称，孕侧子宫角增粗，并有液体波动感。用手轻轻触摸子宫时，非孕侧子宫角收缩力较强，而孕侧子宫角则无收缩反应。触摸孕侧卵巢，感觉到体积增大。黄体明显凸出于卵巢表面，而非孕侧卵巢体积较小，无黄体。

直肠检查法是早期妊娠诊断的可靠方法，准确率达90%以上。同时还可确定大致日期、妊娠内的发情、假妊娠、某些生殖器官疾病及胎儿的死活，所以在生产上被广泛应用。

(4) 激素诊断法　在配种后20天，用已烯雌酚10mg，一次性肌内注射。已妊娠的母牛，无发情表现；未妊娠的母牛，第2天会有明显的发情表现。用此法进行妊娠诊断的准确性达90%以上。

(5) 巩膜血管诊断法　又称为看“眼线”法。母牛配种后20天，在眼球瞳孔正上方巩膜表面，有明显纵向血管1～2条（个别有3条），细而清晰，呈直线状态，少数中有分支或弯曲，颜色深红，轮廓清晰，比正常血管粗得多，又没有任何发情表现，则可判断为妊娠，但要注意与因病充血的区别。

(6) 7%碘酒法　首先收取配种30天的母牛鲜尿液10ml，盛入试管中，然后滴入2ml 7%碘酒溶液，充分混合，待5～6min后，在亮处观察试管中溶液的颜色，呈暗紫色为妊娠；不变色，或稍带碘酒色为未妊娠。

另外，还有孕酮水平测定法、牛奶检查法、超声波检查法、免疫学诊断法等。

3. 妊娠期与预产期推算

妊娠期的计算是由最后一次配种日期到胎儿出生为止。母牛的妊娠期一般为280～285天。妊娠期的长短因品种、个体、年龄、季节及饲养管理条件的不同而异。

母牛怀孕后，为了做好分娩前的准备工作，必须准确地计算出母牛的预产期。最简便的方法是按配种月份减3，配种日加6(按280天计算，配种的月份减去3，配种的日期加上6）来推算。如果配种月份在1月份、2月份、3月份而不够减时，需借1年（加12个月）再减。若配种日期数加6的天数超过这个月的实际天数，则应减去本月的天数，余数移到下月计算，把这个月再加1。

例1　某牛6月26日配种，则预产期为：

预产月份＝6－3＝3

预产日数＝26＋6＝32，减去6月的30天，即32－30＝2，再把月份加上去，即3＋1＝4。

结论：该牛预计在下年4月2日产犊。

例2　某牛2月25日配种，则预产期为：

预产月份＝2＋12－3＝11

预产日数＝25＋6＝31，减去11月份的30天，即31－30＝1，再把月份加上去，即11＋1＝12。

结论：该牛可在当年12月1日产犊。

二、母牛的分娩

1. 临产症状

随着胎儿逐步发育成熟和产期的临近，母牛在临产前会发生一系列的生理变化，根据这些变化，可以估计分娩时间，以便做好接产准备工作。

(1) 乳房膨大　产前半个月左右乳房开始膨大，到产前2～3天，乳房体发红、肿胀，乳头皮肤绷紧，可从前两个乳头挤出黏稠、淡黄如蜂蜜状的液体，当能挤出乳白色的初乳时，分娩可在1～2天内发生。

(2) 外阴部肿胀　产前1周阴唇逐渐柔软、肿胀、皱褶展平。阴道黏膜潮红，黏液增多而湿润，阴门因水肿而裂开。

(3) 骨盆韧带松弛　临产前几天，由于骨盆腔内血管的血流量增多，毛细血管壁扩张，部分血浆渗出血管壁，浸润周围组织，因此骨盆部韧带软化，臀部有塌陷现象。在分娩前1～2天，骨盆韧带已完全软化，尾根两侧肌肉明显塌陷，使骨盆腔在分娩时明显增大。

(4) 体温变化　母牛产前1周比正常体温高0.5～1℃，但到分娩前12h左右，体温又下降0.4～1.2℃。

(5) 行为变化　临产前母牛子宫颈开始扩张，腹部发生阵痛，母牛行为发生改变。当母牛表现活动困难，食欲减退或消失，起卧不安，频频排尿，常回首腹部，表明母牛即将分娩。

2. 分娩过程

分娩过程可以分为以下三个时期。

(1) 开口期　子宫肌开始出现波浪式的阵缩，平均每3～5min一次，将胎儿和胎水推入到子宫颈，迫使子宫颈口完全开张，与阴道之间的界限完全消失，这一时期称为开口期。开口期内的母牛表现轻微不安，食欲减退或废绝，尾根抬起，常作排尿状，检查脉搏每分钟达80～90次。母牛开口期平均为6h (1～12h)。

(2) 胎儿产出期　子宫肌发生更加频繁有力的阵缩，同时腹肌和膈肌也发生收缩，腹内压显著升高，使胎儿从子宫内经产道排出。产出期一般为1～4h，初产母牛较经产母牛慢，产双胎时，两胎间隔1～2h。

(3) 胎衣排出期　胎儿产出后，母牛暂时安静下来，间歇片刻，子宫肌又重新开始收缩，收缩的间歇期较长，力量减弱，同时伴有努责，直到胎衣完全排出为止。此期为4～6h，最多不超过12h，否则可视为胎衣不下。

3. 接产

(1) 接产前的准备工作　母牛出现分娩症状后，首先将母牛转入产房，产房地面铺上垫草，并保持安静的环境。其次要准备好接产用具和药品。最后接产人员要用0.1%～0.2%的高锰酸钾溶液擦洗分娩母牛的外阴部、肛门、尾根及后臀部，并擦干。并争取母牛左侧躺卧在产房适当位置，以避免胎儿受到瘤胃的压迫。

(2) 自然产出　临产时，当母牛开始努责，阴门处可见到羊膜囊外露，胎儿前置部分开始进入产道时，可用手伸入产道，隔着胎膜判断胎儿的方向、位置及姿势是否正常。如果正常，就不需要帮助，让其慢慢产出。如果方向、位置及姿势不正常，就应顺势将胎儿推回子宫矫正。

随着羊膜囊内液体的增多，压力加大，加之胎儿前蹄的顶撞，羊膜会自行破裂，羊水流出。羊水流出时，最好用桶接住，产后喂给母牛3～4kg，可预防胎衣不下。与此同时，母牛阵痛努责加剧，胎儿的两前肢伸出，随后是头、躯干和两后肢产出。这是顺产，助产者只需稍加帮助即可。

(3) 助产　如果胎儿头部已露出阴门外，而羊膜却没有破裂，此时应立即撕破羊膜，使胎儿鼻子露出来，以防窒息死亡。如果羊膜还在阴门内，不要过早地扯破，否则羊水流出过早，不利于胎儿产出。

当羊水流出，而胎儿仍未产出，母牛阵缩及努责又减弱时，应进行助产。助产方法是：用助产绳系住胎儿两前肢系部，由助手拉住绳子，助产者将手臂消毒并涂上润滑剂后，伸入产道，大拇指插入胎儿口角，捏住下颌，乘母牛努责时同助手一起向外拉，用力方向应与脊椎平行。当胎儿头部通过阴门时，要用双手按压阴唇及会阴部，以防撑破。胎头拉出后，拉的动作要缓慢，以防发生子宫外翻或阴道脱出。当胎儿腹部通过阴门时，要用手捂住胎儿脐带根部，防止脐带断在脐孔内。

如果是倒生，当两后肢产出时，应迅速拉住胎儿。否则会因胎儿胸部在骨盆内停留过久，导致脐带受压，将胎儿憋死。

(4) 难产处理　牛骨盆较其他家畜狭窄，易发生难产。尤其是大型肉牛与小型本地母牛杂交，犊牛初生重可增大 80%～100%，难产现象更为严重。

牛的难产分为产力性难产、产道性难产和胎儿性难产三种。

产力性难产包括破水过早及阵缩、努责微弱；产道性难产包括子宫颈狭窄、阴道及阴门狭窄等；胎儿性难产包括胎儿过大、胎势不正、胎位不正、胎向不正等。上述难产以胎儿性难产最为多见，约占难产的 75%。

一旦出现难产，首先要判断属于哪一类，然后判断胎儿死活。判断方法是：正生时将手指伸入胎儿口腔轻拉舌头，或按压眼球，或牵拉前肢，倒生时将手指伸入肛门，或轻拉后肢。如果有反应，说明胎儿尚活。如果胎儿已死亡，助产时不必顾忌胎儿的损伤。

为了便于推回矫正或拉出胎儿，应向产道内灌注大量的润滑剂，如肥皂水或油类等。灌入后，趁母牛不努责时将胎儿推进子宫内进行矫正。经矫正后，再顺其努责将胎儿轻轻拉出。注意不可粗暴硬拉。严重难产者往往需要手术取出。

(5) 胎衣的检查与处理　母牛产后，经一段时间的间歇会再度努责，说明胎衣就要排出，这时要注意观察。胎衣一般都是翻着排出，这是因为母牛努责时是由子宫角尖端开始收缩，故此处胎盘首先脱落，形成套叠，逐渐向外翻出来。由于牛的母子胎盘粘连较紧密，导致胎衣不易脱落，产后 4～6h 才能将胎衣排出。如果胎衣滞留 24h（夏季 12h）以上，应进行手术剥离，胎衣排出后应检查是否完整，以避免部分滞留。排出后的胎衣应及时取走，以防母牛吞食，造成消化不良。注意不要在外露的胎衣上挂砖块等重物，以免引起子宫外露或脱出。

4. 初生犊牛的护理

胎儿产出后，应立即用毛巾或纱布将口腔及鼻腔周围的黏液擦净，以利犊牛呼吸和吮乳。若假死（不呼吸，但心脏仍在跳动），应立即将犊牛两后肢提起倒出咽喉部羊水，并进行人工呼吸，也可用棉球蘸上碘酒（或酒精）滴入鼻腔或用干草刺入鼻腔来刺激呼吸。

人工呼吸的做法是：将犊牛仰卧，使之前低后高，握住前肢，牵动身躯，反复前后伸屈，并用手拍打胸部两侧，促使犊牛迅速恢复呼吸。

母牛产犊后有舔食犊牛身上黏液的习惯。如果天气温暖，应尽量让母牛舔干，以增强母子亲合，并有助于母牛胎衣的排出；若天气寒冷，则应尽快用干草或抹布擦干犊牛全身，以免体躯受凉，导致感冒。

多数犊牛生下来脐带就自行扯断了，如果脐带未断裂，用消毒剪刀距离腹部 6～8cm 处剪断或用手掐断，并用 5%碘酒充分消毒，一般不需结扎，以利于干燥。

脐带处理完后，剥去四肢软蹄，进行称重、编号、登记，犊牛欲站立时，应扶它站立，并帮助其吮吸初乳。

5. 产后母牛的护理

母牛产后十分疲劳，全身虚弱，异常口渴，除让其很好地休息外，应喂给母牛温热、足量的麸皮盐水汤（或粥汤：麸皮 1.5～2kg，盐 100～150kg，另加适量红糖），以补充母牛分娩时体内水分的损耗，以维持体内酸碱平衡，增加腹压和帮助恢复体力，冬天还可暖腹、充饥。

母牛产后要排出恶露（血液、胎水、子宫分泌物等），要注意观察恶露正常与否。第一天排出的恶露呈血样，以后逐渐变成淡黄色，最后变为无色透明黏液，直到停止排出。母牛的恶露多在产后 10～15 天排完。若恶露已呈灰褐色，气味恶臭，排出的时间超过 20 天以上时，说明有炎症，应进行直肠或阴道检查，及时治疗。

第四节 提高牛繁殖力的措施与繁殖新技术

一、表示牛繁殖力的主要指标

（1）受配率 反映牛群生殖能力和繁殖工作管理水平。要求在90%以上。

受配率＝全年受配母牛数 / 年内适龄母牛数×100%

（2）年受胎率 亦称总受胎率，反映牛群配种工作水平和母牛的繁殖机能。要求在90%以上。

年受胎率＝全年受胎母牛数/全年配种母牛数×100%

（3）情期受胎率 反映配种的技术水平。要求在55%以上。

全年情期受胎率＝全年受胎母牛数/全年总配种情期数×100%

（4）产犊率

产犊率＝全年产犊数/全年母牛配种数×100%

产犊率与受胎率的区别，主要表现在产犊率是以出生的犊牛数为计算依据，而受胎率是以配种后受胎的母牛数为计算依据。如果妊娠期胚胎死亡率为零，则产犊率与受胎率相等。

（5）犊牛成活率 反映犊牛的培育水平。统计时，犊牛按6月龄计算。生产上应该达到95%以上。

全年犊牛成活率＝全年6月龄犊牛成活数/全年产活犊数×100%

（6）繁殖率 反映牛群的增殖效率。统计时，足月（280天）死胎计算在出生的犊牛头数内。

牛繁殖率＝全年产犊数(包括足月死胎)/年初可繁殖母牛总数×100%

（7）产犊指数 又叫产犊间隔，指牛群两次产犊所间隔的时间。反映牛群的配种技术及牛群的饲养管理水平。一般为12.5～13个月，要求不超过13个月。

二、提高牛繁殖力的措施

1. 合理饲养，加强管理

营养对牛的发情、配种、受胎及犊牛成活起决定性作用。

能量水平长期不足，不但影响幼龄母牛的正常生长发育，而且可以推迟性成熟和适配年龄，造成一生的有效生殖时间缩短。成年母牛如果长期能量过低，会导致发情症状不明显或只排卵不发情。母牛产后能量过低，也会推迟产后发情日期。对于妊娠母牛来讲，由于能量不足可带来流产、死胎、分娩无力或出生软弱的犊牛等现象，从而造成母牛的平均产犊间隔拖长、繁殖力降低。相反，能量水平过高也影响母牛的受胎率。

蛋白质缺乏，不但影响牛的发情、受胎和妊娠，也会使牛体重下降、食欲减退，还会使粗纤维的消化率下降，影响牛的健康与繁殖。矿物质中，磷对牛的繁殖力影响最大，缺磷会推迟性成熟，严重时，性周期停止。此外，一些微量元素如钴、铜、锰等对牛的繁殖和健康有不可缺少的作用。维生素A不足时容易流产或产死胎、弱胎，常常发生胎衣不下等情况。

对初情期的牛，更应注意蛋白质、维生素和矿物质的供应，以满足其性机能和机体发育。

针对以上情况，对繁殖母牛应给予合理的饲养，搭配合理的日粮。

在牛的繁殖管理上，要注意牛场环境的影响，尽可能避免炎热或严寒。实践和研究都证明，炎热对牛繁殖的危害要大大高于寒冷。在炎热季节，重点是加强防暑降温措施。例如，可采取遮阴、水浴、降温等办法降温。防止牛舍通风排气不良、过度潮湿、空气污浊对牛的危害，同时要加强运动，保证足够的日光浴。

2. 做好发情鉴定，适时输精

牛发情的持续时间短，约18h，25%的母牛发情症候不超过8h。而下午到翌日清晨前发情的要比白天多，发情而爬跨的时间大部分（约65%）在18时至翌日6时，特别集中在晚上20时至凌晨3时之间，因此不易观察。为了尽可能提高发情母牛的检出率，每天早、中、晚要进行定时观察，同时采用直肠检查法进行发情鉴定。但要注意的是避免频繁直肠检查，以减少触摸对子宫和卵巢的刺激。目前较多的是采用两次直肠检查、两次输精的办法，效果较好。即母牛到达输精站后立即直肠检查，根据卵泡发育程度确定两次输精时间，待第二次输精结束后8h再直肠检查一次，以确定是否排卵。

在生产中，奶牛产后一旦发情，要适时配种，在产后第1～2个情期配种最好。

3. 养好种公牛，保证精液质量

品质优良的精液是保证母牛受胎的重要条件。尤其是冷冻精液人工授精的推广，对公牛精液品质的要求更高。因此，在生产中，必须养好种公牛，为其提供优质蛋白质、矿物质和维生素营养。在缺乏青绿饲料的季节，应注意补充维生素。同时要加强运动，以保持牛的旺盛活力和健康的体质，也有利于预防肢蹄病。

种公牛的使用要合理，一般18个月后开始采精，每10天或15天采1次，逐渐增加到每周2次。成年种公牛在春冬两季可以每周采精3～4次，每次射精1次，或每周采2次，每次射精2次。夏季一般每周只采1次。采精通常在饲喂后2～3h进行，以每日早、晚为好。

4. 重视早期妊娠检查，抓好复配

母牛配种后的18～20天应进行第一次妊娠检查。如果确定还没有妊娠，要分析原因，采取相应的措施，及时补配。

另外，母牛妊娠后，还可能产生胚胎早期死亡现象。这种现象多发生在受胎后16～40天。所以，即使第一次检查已经受胎，隔20～30天仍需再进行第二次检查。

5. 加强疾病防治，培育健康牛群

生产中由于繁殖障碍疾病导致的不孕现象较为普遍，如不发情、持续发情（即慕雄狂）、先天性不育（如宫颈狭窄或位置不正、阴道狭窄、两性畸形、异卵双胎母犊、种间杂交的后代、幼稚病）、子宫内膜炎及卵巢疾病等。要注意预防和治疗这些疾病，对于先天性疾病，除幼稚病外，多数是属于永久性的，应及早淘汰。

对患有传染性疾病如布鲁菌病牛或滴虫病牛，应严格执行传染病的防疫和检疫规定，采取相应措施及时处理，以减少传染病的蔓延。非传染性疾病，应根据发病的原因，从管理、激素治疗等方面着手，做好综合防治工作。

6. 做好防流保胎工作，提高产犊率

导致母牛流产的原因很多，如患有传染和非传染性疾病、营养不足、饲喂有毒饲料、管理不当，以及应激性等因素都会引起流产。所以在生产中应该做到“六不”。

“一不混”：不和其他牛混牧、混养，以防挤撞、顶架或乱配而引起流产；

“二不打”：不打冷鞭，不打头部、腹部；

“三不吃”：不吃霜、冻、霉变的草料；

“四不饮”：清晨不饮冷水，出汗不饮，冰水不饮，饿肚不饮；

“五不赶”：吃饱饮足后不赶，重役不赶，坏天气不赶，路滑不赶，快到家时不急赶。

“六不用”：配后、产前、产后、过饱、过饥、有病时不用。

7. 利用高新科技，提高优良母牛的繁殖力

人工授精技术的应用，使牛繁殖率大大提高。牛冷冻精液的全面推广，使奶牛的数量和质量不断提高。随着现代养殖业的规模化生产，发情控制技术、胚胎移植技术、性别控制、胚胎分割技术等，可以极大地提高优良母牛的繁殖力，具有广阔的发展空间。

三、牛的繁殖新技术

1. 诱发发情技术

诱发发情亦称人工引导发情，指在母牛乏情期（如泌乳期生理性乏情，由于卵巢静止或持久黄体造成的病理性乏情）内，借助外源激素或其他方法引起母牛正常发情并进行配种，从而缩短繁殖周期，提高繁殖率。

母牛注射孕马血清1500～2000IU，40～48h后注射氯前列烯醇0.6～0.8mg，母牛发情后注射促排3号，并配种或人工授精。也可将孕酮栓放入母牛阴道内，达到子宫穹隆，10天后注射孕马血清1500～2000IU，48h后注射氯前列烯醇0.6～0.8mg，并取出阴道栓。

2. 同期发情

同期发情是利用某些激素或其他药物人为地控制并调整一群母牛发情周期的进程，使之在预定时间内集中发情。通过同期发情能有计划地集中安排牛群的配种和产犊，便于人工授精的开展，减少了因分散输精所造成的人力和物力的浪费，提高了工作效率。此外，同期发情可以使供体母牛和受体母牛的生殖器官处于相同的生理状态，为胚胎移植创造条件。常用的方法有以下几种。

（1）二次PG法　在被处理母牛注射氯前列烯醇0.8mg后12～14天，统一第二次注射同样剂量的氯前列烯醇。

（2）孕酮栓＋PG法　母牛群放孕酮栓后第13天注射氯前列烯醇0.8mg。

在同期发情处理时，可在第二次注射PG前40～48h注射孕马血清促性腺激素（PMSG）2000IU，注射氯前列烯醇后，母牛表现发情后立即注射促排2号（或促排3号）。

3. 超数排卵技术

超数排卵是指将供体母牛经激素处理，使其发情，并能排出数量较多的发育成熟的卵子，适时输精，以获得数量稳定的可移植的胚胎。

（1）促卵泡素（FSH）减量注射法　供体牛在发情后的9～13天肌内注射FSH，早晚各一次，间隔12h，分4天减量注射。在第3天时同时宫注前列腺素（$PG_{2\alpha}$）2.0～2.4mg。超排剂量根据不同厂家激素确定适宜剂量，国产激素320～360IU，进口激素28～36g。

（2）孕马血清促性腺激素（PMSG）处理法　在情期的第11～12天，一次性肌内注射PMSG 2000～3000IU，48h后宫注$PG_{2\alpha}$2.0～2.4mg。发情后约18h肌内注射等量的抗PMSG。

（3）发情观察和人工授精　$PG_{2\alpha}$处理后40～48h，大部分处理牛发情。通常要求从宫注$PG_{2\alpha}$第2天傍晚开始观察发情，至少早晚各观察一次。在观察到接受爬跨后4～6h进行第一次输精，间隔12h后第二次输精。每次有效精子数不得少于50×10^6，输入两侧子宫角或子宫体。注意输精时不得触摸卵巢。

4. 胚胎移植技术

胚胎移植又称受精卵移植，就是将1头良种母牛（供体）的早期胚胎取出，移植到另一头生理状态相同的母牛（受体）的子宫内，使之正常发育，俗称“借腹怀胎”。

胚胎移植的基本过程包括供体和受体的选择、供体和受体的发情同期化、供体母牛的超数排卵和输精，以及胚胎的采集、检出、鉴定、保存和移植等。

5. 性别控制技术

性别控制对于奶牛业来说，具有极其重要的经济意义。多生母犊，不仅减少怀公犊的生产成本，而且可以迅速扩大奶牛群的生产规模。

牛的性别控制主要采取两大技术，一是精子分离，二是胚胎性别鉴定。

（1）X、Y精子分离　家畜精液中的X精子体积和重量比Y精子大，两种精子的DNA含量也有差异。因此可以根据X精子和Y精子的DNA含量、电荷、体积、重量和密度等差异，分离X和Y精子。主要有物理分离法（沉降法、密度梯度离心法、电泳法、层流分离法等）、免疫分离法（直接分离法、免疫亲和柱色谱法、免疫磁力法等）和流式细胞仪分离法。前两种方法虽然有成功的报道，但分离的效率低，重复性较差。流式细胞仪分离法重复性好，效率高，是研究进展较快且有发展前景的分离方法。

（2）胚胎性别鉴定　经胚胎性别鉴定可以将已知性别的胚胎移植给受体，出生所需性别的犊牛。鉴定方法有细胞学方法、免疫学方法和分子生物学方法，目前广泛采用的是分子生物学方法。

分子生物学方法有雄性特异性DNA探针法和聚合酶反应法（PCR）2种。前者将胚胎Y染色体上的特异DNA片段标记成探针，做鉴别工具。此法十分准确，但检测时间长，需30h左右，在生产上尚未推广。后者用雄性特异性片段DNA序列两端合成的引物，以胚胎DNA序列为模板，在TaqDNA聚合酶的存在下进行合成，扩增靶序列到10^6～10^{10}倍以上。扩增产物经电泳，观察是否出现雄性带，此法准确率在95%以上。由于PCR技术具有敏感、特异、准确、快速等特点，目前已成为胚胎性别鉴定最有前途的一种方法。

6. 胚胎生物工程技术

（1）胚胎冷冻保存技术　要建立胚胎库或长途运送胚胎，就需要解决胚胎冷冻保存问题。冷冻保存的方法大体可分为缓慢冷冻、快速冷冻和玻璃化冷冻3类。

（2）胚胎分割技术　牛的胚胎分割是20世纪80年代发展起来的一项生物工程技术。应用这项技术可以人为地把胚胎分割成2个或多个，移植给受体母牛，可获得一卵双胎甚至多胎，比起移植未分割的整胚，产犊率可大大提高。

胚胎分割是对胚胎进行显微操作，人为地将胚胎分为2份或多份，以制造同卵双胎或多胎的方法，是胚胎移植中扩大胚胎来源的一个重要途径，目前已被用于产生许多同卵双生后代。分割后的2枚半胚，即使性别不明，也可移植给同一头受体牛，而不会产生异性孪生母犊不育的问题。

牛分割后的2枚半胚，可先移植1枚半胚，另一半胚冷冻贮存，如果所移植的半胚移植成功，即可对此进行半胚牛的遗传性能测定。如果证明是优秀个体，可再将另一半胚解冻，如移植成功，即可获得遗传性能完全相同的孪生牛。

胚胎分割有两种方法，一种是对2～8细胞胚胎操作，用显微操作仪上的玻璃针（或刀片），将每个卵裂球分离或对半胚进行切割，分别放入一空的透明带中，然后进行移植。另一种方法是用显微操作仪上的玻璃针（或刀片）或徒手持玻璃针将桑椹胚或囊胚一分为二或一分为四，并把每块细胞团移入空的透明带内，进行移植。目前也可不装入透明带中，直接进行移植。

（3）体外受精　体外受精又叫试管胎儿，就是使精子和卵子在母体外实现受精而形成胚胎。形成的胚胎可以在适当的时机移入母牛子宫内发育，直至分娩。

采用体外受精，可以极大地提高公牛的繁殖潜力，避免由于输卵管不通所造成的不孕。同时体外受精还是胚胎核移植、基因导入及胚胎性别鉴定等技术研究的素材。因此，体外受精对牛的胚胎生产、品种改良及提高生产力均有重要意义。

体外受精技术的主要操作程序包括精子的采集、精子的获能、卵子的采集和卵子的成熟、受精、受精卵培养和移植等。受精的成功与否主要在于精子获能和卵子成熟这两个环节。

目前，体外受精的卵母细胞体外培养成熟率达90%，受精率达70%～85%，囊胚率达25%～35%；体外受精冷冻胚胎的妊娠率为30%～40%；活体采卵的采集率为60%～70%，可用卵母细胞可达90%以上，体外受精后的细胞分裂率为40%～50%，发育成可用胚胎近20%。加拿大、澳大利亚、新西兰等国已大量利用屠宰场取的卵巢，进行商业化生产体外受精胚胎，获得了良好的效益。

（4）克隆技术　克隆是指一个动物不经过有性生殖的方式而直接获得与亲本具有遗传同质性后代的过程。动物克隆包括同卵双生、胚胎分割及细胞核移植等。人们通常把核移植技术称为动物克隆技术。细胞核移植是指通过显微操作、电融合等一系列特殊的人工手段，将供体细胞（早期胚胎细胞、体细胞和干细胞）植入受体细胞（去核受精卵母细胞和未受精的成熟卵母细胞）中，构成一个重组胚胎的过程。

由于动物克隆具有使遗传性状优秀的个体大量增殖，极大加速遗传改良和育种进程等优点，其技术得到了迅速发展和广泛利用。牛的胚胎克隆最早获得成功的是Prathen于1987年获得的2头核移植牛犊，成功率为1%；Bondiolil等1990年用16～64细胞胚胎作核供体，获得了8头来自同一核供体胚胎表现型的犊牛，移植成功率为20%。我国克隆牛于1995年首获成功。此项技术目前虽然处于试验阶段，但前景十分诱人。

（5）转基因动物　转基因（基因导入）指通过显微操作手段将外源的特定基因导入胚胎中，从而获得转基因动物的技术。通过转基因可以获得转基因牛，它可以提高牛的经济性状，改变其产品结构，以牛为宿主生产有用的生物活性物质，进行抗病育种等。

基因导入采用的方法主要有病毒感染法、微注射法、胚胎干细胞法和精子载体法。尽管目前基因导入过程中尚有许多困难有待克服，将这项技术广泛用于牛尚存在许多技术性问题，但随着研究的不断深入，必将有广阔的发展前途。

[复习思考题]

1. 母牛发情有什么特点？掌握母牛发情的特点有何实践意义？
2. 如何做好牛的发情鉴定工作？
3. 怎样确定母牛发情时适宜的配种时机？
4. 根据实习体会，谈谈直肠把握法给牛输精时应注意哪些问题？
5. 母牛早期妊娠诊断有何意义？试比较各种诊断方法的优缺点，根据生产实践，你觉得采用哪种方法最好，为什么？
6. 怎样做好母牛分娩时的接产工作？如遇到难产，你怎样处理？
7. 查找资料，写一篇关于提高牛繁殖力的技术措施的综述。

第五章 后备牛培育

[知识目标]

- 了解犊牛的消化特点与瘤胃发育的特点。
- 掌握后备牛的生理特点及饲养管理工作要点。

[技能目标]

- 正确掌握犊牛常规饲养和管理的方法。
- 能够拟订犊牛的培养方案。
- 掌握育成牛各阶段的饲养要点和管理要点。

第一节 犊牛的消化特点与瘤胃发育

一、犊牛的消化特点

1. 瘤胃逐渐发育

初生犊牛瘤胃容积很小，机能不发达，而皱胃相对容积较大。前三胃容积和仅占胃总容积的30%。3周龄以后，瘤胃逐渐发育，开始出现反刍。到6周龄以后，前三个胃容积占胃总容积的70%，而皱胃容积下降到30%，到12月龄时接近成年牛胃容积比例水平。

2. 消化机能逐渐完善

犊牛初生时肠胃空虚，缺乏分泌反射，消化酶极不活跃，真胃和肠壁上无黏液，细菌易穿过进入血液而致病。由于初乳中含有的干物质免疫球蛋白较常乳多，各种维生素和矿物质也较多，这有利于犊牛生后获得各种养分和建立免疫体系，有利于犊牛适应其生后环境。因此，要降低发病率，培育健康的犊牛，就必须让其及时吃到初乳。

3. 反刍

新出生的犊牛，尽管瘤胃、网胃、瓣胃和皱胃均已出现，但前3个胃却不具备消化能力。犊牛吮奶时产生的神经反射作用使食道沟卷合，形成管状结构，奶汁可不经瘤胃沿此管状结构直接进入皱胃，由皱胃分泌胃液进行初步消化。一般在犊牛生长第2周便可以投喂少量优质青干草，以促进瘤胃的发育。随着瘤胃对青干草的适应，瘤胃内微生物大量产生，微生物区系开始形成，瘤胃和网胃迅速发育，容积开始显著增大，内壁的乳头状突起逐渐发育，3周龄以后开始出现反刍。一般2～4个月龄后，瘤胃容积比初生时增加约10倍，前3个胃约占4个胃总容积的70%左右，瘤胃内出现纤毛虫区系，已建立了较完善的微生物区系，能很好地消化大量植物性饲料，开始具备成年牛所具有的反刍动物的消化功能。所以犊牛出生后前3周，与非反刍动物猪等十分相似，以奶为主要营养来源。

二、瘤网胃的发育

1. 瘤胃的发育规律

犊牛出生时，瘤胃容积很小，加上网胃也只占胃总容积的1/3，10～12周龄时占67%，4月龄时占80%，1.5岁时占85%，基本完成反刍胃的发育。犊牛在1～2周龄时几乎不进行反刍，3～4周龄时开始反刍。这时只能摄取少量精料和干草，同时消化这些固体饲料还是以真胃及肠道为主。因为犊牛的前胃不分泌消化液，只有真胃（第四胃）能分泌消化液，所以在前胃功能未健全之前，主要靠真胃进行消化。犊牛生长期胃容积比例见表 3-5-1。

表 3-5-1　犊牛生长期胃容积比例的变化

项 目	初生	2 月龄	3 月龄	4 月龄	18 月龄
瘤胃、网胃容积	30%	50%	70%	80%	80%±5%
瓣胃、皱胃容积	70%	50%	30%	20%	15%

2. 饲料的种类与瘤胃的发育

犊牛除喂适量全乳外，给犊牛补饲精料及干草，可以促进瘤胃迅速发育，促进微生物的繁殖。12 周龄时，喂全乳补喂固体饲料的瘤胃容积是单喂全乳的 2 倍。如不补饲，12 周龄后瘤胃发育完全停滞。

3. 精料和干草对瘤胃发育的作用

在犊牛出生后 12 周内，除饲喂全乳外，多喂精料的犊牛，其瘤胃乳头成长较为良好；而多喂干草的犊牛，则以胃容积和肌层的发育较为优越。但如果单喂精料不给干草，或单喂干草不给精料，则瘤胃发育效果不好。因为瘤胃的发育是精料和干草共同营养作用的结果，同时瘤胃内微生物发酵的尾产物对瘤胃黏膜乳头的发育也有刺激作用。

第二节　新生犊牛的护理

一、清除黏液

犊牛出生后，第一步要做的工作是清除口及鼻孔的黏液，以免影响呼吸。其次是用干净毛巾擦净犊牛体表部位的黏液，以免犊牛受凉，特别是气温较低时。也可让母牛自行舔食，这有助于刺激犊牛呼吸和加强血液循环，必要时可用麸皮擦遍犊牛体躯，以方便母牛舔食干净。

二、正确断脐

在擦净犊牛体躯后，犊牛往往会自然扯断脐带，如果脐带未断，应在距犊牛腹部 10～12cm 处用消毒剪刀剪断，挤出脐带中的黏液并用 5%碘酊消毒，以防止感染而发生脐带炎。一般情况下，脐带会在 1 周左右干燥脱落。

三、及早哺喂初乳

1. 初乳的成分

母牛产犊后 5～7 天分泌的乳叫初乳。初乳中干物质含量，特别是免疫球蛋白、维生素 A 和矿物质含量均比常乳高。其中蛋白质相当于常乳的 4～5 倍，钙、磷等矿物质比常乳多 1 倍；各种维生素的含量是常乳的几倍甚至十几倍（表 3-5-2 为生后 24h 初乳与常乳成分比较）。初乳中还含有溶菌酸和抗体，能杀灭多种病原微生物。初乳进入犊牛胃后，能刺激消化腺大量分泌消化酶，以促进胃肠机能的早期活动。这些有利于犊牛生后迅速获得各种养分和建立免疫体系，有利于犊牛适应其生后环境，但随着时间的推移与泌乳时间的增加，其免疫球蛋白、维生素 A 含量急剧降低，小肠壁吸收初乳中免疫球蛋白的能力也随着时间的推移逐渐降低，生后 36h 犊牛发生“肠壁闭锁”现象，几乎完全失去这种吸收能力。所以犊牛出生后要及早让其哺食初乳，最好在 2h 内喂初乳。

表 3-5-2　生后 24h 初乳与常乳成分比较/%

成　分	初　乳	常　乳	成　分	初　乳	常　乳
干物质	25	12.5	乳糖	3.3	4.7
蛋白质	15	3.5	镁	0.04	0.01
免疫球蛋白	6.2	0.09			

2. 初乳的作用

(1) 初生犊牛胃肠壁黏膜不发达，吃初乳后乳覆盖在胃肠壁上，可阻止细菌侵入。

(2) 初生的犊牛没有免疫力，初乳中的免疫球蛋白。使犊牛获得被动免疫；初乳含有的溶菌酶，能杀灭病原菌。

(3) 初乳的酸度高（45～50 °T），可使胃液变酸，抑制有害菌。

(4) 可促进皱胃分泌消化酶。

(5) 初乳中含较多的镁盐，可促进胎粪排出。

(6) 初乳中丰富的养分可使犊牛获得充足的营养。

3. 初乳的哺喂方法

在生产上一般要求犊牛出生后1h内吃到初乳，第一次喂量不可低于1kg，5～7天初乳的日喂量可为体重的1/6，日喂次数不低于3次，并且挤出的初乳要立即哺喂，如果乳温下降，应水浴加热到35～38℃，温度过高会使初乳凝固，过低会导致犊牛腹泻。可用壶、桶饲喂，用桶饲喂，一手持桶，另一手中指和食指浸上初乳让犊牛吸吮，注意桶及手的卫生。当犊牛吸吮指头时，慢慢将桶提起让犊牛口碰到牛奶面吸饮，习惯后可将手指从口内拔出来，如此几次，犊牛便会自行饮初乳。能用带奶嘴的奶瓶喂奶更好。所有容器饲喂前后应彻底清洗。犊牛饲喂时要注意：喂奶要做到定时、定量、定温；每次喂完奶要用干净的毛巾把犊牛嘴擦干净，哺乳用具要卫生，用前蒸制消毒，每天刷拭调教，增加牛与人的亲和力。如果条件好，可以犊牛单圈饲养。

四、初乳的保存与利用

初乳是不能作商品乳出售的，剩余的初乳可用下列3种方法进行保存和利用。

1. 发酵法

将剩余的洁净初乳放于干净塑料桶或木桶内，有条件的加盖密封，待一定时间后（10～15℃室温需5～7天，15～20℃需3～4天，20～25℃需2天）发酵成熟，即可饲喂犊牛或保存备用。如急用，可将发酵好的初乳作为发酵剂，按5%～6%的比例加入待发酵的初乳中，在10℃以上2天即可成熟，20℃以上1天即可成熟。发酵好的初乳在贮存期间，最好每天搅拌2次，以免产生泡沫和大量凝块。发酵初乳可喂15日龄以上的犊牛，以减少常乳用量。在使用初乳前最好加入适量2%～3%的碳酸氢钠中和（发酵初乳的pH值一般在4～4.5），以改善适口性，增加进食量。发酵初乳的喂量一般约为每天3.6kg。发酵初乳比较黏稠，哺喂时可用温水稀释调匀后哺喂，犊牛稍大后可水乳各半哺喂。发酵初乳可代替常乳，如果发酵初乳喂完尚未断乳，则可用常乳或人工乳喂至断奶。

2. 加防腐有机酸保存

在新鲜初乳中加入0.7%～1.5%的丙酸，32℃可保存3周，丙酸能使pH值降到4.6，从而抑制细菌生长。喂时应再加0.05%的碳酸氢钠以改善适口性。

3. 冷冻法

将未被污染的初乳冷冻到0℃以下保存，一般可存放6个月，冷冻初乳化冻后，经加热即可喂新生犊牛。

五、独栏圈养

犊牛出生后应及时放进犊牛栏内，栏内要保持清洁、干燥，铺上垫草，保持室内明亮，通风良好，冬暖夏凉。常用的方法有以下两种。

1. 户外单栏培育法

这种犊牛舍为一半敞开式单间，前面设一简单犊牛围栏，并有小饲槽与草架。该方式易保持清洁卫生，用阳光自然消毒，防止犊牛间互相吸吮传播病菌，可提高犊牛成活率和抗病力。

2. 群栏培育

3月龄后由单栏转入群饲，每栏约5头。

第三节　哺乳期犊牛的饲养管理

一、哺乳量

为了使犊牛健壮，生长发育迅速，生后吃初乳的时间应越早越好，吃的量也以多些为好。一般应在犊牛生后 0.5～1h 能自行站立时喂第一次初乳。不可无故拖延时间，更不能把初乳倒掉。初乳的喂量，依犊牛体重的健康情况而定。35kg 左右的犊牛，体质健康的，第一次喂饲应尽量让其吃足，一般可吃 1～1.5kg。以后可以按体重的 1/6～1/7 喂给。

犊牛经过哺喂 1 周初乳后，即可哺喂常乳。目前国内大部分奶牛场犊牛喂奶量为 300～400kg，哺乳期 2～3 个月。而少数体大或高产的牛群，可喂到 600～800kg，哺乳期为 3～4 个月。具体饲喂是，在以常乳为主要营养来源的 1 月龄阶段，每日喂量约为犊牛重的 1/10。2～3 月龄即过渡阶段，随着草料采食量增加，常乳喂量逐周减少，即由喂乳逐渐转为饲喂植物性饲料。国内乳用母犊饲养主要有两种方案：一种是全期最高的哺乳量为 500kg，110 天断乳（表 3-5-3）；另一种是全期喂乳 200～350kg、犊牛料 250～300kg，45～60 天断乳（表 3-5-4）。

表 3-5-3　500kg 喂奶量犊牛断奶饲养方案

日龄/天	日喂奶量/(kg/头)	小计/kg	犊牛料/[kg/(头·日)]	小计/kg	粗料/[kg/(头·日)]	小计/kg
1～30	5	150	—	4.5	训练	—
31～60	5	150	0.3	9	0.45	13.5
61～90	4	120	0.45	13.5	0.6	18
91～110	4	80	0.6	12	1.25	25
111～180	—	—	2.5	175	2.5	175
全期总计		500		214		231.5

注：犊牛料组成为玉米面 50%，豆饼 20%，麸皮 22%，鱼粉 5%，食盐 1%，骨粉 1%，碳酸钙 1%。

表 3-5-4　350kg 喂奶量犊牛断奶饲养方案

日龄/天	日喂奶量/(kg/头)	小计/kg	犊牛料/[kg/(头·日)]	小计/kg	粗料/[kg/(头·日)]	小计/kg
1～30	6	180	0.1	3	0.1	3
31～50	6	120	0.2	4	0.25	5
51～60	5	50	0.4	4	0.45	4.5
61～90	—	—	1.5	45	1.5	45
91～180	—	—	2	180	2.5	225
全期总计		350		236		282.5

注：犊牛料组成为玉米面 50%，豆饼 35%，麸皮 9%，鱼粉 3%，食盐 1%，骨粉 1%，碳酸钙 1%。

粗饲料使用中等羊草和玉米青贮各 50%（按风干物质计算）。玉米青贮按 5kg 折合 1kg 干草。

出生重 38～40kg 的乳用母犊，用表 3-5-3 方案饲养至 6 月龄体重可达 170kg，全期平均日增重为 700～730g；用表 3-5-4 方案饲养至 6 月龄体重可达 160～165kg，犊牛全期平均日增重可达 670～700g。

二、喂乳次数

初乳喂 5～7 天，每天喂 4 次。喂初乳的时间最好与犊牛母亲挤乳时间一致，以便挤完就喂。

如果初乳温度低，要加热到37～38℃再喂，以免引起消化不良。但温度不可过高，如果超过40℃，初乳会凝固，不易消化。

在以吃乳为主的1月龄时，每天哺乳次数一般为3次，以后减为2次，3月龄时1次，直到停乳。为保证犊牛的正常消化机能，喂奶要坚持定时、定量、定温。就是说，每天按时喂奶，不要早一顿晚一顿，还要按量喂给，不要多一顿少一顿。同时奶温要保持37～38℃。

三、补喂植物性饲料

犊牛出生后7天左右就可训练其采食犊牛料。10日龄左右，开始向栏内投放优质干草任其自由采食，2月龄以后就可以喂青贮饲料，这样可以促进犊牛瘤胃发育。

1. 干草

犊牛从生后1周开始，就可以投给优质干草，训练其采食，任其自由咀嚼，可防止犊牛舔食脏物或污草，并能促进胃的发育。

2. 精饲料

犊牛生后10天就开始训练其吃精饲料，将麸皮、豆饼、玉米面等加少量鱼粉、食盐、骨粉混合成干粉料，每日喂15～25g，放在饲槽内任牛犊舔食。适应后，便训练其采食混合干湿料，以提高适口性，增加采食量。15日龄后可增至80～100g，1月龄可采食250～300g，2月龄时，每天可采食500g。

3. 多汁饲料

一般在出生后20天开始在混合精料中加入切碎的胡萝卜或甜菜20～30g，到2月龄时，日喂量达到1～1.5kg，3月龄可增加到2～3kg，以促进消化器官发育。

4. 青贮饲料

可从2月龄开始喂给，量由少渐多，3月龄可增至1.5～2kg，4～6月龄则增加到4～5kg。

干草饲喂建议：

(1) 瘤胃功能的建立是饲喂粗糙干草和开食料（精料）的结果，同时干草又是瘤胃微生物的接种源，因此应在7天左右训练犊牛采食优质的豆科牧草；

(2) 如果开食料太细，达不到刺激瘤胃发育的目的，可在开食料中加一些干草；

(3) 干草可以单独饲喂，但应切成2.5cm以上长度，还可以10%的比例与开食料混合饲喂；

(4) 不要给小牛喂发酵饲料。

四、犊牛早期断奶

所谓早期断奶，就是将过去5～6个月哺乳期，耗奶800～1200kg，缩减到2～3个月，耗奶300～400kg，以配制营养丰富、精度很高的人工乳或代乳料来培育犊牛。这样可节省大量“饲料用乳”，降低生产成本。

1. 早期断奶的优点

(1) 节约商品乳，降低犊牛培育成本。

(2) 提早补饲精料和牧草，促进消化器官的发育。

(3) 减少哺乳期设备的购置，节约劳动力。

2. 早期断奶方案

早期断奶能否成功的关键，除提早补喂干草外，最主要的是制定好断奶方案。早期断奶方案的制定，应根据犊牛料、人工乳的生产数量和质量、饲养管理技术和机械化程度等方面综合考虑。基本条件是犊牛料必须类似于牛乳，要求高能量、高蛋白、适口性强、易消化；一般犊牛采食1.2kg以上精料即可断奶。下面介绍两个早期断奶方案，仅供参考。

(1) 早期断奶（从出生到6月龄）犊牛饲养方案（表3-5-5）

表 3-5-5 早期断奶犊牛饲养方案

日龄/天	日喂奶量/(kg/头)	小计/kg	犊牛料/[kg/(头·日)]	小计/kg	粗料/[kg/(头·日)]	小计/kg
1～10	4	40	5～8日开食	—	训练吃干草	—
11～20	3	30	0.2	2	0.2	2
21～30	2	20	0.5	5	0.5	5
31～40	(3)	(30)	0.8	8	1	10
41～50	(2)	(20)	1.5	15	1.5	15
51～60	—	—	1.8	18	1.8	18
61～180	—	—	2	240	2	240
全期总计		90(140)		288		290

注：1. 奶牛高效益饲养技术. 2000年7月第1版. 引自：秦志锐等编著.
2. 表内括号中的数字，指下半年出生的犊牛哺乳期可延长到该日龄的哺乳量。

(2) 内蒙古农牧学院嘎尔迪（1990）所报道的42天犊牛断奶方案（图3-5-1）。

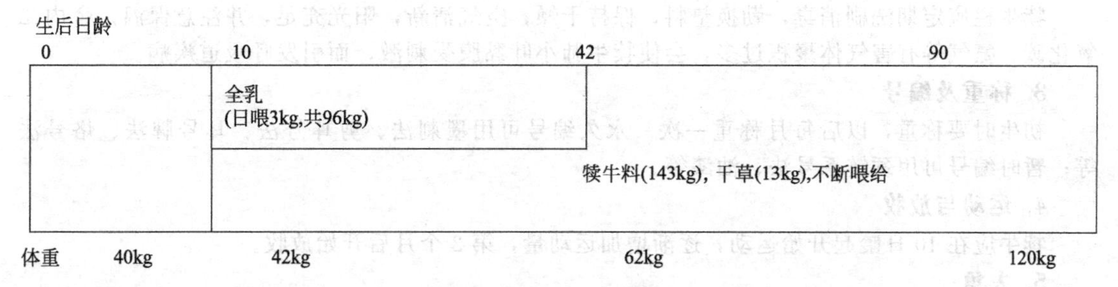

图 3-5-1 内蒙古农牧学院拟订的犊牛早期断奶方案
括号内为每头犊牛的给量标准

犊牛料开始时需要调教，经2～3天后可自由采食，为促使犊牛多采食犊牛料，1月龄内暂时少喂青料，但必须有青料。断奶后采食精料达每天2kg，不再增加。

早期断奶的犊牛，断奶后1～2周增重很慢，甚至不增重，毛色暗淡，不活泼等。这是瘤胃的微生物区系正在建立，日粮营养水平偏低造成的。只要采食量达到1kg精料和适量干草，这种现象可很快消失，在6～18月龄可得到很好的补偿生长。

3. 代乳料及犊牛料的配制

代乳料又称人工乳，是以乳业副产品为主的粉末状的商品饲料，要求粗蛋白含量≥20%（如大豆蛋白浓缩物则提高到22%～24%），粗脂肪10%～20%，粗纤维≤0.5%。添加的脂肪可用大豆卵磷脂等进行乳化，再经过均质，其吸收效果与天然牛奶一样。在饲喂时必须稀释成液体，约按1∶7的比例加水，喂法与全乳相同。表3-5-6和表3-5-7分别是犊牛的代乳料和犊牛料配方，可在生产中参考。

表 3-5-6 代乳料的配制/%

	配方1	配方2	配方3
乳清粉	38	32	
脱脂乳粉	25	51	78.5
脂肪	17.5	15	20
大豆蛋白浓缩物	17.5	—	—

表 3-5-7 犊牛料的配制/%

	日本	美国	北京农业大学
玉米	40	52	50
燕麦	5～10	20	
豆饼	20～30	20	30
鱼粉	5～10		5
糖蜜	4	7	—
其他	油脂5～10	—	麦麸12

犊牛料要求蛋白质含量不少于18%，粗纤维不高于6%～7%。以高能量籽实类及高蛋白植物性饲料为主，也可用少量鱼粉。此外，还要添加矿物质、维生素、食盐等。犊牛料按1：1的比例加水拌匀后喂给，喂至8周龄后转为一般的配合饲料。

五、哺乳期犊牛的管理

1. 犊牛的卫生管理

(1) 哺乳卫生　首先要注意哺乳用具的卫生，每次用完后要及时洗净，用前消毒。喂奶完毕，用干净的毛巾将犊牛口鼻周围残留的乳汁擦干，防止养成“舔癖”。

(2) 饲喂抗生素　在犊牛瘤胃没有发挥功能以前，加喂抗生素，能使犊牛增强抵抗能力，还可以提高饲料报酬及日增重。

(3) 刷拭　每日刷拭一次，保持牛体清洁，促进犊牛健康，养成温驯的性格。

2. 犊牛栏的卫生

犊牛栏应定期洗刷消毒，勤换垫料，保持干燥，空气清新，阳光充足，并注意保温。舍内二氧化碳、氨气等有害气体聚积过多，会使犊牛肺小叶黏膜受刺激，而引发呼吸道疾病。

3. 称重及编号

初生时要称重，以后每月称重一次。永久编号可用墨刺法、剪耳号法、耳号牌法、烙号法等；暂时编号可用颈链系号法、油漆等。

4. 运动与放牧

犊牛应在10日龄起开始运动，逐渐增加运动量，第2个月后开始放牧。

5. 去角

为便于管理，在生后7～10天时去角。去角的方法有以下两种。

(1) 苛性钠（钾）棒法　先将角基部的毛剪去，用凡士林涂一圈，然后用棒状苛性钠（钾）稍蘸水后涂擦角基部，有血渗出为止。

(2) 电烙铁法　用烧红的电烙铁烧烙，待角基成白色时再涂以青霉素软膏。

6. 饲喂要“三定”

(1) 定时　定时饲喂是为犊牛建立良好的饮食条件反射。饲喂要固定次数和时间，以提高犊牛的食欲和消化力。前2周要少喂勤添，日喂乳4次，3～5周时日喂3次，6周后可日喂2次。饮食不规律，会导致犊牛消化液分泌紊乱和胃肠功能紊乱，易引发各种疾病，影响犊牛的正常生长发育。

(2) 定量　应按饲养方案标准合理投喂食物。最初2周，应使犊牛处于半饥饿状态，不可过食，否则易引发犊牛下痢。这2周每天喂奶量约为体重的1/10，使其保持旺盛的食欲，同时又不影响健康。3～4周龄日喂奶量为其体重的1/8，5～6周龄为其体重的1/9，7周龄以后为体重的1/10或逐渐断奶。每次喂奶应在鲜奶中兑1/4～1/2清洁温水。若不兑水，牛奶在口腔中未能与消化液充分混合，到皱胃可凝固成坚硬且难以消化的结块，如果结块过硬过大，常可引起幽门堵塞，食物在胃内不能排出，会因皱胃扩张而死亡。

(3) 定温　保持奶温恒定是饲喂犊牛的一条重要原则，若饮食太凉，会导致胃肠蠕动加快引发腹泻；若饮食太热，可使犊牛消化道黏膜充血发炎，易引发肠炎。一般最好保持在38～40℃。

第四节　断奶至产犊阶段的饲养管理

断奶至产犊阶段是牛群管理的关键，也是维持牛群正常生产的基础，因此我们必须十分重视这个阶段的饲养与管理，维持牛场的正常生产和经营。

一、断奶至6月龄犊牛的饲养

在具有良好、规范的饲养管理条件下，犊牛在6～8周龄每天采食相当于其体重1%的犊牛生长料（700～800g）时，即可进行断奶，但对于体格较小或体弱的犊牛应适当延期断奶。犊牛断奶后继续饲喂断奶前的生长料，而且质量保持不变，当犊牛每日能采食约1.5kg犊牛生长料时（3～4月龄）可改喂育成牛料。

犊牛断奶后要进行小群饲养，将年龄和体重相近的牛分为一群，每群10～15头。此期是犊牛消化器官发育速度最快的阶段，因此日粮中应含有足够的精饲料，一方面满足犊牛的能量需要，另一方面也为犊牛提供瘤胃上皮组织发育必需的乙酸和丁酸。同时日粮中应含有较高比例的蛋白质，因为长时间的日粮蛋白质不足，将导致后备牛体格矮小，生产性能降低。此外，还要考虑瘤胃容积的发育，保证日粮中所含纤维不低于30%。因此饲养上还要酌情供给优质牧草或禾本科与豆科混和干草。日粮可按1.8～2.2kg优质干草、1.4～1.8kg混合精料配制，此阶段犊牛的日增重要求在760g左右。

二、育成牛的饲养

12月龄前的青年牛前胃的发育尚未充分，消化能力有限。因此，每天在喂一定量青粗饲料的同时，要适当补给混合精料，以刺激前胃的发育，满足其生长发育对营养的需要。

12～15月龄的青年牛前胃已较为发达，消化能力也较强，这时可以青粗饲料作为基本日粮。若青粗饲料质量好，可不必另给精料；如果青粗饲料质量不好，仍应供给少量混合精料，同时供给食盐和骨粉，以利于生长发育。

对留作种用的青年公牛要适当增加日粮中精料的给量，减少粗饲料量，以免形成“草腹”，影响种用价值。

（1）7～12月龄育成牛是发育最快的时期，也是性成熟期，发育正常时育成牛12月龄体重可达280～300kg。此时期，其性器官和第二性征发育很快，体躯高度和长度急剧生长；同时，其前胃已发育，容积扩大1倍左右。因此要求供给足够的营养物质，同时所喂饲料还必须具有一定的容积，才能刺激前胃的发育。此期每头日喂精料2～2.5kg，青贮饲料10～15kg，干草2～2.5kg。日粮营养需要：奶牛能量单位12～13；干物质5～7.0kg；粗蛋白600～650g；钙30～32g；磷20～22g。防止过量营养，以免青年牛过肥。

（2）13～15月龄育成牛，消化器官进一步增大，体重也接近350kg。此期，每头日喂精料3～3.5kg，青贮料15～20kg，干草2.5～3.0kg。日粮营养需要：奶牛能量单位13～15；干物质6.0～7.0kg；粗蛋白640～720g；钙35～38g；磷24～25g。7～15月龄育成牛是牛发育最快的时期，发育正常时育成牛12月龄体重可达280～300kg。此期每头牛日喂精料2～2.5kg，青贮饲料10～15kg，干草2～2.5kg。

（3）受胎至第一次产犊饲养　母牛体重达到350kg左右即可配种。怀孕前期仍按配种前的水平饲养。到产前3个月，随着胎儿的迅速增大逐渐增加营养。一方面满足胎儿需要，另一方面为泌乳贮备营养。饲料以优质青粗料为主，体积不宜太大，以免压迫胎儿，另外加喂精料2～4kg，喂量逐渐增加，以适应产后大量喂精料的需要。具体饲养措施如下。

① 母牛怀孕初期，其营养需要与配种前差异不大，怀孕的最后4个月，营养需要明显增加，应按奶牛饲养标准进行饲养，饲料喂量不可过量，保持中等体况，体重保持在500～520kg，防止过肥导致难产或其他疾病。

② 从初孕开始，饲料喂量不能过多，以粗饲料为主，妊娠初期视牛膘情日补精料1～1.5kg，怀孕5个月后日补精料2～3kg，青贮饲料15～20kg，干草2.5～3.0kg。日粮营养要求：奶牛能量单位18～20；干物质7～9kg；粗蛋白750～850g；钙45～47g；磷32～34g。

③ 在分娩前30天，可在饲养标准的基础上适当增加精料，但喂量不得超过怀孕母牛体重的1%；日粮中应增加维生素、钙、磷等矿物质含量。

具体育成牛各阶段饲料喂量见表3-5-8。

表 3-5-8 育成牛各阶段饲料喂量/kg

月龄	混合精料		青贮玉米		干草		期末体重
	日喂量	小计	日喂量	小计	日喂量	小计	
7～8	2.00	120	10.8	648	0.50	30	193
9～10	2.30	138	11.0	660	1.40	84	232
11～12	2.50	150	12.0	720	2.00	120	276
13～14	2.50	150	12.0	720	3.00	180	317
15～16	2.50	150	12.0	720	4.00	240	352
17～18	2.50	150	13.5	810	4.50	270	380～400
7～18 总计		858		4278		924	

三、育成牛管理

1. 分群

公母犊牛在 6 月龄后，由于公母牛发育及饲养管理条件要求不同，必须分开饲养。分群应按年龄和体重进行，分群可防止实际进食养分不均衡和发育不整齐。

2. 刷拭牛体和运动

刷拭有利于畜体卫生或性情的培育，建立人畜感情，便于产犊后挤奶。要求每天至少刷拭 1～2 次，每次 5min。母牛运动有利于胚胎发育及分娩，是预防难产的重要措施。每天可行走 2km。不要驱赶过快、碰撞，防止流产。

3. 及时配种

体重达成年 70%（即 350kg 左右）时可进行配种。在预定配种前 1 个月，要注意后备母牛的发情情况及日期，以便及时配种。对长期不发情的牛，要请人工授精员和兽医检查。

发情母牛兴奋，哞叫，频频排尿，食欲减退，反刍减少，爬跨其他牛，也接受爬跨。外阴部肿大充血，阴门附近有黏液结痂或透明黏液流出，体温升高 0.7～1℃，泌乳量下降。

发情牛与不发情牛的区别如表 3-5-9。

表 3-5-9 发情牛与不发情牛的区别

	被爬跨时	爬跨时
发情牛	站立不动、举尾	阴门搐动、滴尿
不发情牛	拱背逃走，回头反击	无爬跨行为

生产中一般在观察到发情后 8～12h 用直肠把握法进行输精配种。

4. 乳房按摩

性成熟后是乳腺组织发育旺盛的时期，特别是妊娠中后期，按摩乳房可促进乳腺发育。一般妊娠后 5～6 个月开始，用温水清洗、按摩乳房，每天 1～2 次，每次 5min，至产前 1 个月停止。

[复习思考题]

1. 育成母牛的饲养分哪几个时期？饲养上应注意哪些问题？
2. 犊牛早期断奶有哪些优点？
3. 为什么要早供应犊牛粗饲料？
4. 犊牛管理要注意哪几项？

第六章　成乳牛的饲养管理

[知识目标]

- 了解乳房的形态结构和乳汁的形成和分泌。
- 掌握挤奶技术。
- 掌握一般饲养管理技术。
- 掌握奶牛各阶段的特点及饲养管理要点；重点掌握奶牛泌乳的规律。
- 掌握夏季奶牛热应激与缓解新技术。

[技能目标]

- 学会奶牛的挤奶技术，特别是机器挤奶技术。
- 学会奶牛各阶段的饲养管理技术，并能应用高产稳产新技术指导奶牛生产。
- 能根据奶牛泌乳曲线变化来判断牛群饲养管理是否正常。
- 能处理好夏季奶牛热应激。

第一节　泌乳与挤奶技术

一、乳的形成

1. 乳房的形态结构

(1) 乳房的外形呈扁球形，靠一条乳房中部的中悬韧带和两侧的两条侧悬韧带将其悬吊于腹壁上（图 3-6-1）。

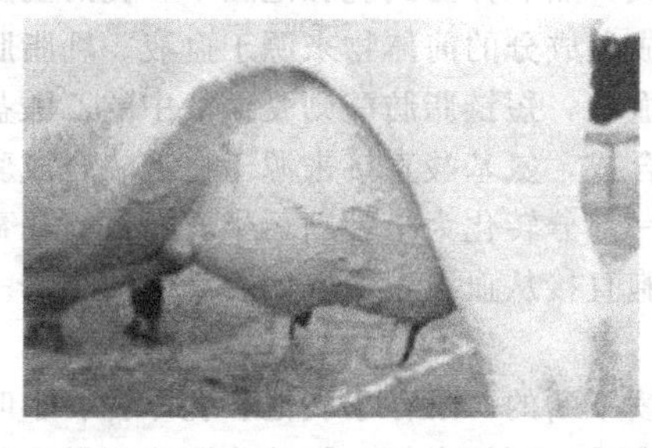

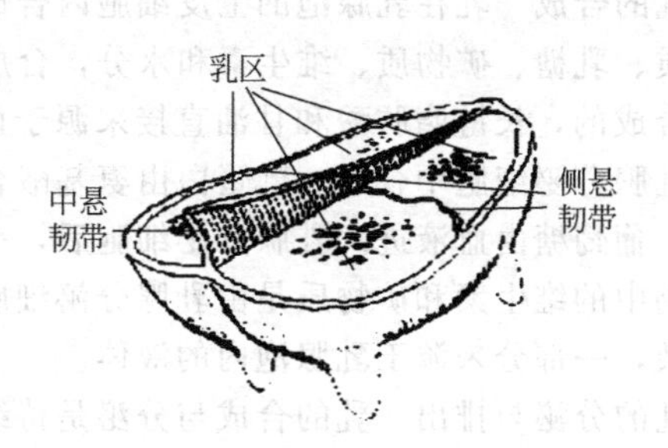

图 3-6-1　乳房的形态结构

(2) 乳房中间的中悬韧带将乳房分为左右两半，每一半边乳房的中部又各被结缔组织隔开分为前后两个乳区，这样，乳房被分为前后左右四个乳区，每个乳区都有各自独立的分泌系统，互不相通，每个乳区有一个乳头。故当一个乳区发生病情时并不影响其他乳区产乳。4 个乳区产乳可能稍有差别。乳房的剖面图见图 3-6-2。

2. 乳房的内部结构

乳房内部由乳腺腺体、结缔组织、血管、淋巴、神经及导管组成（图 3-6-3)。

乳房主要由腺体组织和结缔组织构成，前者应占 75%～80%。乳腺的最小单位是乳腺泡，是由分泌上皮细胞构成的，其中心是空的，称乳腺泡腔。众多的乳腺泡由末梢导管连接起来形成类似葡萄穗状的乳腺小叶。许多乳腺小叶由小叶导管连起来构成乳腺叶。在乳腺泡、乳腺小叶、乳腺叶之间分布着血管、神经和结缔组织。乳腺泡分泌的乳汁经末梢导管，汇集到小叶导管，再经小叶导管汇集到乳导管，最后流入乳池。乳池是储存乳汁的地方，分乳腺乳池和乳头乳池两部分。乳头开口处有环形括约肌，在有犊牛吮吸或其他刺激时，乳便可通过乳头排出体外。

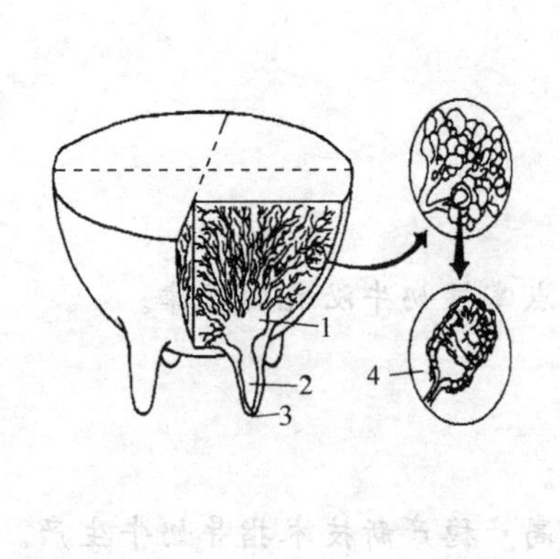

图 3-6-2 乳房的剖面图
1—乳腺池；2—乳头乳水池；
3—乳头管；4—腺泡
（出自现代奶牛生产）

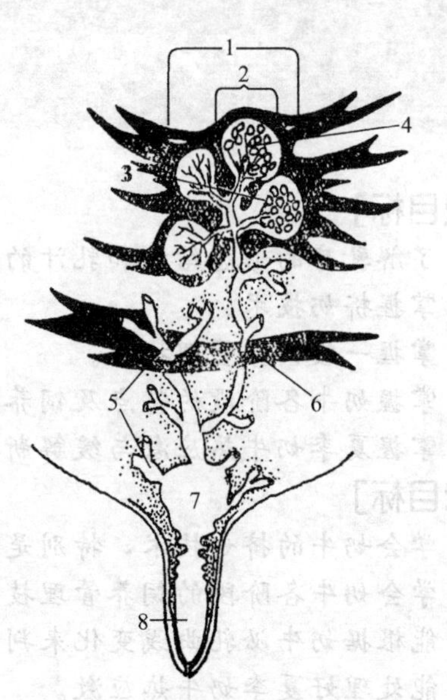

图 3-6-3 乳导管和乳腺泡系统
1—乳腺叶；2—乳腺小叶；3—乳腺泡；
4—末梢导管；5—乳导管；6—结缔组
织；7—乳池；8—乳头管
（出自现代奶牛生产）

结缔组织的作用是支持、固定乳房的位置和形状。每个乳腺腺体皆包围在肌肉之中，中间穿插许多毛细血管与淋巴。乳腺的表面都有一层上皮细胞，乳汁就由此产生和分泌。

3. 乳的合成与分泌

（1）乳的合成　乳在乳腺泡的上皮细胞内合成，然后分泌到乳腺泡腔中。乳的主要成分是脂肪、蛋白质、乳糖、矿物质、维生素和水分，合成乳成分的前体物来源于血液。乳脂肪是由甘油和脂肪酸合成的，长链脂肪酸和甘油直接来源于血液，短链脂肪酸则是血液中的乙酸盐和β-羟基丁酸盐在乳腺分泌细胞中合成。乳蛋白由氨基酸合成，氨基酸直接来源于血液。合成乳糖的原料是葡萄糖，葡萄糖由血液进入乳腺分泌细胞后，一部分转化为半乳糖，半乳糖再与葡萄糖结合生成乳糖。奶中的维生素和矿物质是由乳腺分泌细胞直接从血液中摄取的。奶中的水分一部分直接来源于血液，一部分来源于乳腺泡内的液体。

（2）乳的分泌与排出　乳的合成与分泌是持续不断的，贮存于乳池、乳导管、小叶导管、末梢导管和乳腺泡腔内。乳的分泌速度取决于乳房内压。刚挤完奶，奶的分泌达到最大速度，到下次挤奶前减到最低速度。当两次挤奶之间奶充满于乳腺泡腔和乳导管时，乳房内压不断增高，结果奶的分泌速度减慢，直到母牛开始挤奶为止。如不通过挤奶减少压力，则奶的分泌就将停止，而奶的成分也将被血液吸收，所以母牛每天要挤 2～3 次奶。

“排乳”或放奶的过程是奶从乳腺泡腔和乳导管中排到乳池中，然后才能被挤出来。奶的排出是一种神经和内分泌的反射作用，通过擦洗乳房、挤压乳头、犊牛吸吮或其他因素刺激而实现。这些刺激引起神经冲动，沿传入神经进入脊髓和大脑，导致垂体后叶分泌催产素，经血液流到乳腺，刺激乳腺泡和末梢导管周围的肌上皮细胞以及血管壁肌肉，使其收缩，乳房内压急剧增加，于是压迫乳腺和末梢导管内的奶汁流入乳导管和乳池中。这种动作叫做“排乳”。这种“排乳”过程在刺激作用以后 45～60s 即可发生，维持时间最长仅达 7～8min。因此，及早开始挤乳

（刺激作用后1min内）和迅速挤乳是很重要的，这样才能获得最高的奶产量。

二、奶牛的挤奶技术

挤奶是饲养奶牛的一项重要的技术工作。正常熟练的挤奶技术，能充分发挥奶牛潜力，防止乳房炎。挤奶方法可分为手工挤奶和机器挤奶两种。

1. 手工挤奶

挤奶人员在牛体右侧后门处，坐在小板凳上，两腿夹紧奶桶，左膝在牛右后肢飞节前侧附近，两脚向侧方开张，即可开始挤奶。挤奶时先挤2个后乳头，再挤前2个乳头。挤奶速度要随泌乳特性慢—快—慢进行，80～120次/min，每分钟挤奶量1～2kg，每次挤奶需要5～8min。开始挤奶前先挤几滴奶，观察乳汁有无异常，然后扔掉，因为前两把奶中含有大量微生物。

手工挤奶有压榨法和滑榨法。压榨法是用拇指和食指压紧乳头基部，然后以中指、无名指及小指压榨乳头把奶挤出。用这种方法挤奶，牛不会感到痛苦，能保持乳头干燥和卫生，是手工挤奶的最好方法。滑榨法则以拇指、食指捏住乳头基部，向下滑动，将奶挤出。此法初学时很易操作，但对乳牛危害极大，能引起乳头皮肤破裂、乳头变长、乳头腔变曲等严重弊病。适用于乳头短的奶牛，在正常情况下不宜使用。

2. 机器挤奶

机器挤奶的原理是利用挤奶机形成的真空，将乳房中的奶吸出。适于在牛场规模较大，劳动力成本较高的情况下使用。机械挤奶不仅能减轻工人劳动强度，提高劳动生产率和鲜奶质量，而且还能增加经济效益。由于机械挤奶是4个乳头同时挤，动作柔和，无残留奶，奶牛的泌乳性能得到充分发挥，这也是提高产奶量的措施之一。

当前使用的挤奶器有多种，常用的是桶式挤奶器、手推车挤奶器和管道式挤奶器。桶式挤奶器适合于规模小的奶牛场。规模较大的奶牛场适合应用管道式挤奶器。挤奶以前首先做好所需全部用具的清洁工作，然后清洗奶牛的乳房及乳头，以免牛奶被污染，清洗动作还可以诱导奶牛放奶。洗净乳房刺激放奶后，乳头中很快充满乳汁，因此应尽快套上挤奶杯开始挤奶，装挤奶杯以前先打开真空导管开关，使挤奶桶上的搏动器工作。一般安装挤奶杯的顺序为：先套上对侧前乳头，其次是对侧后乳头，然后是同侧后乳头，最后是同侧前乳头。目前已有自动脱落的挤奶机，各乳区挤干后分别自动落下，可以避免挤奶过度和挤不干净。各乳区挤干后，须将挤奶杯慢慢取下。注意不能过度挤奶。为保证乳房健康，在除去奶头末端的奶汁后，通常用已配好的消毒液浸泡乳头。待全部奶牛挤完奶以后，所有的用具及奶设备均应彻底清洁，同时对鲜奶进行一系列处理。

3. 挤奶技术

挤奶技术包括冲洗乳房、按摩乳房和挤奶三个环节。

（1）冲洗乳房的目的是保证牛奶的清洁，促使乳腺神经兴奋，加速乳房血液循环，加快乳汁分泌与排放以提高产乳量。方法是，用40～45℃热水将毛巾蘸湿，先洗乳头，然后洗乳房底部、右侧乳区、左侧乳区，最后洗后躯。开始用带水多的湿毛巾擦洗，后拧干，自上而下地擦干整个乳房。在挤奶厅内可用乳房喷头喷水冲洗，对擦洗乳房的毛巾要用放有消毒剂的温水清洗后晒干。

（2）按摩乳房的目的是刺激乳腺神经的兴奋，加速血液循环，从而促使乳汁分泌与排放。方法是，在开始挤奶前和挤奶过程中所采用的方法是一侧按摩与分乳区按摩。

（3）迅速进行挤奶，中途不要停顿，争取在排乳反射结束前将奶挤完。并且每头牛要在6～10min内挤完，其中包括擦洗乳房和按摩乳房的时间，时间太长，将降低产奶量。在接近挤完奶时再次按摩乳房，然后将最后的奶挤净，最后将乳头擦干。

（4）挤奶的注意事项

① 挤奶人员必须身体健康，搞好个人卫生，工作服要干净，手要洗净，剪好指甲。

② 挤奶要定时定人定环境，环境要安静，操作要温和。

③ 挤奶环境要清洁，挤奶前牛体特别是后躯要清洁。

④ 每次挤奶力图挤净。

⑤ 挤奶时密切注意乳房情况，及时发现乳房和乳的异常。

⑥ 挤奶机械应注意保持良好的工作状态，管道及盛奶器具应认真清洗消毒。

第二节　一般饲养管理技术

一、饲喂技术

1. 饲喂方法

要实行“三定”“一勤”。“三定”定时、定量、定次序。

（1）定时　每天必须在固定的时间喂饲。这样形成条件反射，到时则食欲旺盛，消化液大量分泌，有利于采食、消化和产奶。

（2）定量　按照每头牛应给的营养来确定饲料量进行饲喂，不可以任意增减。

（3）定次序　每次喂饲，先喂什么，中间喂什么，最后喂什么，次序要合理，一经决定，就要按次序喂，切不要乱变。一般挤奶前可给少量干草，以后喂多汁饲料，最后喂精饲料。

（4）一勤　少喂勤添，不要喂懒槽。

2. 变换饲料

母牛饲料不要突然变换。突然变换会影响食欲、消化，影响产奶。必须更换饲料时，要逐渐变换，使其逐渐适应。

3. 喂料的时间

一般喂料的时间和次数依挤奶而定，如挤三次奶就喂三次，挤两次奶就喂两次，即所谓“三挤三喂”、“两挤两喂”。

二、饮水

1. 保证奶牛充足的饮水

饮水对保持奶牛的健康、得到高额产奶量的重要性不亚于正常的饲养技术，奶牛有良好的饮水条件，其产奶量提高6%～10%；如果用自动饮水器则产奶量增加14%～19%。

在10℃左右的环境下，采食1kg干饲料，饮水量约3.54kg，在24℃左右的环境下，每采食1kg干饲料，饮水量在5.5kg左右。产奶期的奶牛比不产奶的奶牛需水量要大得多，如日产奶30kg，日供水量90～110kg才能满足奶牛需要。青年奶牛和犊牛的日需水量也有差异。1月龄的犊牛，其水主要来自牛奶中的水分，1～3月龄的日供水量要求在10kg左右，3～6月龄则需达15kg，青年母牛平均日需水量在30kg左右。有条件的养牛场（户）可在牛舍内安装自动饮水器，使其随时饮水，也可定时供水，一般每天3～4次，夏季每天5～6次。运动场内要设有水槽，保证有新鲜清洁的饮水供给。

2. 水质

饮水水质要符合《无公害食品——畜禽饮用水水质》标准，水质对奶牛生产和健康至关重要，奶牛饮水的水质主要包括5个方面：①感观（气味和滋味）；②生化特性，pH值在7.0～8.5，水的硬度在10～20度（即含CaO100～200mg/L），硬度过大的水一般可采取饮凉开水的方法降低其硬度；③有毒有害物含量（重金属、有毒矿物质、有机磷化合物、碳氢化合物）；④高氟地区，可在饮水中加入硫酸铝、氢氧化镁以降低氟含量；⑤矿物质含量（硝酸盐、钠、硫酸盐和铁）；⑥细菌数，每升水中大肠杆菌数不超过10个。

3. 水温

冬季给奶牛饮用温水可提高产奶量，但不可使用太热的水。适宜温度为成年奶牛12～14℃；

产奶妊娠牛 15～16℃；1月龄内犊牛 35～38℃。

夏季应给奶牛饮凉水，增加饮水器具、次数，在饮水中添加抗热应激的药物，如小苏打、维生素C等，高温天气给奶牛饮凉绿豆汤，以减缓热应激，提高产奶量。

三、刷拭牛体

每天必须刷拭奶牛，刷拭能清除牛体污垢、尘土与粪便，保持牛体清洁，促进血液循环，增进新陈代谢，有利于牛的健康，同时还可以防止寄生虫病。刷拭牛体还能使牛养成温驯的性格，利于人工挤奶。加强刷拭，也可减少牛奶污染，提高牛奶卫生质量。

常用的刷拭工具有铁刮、毛刷、棕刷及塑胶刷等。正确的刷拭方法为：饲养员左手持铁刷，铁刷只是用来清除毛刷上所粘的牛毛和污泥，一般不以铁刷直接刷拭牛体。刷拭时不论在牛体左侧或右侧，均须由颈部开始，由前到后，自上到下，一刷紧接一刷，刷遍全身，不要疏漏。先逆毛而刷，后顺毛而刷。一般要求每天刷拭2次，且应在挤奶前0.5～1h完成。

四、肢蹄护理

由于受遗传和环境因素的影响，有的奶牛蹄会出现增生或病理症状，如变形蹄、腐蹄病、蹄叶炎等。如不及时修整，会造成奶牛行动困难和产奶量下降。四肢应经常护理，以防肢蹄疾病的发生。护蹄方法为：牛床、运动场以及其他活动场所应保持干燥、清洁，尤其是奶牛通道及运动场上不能有尖锐铁器和碎石等物，以免伤蹄，并定期用5%～10%的硫酸铜或3%福尔马林溶液洗蹄。长蹄、宽蹄的牛，进行削蹄，否则会使蹄壳延长向前弯曲，造成肢蹄负重过大，引起趾痛、跛行，严重时行走困难。正常情况下，修蹄应每年春秋各进行1次。夏季用凉水冲洗肢蹄时，要避免用凉水直接冲洗关节部，以防引起关节炎，造成关节肢蹄变形。在有良好的牛舍设施和管理条件下，肢蹄尽可能干刷，以保持清洁干燥，减少蹄病的发生。需要特别注意的是，产后奶牛在喂合理日粮的基础上，再适当添加含有钙、磷、锌的无机盐混合料，这样可以防止蹄趾疾病的发生，并增加机体抵抗细菌感染的能力。

五、运动

舍饲奶牛，每天应有适当时间的运动或者放牧。运动能促进血液循环，增强体质，增进食欲、防止腐蹄病，改善繁殖机能；同时运动还可让奶牛接受紫外线照射；还有助于观察发情、发现疾病。因此舍饲奶牛每天至少户外运动2～3h。

第三节　阶段饲养法

阶段饲养法指将奶牛一个泌乳期划分成若干泌乳阶段，并根据高产牛各阶段的生理特点，给予不同的营养水平，充分发挥其产奶遗传潜力，获得高产。同时经济地利用各种饲料，达到最大限度地提高经济效益的目的。

一、干奶期的饲养管理

泌乳牛停止挤奶至临产前的一段时间称为干奶期。干奶期是母牛饲养管理过程中的一个重要环节。干奶方法、干奶期长短、干奶期饲养管理好坏对胎儿的正常生长发育、母牛的健康以及下一个泌乳期的产奶性能均有重要影响。

1. 干奶的概念

为了保证母牛在妊娠后期体内胎儿的正常发育，为了使母牛在紧张的泌乳期后能有充分的休息时间，使其体况得以恢复，乳腺得以修补与更新，在母牛妊娠的最后2个月采用人为的方法使母牛停止产奶，称为干奶。

2. 干奶的意义

母牛妊娠后期，胎儿生长速度加快，胎儿大于一半的体重是在妊娠最后2个月增长的，需要大量营养。随着妊娠后期胎儿的迅速生长，体积增大，占据腹腔，消化系统受压，消化能力降低。母牛经过10个月的泌乳期，各器官系统一直处于代谢的紧张状态，需要休息。母牛在泌乳早期会发生代谢负平衡，体重下降，需要恢复，并为下一泌乳期进行一定的储备。在10个月的泌乳期后，母牛的乳腺细胞需要一定时间进行修补与更新。因此，干奶的意义重大。

3. 干奶期时间

实践证明，干奶期以50～70天为宜，平均为60天，时间过长或过短都不好。干奶期过短，达不到干奶的预期效果；干奶期过长，会造成母牛乳腺萎缩。

干奶期的长度应视母牛的具体情况而定，对于初产牛、年老牛、高产牛、体况较差的牛干奶期可适当延长一些（60～75天）；对于产奶量较低的牛、体况较好的牛干奶期可适当缩短（45～60天）。

4. 干奶方法

奶牛在接近干奶期时，乳腺的分泌活动还在进行，高产奶牛其每天还能产奶10～20kg，但不论产奶量多少，到了预定停奶日，均应采取果断措施，进行停奶。干奶的方法有2种，即逐渐干奶法和快速干奶法。

（1）逐渐干奶法　逐渐干奶法是用1～2周的时间使泌乳活动停止，开始进行停奶的时间视奶牛当时的泌乳量多少或过去停奶的难易而定。泌乳量大的、难停奶的则早一些开始，反之则推迟。

具体方法：在预定停奶前10～20天改变日粮结构，停喂糟粕料、多汁饲料及块根饲料，减少植物饲料、增加干草喂量；停止乳房按摩，改变挤奶次数和挤奶时间，每天3次挤奶改为2次，而后1天1次或隔日1次；控制饮水量（夏季除外），以抑制乳腺组织的分泌活动。直到日挤奶量3～4kg时，不再挤奶。

这种干乳方法，因时间拖延过长，对牛体健康不利，目前生产上应用不多；但是对一些泌乳性能好的高产牛，不容易干奶者，或曾有乳房炎病史及检出隐性乳房炎者，采用此法干奶较为安全。

（2）快速干奶法　此法适合预定干奶日产奶量较低的牛。用4～7天的时间使泌乳活动停止。此法简单易行，不用预先减料，不影响产奶。要求胆大心细，责任感较强。到停奶日期，认真按摩乳房，将乳房中的奶彻底挤净，把乳房、乳头擦干净后不再挤奶。同时保持垫草清洁。用5%的碘酒浸乳头，以防感染。

（3）最后一次挤奶　在干奶过程中每次挤奶都应把奶挤干净，特别是最后一次更应挤得非常彻底。用消毒液对乳头进行消毒，向乳头内注入青霉素软膏，再用火棉胶将乳头封住，防止细菌由此侵入乳房引起乳房炎。

5. 干奶牛的饲养

干奶期饲养管理的目标：使母牛利用较短的时间安全停止泌乳；使胎儿得到充分发育，正常分娩；母牛身体健康，并有适当增重，储备一定量的营养物质以供产犊后泌乳之用；使母牛保持一定的食欲和消化能力，为产犊后大量进食作准备；使母牛乳房得到休息和恢复，为产后泌乳作好准备。

（1）干奶前期的饲养　干奶前期指从干奶之日起至泌乳活动完全停止，乳房恢复正常为止。此期的饲养目标是尽早使母牛停止泌乳活动，乳房恢复正常。饲养原则为在满足母牛营养需要的前提下不用青绿多汁饲料和副料（啤酒糟、豆腐渣等），而以粗饲料为主，搭配一定精料。

（2）干奶后期的饲养　干奶后期是从母牛泌乳活动完全停止，乳房恢复正常开始到分娩，是完成干奶期饲养目标的主要阶段。饲养原则为母牛应有适当增重，使其在分娩前体况达到中等程度。日粮仍以粗饲料为主，搭配一定精料，精料给量视母牛体况而定，体瘦者多些，胖者少些。在分娩前6周开始增加精料给量，体况差的牛早些给，体况好的牛晚些给，每头牛每周酌情增

0.5～1.0kg，视母牛体况、食欲而定，其原则为使母牛日增重在500～600g。

(3) 干奶期母牛饲养过肥的后果　母牛难产，并影响以后的繁殖机能，产后不能正常发情与受胎。母牛产后食欲不佳，消化机能差，采食量低，体脂动员过快，导致酮病的发生。易导致乳房炎，进而乳房变形，给挤奶造成困难。饲料能量在干奶期以体脂的形式储存于母牛体内，产后由体脂转化为奶，由饲料能量转化为奶中能量经过了体脂这一中间环节，不如直接由饲料能量直接转化为奶能量的效率高。

(4) 干奶期母牛日粮　干物质进食量为母牛体重的1.5%；日粮粗蛋白含量为10%～11%；日粮产奶净能含量1.4奶牛能量单位/kg；日粮钙含量0.4%～0.6%；日粮磷含量0.3%～0.4%；日粮食盐含量0.3%；要注意胡萝卜素的补充；为防止母牛皱胃变位和消化机能失调，每日每头牛应喂给2.5～4.5kg长干草。

(5) 干奶母牛的管理　加强户外运动以防止肢蹄病和难产，并可促进维生素D的合成，以防止产后瘫痪的发生。避免剧烈运动，以防止机械性流产。冬季饮水水温应在10℃以上，不饮冰冻的水，不喂腐败发霉变质的饲料，以防止流产。加强干奶牛舍及运动场的环境卫生，有利于防止乳房炎的发生。

二、围产期的饲养管理

围产期指的是奶牛临产前15天到产后15天这段时期。按传统的划分方法，临产前15天属于干奶期，产后15天属于泌乳早期。在围产期除应注意干奶期和泌乳早期一般的饲养管理原则外，还应做好一些特殊的工作。

1. 围产前期的饲养管理

(1) 预产期前15天母牛应转入产房，进行产前检查，随时注意观察母牛临产症候的出现，作好接产准备。

(2) 临产前2～3天日粮中适量加入麦麸以增加饲料的轻泻性，防止便秘。

(3) 日粮中适当补充维生素A、维生素D、维生素E和微量元素，对产后子宫的恢复、提高产后配种受胎率、降低乳房炎发病率、提高产奶量均具有良好作用。

(4) 母牛临产前1周会发生乳房膨胀、水肿，如果情况严重应减少糟粕料的供给。

2. 围产后期的饲养管理

(1) 母牛在分娩过程中体力消耗很大，损失大量水分，体力很差，因而分娩后的母牛应先喂给温热的麸皮盐水粥（麸皮1～2kg，食盐0.1～0.15kg，碳酸钙0.05～0.10kg，水15～20kg），以补充水分，促进体力恢复和胎衣的排出，并给予优质干草让其自由采食。

(2) 产后母牛消化机能较差，食欲不佳，因而产后第1天仍按产前日粮饲喂。从产后第2天起可根据母牛健康情况及食欲每日增加0.5～1.5kg精料，并注意饲料的适口性。控制青贮、块根、多汁料的供给。

(3) 母牛产后应立即挤初乳饲喂犊牛。第1天只挤出够犊牛吃的奶量即可，第2天挤出乳房内奶的1/3，第3天挤出1/2，从第4天起可全部挤完。每次挤奶前应对乳房进行热敷和轻度按摩。

(4) 注意母牛外阴部的消毒和环境的清洁干燥，防止褥疮的发生。

(5) 加强母牛产后监护，尤应注意胎衣的排出与否及完整程度，以便及时处理。

(6) 夏季注意产房的通风与降温，冬季注意产房的保温与换气。

三、泌乳盛期的饲养管理

泌乳盛期指母牛分娩15天以后，到泌乳高峰期结束。一般指产后16～100天的时间。母牛分娩后即开始泌乳，泌乳早期是整个泌乳期产量不断上升至达到最高峰的阶段。达一阶段奶产量往往占整个泌乳期产量的一半。所以，它又是发挥母牛潜力、夺取高产的重要阶段，必须喂好。

1. 泌乳盛期的饲养

(1) 泌乳曲线　母牛分娩后开始产奶，直到下一个乳期的整个泌乳期间，每月泌乳量变化是有一定规律的。将整个泌乳期中每个月的泌乳量，或将每个月平均日产量升降的情况以图解曲线表示，称为泌乳曲线（图 3-6-4）。

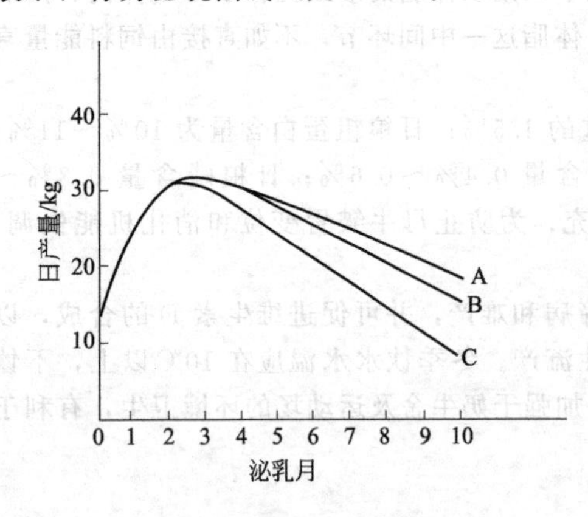

图 3-6-4　奶牛泌乳曲线

泌乳规律是产后产量逐渐增加，一般在产后30～60天内达到泌乳高峰，高产牛到达高峰期较迟，为50～60天，此后逐渐下降。下降的快慢因牛而异。一般高产牛上升幅度大，曲线在高峰期较平稳，下降较慢，称持续高产性能较好，如 *A* 线。一般来说，每月产量相当于上月产量的93%～96%（下降4%～7%），如 *B* 线；*C* 线则下降较快，下降可达10%～20%，对整个泌乳期的产量影响较大。所以，泌乳牛产后如能迅速提高产量，达到最高峰，而且在高峰期维持时间较长，泌乳曲线较平，下降慢，则总产量较高。

(2) "预付"饲养　"预付"饲养是一般奶牛场常用的增奶饲养措施。具体方法为：从产后10～15天开始，除根据体重和产奶量按饲养标准给予饲料外，每天额外多加1～2kg精料，以满足产奶量继续提高的需要。只要奶量能随饲料增加而上升，就可继续增加，等到增料而奶量不再上升后，才将多余的精料降下来。降料要比加料慢些，逐渐降至与产奶量相适应为止，如再减料，产奶量就会随之下降，与此同时增加青绿多汁、青贮饲料和干草数量。"预付"饲养法对一般产奶母牛增奶效果比较理想。

(3) "引导"饲养　"引导"饲养是美国从20世纪70年代后在"预付"饲养基础上发展而来的一种高产奶牛增奶饲养措施。具体方法为：从奶牛产前2周开始，除喂给足够的粗饲料（全株玉米青贮）外，1天约喂给2kg精料，以后每天增加0.45kg，直到奶牛每100kg体重采食1.0～1.5kg精料为止，奶牛产犊后，继续按每天0.45kg增加精料，直到产奶高峰。待产奶高峰过去，奶量不再上升而逐渐缓慢下降时，按产奶量、乳脂率、体重、体况等情况调整精料喂量。在整个"引导"饲养法期间，供给优质饲草，任其自由采食，并给予充足的饮水。同时，"引导"饲养法所饲喂的精料（谷物）必须是粗磨或压扁的，不宜磨成粉状，否则易引起消化机能障碍。

"引导"饲养法与常规饲养法相比，有下列特点：可使奶牛瘤胃微生物区系在产犊前得到调整，以适应产后高精料日粮；可使奶牛，特别是高产奶牛在产犊前体内贮备足够的营养物质，以满足产奶高峰时的需要；增进干奶牛对精料的食欲，使它在产犊后仍能继续采食大量精料，从而使奶牛在泌乳早期就能迅速到达泌乳高峰，不致因吃不进精料而使产奶量受到限制；可使多数奶牛出现新的产奶高峰，增产的趋势可以持续整个泌乳期；在泌乳初期，奶牛即可采食丰富的能量，满足了奶牛的泌乳需要，减少酮病的发生。

"引导"饲养法仅对高产奶牛有效，而对低产奶牛则不宜应用，否则将导致奶牛过肥，反而产生不利影响。

(4) 添加过瘤胃脂肪提高日粮能量浓度　泌乳盛期奶牛体内营养物质处于负平衡状态，常规的饲料配合难以保证日粮中的能量需要，尤其是高产奶牛能量需要，同时，大量增加精料比例，也容易导致瘤胃发酵异常，pH下降，乳脂率降低，以至出现瘤胃酸中毒及其代谢疾病。在日粮中添加过瘤胃脂肪或保护脂肪，可以在不大改变日粮精粗比例的前提下，提高日粮能量浓度。据报道，在奶牛日粮中添加脂肪，产奶量增加8%～17%，乳脂率提高13%～18%，同时，还有助于提高受胎率。脂肪在奶牛日粮中的添加量以3%～5%为宜。对于高产奶牛，日粮中保护脂肪的添加量也不宜超过6%～8%。在添加脂肪的同时，要注意增加过瘤胃蛋白质、维生素、微量元素等的给量，以利于牛奶的形成和抑制体脂过量沉积。

（5）提高日粮中过瘤胃蛋白质（氨基酸）的比例　泌乳盛期奶牛同样会出现蛋白质供应不足的问题，常规日粮所供给的饲料蛋白质由于瘤胃微生物的降解，到达皱胃的菌体蛋白质和一部分过瘤胃蛋白质难以满足产奶需要，因此，提高日粮中过瘤胃蛋白质（氨基酸）的比例，可以缓解蛋白质不足的矛盾，提高产奶量。Socha 等（1994 年）分别以日粮粗蛋白质含量 16%、18%为对照组，试验组每天添加 10.5g 过瘤胃蛋氨酸和 16g 过瘤胃赖氨酸。结果表明，日粮粗蛋白质 16%组，添加过瘤胃蛋氨酸和赖氨酸，奶牛产犊后 15 周平均每天多产奶 0.9kg；日粮粗蛋白质 18%组，添加过瘤胃蛋氨酸和赖氨酸，奶牛每天产奶量较对照组高 3.2kg，乳蛋白含量从 3.03%提高到 3.13%。

（6）增加奶牛高峰期干物质进食量、防止营养代谢疾病发生的饲养措施　在泌乳高峰期还应适当增加粗料和谷物饲料的饲喂次数，以增进食欲，改善瘤胃微生物的发酵环境，降低奶牛酮病、乳腺炎、乳热症等的发病率，提高产奶量。据报道，配合饲料分 8 次饲喂，每次喂 1.2～1.6kg，每年产奶量可提高 1360kg。粗料每天可分 3 次饲喂或自由采食。由于在泌乳高峰期使用精料较多，在配制日粮时可考虑添加一些缓冲剂如碳酸氢钠和氧化镁，碳酸氢钠每头每天用量为 120g，氧化镁为 40g。

2. 泌乳盛期的管理

（1）适当增加挤奶次数　如挤奶、护理不当，此时容易发生乳房炎。要适当增加挤奶次数，加强乳房热敷按摩，每次挤奶要尽量不留残余乳，挤奶操作完应对乳头进行消毒，可用 3%次氯酸钠浸乳头，以减少乳房感染。

（2）饮水　要加强对饮水的管理，为促进母牛多饮水，冬季饮水温度不宜低于 16℃；夏季饮清凉水或冰水，以利于防暑降温，保持食欲，稳定奶量。

（3）及时配种　一般奶牛产后 1～1.5 个月，其生殖道基本康复，随之开始发情，此时应仔细做好发情日期、发情症候以及分泌物净化情况的记录工作，在随后的 1～2 个性周期，即可抓紧配种。产后 60 天尚未发情的乳牛，应及时诊治。

另外，要加强对饲养效果的观察，主要从体况、产奶量及繁殖性能 3 个方面进行检查。如发现问题，应及时调整日粮。

四、泌乳中期的饲养管理

我国《高产奶牛饲养管理规范》规定，产后 101～200 天为泌乳中期。饲养目标为尽量使母牛产奶量维持在较高水平，下降不要太快。尽量维持泌乳早期的干物质进食量，以降低饲料的精粗比例和降低日粮的能量浓度来调节进食的营养物质量。这个时期，一方面，多数奶牛产奶量开始逐渐下降，下降幅度一般为每月递减 5%～8%或更多；另一方面，奶牛食欲旺盛，采食量达到高峰（采食量在产后 12～14 周达高峰）。实践证明，该阶段精料饲喂过多，极易造成奶牛过肥，影响产奶量和繁殖性能。因此，这一阶段应根据奶牛的体重和泌乳量，每周或隔周调整精料喂量，同时，在满足奶牛营养需要的前提下，逐渐增大粗料比重。

《高产奶牛饲养管理规范》规定，泌乳中期日粮的精粗比为 40∶60。其他营养标准为：日粮干物质应占体重 3.0%～3.2%，每千克含奶牛能量单位 2.13，粗蛋白含量为 13%，钙 0.45%，磷 0.4%，粗纤维含量不少于 17%。

由于泌乳中期产奶量下降，可采取措施减慢下降速度。具体措施是，饲料要多样化，营养保证全价而且适口性要强，适当增加运动，加强乳房按摩，保证充分饮水。

五、泌乳后期的饲养管理

奶牛产后 201 天至干奶之前的这段时间称为泌乳后期。其饲养目标除阻止产奶量下降过快外，要保证胎儿正常发育，并使母牛有一定的营养物质贮备，以备下一个泌乳早期使用，但不宜过肥，按时进行干奶。

泌乳后期奶牛的特点是：此期由于受胎盘激素和黄体激素的作用，产奶量开始大幅度下降，每月递减8%～12%，该时期应按奶牛体况和泌乳量进行饲养，每周或隔周调整精料喂量1次。同时，泌乳后期是奶牛增加体重、恢复体况的最好时期（泌乳牛利用代谢能增重的效率为61.6%，而干奶牛仅为48.3%），凡是泌乳前期体重消耗过多和瘦弱的，此期应比维持和产奶需要适当多喂一些，使奶牛在干奶前一个月体况达3.5分，这不仅对奶牛健康有利，对奶牛持续高产也有好处。

《高产奶牛饲养管理规范》中要求：日粮精粗料比为30：70，日粮干物质应占体重3.0%～3.2%。每千克含奶牛能量单位2.00，粗蛋白质含量为12%，钙0.45%，磷0.35%，粗纤维含量不少于20%。

六、高产奶牛的饲养管理

就全国来看，奶牛个体初产牛产乳量达5000kg，或经产母牛产奶量达7000kg即为高产牛。

1. 高产奶牛的饲养

高产牛产乳多，需要的营养物质也多，每天需80～100kg饲料，折合20～50kg干物质。要消化吸收这些饲料，不仅消化器官紧张，而且整个机体代谢机能都要强，只有强健的体质，才能适应生理机能的强烈活动。所以，高产牛的日粮应全价、适口性要好、易于消化吸收。高产乳牛的饲养需注意以下几点。

(1) 加强干乳期的饲养　为了充分补偿前一泌乳期的损失，贮备充分的营养以供产后泌乳营养入不敷出之需，干乳后期需要提高精料水平，这样就能保证泌乳期能量需要，防止泌乳高峰期过多分解体脂，影响乳牛发育和健康。

(2) 提高干物质的营养浓度　通常泌乳期到高峰期是高产牛饲养管理的关键时期。母牛产乳后，产乳量急剧上升，对干物质和能量等营养物质的需要也相应增加。为了满足营养需要，必须提高干物质的营养浓度，防止体重下降过多或下降持续时间较长，导致出现酮血症或性机能障碍。

(3) 保持日粮中能量和蛋白质的适当比例　高产牛产犊后，产乳量逐渐提高，此时常因片面强调蛋白质饲料供应量，忽视蛋白质与能量间的适当比例。在高产期，碳和氮之比为5：1较为合适，可使奶牛充分利用饲料，且能保持高的乳脂率和产奶量。一般升乳期产乳量迅速增长，需要很多能量，如日粮中作为能源的碳水化合物不足，蛋白质就要脱氨氧化供能。其含氯部分则由尿排出。在这种情况下，蛋白质不但没有发挥其自身特有的营养功能，并且从能量的利用考虑也不经济。

(4) 注意保持高产牛的旺盛食欲　高产牛泌乳量上升速度比采食量上升速度早6～8周。母牛采食量大，通过消化道较快，降低了营养物质的消化率，日粮的营养浓度越高，被消化的比例越低。因此，要保持母牛旺盛的食欲，注意提高其消化能力。粗饲料可让牛自由采食，精料日喂3次，产犊后精料增加不宜过快，否则容易影响食欲。每天增量以0.5～1.0kg为宜，精料给量一般每天不超过10kg。

(5) 高产牛日粮的合理组成　高产牛的日粮要求容易消化，容易发酵，并从每单位日粮得到更多的营养物质，即日粮组成不仅考虑到营养需要，还应注意满足瘤胃微生物的需要，促进饲料更快地消化和发酵，生产更多的挥发性脂肪酸，乳中有40%～60%的能量来自挥发性脂肪酸，乙酸是主要的能量来源，同时也可为牛乳脂肪合成利用。适宜的乙酸含量可以促进高产和高乳脂率。精料给量中，玉米或高粱的比例要适当，可增加大麦、麸皮的给量，豆科青粗料比禾本科易消化和发酵，蛋白质含量也高，带穗玉米青贮既具青饲料性质又具精料性质，较易消化，但是贮存过程中大部分蛋白质被降解为非蛋白质含氮物，喂饲后经微生物合成蛋白质才被利用，故高产牛日粮中不宜过多饲喂青贮料。

2. 高产奶牛的管理

(1) 搞好卫生　产后及时清刷母牛后躯并进行消毒，预防生殖系统疾病。畜舍、运动场勤打扫、勤垫草，保持清洁干燥。同时，还应通风透光，防止贼风和穿堂风。冬季注意保暖。

(2) 科学挤奶

① 产后采取“三多”乳房护理法，即多次挤奶、多次热敷、多次按摩。产后前7天，每天挤奶3～4次，使乳房消除水肿。每次挤奶时用50～60℃的热水洗擦乳房，并用热的湿毛巾多次温敷，挤奶前后进行乳房按摩。为防止奶牛产后瘫痪，刚产犊的奶牛前3天不要把乳房内的奶挤干净，一般第1天只挤60%～70%，第2天挤75%～80%，第3天挤85%～90%，第4天可完全挤净。

② 坚持“四定”挤奶原则，即固定挤奶员、固定挤奶时间、固定挤奶场地、固定挤奶顺序，并熟练掌握挤奶技术。

③ 注意挤奶卫生，预防乳房炎。挤奶员应身体健康。挤奶前，清刷母牛后躯污垢并用水冲洗牛床，不喂有异味的饲料。为预防乳房炎，应采用正确的挤奶方法。

(3) 增加光照　在短日照季节，给奶牛人工补充光照，使全日光照时间达15h，可提高奶牛产奶量。

(4) 繁殖配种　严格按冷精配种操作规程进行配种，力争在一个发情期内输精受孕，防止配种污染。

(5) 运动、刷拭和修蹄　这是三项经常性的日常管理工作，对泌乳期的奶牛尤为重要。舍饲奶牛，每天上下午各自由运动一次，每次1h，可增强体质，提高产奶量。刷拭能保证皮肤清洁，预防皮肤疾病。每天应刷拭1～2次，最好安排在挤奶前在运动场进行。每年春秋季进行修蹄。

(6) 牛舍、运动场做到冬暖夏凉，预防热射病。按防疫规程搞好疾病防治。

第四节　夏季奶牛的饲养管理

一、热应激对奶牛的影响

1. 热应激对奶牛采食量的影响

外界环境温度的高低直接影响奶牛的采食量。一般认为，外界温度升高引起的热应激往往导致奶牛采食量下降，饲料转化率提高。奶牛在22～25℃时采食量开始下降，30℃以上时明显下降，40℃时采食量不会超过18～20℃时的60%，40℃以上时有的不耐热品种将停止采食。温度可直接通过温度感受器作用于下丘脑的厌食中枢，然后反馈回来抑制采食；温度升高时，奶牛散热加强，流经全身皮肤表面的血量增多，导致消化道内血量不足，影响营养物质的消化速度，使消化道内充盈，易导致胃的紧张度升高，从而抑制采食。温度升高，奶牛为了减少热增耗而减少采食量；温度升高使奶牛饮水量急剧增加，从而相应减少采食量。

2. 热应激对奶牛产奶量的影响

奶牛对热应激极为敏感。研究表明，荷斯坦牛因高温产奶量降低5%～20%；高温高湿影响更大，美国的一项研究表明，在温度为29℃的条件下，相对湿度为40%时，荷斯坦牛产奶量下降8%。在同等温度条件下，相对湿度为90%，产奶则下降了30%。奶牛产奶最适温度为20℃，当气温高于20℃时奶牛产奶量有所下降；气温升到30℃时产奶量大幅度下降，超过35℃时产奶量急剧下降。一般认为，产奶量的高低与乳腺泡、乳导管的形成和发育密切相关。在热应激情况下，机体需动员各种机能克服不良作用，使催乳素（PRL）和 T_3、T_4 分泌量下降，抑制了排乳反射，导致产奶量下降。

3. 热应激对生殖功能的影响

在热应激下奶牛的繁殖率明显降低，据试验，当温湿度指数（THI）从68升至78时，奶牛的受胎率从66%降至35%。Lee(1993年）报道，在配种当天或次日阴道温度增加0.5℃，即可影响受胎率。在热应激情况下，促肾上腺皮质素（ACTH）大量分泌，干扰垂体前叶其他激素的分泌，如FSH、LTH、LH等，从而导致生长乳牛性腺发育不全，成年母牛卵子生成和发育受阻。因此，热应激使精子与卵子的受精率下降。奶牛情期缩短，发情表现不明显或乏情，影响适时配种，从而降低受胎率。另外，在配种后胚胎着床期易引起胚胎吸收、流产等现象。

4. 热应激对血液中某些生化指标的影响

热应激可对奶牛血液中某些生化指标产生显著影响。检验表明，热应激可显著降低奶牛血清中γ-球蛋白含量，导致机体免疫力减弱。夏季奶牛乳房炎发生率较高，可能与此有关。热应激可引起血钙含量明显下降，其原因之一是奶牛采食量减少，钙摄入量不足，血钙浓度下降，因而易导致生产瘫痪等缺钙症。列柯夫研究表明，热应激还可显著降低血清中维生素C的含量，因此，在日粮中添加维生素C不仅可刺激红细胞生成，增加碱贮，使瘤胃液中纤毛虫和挥发性脂肪酸(VFA)增加，还有助于缓解热应激。

综上所述，北方夏季高温足以导致奶牛热应激，对其采食量、产奶量、繁殖率及血液生化指标的影响非常明显，进而影响奶牛的生产性能。因此在实际生产中应采取有效措施，以减少热应激给奶牛带来的危害。

二、缓解热应激的措施

在高温高湿的季节，奶牛机体平衡容易失调或破坏，抵抗力减弱，临床表现为：呼吸速度加快，有明显的腹式呼吸现象，采食量明显减少，体重下降；奶产量明显下降；繁殖率降低。采取以下几种措施，可以缓解奶牛热应激。

(1) 提高奶牛的福利待遇，改善牛舍、挤奶区和运动场环境。通过改善奶牛的生存环境来减轻炎热对奶牛造成的压力，首先要阻断外部热源进入牛舍、运动场，同时促进牛舍内的热量和水分向外排出，通过送风、喷水、洒水等措施促进奶牛体热的散发。在空气污浊且不流通的地方，奶牛在短时间内可能发生危险，甚至毙命，这就要求在待挤奶区和挤奶区也要加强奶牛的防暑降温工作。

(2) 调整营养和饲喂技术，加强奶牛的饲养管理。通过调整、改善饲料结构和饲喂技术，尽量减少、抑制与产奶无关的热量的产生。

三、夏天的饲养管理

奶牛是比较耐寒而不耐高温的动物，炎热的气候条件会导致奶牛热平衡破坏或失调，造成奶牛热应激反应，致使产奶量和繁殖率显著下降，抵抗力降低，发病率增高，因此，防暑降温成为夏季奶牛生产的重点之一。

1. 调节环境温度

盛夏季节，气温高、光照强、天气热，奶牛汗腺不发达，较怕热。牛舍内温度超过30℃时，就会阻碍奶牛体表热量散发，导致新陈代谢发生障碍。因此，盛夏季要常打开通风孔或门窗，促进空气流通，降低牛舍温度。天气炎热时每天下午挤奶后，用清水向牛体喷雾降温，增加牛的食欲。运动场上应搭设凉棚，以防奶牛遭到日晒雨淋。发现奶牛呼吸困难时，可煮绿豆汤冷却后让其饮服，并用“风油精”擦抹奶牛额角、两侧太阳穴和鼻端，提神解暑。总之，可通过遮阳、通风、喷水、洗牛等方法来创造一个“小气候”，以减少高温对牛的危害。

2. 调整营养浓度

选择适口性好的青粗饲料，多喂青绿多汁饲料。在高温条件下，气温每升高1℃，高产奶牛的维持能量需要增加3%，因此，在炎热季节奶牛需要的能量比冬季还多（冬季每降低1℃维持能量仅需增加1.2%）。

据研究，在热应激采食量减少的情况下，添加脂肪有很好的饲养效果。油籽如整粒棉籽或大豆、牛羊脂以及脂肪酸钙都是很好的脂肪来源。

3. 注意补充钠、钾、镁

在炎热季节，奶牛出汗较多，钠、钾、镁损失较大，应进行补充。最近，美国佛罗里达州的研究已证实，奶牛夏季采用0.4%～0.5%钠、1.5%钾和0.3%～0.35%镁的日粮，有助于缓解热应激，提高产奶量。

4. 供给充足清凉饮水

奶牛的饮水量与外界气温、泌乳量、个体、品种、年龄有关，一般泌乳母牛每次喂食时，将饲料投入食槽并适当注水，引诱牛饮水吃料，不仅能满足饮水，而且对缓和热应激能起到良好的作用。同时，亦可在饮水中放入0.5%的食盐，以促进奶牛消化。

5. 消除蚊蝇

盛夏季节，蚊子、苍蝇较多，不仅叮咬牛体，影响奶牛休息，造成产奶量下降，而且蚊蝇可传播疾病。因此，可在牛舍加纱门纱窗，以防蚊蝇叮咬牛体；也可用90%敌百虫600～800倍液喷洒牛体，驱杀蚊蝇，但在用药时要注意防止浓度过高及药液渗入饲料，以防发生中毒。

6. 搞好卫生

盛夏季节，细菌繁殖很快，因此，要勤打扫牛舍，清除粪便，通风换气，保持牛舍清洁干燥和凉爽，并注意搞好环境消毒。定期用清水冲洗牛床，每天应在挤奶前刷拭牛体1～2次。

[复习思考题]

1. 母牛产后前几天为什么不能将奶全部挤净？
2. 牛一天要饮多少水？对水质有什么要求？
3. 夏季奶牛饲养管理要点是什么？
4. 高产奶牛的饲养管理要点是什么？
5. 简述奶牛乳房的内部结构。
6. 热应激可对奶牛产生哪些影响？
7. 什么是泌乳曲线？
8. 什么叫“引导饲养法”？它有什么特点？
9. 干奶对产奶牛有什么作用？干奶期一般有多长？
10. 奶牛一天应喂几次奶？挤几次奶？
11. 为什么要提倡机器挤奶？
12. 奶牛围产期的饲养管理要点是什么？

第七章　肉牛育肥技术

[知识目标]

- 了解肉牛生长发育的规律性。
- 掌握肉牛的育肥技术。

[技能目标]

- 能独立制定肉牛育肥技术方案。

第一节　肉牛生长发育规律

一、生长发育的阶段性

1. 胚胎期

胚胎期始于受精卵，止于出生。从受精卵形成到11天受精卵着床，细胞急剧增长和分裂。其营养除依靠受精卵自身供给外，还通过渗透作用由母体子宫获得。从11天左右到60天为止，胚胎组织器官逐渐分化，但绝对重量很小，55天时胚胎仅10g左右。从这以后直到出生前，主要是身体各组织器官的增长。牛的生长发育程度在胚胎期前4个月约占0.5%，后3个月占75.8%。胚胎期的生长发育直接影响犊牛的初生重。初生重大小与成年体重呈正相关，直接影响肉牛生产力。

2. 哺乳期

哺乳期指从犊牛出生到断乳为止。这一阶段犊牛对外界条件逐渐适应，各种组织器官功能逐步完善，生长速度在一生中最快。如瘤胃重量在6月龄时达到出生时的31.62倍。母乳是犊牛获取营养的主要来源，母乳的质量和数量对犊牛哺乳期、断乳后的生长发育以及达到肥育体重的年龄都有十分重要的影响。如海福特牛哺乳期日增重平均为0.8kg，夏洛来牛为1.03kg，而这两种牛每天摄入的牛乳干物质量分别为0.41kg和0.54kg。这两种犊牛哺乳期增重的差异主要受其母乳中干物质量差异的影响。

3. 幼年期

幼年期指牛从断乳到性成熟为止。这一时期犊牛的骨骼和肌肉生长强度大，体型主要向宽深发展，后躯发育迅速，体躯结构趋于固定，是肉用牛生产力培育的关键时期。在性成熟前，体重的增长速度快。断奶后的犊牛在相同的饲养条件下，饲养到相同胴体等级时，大型晚熟品种所需饲养时期较长，而小型早熟品种所需饲养时期较短，出栏时间早，饲料消耗总量减少，但日均饲料消耗量近似。

4. 青年期

青年期指从性成熟到机体发育成熟的阶段。在这一时期，单位时间内的增重达到高峰，但增重速度开始减慢。各组织器官发育完善，体型基本定型。宽度的发育最为明显。肉牛在这一阶段中肥育屠宰，可取得最佳效益。

5. 成年期

成年期指从发育成熟到开始衰老的阶段。这一时期体型、体重保持稳定，在饲料丰富的条件下，脂肪沉积能力加强，是利用牛生产力的黄金季节。此期，种公牛的配种能力最高，母牛泌乳稳定，可产生初生重较大的品质优良的后代。在此以后，牛进入老年，各种机能开始衰退，生产力下降，逐渐被淘汰。淘汰的牛经肥育后可供屠宰，但肉的品质较差。

二、生长发育的不平衡性

1. 体重

表示牛个体生长最常用的方法是测定一定时期内的增重。增重的遗传力较强，断奶后增重速度的遗传力为0.5～0.6，是肉牛选种的重要指标。肉牛在胚胎期4个月以前生长缓慢，以后逐渐加快，到出生前的2～3个月生长速度最快。

在我国北方寒冷地区如内蒙古，通常因冬春季饲草、饲料缺乏，母牛营养不良，使牛在胎儿期的生长速度受到间接的不良影响，初生重偏低。出生后，在营养充分的条件下，12月龄以前生长速度很快，以后明显变慢，接近成熟时其生长速度很慢。因此，在生产中应利用生长发育快速阶段给予充分营养，使牛能够快速增重。

2. 肌肉、脂肪和骨组织

（1）肌肉生长　肌肉生长主要是由于肌肉纤维体积的增大，使肌纤维束相应增大。因此，随着年龄增长，肉质的纹理变粗，老龄牛的肉质嫩度比青年牛差。肌肉的生长与肌肉的功能有密切关系。如随着断奶后消化道的生长发育，腹外斜肌从初生时发育较缓变得较快。在哺乳期内，哺乳加补饲比单纯哺乳的犊牛增长快。又如，颈夹板肌对幼龄公、母牛和去势公牛无特殊用途，保持匀速生长，而对进入性成熟期时的公牛颈夹板肌有助于争斗，其发育迅速。

（2）脂肪生长　脂肪在牛生长中的主要功能是保持关节润滑，保护神经和血管，储存能量。随着年龄增长，脂肪的储存能量功能逐渐加强。因此，脂肪组织的生长顺序为：肥育初期网油和板油增加较快，以后皮下脂肪增加速度加快，最后沉积到肌纤维间，使肉质嫩度增加，风味变浓。

（3）骨组织的增长　骨组织的增长在胚胎期较快，到出生时骨组织约占体重的1/4。而后随着年龄的增长，骨组织的重量增长较为平稳。骨在胴体中的重量比例随肌肉、脂肪组织的强烈生长而逐渐下降。成年时，骨骼组织仅占体重的10%。

生长期公牛骨骼的生长速度明显快于母牛。牛的骨骼随年龄增长，生长强度旺盛点从前向后、从下向上形成两个生长强烈点所组成的“移行波”，两个生长波的交汇点在荐部及臀部。这是肉牛发育中最晚熟但又是出肉最多、肉质最好的部位。如在其生长强烈时期营养不良，会使后躯发育差，严重影响出肉量。

3. 各种器官

各种器官因其在生命活动中的重要性不同而生长发育的早晚、快慢不同。凡对生命有直接、重要影响的器官，在胚胎期出现早，结束迟，生长缓慢；而重要性较差的器官，则在胚胎期出现较晚，而生长较快。在胎儿早期，与生命直接相关的重要部位，如头、内脏、四肢等发育较早，而与肉牛生产性能直接相关的肌肉、脂肪等组织发育较迟。

器官的生长发育强度随器官机能变化而有所不同。如消化器官，初生犊牛以乳为食，其瘤胃、网胃、瓣胃结构和机能均未完善，皱胃是瘤胃的1倍，而到2～6周龄时，瘤胃开始迅速发育，至成年时，瘤胃占整个胃总重的80%，网胃和瓣胃占12%～13%，皱胃仅占7%左右。

三、优质牛肉的要求

1. 品种选择

要选择西门塔尔牛、夏洛来牛、利木赞牛等优良品种或与我国地方良种秦川牛、鲁西牛、晋南牛、南阳牛等的杂交牛为育肥对象，这样的牛生产性能高，能够达到育肥标准。

2. 性别和年龄

用于生产优质牛肉的牛一般要求是阉牛，屠宰年龄在18～22月龄，宰前活重要达500kg

以上。

3. 育肥方式

为使18～22月龄的牛达至500kg以上的活重，必须进行强度育肥。要求育肥前体重300kg左右（12～14月龄），经6～8个月的育肥期达到500kg体重。

4. 胴体质量

要求胴体外观完整，表面脂肪覆盖率达80%以上；背部脂肪厚10mm以下；胴体表面颜色洁白而有光泽。

5. 牛肉的嫩度

牛肉的嫩度要求剪切值在4.5kg以下，品尝时咀嚼容易，不留残渣，不塞牙。

6. 大理石花纹

大理石花纹要求符合我国牛肉分级标准（试行）1级或2级标准。

7. 肉的质量

牛肉的颜色应为樱桃红色，且质地松软、鲜嫩多汁；易咀嚼，不塞牙。完全解冻的肉块，用手触摸时，手指易进入肉块深部。

第二节 肉牛的饲养管理技术

一、犊牛的饲养管理技术

犊牛一般指初生至断奶阶段的小牛，由于过去犊牛的哺乳期为6个月，故也有人将6月龄前的幼牛称为犊牛。犊牛培育的主要任务就是提高成活率，给育成期的生长发育打下良好基础。犊牛阶段又可分为初生期（出生至7日龄）和哺乳期（8日龄至断奶）两阶段。

1. 初生犊牛护理

（1）防止窒息，剪断脐带　犊牛出生后，用清洁的软布擦净口鼻腔及其周围的黏液。若是倒生，犊牛出生后不能马上呼吸，则应2人合作，提起犊牛后肢，手拍其背脊，以便把吸到气管的胎水咳出，恢复正常呼吸。如发生窒息，应及时进行人工呼吸，同时可配合使用刺激呼吸中枢的药物。

通常情况下，犊牛的脐带自然扯断。未扯断时，在离开腹部10～15cm处握紧脐带，用两手大拇指用力揉搓1～2min，然后用消毒剪刀，在揉搓部位的外侧（远离腹部的那端）把脐带剪断。将脐带中的血液和黏液挤净，用5%～10%的碘酒浸泡脐带断口1～2min。让母牛舔舐犊牛，有利于胎衣的排出。

（2）尽早哺喂初乳，增强初生犊牛的抵抗力　犊牛出生后必须在30～60min（最晚不超过2h）内吃上初乳，方法是在犊牛能够自行站立时，让其接近母牛后躯，采食母乳。对个别体弱的可人工辅助，挤几滴母乳于洁净手指上，让犊牛吸吮其手指，而后引导其吮乳。

（3）初生犊牛的管理要点　要认真细心，做到“三勤”——勤打扫，勤换垫草，勤观察。保持犊牛舍干燥卫生。随时观察犊牛的精神状况、粪便状态以及脐带变化，发现异常，及时治疗。防止舔癖发生（互相吸吮），对犊牛这种恶习应予以重视和防止。犊牛与母牛要分栏饲养，定时放出哺乳，犊牛最好单栏饲养。

犊牛初生时应进行称重，同时进行编号，生产上应用比较广泛的是耳标法。

2. 哺乳期

哺乳期是犊牛体尺体重增长及胃肠道发育最快的时期，尤以瘤胃和网胃的发育最为迅速，此阶段犊牛的可塑性很大，直接影响成年后的生产性能。

（1）哺乳期犊牛的饲养　为了增进犊牛体质，促进胃肠发育，应尽早补饲草料并加强运动，保证饲料、饮水、食具及环境的干净卫生。

① 哺乳。自然哺乳即犊牛随母吮乳，在杂交和纯种肉用牛较普遍。哺乳的同时要进行必要的补饲。哺乳期以5～6个月为宜。不留作后备牛的牛犊，可实行4月龄断奶或早期断奶，但必须加强营养。

对于产奶量高的兼用牛，如西门塔尔牛，通常用于产奶，因此犊牛采取人工哺乳。人工哺乳包括用桶喂和用带乳头的哺乳壶喂饲两种。用桶喂时应将桶固定好，防止撞翻，通常采用一手持桶，另一手中指及食指浸入乳中使犊牛吸吮。当犊牛吸吮指头时，慢慢将桶提高使犊牛口紧贴牛乳而吮饮，如此反复几次，犊牛便会自行哺饮初乳。用哺乳壶喂时要求奶嘴光滑牢固，以防犊牛将其拉下或撕破。

犊牛喂乳多采用“前高后低”的方式，即前期足量喂奶，后期少喂奶，多喂精粗饲料。

② 补饲。犊牛的提早补饲至关重要。犊牛大约在2月龄开始反刍，为促使瘤胃的迅速发育，降低培育成本，有利于以后生产力的发挥，补饲应循序渐进：犊牛1周龄时开始训练其饮用温水，并在牛栏的草架内添入优质干草（如豆科青干草等）或青草，训练其自由采食。生后10～15天开始训练犊牛采食精料。

③ 犊牛断奶。当犊牛3～4月龄时，能采食0.5～0.75kg精料，即可断奶。传统断奶时间为6～7月龄。哺乳的母牛在断奶前1周应停喂精料，只给粗料和干草、稻草等，使其泌乳量减少。然后把母牛和犊牛分离到各自的牛舍，不再哺乳。

人工哺育犊牛其断奶应采用循序渐进的办法，在预定断奶前15天要开始逐渐增加精、粗饲料喂量，减少牛奶喂量；日喂乳的次数由3次改为2次，2次再改为1次，然后隔日1次。断奶时喂给1∶1的掺水牛奶，并逐渐增加掺水量，最后几天由温开水代替牛奶。

（2）哺乳期的犊牛管理

① 勤观察。按初生犊牛的管理要点做到“三勤”和防止舔癖外，还要做到“喂奶时观察食欲、运动时观察精神、扫地时观察粪便”。健康犊牛一般表现为机灵，眼睛明亮，耳朵竖立，被毛闪光。

② 做到“三净”，即饲料净、畜体净和工具净。

a. 饲料净是指饲料不能有发霉变质和冻结冰块现象，不能含有铁丝、铁钉、牛毛、粪便等杂质。商品配合料超过保存期禁用，自制混合料要现喂现配。

b. 畜体净就是保证犊牛不被污泥浊水和粪便污染，减少疾病发生。应坚持每天刷拭牛体1～2次。冬天牛床和运动场上要铺放麦秸、稻草或锯末等垫物。夏季运动场宜干燥、遮阴，并且通风良好。

c. 工具净是指喂奶和喂料工具要讲究卫生。

③ 做好定期消毒。冬季每月至少进行一次，夏季10天一次，用苛性钠、石灰水或来苏尔对地面、墙壁、栏杆、饲槽、草架全面彻底消毒。

④ 预防疾病。饲喂抗生素和维生素A、维生素D、维生素E；每天喂250mg金霉素，连续1周。这样可预防消化道和呼吸道疾病以及营养不良，减少肺炎和下痢的发生率。犊牛要有适度的运动，随母牛在牛舍附近牧场放牧，放牧时适当放慢行进速度，保证休息时间，有利于健康。

⑤ 去角。无论将来是作为种用还是育肥用，犊牛都应在生后5～15日龄内去角。去角可防止牛只互相顶斗造成的损伤，便于日常管理。

二、育成牛的饲养管理技术

育成牛指断奶后到配种前的公、母牛。计划留作种用的后备母犊牛应在4～6月龄时选出，要求生长发育好、性情温顺、增重快。但留作种用的牛不得过肥，应该具备结实的体质。

1. 育成牛的饲养

为了增加消化器官的容量，促进发育，育成牛的饲料应以粗饲料和青贮料为主，适当补充精料。

（1）舍饲育成牛的饲养

① 断奶以后的育成牛采食量逐渐增加，对于种用牛来说，应特别注意控制精料饲喂量，每头每日不应超过 2kg；同时要尽量多喂优质青粗饲料，以更好地促使其向适于繁殖的体型发展。

② 7～12 月龄的育成牛利用青粗饲料的能力明显增强。该阶段日粮必须以优质青粗饲料为主，每天的采食量可达体重的 7%～9%，占日粮总营养价值的 65%～75%。

③ 13～18 月龄，为了促进性器官发育，其日粮要尽量增加青贮、块根、块茎饲料。其比例可占日粮总量的 85%～90%。但青粗饲料品质较差时，要减少其喂量，适当增加精料喂量。

此阶段正是育成牛进入体成熟的时期，生殖器官和卵巢的内分泌功能更趋健全，若发育正常在 16～18 月龄时体重可达成年牛的 70%～75%。这样的育成母牛即可进行第一次配种，但发育不好或体重达不到该标准的育成牛，不要过早配种，否则对牛本身和胎儿的发育均有不良影响。

④ 19～24 月龄，一般母牛已配种怀孕。育成牛生长速度减小，体躯向深宽方向显著发展。初孕到分娩前 2～3 个月，胎儿日益长大，胃受压，从而使瘤胃容积变小，采食量减少，这时应多喂一些易于消化和营养价值高的粗饲料。日粮应以优质干草、青草、青贮料和多汁饲料及氨化秸秆作为基本饲料，少喂或不喂精料。根据初孕牛的体况，每日可补喂含维生素、钙磷丰富的配合饲料 1～2kg。这个时期的初孕牛体况不得过肥，以看不到肋骨较为理想。发育受阻及妊娠后期的初孕牛，混合料喂量可增加到 3～4kg。

(2) 放牧　采用放牧饲养时，要严格把公牛分出单放，以避免偷配而影响牛群质量。对周岁内的小牛宜放牧于较好的草地上。冬、春季应采用舍饲。

2. 育成牛的管理

(1) 分群　犊牛断奶后根据性别和年龄情况进行分群：首先是公母牛分开饲养，因为公母牛的发育和对饲养管理条件的要求不同；分群时同性别的年龄和体格大小应该相近，月龄差异一般不应超过 2 个月，体重差异不高于 30kg。

(2) 穿鼻　对留作种用的育成公牛，7～12 月龄时应根据饲养需要适时进行穿鼻，并带上鼻环。

(3) 加强运动　在舍饲条件下，青年母牛每天应至少有 2h 以上的运动，一般采取自由运动。加强育成牛的户外运动，可使其体壮胸阔，心肺发达，食欲旺盛。如果精料过多而运动不足，容易发胖，体短肉厚个子小，早熟早衰，利用年限短。

(4) 刷拭和调教　为了保持牛体清洁，促进皮肤代谢和养成温驯的气质，育成牛每天应刷拭 1～2 次，每次 5～10min，尤其对青年公牛的刷拭，有助于培育其性情。对青年公牛的调教，包括与人的接近、牵引训练，配种前还要进行采精前的爬跨训练。

三、繁殖母牛的饲养管理技术

1. 妊娠母牛的饲养管理

(1) 舍饲　舍饲时可 1 头母牛 1 个牛床，单设犊牛室；也可在母牛床侧建犊牛岛，各牛床间用隔栏分开。

① 日粮。按以青粗饲料为主适当搭配精饲料的原则，参照饲养标准配合日粮。粗料如以玉米秸为主，由于蛋白质含量低，可搭配 1/3～1/2 优质豆科牧草，再补饲豆粕类，也可以用尿素代替部分蛋白饲料。怀孕母牛应禁喂棉籽饼、菜籽饼、酒糟等饲料。

② 管理。精料量较多时，可按先精后粗的顺序饲喂。精料和多汁饲料较少（占日粮干物质 10%以下）时，可采用先粗后精的顺序饲喂，即先喂粗料，待牛吃半饱后，在粗料中拌入部分精料或多汁料碎块，引诱牛多采食，最后把余下的精料全部投饲，吃净后下槽。不能喂冰冻、发霉饲料。饮水温度不低于 10℃。怀孕后期应做好保胎工作，无论放牧或舍饲，都要防止挤撞、追跑等剧烈活动。

(2) 放牧　以放牧为主的肉牛业，青草季节应尽量延长放牧时间，一般可不补饲。枯草季节，根据牧草质量和牛的营养需要确定补饲草料的种类和数量；特别是在怀孕最后的 2～3 个月，如遇枯草期，应进行重点补饲，另外枯草期维生素 A 缺乏，注意补饲胡萝卜，每头每天 0.5～

1kg，或添加维生素A添加剂；另外，应补足蛋白质、能量饲料及矿物质。

2. 母牛围产期的饲养管理

围产期是指母牛分娩前后各15天。这一阶段对母牛、胎犊和新生犊牛的健康都非常重要。围产期母牛发病率高，死亡率也高，因此必须加强护理。围产期是母牛经历妊娠至产犊和泌乳的生理变化过程，在饲养管理上有其特殊性。

（1）产前准备　母牛应在预产期前1～2周进入产房。产房要求宽敞、清洁、保暖、环境安静。在产房的临产母牛应单栏饲养并可自由运动，喂易消化的饲草饲料，如优质青干草、苜蓿干草和少量精料；饮水要清洁卫生，冬天最好饮温水。

在产前要准备好用于接产和助产的用具、器具和药品。为保证安全接产，饲养人员应昼夜值班，注意观察母牛的临产症状。纯种肉用牛难产率较高，尤其是初产母牛，必须做好助产工作。

（2）临产征兆　随着胎儿的逐步发育成熟和产期的临近，母牛在临产前发生一系列变化。

① 乳房。产前约半个月乳房开始膨大，一般在产前几天可以从乳头挤出黏稠、淡黄色液体，当能挤出乳白色初乳时，分娩可在1～2天内发生。

② 阴门分泌物。妊娠后期阴唇肿胀，封闭子宫颈口的黏液塞溶化，如发现透明索状物从阴门流出，则1～2天内将分娩。

③“塌沿”。妊娠末期，骨盆部韧带软化，臀部有塌陷现象。在分娩前1～2天，骨盆韧带充分软化，尾部两侧肌肉明显塌陷，称“塌沿”，这是临产的主要症状。

④ 宫缩。临产前，子宫肌肉开始扩张，继而出现宫缩，母牛卧立不安，频频排出粪尿，不时回头，说明产期将近。

观察到以上情况后，应立即做好接产准备。

（3）接产　一般胎膜小泡露出后10～20min，母牛多卧下（要使它向左侧卧）。正常情况下，是两前肢夹着头先出来；若发生难产，应先将胎儿顺势推回子宫，矫正胎位，不可硬拉。倒生时，当两腿产出后，应及早拉出胎儿，防止胎儿腹部进入产道后脐带被压在骨盆底下，造成胎儿窒息死亡。若母牛阵缩、努责微弱，应进行助产。用消毒绳捆住胎儿两前肢系部，助产者双手伸入产道，大拇指插入胎儿口角，然后捏住下腭，乘母牛努责时，一起用力拉，用力方向应稍向母牛臀部后上方。但拉的动作要缓慢，以免发生子宫内翻或脱出。当胎儿通过阴门时，用手捂住胎儿脐孔部，防止脐带断在脐孔内。母牛分娩后应尽早将其驱起，以免流血过多，也有利于生殖器官的复位。为防子宫脱出，可牵引母牛缓行15min左右，以后逐渐增加运动量。

（4）产后护理　母牛分娩后，由于大量失水，要立即喂母牛以温热、足量的麸皮盐水（麸皮1～2kg，盐100～150g，碳酸钙50～100g，温水15～20kg），可起到暖腹、充饥、增加腹压的作用。同时喂给母牛优质、嫩软的干草1～2kg。

胎衣一般在产后5～8h排出，最长不应超过12h。否则应进行药物治疗，投放防腐剂或及早进行手术，避免继发子宫内膜炎，影响今后的繁殖。

3. 哺乳母牛的饲养管理

哺乳母牛的主要任务是多产奶，以供犊牛需要。母牛在哺乳期所消耗的营养比妊娠后期要多。此时母牛如果营养不足，不仅产乳量下降，还会损害健康。

母牛分娩3周后，泌乳量迅速上升，母牛身体已恢复正常，应增加精料用量，以保证泌乳需要和母牛发情。舍饲饲养时，在饲喂青贮玉米或氨化秸秆保证维持需要的基础上，补喂混合精料2～3kg，并补充矿物质及维生素添加剂。放牧饲养时，因为早春产犊母牛正处于牧地青草供应不足的时期，为保证母牛产奶量，要特别注意泌乳早期的补饲。除补饲秸秆、青干草、青贮料等外，每天补喂混合精料2kg左右，同时注意补充矿物质及维生素。头胎泌乳的青年母牛除泌乳需要外，还需要继续生长，营养不足对其繁殖力影响明显，所以一定要饲喂优良的禾本科及豆科牧草，精料搭配多样化。

分娩3个月后，产奶量逐渐下降，母牛处于妊娠早期，饲养上可适当减少精料喂量，并通过加强运动、梳刮牛体、给足饮水等措施，加强乳房按摩及精细管理，可延缓泌乳量下降；要保证饲料质量，注意蛋白质品质，供给充足的钙磷、微量元素和维生素。

4. 干乳母牛和空怀母牛的饲养管理

干乳期是指母牛停止产奶到分娩前15天的一段时间，是母牛饲养管理过程中的一个重要环节。肉用母牛的产奶量较低，泌乳期也较短，一般情况下泌乳几个月后可自然干乳。但产奶量高的母牛在分娩前仍不干乳，这时应强制干乳，保证有50～60天的干乳期。可采用快速干乳法，即从干乳期的第1天开始，适当减少精料，停喂青绿多汁饲料，控制饮水，加强运动，减少挤奶次数或犊牛哺乳次数。母牛在生活规律突然发生变化时，产奶量显著下降，一般经过5～7天，就可停止挤奶。母牛在干乳10天后，乳房乳汁已被组织吸收，乳房已萎缩。这时可增加精料和多汁饲料，5～7天达到妊娠母牛的饲养标准。

第三节　肉牛的育肥技术

一、犊牛育肥技术

犊牛育肥是指通过延长犊牛哺乳期或人工强化哺乳，在7～8月龄体重达200～250kg时，出栏屠宰。这种牛肉色泽淡红，肉质鲜嫩，被称为“小牛肉”，是高档优质牛肉。此法育肥应选择优良的肉牛品种及其杂交牛。

初生犊牛可以采用随母哺乳或人工哺乳的方法喂养，但出生3天后必须人工哺乳。1月龄内可按体重的8%～9%喂给牛奶，精料量逐渐增加至0.5～0.6kg。1月龄后日喂奶量基本保持不变，喂料量要逐渐增加，粗料（青干草或青草）自由采食。喂奶（或代用乳）直到6月龄为止，可以在此阶段出售，也可以继续育肥至7～8个月或1周岁出栏。在我国现有条件下，进行小牛肉生产，应以荷斯坦公牛犊为主。也可选择西门塔尔牛三代以上杂种公犊育肥。“小牛肉”的犊牛饲养具体方案见表3-7-1。为节省用奶量，提高增重效果并减少疾病的发生，所用的育肥精料应具有热能高、易消化的特点。可以采用下列配合饲料配方：玉米60%，豆饼12%，大麦13%，鱼粉3%，油脂10%，骨粉1.5%，食盐0.5%。冬春季节在此基础上每千克饲料添加维生素A 1万～2万国际单位。

表3-7-1　生产“小牛肉”犊牛的饲养方案/kg

日龄	体重	日增重	日喂全乳量	日喂配合料量	青草或青干草
0～4	40～59	0.6～0.8	5～7	—	—
5～7	60～79	0.9～1.0	7～7.9	0.1	—
8～10	80～99	0.9～1.1	8	0.4	自由采食
11～13	100～124	1.0～1.2	9	0.6	自由采食
14～16	125～149	1.1～1.3	10	0.9	自由采食
17～21	150～199	1.2～1.4	10	1.3	自由采食
22～27	200～250	1.1～1.3	9	2.0	自由采食
合计			1659	171.5	折合干草150

注：引自刘月琴，张英杰．肉牛舍饲技术指南．北京：中国农业大学出版社，2004。

二、架子牛的育肥技术

在我国的肉牛业生产中，架子牛通常是指未经肥育或不够屠宰体况的牛，这些牛常需从农场或农户选购至育肥场进行肥育。

1. 如何选择架子牛

选择架子牛时要注意选择健壮、早熟、早肥、不挑食、饲料报酬高的牛。具体操作时要考虑品种、年龄、体重、性别和体质外貌等。

(1) 品种、年龄　在我国目前最好选择夏洛来牛、利木赞牛、皮埃蒙特牛、西门塔尔牛等肉牛或肉乳兼用公牛与本地黄牛母牛杂交的后代，也可利用我国地方黄牛良种，如晋南黄牛、秦川牛、南阳黄牛和鲁西黄牛等。最好选择1.5～2岁的牛。

(2) 性别　如果选择已去势的架子牛，则早去势为好，3～6月龄去势的牛可以减少应激，加速头、颈及四肢骨骼的雌性化，提高出肉率和肉的品质，但公牛的生长速度和饲料转化率优于阉牛，且胴体瘦肉多，脂肪少。

(3) 体质外貌　在选择架子牛时，首先应看体重，一般情况下1.5～2岁，体重应在300kg以上，体高和胸围最好大于其所处月龄发育的平均值。

一般的架子牛有以下规律：四肢与躯体较长的架子牛有生长发育潜力；十字部略高于体高、后肢飞节高的牛发育能力强；皮肤松弛柔软、被毛柔软密致的牛肉质良好；发育虽好，但性情暴躁，神经质的牛不能认为是健康牛，这样的牛难以管理。

2. 肥育前的准备

这一时期主要是让牛熟悉新的环境，适应新的草料条件，消除运输过程中造成的应激反应，恢复牛的体力和体重，观察牛只健康状况，健胃、驱虫、决定公牛去势与否等。日粮开始以品质较好的为主，不喂或少喂精料。随着牛只体力的恢复，逐渐增加精料，精粗料的比例为30：70，日粮蛋白质水平12%。如果购买的架子牛膘情较差，此时可以出现补偿生长，日增重可达到800～1000g。

3. 架子牛饲养管理技术

(1) 架子牛肥育的饲养　一般架子牛快速肥育需120天左右，可以分为3个阶段，过渡驱虫期，即肥育前的准备期约15天；肥育前期，约45天；肥育后期，约60天。

① 肥育前的准备期。对刚买来的架子牛要全面检查，健康者注射布氏杆菌病疫苗、魏氏梭菌病疫苗等方可入舍混养，并在进入舍饲育肥前进行一次全面驱虫。另外，刚入舍的牛由于环境变化、运输、惊吓等原因，易产生应激反应，可在饮水中加入0.5%食盐和1%红糖，连饮1周，并多投喂青草或青干草，2天后喂少量麸皮，逐步过渡到饲喂催肥料。

② 肥育前期。日粮中精料比例由30%增加到60%。具体操作时，可按牛只实际体重每100kg喂给含蛋白质水平11%的配合精料1kg；粗料自由采食，在日粮中的比例由70%降到40%。这一时期的主要任务是让牛逐步适应精料型日粮，防止发生膨胀、拉稀和酸中毒等疾病，而且不要把时间拖得太长，防止精粗料比例相近的情况出现，以避免淀粉和纤维素之间的相互作用而降低消化率。这一时期日增重可以达1000g以上。

③ 肥育后期。日粮中精料比例可进一步增加到70%～85%，生产中可按牛只的实际体重每100kg喂给含蛋白质9.5%～10%的配合精料1.1～1.2kg。粗料自由采食，日粮中其比例由40%降到15%～30%，日增重可达到1200～1500g。这一时期的育肥常称为强度育肥。为了让牛能够把大量精料吃掉，这一时期可以增加饲喂次数，原来喂2次的可以增加到3次，且保证充足饮水。

(2) 架子牛肥育的科学管理

① 牛舍消毒。架子牛入舍前应用2%火碱溶液对牛舍消毒，器具用0.1%高锰酸钾溶液洗刷，然后再用清水冲洗。

② 坚持“四定”。整个饲养期，育肥牛坚持“四定”，即定时上下槽；精粗饲料定量；定位，无论室内、外都要把牛拴在固定的位置限制其运动；定刷，每天喂牛后，由专人刷拭牛体1次，促进血液循环，增进食欲。

③ 称重。每月底定时称重，以便根据增重情况，采取措施。

④ 搞好防疫。一是每天打扫牛舍一次，保持槽净、舍净；二是经常观察牛动态，如采食、饮水、反刍情况，发现病情及时治疗。

⑤ 注意安全。公牛记忆力强，防反射力强，饲养人员要通过饲喂、饮水、刷拭等途径培养人畜亲和力，确保饲养人员的安全。

⑥ 不同季节应采用不同的饲养方法

a. 夏季饲养。气温过高，肉牛食欲下降，增重缓慢。环境温度 8～20℃，牛的增重速度较快。因此夏季育肥时应注意以下几点：适当提高日粮的营养浓度；采用多种料型，喂“水”或“粥样料”；延长饲喂时间；气温 30℃以上时，应采取防暑降温措施。

b. 冬季饲养。在冬季应给牛加喂能量饲料（玉米），提高防寒能力。饲料加温减少能量消耗，防止饲喂带冰的饲料和饮用冰冷的水。

⑦ 及时出栏屠宰。肉牛超过 500kg 后，虽然采食量增加，但增重速度明显减慢，继续饲养不会增加收益，要及时出栏。

三、淘汰牛的育肥技术

淘汰牛的育肥是指对丧失劳役能力、繁殖能力和产奶能力的老、弱、瘦、残牛的肥育。目的是科学应用饲料和管理技术，以尽可能少的饲料消耗获得尽可能高的日增重，提高出栏率，生产出大量优质牛肉。

1. 对淘汰牛育肥的选择

老残育肥牛应选择体格较大，前躯开阔，后躯发达，腹部充盈、形如船底（消化能力强），口唇发达丰满、形如荷包（采食性能强），皮薄（易上膘）的牛。

2. 淘汰牛育肥期间的管理

① 为使淘汰牛育肥获得最佳经济效益，要做到有计划地淘汰牛只，一般育肥期以每年的 6～11 月份为宜，在秋末膘情好时出栏，这样不仅能多产肉，而且能减轻牛只安全越冬的压力。

② 育肥前要对牛进行兽医检验，并进行驱虫。

③ 对淘汰牛可进行舍饲短期强度育肥法，即在 80～100 天内达到育肥目的。每日喂高粱酒糟 15～20kg，加入玉米（或混合米糠）1～1.5kg，其他饲料自由采食。日增重可达 1～1.2kg。饲喂时将切短的干草混入，再加 2.5kg 谷糠或少量精料，分次喂给，日增重可达 1kg。在牧区和半农半牧区，可采用放牧育肥法。对淘汰牛每天放牧 4～6h，使牛尽量采食到足够的干物质。如果放牧采食不足，应刈割青草补充。最好夜间能加喂一次精料。

④ 应保证淘汰牛在育肥期应保证充足的休息时间、反刍（每天 8h 以上）。要按程序饲养，做到水草均匀。牛舍要保持清洁、干燥通风良好，冬季舍温应保持在 10℃以上。

四、小白牛肉的育肥技术

“小白牛肉”是指出生后 90～100 天体重达到 100kg 左右，完全用全乳、脱脂乳或代用乳培养的犊牛产的肉。而平常所说的“牛肉”则是指成年牛所产的肉。小白牛肉富含水分，鲜嫩多汁，蛋白质比一般牛肉高，而脂肪含量却非常低，并且人体所必需的氨基酸和维生素齐全，是理想的高档牛肉。

进行“小白牛肉”生产，应选择优良的肉用牛、兼用牛、乳用牛或高代杂交牛所生公犊，并要求身体健壮，消化吸收机能强，生长发育快，初生重 38～45kg。小白牛肉生产，要求犊牛在 100 天的培育期内全靠牛乳供给营养，每生产 1kg 小白牛肉要消耗 10kg 奶，因此成本较高。近年来多采用代乳料或人工乳来喂养，但人工乳或代乳料要求尽量模拟牛乳的营养成分，特别是氨基酸的组成、热量的供给等都要求适应犊牛的消化生理特点和要求。用全乳来培养犊牛生产“小白牛肉”的饲养方案如表 3-7-2 所示。

表 3-7-2 生产“小白牛肉”的饲养方案/kg

日龄	期末达到的体重	平均日给乳量	日增重	需要总乳量
1～30	40.0	6.40	0.80	192.0
31～45	56.1	8.30	1.07	124.5
46～100	103.0	9.50	0.84	522.5

注：引自刘月琴，张英杰．肉牛舍饲技术指南．北京：中国农业大学出版社，2004。

其哺育期使用的特殊单圈，宽65cm，长165cm，采用漏缝地板，不给垫草，也不喂草料，以保持一直用单胃消化。由于这种方式生产成本高，目前在我国还不普及，但随着国际旅游业和人们消费水平的提高，这种小白牛肉的生产已为期不远，并且在旅游业发达、宾馆众多的地方，也有一定的市场。

五、高档牛肉的育肥技术

高档优质牛肉在我国市场前景广阔，如星级饭店、肥牛火锅店等需要大量的高档牛肉。高档牛肉要求肌纤维细嫩、多汁，肌间有一定量的脂肪，所制作食品既不油腻，又不干燥，鲜嫩可口。

1. 高档肉牛的体重

高档牛肉的品质和产量与牛体重密切相关，育肥期末肉牛体重应达到500kg。宰前活重达不到500kg，牛肉的多汁性、大理石纹理结构和嫩度都达不到高档牛肉的级别要求。

2. 育肥高档肉牛的饲养管理

（1）饲养方式　用于生产高档牛肉的优质肉牛，在犊牛及架子牛阶段可以放牧饲养，也可以围栏或拴系饲养，最后必须经过100～150天的强度肥育。

（2）日粮要求　采取高能量饲料、平衡日粮、强度肥育技术及科学的管理。

① 饲料品质。肥育期所用的饲料必须是品质较好的，对改进胴体品质有利的饲料。各种精饲料原料如玉米、高粱、大麦、饼粕类、糠麸类须经仔细检查，不能潮湿、发霉，也不允许生虫或鼠咬。

② 精料加工。不宜过细，呈碎片状为好，有利于牛的消化吸收。

③ 优质青粗饲料。正确调制的玉米秸青贮，晒制的青干草，新鲜的糟渣，作物秸秆中豆秸、花生秧、干玉米秸等营养价值较高。而麦秸、稻草要求经过氨化处理或机械打碎，否则利用率很低，影响牛的采食量。

（3）育肥高档肉牛的管理　为使牛肉生产取得较好的效益，要对牛群进行科学规范的管理。肥育前牛要驱虫，注射疫苗，保持牛体健康；日喂3次，先草后料再饮水；保持畜舍清洁卫生，通风良好。冬季注意保暖，牛舍不低于10℃；夏季注意防暑，牛舍温度不高于30℃，畜舍湿度在80%以下。

第四节　提高肉牛育肥效果的技术措施

1. 选择好的品种

可利用国外优良肉牛品种与我国地方品种的母牛杂交，或国内优良地方品种间的杂交。杂交后代的杂种优势对提高育肥肉牛的经济效益有重要作用。如西门塔尔杂交牛产奶、产肉效果都很好；海福特改良牛早熟性和肉的品质都有提高；利木赞杂交牛肉的大理石花纹明显改善；夏洛来改良牛生长速度快、肉质好等。

2. 利用公牛育肥

近年研究表明，2岁前采取公牛肥育，则生长速度快，瘦肉率高，饲料报酬高。一般公牛的日增重比阉牛提高14.4%，饲料利用率提高11.7%，可在18～23月龄屠宰。2岁以上的公牛，宜去势后肥育，否则不便管理，牛肉有膻味，影响胴体品质。

3. 选择适龄牛育肥

年龄对牛的增重影响很大。一般规律是肉牛在1岁时增重最快，2岁时增重速度仅为1岁时的70%，3岁时的增重只有2岁时的50%。

4. 抓住育肥的有利季节

在四季分明的地方，肉牛肥育以秋季最好，其次为春、冬季节。夏季气温如超过30℃，肉牛自身代谢快、饲料报酬低，必须做好防暑降温工作。春秋季节气候温和，牛的采食量最大，生长快，育肥效果最好。在牧区肉牛出栏以秋末为最佳。一般说来，牛生长发育的最适气温为5～21℃。

5. 合理搭配饲料

在饲喂育肥牛时，可以采用干拌料，也可以采用湿拌料。理想的育肥牛饲料应常年饲喂全株青贮玉米或糟渣饲料。因此，在喂牛前将蛋白饲料（棉籽饼、胡麻饼、葵花籽饼）、能量饲料（玉米粉、大麦粉）、青贮饲料、糟渣饲料、矿物质添加剂及其他饲料按比例称量放在一起翻拌混匀，此时以各种饲料的混合物（含水量40%～50%，属半干半湿状）喂牛最好。育肥牛不宜采食干粉状饲料，因为它一边采食，一边呼吸，极容易把粉状料吹起，也影响牛本身的呼吸。

育肥牛在采食半干半湿混合料时要特别注意，防止混合料发酵产热，发酵产热后饲料的适口性大大下降，影响牛的采食量。日粮中的精料和粗料品种应多样化，这样不仅可提高适口性，也利于营养互补和提高增重。

6. 对育肥牛要精心管理

育肥前要进行驱虫和疫病防治，育肥过程中勤检查、细观察，发现异常及时处理。

[复习思考题]

1. 简述犊牛的饲养管理特点。
2. 简述繁殖母牛的饲养管理技术。
3. 如何进行犊牛育肥？
4. 如何进行淘汰牛的育肥？
5. 如何进行架子牛的育肥？
6. 高档牛肉的育肥技术如何？
7. 提高肉牛育肥效果的技术措施有哪些？

第四篇　羊生产技术

第一章　养羊建筑与设备

[知识目标]

- 掌握羊舍场地的选择与建筑要求。
- 能进行建筑物的科学建造与合理布局。
- 了解养羊的主要设备及作用。

[技能目标]

- 能熟练地进行场址选择与规划布局。

第一节　羊舍场地选择与建筑要求

一、羊舍场地的选择

羊舍是羊生活、生产的场所，应具备防寒、挡风避雨等条件，在北方还要特别注意保温和暴风雪、沙尘暴的袭击，确保为羊的生产、生活创造一个良好的环境。因此，羊舍场地选择应注意以下几个方面。

1. 地势高燥，排水良好

选择在地势较高、南坡向阳、排水良好和通风干燥处建舍。忌在低洼涝地、山洪水道、冬季风口处建舍。

2. 能保证放牧、饲草和水的供给

应选择方便放牧和饲草饲料的运输，要有充足的清洁水源，要求取用方便，设备投资少。

3. 环境易于隔离并且不受污染

羊舍应远离居民点或其他种畜、禽场。一般要求距离主要交通线300m以上，距离居民点500m以上。场地及周围地区须为无疫病区，放牧地和打草场均未被传染病所污染。

4. 交通便利，能源供应充足

便于畜产品的运输，便于草料的加工。

二、羊舍的建筑

1. 门、窗

一般门宽2.5～3.0m，高1.8～2.0m。设双扇门，便于大车进入清扫羊粪。按200只羊设一大门。窗一般宽1.0～1.2m，高0.7～0.9m。窗台距地面高1.3～1.5m。

2. 长度、跨度、高度

长度和跨度根据所需羊舍面积和建筑要求确定，一般跨度6.0～9.0m。羊舍净高（地面到天棚的高度）2.0～2.4m。单坡式羊舍，一般前高2.2～2.4m，后高1.7～2.0m，屋顶斜面呈45°。

3. 面积

每只羊的占地面积，种公羊1.5～2.0m²，种母羊空怀时0.8～1.0m²，妊娠或哺乳时1.0～2.0m²，幼龄或育肥羊0.5～0.6m²；运动场面积不小于羊舍面积的2倍。

三、羊舍建造的基本要求

1. 地面

即羊床，是羊躺卧休息、排泄和生产的地方，其保暖和卫生状况很重要。有实地面和漏缝地面两种类型，实地面又可根据建筑材料不同有夯实黏土、三合土、砖地、水泥地和木质地面等。

2. 墙

可用砖墙，根据情况设计为半砖墙、一砖墙、一砖半墙等。

3. 屋顶

屋顶有防雨水和保温隔热的作用，可选择陶瓦、石棉瓦、木板、塑料薄膜、油毡等材料。

4. 运动场

呈一字排列的羊舍，运动场一般设在羊舍的南面，低于羊舍地面，向南缓缓倾斜，以沙土质为好，便于排水以保持干燥。运动场周围设围栏，围栏高度1.5～1.8m。

第二节　养羊主要设备

一、饲槽和饮水设备

1. 饲槽

饲槽用来饲喂精料、颗粒饲料和青贮饲料等，根据建造方式和用途分为移动式饲槽、悬挂式饲槽、固定式饲槽。

2. 饲草架

饲草架可防止羊只采食时互相干扰，减少了饲草的浪费（图4-1-1）。

3. 饮水设备

养羊饮水各地情况不一，有的直接利用湖水、河水；有的利用井水和饮水槽；有的使用先进的自动饮水器等。

二、围栏设备

用木条、竹子、钢筋、铁丝网等加工成高1m、长1.2～3m的栅栏，栏的两侧装有可连接的挂钩，并可配置地板和三角铁支柱，便可进行羊只的多种不同的管理和操作。

1. 母仔栏

在各大、中型羊场的产羔期，可将栅栏或栅板在羊舍内靠墙处围成若干个小栏，每栏供1只带羔母羊使用（图4-1-2）。

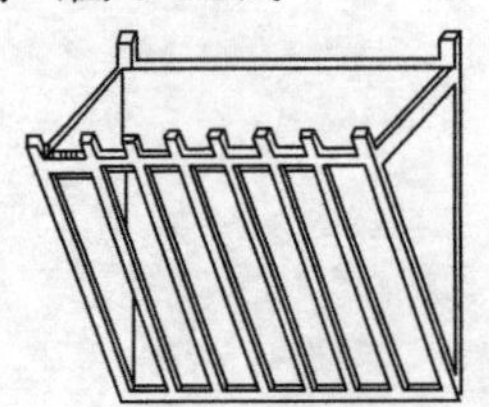

图4-1-1　羊用饲草架示意图

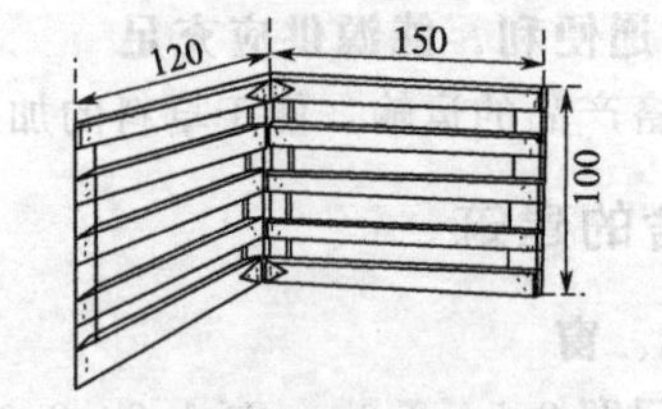

图4-1-2　活动围栏示意图（单位：cm）

2. 羔羊补饲栏

供羔羊在哺乳期补饲时使用。即在固定地点设一围栏，仅羔羊随意进出（图4-1-3）。

3. 活动分群栏

在大、中型羊场进行鉴定、分群、防疫注射和称重等操作时，采用分群栏可减轻劳动强度，提高工作效率。在入口处制作成喇叭形，中部的通道仅容一只羊行进即可，通道两侧可安置若干活动门，门外围以若干个贮羊圈即可（图 4-1-4）。

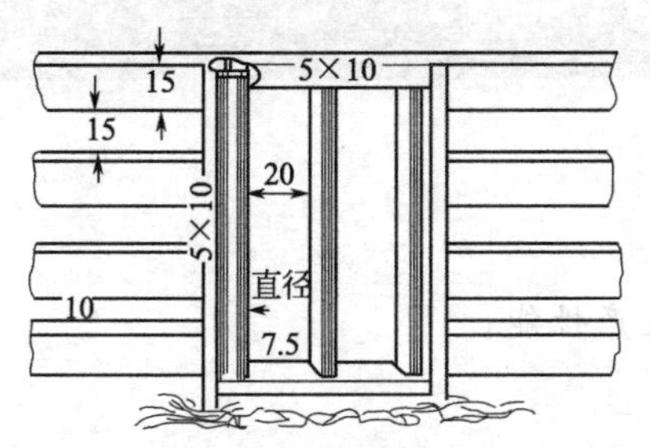

图 4-1-3　羔羊补饲栏示意图（单位：cm）

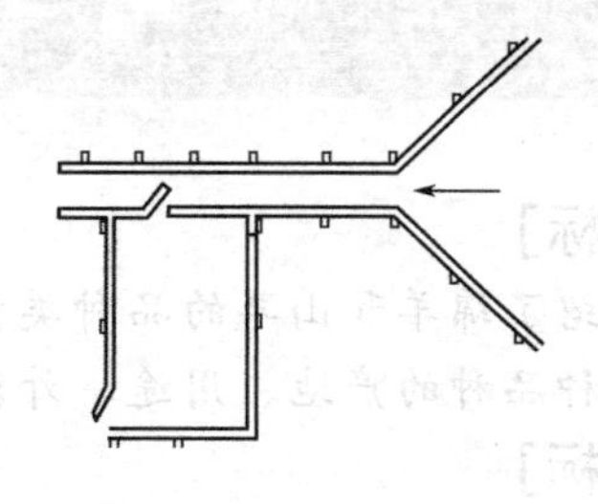

图 4-1-4　分群栏示意图

三、饲草饲料贮备设备

充足的饲草饲料是发展养羊业的物质基础，特别是北方地区，牧草的生长期短，枯草期长达半年之久，仅靠放牧不能满足羊的营养需要，冬春季节必须补饲。在羊舍附近应该修建饲草饲料贮备设备，包括干草棚、饲料贮备仓、青贮窖。

干草棚内应保证通风和干燥，尽可能避免火源、预防火灾，地势应稍高于周围地面，并铺设排水道。

饲料贮备仓要保证通风良好，要采取有效方法防鼠防雀，经保持清洁和干燥。夏、秋季饲料容易受潮而发霉变质，所以要定期检查，定时进行晾晒。

青贮窖分为地下式和半地下式，要求窖壁光滑平整，不易渗漏，方便操作和取用。

四、饲草饲料加工设备

对饲草饲料进行加工调制，可以提高其利用率，减少浪费，为此需配备相应的饲料加工机械。养羊生产中常用的饲料加工机械有青干饲草与作物秸秆切碎机、饲料粉碎机、饲料混合机、饲料压粒或压块机、秸秆调制与化学处理机和热喷机等，各羊场可根据经济条件以及生态条件等因素选择使用。

五、药浴设备

常见的药浴设备有大型药浴池（图 4-1-5）和小型药浴槽。

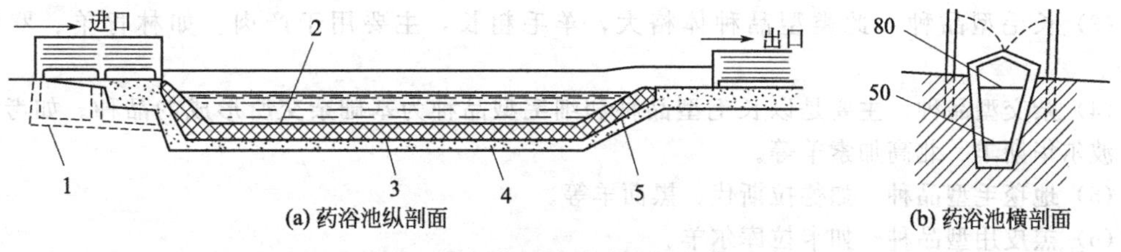

图 4-1-5　大型药浴池示意图（单位：cm）

1—基石；2—水泥面；3—碎石基；4—砂底；5—厚木板台阶

[复习思考题]

1. 羊舍场地的选择有哪些基本要求？
2. 羊场应该配备哪些设备？其主要作用分别是什么？

第二章　羊的品种

[知识目标]

- 介绍了绵羊和山羊的品种类型、分类方法。
- 各种品种的产地、用途、外貌特点和主要生产性能。

[技能目标]

- 能进行羊的品种分类。
- 能识别当地饲养的主要绵羊和山羊品种，并了解原产地、外貌特征和生产性能。

第一节　品种分类

据不完全统计，目前全世界现有主要绵羊品种约有629个，山羊品种约为150多个。在众多品种中，优良品种的选择关系到生产力的发挥与经济效益的高低，优良品种的推广已成为养羊发展的重要举措，波尔山羊已成为大家认可的最优秀的肉山羊品种。羊品种种类繁多，对羊品种进行分类，便于人们研究和利用，可更好地利用良种服务于生产。从生物学的分类学上可将羊品种分为绵羊和山羊两大类，现就绵羊和山羊品种的进一步分类分述如下。

一、绵羊品种的分类

绵羊品种有多个分类方法。例如，按照动物学分类法，依据尾的形态、长短可将绵羊品种分为短瘦尾羊、长瘦尾羊、短脂尾羊、长脂尾羊、脂臀尾羊等。此外，还可按照羊毛类型、生产方向、改良程度以及品种来源等进行分类。

1. 按产毛类型分类

根据羊毛类型不同将绵羊分为以下6类。

(1) 细毛型品种　细毛是指羊体被毛完全由无髓毛组成，细度在60支以上，毛丛长度在7cm以上，细度和长度均匀，弯曲整齐。生产此类细毛的羊称为细毛羊。如澳洲美利奴羊、中国美利奴羊等。

(2) 中毛型品种　主要用于产肉，羊毛品质介于长毛型和短毛型之间。如萨福克羊等。

(3) 长毛型品种　此类型品种体格大，羊毛粗长，主要用于产肉。如林肯羊、罗姆尼羊等。

(4) 杂交型品种　主要是以长毛型品种和细毛型品种为基础杂交所形成的品种。如考力代羊、波尔华斯羊、北高加索羊等。

(5) 地毯毛型品种　如德拉斯代、黑面羊等。

(6) 羔皮用型品种　如卡拉库尔羊。

上述绵羊品种分类法目前在西方国家被广泛采用。

2. 按生产方向分类

此分类方法按照绵羊的生产方向将同一生产方向的绵羊品种归在一起，便于在生产中应用。但由于多用途的绵羊（如毛肉乳兼用的绵羊）在不同地区、国家由于使用重点不同，往往出现归类不同。此分类在我国普遍采用。具体分类如下。

(1) 细毛羊　根据使用重点不同，又可分为以下3类。

① 毛用细毛羊：如澳洲美利奴羊。

② 毛肉兼用细毛羊：如新疆细毛羊、高加索羊。

③ 肉毛兼用细毛羊：如德国美利奴羊。

(2) 半细毛羊　半细毛是由被毛同质的两类毛型组成，细度为32～58支，长度均匀，弯曲好。生产此类毛的羊称为半细毛羊。根据用途又可分为以下两种。

① 毛肉兼用细毛羊：如茨盖羊；

② 肉毛兼用细毛羊：如边区莱斯特羊、考力代羊等。

(3) 粗毛羊　此类羊生产的粗毛，品质差，产毛量低，纺织价值低，只能做地毯等，如西藏羊、蒙古羊、哈萨克羊等。

(4) 肉脂兼用羊　如吉萨尔羊、阿勒泰羊等。

(5) 裘皮羊　裘皮是指绵羊出生1个月左右所剥取的皮，供制裘用。如滩羊、罗曼诺夫羊等。

(6) 羔皮羊　羔皮是指从流产或出生7天后羔羊身上剥取的皮张，以出生后3天剥取的羔皮较好。如湖羊、卡拉库羊等。

(7) 乳用羊　如东福里生羊等。

3. 按改良程度分类

我国现有的绵羊品种是经杂交改良培育而形成的，依据改良程度可分为以下几种。

① 本地品种：是在一定风土条件下经自然选择和人工培育而成的地方品种。如蒙古羊、哈萨克羊、西藏羊。

② 改良品种：指在原有品种的基础上经引入外来品种杂交选育而成的品种。如新疆细毛羊、东北细毛羊。

4. 按品种来源和形成历史分类

(1) 本地品种　又称原始品种，在一定风土条件下经自然选择和人工培育的地方品种。如蒙古羊、哈萨克羊、西藏羊。

(2) 培育品种　指外来品种和本地品种杂交改良而形成的品种。如新疆细毛羊、东北细毛羊。

(3) 引入品种　指从国外引入的优良品种，是我国进行品种改良和培育新品种的主要父本。如德国美利奴羊、澳大利亚美利奴羊、林肯羊等。

二、山羊的品种分类

山羊也有多种分类方法。如按照外形分为短耳羊、垂耳羊、有角羊和无角羊；按照体型分为大型羊、小型羊和矮型羊。但按照生产方向分类的方法最为普遍，一般可分为以下6种类型。

(1) 肉用山羊　以产优质羊肉为主，产肉性能很高，具有典型的肉用体型，如波尔山羊、马头山羊、南江黄羊、塞云娜羊等。

(2) 乳用山羊　以产山羊奶为主，产奶性能好，具有典型的乳用家畜体型，如关中奶山羊、萨能奶山羊、土根堡山羊、阿尔卑斯山羊等。

(3) 毛用山羊　以产优质山羊毛为主要生产方向，产毛量高，毛质好，如安哥拉山羊、苏维埃毛用山羊等。

(4) 绒用山羊　以产优质的山羊绒为主要生产方向，产绒量高，绒毛品质好，如辽宁绒山羊、内蒙古绒山羊、克什米尔山羊、奥伦堡山羊等。

(5) 毛皮用山羊　以生产优质的羔皮、裘皮为主要方向。如济宁青山羊、中卫山羊等。

(6) 普通山羊　又称兼用山羊，生产方向不一，生产性能不突出，大多为未经系统选育的地方品种。具有适宜性强、耐粗饲的特点，如西藏羊、新疆羊等。

第二节　绵羊、山羊品种

一、主要绵羊优良品种

1. 国内主要的优良绵羊品种

(1) 中国美利奴羊　中国美利奴羊是由内蒙古、新疆、吉林等地，以澳洲美利奴公羊与波尔华斯羊、新疆细毛羊和军垦细毛羊母羊通过杂交培育而成，是我国目前最好的细毛羊品种（图4-2-1）。

图4-2-1　中国美利奴羊

① 外貌特征。中国美利奴羊具有体质结实、适应放牧饲养、毛丛结构好、羊毛长而明显弯曲、油汗白色和乳白色及含量适中均匀和净毛量高的特点。体型呈长方形，后躯肌肉丰满；公羊颈部有1～2个横皱褶和发达的纵皱褶，母羊有发达的纵皱褶；公、母羊躯干均无明显皱褶。公羊有螺旋形角，母羊无角。胸宽深，背长，尾部平直而宽，四肢结实；羊毛覆盖头部至两眼连线，前肢达腕关节，后肢达飞节。分为四种类型：新疆型、新疆军垦型、科尔沁型、吉林型。

② 生产性能。中国美利奴羊成年羊平均体重，公羊为91.8kg，母羊为43.1kg；平均剪毛量，种公羊为16.0～18.0kg，种母羊为6.41kg；成年公羊毛长11～12cm，母羊毛长9～10cm，细度64～70支，以66支为主，净毛率50%以上。

(2) 新疆细毛羊　是中国育成的第一个细毛绵羊品种（图4-2-2），毛肉兼用。原产新疆伊犁哈萨克自治州，由巩乃斯种羊场育成。育种工作始于1934年。当时用从前苏联引进的高加索细毛羊和泊列考斯羊分别与伊犁、塔城等地的哈萨克羊和蒙古羊母羊杂交；1944年起又以高加索羊与哈萨克羊的4代杂种为主进行自群繁育。1954年通过鉴定，并命名为新疆毛肉兼用细毛羊，简称新疆细毛羊。产毛量高、毛质好，遗传性稳定，对改良全国粗毛羊向细毛方向发展起了很大作用，已在全国20余个省区推广繁殖。

图4-2-2　新疆细毛羊

① 外貌特征。公羊具螺旋状大角，颈部有2个完全或不完全横皱褶。母羊大多无角，头毛着生至眼线，颈部有纵褶。体躯宽，四肢端正。毛丛结构良好，前肢细毛长至腕关节，后肢长至飞节。

② 生产性能。成年公羊体重93kg，剪毛量12kg；成年母羊体重48kg，剪毛量6kg。净毛率稍高于50%，毛长8cm以上，细度64支。产羔率130%。体质强健，耐粗饲，适于长途转移草场和登山远牧。生长发育快，夏秋增膘能力强。

(3) 东北细毛羊　东北细毛羊是中国黑龙江、辽宁和吉林3省育成的细毛绵羊品种。1952年用兰布列羊和蒙古羊的杂交种先后与前苏联的美利奴羊、高加索细毛羊、阿斯卡尼羊和斯大夫细毛羊等品种杂交产生，1967年通过鉴定并命名为东北毛肉兼用细毛羊，简称东北细毛羊。该羊适应性强，遗传性稳定，耐粗饲，生长发育快。用于改良粗毛羊，对提高被毛质量效果良好。主要分布于东北三省西北部平原和部分丘陵地带，以该地带的农区和半农半牧区饲养较多。

① 外貌特征。公羊具螺旋形角，颈部有1～2个完全或不完全横皱褶；母羊大多无角，头毛着生至眼线，颈部有纵褶。毛丛结构良好，体质结实。

② 生产性能。成年公羊体重84kg，剪毛量13kg；成年母羊体重45kg，剪毛量6kg。净毛率

偏低，仅40%左右。毛长7～9cm，细度60～64支，弯曲正常。产羔率125%。

(4) 内蒙古细毛羊　系以当地蒙古羊为母本，前苏联美利奴羊、高加索细毛羊、新疆细毛羊、德国美利奴羊为父本。采用育成杂交培育而成。1976经内蒙古自治区人民政府正式命名。1986年导入澳羊血液改善了羊毛品质。目前，集中分布在锡林郭勒盟境内，品种数量已达150万只。

公羊有螺旋形角，颈部有1～2个完全或不完全的皱褶；母羊无角或有小角，颈部有裙形皱褶。头大小适中，背腰平直，胸宽深，体躯长。被毛闭合良好，头毛着生至两眼连线或稍下，前肢至腕关节，后肢至飞节。

生产性能：成年公羊平均毛长10.4cm，产污毛14.19kg，成年母羊平均毛长9.0cm，产污毛6.36kg。羊毛细度以64支为主，净毛率达47.76%。

(5) 中国卡拉库尔羊　中国卡拉库尔羊是我国培育的羔皮羊品种，主要由新疆、内蒙古的纯种卡拉库尔羊与库车羊、蒙古羊、哈萨克羊级进高代杂交培育而成。新疆饲羊该品种羊的草场主要为荒漠草场和低地草甸草场，内蒙古主要为荒漠和半荒漠草场，该品种羊适应性强，耐粗饲。

① 外貌特征。该品种羊头稍长，鼻梁隆起，耳大下垂，公羊多数有角，呈螺旋形向两侧伸展，母羊多数无角。胸深体宽，尻斜，四肢结实，尾肥厚。毛色主要为黑色、灰色和金色。被毛的颜色随年龄的增长而变化：黑色羊羔断奶后，逐渐由黑变褐，成年时被毛多变成灰白色、灰色、白色。

② 生产性能。中国卡拉库尔羊的主要产品是羔皮，即生后2天以内屠宰剥取的皮。羔皮具有独特而美丽的轴形和卧蚕卷曲，花案美观漂亮。中国卡拉库尔羊除生产羔皮外，还具有多种产品，其产毛量较高，成年公羊产毛量为3.0kg，母羊为2.0kg。羊毛是编织地毯的上等原料，还可制毡、精呢和粗毛毯。中国卡拉库尔羊羊肉味鲜美，屠宰率高。成年公羊体重为77.3kg，母羊为46.3kg，屠宰率为51.0%。

(6) 乌珠穆沁羊　系蒙古羊在当地特定的自然、气候等条件下，经过长期的自然选择和人工选择培育而成的肉用良种。1986年经自治区人民政府正式命名。目前主要集中分布在锡林郭勒盟东乌珠穆沁旗、西乌珠穆沁旗及其毗邻地区，品种数量已达230多万只。成年公羊体重80kg，成年母羊体重60kg，成年羊屠宰率53%。

(7) 西藏羊　是我国古老的绵羊品种，数量多，分布广，原产于西藏高原，可分为草地型和山谷型，是我国三大粗毛羊品种之一。

① 外貌特征。草地型和山谷型的外貌特征有较大差异。草地型体质结实，头粗糙呈三角形，鼻梁隆起，公母羊均有角。前胸开阔，背腰平直，骨骼发育良好。四肢粗壮，蹄质坚实。体躯白色，头、肢杂色者居多。山谷型体格小，头呈三角形，鼻梁隆起。公羊大多有角，母羊大多无角或有小角。背腰平直，体躯呈圆桶状，尾短小呈圆锥形。

② 生产性能。草地型西藏羊成年公、母羊体重分别为49.8kg和41.1kg，剪毛量分别为1.3kg和0.9kg。毛被属异质毛，干死毛重量比为2.5%。母羊一年产一胎，每胎大多产单羔。山谷型西藏羊成年公、母羊体重分别为19.7kg和18.6kg，剪毛量分别为0.6kg和0.5kg，毛色杂。

(8) 阿勒泰羊　阿勒泰羊属肉、脂兼用粗毛羊，体格大，体质结实。公羊鼻梁深，鬐甲平宽，背平直，肌肉发育良好（图4-2-3）。该品种是哈萨克羊种的一个分支，以体格大、肉脂生产性能高而著称。其主要产区为新疆的福海、富蕴、青河和阿勒泰等县，其次还分布于布尔津、吉木乃和哈巴河三个县。

图4-2-3　阿勒泰羊

阿勒泰羊终年放牧，夏季放牧于阿勒泰山的中山带，海拔1500～2500m，春秋季牧场位于海拔800～1000m的前山带及600～700m的山前平原，冬季牧场主要在河谷低地和沙丘地带。阿勒泰羊春、秋季各剪毛一次，成年公、母

图 4-2-4 小尾寒羊

羊平均年剪毛量为 2.04kg 和 1.63kg。阿勒泰羊产羔率为 110.3%。阿勒泰羔羊生长发育快，适于肥羔生产。5 月龄羯羔宰前体重平均为 37.08kg，胴体重（包括脂尾）19.54kg，屠宰率为 52.7%。阿勒泰羊毛质较差。

(9) 小尾寒羊　小尾寒羊（图 4-2-4）源于古代北方蒙古羊，南移中原农业地区后，经群众长期选育，逐渐形成具有多胎高产的裘（皮）肉兼用型绵羊品种类型。

① 外貌特征。小尾寒羊被毛白色，鼻弓耳长，公羊角大呈螺旋形，母羊角短小呈镰刀状，颈细，身体较高呈方形，四肢粗壮，脂尾短小呈椭圆形（图 4-2-4）。新中国建立后，从 20 世纪 50 年代开始引用国内外细毛羊优良品种与小尾寒羊杂交改良，至 70 年代，原产区小尾寒羊已基本绝迹，为杂种细毛羊取代。

② 生产性能。小尾寒羊生长发育快，肉用性能好，成年公羊体重 94.1kg，母羊 48.7kg；周岁公羊平均体重 60.8kg，母羊 41.3kg。小尾寒羊性成熟早，繁殖率高，母羊每胎产羔 2 只，多的达 4 只；每年剪毛两次，春季剪毛平均剪毛量公羊 1.25～2.25kg，母羊 0.75～1kg；秋季剪毛公羊 1～1.5kg，母羊 0.5～1kg。毛长 11～13cm，净毛率 63%。

剥制裘皮质量优良；羊毛粗杂，属异质毛。

(10) 滩羊　滩羊是我国独特的裘皮品种（图 4-2-5）。主要产区是宁夏贺兰山东麓的银川市附近各县，与宁夏毗邻的陕西、甘肃、内蒙古西南部也有滩羊分布。

图 4-2-5 滩羊

① 外貌特征。体格中等大小，体躯较窄长，公羊有螺旋形角，母羊无角或有小角，体躯被毛白色，部分个体头部有黑褐色斑。四肢较短，尾长下垂，尾根部宽、尖部细圆，至飞节以下。

② 生产性能。春季成年公羊平均体重 47.0kg，母羊 35.0kg。滩羊二毛裘皮，主要是指羔羊出生后 1 个月龄左右时宰杀所剥取的毛皮，是滩羊的主要产品。二毛裘皮毛股紧实，长 8～9cm，有波浪形小弯曲，毛穗美观，光泽悦目，色泽洁白，具有轻便、保暖、结实和不毡结等特点。

滩羊被毛中两型毛占 43.3%，绒毛占 37.1%，有髓毛占 19.6%。成年公羊毛长 8.0～15.5cm，母羊毛长 8.5～15.5cm，每年春秋各剪一次毛。全年剪毛量公羊 1.6～2.2kg，母羊 0.7～2.0kg。成年羯羊屠宰率为 45%，母羊产羔率为101%～103%。

(11) 湖羊　湖羊是我国特有的羔皮用绵羊品种（图 4-2-6），主要产于浙江省西部嘉兴、桐乡、吴兴、德清等地和江苏省南部的常熟、吴江、沙州等地。湖羊是国内外唯一的白色羔皮用品种，驰名中外。

① 外貌特征。湖羊头形狭长，鼻梁隆起，耳大下垂，公、母羊均无角，肩胸不够发达，背腰平直，后躯略高，体躯呈扁长形，全身被毛白色，四肢较细长。

图 4-2-6 湖羊

② 生产性能。成年公羊体重 48.6kg，母羊 36.5kg，剪毛量公羊 2.0kg，母羊 1.2kg，被毛异质，主要由有髓毛和绒毛组成，两型毛少。产肉性能一般，屠宰率 40%～50%。湖羊繁殖率高，母羊四季发情，可以二年三产，每胎 2 羔以上，产羔率平均 230%。

羔羊出生后 1～2 天内宰杀剥取羔皮。湖羊羔皮洁白光润，皮板轻柔，有波浪形花纹，毛卷紧贴皮板，坚实不散。湖羊羔皮在国内外市场上享有很高的声誉。

湖羊适应多雨、潮湿、温暖的气候，在农区常年舍饲饲养。

2. 国外优良绵羊品种

(1) 澳洲美利奴羊　来源于澳大利亚，是世界上最著名的细毛羊品种，它是在澳大利亚特定的自然气候条件下，从1788年开始，由英国、南非引进西班牙美利奴羊和从德国引入的萨克逊美利奴羊与从法国、美国引入的兰布列羊等品种进行杂交，经过一百多年有计划的育种工作而成。

① 外貌特征。该品种羊体质结实，体型外貌整齐一致。胸宽深、鬐甲宽平、背长、尻平直而丰满。公羊颈部有两个发达完整的横皱褶，母羊有发达的纵皱褶，羊毛密度大，细度均匀，白色油汗，弯曲为半圆形，整齐明显；羊毛光泽好，柔软，净毛率及净毛产量高，腹毛呈毛丛结构，四肢半毛覆盖良好。

② 生产性能。该品种按体重、羊毛长度及细度的不同，分为强毛型、中毛型、细毛型三个类型（图4-2-7）。其主要生产性能见表4-2-1。

细毛型

中毛型

强毛型

图4-2-7　3个不同类型的澳洲美利奴羊

表4-2-1　不同类型澳洲美利奴羊生产性能

类型	成年羊体重/kg		剪毛量/kg		羊毛细度/支	毛长/cm	净毛率/%
	公	母	公	母			
细毛型	60～70	32～38	7.5～8.5	4～5	64～70	7.5～8.5	65～58
中毛型	70～90	40～45	8～12	5～6.5	60～64	8.5～10.0	62～65
强毛型	80～100	43～68	8.5～14	5～8	58～60	9～13	60～65

剪毛量、净毛率及羊毛长度等性状，以强毛型为最高。强毛型适于干旱草原地区饲养，中毛型适于干旱平原地区饲养，细毛型（含超细型）适于多雨丘陵山区饲养。澳洲美利奴羊遗传性稳定。许多国家引用澳洲美利奴公羊改进本国细毛羊的羊毛品质和提高剪毛量及净毛率都取得了明显效果。我国引入该品种后，对培育中国美利奴羊新品种以及提高中国其他细毛羊品种的净毛率、被毛质量效果显著。

(2) 波尔华斯羊　波尔华斯羊（图4-2-8）原产于澳大利亚维多利亚州。从1880年开始，用林肯品种公羊与澳洲美利奴母羊杂交，一代杂种母羊再与澳洲美利奴公羊回交，二代羊中选择理想型公、母羊进行横交而育成。属于毛肉兼用型品种，具有良好的适应性。

图4-2-8　波尔华斯羊（母）

① 外貌特征。波尔华斯羊体质结实，结构匀称，背部平宽，体型外貌近似美利奴羊，但公母羊颈部一般无皱褶。公羊少数有角，母羊无角，多数个体在鼻端、眼眶和唇部有色斑，体躯宽广，被毛长。

② 生产性能。成年公羊剪毛后体重56～77kg，母羊45～56kg。剪毛量成年公羊5.5～9.5kg，母羊3.6～

5.5kg。毛长10～15cm，毛细度58～60支，净毛率55%～65%。毛丛有大、中弯曲，腹毛较好，呈毛丛结构。母羊泌乳性能好，产羔率为120%。

我国从1996年起先后从澳大利亚引进波尔华斯羊，饲养在新疆、内蒙古和吉林等地，对提高和改进我国细毛羊羊毛品质效果显著。

(3) 德国肉用美利奴羊　德国肉用美利奴羊原产于德国，属于肉毛兼用型细毛羊（图4-2-9）。

① 外貌特征。体格大，成熟早，胸部宽深，背腰宽平，肌肉丰满，后躯发育良好，公、母羊均无角，颈部无皱褶，被毛结构良好，毛较长而弯曲明显。

图4-2-9　德国肉用美利奴羊

② 生产性能。成年公羊体重90～100kg，母羊60～70kg。剪毛量成年公羊7～10kg，母羊4.5～5.0kg。公羊毛长9～11cm，母羊7～10cm，羊毛细度60～64支，净毛率为45%～52%。羔羊生长发育快，6个月龄体重达40～45kg。酮体重达19～22kg。4个月龄以内羔羊日增重可达300～350g。德国美利奴羊繁殖力强，性早熟，12个月龄时可初配，母羊泌乳性好，母性强，产羔率可达150%～175%，羔羊成活率高。

我国曾于1958年引进该品种，饲养在内蒙古、甘肃、山东等地。近年来又从德国大批量引进该品种，饲养在内蒙古和黑龙江省。德国美利奴羊进行纯种繁育的同时，与细毛杂种羊和土种羊杂交，后代生长发育快，产肉性能好。利用德国美利奴羊杂交改良细毛杂种羊和粗毛羊，发展羊肉产业，可以肉毛兼收。

(4) 考力代羊　考力代羊（图4-2-10）原产于新西兰，是用英国长毛品种林肯公羊与美利奴母羊杂交而成。澳大利亚则利用美利奴公羊与林肯母羊杂交培育出澳大利亚考力代羊品种。考力代羊能生产优质半细毛，也可用来生产羊肉，是肉毛兼用品种。

① 外貌特征。考力代羊头宽而小，头毛覆盖额部。公、母羊均无角，颈短而宽，背腰宽平，肌肉丰满，后躯发育良好，全身被毛及四肢毛覆盖良好，颈部无皱褶，体型似长方形，具有肉用体况和毛用羊被毛。四肢结实，长度适中，头、身、四肢偶有黑色斑点。腹毛覆盖良好。

图4-2-10　考力代羊

② 生产性能。成年公羊体重100～115kg，母羊60～65kg。剪毛量成年公羊10～12kg，母羊5.0～6.0kg。毛长12～14cm，毛细度50～56支，净毛率为60%～65%。母羊产羔率125%～130%。考力代羊早熟性好，4个月龄羔体重可达35～40kg。我国从新西兰和澳大利亚引进相当数量，在我国东部、西部和东北地区适应性较好，贵州、山东、安徽用考力代羊为父本正在培育细毛羊品种，考力代羊是东北细毛羊的主要父本。

(5) 无角道赛特羊　无角道赛特羊产于澳大利亚和新西兰（图4-2-11）。该品种是以考力代羊为父本，以雷兰羊和英国有角道赛特羊为母本进行杂交，杂种后代再用有角道赛特公羊回交，所生的后代中选择无角的公、母羊进行繁殖而成。无角道赛特羊是肉用品种，又能生产半细毛。

图4-2-11　无角道赛特羊

① 外貌特征。全身被毛白色，成熟早，羔羊生长发育快，母羊产羔率高，母性强，能常年发情配种，适应性强。公、母羊均无角，颈粗短，胸宽深，背腰平直，躯体呈圆桶状，后躯丰满，肉用体型明显。

② 生产性能。成年公羊体重85～115kg，母羊55～

80kg。毛长 6.0～8.0cm，毛细度 50～56 支，剪毛量 2.5～3.5kg，净毛率 55%～60%。产肉性能高，酮体品质好。2 个月龄羔羊平均日增重公羔 392g，母羔 340g。4 个月龄羔羊酮体重可达 20～24kg，屠宰率 50%以上。母羊产羔率为 130%～140%，高者达 170%。无角道赛特羊是澳大利亚、新西兰和欧美许多国家公认的优良肉用品种，是生产肥羔的理想父本品种。

图 4-2-12 夏洛来羊

1974 年和 1987 年，我国先后从澳大利亚引进无角道赛特羊，饲养在内蒙古畜牧科学院；1989 年，新疆畜牧科学院从澳大利亚又引进 140 只无角道赛特羊饲养。这几年我国又相继引进，用来杂交改良我国绵羊品种，均取得了较好的效果。

(6) 夏洛来肉羊 夏洛来肉羊（图 4-2-12）原产于法国，1974 年正式命名。夏洛来肉羊具有成熟早、繁殖力强、泌乳多、羔羊生长发育迅速、酮体品质好、瘦肉多、屠宰率高、适应性强等特点，是生产肥羔的理想肉羊品种。

① 外貌特征。公、母羊均无角，耳修长，并向前方直立，头和面部无覆盖毛，皮肤粉红或灰色，有的个体唇端或耳缘有黑斑。颈粗短，肩宽平，体长而圆，胸宽深，背腰宽平，全身肌肉丰满，后躯发育良好，两后肢间距宽，呈倒挂“U”字形，四肢健壮，肢势端正，肉用体型好。全身白色，被毛同质。

② 生产性能。成年公羊体重 100～140kg，母羊 75～95kg。4 个月龄羔羊酮体重达 20～22kg，屠宰率 55%以上。夏洛来羊性成熟早，6～7 个月龄母羔可配种，公羊 9～12 个月龄可采精。产羔率初产母羊为 135%，经产母羊为 182%。被毛平均长度 7.0cm，细度 50～58 支，产毛 3.0～4.0kg。

近年来，夏洛来羊畅销到英国、德国、瑞士、西班牙等许多国家，成为颇受欢迎的肉羊品种。1987 年我国从法国通过空运引进 500 只，分别饲养在河北省沧县、定兴县和北京的顺义县以及内蒙古。1990 年河南省又从法国引进 195 只，饲养在本省 5 个县，建立了夏洛来种羊场。1997 年黑龙江省也引进 117 只饲养在本省。目前，夏洛来羊已扩散到辽宁、山东、山西和新疆等省区饲养。十几年的实践证实，夏洛来羊在我国许多地区表现出良好的适应性和生产性能。除进行纯种繁育外，也可用来杂交改良当地绵羊品种，杂交改良效果显著，杂种后代产肉性能得到大幅度提高。

图 4-2-13 林肯羊

(7) 林肯羊 林肯羊原产于英国东部的林肯郡，于 1862 年育成。属长毛肉用品种（图 4-2-13）。

① 外貌特征。林肯羊体格高大，体质结实，结构匀称，头较大，鼻梁隆起，颈短，前额毛丛下垂，背腰平直，腰臀宽广，肋骨拱圆，四肢较短而端正，面部及四肢短毛洁白，公、母羊均无角，被毛长而下垂，呈辫型结构，有大波浪形弯曲，有光泽。

② 生产性能。成年公羊体重 120～140kg，母羊 70～90kg。被毛长 20～30cm。剪毛量成年公羊 8～10kg，母羊 6.0～6.5kg，净毛率 60%～65%。羊毛细度 36～40 支。4 个月龄羔羊酮体重 22.0kg，母羊 20.5kg，母羊产羔率 120%。林肯羊要求丰富的饲养条件，在我国北方适应性较差，较适应于云南等气候温和、饲料丰富的地区。

(8) 杜泊肉用绵羊 杜泊肉用绵羊（图 4-2-14）原产于南非，是由有角陶赛特羊和波斯黑头羊杂交育成，主要用于羊肉生产。

① 外貌特征。杜泊绵羊头颈为黑色，体驱和四肢为白色，头顶部平直、长度适中，额宽，

鼻梁隆起，耳大稍垂，既不短也不过宽。颈粗短，肩宽厚，背平直，肋骨拱圆，前胸丰满，后躯肌肉发达。四肢强健而长度适中，肢势端正。整个身体犹如一架高大的马车。杜泊绵羊分长毛型和短毛型两个品系。长毛型羊生产地毯毛，较适应寒冷的气候条件；短毛型羊被毛较短（由发毛或绒毛组成），能较好地抗炎热和雨淋。

图 4-2-14 杜泊肉用绵羊

② 生产性能。成年公羊和母羊体重分别为 120kg 和 85kg 左右。杜泊羔羊生长迅速，断奶体重大。3.5～4 月龄的杜泊绵羊体重可达 36kg。杜泊绵羊个体高度中等，体躯丰满，体重较大。杜泊绵羊繁殖期长，不受季节限制。在良好的生产管理条件下，杜泊母羊可在一年四季任何时期产羔，母羊的产羔间隔期为 8 个月。在饲料条件和管理条件较好的情况下，母羊可达到 2 年 3 胎，一般产羔率能达到 150%，在较一般的放养条件下，产羔率为 100%。在由大量初产母羊组成的羊群中，产羔率在 120%左右。

杜泊绵羊能良好地适应广泛的气候条件和放牧条件，该品种在培育时主要用于南非较干旱的地区，但今天已广泛分布在南非各地。在多种饲养条件下它都有良好表现，在精养条件下表现更佳。

杜泊绵羊具有良好的抗逆性。在较差的放牧条件下，许多品种羊不能生存时，它却能存活。即使在相当恶劣的条件下，母羊也能产出并带好一头质量较好的羊羔。由于当初培育杜泊绵羊的目的在于适应较差的环境，加之这种羊具备内在的强健性和非选择的食草性，使得该品种在肉绵羊中有较高的地位。

杜泊绵羊食草性强，对各种草不会挑剔，这一优势有利于饲养管理。在大多数羊场中，可以进行放养，也可饲喂其他品种家畜较难利用或不能利用的各种草料，羊场中既可单养杜泊绵羊，也可混养少量的其他品种，使较难利用的饲草资源得到利用。

其他的优质绵羊品种还有萨福克羊、特克赛尔羊、兰德瑞斯羊、卡拉库尔羊、东弗里生乳用羊等，这里不一一详述。

二、山羊品种

1. 我国主要山羊品种

(1) 关中奶山羊 关中奶山羊（图 4-2-15）原产于陕西省的渭河平原，现主要分布在关中的富平、三源、泾阳、浦城等几个奶山羊基地县。

① 外貌特征。关中奶山羊体质结实，乳用型明显，头长额宽，眼大耳长，鼻直嘴齐。母羊颈长，胸宽，背腰平直，腹大而不下垂，尻部宽长，有适度的倾斜，乳房大，多呈方圆形，质地柔软，乳头大小适中。公羊头大颈粗，胸部宽深，腹部紧凑。毛短色白，皮肤粉红色，部分羊耳、鼻、唇及乳房有大小不等的黑斑，老龄更甚。体型外貌与萨能山羊相近。

图 4-2-15 关中奶山羊

② 生产性能。成年公羊体重不低于 65kg，成年母羊体重 45kg 以上。在一般饲养条件下，优良的个体羊平均产奶量：一胎 450kg，二胎 520kg，三胎 600kg，高产个体在 700kg 以上，含脂率 3.8%～4.3%，总干物质为 12%。饲养条件好，产奶量提高 15%～20%。一胎产羔率为 130%，二胎以上平均产羔率为 174%。

(2) 崂山奶山羊 崂山奶山羊（图 4-2-16）主要分布于青岛、烟台、威海、临沂、枣庄等地区，以青岛市的崂山、城阳、胶州、即墨、胶南等市（区）为中心产区，而以崂山周围地区的奶山羊性状最为突出，质量最好。

崂山奶山羊为瑞士萨能山羊与本地白山羊杂交选育而成，是山东奶山羊的优良品种之一，以个头大、产奶多、繁殖性能好而驰名全国，是我国培育成功的优良奶山羊品种之一。

① 外貌特征。崂山奶山羊体质结实，结构匀称；头长，额宽，鼻直，眼大，嘴齐，耳薄长且向前外方伸展；全身被毛白色，毛细短，皮肤呈粉红色、有弹性，成年羊头、耳、乳房有浅色黑斑；公、母羊大多无角，有肉垂。公羊颈粗，雄壮，胸部宽深，肋骨开张，背腰平直，腹大而不下垂，四肢健壮、较高，蹄质坚实。公羊睾丸大小适中、对称、发育良好。母羊体躯发达呈楔形，皮薄毛稀，乳房基部发育好、上方下圆，乳头大小适中、对称。

图 4-2-16　崂山奶山羊

② 生产性能。成年公羊平均体重 75.5kg，母羊 47.7kg。第一胎平均泌乳量 557.0kg，第二、第三胎平均泌乳量为 870.0kg，泌乳期一般 8～10 个月，乳脂率 4.0%。成年母羊屠宰率 41.6%，6 月龄公羔 43.4%。羔羊 5 月龄可达性成熟，7～8 月龄体重达 30.0kg 以上即可初配，平均产羔率 180.0%。

(3) 内蒙古白绒山羊　内蒙古白绒山羊（图 4-2-17）产于内蒙古西部，分布于二狼山地区、阿尔巴斯地区和阿拉善左旗地区，因此又可分为阿尔巴斯白绒山羊、二狼山白绒山羊和阿拉善白绒山羊是我国绒毛品质最好、产绒量高的优质绒山羊品种。

图 4-2-17　内蒙古白绒山羊

① 外貌特征。公母羊均有角，有须，有髯，被毛多为白色，约占 85%以上，外层为粗毛，内层为绒毛，粗毛光泽明亮，纤细柔软，根据被毛长短分长毛型和短毛型两类。

② 生产性能。成年公羊平均剪毛 570g，母羊 257g。绒毛纯白，品质优良，历史上以生产哈达而享誉国内外，成年公羊平均抓绒 400g，最高达 875g，母羊 360g。产肉能力较强，肉质细嫩，脂肪分布均匀，膻味小，屠宰率 45%～50.0%，羔羊早期生长发育快，成活率高。母羊繁殖力低，年产一胎，一胎一羔，产羔率 102.0%～105.0%。母羊有 7～8 个月泌乳期，日产奶 0.5～1.0kg。

(4) 辽宁绒山羊　辽宁绒山羊（图 4-2-18）主产于辽东半岛，是我国现有产绒量最高、绒毛品质好的绒用山羊品种之一。

① 外貌特征。公母羊均有角，头小，有髯，额顶长有长毛，背平直，后躯发达，体质结实，四肢粗壮，被毛纯白色。

② 生产性能。辽宁绒山羊产绒性能好，每年 3～4 月份抓绒，成年公羊平均抓绒 570g，个别达 800g 以上，母羊 320g。个体间抓绒量差异较大。此外，还有一定的产毛能力。成年公羊宰前体重 48.3kg，屠宰率 50.9%，成年母羊宰前体重 42.8kg，屠宰率 53.2%。公母羊 5 月龄可性成熟，但一般在 18 月龄初配，母羊发情集中在春秋两季，产羔率 118.3%。

图 4-2-18　辽宁绒山羊

(5) 南江黄羊　南江黄羊是在四川大巴山区培育成的一个优良肉用山羊品种。1995 年 10 月，由农业部组织鉴定，确认为我国肉用性能最好的山羊新品种。

南江黄羊板皮品质良好，板质结实，张幅大，厚薄均匀。南江黄羊具有较强的生态适应性，特别适合我国南方各省饲养。

① 外貌特征。被毛呈黄褐色，毛短紧贴皮肤，富有光泽，被毛内层有少量绒毛。公羊颜面毛色较黑，前胸、颈肩、腹部及大腿被毛深黑而长，体躯近似圆桶形，母羊大多有角，无角个体较有角个体颜面清秀。

② 生产性能。成年公羊体高 74.7cm，体重 59.3kg，最高 76.0kg。成年母羊体高 66.6cm，体重 44.7kg，最高 67.0kg。初生公羔 2.3kg，母羔 2.1kg，双月断奶公羔 11.5kg，母羔 10.7kg。哺乳期公羔日增重 154g，母羔 143g。周岁公羊体重占成年体重的 55.5%，周岁母羊体重占成年体重的 64.5%，产肉性能好。6 月龄公羔宰前体重 19.0kg，羯羔 21.0kg 以上。母羊常年发情并可配种受孕，8 月龄可初配，母羊可年产两胎，双羔率 70%以上，多羔率 13.5%，经产母羊产羔率 207.8%，全群胎平产羔率 195.3%。

(6) 成都麻羊　成都麻羊分布于四川成都平原及其附近丘陵地区，目前引入河南、湖南等省，是南方亚热带湿润山地丘陵补饲山羊，为肉乳兼用型。

① 外貌特征。体格较小，被毛深褐，腹下浅褐色，两颊各具一浅灰色条纹。

② 生产性能。成年个体体高 0.59～0.68m，体长 0.63～0.65m，胸围 0.70～0.81m，体重 29～39kg。屠宰率为 46.9%～51.4%。4～5 月龄性成熟，12～14 月龄初配，常年发情，每年产两胎，妊娠期 142～145 天，一胎的产羔率为 215%。成都麻羊板皮致密、张幅大、弹性好、板皮薄，深受国际市场欢迎。母羊泌乳期为 5～8 个月，共产乳 70kg 左右。

(7) 济宁青山羊　济宁青山羊产于山东省菏泽、济宁地区，所产羔皮叫猾子皮，是我国独特的羔皮用山羊品种。

① 外貌特征。公母羊均有角，有须，有髯，体格小，结构匀称，又叫“狗羊”。被毛由黑白两种纤维组成，外观呈青色，黑色纤维在 30%以下为粉青色，30%～40%者为正青色，50%以上为铁青色。全身有“四青一黑”特征，即背部、唇、角、蹄为青色，两前膝为黑色。

② 生产性能。以生产各类猾子皮著称，3 日龄羔羊被毛短，紧密适中，所得皮板品质最佳。成年公羊可剪毛 230～330g，母羊 150～250g，公羊抓绒 50～150g，母羊 25～50g。成年羯羊宰前体重 20.1kg，屠宰率 56.7%。繁殖力高是该品种的重要特征，母羊一岁前即可产第一胎，初产母羊平均产羔率 163.1%，一生平均产羔率 293.7%，最多时一胎可产 6～7 羔。年产 2 胎，或 2 年产 3 胎。

(8) 黄淮山羊　黄淮山羊产于黄淮海平原南部，主要分布在河南省东部、安徽省及江苏省北部。

① 外貌特征。黄淮山羊分有角和无角两种类型。有角公羊角粗大，母羊角较细小，鼻梁平直，面部微凹，下颌有髯，胸较深，背腰平直，体型呈圆桶状。母羊乳房发育良好。被毛白色，毛短粗。

② 生产性能。成年公羊体重 34kg，母羊 26kg。黄淮山羊当年春产公羔 9 月龄可达 22kg，母羔 16kg 左右。山羊肉质细嫩、膻味小，屠宰率 45%左右。

产区习惯于当年羔羊当年屠宰。黄淮山羊具有性成熟早、生成发育快、四季发情、繁殖率高的特性，一般 5 月龄母羔就能发情配种，部分母羊一年 2 胎或 2 年 3 胎，产羔率平均 230%左右。此外，板质质量优良，是黄淮平原区优良山羊品种。其缺点是个体较小，通过与肉用山羊杂交，加强饲养管理，可提高黄淮山羊产肉性能。

(9) 马头羊　马头羊是在全国畜禽品种资源调查中新发掘的优良肉用型山羊品种，分布于湖南、湖北两省，主要产于湖南省的芷江、石门、新晃等县，因该羊无角、头似马头，群众称其马羊而定名，已被农业部列为“九五”期间国家重点推广的畜禽良种之一。

① 外貌特征。马头羊体型高大，躯体较长，胸部深厚，胸围肥大，行走似马。

② 生产性能。成年公羊体重 60kg，成年母羊体重 55kg，周岁羊体重 25～30kg。马头羊繁殖率强，一般在 6～7 月龄开始配种，产后第一次发情为 18～24 天，持续 2～4 天，发情周期为 17～21 天，平均为 18 天。怀孕期为 147～151 天；一般 2 年 3 胎，或 1 年 2 胎，每胎产 1～4 羔，

平均胎羔1.83只。

马头羊屠宰率高，母羊出肉率为49.3%，羯羊可达53.3%，且脂肪分布均匀，肉质细嫩，味道鲜美，膻气小，蛋白质含量高，脂肪和胆固醇含量很低。马头羊卷羊肉是我国出口创汇的拳头产品，在国际市场上享有很高的声誉，远销伊拉克、叙利亚、黎巴嫩和科威特等国家。马头羊皮张质地柔软，皮质洁白、韧性强、张幅面积大、用途广、经济价值较高。

马头羊适应性广、合群性强、易于管理，丘陵山地、河滩湖坡、农家庭院、草地均可牧养。华中、西南、云贵高原等地引种牧养，表现良好，经济效益显著。

(10) 中卫山羊　中卫山羊又叫沙毛山羊，是我国特有的裘皮用山羊品种，产于宁夏的中卫、中宁、同心、海原，甘肃中部的皋兰、会宁等县及内蒙古阿拉善左旗。裘皮品质驰名世界。中卫山羊具有耐粗饲、耐湿热、对恶劣环境条件适应性好、抗病力强、耐渴性强的特点。有饮咸水、吃咸草的习惯。

① 体型外貌。被毛分为内外两层，外层为粗毛，由有浅波状弯曲的真丝样光泽的两型毛和有髓毛组成；内层由柔软纤细的绒毛和微量银丝样光泽的两型毛组成。被毛以纯白色为主，也有少数为全黑色。成年羊头部清秀，面部平直，额部丛生一束长毛，颌下有长须，公母山羊均有角，呈镰刀形。中等体型，体躯短、深，近似方形。背腰平直，体躯各部结合良好，四肢端正，蹄质结实。公山羊前躯发育好，母山羊后躯发育好。成年体重，公山羊为30～35kg，母山羊为20～30kg。

② 生产性能。中卫山羊所产山羊肉细嫩，脂肪分布均匀，膻味小。羯羊屠宰率平均为44.8%。成年公羊体重为54.25kg，母羊37kg。中卫山羊在6月龄性成熟，1.5岁配种，产羔率为103%。中卫山羊盛产花穗美观、色白如玉、轻暖、柔软的沙毛皮而驰名中外。沙毛皮是宰杀出生后35日龄的羔羊所剥取的毛皮。沙毛皮有黑、白两种，白色居多，黑色毛皮油黑发亮。沙毛皮具有保暖、结实、轻便、美观、穿着不赶毡的特点。毛股长7～8cm，多弯曲，弯曲的波形有两种：一种是正常波形；另一种是半圆形。平均裘皮面积为1709.3 (1360～3392) cm^2。冬羔裘皮品质比春羔好。成年公羊抓绒量164～240g，母羊140～190g。剪毛量低，公羊平均400g，母羊300g，毛长14.5～18cm，具有马海毛的特征。

2. 国外主要山羊品种

(1) 萨能奶用山羊　萨能奶用山羊原产于瑞士西部伯鲁县萨能山谷地区，世界各地都有分布。萨能奶山羊是世界上最优秀的奶山羊品种之一，是奶山羊的代表。现有的奶山羊品种几乎半数以上都有萨能奶山羊血缘。我国于1904年前后引入，全国各地都有饲养，是我国奶用山羊开发的一个主要引入品种。

① 外貌特征。具有典型的乳用家畜体型特征，后躯发达。被毛白色，偶有毛尖呈淡黄色，有四长的外形特点，即头长、颈长、躯干长、四肢长。公、母羊均有须，大多无角。

② 生产性能。成年公羊体重75～100kg，最高120kg。母羊50～65kg，最高90kg。母羊泌乳性能良好，泌乳期8～10个月，可产奶600～1200kg，各国条件不同其产奶量差异较大。最高个体产奶记录3430kg。含脂率为3.8%～4.0%。母羊繁殖率高，产羔率一般170%～180%，高者可达200%～220%。

萨能奶山羊适应性强，产奶量高，遗传性强，繁殖力强，用于改良各地土种山羊效果显著，适合农家饲养。

(2) 吐根堡奶山羊　吐根堡奶山羊是世界著名的奶用山羊品种，因原产于瑞士东北部的吐根堡盆地而得名，现已分布于世界各地，与萨能奶山羊同享盛名，能适应各种气候条件和饲养管理。

① 外貌特征。体型与萨能奶山羊相近，被毛褐色，颜面两侧各有一条灰白条纹，公、母羊均有须，多数无角，体格比萨能奶山羊略小。

② 生产性能。成年公羊平均体重99.3kg，母羊59.9kg，母羊泌乳期平均287天，泌乳量600～1200.0kg，各地产奶量有差异，最高个体产奶记录3160.0kg。产奶品质好，膻味小。

吐根堡奶山羊体质健壮，性情温驯，尤其对炎热气候和山地牧场的适应性较强。耐粗饲，对饲养管理条件要求不苛刻。比萨能奶山羊更能适应舍饲，更适合南方饲养。遗传性能稳定，与其他山羊杂交，都能表现出特有的毛色和较高的产奶性能，膻味较其他山羊小。

(3) 波尔山羊 波尔山羊是当今世界著名肉用山羊品种。原产南非，作为种用，已被非洲、新西兰、澳大利亚、德国、美国、加拿大等国引进。1987 年我国从南非引进首批波尔山羊。

① 外貌特征。短毛，头部一般为红（褐）色并有广流星（白色条带），身体为白色，一般有圆角，耳大下垂。体躯结构良好，四肢短而结实，背宽而平直，肌肉丰满，整个体躯圆厚而紧凑。

② 生产性能。成年公羊体重最高可达 140kg，一般为 90～95kg，母羊最高可达 90kg，一般为 70～75kg。羔羊初生重 3～4kg。周岁平均日增重 200g 以上，6 月龄公羊体重可达 42kg，母羊 37kg，

繁殖性能高，一年四季都能发情配种产羔，70%以上发情集中在秋季。母羊 6 月龄性成熟，即能配种繁殖，平均产羔率为 180%～200%，双羔较多，使用寿命长，生育年限为 10 年。早期断乳和适当的诱导发情可安排 1 年产 2 胎、2 年 3 胎或 3 年产 5 胎。

波尔山羊适应性极强，几乎适宜各种气候条件，在热带、亚热带、内陆甚至半沙漠地区均有分布，耐粗饲，抗病力强，性情温顺，活泼好动，群居性强，易管理。

波尔山羊有罕见的抗病能力，例如抗蓝舌病、氢氰酸中毒症和肠毒血症等。其耐粗饲和抗病性优于本地山羊。而且，由于其采食地面以上的杂草和灌木树叶，因而较少感染肉寄生虫病，短少紧粘皮肤的白毛也能抵抗外寄生虫的侵袭。

由于波尔山羊生长快、肉用性能好、产仔率高等优点，杂交改良是提高本地山羊生产性能，加速山羊生产产业化的重要举措。

改良的本地山羊，杂交一代生长速度快、产肉多、肉质好，体重比本地山羊提高 50%以上，显示出很强的杂交优势，专家推荐用波尔山羊为杂交肉羊生产的终端父系品种最为理想。

但是饲养不良时，其生产性能和繁殖力均明显下降。良种要有良法，要使波尔山羊在我地发挥其良种杂交改良优势，必须要有相配套的饲养管理技术作保证。

由于波尔山羊产地在南非，属于干旱亚热带气候，在我国北方地区，由于冬季寒冷，冬季牧草缺乏，而波尔山羊对饲草和饲料要求相对较高，引种时应慎之又慎。

(4) 安哥拉山羊 安哥拉山羊原产于土耳其安哥拉省，是一个古老的毛用山羊品种。安哥拉山羊生产的羊毛就是世界上著名的"马海毛"，细长而富有弹性，光泽耀眼，是毛纺工业中的高级原料毛，具有很高的经济价值。

① 外貌特征。公母羊均有角，四肢短而端正，蹄质结实，体质较弱，被毛纯白，由波浪形毛辫组成，可垂至地面。

② 生产性能。成年公羊体重 50～55.0kg，母羊 32～35.0kg，美国饲养的个体较大，公羊体重可达 76.5kg。产毛性能高，被毛品质好，由两型毛组成，细度 40～46 支，毛长 18～25.0cm，最长达 35.0cm，呈典型的丝光。一年剪毛两次，每次毛长可达 15.0cm，成年公羊剪毛 5～7.0kg，母羊 3～4.0kg。最高剪毛量 8.2kg，羊毛产量以美国最高，土耳其最低，净毛率 65%～85.0%。生长发育慢，性成熟迟，到 3 岁才发育完全，产羔率 100%～110%，少数地区可达 200.0%，母羊泌乳力差。由于个体较小而产肉少。

我国于 1984 年起从澳大利亚引进安哥拉山羊，目前主要在内蒙古、山西、陕西和甘肃等省（区），用来改良当地的本地山羊，取得良好效果。

[复习思考题]

1. 举例说明绵羊有哪些品种类型？各有何特点？
2. 我国主要的绵羊品种有哪些？并说明其产地、用途和主要外貌特点。
3. 举例说明山羊有哪些品种类型？各有何特点？
4. 我国有哪些主要的山羊品种？外貌特征和生产性能如何？

第三章　羊的饲养管理

[知识目标]

- 了解羊的生物学特性和饲养方式。
- 掌握各类羊的饲养管理方法和日常管理技术。

[技能目标]

- 在生产实践中能利用羊的生物学特性促进生产。
- 能科学地进行各类羊的饲养管理和日常管理技术。

第一节　羊的生物学特性

一、绵羊的生活习性

1. 采食能力强，饲料利用广泛

羊的嘴尖、唇薄，上唇有一纵裂，增加了上唇的灵活性，下颌门齿向外有一定的倾斜度，能摄取零碎树叶和啃食低矮的牧草，在马、牛放牧过的草场或马、牛不能利用的草场，绵羊仍然能够采食。羊四肢强健有力，蹄质坚硬，能边走边采食。羊可广泛利用饲草饲料，各种牧草、灌木、农副产品以及禾谷类籽实均可利用。

2. 合群性强

绵羊的群居行为很强，放牧时，喜欢大群羊一起群牧，即使在牧草密度低的牧场上放牧时，也要保持小群羊一起牧食。一遇有惊吓或驱赶羊只便立即集中，头羊行进时，众羊则会跟随。合群性以粗毛羊最强，毛用羊次之，肉用羊较差。地方品种比培育品种的合群性强。

3. 喜干厌湿，耐寒怕热

绵羊宜在干燥通风的地方采食和卧息，潮湿的环境条件易导致羊只发病，尤其是易患寄生虫病和腐蹄病。在炎热天气放牧，常常发生低头拥挤、呼吸急喘、驱赶不散的“扎窝子”现象，细毛羊更为明显。因此，夏天放牧应尽量早出晚归，利用早晚天气凉爽时让羊多吃牧草。高温高湿的环境尤其不利于绵羊生存，不仅容易患病，生殖能力也明显下降。

4. 性情温驯，胆小易惊

绵羊温驯胆小，突然惊吓容易“炸群”而四处乱跑。绵羊的自卫能力较差，易招至兽害，在大风天气，常常顺风惊跑而发生累死或冻死现象。因此，在放牧时要保持相对安静的环境，在冬、春季节风速较大的气候下放牧时，要加强看护工作。

5. 嗅觉灵敏

绵羊具有趾腺、眶下腺、腹股沟腺，是与其他羊属动物相区别的特征。羊嗅觉灵敏，母羊主要靠嗅觉识别自己的羔羊，即使在大群的情况下母子也可以准确相识，羊还靠嗅觉辨别植物种类和饮水的清洁度，视觉和听觉一般只起辅助作用。

6. 喜清洁

羊要求饮水清洁无味，喜欢干燥、清洁的放牧地，凡经践踏污染的草不愿再采食，不吃混入粪尿泥土的精料。

7. 忍耐性强，患病表现不明显

绵羊对恶劣生活环境有较高的忍耐性，一般情况下对疾病的反应不像其他家畜那样敏感，往往病很重时才会表现出来。所以，管理人员平时应细心观察，如掉队、对多汁饲料和精料采食不积极、饮水减少、反刍停止等，都是发病征兆。

二、山羊的生活习性

山羊与绵羊有许多共同的特性，另外还具有以下特点。

1. 性成熟早、繁殖力强

山羊 4 月龄即性成熟，6～8 月龄即可初配，1 年可产 2 胎或 2 年产 3 胎，1 胎可产 2～3 只羔羊。此外山羊发情征兆较绵羊明显。

2. 适应性强

山羊对不良环境的适应超过绵羊、牛和马，其地域分布之广远超过其他草食家畜。我国广东、广西、福建、海南等热带、亚热带地区没有绵羊分布，但却饲养着一定数量的山羊。山羊对水的利用率高，能够忍受缺水和高温环境，能适应沙漠地区的生活环境。

3. 活泼好动，喜登高

山羊生性好动、行动敏捷，羔羊的好动性表现得尤为突出，经常有前肢腾空、身体站立、跳跃嬉戏的动作。山羊有很强的登高和跳跃能力，适合山区放牧。舍饲山羊时应设置宽敞的运动场，围墙要有足够的高度。山羊较绵羊胆大勇敢，神经敏锐，容易调教，可以做放牧时的“头羊”，马戏团也经常训练山羊做精彩的表演。

4. 觅食能力强，粗饲料利用率高

山羊的觅食能力极强，喜欢采食灌木树叶和嫩枝，其舌上有苦味感受器，爱吃带苦涩味的树叶及蒿类植物。山羊对粗纤维的消化能力比绵羊高，并且对饲草中的单宁有特殊的耐受能力。但因山羊喜啃食树皮，对树木有一定的破坏作用，应注意管理。

第二节 羊的饲养方式

一、放牧饲养

放牧能够适应羊的生物学特性，充分利用自然资源，有利于羊体健康，降低养羊生产成本。

1. 合理组织羊群

编群是否合适，对放牧好坏有影响。不同种类的羊，如土种羊、杂种羊、纯种羊最好不要混编，年龄不同的羊编在一群也不方便。羊数量多时，同一品种可分为种公羊群、试情公羊群、成年母羊群、育成母羊群、育成公养群、羯羊群等。羊群规模的大小，应根据可放牧草场的类型、牧草状况和草场面积等具体情况而定，每群可由几十到数百只不等。在牧区，细毛、半细毛羊群以 200 头左右为一群。农作物较多、地形复杂、草场偏差的地区，羊群宜小一些，否则，羊群难以控制，对放牧不利。杂种羊和粗毛羊在管理上要求较低，羊群可适当加大。

2. 四季放牧管理技术要点

四季放牧应针对羊只“夏肥、秋壮、冬瘦、春乏”的季节性特点，根据不同的气候和草场状况科学管理。

(1) 春季（3～5 月） 羊越冬后，膘体差、体质弱，此时又是产羔期或哺乳期，而天然草场青草刚刚萌发，饲料青黄不接，气温变化不定，是养羊的困难时期。春季放牧应选择适宜的草地，并合理补饲，使羊迅速恢复膘情。春季牧草萌发时，要避免羊只过多奔跑，体力消耗过大。放牧时注意由吃枯草逐渐过渡到吃青草，放牧时间由每天 4～6h 逐渐延长，早春不宜出牧过早，防止羊突然采食过量的青草和水分而导致臌胀、腹泻或发生青草症。

（2）夏季（6～8月） 牧草生长旺盛，适口性好，是羊群贪青长膘的有利时机，但气候炎热、多雨，应选择凉爽、通风、背阴、饮水方便的山地放牧。其要点是尽量延长放牧时间，清早出牧，傍晚归牧，中午在通风林阴内休息，防止暴晒中暑，供给充足饮水。同时注意补食盐，可将食盐放在舍内，羊群出入时任其舔食，或将食盐放于饮水中喂羊。归牧后应让羊群休息片刻再饮水，以防羊太渴，饮水过急而呛肺。夏季放牧每天不少于10h，放牧条件好或有围栏的牧地，5～9月份羊群进行夜牧或露天过夜，让羊采食更多的牧草，增加营养供给，通过夏季放牧，羊膘体要求达到八成以上。

（3）秋季（9～11月） 气候适宜，牧草正处开花结籽期，营养价值高，羊只食欲旺盛，此时放牧的主要任务是最大限度地蓄积体脂，增加体重，膘体应达到十成以上，为安全越冬度春做好准备。秋初放牧应坚持早出晚归，增加羊采食时间。秋末应防止采食霜草，可适当晚出，坚持晚归，中午不休息，秋季放牧每日保持10～12h。秋季还是羊的配种期，要做到抓膘、配种两不误。

（4）冬季（12～次年2月） 牧草干枯，草质较差，营养价值低，加上气候寒冷，风雪频繁，羊易散失体热，应适当减少放牧时间，根据天气，日放牧时间以4～6h为宜，并选择避风向阳、地势高燥、水源好的山脚和阳坡堤凹处的草场放牧，坚持晚出。防止母羊流产，不吃冰霜草，不喝冰水，不走冰地，放牧不急赶，出入圈舍不拥挤。冬季放牧必须结合补饲，以达到保膘保胎的目的。

二、补饲饲养

在冬春季节，单靠放牧难以满足羊的生理需要，归牧后要进行补饲。补料应该先精后粗，可将精料和切碎的块根茎类拌在一起，加入食盐和骨粉等，在羊进入羊舍前撒入食槽。干草要铡短，或者放在草架里。每只羊每日补饲量为干草0.5～1kg，精料0.1～0.3kg。

第三节 各类羊的饲养管理

一、种公羊的饲养管理

1. 种公羊的饲养

种公羊饲养的好坏对羊群影响很大，饲养种公羊的主要任务是要保证种公羊精力充沛，性欲旺盛，精液品质优良，保持中上等膘情。要做到以下几点：第一，应保证饲料的多样性，适口性好，易消化，精粗饲料合理配搭，尽可能保证青绿多汁饲料全年较均衡地供给。在枯草期较长的地区，要准备较充足的青贮饲料，同时，要注意矿物质、维生素的补充。第二，日粮应保持较高的能量和粗蛋白水平。第三，必须有适度的放牧和运动时间，以免因过肥而影响配种能力。

种公羊饲养最好是放牧和舍饲相结合，配种淡季或非配种期以放牧饲养为主，可以不补精料或少补精料，但营养水平不能过低。配种期除放牧外，补饲量大致为：精料0.8～1.2kg，胡萝卜0.5～1.0kg，青干草2kg，食盐15～20g，骨粉5～10g。

2. 种公羊的管理和利用

种公羊的管理要细致周到，应单独放牧组群，不与母羊混群，避免造成早配和近亲繁殖。种公羊应避免到树桩较多的茂密林地放牧，以防止树桩划伤阴囊，如采取舍饲饲养种公羊，则应保证每天运动6h以上。种公羊每天配种1～2次，配种旺季可日配种3～4次，连续2天后应休息1天。青年公羊初配年龄6～8月龄，每天配种2次以内，配种过早过频易影响其生长发育。为提高种公羊利用率，应积极推广人工授精技术。

二、繁殖母羊的饲养管理

母羊是羊群发展的基础，饲养种母羊的主要任务是促进发情、排卵、泌乳，提高繁殖率。种母羊在一年中可分为空怀期、妊娠期和哺乳期三个生理阶段，应根据不同阶段进行合理的饲养。

1. 空怀期

空怀期即哺乳期结束至配种受胎时段，约为3个月。此时母羊经过妊娠期和哺乳期，体质一般较差，此期的营养状况直接影响着下一个繁殖周期。营养好，体况佳，则母羊发情整齐，排卵数多，受孕率高。因而空怀期必须加强饲养管理，充分放牧，使之迅速恢复体况，促进正常发情、排卵和受孕。在配种前可实行短期优饲，使母羊达到配种时所需的体况膘情。方法为配种前10～15天，母羊日补精料0.2kg，补充适量的胡萝卜或维生素A，使羊群膘情一致，发情集中，便于配种，多产羔。

2. 妊娠期

(1) 饲养　妊娠母羊除本身需要营养外，还供给胎儿生长发育所需营养，并储备一定的营养供产后泌乳，因此，要提高怀孕母羊的营养水平。怀孕前期3个月，胎儿发育较慢，其绝对增重只占初生重的10%。该阶段除配种后7～10天给予短期优饲外，其余时间的营养水平与配种前差不多，但要求营养更加全面。饲养时应予充分放牧，个别弱瘦母羊可适当补饲。怀孕后期2个月，胎儿生长加快，绝对增重占初生重的80%～90%，母羊需要大量的营养以供胎儿生长发育和备乳，营养标准应比平时高30%～40%饲料单位，可消化蛋白质应增加40%～60%，钙、磷需增加1～2倍。这一阶段饲料应营养充足、全价，如果此期营养不足会影响胎儿发育，羔羊初生重小，被毛稀疏，生理机能不完善，体温调节能力差，抵抗力弱，羔羊成活率低，易发病死亡。且母羊体质差，泌乳量降低，由此影响羔羊的健康和生长发育。因此，怀孕后期应在放牧的基础上，根据母羊的膘情合理补饲，每天可补精料0.45kg、青干草1.0～1.5kg、青贮料1kg、胡萝卜0.5kg、骨粉5g。

(2) 管理

① 选择平坦的幼嫩草地放牧，防止走远路，以免过于疲劳。舍饲时应适当运动，以促进食欲，有利于胎儿发育和产羔。

② 不喂腐败、发霉的饲料或易发酵的青贮料，放牧时避免吃霜冻草和寒露草，不饮冰水和污水。

③ 防止紧迫急赶、殴打羊群，避免羊只斗架，出入圈时严防拥挤，草架、料槽及水槽数量要足够，防止喂饮时拥挤，否则易造成流产。临产前1个月，做到单栏饲养。如发现母羊流产，应将流产胎儿、胎盘、垫草及粪便扫出羊舍深埋，栏舍用石灰水消毒。

3. 哺乳期

这一阶段的主要任务是供给羔羊充足的乳汁，饲养上应根据母羊的泌乳规律和产后的生理情况进行饲养管理。哺乳期的长短取决于饲养方案，一般为90～120天。

母羊产后最初几天，其生理情况比较复杂，因产后腹压减小，胃肠空虚而表现较强的饥饿感，但身体虚弱，消化能力较差，必须加强护理。饲养上以舍饲为主，以优质嫩草、干草为主要饲料，每天给3～4次清洁饮水，并在饮水中加少量的食盐、麸皮，或喂给米汤，让其自由饮用。母羊体况好，产羔少，乳汁充足可不补或少补精料。如乳汁不足，可给母羊补饲青绿多汁饲料和适量精料。

母羊产后15～20天已处于泌乳高峰期，这时母羊食欲旺盛，饲料利用率高，体内储存的养分不断消耗，体重下降，为了促进泌乳，使泌乳高峰期持续较长时间，提高羔羊的成活率和断奶重，应在充分放牧的基础上增加补饲。补饲量应根据母羊体况及哺乳的羔羊数而定。产单羔的母羊每天补精料0.3～0.5kg，青干草、苜蓿干草各1kg，多汁饲料1.5kg。产双羔母羊要在此基础上增加精料，每天可补0.4～0.6kg。补饲时间要适宜，过早补饲大量的精料往往会伤及肠胃，引起消化不良或导致乳房炎，过晚则大量消耗体内营养，羊体迅速消瘦，影响泌乳。

母羊产后2个月为哺乳后期，以恢复体况为主，为下次配种作准备。此时羔羊的瘤胃功能已趋于完善，可以大量利用青草及粉碎精料，不再完全依靠母乳营养。当母羊泌乳量开始下降时，应视体况逐渐减少精料。

哺乳母羊的管理要注意保持栏舍干燥、清洁，并做到定期清粪、消毒。不要到灌木丛、荆棘中放牧，以免刺伤乳房。哺乳母羊因采食量大，常离群采食，放牧时应防止羔羊丢失。

三、羔羊的饲养管理

羔羊时期是一生中生长发育最旺盛的时期，但体质较弱，适应力较差，极易发生死亡。羔羊培育的主要任务是提高成活率和加快生长速度。

1. 加强护理

初生羔羊体温调节能力差，因而对冬羔及早春羔必须做好保温防寒工作。羔羊出生后，让母羊尽快舔干羔羊身上的黏液，母羊不愿舔时，要用毛巾擦干。羊舍温度要适宜，一般应在5℃以上。温度低时应设置取暖设备，地面铺些御寒保温材料，如柔软的干草、麦秸等。并注意检查门窗墙壁，避免贼风侵入。羔羊抗病力差，1周内死亡率较高，危害较大的是“三炎一痢”（即肺炎、肠胃炎、脐带炎和羔羊痢疾），要加强护理，搞好棚圈卫生，防病。

2. 及时吃初乳

母羊产后5天内的奶为初乳，其营养价值很高，蛋白质、维生素、矿物质极为丰富。其中的镁离子具有轻泻作用，有利于胎粪排出。初乳中大量的抗体可以预防羔羊疾病。因此，及时吃到初乳是提高羔羊抵抗力和成活率的关键措施之一，要保证羔羊在生后30min之内吃到初乳。有的初产母羊无护羔经验，产后不会哺羔，必须强制人工哺乳，可把母羊保定，把羔羊推到乳房前让其吸乳，几次之后羔羊就能自己找母羊吃奶。对于母羊产后无奶或母羊产后死亡等情况，要设法让其从别的母羊那里吃到初乳。

3. 吃好常乳

5天以后的奶为常乳，1个月以内的羔羊，以吃常乳为主。只有保证母羊充足的乳汁，才能保证羔羊健康发育。缺乳的羔羊可找死了羔的或单羔奶好的母羊做保姆羊喂养，开始为避免保姆羊拒绝，可把保姆羊的奶汁或尿液涂抹到羔羊头部和后躯，混淆母羊的嗅觉，经过几次之后保姆羊就能接受了。同时诱导羔羊及早采食草料，促进羔羊提早断奶。

4. 及时补饲

母羊产后1个月泌乳量达到高峰，2个月后逐渐下降，母乳已逐渐不能满足羔羊的快速生长，必须及早补饲。羔羊生后7～10天可开始喂一些嫩草和树叶，枯草季节可喂些优质青干草，并提供清洁饮水。补饲精料时要磨碎，最好炒一下，并添加适量食盐和骨粉。补多汁饲料时要切成丝状，并与精料混拌后饲喂。补饲量可做如下安排：15～30日龄的羔羊，每天补混合精料50～75g，1～2月龄补100g，2～3月龄补200g，3～4月龄补250g，饲草任其自由采食。1月龄左右可使母仔分开，羔羊单独组群放牧，中午和晚上哺乳，有利于增重抓膘和预防寄生虫疾病。

5. 做好羔羊断奶工作

断奶时间一般为90～120日龄。断奶方法有一次性断奶和多日断奶，一般多采用一次性断奶，即将母仔断然分开，不再接触。采取断奶不离圈、不离群、不断料的方法，尽量保持原来的环境，以减少对羔羊的不良刺激。

四、育成羊的饲养管理

从断奶到第一次配种的公母羊称为育成羊，一般为4～18月龄。断奶后继续补喂几天饲料，然后按性别单独组群，夏季主要抓好放牧，安排较好的牧场，放牧时控制羊群，放牧距离不能太远。冬春季节适当补饲干草、青贮料、精料等。

五、肉羊的饲养管理

1. 肥育方式

（1）放牧肥育　草原畜牧业采用的基本肥育方式，成本低。放牧肥育一般从夏初羊只剪毛后开始，因为这时牧草茂盛，气候凉爽，蚊蝇较少。经过一个夏季和初秋的放牧，羊只体重可增加30%～40%。

(2) 舍饲肥育　配制肥育日粮在舍内饲喂，饲料投入相对较高，但羊只增重快，胴体重，出栏早，经济效益高，适合于饲料资源丰富的农区，可以调节春节市场需求和充分利用各种农副产品，肥育效果以幼龄羊为好。肥育时间通常是60～70天，一般羊只增重10～15kg。

(3) 混合肥育　即放牧与补饲相结合的方式，可采取两种途径：一种是在整个肥育期全天放牧并补饲一定数量的混合精料和其他饲料；另一种是前期全天放牧，进入秋末冬初再转入舍饲，30～40天后出栏上市。

2. 肥育前的准备工作

(1) 在肥育前，应先将肥育的羊将按性别、年龄和品种分群，将不作种用的淘汰公羊去势，同时给羊群驱虫、修蹄、灭癣。

(2) 选择合适的饲养标准，储备充足的饲草、饲料，确保整个肥育期羊只不断草料和不轻易更换饲草和饲料。

(3) 做好肥育圈舍的消毒。

3. 羔羊的肥育技术

羔羊生长快，饲料转化率高，生产周期短，肥羔肉具有鲜嫩、多汁、精肉多、易于消化及膻味轻等优点，因此已经成为现代羊肉生产的主流，一般4～6月龄屠宰。早期断奶可以缩短羔羊生产周期，提高出栏率，缩短母羊的繁殖周期，可以安排在8周龄断奶。利用国外早熟肉用品种羊与地方良种羊进行杂交，如选择无角陶赛特羊或罗姆尼羊做公羊，小尾寒羊做母羊，进行经济杂交，对后代进行肥育。

(1) 转群前后的管理　加强饲养管理，减少对羔羊的惊扰，让其充分休息，保证羔羊饮水。转群后，按羔羊体格大小合理分群。

(2) 肥育期饲养

① 转入舍饲的羔羊，一般在3～5天内只喂草和饮水，在此之后，逐步加喂精料，再经过5～7天，则可按肥育计划规定的精料标准进行饲养。

② 在饲养过程中，要避免过快更换饲料种类和饲粮类型，应该新旧搭配，逐渐变更，给羊一个适应过程。

③ 青干草和粗饲料要铡短，精料每天可分两次投喂，块根块茎饲料要切片。

④ 要确保肥育羊每天有清洁充足的饮水，不喝冰雪水。

⑤ 要经常观察羊群，预防过食精料造成羊肠毒血症和因钙磷比例失调引起尿结石症。

4. 成年羊的肥育技术

凡不做种用的公母羊和淘汰的成年羊均可用于肥育，一般肥育50天左右，采取放牧加补饲即混合肥育的方式，每天采食牧草7kg左右，补饲精料0.5～1kg

(1) 先按品种、活重和预期增重等指标确定肥育日粮标准，做好分群、称重、驱虫和环境卫生等准备工作。

(2) 充分利用天然牧草、秸秆和农副产品，扩大饲料来源，合理利用尿素和各种添加剂，尿素添加量为日粮干物质的1%。

(3) 有条件的地区最好使用颗粒饲料，采用自动饲槽，让羊自由采食，并保证饮水不断。但注意颗粒料遇水膨胀变碎，雨天不宜在圈外饲喂。

(4) 午后适当喂些干草，每只羊0.25kg，以利于反刍。

(5) 采用普通饲槽人工投料时，每日投料两次，以饲槽内基本无剩余饲料为宜。

第四节　羊的日常管理

一、羊的编号

羊的个体编号是开展育种不可缺少的技术工作，有了编号才能作各种育种记载，进行选种选配，以及识别羊的等级。编号要求简明便于识别，字迹清晰不易脱落，便于资料的保存统计和管理。

1. 全体标记

多用带耳标法，耳标用金属或塑料制成，在羊耳的适当位置（耳上缘血管较少处）打孔安装，耳标在使用前按规定打上场号、年号、个体号。以单数代表公羊，双数代表母羊。

2. 等级标记

用耳号钳在耳上打缺口表示等级，纯种细毛羊和半细毛羊打在右耳，杂种羊打在左耳。耳尖打一缺口代表特级，耳上缘打一缺口代表一级，耳下缘打一缺口代表二级，耳上下缘各打一缺口代表三级，耳上下缘各打两缺口代表四级。

二、羊的断尾

细毛羊、半细毛羊及其高代杂种羊尾瘦长无实用价值，断尾可以避免粪尿污染被毛，方便配种，减少饲料消耗。

1. 断尾的时间

羔羊生后1周左右即可断尾，身体瘦弱的羊或天气寒冷时可适当推迟，断尾最好选择在晴天的早晨进行。

2. 断尾的方法

(1) 热断法　由一人保定羔羊，另一个人用烧至暗红色的断尾铲离尾根5～6cm处（第3、第4尾椎间）稍微用力往下压，将羊尾断掉，然后用碘酊消毒。

(2) 结扎法　用橡皮筋在第3第4尾椎之间紧紧扎住，断绝血液流通，经10～15天被橡皮筋扎住的羊尾下端即可自行脱落。在结扎后要注意检查，以防止胶圈断裂或结扎部位发炎、感染。

三、羔羊去势

凡不做种用的公羔应进行去势，去势后的羊称为羯羊。羯羊性情温顺，管理方便，易肥育，节省饲料且肉的膻味小。

1. 去势的时间

可在羔羊生后1～2周进行，选择晴天上午进行。如遇天冷或体弱的羔羊，可适当延迟，去势和断尾可同时或分别进行。

2. 去势的方法

(1) 手术法　一人固定住羔羊的四肢，并使其腹部向外，另一人将阴囊外部用碘酒消毒，一手握住阴囊上方，防止睾丸回缩至腹腔，另一手在阴囊侧下方切开一小口，将睾丸挤出，慢慢拉断精索，再用相同的方法取出另一侧睾丸。在阴囊内撒20万～30万国际单位的青霉素，切口处用碘酒消毒。

(2) 去势钳法　用特制的去势钳，在羊阴囊上部用力将精索夹断后，睾丸会逐渐萎缩。

(3) 结扎法　将睾丸挤进阴囊内部，用橡皮筋或细绳紧紧结扎阴囊的上部，断绝睾丸的血液流通，经20～30天，阴囊及睾丸萎缩后自动脱落。

(4) 去势后的管理　去势后要进行适当运动，放牧时不要追逐、远牧和浸水，经常检查有无炎症出现并及时处理。

四、绵羊剪毛

1. 剪毛时间和次数

细毛羊、半细毛羊和杂种羊每年春季剪一次毛，粗毛羊在春秋季各剪一次毛。

2. 剪毛顺序

同一品种羊按羯羊、试情公羊、育成公羊、育成母羊和种公羊的顺序进行，不同品种羊按粗毛羊、杂种羊、细毛羊或半细毛羊的顺序进行。患皮肤病和外寄生虫病的羊最后剪。

3. 剪毛方法

有手工剪毛和机械剪毛两种。手工剪毛，每人每日可剪 20～30 只，规模羊场一般采用机械剪毛。剪毛应该在干净平坦的地方进行，先将羊的左侧放在剪毛台上，头向左，背靠操作人员，从大腿内侧起，剪完两后肢及两前肢，再从右向前将右腹部和胸部的毛剪下，将羊翻转，使腹部朝向操作者，将左腹部毛剪下，然后从腹部向背部、肩部剪，剪完左侧再剪右侧，最后抬起羊头，剪去头部、颈部的羊毛。

4. 注意事项

(1) 剪毛前 12h 停止放牧、饮水和喂料，以免粪便污染羊毛和因翻转羊体而引起胃肠扭转。

(2) 剪刀要放平，紧贴羊的皮肤，留茬要低而齐，留毛茬高度 0.5cm 左右，严禁剪二茬毛。

(3) 按剪毛顺序进行，争取剪出完整的套毛。遇到皮肤皱褶处，应将皮肤轻轻展开后再剪，防止剪伤皮肤。一旦剪破皮肤，要及时消毒或缝合。

(4) 剪毛后要控制采食，因剪毛前停食造成羊只饥饿，不控制采食容易引起羊只消化不良。

(5) 剪毛后的几天在较近的地方放牧，防止羊只淋雨和日光暴晒。

五、驱虫与药浴

1. 驱虫

羊的寄生虫病发生较为普遍，轻者消瘦，生长缓慢，生产力下降，重者致死。

(1) 寄生虫病的预防　平时要加强饲养管理，注意卫生，供水清洁，避免在低地和有积水的地点放牧。改善牧地排水，消灭中间宿主，粪便发酵处理。有条件的地区实行分区轮牧，使牧地上的虫卵和幼虫在休闲期中死去。新购进的羊只经驱虫后再混群。

(2) 寄生虫病的治疗　有寄生虫感染的地区，每年春秋两季进行预防性驱虫，可选用丙硫苯咪唑，每千克体重 10～15mg，可拌料，也可制成 3%悬浮液灌服。大群驱虫前要做驱虫试验，以确定安全可靠和驱虫效果。驱虫后 1～3 天内安排在指定羊舍和牧地，防止寄生虫和虫卵污染，及时妥善处理地面垫草和粪便。

2. 药浴

(1) 药浴的目的和方法　药浴是防止羊外寄生虫病，特别是疥癣病的有效方法，一般在剪毛后 10～15 天进行。常用的药品有螨净、敌百虫、速灭菊酯、双甲脒、石硫合剂等。药浴在专门的药浴池或大的容器内进行，也可用喷雾法药浴，但设备投资较高。

(2) 药浴注意事项

① 选择暖和无风的天气进行，以防羊只感冒，药浴前 8h 停止放牧和饲喂，但给予充足的饮水。

② 按药品的使用说明书正确配制药液，在大批羊只药浴前，可用少量羊只进行试验，确证安全后再让大批羊只药浴。

③ 要保证羊只全身各部位均要洗到，药液要浸透被毛，要适当控制羊只通过药浴池的速度，用木叉将羊的头部也按入药液中 1～2 次。

④ 药浴的羊只较多时，中途应补充水和药物，使其保持适宜的浓度。

⑤ 先浴健康的羊只，后浴病羊，牧羊犬也一并药浴。工作人员戴口罩和橡胶手套，以免药液侵蚀手臂和中毒。

六、梳绒与抓绒

山羊梳绒的时间一般在 4～5 月份，羊绒的毛根开始出现松动时进行。脱绒的顺序是从头部开始，逐渐向颈、肩、胸、背、腰和股部推移，一般体况好的羊先脱，成年羊早于育成羊，母羊早于公羊。可以通过检查耳根、眼圈四周毛绒的脱落情况来判断梳绒的时间。

一般先梳绒后剪毛，工具是特制的铁梳，有两种类型：密梳通常由 11～14 根钢丝组成，钢丝相距0.5～1.0cm；稀梳通常由7～8根钢丝组成，相距2.0～2.5cm。钢丝直径0.3cm左右，弯曲成钩状，尖端磨成圆秃形，以减轻对羊皮肤的损伤。

梳绒时需将羊的头部及四肢固定好，先用稀梳顺毛沿颈、肩、背、腰、股等部位由上而下将毛梳顺，再用密梳逆毛梳理。梳绒时梳子要贴紧皮肤，用力均匀，不能用力过猛，防止抓破皮肤。第一次梳绒后，过7～15天再梳一次，尽可能将绒抓净。怀孕后期的羊抓绒要小心操作，以防流产，患皮肤病的羊最后抓绒。

梳绒季节性强，时间短，一般为10～15天，若不及时梳绒往往造成羊绒浪费。为了减轻其劳动强度，可以使用梳绒机。

七、羊的防疫

1. 预防注射

定期预防注射可以有效控制传染病的发生和传播，在生产中，应根据当地羊群的流行病学特点进行。一般是在春季或秋季注射羊快疫、猝疽、肠毒血症三联菌苗和炭疽、布氏杆菌病、大肠杆菌活菌苗等。缺硒地区应在羔羊出生后6天左右注射亚硒酸钠预防白肌病。对受传染病威胁的羊只，应进行相应的预防接种。

2. 其他防疫措施

(1) 饲养场应设立围墙或防护沟，门口设立消毒池，严禁非生产人员、车辆入内。

(2) 新引进的羊只应隔离观察15天左右，确定无发病症状方可引入生产区。

(3) 经常打扫羊舍内外的环境卫生，保持羊舍用具清洁，严禁在羊舍内和运动场蓄积粪尿、污水和脏物，羊粪及蓐草应经7～15天堆积发酵处理。每年定期对羊舍及其用具消毒2～4次。同时改善饲养管理，增强羊只抗病力。

(4) 定期驱虫，消灭蚊、蝇、老鼠，防止疾病传播。

(5) 经常检查羊群，发现病羊或可疑羊只应及时进行确诊治疗。对病羊采取有效的隔离措施或淘汰，并对圈舍及用具进行彻底清洗消毒。发现传染病患羊，应立即隔离进行处理，对未表现出症状的羊只，应采取紧急预防措施。同时，划定和封锁疫区，防止疾病扩散。

八、羊的修蹄

修蹄是重要的保健工作，尤其是舍饲的羊，蹄磨损少，容易过长或变形，影响羊的行走，甚至发生蹄病，造成羊只残废。舍饲的羊每1～2个月要检查和修蹄一次，其他羊只可在剪毛后和冬牧前各进行一次。

修蹄可选在雨后进行，此时蹄壳较软，容易操作。修蹄时，羊呈坐姿保定，背靠操作者，先除去蹄下的污泥，再用修蹄刀将蹄底削平，剪去过长的蹄壳，将蹄修成椭圆形。动作要准确有力，要一层一层地往下削，不可一次切削过深，一般削至可见到淡红色的微血管为止，不可伤及蹄肉。若不慎伤及蹄肉，造成出血时，可采取压迫法止血或烧烙法止血。

[复习思考题]

1. 绵羊和山羊的生物学特性分别有哪些？
2. 试述羊的四季放牧技术要点。
3. 羊的饲养方式有哪些？分别有何特点？
4. 繁殖母羊在不同生理阶段应该如何进行饲养管理？
5. 羔羊饲养管理的要点是什么？
6. 断尾、去势的目的是什么？分别在什么时间进行？有哪些方法？
7. 剪毛的时间、方法和注意事项有哪些？
8. 药浴的目的、时间和注意事项有哪些？

第四章　山羊生产技术

[知识目标]

- 了解奶用山羊、肉用山羊的外貌。
- 掌握奶用山羊的饲养管理技术。
- 掌握肉用山羊的饲养管理技术。

[技能目标]

- 能熟练应用奶用山羊的饲养管理技术。
- 能熟练应用肉用山羊的饲养管理技术。

第一节　奶用山羊的饲养管理

奶山羊的外貌特征，因品种和饲养地区不同而各有差异。其共同特点是：成年奶山羊的前躯较浅较窄，后躯较深较宽，整个体躯呈楔形。全身细致紧凑，各部位轮廓非常清晰，头小额宽，颈薄而细长。背部平直而宽，胸部深广。四肢细长强健，皮肤薄而富有弹性，毛短而稀疏。产奶量高的奶山羊，乳房呈扁圆形，丰满而体积大，皮肤薄细而富有弹性，没有粗毛，仅有很稀少而柔软的细毛。乳头大小适中，略倾向前方。

一、奶山羊的饲养

1. 羔羊的培育

对初生羔羊，可根据具体情况，实行人工哺育和随母哺育。人工哺育初乳，宜于生后20～30min开始。1天内的初乳喂量，至少应为其体重的1/5。体重3kg的羔羊，第1天喂乳0.6～0.7kg，到生后第6日逐渐增至0.8～1kg。日喂初乳不宜少于4次，此时日增重可达200～220g。

生后40天内，奶应是这阶段的主要饲料。但为了尽早锻炼其肠胃消化草料的机能，应从15日龄开始给草，20日龄开始喂料。

生后40～80天，是奶与草并重的阶段，如其体重已经达到或超过标准，则可酌情用干草替换精料。

生后80～120天断奶，此阶段应以草、料为主，奶已退居次要地位。如干草的品质好，并有混合饼渣类的精料作补充，则提前到90天断奶是不会影响其生长发育的。

① 一昼夜的最高哺乳量，母羔不应超过体重的20%，公羔不应超过体重的25%。

② 在体重达到8kg以前，哺乳量随着体重的增加渐增。体重达8～13kg以后，哺乳量不变。在此期应尽量促其采食草、料。体重达13kg以后，哺乳量渐减，草、料渐增。

体重达18～24kg时，可以断奶。整个哺乳期平均日增重，母羔不应低于150g，公羔不应低于200g。如日增重太高，平均每天在250g以上，喂得过肥会损害奶羊体质，对以后产奶不利。

③ 哺乳期间，如有优质的豆科牧草和比较好的精料，只要能按期完成增重指标，也可以酌情减少哺乳量，缩短哺乳期。

④ 如以脱脂奶代替全奶，最早须从生后第2个月起，日粮中如有优质精料，经常有充足的豆科牧草，不致影响增重计划。

2. 育成羊的培育

日粮中如有优质精料，经常补充饲喂给断奶之后的育成羊，全身各系统和各种组织都在旺盛地生长发育。体重、躯体的宽度、深度与长度都在迅速增长。此时，如日粮配合不当，营养不能满足机体需求，会显著影响生长发育，形成体重小、四肢高、胸窄、躯干细的体型，并能严重影响其体质、采食量和将来的泌乳能力。

生后4～6个月间，仍须注意精料的喂量，每日约喂混合精料300g，其中可消化粗蛋白质的含量不可低于15%～16%。日粮中营养不足之数，均应从不断增加干草和青草或青贮饲料中补充。

在育成羊培育阶段，严忌体态臃肿，肌肉肥厚，体格短粗，但仍要求增重快，体格大。饱满的胸腔是充足的营养和充分的运动锻炼育成的。满1岁之后，如青饲料质量高，喂量大，可以少给精料，甚至不给精料。实践经验证明，这样喂出的奶羊，腹大而深，采食量大，消化力强，体质壮，泌乳量高。

3. 干奶期母羊的饲养管理

在一个泌乳期内，奶山羊的产奶量为其体重的15～16倍，而高产奶牛一般为10～12倍，因而奶山羊在泌乳高峰期的掉膘程度，要比奶牛严重得多，干乳期如不能将母羊体重增加20%～30%，不仅所生羔羊初生重小，而且还会影响下一个泌乳期的产奶量和乳脂率。在实际饲养中，应按日产奶1.0～1.5kg的饲养标准喂给。此期的日粮，应以优质干草（豆科牧草占有一定比例）和青贮饲料为主，适当搭配精饲料和多汁饲料。此期所喂的青贮料，切忌酸度过高；酒糟也应严格控制喂量，过量会影响胎儿的发育，可能引起流产。在矿物质方面，每日补饲15～20g骨粉和食盐。补饲定量的维生素E和硒，更有助于防止胎衣不下和乳房炎。

舍饲圈养的羊往往由于缺乏运动，影响食欲；腹下和乳房底部易出现水肿；分娩时收缩无力，易造成难产或胎衣不下。为此，要尽量创造运动和日光浴的条件，采取系留放牧或定时驱赶运动。此外，要严格执行各项保胎措施，以防流产或早产。

4. 产奶期母羊的饲养管理

产奶初期，母羊消化能力较弱，不宜过早采取催乳措施，以免引起食滞或慢性胃肠疾患。产后1～3天以内，每天应给3～4次温水，并加少量麸皮和食盐。以后逐渐增加精料和多汁饲料，1周后恢复到正常喂量。产后20天产奶量逐渐上升，一般的奶羊在产后30～45天达到产奶高峰，高产奶羊在产后40～70天出现产奶高峰。在泌乳量上升阶段，体内储蓄的各种养分不断被消耗，体重也不断减轻。在此期，饲养条件对于泌乳机能最为敏感，应该尽量利用最优越的饲料条件，配给最好的日粮。为了满足日粮中干物质的需要量，除仍须喂给相当于体重1%～1.5%的优质干草外，应该尽量多喂给青草、青贮饲料和部分块根块茎类饲料。若营养不足，再用混合精料补充，并比标准量多喂给一些产奶饲料，以刺激泌乳机能的发挥。同时要注意日粮的适口性，并从各方面促进其消化能力，如进行适当运动、增加采食次数、改善饲喂方法等。只要在此期其生理上没有受到损害，饲养方法得当，产奶量正常顺利地增加，便可极大地提高泌乳量。

产奶盛期的高产奶羊，所给日粮数量达5kg以上，要使其安全吃完这样大量的饲料，必须注意日粮的体积、适口性、消化性，应根据每种饲料的特性，慎重配合日粮。若日粮中青、粗饲料品质低劣，精料比重太大，产奶所需的各种营养物质亦难得平衡，同样难以发挥其最大泌乳力。

在产奶量上升停止以后，就应将超标准的促产奶饲料减去，但应尽量避免饲料和饲养方的突然变化，以争取较长的稳产时期，至受胎后泌乳量继续下降时，则应根据个体营养情况，逐渐减少精料喂量，以免造成羊体过肥和浪费饲料。对高产奶山羊，如单纯喂以青、粗饲料，由于体积大又难消化，泌乳所需各种营养物质难以完全满足，往往不能充分发挥其泌乳潜力。相反，过分强调优质饲养，精料比重过大，或过多利用蛋白质饲料，不但经济上不合算，还会使羊产生消化障碍，产奶量降低，缩短利用年限。

产奶期母羊的饲养方式以舍饲和放牧结合最好。单纯舍饲，不但要提高生产成本，而且还常使运动和阳光照射不足，对羊体保健不利。

二、奶山羊的管理

1. 干奶

(1) 干奶的方法　分为自然干奶法和人工干奶法两种。产奶量低、营养差的母羊，在泌乳7个月左右配种，怀孕1～2个月以后奶量迅速下降，而自动停止产奶，即自然干奶。产奶量高、营养条件好的母羊，自然干奶较难，需人为采取措施，即人工干奶。人工干奶法分为逐渐干奶法和快速干奶法两种。逐渐干奶法是逐渐减少挤奶次数，打乱挤奶时间，停止乳房按摩，适当降低精料，控制多汁饲料，限制饮水，加强运动，使羊在7～14天之内逐渐干奶。生产当中一般多采用快速干奶法。快速干奶法是利用乳房内压增大，抑制乳汁分泌的生理现象而干奶的。其方法是：在预定干奶的那天，认真按摩乳房，将乳挤净，然后擦干乳房，用2%的碘液浸泡乳头，再给乳头孔注入青霉素或金霉素软膏，并用火棉胶予以封闭，之后停止挤奶，7天之内乳房积乳逐渐被吸收，乳房收缩，干奶结束。

(2) 干奶的天数　正常情况下，干奶一般从怀孕第90天开始，即干奶60天左右。干奶天数究竟多少天合适，要根据母羊的营养状况、产奶量的高低、体质的强弱、年龄大小来决定，一般在45～75天。

(3) 干奶时的注意事项　干奶初期，要注意圈舍、垫草和环境卫生，以减少乳房感染。平时要注意刷羊，因为此时最容易感染虱病和皮肤病。怀孕后期要注意保胎，严禁拳打脚踢和惊吓羊只，出入圈舍谨防拥挤，严防滑倒和角斗。要坚持运动，但不能太过剧烈。对腹部过大或乳房过大而行走困难的羊，可暂时停止驱赶运动，任其自由运动。一般情况下不能停止运动，因为运动对防止难产有着十分重要的作用。

2. 挤奶

挤奶是奶山羊泌乳期的一项日常性管理工作，技术要求高，劳动强度大。挤奶技术的好坏，不仅影响产奶量，而且会因操作不当而造成羊乳房疾病。应按下列程序操作。

(1) 挤奶羊的保定　将羊牵上挤奶台（已习惯挤奶的母羊会自动走上挤奶台），然后再用颈枷或绳子固定。在挤奶台前方的食槽内撒上一些混合精料，使其安静采食，方便挤奶。

(2) 擦洗和按摩乳房　挤奶羊保定以后，用清洁毛巾在温水中浸湿，擦洗乳房2～3遍，再用干毛巾擦干。并以柔和动作左右对揉几次，再由上而下按摩，促使羊的乳房变得充盈而有弹性。每次挤奶时，分别于擦洗乳房时、挤奶前、挤出部分乳汁后按摩乳房三四次，有利于将奶挤净。

(3) 正确挤奶　挤奶可采用拳握法或滑挤法，以拳握法较好。每天挤奶2次。如日产奶在5kg以上，挤奶3次。每次挤奶前，最初几把奶弃之。挤奶结束后，要及时称重并做好记录，必须做到准确、完整，以保证资料的可靠性。

(4) 过滤和消毒　羊奶称重后经4层纱布过滤，之后装入盛奶瓶，及时送往收奶站或经消毒处理后短期保存。消毒方法一般采用低温巴氏消毒，即将羊奶加热（最好是间接加热）至60～65℃，并保持30min，可以起到灭菌和保鲜的作用。

(5) 清扫　挤奶完毕后，须将挤奶时的地面、挤奶台、饲槽、清洁用具、毛巾、奶桶等清洗、打扫干净。毛巾等可煮沸消毒后晾干，以备下次挤奶使用。

3. 去角

羔羊去角是奶山羊饲养管理的重要环节，奶山羊有角易发生创伤，不利于管理。因此，羔羊一般在生后7～10天内去角，这对羊的损伤小。人工哺乳的羔羊，最好在学会吃奶后进行。去角前，要观察羔羊的角蕾部，羔羊出生后，角蕾部呈旋涡状，触摸时有一较硬的凸起。去角时，先将角蕾部分的毛剪掉，剪的面积稍大一些（直径约3cm），然后再去角。

(1) 烧烙法　将烙铁于炭火中烧至暗红（也可用电烙铁），对保定好的羔羊的角基部进行烧烙，每次烧烙时间不超10s，次数适当多一些。当表层皮肤被破坏并伤及角原组织后可结束。

(2) 化学去角　是用棒状苛性钠在角基部摩擦，破坏其角组织。术前应在角基部周围涂抹一圈医用凡士林，防止碱液损伤其他部分的皮肤。操作时，先重后轻，将表皮擦到有血液浸出即可，摩擦面积要稍大于角基部。术后可给伤口上撒上少量消炎粉。术后半天以内，不要让羔羊与母羊接触，并适当捆住羔羊的两后肢。哺乳时，应防止碱液伤及母羊乳房。

4. 刷拭

奶山羊应每天进行刷拭，以保持羊体清洁，促进血液循环，增进羊只健康，提高泌乳能力并保持乳品清洁。刷拭羊体时，最好用硬草刷自上而下、从前至后将羊体刷拭一遍，清除皮毛上的粪、草及皮肤残屑，保持体毛光顺，皮肤清洁。羊身上如有粪块污染，可用铁刷轻轻梳掉或用清水洗干净，然后擦干。

第二节　肉用山羊的饲养管理

肉羊的体型外貌评定是以品种和肉用类型特征为主要根据而进行的。就肉用型山羊来说，其外形结构和体躯部位应具备以下特征。

① 整体结构。体格大小和体重达到品种各月（年）龄标准，躯体粗圆，长宽比例协调，各部结合良好；臀、后腿和尾部丰满，其他产肉部位肌肉分布广而多；骨骼较细，皮薄而富有弹性，被毛着生良好且富有光泽；具有本品种的典型特征。

② 头、颈部。按品种要求，口方，眼大而明亮，头型较大，额宽丰满，耳纤细，灵活。颈部较粗，颈肩结合良好。

③ 前躯。肩丰满、紧凑、厚实，前胸宽而丰满。前肢直立结实，腿短且间距宽，管部细致。

④ 中躯。正胸宽、深，胸围大。背腰宽而平，长度适中，肌肉丰满。肋骨开张良好，长而紧密。腹底成直线，腰荐结合良好。

⑤ 后躯。臀部长、平、宽而开展，大腿肌肉丰满，后裆开阔，小腿肥厚。后肢短、直而细致，肢势端正。

⑥ 生殖器官与乳房。生殖器官发育正常，无机能障碍，乳房明显，乳头粗细、长短适中。

一、肉用羊的育肥方式

肉羊生产多用杂交方式产生具有杂种优势的杂种羊，或者利用本地的粗毛羊、细毛羊或半细毛羊等进行育肥，育肥方式有放牧育肥、舍饲育肥和混合育肥。至于到底采取何种方式进行育肥，要根据当地牧草资源状况、羊源种类与质量、肉羊生产者的技术水平、肉羊场的基础设施等条件来确定。

1. 放牧育肥

放牧育肥是利用天然草场、人工草场或秋茬地放牧抓膘的一种育肥方式，其生产成本低，应用较普遍。安排得当时，能获得理想效益。

(1) 选好放牧草场，分区合理利用　应根据羊的种类和数量，充分利用夏、秋季天然草场，选择地势平坦、牧草茂盛的放牧地。幼龄羊适于在豆科牧草较多的草场放牧育肥；成年羊适于在禾本科较多的草场放牧育肥。为了合理利用草场和保护牧草的再生能力，放牧地应按地形划分成若干小区，实行分区轮牧，每个小区放牧4～6天后移到另一个小区放牧，使羊群能经常吃到鲜绿的牧草和枝叶。

(2) 加强放牧管理，提高育肥效果　放牧育肥的羊只，应按品种、年龄、性别、放牧的条件分群，保证育肥羊在牧地上采食到足够的青草。放牧时，尽可能延长放牧时间，早出牧，晚归牧，必要时进行夜牧，就地休息，保证饮水，每天放牧时间应达10～12h以上。放牧方法上讲究一个“稳”字，少走冤枉路，多吃草，避免狂奔。这种育肥方法成本较低，效益相对较高，一般经过夏、秋季节，育肥羔羊体重可增加10～20kg。为提高放牧育肥效果，在养羊生产上，应安排母羊产冬羔和早春羔，这样羔羊断奶后，正值青草期，可充分利用夏、秋季的牧草资源，适时育肥和出栏。

2. 舍饲育肥

舍饲育肥是根据肉羊的生长发育规律，按照羊的饲养标准和饲料营养价值，配制育肥日粮，并完全在舍内喂、饮、运动的一种育肥方式。饲料的投入相对较高，但羊的增重快，胴体大，出栏早，经济效益高，便于按照市场需要进行规模化、工厂化的肉羊生产。适合在放牧地少的地区或饲料资源丰富的农区使用。

(1) 合理利用育肥饲料　舍饲育肥羊的饲料主要由青粗饲料、农副业加工副产品和各种精料组成，如干草、青草、树叶、作物秸秆，各种糠、糟、渣、油饼、作物籽实等。粗饲料需经加工调制，精料需制成混合料，按育肥标准饲喂。一般舍饲育肥羊的混合精料可占到日粮的45%～60%，随着育肥强度的加大，精料比例应逐渐升高。注意不要过食精料。

(2) 添加剂在肉羊生产中的应用　羊的育肥添加剂包括营养性添加剂和非营养性添加剂，其功能是补充或平衡饲料营养成分、提高饲料适口性和利用率、促进羊的生长发育、改善代谢机能、预防疾病等，正确使用饲料添加剂，可提高羊育肥的经济效益。

① 尿素的利用。每千克尿素的含氮量相当于2.6～2.9kg粗蛋白质或6～7kg豆饼的含氮量。尿素喂羊应注意下列事项。

a. 严格控制喂量。尿素不能替代日粮中的全部蛋白质，只是在日粮蛋白质不足时喂给，喂量可按羊体重的0.02%～0.05%计算。

b. 合理饲喂。喂尿素应由少到多，逐渐增加到规定喂量，一般每日2～3次，喂后不能马上饮水，切忌单纯饮用或直接喂饲，必须配合易消化的精料喂饲；饲喂尿素不能空腹饲喂或时停时喂，连续饲喂效果才好；也不能和生豆类饲料混合饲喂，因生豆饼含有脲酶，对尿素分解很快，易使羊中毒。

c. 尿素中毒。若饲喂方法不当或喂量过大，造成羊尿素中毒，可静脉注射10%～25%葡萄糖，每次100～200ml。或灌服食醋0.5～1L急救。

② 瘤胃素。又名莫能菌素，是链霉菌发酵产生的抗生素。其功能是控制和提高瘤胃发酵效率，从而提高增重速度及饲料转化率。瘤胃素的添加量一般为每千克日粮干物质中添加25～30mg，要均匀地混合在饲料中，最初喂量可低些，以后逐渐增加。

③ 羊育肥复合饲料添加剂。是由微量元素（铁、铜、锰、锌、硒等）、瘤胃代谢调节剂、生长促进剂及抑制有害微生物的物质组成，适于生长期和育肥期间饲喂，用量为每天每只羊2.5～3.3g，混入饲料中饲喂。

④ 杆菌肽锌。是抑菌促生长剂，对畜禽有促生长作用，有利于养分在肠道内的消化吸收，改善饲料利用率，提高增重。羔羊用量为每千克混合料中添加10～20mg（42万～84万单位），在饲料中混合均匀饲喂。

3. 混合育肥

混合育肥是放牧与补饲相结合的育肥方式，既能利用夏、秋牧草生长旺季，进行放牧育肥，又可利用各种农副产品及少许精料，进行补饲或后期催肥。这种方式比单纯依靠放牧育肥效果要好，适合全国各地的肉羊育肥生产条件。

混合育肥可采用两种途径：一种是在整个育肥期，自始至终每天均放牧并补饲一定数量的混合精料和其他饲料。要求前期以放牧为主，舍饲为辅，少量补料，后期以舍饲为主，多量补料，适当就近放牧采食。另一种是前期在牧草生长旺季全天放牧，后期进入秋末冬初转入舍饲催肥，可依据饲养标准配合营养丰富的育肥日粮，强度育肥30～40天，出栏上市。我国肉羊生产中，常对一些老残羊和瘦弱羊，在秋末集中1～2个月舍饲育肥，可充分利用粮食加工副产品或少许精料补饲催肥，费用少，经济效益高。

二、羔羊育肥技术

现代羊肉生产的主流是羔羊肉，尤其是肥羔肉。随着我国肉羊产业的发展和人们生活、经济条件的改善，羔羊肉的生产将是羊的育肥重点。

1. 育肥期及育肥强度的确定

羔羊在生长期间，由于各部位各种组织在各生长发育阶段代谢率不同，体内主要组织的比例也有不同的变化。通常早熟肉用品种羊在生长最初3个月内骨骼发育最快，此后变慢、变粗，4～6个月龄时，肌肉组织发育最快，以后几个月脂肪组织增长加快，到1岁时肌肉和脂肪的增长速度几乎相等。

(1) 肥羔生产　按照羔羊的生长发育规律，周岁以内尤其是4～8月龄以前的羔羊，生长速度很快，平均日增重一般可达200～300g。如果从羔羊2～4月龄开始，采用强度育肥方法，育肥期50～60天，其育肥期内的平均日增重能达到或超过原有水平，这样羔羊长到4～6月龄时，体重可达成年羊体重的50%以上。出栏早，屠宰率高，胴体重大，肉质好，深受市场欢迎。

(2) 羔羊肉生产　对于2～4月龄平均日增重达不到200g的羔羊，须等体重达25kg以上，至少是20kg以上，才能转入育肥，即进行羔羊肉生产。

这种方式须等羔羊断奶后，才能进行育肥且育肥期较长（90～120天），一般分前、后两期育肥，前期育肥强度不宜过大，后期（羔羊体重30kg以上）进行强度育肥，一般在羔羊生后10～12月龄就能达到上市体重和出栏要求。羔羊断奶后育肥是羊肉生产的主要方式，因为断奶后的羔羊除小部分选留到后备群外，大部分要进行出售处理。一般来讲，对体重小或体况差的进行适度育肥，对体重大或体况好的进行强度育肥。

2. 羔羊育肥期的饲养管理

对进行羔羊肉生产的育肥羔羊，适合采用能量较高、保持一定蛋白质水平和矿物质含量的混合精料进行育肥。育肥期可分预饲期（10～15天）、正式育肥期和出栏三个阶段。

育肥前应做好饲草（料）的收集、贮备和加工调制，圈舍场地的维修、清扫、消毒和设备的配置等工作。预饲期应完成对羊只的健康检查、防疫、驱虫、去势、称重、健胃、分群、饲料过渡等项目；正式育肥期主要是按饲养标准配合育肥日粮，进行投喂，定期称重，了解生长发育情况。合理安排饲喂、放牧、饮水、运动、消毒等生产环节。采用正确的饲喂方法，避免羊只拥挤和争食，尤其应防止弱羊采食不到饲料，保证饮水充足，清洁卫生。出栏阶段主要是根据品种和育肥强度，确定出栏体重和出栏时间，应视市场需要、价格、增重速度和饲养管理等综合因素确定。

三、成年羊育肥技术

大羊育肥在年龄上可划分为1～1.5岁羊和2岁以上的成年羊（多数为老龄羊），并按膘情好坏、年龄、性别、品种、体重、外貌等进行必要的挑选，然后进行育肥。其主要目的是为了短期内增加羊的膘度，使其迅速达到上市的良好育肥状态。依据生产条件，可选择使用放牧育肥、舍饲育肥、混合育肥的方式，但以混合育肥和舍饲育肥的方式较多。

1. 育肥羊的选择

成年羊育肥应挑选好羊只，一般来讲，凡不做种用的公、母羊和淘汰的老弱病残羊均可用来育肥，但为了提高肥育效益，要求用来育肥的羊体型大，增重快，健康无病，最好是肉用性能突出的品种，年龄在1.5～2岁。

2. 育肥期的饲养管理

成年羊的整个育肥期可划分为预饲期（15天）、正式育肥期（30～60天）、出栏三个阶段。

预饲期的主要任务是让羊只适应新的环境、饲料、饲养方式的转变，完成健康检查、注射疫苗、驱虫、称重、分群、灭癣、修蹄等生产环节。预饲期应以粗饲料为主，适量搭配精饲料，并逐步将饲料的比例提高到40%，进入正式育肥期，精饲料的比例可提高到60%。补饲用混合精料的配方比例大致为：玉米、大麦、燕麦等能量籽实类饲料占80%左右，蚕豆、豌豆、饼粕类等植物性蛋白质饲料占20%左右，食盐、矿物质和添加剂的比例可占到混合精料的1%～2%。

成年羊育肥应充分利用秸秆、天然牧草、农副产品及各种下脚料，制定合理的饲料配方，必要时可使用尿素和各种饲料添加剂。舍饲育肥期间，要制定合理的饲养管理三产日程，正确补饲，先给次草次料，后给混合精料，定时定量饲喂，保证饮水，注意清洁卫生，定期称重，随市场需要适时出栏。

[复习思考题]

1. 你能依据家乡所在地的饲料资源，给育肥羊做出正确的日粮配方吗？
2. 根据肉用羊的育肥技术，怎样设计适度规模的肉羊育肥方案？
3. 奶用山羊有何共同的外貌特征？
4. 怎样搞好产奶期奶山羊的饲养管理？
5. 奶山羊有几种干奶方法？怎样干奶？

第五篇　兔生产技术

第一章　家兔的生物学特性

［知识目标］

● 掌握家兔生活习性、消化特点、繁殖特点、体温调节特点、换毛及生长规律等。

［技能目标］

● 能利用家兔的生物学特性与其繁殖、饲养管理、兔舍建筑等方面的关系，应用现代科学的管理方法，尽可能地创造适合其习性的饲养管理条件，更好地饲养和利用家兔，造福人类。

一、家兔的生活习性

1. 夜行性

家兔的夜行性是指家兔昼伏夜行的习性，这种习性是在野生兔时期形成的，表现为夜间活跃，而白天较安静，除觅食时间外，常常在笼子内闭目睡眠或休息，采食和饮水也是夜间多于白天。根据兔的这一习性，应当合理安排饲养管理日程，晚上要供给足够的饲草和饲料，并保证饮水。

2. 嗜眠性

嗜眠性是指家兔在一定条件下白天很容易进入睡眠状态。在此状态的家兔除听觉外，其他刺激不易引起兴奋，如视觉消失，痛觉迟钝或消失。了解家兔的这一习性，对养兔生产实践具有指导意义。首先，在日常管理工作中，白天不要妨碍家兔的睡眠，应保持兔舍及其周围环境的安静；其次，可以进行人工催眠完成一些小型手术，如刺耳号、去势、投药、注射、创伤处理等，不必使用麻醉剂，免除麻醉药物引起的副作用，既经济又安全。

人工催眠的具体方法是：将兔腹部朝上，背部向下仰卧保定在“V”形架上或者其他适当的器具上，然后顺毛方向抚摸其胸、腹部，同时用食指和拇指按摩头部的太阳穴，家兔很快进入睡眠状态，此时即可顺利地进行短时间的手术。手术完毕后，将兔恢复正常站立姿势，兔即完全苏醒。兔进入睡眠状态的标志是：①两眼半闭斜视；②全身肌肉松弛，头后仰；③出现均匀的深呼吸。

3. 胆小怕惊

兔系胆小动物，家兔对外界各种刺激反应非常敏感。两只耳朵一旦竖起，便能监听八方，时刻保持着高度的警惕性。在家养条件下，突然的声响、生人或陌生的动物如猫、狗等都会使家兔惊恐不安，以致在笼中乱撞乱跳，惊恐不安，严重时会碰死在笼里，怀孕母兔则会因突然受惊吓造成死胎或流产。根据家兔的这种习性，平时一定要保持兔舍安静，尽量不要惊动它，更不要让狗、猫和其他家畜进入兔舍，以免给家兔带来损害或不良影响，造成不必要的经济损失。

4. 喜清洁爱干燥

家兔喜爱清洁干燥的生活环境，兔舍内最适相对湿度为60％～65％。干燥清洁的环境有利于兔体健康，而潮湿污秽的环境则是造成兔疾病的原因之一。兔的抗病力很差，患病后较难治疗，往往会给生产造成很大损失。所以，在进行兔场设计和日常饲养管理工作中，都要考虑为兔提供清洁、干燥的生活环境。

5. 群居性

群居性是一种社会表现，家兔虽有群居性，但很差。家兔群养时，相同或不同性别的成年兔经常发生争斗，特别是公兔群养或者是新组成的兔群，咬斗现象更为严重，因此，管理上应特别注意，成年兔要单笼饲养。

6. 啮齿行为

家兔的第一对门齿是恒齿，出生时就有，永不脱换，而且不断生长。由于其不断生长，家兔必须借助采食和啃咬硬物不断磨损，才能保持其上下门齿的正常咬合。这种借助啃咬硬物磨牙的习性，称为啮齿行为。家兔的啮齿行为，常常使兔笼、兔窝、饲养管理用具等受到损坏。因此，把配合饲料压制成具有一定硬度的颗粒饲料，或经常向兔笼或兔窝中投放一些树枝、木棍、胡萝卜等，供它采食和随意啃咬磨牙。此外，经常检查兔的第一对门齿是否正常，如发现过长或弯曲，应及时修剪。在设计兔笼或建造兔舍时，尽量使用家兔不爱啃咬的木材如桦木等；同时尽量做到笼内平整，不留棱角，使兔无法啃咬，以延长兔笼的使用年限。

7. 穴居性

穴居性是指家兔具有打洞穴居并且在洞内产仔的本能行为。家兔的这一习性也是长期自然选择的结果。只要不人为限制，家兔一接触土地就要挖洞穴居，并在洞内理巢产仔。穴居性对于现代化养兔生产来说是无法利用的，应该加以限制，不过在笼养的条件下，需要给繁殖母兔准备一个产仔箱，令其在箱内产仔。

另外，家兔喜食颗粒和多汁饲料，家兔排粪和排尿是分开放置的，且有固定的地点。

二、家兔的消化特点

1. 家兔的食性

(1) 草食性　家兔和其他草食家畜一样，喜欢吃素食，不喜欢吃鱼粉、肉粉、肉骨粉等动物性饲料。因此，这类饲料在饲粮中所占的比例不能太大，一般应小于5%，否则就会影响家兔的食欲。家兔消化系统的解剖特点决定了家兔的草食性。兔的上唇纵向裂开，门齿裸露，适于采食地面的矮草，亦便于啃咬树枝、树皮和树叶；兔的门齿有6枚，上颌大门齿2枚，其后各有一枚小门齿，下颌门齿2枚，其上下颌门齿呈凿形咬合，便于切断和磨碎食物。兔门齿与臼齿之间无犬齿，仅有较宽的齿间隙。臼齿咀嚼面宽，且有横脊，适于研磨草料。兔的盲肠极为发达，其中含有大量微生物，起着牛、羊等反刍动物瘤胃的作用。家兔的草食性决定了家兔是一种天然的节粮型动物。

(2) 家兔对食物的选择　家兔喜欢吃植物性饲料而不喜欢吃动物性饲料，饲料应满足其营养需要并兼顾适口性，故配合饲料中动物性饲料所占的比例不能太大，一般应小于5%，并且要搅拌均匀。在饲草中，家兔喜欢吃豆科、十字花科、菊科等多叶性植物，不喜欢吃禾本科、直叶脉的植物如稻草之类。

家兔喜欢吃粒料而不喜欢吃粉料。饲喂颗粒饲料，生长速度快，消化道疾病的发病率降低，饲料浪费也大大减少。因此，在生产上应积极推广应用颗粒饲料。

家兔喜欢采食含有植物油的饲料，特别是喜欢吃植物油5%～10%的饲料，而不喜欢吃含植物油5%以下或20%以上的饲料。因此一般在配合好的饲料中补加2%～5%的玉米油，以改善饲粮的适口性，提高家兔的采食量和增重速度。

家兔喜欢吃有甜味的饲料。喂给家兔的饲料最好带有甜味。国外普遍的作法是在配合饲料中添加2%～3%的糖蜜饲料。国内目前生产糖蜜饲料的厂家很少，但可以利用糖厂的下脚料或在配合饲料中添加0.02%～0.03%的糖精。

(3) 家兔的食粪特性　家兔的食粪特性是指家兔有吃自己部分粪便的本能行为，与其他动物的食粪癖不同，家兔的这种行为不是病理的，而是正常的生理现象。

通常家兔排出两种粪便：一种是粒状的硬粪，量大、较干，表面粗糙，依草料种类而呈现深、浅褐色；另一种是团状的软粪，多时呈念珠状，有时达 40 粒，粪球串的长度达 40cm，量少、质地软，表面细腻，犹如涂油状，通常呈黑色。在正常情况下，家兔排出软粪时会自然弓腰用嘴从肛门处吃掉，稍加咀嚼便吞咽。通常几乎全部软粪被家兔自己吃掉，所以在一般情况下很少发现软粪的存在，只有当家兔生病时才停止食粪。家兔从一开始吃饲料就有食粪行为。此外，也偶见有吃少量硬粪的，大多数排泄软粪少的幼兔吞食硬粪，成年兔在饲料不足时也吞食硬粪。

家兔的食粪行为具有重要的生理意义。

① 家兔通过吞食软粪得到附加的大量微生物，其蛋白质在生物学上是全价的。此外，微生物合成维生素 B 和维生素 K，并随着软粪进入家兔体内，而且在小肠内被吸收。

② 家兔的食粪习性延长了饲料通过消化道的时间。据试验，在早晨 8 点随饲料被家兔食入的染色微粒，在食粪的情况下，基本上经过 7.3h 排出，而在下午 16 点食入的饲料，则经 13.6h 排出。在禁止食粪的情况下，上述指标为 6.6h 和 10.8h 排出。

③ 家兔食粪相当于饲料的多次消化，提高了饲料的消化率。据测定，家兔食粪和不食粪时，营养物质的总消化率分别是 64.6%和 59.5%。

④ 家兔食粪还有助于维持消化道正常微生物区系。在饲喂不足的情况下，食粪还可以减少饥饿感。在断水断料的情况下，可以延缓生命 1 周，这一点对野生条件下的兔意义重大。

在正常情况下，禁止家兔食粪会产生不良影响。如消化器官的容积和重量均减少，营养物质的消化率降低，血液生理生化指标发生变化，消化道内微生物区系发生变化，菌群数量减少，结果导致生长兔增重减少，成年家兔消瘦，妊娠母兔胎儿发育不良。因此，通常不得人为限制家兔食粪。

2. 家兔的消化特点

(1) 消化系统的解剖特点

① 口腔。具有草食动物的典型齿式：门齿呈凿型，没有犬齿，臼齿发达。

成年家兔的齿式为：$\left(\frac{2\cdot0\cdot3\cdot3}{1\cdot0\cdot2\cdot3}\right)\times2=28$

仔兔的齿式为：$\left(\frac{2\cdot0\cdot3}{1\cdot0\cdot2}\right)\times2=16$

家兔的上唇有一纵裂，形成豁唇，便于采食地上的矮草和啃咬树皮；家兔有四对唾液腺，分别是耳下腺、颌下腺、舌下腺和眶下腺，其中眶下腺是家兔所独有的，位于内眼角底部。

② 胃肠。兔胃是单室胃，容积较大，占消化道总容积的 34%；胃的入口处有一肌肉皱褶，加之贲门括约肌的作用，使得家兔不能嗳气也不能呕吐，所以其消化道疾病较为多发；兔胃肌肉层薄弱，蠕动力小，饲料在胃内停留时间相对较长。饲料在胃内停留的时间与饲料种类有关，也与胃内形成毛球的概率密切相关。

兔肠道比较长，约为体长的 10 倍，容积也很大，特别是盲肠，其容积约占消化道总容积的 49%，与体长相当。家兔发达的盲肠，其作用与反刍动物的瘤胃相似；且兔的盲肠富含淋巴组织如蚓突和圆小囊，这两个特殊的结构不仅含有丰富的淋巴组织，而且可以分泌碱性黏液（pH＝8.1～9.4），中和盲肠的酸性环境，利于微生物活动。

幼兔消化道管壁薄，易患胃肠疾病。当胃肠受冷刺激如冰冻饲料、饮冰渣水等可造成肠壁的异常蠕动，导致腹泻，因肠壁薄，黏膜脆弱，一旦发生肠炎，肠壁通透性增加，肠道中有毒物质进入血液，感染严重，常常造成中毒现象。因此，幼兔患消化道疾病时，症状较为严重，死亡率高。这一点与成年家兔不同，生产中要严防幼兔的消化道疾病。

③ 肝。家兔的肝脏较大，有分泌胆汁、贮存营养物质和解毒的功能。这是有些饲料其他家畜不能吃而家兔能吃的一个主要原因，这也是家兔最怕患球虫病的原因。因为球虫通常寄生在肠壁和肝脏，使这两个主要器官受到破坏，引起发病而死亡。

(2) 家兔对饲料的利用能力

① 家兔对粗蛋白质的利用能力。家兔能充分利用饲料中的蛋白质。到目前为止，已有很多

研究证明家兔能有效利用饲草中的蛋白质。以苜蓿草粉为例：猪对苜蓿干草粉蛋白质的消化率低于50%，而家兔约为75%，马为74%。家兔对低质量、高纤维的粗饲料特别是其中的蛋白质的利用能力，要高于其他家畜。据试验，以全株玉米制成颗粒饲料，分别饲喂马和兔，结果，对其中的粗蛋白的消化率，马为52%，兔则高达80.2%。这说明，家兔不仅能有效利用饲草中的蛋白质，而且在利用低质量饲草蛋白质方面的能力也是很强的。因此，科学家指出，家兔具有把低质饲料转化为优质肉品的巨大潜力。家兔就是借助这种消化特点，采食大量的粗饲料，而能生存并保持一定的生产能力。

② 家兔对粗脂肪的利用能力。家兔对各种饲料中粗脂肪的消化率比马属动物高得多，而且家兔可以利用脂肪含量高达20%的饲料。但据国外资料报道，若饲料中脂肪含量在10%以内时，其采食量随脂肪含量的增加而提高；若超过10%时，其采食量则随着脂肪含量的增加而下降。这说明家兔不适宜饲喂含脂肪过高的饲料。

③ 家兔对能量的利用能力。家兔对能量的利用能力低于马，并与饲料中纤维含量有关，饲料中纤维含量越高，家兔对能量的利用能力就越低。

④ 家兔对粗纤维的利用能力。许多研究证明，家兔对粗纤维的消化并不十分有效，且明显低于马、猪和反刍动物。据美国NRC 1977年公布的材料，饲料中粗纤维的消化率家兔为14%，牛为44%，马为41%，猪为22%，豚鼠为33%。

家兔虽然不能很好地消化利用粗纤维，但这并不意味着粗纤维对家兔没有作用，粗纤维对维护家兔的正常消化生理是非常重要的。据报道，配合饲料中粗纤维低于6%～8%就会引起腹泻。现在普遍认为，饲料中的纤维性物质具有维持家兔消化道正常生理活动和防止肠炎的作用。

三、家兔的繁殖特性

1. 家兔具有很强的繁殖力

家兔性成熟早，妊娠期短，窝产仔数多，一年四季均可繁殖。以中型加利福尼亚兔为例，仔兔生后5～6个月龄就可配种，妊娠期1个月（30天），一年内可繁殖两代。在集约化生产条件下，每只繁殖母兔可年产8～9窝，每窝可成活6～7只，一年内可育成50～60只仔兔。若培育种兔，每年可繁殖4～5胎，获得25～30只种兔，这是其他家畜不能相比的。

2. 家兔属于刺激性排卵的动物

家兔的排卵类型是刺激性排卵。所谓刺激性排卵，就是排卵时间出现在交配刺激后，必须经过交配刺激才能排卵。家兔多在交配后10～12h排卵，若在发情期内未进行交配，母兔就不排卵，其成熟的卵泡就会老化衰退，经10～16天逐渐被吸收。但有人进行试验，母兔发情时不进行交配，而给母兔注射人绒毛膜促性腺激素（HCG），也可引起排卵。

3. 家兔不存在规律性的发情周期

家兔的这个特点与其刺激性排卵有关，没有排卵的诱导刺激，卵巢内成熟的卵子不能排出，当然也不能形成黄体，所以对新卵泡的发育不会产生抑制作用，因此，母兔不会有规律的发情周期。

在正常情况下，母兔的卵巢内经常有许多处于不同发育阶段的卵泡，在前一发育阶段的卵泡尚未完全退化时，后一发育阶段的卵泡又接着发育，而在前后两批卵泡的交替发育中，体内的雌激素水平有高有低，因此，母兔的发情症状就有明显与不明显之分。没有发情症状的母兔，其卵巢内仍有处于发育过程中的卵泡存在。此时若进行强制性配种，母兔仍有受胎的可能。这一特点就是生产中进行强制性配种的依据。

4. 家兔胚胎在附植前后的损失率高

家兔的胚胎在附植前后的损失率较高。据报道，胚胎在附植前后的损失率为29.7%，附植前的损失率为11.4%，附植后的损失率为18.3%。对附植后胚胎损失率影响最大的因素是肥胖。另外，高温应激、惊群应激、过度消瘦、疾病等也会影响胚胎的存活。据报道，外界温度为30℃时，受精后6天胚胎的死亡率高达24%～45%。

5. 家兔是双子宫动物

母兔有两个完全分离的子宫，两个子宫有各自的子宫颈，共同开口于一个阴道，而且无子宫角和子宫体之分。两子宫颈间有间膜固定，不会发生受精卵移行现象。

6. 家兔的卵子大

家兔的卵子是目前已知哺乳动物中最大的卵子。同时，它也是发育最快、在卵裂阶段最容易在体外培养的哺乳动物的卵子，因此，家兔是很好的实验材料，被广泛用于生物学、遗传学、家畜繁殖学等学科的研究。

7. 家兔有4对皮肤腺与生殖有关

家兔的这4对皮肤腺分别是白色鼠鼷腺、褐色鼠鼷腺、浅颌下腺和直肠腺，其分泌物具有特殊的臭味。在动物通讯中（如标记道路、家兔之间的相互识别、母仔识别等）具有十分重要的意义，同样也与繁殖有着密切的关系。

四、家兔的体温调节特点

家兔是一种比较耐寒怕热的动物，其体温调节机能不如其他家畜发达。因此，在炎热季节往往影响其正常的生理机能，乃至生殖与健康。

1. 家兔的体温调节机能没有其他家畜完善

家兔正常体温为38.5～39.5℃，但是容易随着环境温度的变化而变化。主要是因为家兔的散热要比其他家畜困难得多。由于家兔体表缺乏汗腺（仅分布于唇和腹股沟），兔体很厚的绒毛又形成一层热的绝缘层，依靠皮肤散热就很困难，所以呼吸散热就成为家兔散热的主要途径。当外界温度升高时，家兔依靠增加呼吸次数，以维持体温的恒定。但是，家兔依靠增加呼吸次数来维护体温的恒定毕竟是有限度的，长时间的高温环境会使家兔喘息不止，体温升高，进而出现热应激反应。所以高温对家兔的危害极大，外界温度在32.2℃以上时对家兔非常有害，生长发育速度和繁殖效果均显著下降。尤其长毛兔在高温季节会失去繁殖能力，即所谓高温不孕现象。如果长期处于35℃或更高的温度条件下，家兔常常发生中暑而死亡。可见，家兔的热调节机能没有其他家畜完善，故兔不耐高温。因此，在不同的温度条件下，家兔的体温变化较大。

2. 不同年龄的家兔热调节特点不同

（1）成年家兔　成年家兔散热困难，不怕寒冷，可以忍受－30℃的低温环境。

（2）仔兔和幼兔　仔兔耐热不耐冷。仔兔初生时没有被毛，缺少保温层，体温调节能力很差，因此体温不稳定，容易随气温的变动而波动。在寒冷的冬季，为了提高仔兔的成活率，应根据仔兔体温调节特点，为仔兔提供较高的环境温度，从而保证仔兔的正常生长发育和成活率。

3. 家兔的适宜温度

家兔的适宜温度为15～25℃，最适宜温度为：成年兔14～16℃，10日龄前仔兔30～32℃（窝内温度），45日龄幼兔18～21℃。

五、家兔被毛的生长与脱换

1. 被毛的生长

家兔的被毛有一定的生长期，不同类型的家兔兔毛生长期不同。标准家兔的兔毛生长期只有6周，6周后毛纤维停止生长，安哥拉兔的兔毛生长期为1年，狐狸毛兔的兔毛生长期为10～12周。

2. 被毛的脱换

所有家兔的被毛都有生长、老化和脱落并被新毛替换的过程，这种现象称为家兔的换毛。换毛的形式主要有两种，即年龄性换毛和季节性换毛。

（1）年龄性换毛　年龄性换毛是指幼兔生长到一定时期脱换被毛的现象。这种随年龄进行换毛在兔的一生中共有两次，第一次换毛约在生后30日龄开始到100日龄结束；第二次换毛约在130日龄开始至190日龄结束。

观察皮用兔如力克斯兔的年龄性换毛，对于确定屠宰日龄和提高毛皮质量具有十分重要的意义。在良好的饲养管理条件下，力克斯兔的第一次换毛可于3～3.5月龄结束，此时形成完好的被毛，为最好的屠宰时期。如果判断失误或营养水平偏低，不能在上述日龄屠宰，就要延长到第二次脱毛，即4.5～6.5个月取皮，其结果直接影响经济效益。

(2) 季节性换毛　季节性换毛是指春、秋两季换毛。春季换毛期在3～4月份，秋季换毛期在8～9月份。家兔的季节性换毛早晚受日照长短的影响很大，当春季到来时，日照渐长，天气渐暖，家兔便脱去“冬装”换上“夏装”，完成春季换毛；而秋季日照渐短，天气渐凉，家兔便脱去“夏装”换上“冬装”，完成秋季换毛。

不同类型的家兔被毛的脱换形式不同。标准毛兔和狐狸毛兔既有年龄性换毛，又有明显的季节性换毛，不适合生产兔毛。安哥拉毛兔只有年龄性换毛，没有明显的季节性换毛。

应当指出的是，家兔的换毛是复杂的新陈代谢过程，在换毛期间为保证换毛过程的营养需要，家兔需要丰富的营养物质。家兔换毛期间对外界气温变化适应能力差，易患感冒，此时应加强饲养管理，给予丰富的蛋白质饲料和优质饲草。

六、家兔的生长发育特点

家兔在胚胎期的生长发育速度以妊娠后期最快。在妊娠期的前2/3时间内，胚胎的绝对增长速度很慢，在妊娠后1/3的时间内，胎儿生长很快，但生长速度不受性别影响，而受胎儿数量、母兔营养水平和胎儿在子宫内排列位置的影响，一般规律是胎儿数多，则胎儿体重小；母兔营养水平低量，则胎儿发育慢；近卵巢端的胎儿比远离卵巢的胎儿重。

仔兔出生后生长发育速度很快。仔兔初生时全身无毛，两眼紧闭，耳朵闭塞无孔，各系统发育表现很差，前后肢的趾间相互连接在一起；生后3天体表被毛明显可见，4天时前肢的5指分开，8天时后肢的4趾分开，6～8天时耳朵的基部中央向内凹陷，出现小孔与外界相通，9天时开始在巢内跳窜，10～12天时开始睁眼，21天左右开始吃饲料，30天时被毛基本形成。

仔兔出生后体重增长很快，一般品种初生时只有50～60g，1周龄时体重增加1倍，4周龄时体重约为成年兔的12％，8周龄时体重为成年兔的40％。对于中型肉用品种家兔，8周龄时体重可达2kg左右，达到屠宰体重。如新西兰白兔初生重60g，3周龄450g，3～8周龄期间每天增重30～50g，不仅早期生长速度快，而且耗料量也低。

仔兔断奶前的生长速度除受品种因素的影响外，主要取决于母兔的泌乳力和同窝仔兔的数量。泌乳力越高，同窝仔兔越少，生长越快。这种规律在仔兔断奶后并不明显，因为断奶后的仔兔在生长方面有补偿作用。断奶前因母兔泌乳力和同窝仔兔数所造成的体重差异，会在断奶后逐渐消除。

断奶后幼兔的日增重有一个高峰期，在满足幼兔生长所需的营养条件下，中型品种兔的高峰期在8周龄，大型品种兔则稍晚，在10周龄。

生长发育期的公母兔在8周龄至性成熟期间，母兔的生长速度较公兔明显快。因此，在相同条件下育成的同品种的母兔总是比公兔的体重大些。

家兔习性生理歌

各种动物有特性，家兔特别有不同。
性情温顺胆子小，昼伏夜动最怕惊。
喜欢啃咬食粪便，毛密怕热不怕冷。
不肯群居喜干燥，嗅觉灵敏爱打洞。
消化生理也特别，刺激排卵双子宫。
妊娠三十一二天，生出仔兔裸体红。
十一二天仔开眼，五天之后把毛生。
耐毒力强肝脏大，胃肠发达草食性。
同性之间好争斗，春秋两季把毛更。

[复习思考题]

1. 什么是家兔的夜行性、嗜眠性和啮齿行为？了解这些习性有何意义？
2. 家兔的消化特性有哪些？生产中如何利用？
3. 家兔的繁殖特性是什么？
4. 家兔对食物如何选择？实际生产中如何加以利用？
5. 家兔的热调节特点是什么？
6. 了解家兔的生长发育特点，掌握皮用兔适时屠宰取皮时间。
7. 家兔的被毛生长与脱换特点是什么？掌握毛用兔适时剪毛时间。

第二章　兔场建筑与设备

[知识目标]

- 掌握兔舍建筑的一般要求。
- 了解兔舍的类型及特点。
- 掌握兔笼的类型及特点。
- 掌握产箱的类型及特点。

[技能目标]

- 能利用家兔的生物学特性和兔场的发展规划，本着勤俭节约的精神，进行建筑物的科学建造与合理布局。
- 能科学地选用设备，以合理利用自然和社会经济条件，保证良好的环境，提高劳动生产率。

第一节　兔舍建筑

建造兔舍必须充分考虑家兔的生理特性，使家兔有一个通风、透光、干燥、安静的生活环境。总体要求所建兔舍应符合家兔的生活习性，要有防暑、防潮、防雨、防寒、防污染及防鼠害“六防”设施。

1. 兔舍建筑的一般要求

(1) 场址的选择

① 场地应选在地势高燥、背风向阳、地下水位较低、排水良好的地方。

② 既要交通方便，又要没有环境污染，而且有利于防疫。兔场应远离屠宰场、集贸市场及其他动物饲养场，要尽量避开交通要道及其他公共场所。

③ 兔场耗水量大，必须要有充足、清洁的水源以供人、兔饮用。

(2) 场区规划　兔场要根据周围环境条件、地形地貌统一规划。合理安排生产区、管理区、生活区、兽医防治区，安排好道路等。

① 生产区：是兔场的核心区，应设在上风向，依次为种兔舍、繁殖兔舍、育成兔舍、幼兔舍。幼兔舍应靠近兔场一侧入口处，方便出售。每排兔舍之间最好间隔 15m 以上，以防疫病的扩散传播。

② 管理区：应设办公室、饲料库、加工间、维修间、变电室等。

③ 兽医防治区：包括兽医室、隔离室、尸体处理间。要离健康舍较远，以免疫病传播。

④ 生活区：严禁与兔舍混建，但与生产区不要过远，以便工作方便。在生产区入口处应设消毒间、消毒池、更衣室。

⑤ 通路设计布局：尽量使工作人员走单程短距离到达工作间，避免相互穿行，而且分设清洁道和污道。

(3) 建筑要求

① 符合家兔的生物学特性。兔舍的设计要符合家兔的生物学特性，有利于环境控制，有利于生产性能和产品质量的提高，有利于卫生防疫，便于饲养管理和提高劳动生产效率。

家兔喜干厌湿，兔舍清洁干燥，可以大大降低兔疥癣病和脚皮炎等疾病的发生。

家兔胆小易惊，如果环境不安静，就不利于家兔的正常发育。特别是强烈噪声、突然声响，易引起孕兔死胎或流产。

② 考虑投入产出比。建舍首先要符合家兔的行为和生理特点，创造舒适的环境，同时又要重视养兔效益，将形式与效益结合起来，根据饲养的类型、品种、任务以及经济状况确定兔舍的形式、结构、设施，有利于提高生产效益，提高投入产出比，经济实用，因地制宜。

③ 墙。墙是兔舍的主要结构，对墙壁总的要求是：坚固耐久，抗震、防水、防火、抗冻，结构简单，便于清扫消毒，同时具备良好的保温与隔热性能。

④ 舍顶及天棚。舍顶是用于防止降水和风沙侵袭及隔绝太阳辐射热。天棚又称顶棚，其主要功能是加强冬季保温和夏季防热，同时也利于通风换气。

⑤ 地面。对地面总的要求是：坚固致密，平坦不滑，抗机械能力强，耐消毒液及其他化学物质的腐蚀，耐冲刷，易清扫消毒，保温隔潮。兔舍地面要高出舍外地面 20～30cm。

⑥ 门窗。门应结实耐用，开启方便，封闭严实。兔舍门向外开，门上不应有尖锐突出物，门的大小和位置因情况而异。

窗户要尽量高而宽大，便于通风采光，同时要有纱窗等设施，以防野兽及猫、狗等的入侵。

⑦ 舍高、跨度和长度。舍高有利于通风，但不利于保温。因此，寒冷地区净高一般为 2.5～2.8m，炎热地区应加大 0.5～1m。

兔舍跨度过大不利于通风和采光，也给建筑带来困难，一般控制在 10m 以内。

兔舍的长度可根据场地条件、建筑物布局灵活掌握。为便于兔舍的消毒和防疫，以及粪尿沟坡度，兔舍长度应控制在 50m 以内。

⑧ 排污系统

a. 粪尿沟。应有 1%～1.5%的坡度。粪尿沟必须不透水，表面光滑，一般用水泥抹制。

b. 沉淀池。是将粪便进行沉淀的小井，上接粪尿沟，下通暗沟，入口处设滤网可防止被残草、粪便等堵塞。

c. 暗沟。是沉淀池通向蓄粪池的地下管道，呈 3%～5%的坡度。

d. 蓄便池。池底及四壁要坚固，不透水，池的上口要高出地面 10cm 以上，以防地面水流入池内。

e. 关闭器。关闭器要严密、耐腐蚀，坚固耐用。设在粪尿沟出口处的闸门，以防粪尿分解的不良气体进入兔舍，同时防止冷风倒灌及鼠、蝇等从粪沟钻入兔舍。

⑨ 兔舍的通风换气

a. 自然通风。主要靠打开门窗或修建开放式、半开放式兔舍达到通风换气的目的。自然通风适于小规模兔场，在兔群密度不大的情况下实施有效，对大规模、高密度的兔舍不适用。

b. 机械通风。又称动力学通风，适于机械化、自动化程度较高的大型兔场，又分正压通风和负压通风两种。正压通风是指风机将舍外新鲜空气强制送入舍内，使舍内压力增高，舍内污浊空气经风口或风管自然排走的换气方式，但造价高，管理费用也大；负压通风是通过风机抽出舍内污浊空气，使舍内气压相对低于舍外，新鲜空气通过进气口或进气管流入舍内而形成舍内外空气的交换。负压通风比较简单，投资少，管理费用低，因此被多数兔场采用。

c. 混合式通风。同时用风机进行送气和排气，适于兔舍跨度和长度均较大的规模化兔场。

2. 兔舍的类型及特点

中国地域辽阔，各地气候条件千差万别，经济基础各异，兔舍建筑形式也各不相同。采用哪种兔舍建筑形式和结构，主要取决于饲养品种、饲养目的、饲养方式、饲养规模及经济承受能力等。小规模、副业性质的养兔，宜采用简单的兔舍建筑形式；大规模、主业性质的养兔，则宜采用比较规范的兔舍，实行笼养，以便于日常管理。

兔舍类型多种多样。其分类也不统一，总的分普通兔舍和封闭式兔舍两大类。按舍墙结构和窗的有无可分为棚式兔舍、开放式兔舍、半开放式兔舍、封闭式兔舍；按舍顶结构可分为单坡兔舍、双坡兔舍、平顶式兔舍、联合兔舍、钟楼式兔舍和半钟楼式兔舍；按兔笼排列可分为单列式兔舍、双列式兔舍、多列式兔舍。另外，还有室外笼舍、塑料棚兔舍、笼洞结合式兔舍等。这里主要介绍几种常见的兔舍建筑形式，以供生产中参考。

(1) 按墙的结构和窗的有无划分

图 5-2-1 棚式兔舍

① 棚式兔舍。如图 5-2-1 所示，四面无墙，只有舍顶，靠立柱支撑。适用于冬季不结冰或四季如春的地区。

优点：通风透光好，空气新鲜；光照充足；造价低，投资少，投产快。

缺点：只起到遮光避雨的作用，无法进行环境控制，不利于防兽害。

② 开放式兔舍。如图 5-2-2 所示，三面有墙与顶相接，前面敞开或设丝网，适于较温暖的地区采用。

优点：通风透光好，空气新鲜；兔子的呼吸道疾病及眼疾较少，管理方便，造价较低。

缺点：无法进行环境控制，不利于防兽害。

③ 半开放式兔舍。三面设墙与顶相接，前面设半截墙。为防兽害，半截墙上部可安装铁丝网。冬季为了保温，封上活动式塑料膜。为利于通风，可设后窗。适于四季温差小而较温暖的地区。

优点：通风透光好，可防兽害，投资较少，管理方便。

缺点：粪尿沟在室内，有害气体浓度较大，呼吸道疾病发病较多。冬季通风与保温矛盾，且易交叉感染。

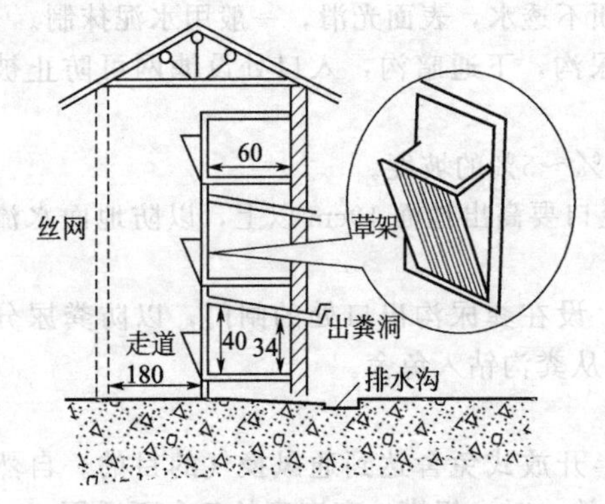

图 5-2-2 开放式兔舍（单位：cm）

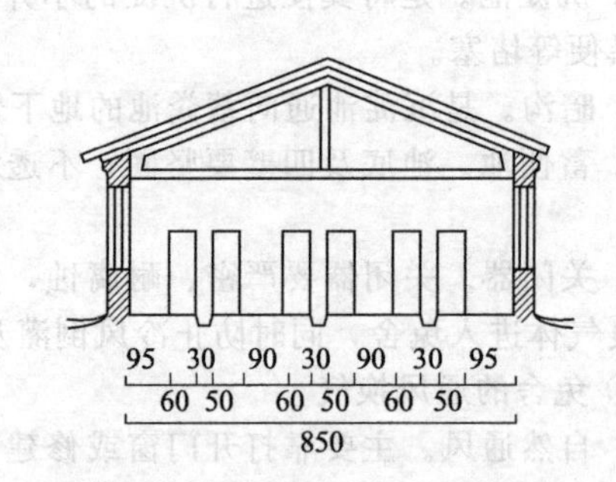

图 5-2-3 封闭式兔舍（单位：cm）

④ 封闭式兔舍　又称无窗兔舍（图 5-2-3）。喂料、饮水和清洁等工作，以及舍内通风、光照、温度和湿度等小气候全部实行自动化或人工控制。

优点：有较好的保温作用，可进行舍内环境控制，便于人工管理，可防兽害。

缺点：粪尿沟在舍内，有害气体浓度高，呼吸道疾病较多。特别是在冬季，通风和保温矛盾。

(2) 按兔笼的排列划分

① 单列式兔舍。如图 5-2-4 所示，即兔舍内部沿纵向布置一列兔笼的兔舍，在中国南方多见，一般为二层或三层重叠式兔笼。但仅适于气候温暖而潮湿的地区。该舍跨度小，兔舍的利用率低；便于管理，通风透光好，但不利于保温。

② 双列式兔舍。如图 5-2-5 所示，即沿兔舍纵轴方向放置两列兔笼的兔舍。较单列式兔舍的跨度大一些，兔舍的利用率也较高。中国各地应用更为普遍。

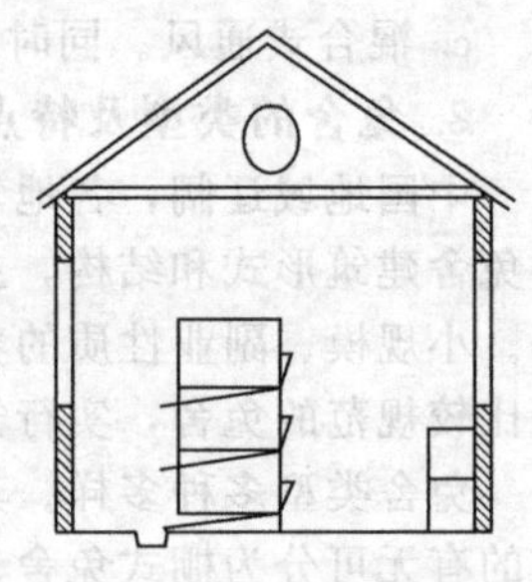

图 5-2-4 单列式兔舍

③ 多列式兔舍。如图 5-2-6 所示，即沿兔舍纵轴方向放置三列或三列以上兔笼的兔舍，跨度大。放置兔笼以单层或双层为宜，以免影响通风和采光。适用于大型集约化兔场。

图 5-2-5 双列式兔舍

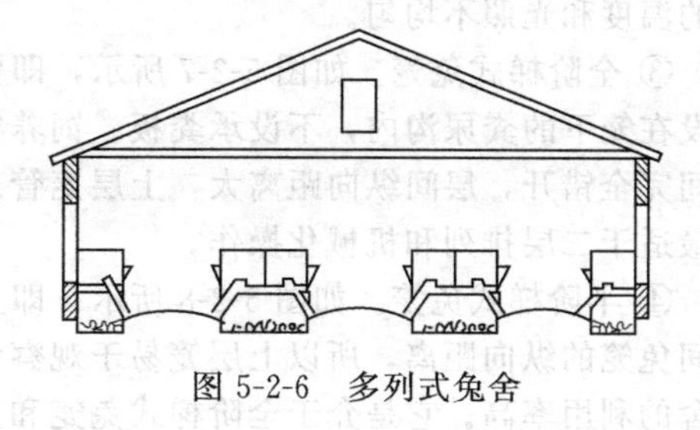

图 5-2-6 多列式兔舍

第二节 兔 笼

1. 兔笼的基本结构

(1) 笼门 笼门多采用前开门、上开门或前上开门。无论何种形式，笼门应启闭方便，关闭严实，无噪声，不变形。笼门取材多样，可用铁网、铁条、竹板、木料、塑料等制作，规模化兔场多为镀锌冷拉电焊网。

(2) 底网 是兔笼最关键的部分。底网要求平而不滑，坚硬而有一定柔性，易清理消毒，耐腐蚀，不吸水，能及时排除粪尿。底网丝间隙断奶后幼兔笼 1.0～1.1cm，成兔笼 1.2～1.3cm。底网可以选用竹板、金属焊网、镀塑金属等材料。每一种制作材料各有优缺点，生产中应根据自己的实际情况灵活选用。

(3) 侧网及顶网 选材与建造时重点考虑通风透光，板条或网丝间距据家兔类型而定。繁殖母兔网丝间距为 2cm，大型兔或专为饲养幼兔、育肥兔、青年兔及产毛兔的兔笼，网丝间距为 3cm。

(4) 承粪板 是安装在笼底网下面的板状物品，用以承接家兔排出的粪尿和落下的水、料及污毛。承粪板呈前高后低式倾斜，后沿要超出下层笼 5～8cm。承粪板取材有镀锌铁皮、石棉瓦、水泥板、玻璃钢和塑料板等。不管选择那种材料，都要求平滑、坚固、耐腐蚀、重量轻。

(5) 支撑架 兔笼组装时支撑和连接的骨架，多为金属材料。要求坚固，弹性小，不变形，重量较轻，耐腐蚀。

2. 兔笼类型

(1) 根据兔笼固着方式不同划分

① 活动式兔笼。由金属或竹、木、塑料等轻体材料制作而成，可进行搬移，适于小规模养兔场。

② 固定式兔笼。以砖、石、水泥等直接在地上垒砌而成，坚固耐用，但不能搬移，一般作为永久性建筑物，如水泥预制件兔笼。

③ 组装固定式兔笼。由金属等制成单体兔笼，再以金属支架连成一体，置放于兔舍地面上。若干单体笼组合成一列兔笼，可重新拆装，但不能轻易搬迁，或仅能在较小范围内移动。适于规模化、工厂化养兔场采用。

④ 悬吊式兔笼。用轻体金属制成兔笼，再以金属链条或钢丝绳悬吊于舍顶支架上。一般为单层排列，适于工厂化繁殖兔舍采用。具有透光透气性好、管理和观察方便、易清扫和消毒、适于机械化操作等优点，但一次性投入较高。

(2) 按兔笼组装排列方式划分

① 平列式兔笼。兔笼全部排列在一个平面上，粪尿直接流入笼下的粪沟内，不需设承粪板。兔笼平列排列，饲养密度小，兔舍的利用率低。但管理方便，环境卫生好，透光性好，有害气体浓度低，适于饲养繁殖母兔。

② 重叠式兔笼。兔笼组装排列时，上下层笼体完全重叠，层间设承粪板。兔舍的利用率高，单位面积饲养密度大。但重叠层数不宜过多，以2～3层为宜。舍内的通风透光性差，上下层兔笼的温度和光照不均匀。

③ 全阶梯式兔笼。如图5-2-7所示，即兔笼组装排列时，上下层笼体完全错开，粪便直接落入设在笼下的粪尿沟内，不设承粪板。饲养密度较平列式兔笼高，通风透光好，观察方便。由于层间完全错开，层间纵向距离大，上层笼管理不方便。同时，清粪也较困难。因此，全阶梯式兔笼最适于二层排列和机械化操作。

④ 半阶梯式兔笼。如图5-2-8所示，即上下层兔笼部分重叠，重叠处设承粪板。因为缩短了层间兔笼的纵向距离，所以上层笼易于观察和管理。半阶梯式兔笼较全阶梯式兔笼饲养密度大，兔舍的利用率高。它是介于全阶梯式兔笼和重叠式兔笼中间的一种形式，既可手工操作，也适于机械化管理。

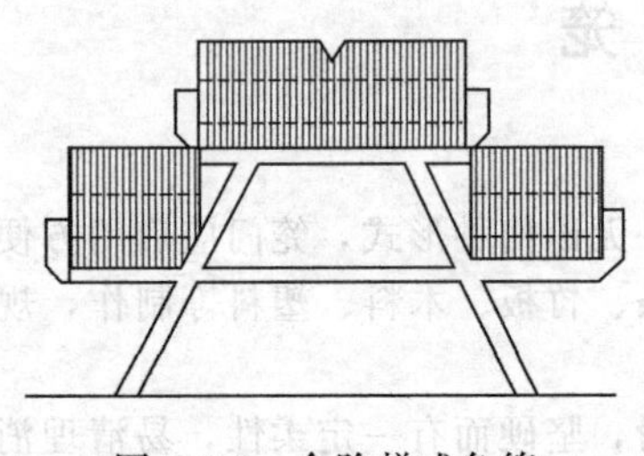
图5-2-7 全阶梯式兔笼

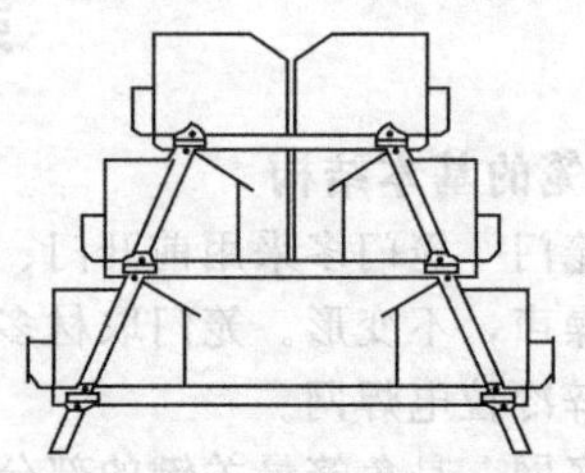
图5-2-8 半阶梯式兔笼

3. 兔笼大小

兔笼的大小应根据兔场性质、家兔品种、性别和环境条件，本着符合家兔的生物学特性、便于管理、成本较低的原则设计。一般而言，种兔笼适当大些，育肥笼宜小些；大型兔应大些，中小型兔应小些；毛兔宜大些，皮兔和肉兔可小些；炎热地区宜大，寒冷地带宜小。若以兔体长为标准，一般笼宽为体长的1.5～2倍，笼深为体长的1.1～1.3倍，笼高为体长的0.8～1.2倍。育肥兔笼，宜6～8只一笼。单笼尺寸为：宽66～86cm、深50cm、高35～40cm。

第三节 附属设备

1. 饲槽

饲槽的要求是：坚固耐啃咬，易清洗消毒，方便采食，防止扒料和减少污染等。料槽应根据饲喂方式、家兔的类型及生理阶段而定。

(1) 卡脖饲槽 以镀锌铁皮或塑料制作而成，分上卡和下卡两部分，安装在笼门外侧，兔从卡口处伸出采食。饲喂方便，可防扒食，减少浪费，防止粪尿污染饲料，但制作较复杂。

(2) 翻转饲槽 以镀锌板制作而成，呈半圆柱状。两端的轴固定在笼门上，并可呈一定角度内外翻转。外翻时可往槽内加料，内翻时兔子采食。此槽加料方便，可防止饲料污染。但饲槽高度不能调整，适于笼养种兔和育肥兔。

(3) 群兔饲槽 以木板、铁板制作而成，或将直径10～15cm的竹竿劈半或劈去1/3，两端用木板钉上，并以此代脚，放在兔笼或运动场上，其大小可根据具体情况而定。该饲槽投资小，制作简单。但容易扒食，饲料易被污染，饲槽容易被啃坏。

(4) 自动饲槽 又称自动饲喂器，兼具饲喂和贮存作用，多用于大规模兔场及工厂化、机械化兔场。饲槽悬挂于笼门上，笼外加料，笼内采食。料槽由加料口、贮料仓、采食槽等部分组成，贮料仓和采食槽之间有隔板隔开，仅底部留2cm左右的间隙，随着兔不断采食饲料，从贮料仓内缓缓补充到采食槽内。为防止粉尘吸入兔呼吸道而引起咳嗽和鼻炎，槽底部常均匀地钻上小圆孔。采食槽边缘往里卷沿1cm，以防扒食。自动饲槽分个体槽、母仔槽和育肥槽，以镀锌板制作或塑料模压制成，如图5-2-9所示。

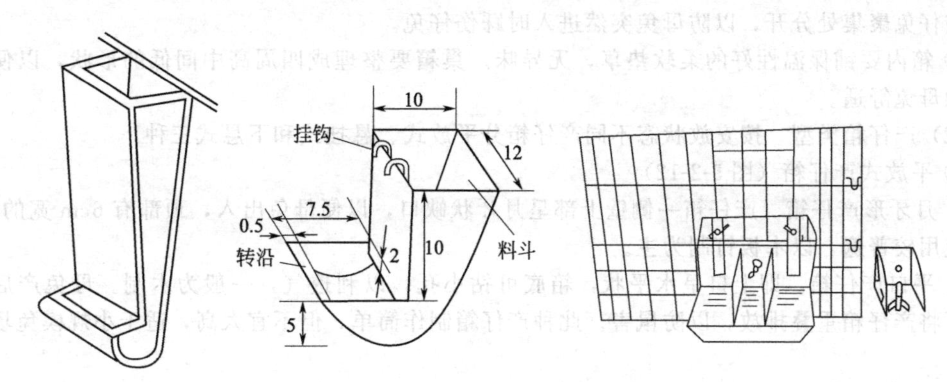

图 5-2-9 自动饲槽（单位：cm）

2. 草架

草架是投喂粗饲料、青草或多汁饲料的饲具。草架是养兔必备的工具。草架多设在笼门上，以铁丝、木条、废铁皮条制成，呈“V”形，兔通过采食间隙采食，如图 5-2-10 所示。

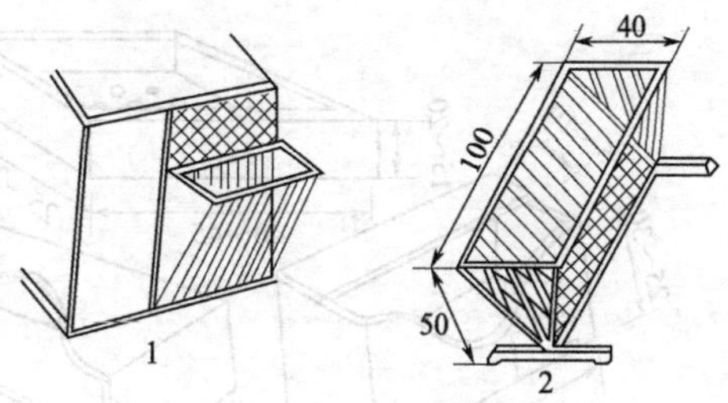

图 5-2-10 各种草架

1—群兔草架；2—笼门草架

3. 饮水器

(1) 瓶式饮水器　将瓶倒扣在特制的饮水槽上，固定在笼门一定高度的铁丝网上，饮水槽伸入笼内，便于兔子饮水，而又不容易被污染。水瓶在笼门外，便于更换，如图 5-2-11(a) 所示。瓶式饮水器投资较少，使用方便，水污染少，可防止滴水漏水，但需每日换水，适合小规模兔场。

(2) 乳头式自动饮水器　是迄今较先进的饮水器，有利于防疫，减少水质污染，供给兔子清洁的饮水，而且省工。但投资大，对水质要求高，如图 5-2-11(b) 所示。

4. 产仔箱

产仔箱是母兔分娩、哺乳的地方。产仔箱的质量如材料、大小、形状、箱内垫料及安放位置等，将直接影响仔兔的生长发育及成活率。产仔箱的制作材料主要有木板、纤维板、塑料等。

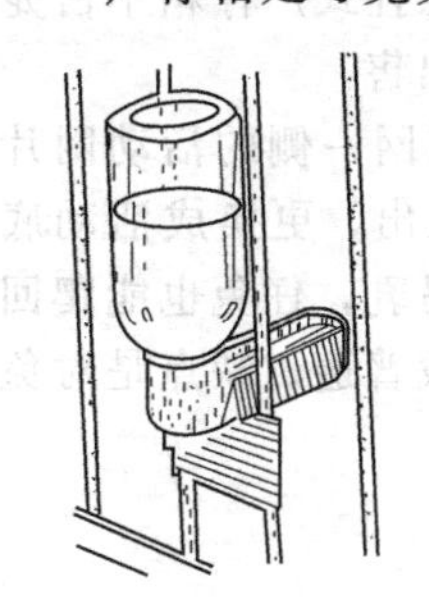

(a) 瓶式饮水器　(b) 乳头式自动饮水器

图 5-2-11 各种饮水器

(1) 制作产仔箱应注意的问题

① 选材应坚固，导热性小，较耐啃咬，不吸水，易清洗消毒，容易维修。

② 产仔箱要有一定高度，既要控制仔兔在自然出巢前不致爬落箱外，哺乳后不被母兔带到箱外，又便于母兔跳入和跳出。一般入口处高度要低些，以 10～12cm 为宜。

③ 产箱内光线要暗淡、安静，能防寒、保暖，防打扰，有一定透气性。因此，产仔箱多建成封闭状态，上设活动盖，只留母兔出入孔。

④ 产仔箱大小要适中。产仔箱过大则占据面积大，仔兔不便集中，容易到处乱爬。太小了哺乳不方便，仔兔堆积，影响发育。一般箱长相当于母兔体长的 70%～80%，箱宽相当于胸宽的 2 倍。

⑤ 产仔箱表面要平滑，无钉头和毛刺。入口处做成圆形或半圆形，以便母兔出入。入口处

最好与仔兔聚集处分开，以防母兔突然进入时踩伤仔兔。

⑥ 箱内要铺保温性好的柔软垫草，无异味。巢箱要整理成四周高中间低的形状，以便仔兔集中和母兔舒适。

(2) 产仔箱类型　按安放状态不同产仔箱分平放式、悬挂式和下悬式三种。

① 平放式产仔箱（图 5-2-12）

a. 月牙形产仔箱。产仔箱一侧壁上部呈月牙状缺口，以便母兔出入，顶部有 6cm 宽的挡板。我国应用较普遍，以木板钉制为主。

b. 平口产仔箱。即上口呈水平状，箱底可钻小孔，以利透气，一般为木制。母兔产后和哺乳后可将产仔箱重叠排放，以防鼠害。此种产仔箱制作简单，但不宜太高，适于小规模兔场定时哺乳。

② 悬挂式产仔箱（图 5-2-13）

a. 悬挂开放式产仔箱。产仔箱悬挂于兔笼的前壁笼门上或侧面（双联式兔笼），留一圆形、半圆形或方形的母兔出入孔。其相对的兔笼上也留相应的孔洞。产仔箱上部开放。一般为轻质金属、塑料或薄板制作。

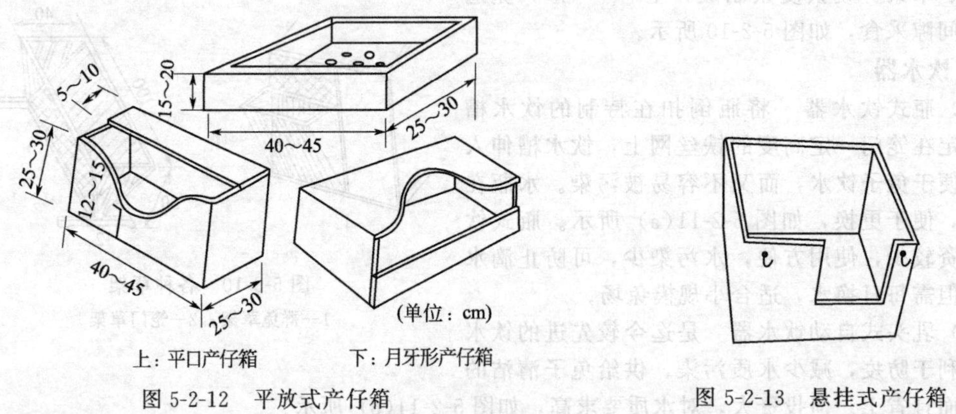

上：平口产仔箱　　下：月牙形产仔箱

图 5-2-12　平放式产仔箱

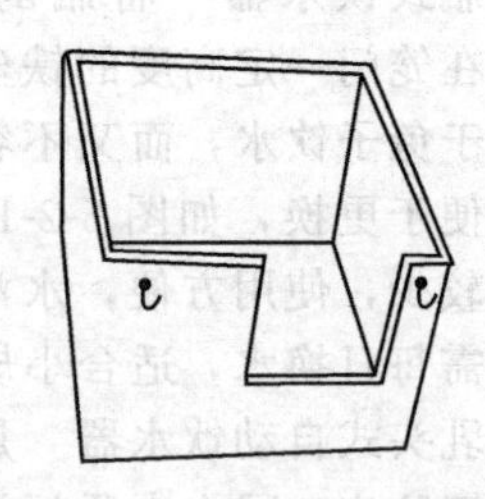

图 5-2-13　悬挂式产仔箱

b. 悬挂密封式产仔箱。即在开放式产仔箱的基础上，上部增设上一个可启闭的盖，供观察检查仔兔。此种产仔箱模拟洞穴环境，适合母兔的习性，效果很好。同时，悬挂式产仔箱不占笼内面积，管理也很方便。因此，被国外多数规模化兔场采用，并有定型产品出售。

③ 下悬式产仔箱。产仔箱悬挂于母兔笼的底网上。产仔前，将母兔笼底网一侧的活动网片取下，放上悬挂式产仔箱，让母兔产仔。仔兔出巢后一定时间，将产仔箱取出，更换成活动底网。此种产仔箱由于低于底网，仔兔爬不出巢外，很少发生吊乳。即使发生吊乳，仔兔也能爬回产仔箱。此种产仔箱多以塑料模压成型或轻质金属制作而成，国外兔场应用较普遍。缺点是对兔笼底网需特殊设计和生产，装卸产仔箱增加了工作量。

[复习思考题]

1. 掌握兔舍建筑的一般要求。
2. 兔舍的类型有哪些？各有哪些优缺点？
3. 产仔箱有哪几种的类型？其特点是什么？

第三章　家兔品种

［知识目标］

- 了解家兔品种的分类方法。
- 熟悉常见的家兔品种的产地、类型和特征。

［技能目标］

- 学会常见家兔品种的识别方法。

第一节　品种分类

目前，世界上共有家兔品种 60 多个，品系 200 多个。家兔的分类方法通常有以下三种。

一、按家兔的经济用途分类

可将家兔分为肉用型兔、毛用型兔、皮用型兔和肉皮兼用型兔四类。

二、按家兔的体型大小分类

可将家兔分为大型兔（成年体重 6kg 以上）、中型兔（成年体重 4～5kg）和小型兔（成年体重 2～3kg）三类。

三、按被毛类型分类

（1）标准毛类型　被毛中粗毛长而多，绒毛短而少。粗毛约长 3.5cm，绒毛约长 2.2cm，二者的长度相差悬殊。肉用兔和皮肉兼用兔如新西兰兔、加利福尼亚兔等，多属此类型。

（2）长毛类型　粗、细毛均为长毛，达 5cm 以上，而且细毛多，粗毛少。如安哥拉兔、基洛夫毛用兔等。

（3）短毛类型　毛短、密度大，被毛平齐，毛长为 1.3～2.2cm，如力克斯兔、哈瓦那兔等。

第二节　兔常见品种

一、毛用兔品种

主要指长毛兔，又称安哥拉兔，由于其产毛性能好，因而该品种已普及各国。

1. 德系安哥拉兔

德系安哥拉兔是细毛型长毛兔，在德国培育已有 40 余年的历史，是目前纯种安哥拉兔中产毛性能最好的一个品系。特点是全身被毛洁白、密度大、细毛含量高，毛丛结构明显，绒毛有均匀的波浪弯曲，兔毛不易缠结，产毛量高，平均年剪毛量达 900～1000g，最高可达 1300g 以上。

成年兔体重一般在 4～4.5kg、最高达 5kg 以上。大部分耳被无长毛，仅耳尖有一撮毛，俗称“一撮毛”。其生长发育快。缺点是繁殖受胎率低，配种困难，母性差，少数有食仔癖，适应性和耐热性能较差，尤其是公兔在夏季常出现少精或无精现象。

2. 法系安哥拉兔

法系安哥拉兔属粗毛型长毛兔，耳朵大而厚，无毛或者只有一撮短毛，俗称“光板”。四肢毛短而少，腹毛短。体躯中等，骨骼粗壮，耐粗饲，繁殖性能好，成年兔体重平均3.5～4.8kg。

被毛密度较差，粗毛含量高，可达20%左右，毛纤维较粗，适合以拔毛方式采毛。年产毛量低于德系安哥拉兔。适应性强，耐粗饲，繁殖力强，泌乳性能好。

3. 中系安哥拉兔

原产于中国的上海、江苏、浙江等地。全身洁白，最显著的特点是全耳毛，整个耳背、耳尖均密生细长绒毛。

成年体重2.5～3kg，最高可达4kg；年产毛量250～350g，高者可达500g，粗毛含量1%～3%，细毛细度11～12μm，毛长5～6cm；一年可繁殖4～5胎，每胎平均产仔7～8只，高者可达11～12只；配种受胎率为65.7%。

中系安哥拉兔具有性成熟早、繁殖力强、母性好、适应性强、耐粗饲、毛细长柔软等优点；不足之处是产毛量低、绒毛结块率高（达15%左右）、体质瘦弱、生长慢等，有待于进一步选育提高。

二、肉用兔品种

1. 新西兰兔

新西兰兔原产于美国，是优良中型肉用家兔品种，有白色、黑色和红棕色3个变种。目前饲养量较多的是新西兰白兔，被毛纯白，眼呈粉红色，耳宽厚而直立，肌肉发达，四肢粗壮有力，具有肉用品种的典型特征。

新西兰白兔体型中等，早期生长发育较快，8周龄体重可达2kg左右，10周龄可达2.3kg。成年体重：公兔4～5kg，母兔4.5～5.5kg。饲料利用率高，屠宰率为52%～55%。繁殖力强，平均每胎产仔7～8只，母性好，可作为"保姆兔"。

该兔的优点是产肉率高，肉质良好，适应性和抗病力较强，但对饲养条件要求较高。

2. 加利福尼亚兔

加利福尼亚兔原产于美国加利福尼亚州，被毛厚密，躯体部分为白色，鼻端、两耳、尾及四肢下部为黑褐色，故称"八点黑"。幼兔色浅，随年龄增长而颜色加深。体型中等，耳小直立，颈粗短，肩、臀部发育良好，肌肉丰满，眼呈红色。成年体重：公兔3.6～4.5kg，母兔3.9～4.8kg，屠宰率为52%～54%，肉质较好。母兔性情温顺，泌乳力高，是理想的"保姆兔"。

该兔的优点是早期生长发育快、适应性及抗病力强、繁殖率高、仔兔育成率高等。

3. 哈尔滨大白兔

哈尔滨大白兔简称哈白兔，该兔全身被毛洁白、有光泽，毛长，密而柔软，眼睛红色，耳宽长而直立，体型较大。早期生长快，90日龄体重2.76kg，成年兔体重达5.5～6.5kg，产肉率高。繁殖力强，每胎产仔8～10只，育成率达85%以上。适应性强，耐寒，耐粗饲。

4. 比利时兔

比利时兔起源于比利时，后经英国选育成肉用品种。被毛颜色随年龄的增长由棕黄色或栗色转为深红褐色。头型粗大，体躯较长，四肢粗壮，后躯发育良好。成年兔体重可达5～6kg。该兔适应性强，耐粗饲，生长快，繁殖性能良好，适合于与其他品种杂交生产商品肉兔。缺点是成熟较晚，饲料报酬低，不适合笼养，易患脚癣和脚皮病。

三、皮用兔品种

1. 力克斯兔

力克斯兔原产于法国，因其被毛可与水獭皮媲美，故又称獭兔。其全身被毛致密，短而平整，枪毛与绒毛等长，出锋整齐，柔软富有弹性，色泽鲜艳。被毛有20多种天然颜色，如黑色、白色、青紫蓝色、巧克力色等。

成年体重3～3.5kg，4～5月龄取皮，体重在2.5kg左右，被毛密度1.4万～1.8万根/cm²，平均细度16～18μm，毛长1.2～1.3cm。每年可繁殖6～7胎，平均每胎产仔7只左右。

该兔被毛质量好，具有密、短、细、平、美、牢等优点，繁殖力较高。缺点是有些色型在纯种繁殖时易发生分离；要求有良好的饲养管理条件；母兔哺乳性能较差，仔兔容易死亡；抗病力较弱，易感巴氏杆菌、球虫病和疥癣病等。

2. 亮兔

亮兔原产于荷兰，是力克斯兔的一个变种，以其皮毛表面光滑亮泽鲜艳而得名。被毛浓密柔软，鲜艳光亮，枪毛比绒毛生长快且覆盖绒毛。按被毛颜色可分为巧克力色、青铜色、黑色、蓝色、白色、棕色、红色等8个品系。成年体重4～5kg，被毛长度2.2～3.2cm，有较强的弹力。每年可繁殖4～5胎，每胎产仔6～10只。

亮兔具有被毛品质优良、色彩鲜艳、繁殖力高、生长发育快等优点。缺点是性成熟稍晚，窝产仔数差别较大。

四、皮肉兼用兔品种

1. 中国白兔

中国白兔被毛洁白而短密，皮板厚实，耳短厚而直立，无肉髯。成年体重2～2.5kg。繁殖力较强，一年可繁殖6～7胎，平均每胎产仔6～9只，最多达15只以上。

中国白兔具有早熟、繁殖力强、适应性好、抗病力强、耐粗饲、肉质鲜美等优点，是优良的育种材料。缺点是体型小、生长慢、产肉力低、皮张面积小等，有待于进一步选育提高。

2. 青紫蓝兔

青紫蓝兔原产于法国，被毛浓密有光泽，外观呈胡麻色，夹有全黑和苍白色的粗毛，耳尖及尾部为黑色，眼圈、尾底、腹下和后额三角区呈灰白色。单根纤维自基部至毛梢的颜色依次为深灰色、乳白色、珠灰色、雪白色和黑色，眼睛为茶褐色或蓝色。

青紫蓝兔现有3种类型。标准型：体型较小，结实而紧密，成年母兔体重2.7～3.6kg、公兔2.5～3.4kg。美国型：体型中等，成年母兔体重4.5～5.4kg、公兔4.1～5.0kg。巨型：偏于肉用型，成年母兔体重5.9～7.3kg、公兔5.4～6.8kg。繁殖力较强，每胎产仔7～8只，仔兔初生重50～60g，3月龄体重达2～2.5kg。

该兔的优点是毛皮品质较好，适应性强，繁殖力高，产肉性能良好。缺点是生长速度较慢。

3. 日本大耳兔

日本大耳兔原产于日本，被毛紧密，毛色纯白，眼睛红色，耳大而直立，耳根细，耳端尖，形似柳叶，母兔颌下有肉髯。体型较大，生长发育快，成年体重4～5kg，繁殖力强。该兔骨骼较大，屠宰率较低。

日本大耳兔肉质好，皮张品质优良，同时，由于其具有耳朵大、毛色白和血管清晰的特点，因而也是一种理想的实验用兔。

[复习思考题]

1. 家兔按经济类型分哪几种？各有何代表品种？
2. 家兔按被毛类型分哪几种？各有何代表品种？
3. 肉用兔的几个代表品种各自的优缺点有哪些？

第四章　家兔的饲养管理

[知识目标]

- 掌握家兔的一般饲养管理技术。
- 掌握各经济类型兔的饲养管理要点。
- 掌握兔的四季管理要点。

[技能目标]

- 能在养兔生产中应用家兔一般饲养管理技术。
- 学会各经济类型兔的饲养管理技术。

家兔的不同品种、性别、年龄和生产方向，在不同季节、不同的生活环境条件下，在饲养管理上有不同的要求和特点。大量的事实证明，要养好家兔，必须根据家兔的生理特点、生活习性，制定出科学的饲养管理技术，才能实现优质、高产、效益好。

第一节　家兔一般饲养管理技术

根据家兔的生活习性和生理特点如胆小怕惊、昼伏夜行、喜清洁干燥的环境，怕脏、怕潮湿、啃食磨牙、同性好斗等生活习性及其特有的消化生理、繁殖生理特点，在饲养管理过程中，必须遵守下列一般饲养管理技术，才能把兔养好。

一、一般饲养技术

1. 以青粗料为主、精料为辅

兔为草食动物，为满足家兔的生理需要和降低饲养成本，日粮结构应以青粗料为主，辅以精料，即使现代集约化兔场全部喂颗粒料，在颗粒料中也要加入适当的青粗饲料（草粉等），以保持日粮中的粗纤维含量，如果日粮中粗纤维含量太低，兔的正常消化功能就会受到扰乱，甚至引起腹泻。这是饲养草食动物的一个基本原则。

实践表明：在家兔日粮中，根据生长、妊娠、哺乳等生理阶段的营养需要，青粗饲料比例占全部日粮的60％～70％，采食量占其体重的15％～30％，青年兔和成年兔每天采食500～1000g。配合精料比例占日粮的30％～40％，采食量占其体重的4％～6％，青年兔和成年兔每天采食50～150g，如表5-4-1。

表5-4-1　不同体重家兔采食的青草量

体重/g	采食青草量/g	采食量占体重/％	体重/g	采食青草量/g	采食量占体重/％	体重/g	采食青草量/g	采食量占体重/％
500	153	31	2000	293	15	3500	380	11
1000	216	22	2500	331	13	4000	411	10
1500	261	17	3000	360	12			

在养兔生产中要避免两种偏向：一种认为兔是草食动物，只喂给草，不喂精饲料也能养好，结果造成兔生长缓慢，生产性能下降，效益差；另一种认为要使兔快长高产，喂给大量精料，甚至不喂青粗饲料，结果导致消化道疾病，甚至死亡，饲养成本增高。

2. 合理搭配饲料、保证全面均衡的营养

家兔生长快，繁殖力高，体内代谢旺盛，需要从饲料中获得多种养分才能满足其需要。因此，家兔的日粮应由多种饲料合理搭配组成，并根据饲料所含的养分，取长补短，以满足兔对各种营养物质的需要，保证全面均衡的营养。如果饲喂单一的饲料，不仅不能满足兔的营养需要，还会造成营养缺乏症，从而导致生长发育不良。

3. 定时定量、科学饲喂

定时定量，就是每天喂兔，要定次数、定时间、定顺序和定数量，以养成家兔定时采食、休息和排泄的习惯，有规律地分泌消化液，促进饲料的消化吸收，否则易发生消化道疾病。因此要根据兔的品种、膘情、季节、气候、粪便等情况，遵守作息时间，定时、定量给料和做好饲料的干湿搭配，做到不论喂给配合精料，还是青粗料，在每天每次饲喂时，少给勤添，少吃多餐，喂到八成饱即可。一般要求日喂3～5次，仔、幼兔以多餐少吃为宜。精、青、粗料可单独交叉投喂，也可同时拌和喂给。例如：幼兔消化力弱，食量少，生产发育快，必须多喂几次，每次给的分量要少些，做到少食多餐。夏季中午炎热，兔的食欲降低，早晚凉爽，兔的胃口较好，给料时要掌握中餐精而少，晚餐吃得饱，早餐吃得早。冬季夜长日短，要掌握晚餐吃得精而饱，中午吃得少，早餐喂得早。粪便太干时，应多喂多汁饲料，减少干料喂量。雨季要多喂干料，少喂青绿饲料，以免引起腹泻。粉料湿拌饲喂，拌湿程度为用手挤压，松手后能散开。

4. 注意饲料品质、认真进行调制

家兔对饲料的选择比较严格，要按照各种饲料的不同特点进行合理调制，做到洗净、切细、煮热、调匀、晾干，以提高消化率和减少浪费，是减少兔病和死亡的重要前提。籽实类、油饼类饲料和干草，喂前宜经过粉碎，粉料应加水拌湿喂给，有条件的最好加工成颗粒饲料。块根、块茎类饲料应洗净、切碎，单独或拌和精料喂给，薯类饲料熟喂效果更好。注意5种饲料不能饲喂：露水草、泥浆草、霉败饲料、冰冻饲料和未腐熟的兔粪污染的饲草，以防下痢、便秘、霉饲料中毒和球虫病。含水量和草酸含量高的青绿饲料，如牛皮菜、菠菜、青菜等不宜大量长期饲喂，否则，易引起拉稀和缺钙，尤其是哺乳母兔、妊娠兔和幼兔更应注意。对含水量高的饲草晒蔫后饲喂。豆科牧草（如紫云英）、三叶草等不能大量饲喂，否则引起拉稀。

所以，一定要喂新鲜、优质的饲料，饮清洁水。对怀孕母兔和仔兔尤应重视饲料品质，以防引起肠胃炎和母兔流产。

5. 更换饲料逐渐增减

喂给家兔的饲料，无论是以青绿饲料为主，还是以干草和根茎类、多汁饲料为主，饲料数量的增减或种类的改变，都必须坚持逐步过渡的原则。每次不宜超过1/3，使兔的消化机能与新的饲料条件渐相适应。若饲料突然改变，容易引起家兔肠胃病而使食量下降或绝食。

6. 加喂夜草、保证饮水

根据兔子昼伏夜行的习性，晚上喂给兔子的饲料要多于白天，特别是夜间要喂给粗饲料，对家兔的健康和增膘都有好处。

水为兔生命活动的重要物质，家兔体小，活泼，新陈代谢旺盛，完成营养物质在体内的消化、吸收及残渣的排泄，都离不开水。缺水对各类兔都会造成严重的危害。因此，必须经常注意保证水分的供应，应将家兔的喂水列入日常的饲养管理规程。供水量根据家兔的年龄、生理状况、季节和饲料性质而定（表5-4-2），最好是保证24h不断水。幼龄兔处于生长发育旺期，饮水量往往高于成年兔；妊娠母兔需水量增加，必须供应新鲜饮水，尤其产前、产后易感口渴，饮水不足易发生残食或咬死仔兔的现象；高温季节兔需水量大，喂水不应间断；天凉时，仔兔、公兔和空怀母兔每日供水1次；冬季在寒冷地区最好喂温水，因为冰水易引起肠胃疾病。集约化兔场使用颗粒料喂兔，最好采用自由饮水（装备自动供水系统）；在农村，也可就地取材，如用瓷盅、瓦罐、石碗、竹槽等代作饮水器，随时供给兔清洁的饮水。

表 5-4-2 兔子生长期需水量/kg

周龄＼项目	平均体重	每日需水量	每千克干饲料干物质需水量	周龄＼项目	平均体重	每日需水量	每千克干饲料干物质需水量
9	1.7	0.21	2.0	17～18	3.0	0.31	2.2
11	2	0.23	2.1	23～24	3.8	0.31	2.2
13～14	2.5	0.276	2.1	25～26	3.9	0.34	2.2

二、一般管理技术

1. 创造良好的环境条件

家兔品种多，生产特点各异，但都有共同的生物学特性：昼伏夜行、胆小怕惊、怕热、怕潮、群居性差等。兔的最适温度为15～25℃，舍温超过30℃和低于5℃，持续时间越长，对兔的危害就越大。因此，应做好夏季防暑降温、冬季防寒保温、雨季防潮的管理工作。夏季兔舍周围植树、搭葡萄架、种植丝瓜和南瓜等藤蔓植物，进行遮阴，兔舍门窗打开或安置风扇等，以利通风降温。冬季做好防寒保温工作，尤其是仔兔。雨季是家兔一年中发病率和死亡率较高的季节，此时应特别注意舍内干燥，应勤换垫草，应勤扫兔舍地面，在地面上撒石灰或很干的焦泥灰，以吸湿气，保持干燥。只要饲养者能根据兔的生物学特性，针对当地的自然生态条件，做好以下工作，尽量创造一个良好的小环境，就能养好兔。

2. 注意卫生、保持干燥

家兔体弱且爱干燥，但抗病力差。因此每天须打扫兔舍、兔笼，清除粪便，洗刷饲具，勤换垫草，定期消毒，经常保持兔舍清洁、干燥，使病原微生物无法滋生繁殖，这是增强兔体质、预防疾病必不可少的措施，也是饲养管理上一项经常化的管理程序。

3. 保持环境安静、防止骚扰

兔是胆小易惊、听觉灵敏的动物，经常竖耳听声，倘有骚动，则惊慌失措，乱窜不安，尤其在分娩、哺乳和配种时影响更大，所以在管理上应轻巧、细致，保持环境安静。同时，还要注意防御敌害，如狗、猫、鼬、鼠、蛇的侵袭。

4. 加强运动、保持健康

运动可增进家兔食欲，增强体质，增强抗病力，同时晒太阳可以促进体内维生素D的形成及钙的吸收，提高繁殖力，尤其是笼养兔，要计划分笼分批放到运动场，每周2次，每次2h，公母分开，夏季可早放早收，冬季可在午间气温较暖、阳光充足的地方运动。

5. 分群分笼管理

为了便于管理及兔的健康，兔场所有兔群应按品种、体质强弱、年龄、性别等，分成毛用兔群、皮用兔群、肉用兔群、公兔群、母兔群、青年兔群、幼兔群等，进行分群分笼管理。群体的大小，一般圈饲每群15～20只，笼饲每笼4～6只。3月龄以后的青年兔和留种兔由群养逐渐改为笼养，每笼的数量随年龄增长逐渐减少到1～2只。成年公兔、孕兔和哺乳母兔单笼饲养。空怀母兔可以群养。长毛兔幼兔可分群饲养，但成兔则必须单笼饲养。

6. 严格防疫

严格防疫是家兔饲养管理的重要环节。任何一个兔场或养殖户，都必须建立健全引种、定期消毒、定期进行兔群健康检查、预防注射疫苗、病兔隔离及加强进出兔舍人员的管理等防疫制度。管理人员和饲养员都要严格遵守。

三、饲养方式

1. 栅养

栅养就是在室内或室外垒圈或立栅栏养兔，每圈占地5～6m²，可养成兔15～20只，栅内设有采食和饮水器具。它适用于饲养肉用兔和皮肉兼用兔。这种方式饲养家兔，要将公兔全部去势以防止打斗，种用公兔单独饲养，怀孕母兔分开建窝产仔，还要按性别、年龄分群圈养，群体不宜过大。繁殖时可按公与母的比例1∶6或1∶8让其自由交配。要注意及时排水，及时打扫卫生和更换垫草，定期消毒，防止打斗，防治疾病，防止鼠害。

其优点是节省人力、物力，可以控制交配，便于管理，可吸收新鲜空气和沐浴充足的阳光，家兔运动量较大，体质健壮。缺点是费人工，不能定量喂饲，容易传播疾病，且易发生打斗现象。

2. 放养

放养就是把兔放在草场上放牧，让其自由采食，自由活动，自由交配繁殖，这是一种粗放的饲养方式。但应注意防逃和其他动物进入伤害家兔。这种方式仅适用于饲养肉兔。优点是：节省人力和物力，家兔能自由采食新鲜的饲草，沐浴充足的阳光，呼吸新鲜的空气，体质好，繁殖率高。缺点是乱交乱配易使品种退化，发病无法控制，产品质量下降。

3. 笼养

笼养就是把家兔放在特制的兔笼内饲养，笼养是一种比较科学和先进的饲养方式，有以下两种方式。

(1) 室内笼养　这种方式雨季管理方便，冬夏可较好地保温、防暑，容易预防兽害，便于药物消毒，能有效预防疾病的发生和传播。

(2) 室外笼养　这种饲养方式光照充足，空气新鲜，可以使家兔在炎热或寒冷的条件下得到锻炼，并且便于管理，节省建筑材料和人力。但是，夏季要防雨淋和日光直射；伏天要搭设凉棚或植树，防止中暑；冬季要注意保暖。

笼养是较为理想的一种饲养方式，尤其适于饲养小兔、种兔和皮毛用兔。其优点是易饲养管理，可以定时、定量供应饲料；可以控制配种繁殖，有利于家兔的生长发育、品种改良和提高毛皮品质；便于隔离，减少疾病传播。缺点是建笼费用大，费人工，室内每天须清扫，兔运动不充分，但笼养还是值得推广的一种饲养方式。

4. 洞养

洞养就是靠山掏洞或在背风向阳处挖洞养兔。其优点是符合家兔打洞穴居的习性；环境安静，冬暖夏凉，全年繁殖；节省建造兔舍费用，节省土地。缺点是地下洞春、夏潮湿，不利于产仔；雨天洞内灌水，易淹死仔兔；毛兔粘上泥土，影响兔毛质量。窖养适于高寒干燥的地区采用。

四、家兔日常管理技术

1. 捉兔

捉兔是养兔生产中的常规操作方法，不少人捉兔方法很随便，伸手抓住两只耳朵或兔子腰部皮肤，提起便走，甚至抓着后腿倒拉倒提。这些方法都容易损伤兔子，是错误的。因为耳根软骨较软，耳面密布血管神经，光抓耳朵，尤其是对大、中型兔，因体重大，易产生疼痛而使兔子挣扎，常常导致兔耳根折断、下垂，有时还会造成出血或耳裂；抓提腰部皮肤，易损伤皮下组织或内脏，影响健康或造成孕兔流产；倒提兔子时，因家兔具有挣扎向上的习性，易脱手，还可能导致脑充血而死亡；抓尾巴，易造成尾巴脱落。

正确的捉兔方法是，先顺毛抚摸，勿使兔子受惊，然后一手抓住双耳及颈部皮肤，另一只手迅速托住兔子臀部，使其四脚朝向捉兔人的体侧或朝前，轻轻抱起，并紧靠人体使兔子的体重大部分落在人的手上。这样既不伤兔，也可防止兔子在抓移过程中伤人（图5-4-1）。

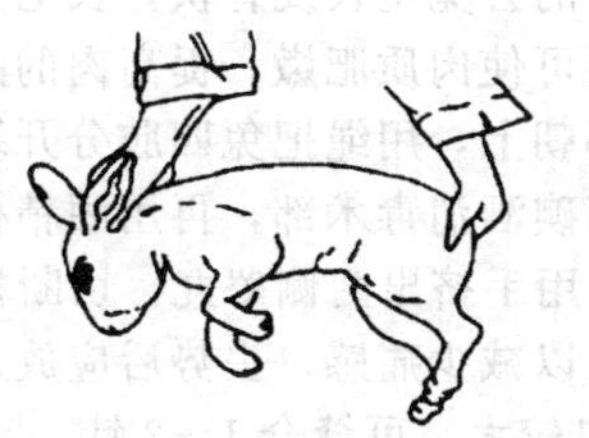
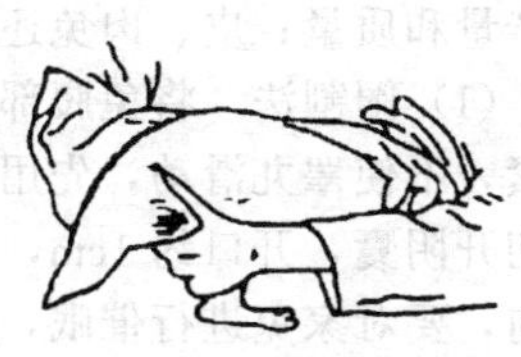

图5-4-1　捉兔方法示意图

2. 年龄鉴别

查出生记录可准确识别兔的年龄，在没有记录的情况下，主要根据家兔的神情、动作、皮肤，门齿的大小、颜色和排列，以及兔爪的长短、颜色和弯曲度等方面进行年龄鉴别，按老、壮、轻三个年限大致来区分家兔的年龄。

① 青年兔：眼神明亮，活泼好动，皮和皮肤薄而紧实且富有弹性；门牙洁白短小而排列整齐；趾爪平、直、短而有光泽，且藏于脚毛之中，白色兔基部呈粉红，尖端白色，红多白少。

② 壮年兔：行动敏捷，皮肤结实紧密；牙齿呈白色，粗长，整齐；趾爪变粗，平直，露于脚毛之外，白色兔的爪色红白相近。

③ 老年兔：眼神颓废无光，行动迟缓，皮厚而松弛，肉髯肥大；门齿暗黄，排列不整齐，边缘有磨损；趾爪粗长、爪尖弯曲变形，颜色基本为米黄色，仅在根部可见红色。

3. 性别鉴定

在进行种兔选留、淘汰和买卖或作科学实验时，都需辨明其雌、雄。但由于仔幼兔的外生殖器，尤其是公兔的睾丸、阴囊、阴茎等生殖器官发育尚不完全，从体外难以识别公、母。因此掌握识别仔、幼兔公母性别这一实用技术，是完善饲养管理的基本要求。

初生仔兔，主要根据阴部的孔洞形状和距肛门远近来区别。凡阴部生殖孔扁而略大，大小与肛门相同，离肛门较近者为母兔；孔洞呈圆形而略小于肛门，距肛门较远者为公兔（图 5-4-2）。

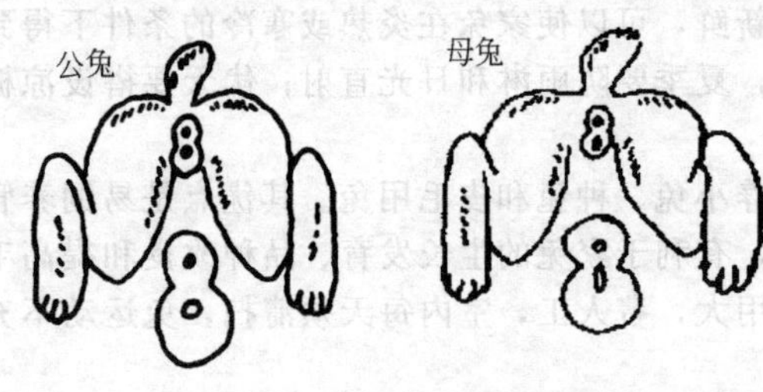

图 5-4-2 初生兔性别鉴定

开眼后的仔幼兔，主要观察外生殖器。鉴定时，一手将耳和颈皮抓住，一手托起臀部，用中指和食指夹住兔尾，大拇指轻轻拨开生殖器，发现生殖孔呈“V”字形，扁形，下边裂缝延至肛门，没有突起的，则为母兔；若呈“O”字形，并可翻出圆柱状突起的，则为公兔（图 5-4-2）。

3 月龄以上的兔子只要看有无阴囊和睾丸，即可鉴别公、母。识别阉公兔：让兔子自然伏地或头朝上提起，然后朝向肛门方向挤压下腹部，始终只见阴囊而摸不着睾丸者，不是阉公兔便是隐睾兔，阉公兔在阴囊上可找到刀痕。

4. 编号

为便于对兔群实行日常科学管理和各项生产性能的记录以及进行育种的需要，防止乱交乱配和近亲繁殖，对种兔必须编号。常用的编号方法有以下两种。

（1）墨刺法　采用家兔专用耳号钳，将编制的号码字钉装排在耳号钳上，刺号前先用 75% 酒精消毒耳部后，用已装排好字钉的耳号钳夹住耳内侧血管较少的部位，用力压紧耳号钳使刺钉穿过耳皮，然后细心取下耳号钳，立即在耳皮内部刺号的部位涂上兑有食醋的墨汁，数日后被刺部位呈现出清晰而永不消退的蓝色字号。如压刺时刺破血管，可用碘酒的药棉轻压几秒钟即可止血。

（2）耳标法　兔耳消毒后，将编号后的铝质或塑料耳标固定在耳朵上即可。

5. 去势

凡不留作种用的公兔，为了使其性情温驯，便于群养和提高皮、肉、毛的质量，在 3 月龄时，可做去势手术。去势后的公兔生长发育快，长毛兔毛纤维细而浓密、被毛光泽好，可提高毛的产量和质量；皮、肉兔还可使肉质肥嫩，提高肉的品质和风味。去势的方法有以下三种。

（1）阉割法　将兔腹部朝上，用绳把兔四肢分开绑在凳子上，左手将睾丸由腹腔挤入阴囊并捏紧，不使睾丸滑动，先用碘酒消毒术部，再用酒精棉球脱碘；然后用消毒过的手术刀顺体轴方向切开阴囊，开口约 1cm，用手挤出两侧睾丸，切断精索，摘除睾丸后在切口涂上碘酒即可。去势前，要对家兔进行催眠，以减少痛感。去势后应放入消过毒的笼舍内，以防感染伤口。一般经 2～3 天即可康复。如果切口较大，可缝合 1～2 针。

（2）结扎法　同阉割法一样将家兔保定好，将睾丸捏住，用消毒尼龙线或橡皮筋将睾丸连腹囊扎紧，使血液不通，约经10天，睾丸即能枯萎脱落，达到去势目的。此法去势，睾丸在萎缩之前有几天的水肿期，较疼痛，影响家兔的采食和增重。

(3) 注药法　利用药物可杀死睾丸组织的原理，向睾丸实质注入药物。具体方法是：先将需去势的公兔保定好，在阴囊纵轴前方用碘酒消毒后，视公兔体型大小，每个睾丸注入5%碘酊或氯化钙溶液1.5～2ml。注意药物应注入睾丸内，切忌注入阴囊内。注射药物后睾丸开始肿胀，3～5天后自然消肿，7～8天后睾丸明显萎缩，公兔失去性欲。用此法去势效果较好。

五、种兔的运输

在引进或交换种兔过程中，由于捕捉、装笼、装车、运输以及饲养环境的改变等因素，容易刺激种兔发生应激反应，造成损失。因此，为减少应激反应，避免人为因素而死亡，确保将种兔安全运到目的地，应注意以下几点。

(1) 首先要了解对方兔场或专业户的种兔来源、生产性能及健康状况，要在没有发生过传染病的兔场（户）引种，选购的种兔每只均要经过健康检查，确诊无病的方可运输。

(2) 准备足够的运输种兔的工具如竹笼、纸箱或铁丝笼等，带好篷布，对运输时要用到的器具如车辆、轮船、兔笼等进行消毒，路程远的要准备好青饲料、食盆等，以便路上饲喂；同时要物色好有经验的司机和技术员。

(3) 装运前只能喂少量精料，不可让兔子吃得过饱，以避免运输途中拥挤和颠簸而造成消化道疾病。捕捉时，要轻抓轻放，尽量减少对种兔的惊扰。装笼时大小和公母要分开，一笼内小兔不超过4只，中兔不超过2只，大兔以1只为宜，以防挤压损伤。笼的底部需用塑料薄膜和干草类、锯末等垫好，以承受粪尿和防震动。种兔运输量大时，运输笼排放不要太拥挤，两笼间隔一定距离，上下笼成“品”字形排放，以防中间部分空气流通不畅，温湿度过高和缺氧，使中间位置的种兔闷热而死。

(4) 运输种兔应选择晴朗天气，避免在大风、大雨天气调运种兔，以免种兔受风吹和雨淋而伤风感冒。夏季要防中暑，冬季要防受冻。在车辆行驶中，为避免种兔遭受迎面风侵袭而罹患伤风感冒，应在车厢前面用篷布或草苫遮挡住兔笼。途中停车时间不得过长，车、船休息时，可适当投喂平时爱吃的青饲料。

(5) 种兔运到家后，要迅速将兔转入事先消毒好的隔离兔舍，应隔离观察2周，若无疾病发生，健康的兔才能放入预备的笼舍。停1h后方可饮少量水，种兔到家后的前3～5天，在兔的饮水中应加入适量电解多维、葡萄糖粉和诺氟沙星等抗菌药，以防止因引种搬迁、环境变换等引起的应激反应。饮水后2h开始给予少量的优质青草，注意不能给含水量高的草，让其食3～5成饱即可，以后逐渐增加饮水和青草，让其吃7～8成饱。一般3天后才能逐渐供给精料，精料（用原场的饲料）用1周左右的时间逐渐过渡，刚开始时要控制量，由少逐渐恢复正常喂量，最好根据兔的体重大小、饮食情况酌量加减。

第二节　肉兔的饲养管理

一、种公兔饲养管理

饲养种公兔的主要目的是用于配种，并获得数多质优的后代。公兔质量的好坏与配种能力及精液品质密切相关，并直接影响母兔的受胎率、产仔数及仔兔的生活力，关系到兔场的经济效益和生存发展。“母兔好好一窝，公兔好好一坡”的俗语说法就是这个道理。要达到生产上要求种公兔体质健壮，发育良好，肥瘦适度，性欲旺盛，精液品质优良，就必须对公兔进行科学的饲养管理。

1. 加强饲养

(1) 营养的均衡性、全价性　种公兔的配种能力取决于精液的数量和质量，与种公兔日粮中的营养成分有密切的关系，特别是蛋白质、矿物质、维生素等营养物质，对保证精液品质有着重要作用。公兔精子的产生及与性机能活动有关的各种腺体分泌物、性激素构成、性器官修补均需要蛋白质，若日粮中蛋白质含量过低或过高，都会使活精子数减少，导致受胎率和产活仔数下降。实践证明：增加日粮中的动物性蛋白饲料能够显著提高精子活力和受精能力，所以种公兔的日粮中除添加豆饼、花生饼、紫云英、苜蓿等含蛋白质高、品质好的植物性蛋白饲料外，还要喂给鱼粉、蚕蛹粉、血粉等动物性饲料（在日粮中的比例一般不超过5%），尤其是平时精液不佳的种公兔。维生素水平可影响种公兔的配种能力和精液品质，如缺乏维生素A、维生素D、维生素E，不仅精子数量少，异常精子数还会增加，同时性欲减退。如果缺乏钙，会出现精子发育不全，活力降低，公兔表现为四肢无力、性欲减退。磷为核蛋白形成的要素，亦为制造精液所必需，日粮中有谷粒及糠麸混入时，磷不致缺乏，但要有合理的钙、磷比例，一般以（1.5～2）∶1为最佳。所以，要喂给种公兔多样化的饲料，使精料、干青草、青绿或多汁饲料合理搭配，保持营养均衡、全面，确保公兔性欲旺盛，精液品质优良，母兔受胎率高。种公兔日粮中要求消化能10MJ/kg，粗蛋白15%以上，钙1.2%～1.5%，磷0.7%～1.0%，维生素A 10000～12000IU，维生素E60～80mg，同时保证其他微量元素和维生素的供给。配合精料每日50～75g。

（2）注意营养供给上的长期性　由于精子的形成需要较长时间，饲料变动对精液品质影响缓慢，增加营养物质后需经20天才能从精液上看出效果，所以要提高公兔的配种力，还应注意长期均衡地补给营养物质。一般来说，休闲期应保持公兔中等营养水平，不能使其过肥或过瘦，保证日粮中蛋白质含量为12%～14%，每日每只喂青绿饲料800～1000g，混合精料30～50g，混合精料中谷物所占比例不应超过30%；配种期，要相应增加饲料量25%，增加精料30%～50%，每日每只喂青绿饲料不少于500g，混合精料为80～100g；对休闲期饲养较差的种公兔至少提前20天调整日粮的配合比例，供给富含蛋白质、矿物质和维生素的饲料，如鱼粉、豆饼、大麦芽等，使蛋白质水平达17%～18%。同时供给谷物型酸性饲料，可加强公兔的性反射和精子的形成。

（3）保持适宜种用体况　种公兔体况要适中，不能过肥过瘦，一般7～8成膘较适宜，否则会降低公兔的性欲和配种能力，因此，要合理调配种公兔的日粮，饲料要求营养价值高，容易消化，适口性好，一般采用高蛋白、低脂肪饲料配方。避免大量喂给容积大、浓度小、含水量高的青粗饲料，造成营养不足，腹部过大，影响配种。

2. 细心管理

（1）严格选留种公兔　种公兔要求种性纯，必须健康无病、生长发育良好、体质健壮、性情活泼、睾丸发育良好，性欲强，生长受阻、单睾、隐睾或行动迟钝、性欲不强者不能留作种用。3月龄时对公兔进行一次选择，5～6月龄达到性成熟时对参与配种的种公兔再进行一次严格的选择，选留品种纯正、生长发育良好、体质健壮、性欲旺盛、精液品质优良的种公兔，选留种公兔的数量要有15%左右的余地［配种期间公母比例为1∶(8～10)］，以便今后补充。进入使用阶段，应不断对品质差的个体进行淘汰，不断用青壮年兔代替老年兔，一般兔场的青、壮、老年兔的比例为3∶6∶1，如此的兔群结构可保持后代健壮。

（2）单笼饲养　因公兔好斗性强，混养时会相互撕咬、打斗而出现外伤致残，影响配种能力。公、母种兔混养，异性之间接触频繁，乱交乱配，既会降低种公兔的性欲和配种能力，也不利于后代品质的测定与种兔选留。所以，选留出的后备公兔在3～3.5月龄后都应分笼单独饲养，且公兔笼和母兔笼要保持较远的距离，避免异性刺激，影响公兔性欲。

（3）加强运动　有条件的兔场每天可放公兔出笼运动1～2h，并使其多晒太阳，以维持其强壮的体质和旺盛的性欲，避免出现肥胖或四肢软弱，影响配种。

（4）创造良好的环境卫生条件　温度对精液品质影响极大，尤其是高温，一般要求舍温保持10～20℃，温度过高，公兔性欲下降，精子数减少，精子活力降低，受胎率下降。温度过低，活动量减少，精液品质也较差。因此，要做好安装风扇、挂水帘、屋顶喷淋等防暑降温工作。冬季可增设一些保温设备，如生火炉、安装暖气等以提高舍温。兔子胆小怕惊，喜干净、爱清洁，所以在日常管理中要防止出现突然的动作和声响，以免造成公兔性欲下降；坚持天天清扫兔舍，每周消毒一次兔舍及用具，使环境清洁卫生，防止发生各类疫病。

3. 合理利用

(1) 适宜的公母比例与种用年限　一般商品兔场，公母兔以1∶(8～10)为宜；种兔场应不大于1∶5。家兔的种用年限一般可达2～3年，最多不超过5年。但3岁以上的老龄母兔生理机能和生殖能力均变差，所产仔兔体态瘦小，体质娇弱，抗病力差，育成率不高。

(2) 选择合适的配种时期　使用种公兔要因体重、体况及年龄的不同而合理使用。参加配种的种公兔，要注意防止早配，即使达到性成熟，若体重达不到标准也不适宜配种。一般品种公兔7月龄左右（体重3kg以上）试配，8月龄正式配种。毛用公兔9～10月龄，体重达3kg以上；皮、肉公兔达7～8月龄，体重达3kg以上；体型较大的皮肉兼用型公兔体重达到5kg以上，即可开始配种。同时家兔在繁殖过程中，一定要防止近亲交配，以免导致后代生产力下降。

(3) 建立合理配种制度　一般每天配种1～2次，连续使用2～3天后休息1天；初次参加配种的青年公兔，应每隔一天使用一次，以利体力的恢复和精子的生成。如果连续滥配，会使公兔过早地丧失配种能力，减少使用年限。如公兔出现消瘦现象，应停止配种1个月，待其体力和精液品质恢复后再参加配种。在配种旺季，日粮应增加25%，并添加5%～7%的动物性蛋白饲料，同时保证青饲料供给。夏季应在早晚凉爽时配种，冬季在中午配种，春、秋季节上下午均可配种。刚喂饱时不要配种；冬季配种后不要马上饮用冷水，要饮用温水。配种时，应把母兔捉到公兔笼内，不宜把公兔捉到母兔笼内进行配种，以消除因环境改变对公兔产生的应激，否则会严重影响公兔性欲，甚至可能引起公兔拒绝配种。

(4) 合理使用特殊状态的种公兔　公兔在换毛期不宜配种，因为换毛期间，营养消耗较多，体质较差，此时配种会影响公兔健康和母兔受胎率，此期间应增加蛋白质饲料，促进换毛。如发现炎症或其他疾病及投药期间的种公兔应立即停止使用，否则使受胎率降低，畸形率增加。

(5) 做好配种记录，建立档案　对于参与配种的种公兔，每次配种后都要进行记录，以便观察每只公兔的配种性能和后代品质，利于选种选配。

二、种母兔的饲养管理

种母兔是养兔的基础，种母兔饲养管理的好坏将直接影响到后代的生活力和生产性能。根据母兔的生理状态，可分为空怀期、妊娠期和哺乳期，各阶段生理状态有显著差异，因此，在饲养管理上，应根据各阶段的生理特点，采取相应的措施。

1. 空怀母兔的饲养管理

母兔空怀期是指仔兔断奶后至下次怀孕前。一般为10～15天，其长短取决于母兔的生理状态和繁殖制度，在采用频密繁殖和半频密繁殖制度时，母兔的空怀期几乎不存在或者极短，一般不按空怀母兔对待，仍按哺乳母兔对待；而采用分散式繁殖制度的母兔，则有一定的空怀期。生产中不要一味追求繁殖胎次，否则将影响母兔健康，使繁殖力下降，缩短使用年限，也会仔兔生活力和成活率下降。只有在饲养管理条件完善的兔场，健康、体质强壮的母兔可采用频密繁殖制度，即每年繁殖6～8胎，但要保证全价、均衡营养供给。

由于在哺乳期间消耗了大量养分，体质较瘦弱。因此，此期饲养管理的主要任务是使其尽快恢复膘情，保持七八成膘的适当肥度，使之正常发情配种。在饲养上以优质青饲料为主，补充适量精料为好。青饲料日喂600～800g，自由采食，根据膘情添加精料，补充量为75～100g。在青绿饲料枯老季节，应补喂多维或胡萝卜等多汁饲料。在管理上要严格实行单笼饲养，防止母兔跑出笼外与公兔乱交乱配，或母兔间相互爬跨而导致空怀，母兔"假孕"，影响正常繁殖和母兔健康。应做到兔舍内空气流通，兔笼及兔体要保持清洁卫生，增加光照。要合理配制饲料，保持母兔的中等膘况。对过肥的母兔，要减少精料，加强运动；对过瘦的母兔要增加精料的喂量，使其恢复正常体况。注意发情检查，保证适时配种。对长期不发情的母兔，除要改善饲养管理条件外，还可采用人工催情。常用的方法有异性诱导法、激素催情法和药物催情法。

(1) 异性诱导法　每天将母兔放进公兔笼中一次，通过公兔的追逐爬跨刺激，促进母兔脑下垂产生卵泡激素而引起发情，一般通过2～3次公兔的爬跨刺激，就可达到发情的目的。

(2) 激素催情法　给不发情的母兔肌内注射孕马血清，每天每只0.5～1ml，一般2～3天后即可发情配种。也可肌内注射促卵泡素或者已烯雌酚1ml。

(3) 药物催情法　常用的是催情散，配方为：淫羊藿19.5%，阳起石19%，当归12.5%，香附15%，益母草19%，菟丝子15%。每天每只10g拌于精料中，连用7天；配种前1周，公兔日喂维生素A 1片，母兔日喂维生素E 1片；用酒精或者碘酒涂外阴唇，刺激母兔发情。

经采取人工催情措施后仍未发情的，可考虑淘汰。

2. 妊娠母兔的饲养管理

母兔妊娠期是指配种怀孕到分娩的一段时期，一般为30～32天。母兔在怀孕期间所需的营养物质，除维持本身需要外，还要满足胚胎、乳腺发育和子宫增长的需要。所以，此期饲养管理的重点是供给母兔全价营养物质，管理重点在保胎，防止流产、早产和做好产前准备工作。

(1) 加强饲养　根据胎儿的生长发育规律，以受孕后20天左右为界，将怀孕分为前、后两期。由于胎儿在妊娠前期生长发育缓慢，主要是各组织器官的形成，增重较慢，对营养物质的要求不高，可按空怀期的日粮水平和日粮结构供给，但要注意饲养的质量。如此期营养水平过高，反而会使胚胎早期死亡数增加。妊娠前期即妊娠21天后，胎儿增重加快，该期增重占胎儿初生重的90%，营养需要比空怀期高1～1.5倍。所以，应给予营养价值较高的饲料，尤其要保证蛋白质、维生素和矿物质饲料的供给，并逐渐增加饲喂量。根据饲养标准，其营养需要与空怀期相比蛋白质增加50%，维持能量需要增加30%。此期日粮要求消化能10.5MJ/kg，粗蛋白16%～17%以上，钙0.8%，磷0.5%，同时保证其他微量元素和维生素的供给。青饲料日喂600～700g，精料为100～125g。临产前3～5天，应根据母兔的体况和乳房充胀情况，适当减少精料，但要多喂优质青饲料，以免造成母兔死亡或便秘、乳房炎的发生。

综上所述，在饲养上妊娠期保持母兔适度膘情，既不肥也不瘦，后期增加营养，保证母兔健康，提高产后泌乳量，促进胎儿和仔兔的生长发育。

(2) 科学管理　怀孕母兔的管理工作，主要是做好保胎护理，防止流产。母兔流产一般多在怀孕后15～25天内发生。引起流产的原因主要有机械性、营养性和疾病等方面，如惊吓、不正确的摸胎、突然改变饲料、饲喂发霉变质、冰冻饲料、巴氏杆菌病、沙门杆菌病、密螺旋体病以及生殖器官疾病等。因此，为了防止母兔流产，在护理上应做到：怀孕母兔单笼饲养；保持环境安静，禁止喧哗和突然声响；不要无故捕捉，特别在妊娠后期更应加倍小心；摸胎动作要轻柔，最好在配种后12天左右进行，已断定受胎后，就不要再触动腹部；夏季饮凉水，冬季应饮温水；饲料要保证全价均衡，清洁、新鲜，不要任意更换；笼舍要保持清洁干燥，防止潮湿污秽；防治巴氏杆菌、沙门杆菌及生殖器等方面的疾病，非特殊情况，禁止做疫苗注射和进行外寄生虫或皮肤病的治疗。

(3) 做好产前准备工作和产后护理　临产前3～4天，应将清洁、消毒过的产仔箱放入母兔笼内，铺上干净而松软的垫草（如稻草、碎刨花或玉米须等）。临产前1～2天，出现拉毛、衔草做窝现象，初产母兔有的不会拉毛，可人工辅助拉毛。产期要设专人值班。冬季要注意保温，夏季要注意防暑。

母兔分娩时间多在黎明，每2～3min产1只，一般20min左右就可结束。个别母兔，产下一批仔兔后间隔数小时或十几小时再产下第二批仔兔。母兔产仔，一般无需人工助产。对超过预产期1～2天或胎动减弱的母兔，应进行检胎，注射催产素进行催产（一般注射催产素后10min左右可分娩），以减少初生胎儿发生窒息死亡和因难产诱发生殖系统疾病。分娩时要保持兔舍及周围安静，以免母兔由于受惊而中断产仔或食仔。产后要及时喂给加红糖的温淡盐水或加少量盐的温米汤，以利补中益气、下奶和避免食仔。同时趁母兔出窝饮水吃料时，取出产仔箱，清点仔兔，称初生窝重，去除污草、血毛、弱胎及死胎等，换上干净的蓐草，把仔兔放回箱内，盖上一层兔毛，并将产仔箱放在能防鼠和保温的地方，然后做好分娩产仔记录。

产后7天内，要给母兔投喂抗菌药物，如长效磺胺，可预防母兔乳房炎和仔兔黄尿病，提高仔兔成活率，促进仔兔生长发育。

3. 哺乳母兔的饲养管理

母兔从分娩到仔兔断奶这段时间称哺乳期。哺乳期30～42天。据测定，哺乳期间的母兔每天可分泌乳量为60～150ml，高产的为150～250ml，最高的可达300ml以上。乳汁的蛋白质含量13%～15%，脂肪12.2%，乳糖18%，灰分2%。若与牛、羊奶相比，兔奶的蛋白质、脂肪含量是其3倍多，矿物质是其2倍多。由此可见，母兔泌乳消耗大量的营养物质，特别是蛋白质和矿物质。所以，此期饲养管理的重点是保证泌乳和维持良好繁殖体况与机能，以利于再一次发情受孕和提高仔兔生活力。

(1) 加喂饲料　哺乳母兔为了维持生命活动和分泌乳汁哺育仔兔，每天都要消耗大量的营养物质，这些营养物质必须通过饲料来获取。因此，要给哺乳母兔饲喂营养全面、新鲜优质、适口性好、易于消化吸收的饲料，保证供给足够的蛋白质、无机盐和维生素，否则就会动用体内贮藏的养分来泌乳，从而降低母兔体重，损害母兔健康和影响母兔产奶量。精料用量每天可达100～150g，日粮中粗蛋白17%～18%，消化能11MJ/kg，钙1%～1.2%，磷0.6%～0.8%。

在充分喂给优质精料的同时，还应喂给优质青饲料。要随着仔兔的生长发育逐步进行加料，并充分供给饮水，以满足泌乳需要。产后1～3天，母兔食欲不振，体质虚弱，消化机能尚未恢复，泌乳少，此期可以少喂精料，以喂青绿多汁饲料为主，日喂精料50～70g，经3～5天过渡后，逐渐增加精料喂量，1周后恢复到正常喂量，精料喂量增加到150～200g。喂量多少，要根据母兔的泌乳情况与仔兔粪便加以合理调整，如母兔消化正常，产仔箱内很少有仔兔粪尿，而仔兔又能吃饱，说明喂量合理。如果母兔和仔兔消化不良，粪便稀软，说明母兔喂量过多，仔兔吃奶过量，要及时减料。

(2) 管理

① 保持兔舍、兔笼的清洁干燥，应每天清扫兔笼，洗刷饲具、尿粪板和更换被污染的垫草，并要定期进行消毒。做好夏季防暑和冬季保暖工作。当母兔哺乳时应保持安静，不要惊扰和吵嚷，以防产生吊奶和影响哺乳。

② 泌乳兔的饲料一定要新鲜、清洁，严禁饲喂霉烂、变质饲料，以免拉稀、腹泻。

③ 对产前没有拉毛作巢的母兔，产后要人工辅助拉毛，将腹部的毛拉下供作窝用，并且拉毛可刺激母兔泌乳，使乳头裸露，以利于仔兔吮乳。拔毛方法是：左手抓住兔耳和颈皮，使其腹部朝上，右手用中指、食指和拇指三个指头掐着奶头周围的兔毛一撮一撮的拔，动作要轻快，不可粗暴。

④ 在哺乳期内，应每天检查母兔的哺乳情况。哺乳后，若仔兔皮肤红润光亮，腹部胀圆，安睡不动，产仔箱中很少有仔兔粪便，表明母兔乳汁旺盛；若仔兔皮肤光泽差，皱褶多，腹部扁，乱爬乱抓，时有“吱吱”叫声，表明泌乳不足；若产仔箱内尿水多，说明母兔饲粮中水分太大，仔兔粪多则母兔饲粮中水分不足。根据以上情况应及时调整母兔的营养水平和喂养方法。对于母兔奶水不足，除增加精、青饲料的喂量外，必要时可增喂煮熟的豆子、米汤、红糖水、花生、胡萝卜等催乳。乳汁不足进行催乳，除增加精粗饲料外，还可增喂米汤、豆浆、胡萝卜、红糖等催乳，或喂王不留行、益母草催其下奶。

⑤ 预防乳房炎发生。经常检查母兔的乳房和乳头情况，如发现乳房有硬块红肿、乳头焦干有盖，就应及时治疗，以免引起仔兔发生脓毒败血症和黄尿病。仔兔少，乳汁多，可适当减少精料和青绿多汁饲料，避免乳房炎的发生。此外，还要保持笼具光滑、平整，以免挂伤母兔乳头和仔兔，导致乳房炎的发生。

三、仔兔的饲养管理

从出生到断奶这段时间的家兔叫仔兔。这一时期是家兔由胎儿期转至独立生活的一个过渡阶段，其特点为：生长发育快、机体发育尚未完善、对外界的抵抗力和适应性均较差，因而容易死亡，这是兔子在饲养管理过程中最难养的一个阶段。因此，必须采取有效的饲养管理措施，以提高仔兔的成活率。

根据仔兔的生理特点，划分为睡眠期、开眼期两阶段。

1. 睡眠期

仔兔出生后至12天开眼的时间，称为睡眠期。以全身无绒毛、闭眼、吃奶、睡觉为特点，且代谢旺盛，吃下的奶汁大部分被消化吸收，很少有粪便排出，其生活需要饲养员的护理，如护理不当，最易发生尿湿、肠炎、黄尿病等，仔兔很容易死亡。因此，饲养睡眠期的仔兔，要根据其生理特点做好相应的饲养管理，使其能够吃饱奶、睡好觉，就能保证其正常的生长发育。这一时期内饲养管理的重点是早吃奶，吃足奶，具体措施如下。

(1) 抓好初乳关　实践证明，在仔兔出生6～10h内应让其吃到初乳，而且要吃足。因为初乳营养丰富并含有免疫抗体，同时还有轻泻作用，这有利于仔兔排除胎粪和建立免疫机能，促进仔兔生长发育。发现未及时吃到初乳时，要采取措施帮助仔兔吃初乳。

(2) 强制哺乳　有些母兔母性弱，尤其是一些初产母兔，产仔后拒绝哺乳，以致仔兔缺奶挨饿，如不及时采取措施，会导致仔兔死亡。在这种情况下，应采取措施，强制哺乳。具体做法是将母兔轻轻放入产仔箱，一手轻抓兔耳扶头，一手轻轻在兔的肩胛处轻轻按摩，此时母兔会弓背，将仔兔放置母兔乳头旁，让其吸吮，每天4～5次，重复3～4天，母兔即会自动按时哺乳。

(3) 做好寄养　一般泌乳正常的母兔可哺育仔兔6～8只，但在生产实践中经常出现有些母兔产仔多，有些母兔产仔少的现象，因此，必须做好仔兔的调整寄养工作。其方法是将多余的仔兔调整给产仔数少的母兔寄养。需注意的问题：一是选择寄养母兔时应选择分娩日期相近，其相差不要超过3天为宜，奶汁多母性好的经产哺乳兔。二是为防止母兔“认生”抓咬寄养仔兔，开始寄养时可在寄养母兔鼻孔外涂擦碘酒；或在仔兔身上涂抹数滴寄养母兔乳汁或尿液，以扰乱母兔嗅觉；或在寄养母兔开始喂它的仔兔吃奶时，将被寄养仔兔迅速移入。三是做好寄养仔兔的系谱血源来历，并在其身上编号做好档案记录，为以后留种做好准备工作。

(4) 人工哺乳　如果仔兔出生后母兔死亡、无乳或患乳房疾病等不能哺乳或无合适的母兔寄养时，可采用人工哺乳法。人工哺乳可用牛奶、羊奶或奶粉替代，也可用鲜牛奶200ml、鱼肝油3ml、食盐2g、鲜鸡蛋1个混合在一起，喂前要煮沸消毒，冷却至37～38℃。用玻璃管或注射器让仔兔自由吸吮，每天1～2次。不要喂得过多，以吃饱为限。

(5) 注意保温　仔兔出生后全身无毛，耳孔闭塞，眼睛紧闭，不具备恒定自身体温的能力，要做好防寒保温。仔兔保温室的温度最好保持在15～20℃，窝内适宜温度为30～32℃，初期温度稍高些，随着日龄的增加，可逐渐下降。凡见仔兔皮肤发青，在窝内不停窜动时，均表明巢内温度过低，须及时调整。对于吊出产仔箱冻僵或半死仔兔要及时抢救，可放在红外线灯或25W灯泡照射下取暖，也可放入42℃的温水中（使头部露出水面），待仔兔体温恢复正常，体色由紫变红，四肢活动后，取出仔兔用软毛巾擦干水，立即放入已经预热的产仔箱中保温。

(6) 防止敌害　出生1周内的仔兔最易遭受老鼠、野猫攻击，应特别注意将兔笼、兔窝严密封闭，严防老鼠入内和驱猫；夏秋季节，防止蚊虫叮咬。

2. 开眼期

仔兔生后12天左右开眼，从开眼到离乳，这一段时间称为开眼期。仔兔开眼后，精神振奋，会在巢箱内往返蹦跳；数日后跳出巢箱，叫做出巢。出巢的迟早，依母乳多少而定，母乳少的早出巢，母乳多的迟出巢。此时仔兔生长发育速度快，母兔的乳汁已不能满足仔兔需要，常紧追母兔吸吮乳汁，所以开眼期又称追乳期。这个时期的仔兔要经历一个从吃奶转变到吃植物性饲料的变化过程，如果转变太突然，常常会造成死亡。所以，饲养重点应放在仔兔的补料和断奶上。

(1) 抓好仔兔的补料　生产实践表明，一般仔兔在16～18日龄左右就会出巢寻找食物，此时就可以开始补料工作，应喂给少量营养丰富而容易消化的饲料，如豆浆、豆渣或切碎的幼嫩青草、菜叶等。饲料以少喂多餐、均匀饲喂、逐渐增加为原则，一般每天喂给5～6次，补饲量由开始每天4～5g/只逐渐增加到每天20～40g/只，到28～30日龄时，应以饲料为主、母乳为辅而慢慢过渡。在过渡期间，要特别注意缓慢转变的原则，使仔兔逐步适应，才能获得良好的效果。日粮要求粗蛋白为18%～20%，消化能11.0MJ/kg左右，粗纤维10%～12%，添加矿物质、维生素、抗生素、健胃药物及抗球虫药物（如木炭、大蒜、氯苯胍等），以增强体质，预防疾病。

(2) 抓好仔兔的断奶　仔兔多大日龄断奶最好，目前说法不一。一般以30～45日龄断奶较为适宜。过早断奶，仔兔的肠胃等消化系统还没有充分发育成熟，对饲料的消化能力差，生长发育会受影响。但断奶过迟，仔兔长时间依赖母乳营养，消化道中各种消化酶形成缓慢，也会引起仔兔生长缓慢，对母兔的健康和每年繁殖次数也有直接影响。仔兔断奶可采用一次断奶法和分批断奶法。若全窝仔兔生长发育均匀，体质强壮，可采用一次断奶法，即在同一日将母子分开饲养。离乳母兔在断奶2～3日内，只喂青料，停喂精料，使其停奶；若全窝仔兔体质强弱不一，生长发育不均匀，可采用分期断奶法，即先将体质强壮的仔兔断奶，体质弱的仔兔继续哺乳，几天后看情况进行断奶。断奶时采用“离奶不离笼”的办法，抓走母兔，仔兔留在原笼内，做到饲料、环境、管理三不变。

(3) 抓好仔兔的管理

① 帮助仔兔开眼。有的仔兔因眼屎的缘故，到12日龄时，还没有睁眼，这就需要帮助其开眼。具体做法是可用药棉蘸取温开水洗净封住眼睛的黏液，或用眼药水（如2‰～3‰的硼酸溶液）冲洗眼睑，将眼屎闷软，然后轻轻擦掉即可。

② 加强卫生防疫管理。兔舍内要保持清洁卫生，温暖干燥，阳光充足，空气新鲜。对兔舍和用具要定期消毒。仔兔1月龄后，应及时注射兔瘟、兔巴氏杆菌、兔波氏杆菌和大肠杆菌疫苗。为防止球虫病，在兔饲料中可添加地克球利、敌菌净、磺胺二甲嘧啶等药物。为防止肠道和呼吸道疾病的发生，还应定期饲喂土霉素、强力霉素或其他抗生素。

③ 及时更换垫草。开眼期的仔兔粪尿量增加，因此要经常检查产仔箱，及时更换垫草。在冬季更要注意补充干净、干燥的垫草用来保温，在夏季高温季节可以适当撤掉部分垫草和兔毛。

④ 防止吊乳。母兔在哺乳时突然跳出产仔箱，并将仔兔带出的现象称为吊乳。吊乳在生产中经常发生，其主要原因是泌乳不足或者仔兔过多，仔兔吃不饱，吸着乳头不放；或者在哺乳时母兔受到惊吓而突然跳出产仔箱。被吊出的仔兔很容易冻死、踩死、饿死，所以，管理上应特别小心。发现仔兔被吊出时，要尽快把它送回产仔箱，同时查明原因，采取措施。

⑤ 分笼饲养。仔兔开食时，往往会误食母兔的粪便，易于感染球虫病。为保证仔兔健康，最好从15日龄起，母仔分笼饲养。

四、幼兔的饲养管理

从断奶到3月龄的小兔称为幼兔。正值由哺乳过渡到完全采食饲料的时期，又处于第一次年龄性换毛和长肌肉、骨骼的阶段，也是消化道中微生物区系尚未正常，消化能力差的时期，同时是其生长发育快，食欲旺盛，常有不知饥饱和贪食现象，且体质弱，抗病能力低，易受到疾病侵害的生理阶段。如果饲养管理不当，不仅会降低成活率和生长速度，而且会影响到兔群品质的提高和良种特性的体现。所以，对一生中比较难养、问题最多时期的兔子，要特别注意护理，否则发育不良，易于患病死亡。为此，在幼兔的饲养管理和疫病防治上要做好以下工作。

1. 精心饲养

幼兔断乳后1～2周内仍喂哺乳期的饲料，以后逐渐过渡到幼兔料，同时要注意饲料的多样化，应选择体积小、易消化、营养均衡并能抑制消化道有害细菌、优质、适口性好的饲料，适当添加酶制剂、微生态制剂等，并根据季节变化添加部分中草药和大蒜、艾叶粉、菊花粉等。日粮中粗蛋白18%，消化能9～10MJ/kg，粗纤维11%～13%，钙0.5%～0.6%，磷0.4%，干物质采食量70～130g。对体弱幼兔可补喂牛奶、豆浆、米汤、维生素、抗生素和鱼粉等。饮水要充足，夏季喂凉水，冬季喂温水，每周饮1次0.01%的高锰酸钾水。留作种用的后备兔，还要防止出现过肥而影响种用体况。

2. 细心护理

(1) 把好饲料关 不能喂发霉变质的饲草饲料；水分含量高的饲草要少喂或不喂，防止发生腹泻、中毒等疾病而引起死亡；露水草不能喂；带泥的青饲料要洗净晾干后再喂；刚喷农药不久的饲草不能喂；未满月的仔兔不喂青草和青饲料。

(2) 少喂多餐 幼兔贪吃，但吃多了又消化不了，常常引起伤食、肚胀、消化不良、抵抗力降低而感染疾病。因此，在饲喂时要求做到少喂多餐，定时定量，以吃八成饱为宜。一般以每天2次精料、3次青料、间隔饲喂为宜，喂时掌握早多午少晚吃足、随吃随喂不留剩食这一原则。精料用量随日龄逐渐增加，由每日25g/只至每日75g/只，分2次供给，青饲料自由采食，不宜突然增减或改变饲料。

(3) 分群管理 刚断奶的幼兔最好同窝养在原来的笼里，异窝别混养，经半月后再按性别、年龄、体质强弱进行分群喂养，最理想的还是笼养。30～60日龄，每笼 [(0.7×0.55)m^2]4～5只；60～90日龄，每笼 [(0.7×0.55)m^2]3～4只。体质较弱的可单独饲养。对留种的幼兔，该时期还要做好个体鉴定的记录工作。

(4) 加强运动 幼兔多晒太阳、多活动，以促进幼兔骨架及体质锻炼，增强抗病能力。幼兔活动时，要注意公母兔分开，特别是要防止公兔发生咬架。圈养的一般不存在运动不足情况，笼养的幼兔可能每天活动2～3h。

(5) 定期称重 对幼兔还必须定期称重，一般可隔半月称重1次，及时掌握兔群发育情况，如生长发育一直很好，可留作后备种兔；如体重增加缓慢，则应单独饲喂，进行观察。

(6) 建立舒适的环境 断奶仔兔必须养在温暖、清洁、干爽的地方，以笼养为佳。注意笼舍干燥卫生，严格消毒，食槽勤刷洗暴晒。冬季、早春、晚秋注意保暖防寒，夏季防暑，防止蚊蝇叮咬。保持环境安静、饲养密度适中，防止惊吓、防空气污浊、防兽害等，切实把好环境关。

(7) 预防兔病 平时要细心观察幼兔的食欲、粪便和精神状态，发现异常尽早治疗，对怀疑患病兔重点检查，确定病因，马上隔离，制定严密的治疗方案，并在疾病的多发季节适时进行药物预防，并定期注射疫苗。此段时间主要疾病是球虫病、腹泻和肠炎、呼吸道疾病（以巴氏杆菌病和波氏杆菌为主）及兔瘟。所以要及时注射兔瘟、巴氏杆菌、魏氏梭菌三联苗和波氏杆菌、大肠杆菌疫苗，提高幼兔免疫力；可选用地克球利、氯苯胍、兔球灵或兔用药物饲料预混添加剂等药物预防球虫病，一般连用15天，间隙停药3～5天，再次用药。但要注意轮换使用以免产生抗药性；在预防腹泻、肠炎和呼吸道疾病时须做好饲料合理搭配，搞好饮食卫生和环境净化工作，保持兔舍内干燥、卫生、通风、透光。

五、青年兔的饲养管理

青年兔是指3月龄至初配前的未成年兔，又称育成兔或后备兔。其特点是生长发育快，代谢旺盛，对蛋白质、矿物质和维生素等营养物质需要多，对粗纤维利用率高，抗病力强。若饲养管理得当，能提高种用兔的配种繁殖效果及其品种优良性能的发挥，否则失去种用价值。

饲养上以青粗饲料为主，适当补充精料。每天每只可喂给青饲料500～600g，混合精料50～100g；5月龄以后的青年兔，应适当控制精料喂量，以防过肥，影响种用。

青年兔的管理重点是及时做好公、母兔分群，防止早配、乱配。从3月龄开始就要将公、母兔分群或分笼饲养；对4月龄以上的公、母兔进行一次选择，把生长发育优良、健康无病、符合种用要求的留作种用，单笼饲养；凡不宜留种的公兔，要及时去势采用群饲肥育出售。做好兔瘟、呼吸道疾病的预防接种和疥癣病、脚皮炎等传染病的定期防治；育成兔也应加强运动，促进生长发育。

六、育肥兔的饲养管理

为了在短期内迅速达到增加肉量和改善肉质的目的，不适合留作种用的肉用兔和肉皮兼用兔应在屠宰之前进行育肥。育肥的原理是增加营养沉积，减少养分消耗，促进同化作用，这就要求用最少的饲料，在最短的时间内获得数量多、品质好的兔肉。

家兔育肥一般有两种形式：幼兔育肥与成年兔肥育。

1. 幼兔育肥

幼兔育肥指仔兔断奶后即开始催肥，至2.5～3月龄体重达到2～2.5kg时即可出售。包括生长发育和脂肪沉积两个阶段，以在骨架生长发育完成以后进行效果最好，一般指的是“育肥”。育肥的方式有两种，一是直线育肥法，即仔兔断乳后，不再以饲喂青饲料和粗饲料为主，应保持较高的营养水平，以全价颗粒料为主，保证幼兔快速生长的营养需求。二是阶段育肥法，即断奶至55日龄以精料为主，青粗料为辅，促进快速生长，拉大骨架；56日龄至75日龄以青粗料为主、精料为辅，锻炼消化机能；75日龄至出栏以精料为主、青粗料为辅，目的是快速催肥。

幼兔生长发育快，又由于刚断奶，消化能力差，抗病力弱，适应性差，其主要技术环节如下。

(1) 育肥幼兔的选择　根据饲养管理条件和技术水平，选用不同的品种进行肥育，是提高肉兔生产经济效益的重要措施之一。作为育肥的幼兔，体型以中型兔和大型兔较好。品种可以是纯种肉用型兔的后代，如新西兰白兔、加利福尼亚兔等，经良好的饲养管理，12～13周龄体重可达2.5kg，料（精料）重比可达（1.5～1.8）∶1；也可以是皮肉兼用型兔的后代，如青紫蓝兔、日本大耳兔等；还可以是杂种一代兔，如新西兰白兔×加利福尼亚兔一代、比（利时兔）×加利福尼亚兔一代等。选择杂交组合时，要求父本种兔肉质好、早期增重快、屠宰率和饲料报酬率高的中、大型肉兔品种；母本种兔产母性好、繁殖力强、生长速度中等以上，饲养成本较低的中、小型肉兔品种仔多，哺乳力强。近年来，肉兔配套已从国外引进并投入生产，如德国的齐卡兔、法国的布列塔尼亚兔和伊拉肉兔配套系，在我国已成功应用于肉兔生产。

(2) 做好育肥前的准备

① 抓好断奶过渡。断乳前，加强母兔营养，提高其泌乳能力，并提早抓好仔兔的早期补料，确保仔兔30天断乳体重达到500g以上。断乳后1～2周内要饲喂断乳前的饲料，以后才逐渐过渡到育肥料。否则，突然改变饲料，容易出现消化系统疾病。

② 合理分群催肥。按幼兔体质强弱、日龄大小，将断奶日期接近或生长发育差异不大的幼兔编群分组，每组20～30只，每只0.3～0.5m²；笼养时每笼以3～4只为宜。

③ 育肥兔进入兔舍前，应进行修缮和彻底打扫，用高锰酸钾和福尔马林对兔舍和兔笼进行熏蒸消毒。

(3) 育肥饲料选择　家兔的育肥饲料应以精料为主，青料为辅，最适宜的育肥饲料是玉米、大麦、豆渣、糠麸、甘薯、马铃薯等。日粮营养水平为粗蛋白质17%～19%，消化能11MJ/kg，粗纤维12%～15%，脂肪2%～2.5%，钙0.8%。磷0.6%，赖氨酸0.9%～1.1%，含硫氨基酸0.6%～0.7%。另外，添加维生素和微量元素，还可适当使用添加剂，如腐殖酸、酶制剂等。在饲喂方法上，以自由采食或混合法饲喂为好，并注意夜间投喂青干草。

(4) 少喂多餐　育肥期家兔由于运动量减小，饲料以精料为主，通常表现为食欲较差，应掌握少喂多餐的原则，饲喂要做到定质、定量、定点、定时，以增加进食量。同时要供给充足的饮水，饮水以自动饮水器或自流瓶式为宜，以防其食欲下降对饲料消化、营养吸收和新陈代谢产生影响。

(5) 减少育肥消耗　为了减少育肥时的消耗，可取以下几项措施：①适时去势。不留种的公兔在45～60日龄去势，以利增重和沉积脂肪，使育肥速度提高15%，常用去势方法有手术切除法和结扎法。②限制运动。育肥的兔应放在小笼、小木箱内或多只兔同笼饲养，安置在温暖安静的地方。这样可减少活动量，让兔多吃贪睡，加强同化作用，以减少饲料消耗，提高增重和兔肉品质。③减少光照。前期要增加光照，后期（尤其是宰前15天）光照要暗，这样可改善肥育效果。

(6) 营造良好的环境　兔舍要建在向阳、背风、干燥的地方，使幼兔多接受阳光照射，但不易在强光下照射。肥育兔最适宜的环境温度是15～25℃，湿度是55%～65%。夏季气温高，兔舍外应搭凉棚或种植葡萄、丝瓜、南瓜等藤蔓类植物遮阳，并采取开启门窗、泼水、喷雾、开电风扇等方法降温；严寒的冬季要加强保温御寒工作，如修兔舍、关闭门窗或挂草帘遮挡等。饲养密度根据温度及通风条件而定，在良好的通风条件下，每平方米笼可饲养15～18只兔。育肥期实行弱光或黑暗，仅让兔子能看到采食和饮水，有抑制性腺发育、促进生长、减少活动、避免咬斗等作用。有害气体氨的浓度应在15μl/L以下，最高不能超过20μl/L；硫化氢的浓度，不应超过6.6μl/L；二氧化碳的浓度不应超过0.11%～0.15%；一氧化碳在冬季生煤炉取暖时，浓度也不应超过24μl/L。这些有害气体如果超过上述浓度，会减弱肉兔的免疫能力，易发生传染病、呼吸道疾病和眼病等，甚至会出现中毒现象。同时兔舍、兔笼要及时清扫并经常消毒，保持干燥，过湿时撒碎干草、沙土或生石灰、草木灰等，以吸湿、消毒、杀菌。还要保持饲养场安静，禁止大声喧哗。

(7) 及早预防疾病　育肥期家兔因缺乏运动和光照，抵抗力差，容易患病，所以要加强管理，观察兔群的健康情况，发现病兔应及时进行隔离和治疗。催肥前要驱虫和进行预防接种，驱虫按每千克体重10mg喂给丙硫苯咪唑，接种按每只催肥兔注射兔瘟-巴氏杆菌二联苗1ml。夏季要做好消灭鼠类、蚊蝇等工作，禁喂霉变草料，在饲料中添加敌菌净等药物，严防传染病的发生。

(8) 适时出栏　出栏时间根据品种、季节、体重而定。就日龄而言，一般以60～90日龄上市屠宰为好；就体重而言，以活重2.25～3kg上市屠宰为宜。冬季气温低，耗能高，尽量缩短育肥期，只要达到出栏最低体重即可。其他季节，饲料充足，气温适宜，育肥效益高，可适当增加出栏体重。否则会影响收益，又增加饲养成本，很不合算。

2. 成年兔育肥

成年兔育肥指在繁殖、生产及发育过程中被淘汰的种兔、青年兔等，以沉积脂肪为主，蛋白质沉积很少，一般指的是“催肥”。肥育期一般为15～35天，肥育良好的，可增重1～1.5kg。饲养上可大量采用优质青饲料，补充精料，精粗比为（60～50）:（40～50），采用混合法饲喂，也可采用自由采食。日粮营养水平为粗蛋白质15%～16%，消化能10.5～11MJ/kg。如发现食量剧减，表示肥育已成，应及早出栏屠宰。

第三节　毛兔和獭兔的饲养管理

一、毛兔的饲养管理

毛兔的一般饲养管理与其他品种兔基本相似，但饲养毛兔的目的是要提高兔毛的产量和质量，因此与其他品种兔相比又有其特殊性。

1. 毛兔的特殊管理措施

(1) 药浴　药浴可使兔毛生长速度加快，产毛量一般可提高20%以上，而且毛色洁白光亮，毛松散而不缠结，同时还可以防止疥螨等的发生。

① 药液的配制方法。在50kg的温水内加入敌百虫粉150～200g，配成0.3%～0.5%浓度的溶液，再加入硫黄粉150g，搅拌均匀后浴用。

② 洗浴方法。剪毛后5～10天，选择温暖的晴好天气进行温浴（切勿使兔子受惊，药浴前要让兔子吃饱）。药浴时，一手抓住兔耳，将兔放入浴盆中，使兔体除头部外，全身浸泡在浴盆内的药液里，另一只手由下向上洗刷兔的全身，最后洗至耳部及头部。对患有疥螨病的兔则应单独药浴。洗完后，用干软布擦干兔体。

(2) 梳毛　梳毛是养好长毛兔的一项经常性管理工作，目的是防止兔毛缠结，清除杂质和粪便，保持兔体清洁，提高兔毛质量，也是一种积少成多收集兔毛的方法。

一般仔兔断奶后即应开始梳毛，以后每隔10～15天梳理1次。一般采用金属梳、木梳或塑料梳子。梳毛时将长毛兔放在台上，左手抓住兔耳，右手持梳，自顺毛方向插入，朝逆毛方向拖起，梳不通时，要用手轻轻扯开，不可强拉。梳毛顺序是颈后及两肩→背部→体侧→臀尾部→前胸→腹部→大腿两侧→额、颊及耳毛。梳理下的毛整理分级积聚备售。

梳毛是一项细致而费时的工作，特别是被毛稀疏、排列松散凌乱、容易结块的长毛兔应坚持定期梳毛。被毛密度大、毛丛结构明显、排列紧密的个体被毛不易缠结，梳毛次数可适当减少。长毛兔的皮肤较薄，尤其是靠近尾根周围的皮肤更薄，要防止撕裂皮肤。遇到结块毛时，可先用手指慢慢撕开后再梳理，如果确难撕开时，即可剪除结块毛。

(3) 采毛　采毛方法主要有剪毛和拔毛两种方式，常用的采毛方法是剪毛，但由于手拔兔毛具有纤维长、品质好、等级高的优点，已越来越受到人们的重视。

适宜的采毛方法和适时采毛，不仅能提高兔毛的产量和质量，减少皮肤病的发生，还有利于种兔的配种繁殖。采毛方法对毛纤维也有明显影响，粗毛型兔宜采用拔毛，绒毛型兔则以剪毛为好。

长毛兔一般在出生3个月后就可脱毛，因此第一次采毛时间一般在出生后2～3个月进行，以后每隔10～12周采一次毛。夏季宜剪毛，冬季宜拔毛。妊娠和哺乳母兔、配种期公兔不宜采用拔毛，否则易引起流产、产奶量和精液品质下降。

①剪毛

a. 剪毛方法。剪毛时先在剪毛台上将毛梳理顺，而后在脊背中间将毛向两边分开，使中间呈一条直线，然后自中线由臀部一行一行地向头部剪。剪毛顺序为背部中线→体侧→臀部→颈部→颌下→腹部→四肢→头部。将剪下的兔毛按长度、色泽及优劣程度分别装箱，毛丝方向最好一致。剪毛一般采用专用剪毛剪，也可用理发剪或裁衣剪。

b. 剪毛次数。3个月养毛期，粗毛自然毛丛长8～13cm，最长纤维可达17cm，细毛长5.5～9cm，最长纤维长12cm；毛细度：粗毛为16～112μm，绒毛为12～15μm；两型毛居中。根据兔毛生长规律，养毛期为90天者可获得特级毛，70～80天者可获得一级毛，60天者可获得二级毛。因此，剪毛时应有合理的养毛期，养毛期不得低于60天，不超过90天，以年剪毛4～5次为宜。

根据季节和毛兔喜欢冬暖夏凉的习性，合理安排剪毛时间，天气温暖时应剪毛，寒冷季节养毛。年剪5次的剪毛时间安排如下：3月上旬、5月中旬、7月上旬、10月上旬、12月中旬。

c. 注意事项

第一，剪毛时皮肤要绷紧，剪子开口要小，应贴紧皮肤，切忌提起兔毛剪，特别是皮肤皱褶处，以免剪破凸起的皮肤。

第二，剪毛要靠近毛根，一刀拿下，不剪二茬毛（二刀毛），以免降低兔毛等级。

第三，剪腹部毛时要特别注意，动作慢，仔细小心，切不可剪破母兔的乳头和公兔的阴囊，接近分娩母兔可暂不剪胸毛和腹毛。

第四，剪毛宜选择在晴天、无风时进行，特别是冬季剪毛后要注意防寒保温，兔笼内应铺垫干草，以防感冒。

第五，采毛的器械注意消毒，患有疥癣、霉菌病及其他传染病的兔子，应单独剪毛，工具专用，防止疾病传播。

第六，剪下的毛要按等级存放，不要混杂，以免影响兔毛价格。剪下的兔毛若暂时不出售，可放入纸箱中，里边放几粒樟脑丸，以防虫蛀。

d. 剪毛后护理。对幼兔第一次剪毛后要加强护理，做好防寒保温工作，并注意观察采食和健康状况，发现问题及时处理。凡有剪破皮肤者应用碘酊消毒，以防细菌感染。患有疥癣等皮肤病的兔子，立即用1%～2%的敌百虫酒精溶液洗擦，并换掉笼底板，火焰消毒兔笼。冬季要注意防寒保暖，露天饲养的长毛兔，剪毛后最好先转入室内饲养1～2周，然后再返回原处饲养。夏季防止阳光直射，剪毛后1周内要注意防止蚊蝇叮咬，兔舍通风透光，夜间点蚊香以驱蚊虫。长毛兔剪毛后的1个月内兔毛生长最快，兔的采食量最大，因这时兔体毛短或裸露，大量体热被散发，需要补充大量的能量，所以需及时补充营养和增加饲喂量。

② 拔毛。拔毛又分为全部拔光和拔长留短两类。拔长留短适于寒冷或换毛季节，一般每隔30～40天拔毛1次，将长毛拔下，留下短毛，有利于提高毛的品质和防寒保暖。全部拔光用于温暖季节，间隔70～90天拔毛一次，除头尾和四肢外，全身毛可拔光。

拔毛时，先将兔子放在采毛台上，用梳子梳理顺后，再用拇指、食指和中指捏着兔毛自臀部开始，顺着毛的方向，一小撮一小撮地拔。拔毛时动作要轻稳，不要硬拔，切忌大撮大撮粗暴拔毛。拔下的毛要顺着毛茬方向摆放整齐。拔毛的优点是毛纤维长、品质好、等级高，对粗毛型兔拔毛可提高粗毛率；缺点是费时费工。

注意事项：a. 幼兔皮肤嫩薄，第1～2次采毛不宜采用拔毛法，否则易损伤皮肤，影响产毛量。b. 妊娠、哺乳母兔及配种期公兔不宜采用拔毛法，否则易引起流产、泌乳量下降及影响公兔的配种效果。c. 拔毛适用于被毛密度较小的个体和品种，对被毛密度较大的兔子应以剪毛为主。养毛期短，拔毛费力时不宜强行拔毛，以免损伤皮肤。d. 拔毛后为防止毛囊发炎，应涂擦2%～5%的消炎膏（磺胺粉2～5g，凡士林95g混合调匀）。

2. 影响兔毛产量和质量的因素

影响兔毛产量与质量的因素很多，有遗传因素，也有环境因素，还有生理因素。

(1) 品系　目前，我国饲养的各系长毛兔中，以德系兔产毛量最高，兔毛细、绒，粗毛含量低；法系兔产毛量中等，粗毛率高；英系和中系兔则产毛量较低，兔毛细、绒，粗毛率低。但近年来我国培育的一些地方品系，其兔毛产量和质量均有显著提高。

(2) 体重　体型大则皮肤表面积也大，产毛量亦高。其中德系安哥拉长毛兔体重较大，成年体重5kg左右，年产毛量在0.75～1kg，优良者可达到1.5kg，粗毛率12%左右；法系兔成年兔体重平均4kg，重者在4.5kg以上。年产毛量在0.7～0.8kg，最高可达1kg以上，粗毛含量在20%左右。中系兔体重为2.5～3.5kg，年产毛量0.25kg左右，优良者可达0.5kg以上。

(3) 性别　在其他条件（品种、年龄、体重等）相同的情况下，一般母兔的产毛量高于公兔15%～20%；阉割公兔的产毛量高于未阉割公兔10%～15%。

(4) 季节　一般以冬季产毛量最高，质量最好；春季次之；夏季产毛量最低，兔毛质量最差。寒冷季节有利于兔毛生长，且绒毛含量也高；炎热季节则可抑制兔毛生长，粗毛含量增加。实践证明，气温由18℃升到30℃毛产量下降14%，采食量减少32%；由18℃降到5℃，产毛量增加6%，采食量增加16%，一般夏季产毛量降低30%左右。

(5) 年龄　产毛高峰期在1～2周岁，后逐步下降，产毛年限以3～4年为宜。幼龄兔产毛量低，毛质较粗；3岁以上的老年兔由于代谢机能减退，兔毛产量与质量又随之下降。

(6) 光照　据试验，在自然光照条件下饲养的长毛兔其产毛量比长期光照不足条件下饲养的兔子要高15%～20%；人工光照条件下饲养的长毛兔，其产毛量又比自然光照条件下饲养的兔子高30%～40%。

(7) 营养　营养与兔毛的产量与质量关系极为密切。全价而均衡的营养供应，尤其是足够的蛋白质和平衡的氨基酸，可促进毛囊生长，增加兔毛的直径和密度，从而提高产毛量。据试验，日粮中的含硫氨基酸水平对产毛量有明显影响。

3. 提高兔毛产量和质量的关键技术措施

(1) 选用优良兔种，严格选种选配　兔毛产量属高遗传力（0.6～0.7），即高产毛兔的后代，多数产毛量也高，即使同一品种内不同个体间兔毛生长速度亦有差别，产量高低悬殊。因此，重视长毛兔的选种选配工作是提高兔毛产量的重要措施，生产中应选择产毛量高的、个体大的品种(系)，避免近亲繁殖，防止品种（系）退化。

(2) 供给全价而均衡的营养　产毛兔对营养的需求与皮、肉兔有差异，除生长、繁殖外还要长毛，因此对营养的需要量较高，生产中必须供给全价而均衡的营养，才能保证毛兔体质健壮，产毛量高，毛质好。

高产毛兔日粮营养要求为消化能9.8～11.0MJ/kg，粗蛋白水平应达16%～18%，粗纤维

14%～16%；要提高兔毛产量和质量，还要添加含硫氨基酸、铜、锌、锰等微量元素和维生素。实践证明，在毛用兔日粮中含硫氨基酸达0.7%～0.8%，产毛量可提高20%左右，但不宜超过0.8%，过量的含硫氨基酸反而会导致生产性能下降；添加铜、锌、锰等微量元素，分别为30mg/kg料、50mg/kg料、30mg/kg料，能提高产毛量和改善毛品质及抗病力；每天每只兔喂鱼肝油0.5～1mg，产毛量提高10%～15%；添加0.04‰氯化胆碱能明显提高产毛量；添加0.03%～0.05%稀土可提高产毛量9%左右；每次剪毛后用维生素B_{12}，250mg做肌内注射，连续2天，有明显的催毛效果，能提早10天左右剪毛。同时供给充足的饮水，有利于毛兔对饲料的消化吸收和健康。

(3) 调整日粮喂量　根据兔毛的生长规律和生产需要，一般80天左右采毛一次。由于采毛后第1个月，兔体毛短或裸露，散热增多，需要补充大量能量；第2个月是兔毛长得最快的阶段，要求营养充足；第3个月兔毛生长缓慢，采食量也相应减少。所以在饲养毛兔时，必须根据兔毛的生长速度和采食量的变化规律，细心调节饲料。养兔者一般应掌握两种饲喂方法：一种是采毛后第1个月，每兔（成年）每只喂190～210g干饲料，第2个月喂170～180g，第3个月喂140～150g；另一种是采毛后1个月内任意采食，第2个月以后都采用定时定量饲喂。

(4) 加强管理　兔笼应每日打扫，及时清除草屑、粪便，防止粪便玷污兔毛；笼底板经常清洗、消毒，晒干后再用；喂料时要防止草屑、饲料、灰尘污染被毛，影响兔毛品质；冬季注意保暖，夏季注意防暑，舍内温度以5～25℃为宜，笼舍通风透光，每天光照时间应达14～16h，适当延长日光浴时间。此外，平时要定期为兔梳毛，防止结毡；仔兔成年后实行单笼饲养，可避免相互斗咬及粪尿对兔毛的影响；最好采用自动饮水器饮水，这样可防止被毛受潮玷污、结块、颜色变黄而影响品质。

(5) 注意疥癣、毛球病等病的预防　笼舍应经常保持清洁干燥，通风透光，经常注意兔体脚爪、鼻唇、耳内部有无异物，如发现疥癣应及时治疗，同时要彻底消毒。可采用接种疫苗、短期饲喂加药饲料等方法预防慢性病，如兔伪结核病、螺旋体病和皮下脓肿等；在日粮中，保证适量青草、优质干草，或每周停止一日给料，均可有效减少毛球病的发生。

(6) 科学合理地采毛　国家收购是按长度分级定价，兔毛质量要求是“长、松、白、洁”四个字，由于拔下的毛纤维长、品质好、等级高，目前市场对手拔毛较受欢迎，对剪毛不感兴趣。因此采毛技术的好坏，直接影响兔毛的质量。少剪或不剪二刀毛，可提高毛的质量，也受厂家欢迎。

(7) 养好妊娠母兔，促进毛囊发育　兔的毛囊在妊娠第20～26天开始发育，改善饲养条件，加强妊娠母兔营养，可促使毛囊原始体强烈增殖，增加毛囊数量，促进兔毛纤维生长，明显提高兔毛产量。

(8) 提高产毛性能的特殊管理措施　在兔饲料中添加中草药黄芪130g、五味子10g、白头翁10g、马齿苋30g、车前草30g、甘草10g，混匀后每天每只喂6g，可提高产毛量20%左右。剪毛后，每只兔用嫩姜50g捣烂取汁加50度白酒10g，调匀后涂抹兔身，每天1次，连用2～3天，可提高产毛量5%～7%。

二、獭兔的饲养管理

獭兔又称力克斯兔（rexrabbit），因其皮毛短、细、密、平、美、牢，酷似珍贵的毛皮兽水獭，故群众多以獭兔称之，是目前世界上珍贵的以生产毛皮为主、产肉性能也很高的皮肉兼用兔。

獭兔的生理特点和生活习性与一般家兔基本相同，因皮用兔特殊的生产目的，其饲养管理要求除和一般家兔基本相同外，还有其独自的特点。

饲养獭兔的效益，取决于獭兔板皮的质量。针对獭兔毛皮质量等级评定主要指标和饲养时间相对较长的特点，为提高獭兔毛皮质量，增加其经济效益，提出以下关键技术。

1. 搞好选种选育

目前，獭兔主要有美系、德系和法系三个品系，各品系间互有优缺点。从繁殖力来看，美系獭兔最高，德系獭兔最低；从生长速度来看，德系獭兔的生长潜力最大。因此，可以用美系獭兔作为第一母本，用德系或法系獭兔作为第一父本进行杂交；再用杂交一代的母兔作为第二代母本，与德系公兔进行杂交，用三元杂交后代直接进行育肥。实践证明，通过系间杂交生产的后代，其生长效果优于任何一种纯系獭兔。同时，在饲养过程中要适当对獭兔进行品种选育，繁殖出大量的优秀后代，从而生产出高质量的皮张。

2. 合理饲养

(1) 抓早期增重技术　獭兔被毛毛囊的分化与体重的增长呈正相关，即体重越大，毛囊密度也越大。而毛囊的分化主要在早期，而超过3月龄以后，体重增长和毛囊分化都急剧下降。长期的生产实践证明，在3月龄前提高幼兔期营养水平，对提高商品兔被毛品质、体重和皮张面积是非常有效的。为此，獭兔在3月龄前应给予充足的营养，任其自由采食，一般要求仔兔30天断乳时体重达500g，3月龄体重达到2000g以上，可实现5月龄有较为理想的皮板面积和被毛质量。饲料营养水平建议：消化能为11.30MJ/kg，粗蛋白为18%～20%，粗纤维不低于10%～12%，钙0.5%～0.7%，磷0.3%～0.5%，赖氨酸为0.8%～1.0%，蛋氨酸或胱氨酸为0.8%左右。

(2) 前促后控技术　3月龄后，商品獭兔的身体发育趋缓，主要等待皮组织成熟直到6月龄左右（最好是6～8月龄）屠宰取皮，要适当控制其生长速度。控制生长速度的方法一般有两种：①控制质量法。降低日粮的蛋白水平1.5%～2%，仍然采取自由采食。②控制饲料量，即适当减少饲料供给量，日喂精料50～100g，但必须加喂苜蓿、大豆、向日葵等蛋白饲料。采取前促后控的育肥技术，不但可以节省饲料，降低饲养成本，而且可以提高兔皮的品质和胴体兔肉的品质。

(3) 使用添加剂　在獭兔的育肥期内，除了喂给全价配合日粮，满足其能量、蛋白质、纤维等主要营养成分的需求外，使用添加剂也是必不可少的措施。比如在日粮中添加稀土元素、腐殖酸添加剂、抗氧化剂、酶制剂、微生态制剂等，对獭兔的健康生长和毛皮品质的提高均有一定效果。

3. 合理调控配种

獭兔的最适屠宰时间是6～8月龄，而且“冬皮”比“夏皮”质量好。为此，应根据皮用兔的生长规律和当地的自然气候特点，统筹规划，确定最适配种、产仔时间，保证最佳的取皮时间和季节，掌握春夏多繁殖留种，冬季多取皮的原则，这是提高獭兔毛皮质量、增加经济效益的重要措施。

4. 创造良好的管理环境

(1) 合理分群　成年獭兔比较好斗，相互撕咬，皮肤破损会留下伤疤，严重影响皮毛品质。所以，所有兔群在3月龄后应按品种、年龄、性别分群饲养，有条件的最好进行单笼饲养。

(2) 公兔要适时去势　实践证明，公兔去势以后，兔增重速度加快，公兔的去势时间一般选在2.5～3月龄时进行，以刀骟法最为实用。

(3) 创造良好的环境　应每天清扫笼舍。勤换垫草，保持兔舍清洁、干燥，通风良好，并定期做好消毒工作。适宜的环境温度为15～25℃；湿度控制在55%～65%；舍内饲养密度一般不应过高，应实行小群饲养，可使被毛光洁明亮，以每平方米笼底面积饲养育肥兔10～14只为宜；育肥兔应实行弱光或黑暗，能抑制性腺发育，延迟性成熟，提高毛皮质量；笼内壁要光滑，避免给兔造成“创伤”；饮水器设置合理，笼底板不积粪、不积尿，避免造成“尿黄斑”或“绿毛斑”(水藻污染被毛)，严重影响商品皮的利用价值。

(4) 认真搞好皮肤病的防治　兔疥螨病、脱毛癣（真菌病）、化脓性球菌病、脚皮炎、兔虱等体外寄生虫病都会损伤獭兔板皮，严重的将使獭兔皮失去商用价值。所以獭兔饲养要经常检查，及时发现及时治疗，除应加强主要传染病、常见病的预防外，皮肤病的综合防治应视为重点。

5. 了解换毛规律

獭兔换毛，除有季节性外，年龄性换毛更为明显。幼獭兔的兔毛需经过两次更换，45～60日龄脱去胎毛，长出细密的绒毛，130～150日龄第二次换毛。第二次换毛结束后，被毛丰厚齐整、光润并呈标准色彩，绒毛浓密，板质厚薄适中，已能符合等级皮的要求。如从毛皮成熟而言，能在第二次年龄换毛后取皮最好，但会加大饲养成本。獭兔除了两次年龄性换毛，一般春季3～4月份和秋季9～11月份为季节性换毛。换毛期的毛皮绒毛长短不齐，极易脱毛，切忌取皮。

6. 适时取皮

适时出栏取皮是商品獭兔生产最为关键的环节，出栏时间应根据换毛规律、季节、体重、年龄而定，最适取皮时间是獭兔被毛生长最旺盛、毛根着生最牢固的时期。在正常情况下，5～6月龄（最好是6～8月龄）、体重达到2.5～3kg，绒毛浓密，色泽光润，板质厚薄适中等达到加工要求（即第2次年龄性换毛结束）；同时，应认真检查被毛的脱换和毛绒状。取皮时间应避开春秋季节，一般在当年11月份到次年3月份以前屠宰最好，要少取春皮，禁取夏皮，但绝对不可在换毛期出栏取皮。

7. 科学取皮及鲜皮的预处理与保存

错误的取皮方法和鲜皮处理、保存不当，将造成板皮损伤、变形、发霉、脂肪酸败、破裂等，严重影响商品獭兔皮的质量等级，甚至报废淘汰。

（1）科学取皮

① 宰杀方法

a. 颈部移位法。术者用左手抓住兔的后肢，右手捏住头部，将兔身拉直，头部后仰，突然用力一拧，使兔因颈椎脱位而死。此法适用于小规模养兔场宰杀皮用兔。

b. 用棒击死。即将兔子后腿拎起，用圆木棒猛击兔两耳根的延脑部使其致死。要求选择的位置正确，力度适当。此法适用于小型屠宰场。

c. 电麻。即用电压70V，电流0.75A的电麻器放在兔耳根部，让其触电致死。此法广泛适用于正规屠宰场。

d. 打空气针。即在兔的耳根、静脉注射5～10ml空气，使血液栓塞致死。

② 取皮。獭兔取皮要求去头、尾、上肢，剥制成“毛朝里，皮朝外”的扁筒式标准撑板皮。剥皮方法是先将左后肢用绳索或铁丝拴起倒挂在剥皮架或屠宰流水线的挂钩上，用锋利的刀从右后腿跗关节处，沿大腿内侧通过肛门平行挑开至左腿跗关节处，挑断腿皮，剥到尾根处，断开尾皮，将四周毛皮向外剥开翻转，以倒扒筒皮法，将皮脱下至两条前肢，在腕关节处割下前肢，将皮拉至头部，剪除眼睛和嘴唇周围的结缔组织，然后与头部分离，即成毛朝里、皮朝外的筒皮。在退皮的过程中，应注意不要损伤毛皮，不要挑破腿部和胸腹部的肌肉。整个屠宰过程要做到，肉不沾毛，血不染皮。

（2）鲜皮的预处理　刚剥下来的鲜皮含大量水分、脂肪和蛋白质，有利于微生物的生长和繁殖，若不及时处理，容易腐烂变质。因此，应经过适当处理后方可储藏。鲜皮的预处理的工序包括清理、防腐和消毒等过程。

① 清理。从兔体上剥下的鲜皮，应及时清除残留的脂肪、乳腺、血污等。

② 防腐。常用的防腐方法主要有盐渍法、盐干法和干燥法。

a. 干燥法。将清理后的鲜皮用撑皮架脖朝上、臀朝下支撑好，挂在阴凉通风处晾干即可。干燥过程要注意控制温度，温度过高，水分蒸发过快，皮张表面胶原化，阻止内部水分蒸发，使皮内干燥不均，引起皮内腐败。温度过低，水分蒸发过慢，会引起微生物繁殖，导致皮张腐烂。优点是：方法简单，成本低，板皮清洁，便于储藏和运输，但易折断，皮硬，易生虫，难软化。

b. 盐渍法。即利用干燥氯化钠处理鲜皮，盐渍的具体操作方法：将剥下的片皮或筒皮按鲜皮重的25%～30%抹盐，将皮板上均匀地抹上食盐，然后板面对板面堆叠放置1周左右，使盐溶液逐渐渗入皮内，直至皮内和皮外的盐溶液浓度平衡。

c. 盐干法。将鲜皮先盐渍，然后再干燥，以达到防止细菌繁殖，避免腐烂的目的。它集中了盐渍法和干燥法的优点，但可能对板皮质量有一定影响。

③ 消毒。有的皮张含有病原微生物，对人体有害，在加工前应对皮张进行消毒处理。常用的消毒方法主要是甲醛熏蒸消毒法。

(3) 皮张的储藏

① 分级及摆放。经过防腐处理的生皮，按照等级、色泽分类，以毛面对毛面、皮板对皮板、头对头、尾对尾叠置平放，每隔2～3张撒些萘粉，以防虫蛀。生皮应堆放在木板上，不要直接放在水泥地面上。

② 库房条件。通风、干燥、隔热、防潮，有足够的光线，适宜温度为10℃左右，范围在5～25℃，相对湿度应保持在60%～65%。在储藏过程中，搞好灭鼠工作，10～15天检查一次，妥善保管，防止陈旧皮、烟熏皮、霉烂皮和受闷皮的发生。

第四节　兔的四季饲养管理

我国的自然条件，不论在气温、雨量、湿度还是饲料的品种、数量、品质都有着显著的地区性和季节性特点。因此，应根据家兔的习性、生理特点和季节地区的特点，采取相应的科学饲养方法，才能确保家兔健康，促进养兔业的发展。

一、春季

春季气温回升，阳光充足，青饲料相继供应，是繁殖和产毛的黄金季节。但在我国南方春季多阴雨绵绵、空气湿度大，适于细菌繁殖，饲料较易霉变，且日温变化不定，时寒时热，有"倒春寒"出现，是养兔最不利的季节，兔病多，死亡率尤其是幼兔在全年最高。这时虽然野草逐渐萌芽生长，但草内水分含量多，干物质含量相对减少，而家兔经过一个冬季的饲养，身体比较瘦弱，又处于换毛时期，消化力减弱等。因此，春季在饲养管理上应在克服这些不利因素的前提下加强营养，恢复体况，促进发情；同时要注意防湿、防病。

1. 抓好吃食关

春季青草正处萌发生长期，幼嫩，含水量高，适口性好，但家兔经过一个冬季的粗干草饲养，胃肠道微生物区系难以适应青草型饲料，饲养上应控制喂量，做到青干搭配，逐步过渡，避免贪青，以防止兔肠炎。建议在早春多采用全价饲料喂兔，特别是仔、幼兔。不喂带泥浆水的和堆积发热的青饲料，不喂霉烂变质的饲料（如烂菜叶等）。在雨后刈割的青饲料要晾干后再喂，阴雨高湿天气要少喂水分高的青饲料，适当增喂一些干粗饲料，并注意在饲料中合理搭配杀菌健胃药物，以减少和避免拉稀，如大蒜、葱、韭菜、车前草、木炭粉等，以增强家兔抗病力。对换毛期的家兔，应给予新鲜幼嫩的青饲料，并适当给予蛋白质含量较高的饲料，特别是含硫氨基酸，以满足其需要。

2. 搞好笼舍卫生，预防疫病

春季因雨量多、湿度大，对病菌繁殖极为有利，所以笼舍要求通风良好，清洁干燥。每天应打扫笼舍，清除粪尿，冲洗粪槽，达到舍内无臭味、无积粪、无污物。食具、笼底板、产箱要常洗刷、常消毒。兔舍地面湿度较大时可撒上草木炭、石灰，借以消毒、杀菌和防潮湿。可在饲料中拌入氯苯胍、左旋咪唑等预防球虫病的发生与流行。春季早晚温差大，要注意保温，防止兔感冒、肺炎。同时还要做好兔瘟、巴氏杆菌、魏氏梭菌和传染性口腔炎的预防工作。

3. 搞好春季繁殖

春季是家兔繁殖的黄金季节，此时配种受胎率高，产仔数多，仔兔生长快，成活率高。所以要不失时机地搞好春季配种，减少母兔空怀，提高受配率、产仔率和成活率。条件好的兔场，母兔产仔后1～2天内配种，加强护理，仔兔提前断奶，或者人工喂牛奶。条件差的兔场，母兔产仔后半月，哺乳期配种，使前胎断奶与后胎分娩衔接，增强良种母兔的繁殖能力。

二、夏季

夏季高温多湿，病菌多，经常出现闷热天气，而家兔的汗腺不发达，被毛浓密、散热难，常受炎热影响而导致食量减少，抵御疾病的能力下降，还会导致中暑死亡。尽管公、母兔仍能配种繁殖，但公兔精液品质不好，弱仔、死胎增加，产后仔兔易发“黄尿病”，多数难以成活，除室内有条件控制温度外，一般应停止繁殖生产。所以夏季在饲养管理上应该注意降温防暑。

1. 降温防暑

兔舍要保持阴凉通风，避免阳光直接照射到兔笼上，当兔笼内温度超过30℃时，可采取地面泼水、屋顶浇水等方法降温，有条件的要安装通风设备，保持室内空气流畅。露天兔场一定要及时搭凉棚或种南瓜、葡萄等瓜藤之类，让它在笼顶上蔓延、遮阳；室内笼养的兔舍要大开窗门，让其空气对流。毛用兔须将被毛连同头面毛全部剪短，同时兔笼不要太挤。

2. 精心喂饲

夏季中午炎热，往往食欲不振，在饲养上应实行青饲料为主，适当搭配精料的原则，并注意饲料的适口性和采用早、晚喂食等方法，尽量让兔子吃饱。注意多喂青绿饲料，还要供给充足而清洁的饮水，必要时在饮水中加入1%～2%的食盐以补充体内盐分的消耗；或饮0.01%～0.02%的稀碘酊水以防球虫病的发生；或饮0.01%的高锰酸钾、0.02%的氟哌酸水预防消化道疾病。在饲料或饮水中添加抗应激药物，如柴胡、黄芩、黄连、菊花等清热解毒的中草药、杆菌肽锌、维生素C等，调节体内电解质平衡，增强机体抵抗力。在饲料中添加痢特灵、氯苯胍、磺胺二甲基嘧啶预防肠道病、球虫病的发生。坚决杜绝饲喂发霉变质饲料，不喂露水草和雨刚过后的草，不到刚喷过农药的地里割草，以免农药中毒。

3. 搞好卫生，预防疫病

夏季蚊蝇多，寄生虫和病原菌繁殖传播快，易引起疾病流行，造成仔兔、幼兔死亡，所以要切实搞好笼舍和食具的清洁卫生，笼舍勤打扫、勤消毒，饲槽、饮水器要勤清洗、勤消毒，确保家兔安全越夏。兔场湿度大时，地面撒些柴灰或者石灰降湿。

三、秋季

秋季天高气爽，气候干燥，饲料充足，营养丰富，是饲养家兔的好季节，应抓紧秋季繁殖和育肥。但早晚温差大，成年兔秋季又进入换毛期，换毛的家兔体弱，食欲减退，要加大饲养管理的力度。

1. 抓紧秋季繁殖

秋季是家兔繁殖的黄金季节。但是，由于炎热夏季七八月份的持续高温效应的影响，公兔性功能减退，睾丸萎缩，精子减少，产生死精或不产精子。且日照渐短，又处于季节性换毛期，母兔体质消耗很大，食欲不佳，体质膘情恢复很慢，母兔发情不正常，这段时间即使母兔发情进行交配也不易受胎。因此应从营养供给、催情技术、配种技术等方面采取措施，确保秋季繁殖。实践证明，这个时期饲料中要减少粗纤维，增加蛋白质和维生素。如公母兔要增喂黄豆，并分别日喂公兔维生素A 1片，母兔喂维生素E 1片，连喂2～3次，能迅速提高公兔精液品质和促进母兔发情；人工补光、重复配种、早期妊娠诊断、及时补配等措施都能提高繁殖率。

2. 加强饲养

成年兔在秋季正值换毛期，换毛期的家兔体质虚弱，食欲较差。因此，应多喂青绿饲料，适当增喂蛋白质含量较高的饲料，尤其是要加喂含硫氨基酸。晚秋青饲料逐步老化，品种日趋单一，营养价值下降，故在饲养上要尽可能多供应青绿饲料，尤其是胡萝卜、南瓜等含维生素丰富的饲料；在配合饲料、颗粒料中添加维生素A、维生素D、维生素E。

3. 细心管理

秋季早晚温差大，晚秋有霜雾，又正值成年兔换毛，容易引发感冒、肺炎、肠炎等疾病，同时此期也是球虫病、疥癣、肠炎、腹泻等病害的流行季节。所以要注意温度变化，防止兔舍温度骤变，勤观察勤检查，及时接种疫苗，切实搞好卫生防疫；并多喂青绿多汁饲料，适当加喂蛋白质含量高的精饲料，严禁投喂露水草和雨后晾干的青绿饲料。群养兔每天傍晚应赶回室内，遇大风或降雨天气不能让其露天活动。

4. 贮好越冬饲料

立秋之后，各种野杂草即将成熟结子，树叶开始凋落，农作物相继收获，此时要抓紧收集割晒，否则冬季和翌年早春将缺乏兔饲料，造成被动。饲料的贮藏量可按一冬和半春的需要量计算，并增加5%～10%的变异系数。越冬饲料不要采收过晚，否则会加大木质化，降低营养价值。贮藏过程要注意保青、新鲜，避免雨淋霉变。除做好干草等粗饲料的收储外，在适宜种植冬、春季型草种的地区，要按时播种黑麦草等优质牧草，并做好前期管理。

5. 调整兔群

9月以后，春天的仔兔都已长成大兔，选好种兔后，剩余的育肥、屠宰，淘汰病弱老年兔，以保证兔群活力。

四、冬季

冬季气温低，日照时间短，缺乏青绿饲料，北方尤甚，给养兔带来一定困难。因此，冬季饲养管理的重点是做好防寒保温和冬繁冬养工作。

1. 防寒保温

饲养家兔的适宜温度是5～25℃，冬季气温低，防寒保温是冬季饲养管理的要点。兔舍中的温度应保持平衡，不可忽高忽低，否则家兔易患感冒。保暖防寒的措施很多，如关闭门窗、在笼位上加盖塑料薄膜、加垫草、舍内加热、增加精饲料的喂量等。但必须强调一点，保证舍内有较好的通风换气能力，以控制舍内空气中有害气体浓度不超标，避免发生中毒。白天要多晒太阳，夜间要严防贼风侵入。此外，要经常更换垫草，保持笼内温度适宜，干燥舒适。

2. 调整饲喂结构

因冬季气温低，兔热量消耗多，所以供给的日粮应比其他季节增加1/3，特别要多喂一些含能量高的精饲料。另外，因冬季缺乏青饲料，易发生维生素缺乏症，每天应设法喂一些菜叶、胡萝卜等，以补充维生素。不能喂冰冻饲料，冬季喂干饲料应当调制后再喂。同时要注意饮水，在低温下以饮温水为宜。冬季夜长，兔子有夜食的习惯，晚上加喂一次。

3. 搞好冬季繁殖

冬季家兔发情表现不甚明显，发情配种易被忽视，为此，实现冬季繁殖的关键技术是保证温度和维生素饲料的供给。种兔舍温宜设法保持在5～10℃以上，供给玉米、豆饼、鱼粉和骨粉等多样配合饲料，避免饲料单一，并适量加喂发芽饲料和维生素C，若菜叶、胡萝卜等青绿多汁饲料不足，可按标准的2倍补加维生素添加剂，以促进母兔正常发情。在繁育技术管理上，饲养员要经常检查母兔外阴变化情况。配种时间要选在天气晴朗、无风、温暖的中午进行，要适时配种。此外，为使母兔多受胎、多产仔，可采取“双配”、“复配”等交配方法，以增加受胎的机会。冬繁仔兔哺乳期宜长，一般不要搞血配，以繁殖1～2胎为宜。人工补充光照时间达14～16h。

4. 认真管理

(1) 注意适时运动　冬季早晚温度较低，运动时间宜选在午后，天晴时还可延长运动时间。下雨下雪天应停止运动。

(2) 人工补充光照　冬季日照时间不足，可用白炽电灯补充光照，强度以每平方米4W为宜，每天补充2～4h的光照时间，以利于家兔的正常生长发育。

(3) 采毛拔长留短　秋末冬初寒潮来临时，一般不要剪毛。必要时，应拔长留短，每次只能拔取全身毛的1/3，留下2/3让兔子御寒防冻。

（4）及时防治冻伤　冻伤部位多发生在耳朵等处皮肤。如发现局部红肿时，应速将兔转移至温暖处进行处理；若冻伤部位干燥，可涂些油质滋润；若局部红肿较重，可涂擦碘甘油；若局部已呈现囊泡，可用小刀或针头将泡皮挑破，排出液体，再涂上抗生素软膏，必要时进行包扎处理，以防止伤口感染。

（5）搞好兔舍卫生　每天要打扫兔舍、兔笼，清除粪尿和脏物，勤换垫草，经常洗刷食具，定期消毒；同时还要注意通风换气，排出舍内的潮气和有毒气体，特别是舍内生火取暖时，应设烟筒和排气孔，以防 CO 中毒。对仔兔巢箱要加强管理，勤清理，勤换垫草，做到清洁、干燥、卫生。家兔比较喜欢温和干燥的环境，若地面湿潮，可撒些草木灰或生石灰，即可除潮湿，且有利于消毒与保暖。

5. 做到有病早治

冬季兔的常见病主要有感冒、便秘、腹泻和疥癣等，针对这些疾病，应以预防为主，加强饲养管理，环境卫生，定期消毒笼舍。发现病兔及时隔离治疗；平时在日粮中添加一些蒜、葱、姜之类及预防性药物；如患感冒，每次可喂复方阿司匹林（ABC）半片，每天 3 次；腹泻时可内服磺胺脒，每千克体重 0.1～0.2g，每天 3 次，幼兔用量减半。如果家兔发生口炎，可用白矾 5g 烧焦，研成细末，加解热止痛片 1 片，分 2 次内服，再配合维生素 B_2，每次 2 片，2～3 次可治愈。耳炎是兔的常见病，且传播快，发病率高，表现为兔用爪抓挠耳的内侧皮肤，头歪向一侧，耳的底部有大块结痂、红肿，严重者耳内炎性分泌物呈干酪状。可给兔耳内注射食用醋精 2ml，每日 1 次，连续 2 日，一般 7 日内可愈。注意堵绝鼠害，提高冬季养兔效益。

[复习思考题]

1. 家兔一般饲养管理技术有哪些？
2. 如何饲养管理好肉用种公兔和种母兔？
3. 为什么幼兔难养？怎样提高幼兔成活率？
4. 家兔四季饲养管理要点？
5. 怎样采集毛兔的兔毛？应注意哪些事项？
6. 如何提高兔毛的产量和质量？
7. 如何提高獭兔板皮的质量？

参考文献

[1] 杨公社．猪生产学．北京：中国农业出版社，2002.
[2] 李宝林．猪生产．北京：中国农业出版社，2001.
[3] 李和国．猪的生产与经营．北京：中国农业出版社，2001.
[4] 杨公社．绿色养猪新技术．北京：中国农业出版社，2004.
[5] 崔中林．规模化安全养猪综合新技术．北京：中国农业出版社，2004.
[6] 杨中和，胡旭．现代无公害养猪．北京：中国农业出版社，2005.
[7] 李立山，张周．养猪与猪病防治．北京：中国农业出版社，2006.
[8] 陈清明，王连纯．现代养猪生产．北京：中国农业大学出版社，1997.
[9] 朱宽佑，潘琦．养猪生产．北京：中国农业大学出版社，2007.
[10] 陈家钊．科学养猪手册．福建丰泽农牧饲料有限公司（内部），2006.
[11] 祝永华，刘金凤．集约化种猪场生物安全体系的建立．中动物保健，2006，(4)：53-55.
[12] 赵书广．猪群生物安全体系建立细则（一）．今日养猪业，2005，(6)：22-26.
[13] 赵书广．猪群生物安全体系建立细则（二）．今日养猪业，2006，(1)：29-31.
[14] 赵书广．猪群生物安全体系建立细则（三）．今日养猪业，2006，(2)：28-29.
[15] 赵书广．猪群生物安全体系建立细则（四）．今日养猪业，2006，(3)：33-35.
[16] 甘孟候．当前我国猪传染病的发生特点及防治对策．中国兽医杂志，2005，41 (5)：64-66.
[17] 杨山，李辉．现代养鸡．北京：中国农业出版社，2002.
[18] 杨宁．家禽生产学．北京：中国农业出版社，2002.
[19] 杨慧芳．养禽与禽病防治．北京：中国农业出版社，2005.
[20] 豆卫．禽类生产．北京：中国农业出版社，2001.
[21] 陈国宏．鸭鹅饲养技术手册．北京：中国农业出版社，2000.
[22] 张维珍，高淑华．鸭鹅饲养新技术．吉林：延边人民出版社，1998.
[23] 李如治．家畜环境卫生学．北京：中国农业出版社，2003.
[24] 耿明杰．畜禽繁殖与改良．北京：中国农业出版社，2006.
[25] 林建坤．禽的生产与经营．北京：中国农业出版社，2001.
[26] 王三立．禽生产．重庆：重庆大学出版社，2007.
[27] 陈宽维．肉鸡快速饲养综合配套新技术．北京：中国农业出版社，2005. 1.
[28] 刁有祥，杨全明．肉鸡饲养手册．第 2 版．北京：中国农业大学出版社，2007.
[29] 王庆民．家禽孵化与雏禽雌雄鉴别．第 2 版．北京：金盾出版社，2007.
[30] 刘福柱，张彦明，牛竹叶．最新鸡鸭鹅饲养管理技术大全．北京：中国农业出版社，2002.
[31] 李翠霞．绿色畜牧业理论与实践研究．北京：中国农业出版社，2006.
[32] 黄仁录．动物养殖学．北京：中国农业科学技术出版社，2006.
[33] 杨廷桂，周俊．肉鸡快速饲养 200 问．北京：中国农业出版社，2006.
[34] 赵聘，潘琦．畜禽生产技术．北京：中国农业大学出版社，2007.
[35] 杨宁．现代养鸡生产．北京：中国农业大学出版社，1994.
[36] 周贵，王立克，黄瑞华等．畜禽生产学实验教程．北京：中国农业大学出版社，2006.
[37] 刘太宇，朱宽佑．畜禽生产技术．北京：中国农业大学出版社，2004.
[38] 刘太宇．奶牛精养技术指南．北京：中国农业大学出版社，2002.
[39] 梁学武．现代奶牛生产．北京：中国农业出版社，2002.
[40] 冯春霞．家畜环境卫生学．北京：中国农业出版社，2002.
[41] 方禹之等．环境分析与检测．武汉：华东师范大学出版社，1987.
[42] 吴邦灿．环境检测管理．北京：中国环境科学出版社，1997.
[43] 张世森．环境检测技术．北京：高等教育出版社，1992.
[44] 李震东．家畜环境卫生学．北京：中国农业出版社，1993.
[45] 德米特里耶（前苏联）．世界各国牛种．曹霄译．南京：江苏科学技术出版社，2006. 12.
[46] 张容昶．世界的牛品种．兰州：甘肃人民出版社，1985.

[47] 邱怀. 现代乳牛学. 北京：中国农业出版社，2002.
[48] 林森. 牛生产学. 北京：中国农业出版社，1999.
[49] 王根林. 养牛学. 北京：中国农业出版社，2000.
[50] 杨和平. 牛羊生产. 北京：中国农业出版社，2001.
[51] 覃国森，丁洪涛. 羊牛与牛病防治. 北京：中国农业出版社，2006.
[52] 王根林，易建明，梁学武等. 养牛学. 北京：中国农业出版社，2000.
[53] 王聪等. 反刍动物过瘤胃蛋白质的研究进展. 中国奶牛，2000 (3)：15-16.
[54] 王雅晶，李胜利. 高产奶牛口粮中添加脂肪的研究进展. 中国奶牛，2000，(2)：30-32.
[55] 布改英，赵瑞生. 奶牛干奶期饲养管理技术的商讨. 中国奶牛，2000，(1)：29-30.
[56] 任鹏. 美国高产奶牛的饲养. 国外畜牧科技，1997，(4)：2-5.
[57] 扬永明. 奶牛干乳期的营养状况与代谢变化. 国外畜牧科技，2000，(6)：7-9.
[58] 刘文奇，杨建尧. 奶牛的机械挤奶. 中国奶牛. 2000，(5)：50-51.
[59] 王根林. 科学饲养奶牛技术问答. 第2版. 北京：中国农业出版社，2005.
[60] 高本刚. 养牛高产与牛产品加工技术. 北京：人民军医出版社，2001.
[61] 赵德明. 养牛与牛病防治. 北京：中国农业大学出版社，2004.
[62] 李建国，李运起. 肉牛养殖手册. 北京：中国农业大学出版社，2004.
[63] 刘月琴，张英杰. 肉牛舍饲技术指南. 北京：中国农业大学出版社，2004.
[64] 孙义和，高佩民. 出口肉牛生产技术问答. 北京：中国农业大学出版社，2004.
[65] 程凌. 养羊与羊病防治. 北京：中国农业出版社，2006.
[66] 贾志海. 现代养羊生产. 北京：中国农业大学出版社，1999.
[67] 杨和平. 牛羊生产. 北京：中国农业出版社，2001.
[68] 程凌. 养羊与羊病防治. 北京：中国农业出版社，2005.
[69] 杨和平. 牛羊生产. 北京：中国农业出版社，2001.
[70] 阮银岭. 波尔山羊饲养新技术. 郑州：河南科学技术出版社，2002.
[71] 张坚中. 怎样养山羊（修订版）. 北京：金盾出版社，2005.
[72] 吴淑琴. 家兔生产学. 北京：中国教育文化出版社，2005.
[73] 杨正. 实用养兔新技术. 北京：中国农业出版社，1998.
[74] 徐桂芳. 中国养兔技术. 北京：中国农业出版社，2000.
[75] 谷子林. 现代獭兔生产. 石家庄：河北科学技术出版社，2002.
[76] 侯明海. 精细养兔. 济南：山东科学技术出版社，2001.
[77] 杜玉川. 实用养兔大全. 北京：中国农业出版社，1993.
[78] 庞本. 实用养兔手册. 郑州：河南科学技术出版社，1997.
[79] 张宝庆. 养兔与兔病防治. 北京：中国农业出版社，2000.
[80] 孙慈云 杨秀女. 科学养兔指南. 北京：中国农业大学出版社，2006.
[81] 郑军. 养兔技术指导. 北京：中国农业出版社，2006.
[82] 赖松家. 养兔关键技术. 成都：四川科学技术出版社，2008.
[83] 李朝刚. 养牛学. 北京：中国农业出版社，1997.
[84] 秦志锐. 奶牛高效益饲养技术. 北京：金盾出版社，2000.
[85] 冯德盛. 奶牛饲养管理. 济南：济南出版社，1992.
[86] 徐照学. 奶牛饲养技术手册. 北京：中国农业出版社，2000.
[87] 王福兆. 乳牛学. 北京：科学技术出版社，1993.
[88] 刘健. 畜禽繁殖改良. 长春：吉林科学技术出版社，1997.
[89] 张开洲. 畜牧概论. 郑州：中原农民出版社，1994.
[90] 孟和. 羊的生产与经营. 北京：中国农业出版社，2001.
[91] 蒋英. 世界养羊科学及生产. 北京：中国农业出版社，1999.
[92] 赵有璋. 羊生产学. 北京：中国农业出版社，1995.
[93] 蒋英，李志农. 养羊业进展. 兰州：甘肃人民出版社，1982.
[94] 李启唐. 肉羊生产技术. 北京：中国农业出版社，1996.

[95] 李英，郭泰等. 肉羊实用技术. 北京：中国农业出版社，1997.
[96] 李宝林，孟和等. 畜牧各论. 北京：中国农业出版社，2000.
[97] 蒋英，张冀汉. 山羊. 北京：农业出版社，1985.
[98] ［英］J. B. 欧文. 绵羊生产. 涂友仁等译. 北京：农业出版社，1984.
[99] 姚军虎. 动物营养与饲料. 北京：中国农业出版社，2001.
[100] 李军，王利琴. 动物营养与饲料. 重庆：重庆大学出版社，2007.
[101] 刘太宇. 养牛生产. 北京：中国农业大学出版社，2008.
[102] 张玉海. 牛羊生产. 重庆：重庆大学出版社，2007.
[103] 莫放. 养牛生产学. 北京：中国农业大学出版社，2003.
[104] 宋连喜. 牛生产. 北京：中国农业大学出版社，2007.
[105] 李志农等. 中国养羊学. 北京：中国农业出版社，1993.
[106] 中国家畜家禽品种志编委会等. 中国羊品种志. 上海：上海科学技术出版社，1991.
[107] 王恬，陈桂银. 畜禽生产. 北京：高等教育出版社，2002.
[108] 昝林森. 牛生产学. 第2版. 北京：中国农业出版社，2007.
[109] 陈圣偶. 养羊全书. 第2版. 成都：四川科学技术出版社，2000.